信息与计算科学丛书　98

# 反问题的正则化理论和应用

刘继军　王海兵　著

科学出版社

北　京

# 内 容 简 介

随着现代科学技术的发展, 不适定问题的有效求解在地质勘探、遥测遥感、图像处理、深度学习等领域发挥着日益重要的作用. 所谓不适定问题, 是指由于客观条件的限制, 待求解问题解的存在性、唯一性或者稳定性难以保证. 由于工程应用中的输入数据总是带有误差的, 不适定问题稳定性的恢复, 对求解实际应用问题具有特别重要的意义.

在本书前五章, 我们系统阐述了求解不适定问题的正则化方法, 第 3 章和第 4 章是关于线性不适定问题的求解, 第 5 章是关于非线性不适定问题的求解. 在第 6 章, 我们研究了用正则化方法求解几类重要的应用问题, 分别是慢扩散过程的逆时问题、图像处理、非局部输入数据的非线性反问题、介质逆散射问题和分数阶微分方程多参数重建, 反映了作者和其研究团队近三十年来的主要研究工作.

本书的读者对象是数学、物理、工程等领域从事求解不适定问题研究和应用的科研人员, 也可以作为研究生的不适定问题课程的专门教学用书.

**图书在版编目 (CIP) 数据**

反问题的正则化理论和应用 / 刘继军, 王海兵著. -- 北京: 科学出版社, 2024. 11. -- (信息与计算科学丛书). -- ISBN 978-7-03-079280-8

I.O177

中国国家版本馆 CIP 数据核字第 2024RJ8173 号

责任编辑: 李 欣 贾晓瑞 / 责任校对: 彭珍珍
责任印制: 赵 博 / 封面设计: 陈 敬

**科 学 出 版 社** 出版

北京东黄城根北街 16 号
邮政编码: 100717
http://www.sciencep.com

三河市春园印刷有限公司印刷
科学出版社发行 各地新华书店经销

\*

2024 年 11 月第 一 版 开本: 720×1000 1/16
2024 年 11 月第一次印刷 印张: 27 1/2
字数: 554 000

**定价: 198.00 元**
(如有印装质量问题, 我社负责调换)

# 《信息与计算科学丛书》序

20 世纪 70 年代末，由著名数学家冯康先生任主编、科学出版社出版的一套《计算方法丛书》，至今已逾 30 册. 这套丛书以介绍计算数学的前沿方向和科研成果为主旨，学术水平高、社会影响大，对计算数学的发展、学术交流及人才培养起到了重要的作用.

1998 年教育部进行学科调整，将计算数学及其应用软件、信息科学、运筹控制等专业合并，定名为"信息与计算科学专业". 为适应新形势下学科发展的需要，科学出版社将《计算方法丛书》更名为《信息与计算科学丛书》，组建了新的编委会，并于 2004 年 9 月在北京召开了第一次会议，讨论并确定了丛书的宗旨、定位及方向等问题.

新的《信息与计算科学丛书》的宗旨是面向高等学校信息与计算科学专业的高年级学生、研究生以及从事这一行业的科技工作者，针对当前的学科前沿，介绍国内外优秀的科研成果. 强调科学性、系统性及学科交叉性，体现新的研究方向. 内容力求深入浅出，简明扼要.

原《计算方法丛书》的编委和编辑人员以及多位数学家曾为丛书的出版做了大量工作，在学术界赢得了很好的声誉，在此表示衷心的感谢. 我们诚挚地希望大家一如既往地关心和支持新丛书的出版，以期为信息与计算科学在新世纪的发展起到积极的推动作用.

石钟慈

2005 年 7 月

# 前　　言

近十五年来, 国内学术界专注于反问题和不适定问题研究的团队不断发展壮大, 同时对反问题和不适定问题的应用研究也在不断拓展和深入. 近五年来, 作者及其研究团队在国家自然科学基金的资助下, 在国内外学术同行的大力支持下, 对不适定问题的正则化理论和应用开展了系统的研究, 例如分数阶偏微分方程对应的反问题的研究、图像处理中的不适定问题的研究、基于深度学习的反问题的研究等等. 这些研究, 已经取得了比较系统的研究成果.

基于近年来的研究工作, 在科学出版社的大力支持下, 我决定和东南大学的王海兵教授一起, 对我们的研究工作进行系统的整理, 以反映国内外学术研究的部分最新进展, 为广大的学术同行提供一本系统的学术专著. 本书的内容除包含了线性不适定问题正则化理论及应用外, 结合近年来作者团队的研究工作, 还包括了非线性不适定问题的正则化方法和理论. 我们认为, 本书关于非线性不适定问题的正则化理论和应用的内容, 对从事相关应用问题的研究人员, 具有特别重要的意义, 因为大部分重要的应用问题都是非线性的. 考虑到反问题和不适定问题的研究是基于应用问题的强烈驱动, 本书的应用部分包括了慢扩散过程的逆时问题、图像处理的正则化方法、非局部输入数据的非线性反问题、介质逆散射问题和分数阶微分方程的多参数重建的非线性反问题. 这些内容是国际学术界近年来的主要研究方向, 也反映了求解不适定问题的理论方法在求解实际问题中的应用. 另外, 本书还包含了 200 余篇参考文献, 部分反映了国内外近年来反问题和不适定问题研究的理论和应用进展.

在本书出版之际, 作者要衷心感谢国内外学术同行对作者本人及东南大学反问题研究团队的大力支持, 特别要感谢浙江大学包刚院士、复旦大学程晋教授、中国科学院数学与系统科学研究院张波研究员的大力支持. 作者也要特别感谢国家自然科学基金委员会对作者科研工作长期系统的资助和支持. 本书出版得到了国家自然科学基金 (No.11971104) 的资助.

刘继军

2024 年 6 月于东南大学

# 目　　录

# 第 1 章　适定问题和不适定问题

在应用数学方法研究具体的自然现象时, 第一步需要给出物理现象的数学描述, 即建立适当的数学模型. 所谓 "适当的模型", 在经典意义下应满足下述三个条件:

1. 该模型的解是存在的, 即它确实描述了一类现象;
2. 该模型的解是唯一的, 即它描述了确定现象;
3. 该模型的解对输入数据是稳定的, 即解对数据的误差应该是连续变化的.

这就是 Hadamard 在 1932 年提出的著名的问题适定性的概念. 在很长时间内人们都认为, 只有适定的问题才有意义, 才可以用数学方法加以研究. 尤其是第三个要求, 被认为是 "适当的模型" 的一个必要条件, 因为在实际的物理模型中, 输入数据的测量误差和计算误差总是不可避免的. 如果模型的解不连续依赖于输入数据, 则通常认为这样的模型不是物理问题的正确描述.

但是, 随着技术和应用的发展, 人们也发现, 很多描述自然现象的实际模型由于某些条件的限制不满足上述条件, 这就是所谓的不适定问题. 与不适定问题密切相关的一类问题是反问题, 因为大部分的反问题都是不适定的. 而不适定问题有其自身固有的特点. 本章通过具体的问题引进不适定问题和反问题的概念.

## 1.1　物理问题的描述方法

原则上来讲, 很多应用问题的求解都可以归结为服从一定物理规律的场的确定问题. 用数学物理方法求经典的场分布 (如温度场、波场、应力场等), 就是求满足一定条件下 (初始条件、边界条件、无穷远处的条件) 的偏微分方程 (组) 的解.

具体而言, 偏微分方程 (组) 描述了场函数在变量空间满足的物理规律; 一定的条件 (输入数据) 则给出了场函数的时间 (初始条件) 和空间 (边界、无穷远条件) 对场函数的约束. 由此最终给出了一个确定的物理现象的描述. 这种描述用物理语言、数学语言、控制论语言可分别表示为

物理问题 = 物理规律 + 一定条件 (初始、边界、无穷远);

定解问题 = 偏微分方程 (组)+ 定解条件;

输入 + 系统 = 输出.

注意到同一个物理现象可以用不同的状态变量来描述, 因此, 物理问题的描述模型是求解问题的重要一步, 但未必是决定性的一步. 不同的系统模型, 不同的

研究角度和研究方法, 构成了科学发展中的不同的学科领域和研究方向, 由此推动着人类文明的不断发展和进步.

## 1.2 问题适定性

当针对具体的物理问题建立了相应的数学模型 (定解问题) 以后, 我们首先是要考虑该问题提法的合理性, 或者说, 数学模型的可解性. 然后才能考虑该问题的求解方法.

根据 Hadamard 在 1923 年提出的定义 ([56]), 同时满足如下三个条件的问题, 称为是适定的 (well-posed):

- 问题的解存在;
- 问题的解唯一;
- 问题的解连续依赖于定解条件 (解稳定),

否则问题称为是不适定的 (ill-posed). 很显然, 解的存在性依赖于解的定义和输入数据 (定解条件); 解的唯一性依赖于解空间的大小和输入数据; 而解的连续依赖性取决于解空间的拓扑结构 (解和输入数据的度量).

我们给出问题适定性的严格的数学定义如下.

**定义 1.2.1** 设 $A : X \to Y$ 是赋范空间 $X$ 到赋范空间 $Y$ 的一个算子. 方程

$$A\phi = f \tag{1.2.1}$$

称为是适定的 (well-posed or properly posed), 如果 $A$ 是一一对应的并且逆算子 $A^{-1} : Y \to X$ 是连续的. 否则称为是不适定的 (ill-posed).

不适定问题的典型例子是在无限维空间上解第一类的全连续算子方程. 一个算子如果是连续的紧算子, 就称为是全连续的算子. 由于线性紧算子总是连续的, 故对线性算子来说, 紧性和全连续性是等价的.

## 1.3 反问题和不适定问题

很难给出反问题的一个明确定义. 斯坦福大学 Keller 教授在 1976 年提出 ([90]), 一对问题称为是互逆的, 如果一个问题的构成 (已知数据) 需要另一个问题解的部分信息. 把其中的一个称为正问题 (direct problem), 另一个就称为反问题 (inverse problem). 辛辛那提大学数学教授 Groetsch 在 [55] 的一开篇就指出, 反问题是很难定义的, 但是几乎每一个数学家都能马上判断出一个问题是正问题还是反问题. 因此反问题的定义似乎有点 "只可意会, 不可言传" 的味道. 但是另一个数学家 Julia Robinson 的观点更有助于我们理解反问题的定义:

"Usually in mathematics you have an equation and you want to find a solution. Here you were given a solution and you had to find the equation. I liked that."

当然这里 "方程" 的意义是广义的. 因此反问题的一个比较适用的数学定义是 "由定解问题的解的部分信息去求定解问题中的未知成分". 这里求出的反问题的 "解" 也是广义的, 可能是近似解, 也可能是某种意义下的弱解.

- 通常把研究得较多的、适定性成立的一个问题称为正问题, 反问题大多是不适定的;
- 正问题是线性的, 对应的反问题也可能是非线性的;
- 由于客观条件的限制, 很多具体的应用问题都是不适定的, 不适定问题的本质难点是其解不连续依赖于输入数据.

如果我们把正问题提为: 由给定的输入 (input) 和过程 (process) 来确定输出 (output), 或者由原因 (cause) 和模型 (model) 来求结果 (effect), 则反问题的任务是由已知的部分结果确定模型或反求原因. 反问题在很多领域是经常出现的. 例如当系统模型的某些参数不能直接测量, 或者直接测量的成本太大时, 利用可测量到的相关的实验数据去推知系统的参数, 就是一个唯一可行的研究方法. 中外民间流传甚广的 "瞎子听鼓" 的问题就是一个经典的反问题, 盲人试图从听到的鼓发出的声音去推测鼓的形状. 它最早是由丹麦物理学家 Lorentz 在 1910 年的一次讲演中提出的. 该问题的最新解决是由 Gordon 等在 1992 年给出的 ([49]): 他们构造了两个具有相同音调的同声鼓, 但是形状不同. 因此对 "瞎子听鼓" 给出了否定的回答. 与反问题密切相关的一个现代的重要的应用是 CT 成像: 该问题源于工程师 Cormack 试图帮助医生不经手术就能了解人体内有关器官大小和组织结构变化的努力 ([195]). 该问题的数学描述如下: 假设在平面上有一个密度不均匀的物体, 用 X 射线 (它是沿直线前进的) 沿不同的方向照射此物体, 再测量出射线沿每个方向由于介质吸收而造成的能量衰减. 由此数据来恢复介质的二维密度图像. 由于该成果重大的理论价值和在医学诊断上的广泛的应用, 它获得了 1979 年的诺贝尔生理学或医学奖. 该问题本质上化为一个与 Randon 变换密切相关的第一类线性积分方程的求解问题, 它的理论基础就是由函数线积分的值来重建函数本身. 关于具体的数学模型, 见 [92]. 在很多重要的应用领域, 例如波场正散射和逆散射、生物医学成像、遥感遥测等, 也有许多和不适定问题密切相关的数学模型 ([35, 137, 164, 165, 208]).

反问题和不适定问题的联系主要表现在, 绝大部分反问题都是不适定的 ([3]). 这种不适定性主要表现在两个方面. 一方面, 由于客观条件的限制, 反问题中的输入数据 (即给定的解的部分已知信息) 往往是欠定的或者是过定的, 这就会导致解的不唯一性或者是解的不存在性. 另一方面, 反问题的解对输入数据往往不具有连续依赖性. 由于输入数据中不可避免的测量误差, 人们就必须提出由扰动数据求反问题在一定意义下近似解的稳定的方法. 因此, 从上述意义而言, 反问题和不适定问题是紧密联系在一起的.

反问题理论的起源可以追溯到 19 世纪的晚期, 包括地震学中的地震波的运动问题、旋转流体的平衡问题、Sturm-Liouville 反谱问题等. Newton 依据行星运动满足的开谱勒定律, 确定了运动行星的受力, 可以看成是过去解决的力学系统的反问题之一 ([55]). 利用位势理论确定物体的形状、位置和密度的反问题则起源于地球物理中的地质勘探问题. 近代的反问题则包含了利用散射波场的数据确定物体的内部结构、利用电磁场的测量数据确定生物组织的内部结构等.

## 1.4 反问题和气候数值预报

气象预报的重要性是不言而喻的, 人们希望通过合适的模型和积累的历史气象资料预报未来尽可能长的时间内的气候走向. 在 20 世纪 50 年代大体能达到 24 小时内的有效数值预报, 在 20 世纪 80 年代提高到 4—5 天, 而在 20 世纪 90 年代则可达到 7—8 天 (中期预报).

月时间尺度的预报 (动力学延伸预报方法)([28,105]) 已有 20 年的历史. 通过改善中期数值预报模式性能, 延长模式有效积分预测时间, 人们试图实现月时间尺度的有效的数值天气预报.

数值天气预报的工作方法之一就是对微分方程初值问题作数值积分. 由于时间空间方向的大尺度和积分数据的不完全性, 人们近年来在这一方面做了大量的工作 ([28,67,105]), 主要有如下几个方面:
- 大气模式分辨率的提高 (欧洲中心谱模式: T42,T63,T106,T213);
- 模式物理过程描述的深化细化 (间接描写、部分直接描写、考虑中小尺度);
- 同化技术 (最优插值、三维同化、四维同化);
- 集合预报方法 (Monte Carlo 方法、时间滞后平均).

上述工作的结果是改善了前 10 天的预报水平, 但是月尺度的预报仍达不到业务化的水平. 大气研究领域的科学家在反复研究了问题的本质困难后, 提出了现有方法的如下可能的缺陷:
- 模式分辨率的过分细化对气候描述帮助不大.
- 关于数值误差对气候模式影响的研究不够. 气候数值预报是系统的长期行为, 而现有的数值方法是解初值问题.
  - (1) 超出可预报时段后, 预报结果对时间和空间步长敏感;
  - (2) 误差来源难以区分;
  - (3) 问题本身可能是不适定的.

• 气候数值预报提为初值问题使得资料不足和资料闲置并存. 对初值问题作数值积分只能利用一个有限时段的资料. 该时段的资料由于大气观测点的限制在空间分布上可能不足. 另一方面, 已有的气候观测资料积累了近 50 年, 在时间分布上我们可以有足够多的数据.

基础理论研究的薄弱和对计算条件及计算技术的过度依赖, 造成了气候数值预报效果在较长一段时间内进展缓慢.

基于上述分析和结论, 气象界提出了数值天气预报的如下改进思路:

• 气候系统中稳定分量的确定和模拟.

• 气候数值模拟和预测的数学理论.

— A. 对偏微分方程组用数值积分的办法求得的数值解, 还应该研究数值解与真解的误差.

— B. 非线性常微分方程初值问题的个别数值解存在不确定性, 只有得到全局收敛的算法, 才适用于气候数值模拟和预测.

— C. 问题的不适定性的处理.

• 改变气候模式中某些气候指标 (如海洋环流层) 的描述, 利用求解反问题的数学成果, 提高预测水平. 当数值预报提为演变问题和反问题时, 可利用已有的 50 年的大气演变历史记录, 而不仅是初始时刻的资料.

综上所述, 对气候数值预报, 应考虑问题的不适定性, 利用已有的气象资料来稳定数值结果, 不能简单地进行数值积分. 改善气候预报精度的重要工作之一是消除解的不稳定性. 因此, 在有关国计民生的气象预报问题中, 反问题和不适定问题的研究理论和方法是大有用武之地的.

## 1.5　不适定问题的例子及难点

在本节我们给出一些不适定问题的例子, 从理论分析和数值求解结果两个方面来解释不适定问题的特殊性.

**例 1.1**　Laplace 方程的初值问题 (Hadamard, [37,56])

$$
\begin{cases}
\Delta u(x,y) = \dfrac{\partial^2 u(x,y)}{\partial x^2} + \dfrac{\partial^2 u(x,y)}{\partial y^2} = 0, & (x,y) \in \mathbb{R}^1 \times [0,\infty), \\
u(x,0) = f(x) = 0,\ u_y(x,0) = g(x) = \dfrac{1}{n}\sin(nx), & x \in \mathbb{R}^1.
\end{cases} \tag{1.5.1}
$$

该问题的唯一解是

$$
u(x,y) = \frac{1}{n^2}\sin(nx)\sinh(ny), \quad x \in \mathbb{R}^1, y \geqslant 0. \tag{1.5.2}
$$

虽然

$$\sup_{x \in \mathbb{R}^1} \{|f(x)| + |g(x)|\} = \frac{1}{n} \to 0, \quad n \to \infty,$$

但是对一切 $y > 0$, 当 $n \to \infty$ 时,

$$\sup_{x \in \mathbb{R}^1} |u(x, y)| = \frac{1}{n^2} \sinh(ny) \to \infty.$$

该问题实际上对应于调和函数的解析延拓问题 ([128]). 在 $\Omega$ 内满足 Laplace 方程的二次连续可微函数 $u$, 称为调和函数, 这个函数在 $\Omega$ 内也是实解析的. $\Omega$ 上的实解析函数 (real analytic function) 的定义为 ([45, 82]):

**定义 1.5.1**    设 $\Omega \subset \mathbb{R}^n$ 是开集. $u(x) \in C^\infty(\Omega)$ 称为在 $\Omega$ 上是解析的 (analytic), 如果它在 $\Omega$ 中的任一点都可展开为幂级数. 也就是说, 对任意的 $x \in \Omega$, 存在 $r > 0$ 使得对一切的 $y \in B_r(x)$ 成立

$$u(y) = \sum_{|\alpha| \geqslant 0} \frac{\partial^\alpha u(x)}{\alpha!} (y - x)^\alpha, \quad \alpha = (\alpha_1, \alpha_2, \cdots, \alpha_n),$$

并且右端的级数在 $B_r(x)$ 上是绝对且一致收敛.

当考虑复变函数中的解析函数时, $u(x)$ 称为全纯函数 (holomorphic function), 经常也译为解析函数. 这两种意义下的解析函数的关系如下. 如果 $u(x)$ 在 $x_0 \in \mathbb{R}^n$ 的邻域内有定义并且在该邻域内是实解析的, 就称 $u(x)$ 在 $x_0$ 点是实解析的. 显然在实变量空间 $\mathbb{R}^n$ 中的原点实解析的函数可以通过其幂级数展开, 延拓为在 $n$ 维复变量空间 $\mathbb{C}^n$ 中的原点邻域内的复变量 $x$ 的函数, 此函数在该邻域内具有任意阶的连续导数. 反之, 如果 $u(x)$ 是一个定义于 $n$ 维复变量空间 $\mathbb{C}^n$ 中的原点邻域内的连续函数, 假定在该邻域内其一阶导数存在且连续, 则 $u(x)$ 当变量限制于实变量空间 $\mathbb{R}^n$ 中的原点邻域内时就是实解析的. 事实上, 对多变量的复变函数重复使用单变量复变函数的 Cauchy 积分公式, 我们得到在 $\mathbb{R}^n$ 中的原点附近 $u(x)$ 的积分表达式

$$u(x) = \frac{1}{(2\pi i)^n} \oint \frac{dz_1}{z_1 - x_1} \oint \frac{dz_2}{z_2 - x_2} \cdots \oint \frac{dz_n}{z_n - x_n} u(z_1, \cdots, z_n),$$

其中的积分路径是复平面 $\mathbb{C}$(单复变量空间) 中以原点为心的小圆周. 展开被积函数, 立即可见对充分小的 $|x_k|$, $u(x)$ 可以表示为收敛的幂级数.

实解析函数最显著的性质就是其唯一延拓性质 (unique continuation): 如果 $u(x)$ 在一个连通开集 $\Omega \subset \mathbb{R}^n$ 内是实解析的, 则 $u(x)$ 在 $\Omega$ 中一点的一个任意小的邻域内的值就完全唯一确定了 $u(x)$ 在整个 $\Omega$ 上的值.

除了解析函数的唯一延拓性质外, 有很多函数都具有这种性质, 即由部分区域上 (甚至部分区域上有限个点) 的函数值可以唯一确定整个区域上的函数值. 例如对定义于 $\mathbb{R}^1$ 上的 $n$ 次多项式 $F_n(x)$, 由它在 $\mathbb{R}^1$ 上 $n+1$ 个离散点的函数值就可以完全决定 $\mathbb{R}^1$ 上 $F_n(x)$ 的值.

在 $\mathbb{R}^3$ 中解析函数的延拓问题如下:

给定 $\mathbb{R}^3$ 中两个具有共同边界 $\Gamma$ 的区域 $\Omega_1$ 和 $\Omega_2$, 假定已知解析函数 $u$ 在 $\Omega_1$ 内和 $\Gamma$ 上的值, 而且 $u$ 在 $\Omega_2$ 内也是解析的, 要求在 $\Omega_2$ 内确定 $u$.

利用 Green 公式, 可以证明调和函数的下述 P. Duhen 定理 ([128,197]).

**定理 1.5.2** 设 $u_1$ 和 $u_2$ 分别在曲面 $S$ 两侧调和, 且连同其法微商在 $S$ 上连续. 若 $u_1$ 和 $u_2$ 及其法微商在 $S$ 上分别相等, 则 $u_1$ 和 $u_2$ 互为解析延拓, 且在 $S$ 两侧定义同一调和函数, 这个函数在 $S$ 上就是解析函数.

根据该定理, 立刻可推出调和函数的下述延拓性质: 对某一区域内的调和函数, 若在区域内某一点邻域的值已知, 则就唯一确定其在整个区域内的值.

**例 1.2** 第一类积分方程的数值解. 考虑

$$\int_0^1 e^{ts}x(s)ds = y(t) = \frac{e^{t+1}-1}{t+1}, \quad 0 \leqslant t \leqslant 1. \tag{1.5.3}$$

该方程的唯一精确解是 $x(t) = e^t$. 对该问题求数值解时, 取步长 $h = \dfrac{1}{n}$, 用复合梯形公式

$$\int_0^1 e^{ts}x(s)ds \approx h\left(\frac{1}{2}x(0) + \frac{1}{2}e^t x(1) + \sum_{j=1}^{n-1} e^{jht}x(jh)\right)$$

近似左端积分项. 对不同的区间等分数 $n$, 最后由线性代数方程组

$$h\left(\frac{1}{2}x_0 + \frac{1}{2}e^{ih}x_n + \sum_{j=1}^{n-1} e^{jih^2}x_j\right) = y(ih), \quad i = 0, 1, \cdots, n \tag{1.5.4}$$

求 $x(jh)$ 的近似值 $x_j$. 表 1.1 给出了由此系统得到的数值解和真解的误差.

表 1.1  数值解和真解在点 $t = jh$ 的误差 $x(jh) - x_j$

| $t$ | $n = 4$ | $n = 8$ | $n = 16$ | $n = 32$ |
|---|---|---|---|---|
| 0 | 0.44 | $-3.08$ | 1.08 | $-38.21$ |
| 0.25 | $-0.67$ | $-38.16$ | $-25.17$ | 50.91 |
| 0.5 | 0.95 | $-75.44$ | 31.24 | $-116.45$ |
| 0.75 | $-1.02$ | $-22.15$ | 20.03 | 103.45 |
| 1 | 1.09 | $-0.16$ | $-4.23$ | $-126.87$ |

这显然是一个无意义的数值结果 ([182]): 随着左端积分项计算精度的不断提高, 方程解的误差反而越来越大.

产生此现象的原因是该问题本质上是一个第一类 Fredholm 积分方程的求解, 它是一个不适定的问题. 对第一类 Volterra 积分方程, 很多情况下求解同样是不适定的. 关于该类问题, 不能直接对原方程用数值积分的方法来求解, 必须引进正则化的解法, 具体研究见 [100].

这类问题求解的特殊性很早也引起了应用领域的科学家的注意. 早在 1962 年, 物理学家 D. L. Philips 就考虑了由积分方程

$$\int_{-6}^{6} \left(1 + \cos\frac{\pi(x-y)}{3}\right) f(x)dx = (6+y)\left(1 - \frac{1}{2}\cos\frac{\pi y}{3}\right) - \frac{9}{2\pi}\sin\frac{\pi y}{3}, \quad |y| \leqslant 6$$

求解 $f(x)$ 的问题. 通过直接离散积分项再求解在节点处对应的线性代数方程组的办法, 得到的数值结果同样随着离散节点数目的增加而越来越坏 ([104]).

**例 1.3**   由信号的离散谱求原信号.

记周期为 $\pi$ 的信号 $f(t)$ 的离散谱 (Fourier 级数的系数) 为 $\{a_n\}_{n=1}^{\infty}$. 把信号表示为

$$f(t) = \sum_{n=1}^{\infty} a_n \cos(nt). \tag{1.5.5}$$

正问题是由已知信号 $f(t)$ 求谱值 $\{a_n\}_{n=1}^{\infty}$:

$$a_n = \frac{2}{\pi} \int_0^{\pi} f(t)\cos(nt)dt, \quad n = 1, 2, \cdots, \tag{1.5.6}$$

这是一个经典的适定问题 (数值积分). 而反问题则是由 $\{a_n\}_{n=1}^{\infty}$ 求信号 $f(t)$, 它是不适定的. 事实上, 设已知谱值的扰动数据为

$$a_n^* = a_n + \frac{\varepsilon}{n}, \quad n = 1, 2, \cdots, \tag{1.5.7}$$

当 $\varepsilon \to 0$ 时,

$$\|a^* - a\|_{L^2}^2 = \sum_{n=1}^{\infty} (a_n^* - a_n)^2 = \varepsilon^2 \frac{\pi^2}{6} \to 0. \tag{1.5.8}$$

即谱值的扰动量可以任意小. 但是对相应的时域信号

$$f(t) = \sum_{n=1}^{\infty} a_n \cos(nt), \quad f^*(t) = \sum_{n=1}^{\infty} a_n^* \cos(nt),$$

其误差为

$$f(t) - f^*(t) = \varepsilon \sum_{n=1}^{\infty} \frac{\cos(nt)}{n}. \tag{1.5.9}$$

在连续函数空间, $\|f - f^*\|_C$ 可任意大 (取 $t = 0$), 即在连续函数空间上求原信号时, 反问题是不稳定的. 然而, 如果在 $L^2$ 空间中求原信号, 由 Parseval 等式知, 在 $\varepsilon \to 0$ 时,

$$\|f - f^*\|_{L^2}^2 = \int_0^\pi |f(t) - f^*(t)|^2 dt = \sum_{n=1}^{\infty} \frac{\pi}{2}(a_n^* - a_n)^2 = \varepsilon^2 \frac{\pi}{2} \sum_{n=1}^{\infty} \frac{1}{n^2} \to 0.$$

此时反问题是稳定的.

**例 1.4** 温度分布的一个不适定问题. 考虑模型

$$\begin{cases} u_t(x,t) = u_{xx}(x,t), & (x,t) \in (0,\pi) \times (0,T), \\ u(0,t) = 0, u(\pi,t) = 0, & t \in (0,T), \\ u(x,0) = f(x), & x \in (0,\pi). \end{cases} \tag{1.5.10}$$

(1) 由 $f(x)$ 求 $(x,t) \in (0,\pi) \times (0,T)$ 上的 $u(x,t)$ 是适定的, 可用分离变量法求解.

$$f(x) = u(x,0) = \sum_{n=1}^{\infty} C_n \sin(nx), \tag{1.5.11}$$

$$C_n = \frac{2}{\pi} \int_0^\pi f(x) \sin(nx) dx,$$

$$u(x,t) = \sum_{n=1}^{\infty} \left( \frac{2}{\pi} \int_0^\pi f(x) \sin(nx) dx \right) e^{-n^2 t} \sin(nx), \tag{1.5.12}$$

右端级数对任何连续函数 $f(x)$ 和 $t > 0$ 都收敛.

但是, 假若要由温度场在 $t > 0$ 的测量信息求初始的温度分布 $f(x)$, 则是不适定的.

(2) 逆时问题 (backward heat problem): $u(x,T)$ 已知, 求 $f(x)$. 满足 (1.5.10) 中方程和边界条件的 $u(x,t)$ 可写为

$$u(x,t) = \sum_{n=1}^{\infty} C_n e^{-n^2 t} \sin(nx), \tag{1.5.13}$$

其中的系数 $C_n$ 可由 $u(x,t)$ 的不同条件来确定:

$$u(x,T) = \sum_{n=1}^{\infty} C_n e^{-n^2 T} \sin(nx), \tag{1.5.14}$$

$$C_n = e^{n^2 T} \frac{2}{\pi} \int_0^{\pi} u(x,T) \sin(nx) dx.$$

特别有

$$f(x) = u(x,0) = \sum_{n=1}^{\infty} \left( \frac{2}{\pi} \int_0^{\pi} u(x,T) \sin(nx) dx \right) e^{n^2 T} \sin(nx). \tag{1.5.15}$$

如果 $u(x,T)$ 是 $u(x,0) = f(x)$ 对应的温度场, 则该式给出了初值解的表达式, 并且易知解是唯一的. 但是对任意给定的 $u(x,T)$ 测量值 $u^{\delta}(x,T)$, 即使 $\delta$ 很小, 上述右端级数也未必收敛. 即解不连续依赖于输入数据.

问题 (2) 据 (1.5.13) 可表示为一般的第一类积分方程

$$K : X \to Y, \quad (K \cdot x)(t) = \int_a^b k(s,t) x(s) ds = y(t).$$

由 $y(t) \in Y$ 求 $x(t) \in X$ 的问题 ($X$ 是无限维空间), 即求解积分方程

$$\frac{2}{\pi} \int_0^{\pi} \left( \sum_{n=1}^{\infty} \sin(ny) e^{-n^2 T} \sin(nx) \right) f(y) dy = u(x,T), \tag{1.5.16}$$

其精确解已由 (1.5.15) 给出. 当核函数 $k(s,t)$ 比较光滑时, $K$ 是线性紧算子 (linear compact operator), $K^{-1}$ 一定是无界的, 从而该问题一定是不适定的. 在最后一章我们还要进一步讨论此问题.

热传导过程中另外的一类不适定的问题就是所谓的 Cauchy 边值问题. 和 (1.5.10) 不同, 此时我们考虑一个半无界区域上的扩散问题:

$$\begin{cases} u_t(x,t) = u_{xx}(x,t), & x > 0, t > 0, \\ u(0,t) = g_1(t), u_x(0,t) = g_2(t), & t > 0, \\ u(x,0) = f(x), & x > 0. \end{cases}$$

这个扩散模型中给定的不是一个有界区域 $0 < x < l$ 上两个端点 $x = 0, l$ 的边界数据, 而是半无界区域 $x > 0$ 上左端点 $x = 0$ 的 Cauchy 数据. 这个问题的求解

同样是不适定的. 事实上, 对给定的

$$g_1(t) = \sqrt{\frac{2}{n}}\sin(nt), \quad g_2(t) = \cos(nt) + \sin(nt),$$

$$f(x) = \sqrt{\frac{2}{n}}\sin\sqrt{\frac{n}{2}}x\ \exp(\sqrt{n/2}x),$$

函数

$$u(x,t) = \sqrt{\frac{2}{n}}\sin\left(nt + \sqrt{\frac{n}{2}}x\right)\exp(\sqrt{n/2}x)$$

就是问题的解. 但我们可以看到, 当 $n$ 很大时, $g_1(t)$ 会非常小, $g_2(t)$ 变化也是有限的, 但问题的解在任何一点 $x > 0$ 会有很大的变化, 注意 $n \to \infty$ 时有 $\sqrt{\frac{2}{n}}\exp(\sqrt{n/2}x) \to \infty$.

**例 1.5**   常微分方程数值解的一个不适定问题 ([96]). 考虑

$$\begin{cases} u''(x) = f(x, u, u'), & x \in (a, b), \\ u(a) = \alpha, \quad u(b) = \beta. \end{cases} \tag{1.5.17}$$

求解该问题的一个数值方法就是 "打靶方法". 该方法对不同的参数 $s$, 解初值问题

$$\begin{cases} u''(x) = f(x, u, u'), & x \in (a, b), \\ u(a) = \alpha, \quad u'(a) = s. \end{cases} \tag{1.5.18}$$

记此问题的解为 $u(x, s)$. 通过调整在 $x = a$ 时的初始速度 $s$, 使得 $x = b$ 时的位移刚好为 $\beta$. 即 (1.5.18) 的解 $u(x, s)$ 满足

$$F(s) := u(b, s) - \beta = 0 \tag{1.5.19}$$

时的 $s$ 对应的初值问题 (1.5.18) 的解即为所求边值问题 (1.5.17) 的解.

由 (1.5.19) 求 $F(s)$ 的零点时, 可用 Newton 方法. 为此需求 $F'(s)$. 易知 $F'(s) := v(b, s)$ 可由下列初值问题的解得到:

$$\begin{cases} v''(x, s) = f_u(x, u, u')v(x, s) + f_{u'}(x, u, u')v'(x, s), & x \in (a, b), \\ v(a, s) = 0, \quad v'(a, s) = 1, \end{cases} \tag{1.5.20}$$

其中的 $u = u(x, s)$ 对给定的 $s$ 通过求解 (1.5.18) 得到.

在某些条件下, $s$ 的小变化将会引起 (1.5.18) 的解 $u(x, s)$ 的大变化, 从而给该数值方法带来麻烦. 看下面的边值问题:

$$\begin{cases} u''(x) = u' + 110u, & x \in (0, 10), \\ u(0) = 1, & u(10) = 1. \end{cases} \tag{1.5.21}$$

该问题的精确解是

$$u(x) = \frac{1}{e^{110} - e^{-100}} [(e^{110} - 1)e^{-10x} + (1 - e^{-100})e^{11x}],$$

对应的问题 (1.5.18) 的解是

$$u(x, s) = \frac{11 - s}{21} e^{-10x} + \frac{10 + s}{21} e^{11x},$$

从而有

$$F(s) = \frac{11 - s}{21} e^{-100} + \frac{10 + s}{21} e^{110} - 1.$$

可以解出 $F(s) = 0$ 的精确解为

$$s = -10 + 21 \frac{e^{-110} - e^{-210}}{1 - e^{-210}} > -10.$$

在数值解中, 当取十位计算精度时, 对该零点的最佳逼近只能达到 $-10 \leqslant \tilde{s} \leqslant -10 + 10^{-9}$. 考虑 $u(10, s)$ 在 $s = -10$ 附近的变化:

$$u(10, -10) = e^{-100} \approx 0,$$

$$u(10, -10 + 10^{-9}) = \frac{21 - 10^{-9}}{21} e^{-100} + \frac{10^{-9}}{21} e^{110} \approx 2.8 \times 10^{37}.$$

由此看出 $s$ 的小变化引起了 $u(x, s)$ 在端点 $x = 10$ 的大变化. 因此该边值问题不能用通常的 "打靶方法" 求解.

**例 1.6**  有限维线性代数方程组的求解.

对 $n \times n$ 实方阵 $A$ 和 $n$ 维实向量 $u, z$, 考虑线性代数方程组

$$Az = u$$

的解 $z$. 当 $\det(A) \neq 0$ 时, 对任意的 $u \in \mathbb{R}^n$, 该方程组存在唯一解 $z = A^{-1}u \in \mathbb{R}^n$, 并且解连续依赖于右端项.

如果 $\det(A) = 0$, 该方程并不是对任意的右端项 $u$ 都有解. 当对某个右端项 $u_0$ 有解时, 解一定是不唯一的. 因此, 如果 $\det(A) = 0$, 该问题的求解是不适定的.

该简单例子的重要性在于它表明了引起问题不适定性的三个原因在某些条件下的联系. 换言之, 解的存在性、唯一性和连续依赖性不一定是完全独立的. 对本问题而言, 解的适定性等价于 $Az = 0$ 只有平凡解 $z = 0 \in \mathbb{R}^n$. 也就是说, 对本问题, 只要有解的唯一性, 就有了解的存在性和连续依赖性, 即解的适定性. 该结果在无限维空间的对应表示是 Fredholm 选择定理的一个直接推论 (见后面的推论 2.3.5).

最后再来介绍两个有明确应用背景的不适定问题的例子.

**例 1.7**　考虑具有 Gauss 型核 $\varphi(x) = \dfrac{1}{\sqrt{2\pi}} e^{-x^2/2}$ 卷积型方程

$$(Af)(x) := \varphi * f = \int_{-\infty}^{\infty} \varphi(x - y) f(y) dy = g(x)$$

在 $X = Y = L^2(\mathbb{R}^1)$ 上的求解问题. 这类卷积型的第一类积分方程的求解在许多领域具有重要的应用, 在本章和第 6 章我们会具体讨论.

可以证明该方程的解是唯一的, 因为对方程 $(Af)(x) \equiv 0$ 作 Fourier 变换可得到

$$\tilde{\varphi}(\xi)\tilde{f}(\xi) = \frac{1}{\sqrt{2\pi}} e^{-\xi^2/2} \tilde{f}(\xi) \equiv 0,$$

由此得到 $\tilde{f}(\xi) \equiv 0$, 从而 $f(x) \equiv 0$. 但是该方程的解不一定对任意的 $g$ 都存在, 因为由

$$\tilde{g}(\xi) = \mathcal{F}(Af(x))(\xi) = \frac{1}{\sqrt{2\pi}} e^{-\xi^2/2} \tilde{f}(\xi)$$

未必能解出 $f(x) = \sqrt{2\pi}\mathcal{F}^{-1}(e^{\xi^2/2}\tilde{g}(\xi))(x)$, 右边的逆变换可能在 $L^2$ 上不存在.

上述问题表明在利用方程右端的噪声数据来求方程的近似解时, 必需利用某种正则化方法. 换言之, 如果用 $g^\delta$ 表示 $g^*$ 的噪声数据, 即使原来方程 $Af = g^*$ 有准确解 $f^*$, 利用数据 $g^\delta$ 来求 $f^*$ 的近似解 $f^\delta$ 也不能定义为 $Af = g^\delta$ 的准确解, 因为该方程可能无精确解. 注意, 即使对充分小的 $\delta$, $e^{\xi^2/2}\tilde{g}(\xi) \in L^2$ 也不能保证 $e^{\xi^2/2}\tilde{g}^\delta(\xi) \in L^2$.

上述方程在 $\mathbb{R}^2$ 上的情形的求解, 可以看成图像处理中的噪声消除问题. 一幅具有清晰边界的二维图像由于噪声的作用可能变得非常模糊, 各部分的边界也被模糊了. 图像处理的任务就是要把模糊的图像尽可能恢复到原来的清晰图像. 从上面方程的角度来看, 具有不连续性的图像的灰度函数 $f(x)$ 由于卷积的光滑化作

用得到的是一个光滑的灰度函数 $g$. 求解上述方程就是要由 $g$ 来近似求解 $f$. 最后一章我们要介绍利用正则化方法求解此方程在图像处理中的应用.

**例 1.8** Laplace 逆变换的数值解. 记 $f(t)$ 是定于 $[0, +\infty)$ 上的实值函数. 如果积分

$$\mathcal{L}f(p) := \int_0^{+\infty} e^{-pt}f(t)dt = g(p)$$

收敛, 它就称为是 $f(t)$ 的 Laplace 变换. Laplace 逆变换是指由 $g(p)$ 来求解 $f(t)$.

考虑 $p$ 是正实数的情况. 假定在节点 $0 < p_1 < p_2 < \cdots < p_n < +\infty$ 的 $g(p)$ 值是给定的, 要由它们来近似求解 $f(t)$.

如果直接把此积分方程离散为在节点处的线性代数方程组, 我们得到

$$\sum_{k=1}^n w_k e^{-p_j t_k}f(t_k) = g(p_j), \quad j = 1, 2, \cdots, n,$$

其中 $w_k$ 是用积分公式 (例如 Gauss 公式、Simpson 公式或梯形公式) 计算左边积分的权.

对模型问题

$$f(t) = \begin{cases} t, & t \in [0, 1), \\ 1.5 - 0.5t, & t \in [1, 3), \\ 0, & t \in [3, \infty), \end{cases} \tag{1.5.22}$$

可以直接计算出

$$g(p) = \frac{1}{2p^2}(2 - 3e^{-p} + e^{-3p}).$$

我们用格式

$$\log(p_j) = \left(-1 + \frac{j-1}{20}\right)\log 10, \quad j = 1, 2, \cdots, 40$$

来产生 40 个节点 $p_j$, 该格式的优点是在 $p = 0$ 附近的节点比较密, 从而积分计算比较准. 当用 Gauss-Legendre 公式由这 40 个节点在区间 $(0, 5)$ 上计算定积分后, 就产生了一个关于 40 个未知数 $\{f(t_j) : j = 1, \cdots, 40\}$ 的线性代数方程组. 如果直接求解该方程组, 可以看到得到的解和真实解相去甚远.

上面八个不同的具体例子有一个共同的特点: 当应用经典的方法去求问题的解时, 或者是给定的输入数据不一定能保证解的存在性或唯一性; 或者是输入数

据的微小变化会引起相应解的巨大变化, 而且这种变化已经使得用通常方法求得的对应解变得毫无意义. 这种现象产生的原因是原问题的不适定性. 不适定性本质上是由于信息 (输入数据、待求的解) 不足 (过定) 造成的. 恢复问题的适定性尤其是稳定性的方法有添加信息、改变拓扑度量等. 主要是添加信息, 因为度量方式在给定的应用问题中是难以随便改变的. 通常是对待求的解作某些假定 (或者说, 在一个较小的集合上求解) 以得到稳定性. 这些内容将在下面几章详细介绍.

最后我们要指出的是, 从数学理论研究的角度而言, 改变问题的拓扑度量仍然是恢复不适定问题适定性的一个重要方法. 从应用背景的角度来考虑, 新的度量 (模) 的选择必须尽可能有合理的物理解释, 过于抽象的数学意义上的模对数学方法的应用是不利的. 关于这类方法在热传导问题中的应用, 可见 [166]. 另一方面, 过于弱的适定性结果 (例如对数型的条件稳定性) 在数值计算的过程中由于计算精度的干扰是很难表现出来的, 这个现象已经被许多数值计算结果所证实.

## 1.6   输入数据和模型的完全匹配

在下面几章开始对反问题的一般讨论之前, 要提醒读者在反问题的数值模拟求解中应该特别小心 "inverse crime". 所谓的 "inverse crime", 是指在数值模拟求解反问题时, 模拟反问题输入数据的算子和反问题的正向过程完全匹配, 或者说, 反问题的模拟输入数据完全由正向算子计算产生, 然后再用相同的正向算子和这样的输入数据来求解反问题. 此时利用精确反演输入数据得到的反问题的数值解一定是和反问题的真解完美匹配的, 即得到的是超乎寻常的满意的解. 即使对输入数据添加一定的加性噪声, 只要噪声水平不是特别大, 得到的反问题的解也是非常令人满意的. 这就是所谓的 "inverse crime". 对反问题求解如采用这一类的数值模拟实验, 既不能反映问题的不适定性, 也不能验证引入的正则化方案的有效性. 在反问题利用模拟输入数据进行数值求解时, 应该特别小心是否犯了这类错误.

具体来讲, 如果在反问题的数值求解中无意间采用了可能降低原来反问题不适定性的某种数值方法, 就会导致异常满意的数值结果, 而这个结果并不是通过对原来问题求解得到的. 例如, 在很多反演方法的数值检验中, 反问题的输入数据是通过数值模拟解相关的正问题得到的. 如果产生模拟输入数据的方法和反问题的数值求解是利用的同一个模型, 或者在数值模拟中采用的离散方法与反演采用的离散方法是相同的, 则就产生了 "inverse crime" 的问题, 得到的数值结果一定是非常准确的. 因此为了避免有限维空间中平凡的反演从而真正检验反演方法的效果, 必须采用和反问题的数值求解方案毫无关系的办法来产生模拟数据.

我们用一个简单的线性模型来描述此现象. 考虑线性系统

$$\mathcal{A}x = y, \tag{1.6.1}$$

其中 $\mathcal{A}$ 是 $X \to Y$ 的有界线性算子. 对一般的数学物理模型, $X, Y, \mathcal{A}$ 都是无限维的. 对不适定问题, $\mathcal{A}^{-1}$ 是无界的. 已知 $(x, \mathcal{A})$, 计算 $y$ 称为正问题, 由 $(\mathcal{A}, y \in Y)$ 来计算 $x$ 称为反问题. 当 $y \notin \mathrm{Range}(\mathcal{A}) \subset Y$ 时, 只能去求 $x$ 的某种广义解.

实际的数值模拟和计算都是在有限维空间进行的. 现在假定无限维模型 (1.6.1) 的有限维逼近模型是

$$Ax = y, \tag{1.6.2}$$

其中 $A \in \mathbb{R}^{n \times n}, x, y \in \mathbb{R}^n$. 由于 $\mathcal{A}^{-1}$ 无界, 矩阵 $A^{-1}$ 的范数会充分大, 但仍然是有限数.

假定对精确的 $y^*$, (1.6.2) 的解是 $x^*$. 通常 $y^*$ 是通过观测得到的, 一般得到的是其近似 $y_\delta^*$, $\delta > 0$ 是噪声水平. 如果在通过模型问题检验求解反问题的算法时, 我们先通过假定的 $x^*$ 直接计算 (1.6.2) 的左端得到 $y^*$, 再对这样模拟产生的反演输入数据 $y^*$ 通过

$$y_\delta^* := Ax^* + \epsilon \tag{1.6.3}$$

产生加性噪声数据, 其中 $\epsilon (|\epsilon| < \delta)$ 是随机噪声, 则我们用这样的数据通过求解 (1.6.2) 得到近似解时, 就有

$$x_\delta^* := A^{-1} y_\delta^* = A^{-1}(Ax^* + \epsilon) = x^* + A^{-1}\epsilon.$$

很显然对病态的问题 (1.6.2), 即使 $\|A^{-1}\|$ 很大, 只要 $\delta$ 充分小, 都会有

$$\|x_\delta^* - x^*\| \leqslant \|A^{-1}\|\delta \tag{1.6.4}$$

充分小, 即 $x_\delta^*$ 总是 $x^*$ 的一个很好的逼近. 用这种方案生成模拟输入数据进行数值实验, 不能说明反问题 (1.6.2) 的任何病态性, 即是所谓的 "inverse crime".

产生这个问题的原因是噪声数据的产生方式 (1.6.3) 是不正确的, 即反演输入数据是用求解反问题时相同的模型 $A$ 产生的, 加上的噪声又只是加性噪声, 我们自然会得到估计 (1.6.4), 从而得到的数值结果不具有说服力. 从实际的物理问题来看, 一般是用物理过程的可测量的信息作为反演输入数据, 测量数据中包含的噪声受到各种因素的影响, 噪声数据一般不可能表示成精确输入数据基础上包含加性噪声的形式.

为了避免 "inverse crime", 一个核心的要求是产生反演输入数据的算子不能和待求解的反问题算子一致, 即数据不应该和模型完全匹配. 从物理上来讲, 这对应于噪声的复杂性, 即不能保证噪声的形式是准确数据的基础上再附加一个加性

噪声. 换言之, 当我们用数值模拟数据 $y_\delta^*$ 来验证反问题 (1.6.2) 的数值求解时, $y_\delta^*$ 不能用 $Ax^*$ 产生 (即使加上了扰动 $\epsilon$), 而应该用与 $A$ 不同的另外一个 $\mathcal{A}$ 的近似算子 $\tilde{A}$ 产生. 可以有许多办法来构造与 $A$ 不同的算子 $\tilde{A}$. 例如可以在一个更高维的空间来逼近 $A, X, Y$. 对这样的离散系统可以解正问题得到一个更高维的正演模拟数据 $\tilde{y}^*$. 对这样的高维数据 $\tilde{y}^*$ 作插值得到低维的数据 $\hat{y}^* \in \mathbb{R}^n$. 然后对这样的数据求解 (1.6.2). 另一个办法是不改变逼近空间的维数, 但是对 $\mathcal{A}$ 作适当的扰动, 然后计算对应的 $n$ 维空间的模拟问题产生正演数据.

可以用一个具体的例子来更明确地解释这类现象. 后面我们会看到, 由散射波的远场数据 $u^\infty(\hat{x})$ 来确定散射体的几何形状 $\partial D$ 是一个严重不适定的非线性问题. 在该反问题中, $u^\infty(\hat{x})$ 是给定的反问题求解的输入数据. 很多情况下用模拟产生的有限个点 $\hat{x}_j$ 的 $u^\infty(\hat{x})$ 来检验反演算法, 即先假定 $\partial D$ 是已知的, 解一个正问题来模拟得到 $u^\infty(\hat{x}_j)$, 再利用这个模拟输入数据去反演得到 $\partial D$. 假定在正问题的模拟过程中把 $\partial D$ 近似用 Fourier 级数展开, 系数为 $\{A_0^k : k = 1, \cdots, N\}$, 通过这些已知的系数解一个正问题来得到 $\{u^\infty(\hat{x}_j) : j = 1, \cdots, M\}$. 当检验反演算法时, 如果仍然将待求的 $\partial D$ 近似展开为系数为 $\{A^k : k = 1, \cdots, N\}$ 的 Fourier 级数, 再利用模拟得到的 $\{u^\infty(\hat{x}_j) : j = 1, \cdots, M\}$ 来反演 $\{A^k : k = 1, \cdots, N\}$, 则得到的结果尤其在 $N, M$ 不大时一定与 $\{A_0^k : k = 1, \cdots, N\}$ 非常接近, 因为现在处理的只是有限维空间上的一个非线性方程 $g(A) = u^\infty = g(A_0)$ 的求解问题, 其中 $g : \mathbb{R}^{2N} \to \mathbb{C}^M$. 通过假定待求的 $\partial D$ 和模拟产生 $\{u^\infty(\hat{x}_j) : j = 1, \cdots, M\}$ 时的精确 $\partial D$ 具有相同的形式, 在有限维空间上数值求解时, 问题的不适定性已经不存在了, 误差只是解一个适定的有限维的非线性方程的数值误差, 结果当然是很好的.

我们再通过一个图像处理的例子来解释 "inverse crime" 产生的原因及避免该问题的策略. 图像去模糊的过程可以看成是一个二维空间 $\mathbb{R}^2$ 上卷积型的第一类积分方程的求解问题 ([135]). 为简单起见, 这里考虑一元函数的第一类积分方程

$$\int_{\mathbb{R}^1} \psi(x')f(x-x')dx' = g(x), \quad x \in [0,1] \tag{1.6.5}$$

的求解, 其中 $f(\cdot)$ 是 $\mathbb{R}^1$ 上以 1 为周期的函数 (未必连续), 卷积核函数 $\psi(x)$ 用下述方式定义. 首先对 $a \in (0, 1/2)$, 定义

$$\psi_0(x) := C_a(x+a)^2(x-a)^2, \quad -a \leqslant x \leqslant a,$$

常数 $C_a := \left(\int_{-a}^a (x+a)^2(x-a)^2 dx\right)^{-1}$ 使得 $\int_{-a}^a \psi_0(x)dx = 1$, 即 $\psi_0(x)$ 在

$[-a, a]$ 上是一个归一化的函数. 然后定义

$$\psi(x) = \begin{cases} \psi_0(x-n), & x \in [n-a, n+a],\ n \in \mathbb{Z} := \{0, \pm 1, \pm 2, \cdots\}, \\ 0, & x \in \mathbb{R}^1 \setminus \bigcup_{n \in \mathbb{Z}} [n-a, n+a]. \end{cases} \quad (1.6.6)$$

这样得到的 $\psi(x) \in C^1(\mathbb{R}^1)$, 且是 $\mathbb{R}^1$ 上的非负的以 1 为周期的偶函数, 见图 1.1(左).

对这样的核函数 $\psi$ 及以 1 为周期的函数 $f$, 由 (1.6.5) 产生的 $g(x)$ 也是以 1 为周期的. 于是方程 (1.6.5) 可以转化为

$$(\mathcal{A}f)(x) := \int_{-a}^{a} \psi(x')f(x-x')dx' = g(x), \quad x \in [0,1], \quad (1.6.7)$$

其中 $f(\cdot)$ 是以 1 为周期的函数. 我们假定此方程的精确解在 $[0,1]$ 上有表达式

$$f(x) = \begin{cases} 0.8, & x \in I_1 := [0.10, 0.20], \\ 0.4, & x \in I_2 := [0.25, 0.30], \\ 1.2, & x \in I_3 := [0.40, 0.60], \\ \sin(\pi x), & x \in I_4 := [0.70, 0.90], \\ 0, & x \in [0,1] \setminus \bigcup_{i=1}^{4} I_i, \end{cases} \quad (1.6.8)$$

其图像见图 1.1(中). 我们取 $a = 0.04$, 由 (1.6.6)—(1.6.8) 可以得到 $f(x)$ 的磨光后的函数 $g(x)$, 见图 1.1(右). 显然 $\psi(x)$ 越光滑 ($a$ 越大), 对 $f(x)$ 的磨光效果就越强.

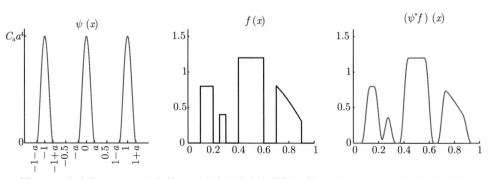

图 1.1    由定义于 $[-a, a]$ 上的 $\psi_0$ 通过平移产生的核函数 $\psi$(左); (1.6.8) 给出的精确的 $f(x)$(中); $a = 0.04$ 的卷积过程产生的 $f(x)$ 的光滑函数 (右)

下面我们来讨论 (1.6.7) 的离散形式, 以及由此离散方程组求解 $f(x)$ 在 $[0,1]$ 上离散点的值. 假定我们已知的是 $g(x)$ 在 $k$ 个观测点 $\{x_i : i = 1, \cdots, k\} \subset [0,1]$ 上带有噪声 $\epsilon$ 的观测值. 我们试图由 $(g(x_1), \cdots, g(x_k)) \in \mathbb{R}^k$ 的噪声数据来提取 $f(\cdot)$ 的信息. 由于假定了 $f(x)$ 是 $\mathbb{R}^1$ 上的 1 周期函数, 故只要决定 $f(x)$ 在 $x \in [0,1]$ 上的信息. 原来的连续模型 (1.6.7) 在输入离散观测数据时变为

$$(\mathcal{A}f)(x_i) := \int_{-a}^{a} \psi(x')f(x_i - x')dx' = g(x_i) - \epsilon_i, \quad x_i \in [0,1], \ i = 1, \cdots, k,$$

(1.6.9)

其中充分小的 $\epsilon_i$ 表示了 $g(x_i)$ 的误差, 一般是未知的, 但可以假定其上界已知. 对 $0 < a < 1/2$, 有 $-a < a < -a+1$ 且由 $\psi$ 的定义可知 $\psi(x')|_{[a,-a+1]} \equiv 0$, 从而

$$(\mathcal{A}f)(x_i) := \int_{-a}^{a} \psi(x')f(x_i - x')dx' \equiv \int_{-a}^{-a+1} \psi(x')f(x_i - x')dx'.$$

注意到 $\psi(\cdot)$ 和 $f(x_i - \cdot)$ 都是以 1 为周期的函数, (1.6.9) 变为

$$(\mathcal{A}f)(x_i) := \int_{0}^{1} \psi(x')f(x_i - x')dx' = g(x_i) - \epsilon_i, \quad x_i \in [0,1], \ i = 1, \cdots, k.$$

(1.6.10)

注意, (1.6.10) 只是在 $[0,1]$ 上的 $k$ 个有限点给出了 $g$ 的值, 而其中的未知量 $f(\cdot)$ 由于 $x'$ 的连续变化仍然需要一个连续区间上的值. 我们对 (1.6.10) 的左端离散, 得到的离散形式为

$$\sum_{j=1}^{n} \psi(\tilde{x}_j)f(x_i - \tilde{x}_j)\Delta\tilde{x}_j = g(x_i) - \epsilon_i, \quad x_i \in [0,1], \ i = 1, \cdots, k. \quad (1.6.11)$$

对给定噪声水平 $\delta > 0$, 用

$$\epsilon_i = \max_{j=1,\cdots,k} |g(x_j)| \times \mathrm{randn}(x_i)$$

来产生噪声, 其中 $\mathrm{randn}(x_i)$ 是均值为 0、方差为 1 的标准正态分布的随机数. 为简单起见, 对 $[0,1]$ 作 $n$ 等分并取 $k = n, x_i = \tilde{x}_i = \dfrac{i}{n} \ (i = 0, 1, \cdots, n)$. 此时步长 $\Delta\tilde{x}_j \equiv \dfrac{1}{n}$. 引进 $\mathbb{R}^n$ 中的列向量

$$m = (m_1, \cdots, m_n)^{\mathrm{T}}, \quad f = (f_1, \cdots, f_n)^{\mathrm{T}}, \quad p = (p_1, \cdots, p_n)^{\mathrm{T}}, \quad \epsilon = (\epsilon_1, \cdots, \epsilon_n)^{\mathrm{T}},$$

其中

$$m_i := g(x_i), \quad f_i := f(x_i), \quad p_i := \frac{1}{n}\psi(x_i), \quad i = 1, \cdots, n,$$

$\epsilon$ 是误差向量. 由于 $f(x_i - x_j) = f_{i-j}$, 故 (1.6.11) 变为

$$\sum_{j=1}^{n} p_j f_{i-j} + \epsilon_i = m_i, \quad i = 1, \cdots, n, \tag{1.6.12}$$

其中 $f_0 = f(x_0) = f(0)$. 由于 $f(\cdot)$ 是以 1 为周期的, 有下面的对应关系

$$f_j = f_{n+j}, \quad j = 0, -1, -2, \cdots, -(n-1). \tag{1.6.13}$$

利用 (1.6.13), 得到 (1.6.12) 的矩阵形式是

$$Af + \epsilon = m, \tag{1.6.14}$$

其中系数矩阵 $A \in \mathbb{R}^{n \times n}$ 是一个循环矩阵, 第 1 行为 $A_1 := (p_n, p_{n-1}, p_{n-2}, \cdots, p_3, p_2, p_1)$, 第 2 行为 $A_2 := (p_1, p_n, p_{n-1}, \cdots, p_4, p_3, p_2)$, 其余行元素类似循环得到, 最后第 $n$ 行为

$$A_n := (p_{n-1}, p_{n-2}, p_{n-3}, \cdots, p_2, p_1, p_n).$$

对循环矩阵 $A$ 的元素 $a_{ij}$, 它在每一个对角线上的元素都是一致的, 即 $a_{ij} = a_{i+l,j+l}$, 并且

$$a_{ij} = a_{(i+l)\bmod n, (j+l)\bmod n}.$$

　　一个循环矩阵的第一行或第一列就完全决定了整个矩阵. 对于大规模的循环矩阵对应的方程组可以借助于快速 Fourier 变换求解. 由于考虑的矩阵阶数不高, 这里我们直接求解线性方程组.

　　我们把由 (1.6.14) 利用给定的右端数据 $m$ 求解 $f$ 的问题称为图像去模糊的反问题, 而正问题是图像模糊过程 (对给定的 $A$ 和精确图像 $f$, 计算 (1.6.14) 的左端得到模糊的图像 $m$).

　　对 $n = k = 64, a = 0.04$ 的情形, 利用矩阵 $A$ 和离散的 $f(x)$ 产生 $g(x)$ 在 $[0, 1]$ 上 64 个离散点的值. 再把 $g$ 在这 64 个点的值作为反演输入数据, 在精确数据 $(\delta = 0)$ 和噪声数据 $(\delta = 0.05)$ 两种情形再去求解 $f(x)$ 得到的数值结果, 如图 1.2(虚线). 由于模拟反演输入数据采用的矩阵和求解反问题的矩阵是完全一致的, 这就是典型的 "inverse crime". 可以看到, 对精确的输入数据, 反演得到的解几乎和精确解完全一致. 对带有噪声的输入数据, 由于 $A^{-1}$ 的条件数很大, 数值结果

产生了严重的振荡. 对这样的模拟输入数据, 即使使用正则化方法, 也不能说明正则化方法的有效性.

下面我们给出一种消除 "inverse crime" 的数值反演方法. 如前所述, 其核心要点是产生正演数据的矩阵不能和用来求解反问题的矩阵完全一致. 为此, 对如上给定的 64 阶矩阵 $A$, 我们从两个方面来修改, 使得得到的离散点数据 $\{g(x_i) : i = 1, \cdots, 64\}$ 和直接由矩阵 $A$ 产生的完全不一致:

1. 首先对核函数 $\psi(x)$ 中的 $a$ 由 $a = 0.04$ 扰动为 $a = 0.042$(相当于模型有小的扰动). 对这样得到的核函数记为 $\tilde{\psi}$.

2. 对以 $\tilde{\psi}$ 为核函数的方程组 (1.6.10), 我们引入 $g(x)$ 在 $[0, 1]$ 上 2000 个均匀分布点的值, 记为 $\{g(\tilde{x}_i) : i = 1, \cdots, 2000\}$. 然后把 (1.6.10) 左端的积分在 $[0, 1]$ 上作 1000 等分, 用梯形公式计算 $\{g(\tilde{x}_i) : i = 1, \cdots, 2000\}$. 对这样的 2000 个点处的 $g(x)$ 的值, 我们用三次样条插值得到 $g(x)$ 在 $[0, 1]$ 的近似表达式 $\tilde{g}(x)$. 利用 $\tilde{g}(x)$ 在 $[0, 1]$ 上 64 个均匀节点的值作为反演输入数据 $\{\tilde{g}(x_i) : i = 1, \cdots, 64\}$.

3. 求解带有扰动的方程

$$Af + \epsilon = \tilde{m}_i, \quad l = 1, \cdots, 64,$$

其中 $\tilde{m}_i = \tilde{g}(x_i)$, 左端矩阵 $A$ 仍然是 $a = 0.04$ 对应的 $64 \times 64$ 矩阵.

由上述三步构成的反演过程就避免了 "inverse crime". 由上述过程精确反演输入数据和噪声输入数据得到的反演解如图 1.3 所示.

比较图 1.2 和图 1.3 左边两个图可以看到, 没有 "inverse crime" 的反演输入数据即使是对精确数据计算出的结果也是不太好的, 这反映了问题的不适定性.

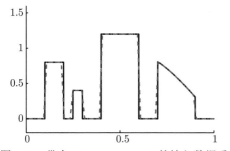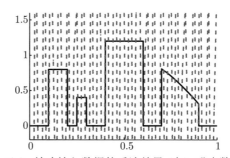

图 1.2 带有 "inverse crime" 的输入数据重建 $f(x)$: 精确输入数据的反演结果 (左); 噪声数据的反演结果 (右)

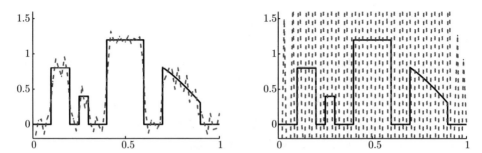

图 1.3   没有 "inverse crime" 的输入数据重建 $f(x)$: 精确输入数据的反演结果 (左); 噪声数据的反演结果 (右)

# 第 2 章  预 备 理 论

在不适定问题和反问题的研究中, 有一些数学方法和理论是基本的和必需的, 其中重要的数学工具之一就是紧算子和积分方程的有关理论. 借助于基本解或者势函数理论, 可以给出某些定解问题解的积分表达式 (例如对热传导问题和散射问题). 这样反问题就转化为对一类积分方程解的研究. 此时出现的积分方程通常是一个具有弱奇性核的 Fredholm 方程. 该积分方程可以通过适当的正则化算子变换, 近似转化为

$$(I - A)\phi = f,$$

其中 $A$ 是一个紧的积分算子, $f$ 是一个 Banach 空间的元素. 从而利用紧算子的有关理论和正则化近似理论可求解原不适定问题.

在本章我们介绍有关函数空间、紧线性算子、积分算子、函数逼近等基本概念和性质, 它们可以在 [94] 或其他标准的泛函分析教材中找到. 这些结果是讨论不适定问题解法的基础.

## 2.1  赋范空间若干结果

记 $A: X \to Y$ 为一个单值的映射, 其定义域为 $X$, 值域含于 $Y$ 中, 即任给 $\phi \in X$, 存在唯一的 $A\phi \in Y$,

$$A(X) = \{A\phi : \phi \in X\} \subset Y.$$

算子方程 $A\phi = f$ 解的存在唯一性等价于 $A$ 的逆算子 $A^{-1}$ 的存在性.

如果对每一个 $f \in A(X)$, 只有一个元素 $\phi \in X$ 满足 $A\phi = f$, 称 $A$ 是单 (内) 射 (injective); 此时 $A$ 有一个定义于 $A(X)$ 上的逆算子

$$A^{-1}: A(X) \to Y,$$

其定义域为 $A(X) \subset Y$, 值域为 $X$, 它在 $X$ 上满足 $A^{-1}A = I$, $A(X)$ 上满足 $AA^{-1} = I$.

如果 $A(X) = Y$, 称 $A$ 是满射 (surjective). 如果算子 $A$ 既是单射又是满射, 则称为双射 (bijective), 此时 $A^{-1}: Y \to X$ 存在.

**定义 2.1.1**  设 $X$ 是一个复 (实) 的线性空间, 如果函数 $\|\cdot\|: X \to \mathbb{R}^1$ 满足

(N1) $\|\phi\| \geqslant 0, \forall \phi \in X$;

(N2) $\|\phi\| = 0 \iff \phi = 0$;

(N3) $\|\alpha\phi\| = |\alpha|\|\phi\|, \forall \alpha \in \mathbb{C}$ (或 $\mathbb{R}$), $\phi \in X$;

(N4) $\|\phi + \psi\| \leqslant \|\phi\| + \|\psi\|, \forall \phi, \psi \in X$,

则称 $\|\cdot\|$ 为 $X$ 上的模 (范数).

线性空间 $X$ 装备模后称为赋范线性空间.

**定义 2.1.2**  设 $\{\phi_n\}_{n=1}^{\infty} \subset X$. 如果 $\forall \varepsilon > 0, \exists N(\varepsilon)$ 使得 $n > N(\varepsilon)$ 时 $\|\phi_n - \phi\| \leqslant \varepsilon$ 成立, 即

$$\lim_{n \to \infty} \|\phi_n - \phi\| = 0,$$

则称序列 $\{\phi_n\}_{n=1}^{\infty}$ 在 $n \to \infty$ 时收敛于 $\phi$, 记为 $\lim_{n \to \infty} \phi_n = \phi$ 或者 $\phi_n \to \phi$.

**定义 2.1.3**  设 $U \subset X$. 映射 $A: U \to Y$ 称为在 $\phi \in U$ 上是连续的, 如果对任意以 $\phi$ 为极限的 $U$ 中的序列 $\{\phi_n\}_{n=1}^{\infty}$ 都成立

$$\lim_{n \to \infty} A\phi_n = A\phi.$$

$A$ 在 $U$ 上 (一致) 连续的定义可类似给出.

**例 2.1**  由定义, $X$ 上的任意一种模 $\|\cdot\|$ 都是 $X$ 上的连续函数; 而

$$X_1 = \{f \in C[a,b]; \|f\|_{\infty} = \max_{[a,b]} |f(x)|\},$$

$$X_2 = \left\{ f \in C[a,b]; \|f\|_2 = \sqrt{\int_a^b |f(x)|^2 dx} \right\}$$

都是赋范线性空间.

**定义 2.1.4**  线性空间上的两个模称为是等价的, 如果任一个关于一种模收敛的序列关于另一种模也收敛.

**定理 2.1.5**  线性空间 $X$ 上的两个模 $\|\cdot\|_1$ 和 $\|\cdot\|_2$ 称为是等价的, 如果存在常数 $c, C > 0$ 使得

$$c\|\phi\|_1 \leqslant \|\phi\|_2 \leqslant C\|\phi\|_1$$

对一切的 $\phi \in X$ 成立.

对由 $m$ 个线性无关的元素 $\{f_j\}_{j=1}^{m}$ 张成的有限维线性空间 $X_m = \text{span}\{f_1, f_2, \cdots, f_m\}$, 对 $\phi = \sum_{k=1}^{m} \alpha_k f_k \in X_m$, 易验证

$$\|\phi\|_{\infty} := \max_{k=1,2,\cdots,m} |\alpha_k|$$

是 $X_m$ 上的一个模, 并且

**定理 2.1.6** 有限维线性空间上的所有模都是等价的.

**定义 2.1.7** 给定 $\forall \phi \in X, r > 0, B(\phi, r) := \{\psi : \|\psi - \phi\| < r\}$ 称为中心在 $\phi$、半径为 $r$ 的一个开球, $B[\phi, r] = \{\psi : \|\psi - \phi\| \leqslant r\}$ 称为一个闭球.

**定义 2.1.8** 对 $X$ 中的子集 $U$, 如果 $\forall \phi \in U, \exists r > 0$ 使得 $B(\phi, r) \subset U$, 称 $U$ 为 $X$ 中的一个开集; 如果 $U$ 中任一收敛序列的极限都在 $U$ 中, 称 $U$ 为 $X$ 中的一个闭集.

$U \subset X$ 是闭集 $\iff X \setminus U$ 是开集. 特别, 赋范线性空间的有限维子空间是闭的.

**定义 2.1.9** $U$ 中所有收敛序列的极限点的集合称为 $U$ 的闭包, 记为 $\overline{U}$. 集合 $U$ 称为在另一个集合 $V$ 中是稠密的, 如果 $V \subset \overline{U}$. 也就是说, $V$ 中的任一元素都是 $U$ 中一个收敛序列的极限点.

由定义知, $U$ 在 $V$ 中稠密, 则 $V$ 中的任一元素可用 $U$ 的元素来逼近.

$U \subset X$ 是闭集 $\iff U = \overline{U}$.

**例 2.2** 由 Weierstrass 逼近定理, $[a, b]$ 上的多项式集合构成的线性子空间 $P$ 在 $C[a, b]$ 中关于最大模和平方模都是稠密的.

**定义 2.1.10** $U \subset X$ 称为是有界的, 如果 $\exists C > 0$ 使得 $\|\phi\| \leqslant C$ 对一切的 $\phi \in U$ 成立.

**定义 2.1.11** 序列 $\{\phi_n\}_{n=1}^{\infty} \subset X$ 称为是 Cauchy 列, 如果 $\forall \varepsilon > 0, \exists N(\varepsilon)$ 使得

$$\|\phi_n - \phi_m\| \leqslant \varepsilon, \quad \forall n, m > N(\varepsilon)$$

成立.

赋范线性空间 $X$ 中的任一收敛的序列都是 Cauchy 列, 但反之一般不真.

**定义 2.1.12** $U \subset X$ 称为是完备的, 如果 $U$ 中的任一 Cauchy 列都收敛于 $U$ 中的一个元素. 完备的赋范线性空间称为是 Banach 空间.

**例 2.3** 前面给出的 $X_1$ 是 Banach 空间, 但 $X_2$ 不是.

**定义 2.1.13** 集合 $U \subset X$ 称为是紧的 (compact), 如果 $U$ 的任一开覆盖含有有限的子覆盖. 即如果开集的集合 $\{V_j\}_{j \in J}$ 满足 $U \subset \bigcup_{j \in J} V_j$, 则一定可选取有限个开集 $\{V_{j(k)}\}_{k=1}^{n}$ 满足 $U \subset \bigcup_{k=1}^{n} V_{j(k)}$.

集合 $U \subset X$ 称为是列紧的 (sequentially compact), 如果 $U$ 中的任一序列含有一个收敛的子列收敛到 $U$ 中的元素.

**定理 2.1.14** 赋范空间中的子集是紧的当且仅当它是列紧的.

据此定理知, 紧集是有界的、闭的、完备的.

当 $X$ 是有限维空间时, $X$ 中的有界集合 $U$ 中的任一序列必有一个收敛的子

列. 当 $U$ 是闭集时, 极限点也在 $U$ 中 (Weierstrass) $\Longleftrightarrow$ 若 $U_j$ 是开集 $(j \in I)$, $\{U_j\}_{j \in I}$ 覆盖了一个有界闭集 $U$, 则一定可以从 $U_j (j \in I)$ 中选出有限个集合, 使得它们覆盖 $U$(Borel). 因此有限维空间中, 有界闭集的性质是很好的. 但是无限维空间中有界闭集不具有这些性质, 因此在无限维空间上对应引进 "紧集" 的概念. 粗略地讲, 无限维空间中紧集对应于有限维空间有界闭集.

**定义 2.1.15**　赋范空间中的子集称为是相对紧的, 如果它的闭包是紧的.

由此定义易知, $U$ 是相对紧的, 当且仅当 $U$ 中的任一序列都有一个收敛的子列 (但极限点未必在 $U$ 中).

**定理 2.1.16**　赋范空间中有界的有限维的子集是相对紧的.

对 $\mathbb{R}^m$ 中的紧集 $G$, 记 $C(G)$ 为定义于 $G$ 上的连续函数, 其上的模定义为

$$\|\phi\|_\infty := \max_{x \in G} |\phi(x)|.$$

$C(G)$ 中的函数集合为相对紧集的标准如下.

**定理 2.1.17** (Arzela-Ascoli)　$U \subset C(G)$ 是相对紧集 $\Longleftrightarrow$ $U$ 是有界的和等度连续的.

## 2.2　有界算子和紧算子

**定义 2.2.1**　算子 $A : X \to Y$ 把线性空间 $X$ 映到线性空间 $Y$ 称为是线性的, 如果

$$A(\alpha\phi + \beta\psi) = \alpha A\phi + \beta A\psi, \quad \forall \phi, \psi \in X, \quad \alpha, \beta \in \mathbb{C}\,(\text{或}\,\mathbb{R}).$$

**定理 2.2.2**　线性算子是连续的 $\Longleftrightarrow$ 线性算子在一个元素处是连续的.

**定义 2.2.3**　从赋范空间 $X$ 到赋范空间 $Y$ 的线性算子 $A$ 称为是有界的, 如果 $\exists C > 0$ 使得对一切的 $\phi \in X$, 满足

$$\|A\phi\|_Y \leqslant C\|\phi\|_X.$$

$C$ 称为是算子 $A$ 的一个界.

线性算子 $A$ 是有界的 $\Longleftrightarrow$ $\|A\| := \sup_{\|\phi\|=1} \|A\phi\| = \sup_{\|\phi\| \leqslant 1} \|A\phi\| < \infty \Longleftrightarrow$ $A$ 把 $X$ 中的有界集映为 $Y$ 中的有界集.

$\|A\|$ 称为算子 $A$ 的范数 (模).

由赋范线性空间 $X$ 到赋范线性空间 $Y$ 的全体有界线性算子的集合构成一个线性空间, 记为 $\mathcal{L}(X, Y)$.

**定理 2.2.4**　$\mathcal{L}(X, Y)$ 在前述算子范数下构成一个赋范线性空间. 如果 $Y$ 是一个 Banach 空间, 则 $\mathcal{L}(X, Y)$ 也是 Banach 空间.

对算子序列 $\{A_n\}_{n=1}^{\infty}$ 收敛于 $A$, 必须区别是按范数收敛 (norm convergence) 还是逐点收敛 (pointwise convergence).

**定理 2.2.5** 线性算子 $A$ 是连续的 $\Longleftrightarrow A$ 是有界的.

**定理 2.2.6** 记 $X, Y, Z$ 为赋范线性空间, $A: X \to Y, B: Y \to Z$ 是有界线性算子. 由

$$(BA)\phi := B(A\phi), \quad \forall \phi \in X$$

定义的积算子 $BA: X \to Z$ 是有界线性算子且满足 $\|BA\| \leqslant \|A\|\|B\|$.

**定义 2.2.7** 从赋范空间 $X$ 到赋范空间 $Y$ 的线性算子 $A$ 称为是紧的, 如果它把 $X$ 中的任一有界集映为 $Y$ 中的相对紧集.

**定理 2.2.8** 从赋范空间 $X$ 到赋范空间 $Y$ 的线性算子 $A$ 称为是紧的 $\Longleftrightarrow$ 对 $X$ 中的任一有界序列 $\{\phi_n\}_{n=1}^{\infty}$, $\{A\phi_n\}_{n=1}^{\infty}$ 含有 $Y$ 中的收敛子列.

**定理 2.2.9** 紧的线性算子 $A$ 是有界的, 紧的线性算子的线性组合是紧的算子.

**定理 2.2.10** 记 $X, Y, Z$ 为赋范线性空间, $A: X \to Y, B: Y \to Z$ 是有界线性算子. 如果 $A$ 或者 $B$ 是紧的, 则积算子 $BA: X \to Z$ 是紧的.

**定理 2.2.11** $X$ 为赋范空间, $Y$ 为 Banach 空间. 如果紧线性算子序列 $A_n: X \to Y$ 在 $n \to \infty$ 时依范数收敛于线性算子 $A: X \to Y$, 即 $\|A_n - A\| \to 0$, 则 $A$ 是紧算子.

**定理 2.2.12** 如果有界线性算子 $A: X \to Y$ 有有限维的值域 $A(X)$, 则 $A$ 是紧算子.

**定理 2.2.13** 恒等算子 $I: X \to X$ 是紧的 $\Longleftrightarrow X$ 是有限维的.

该定理说明有界算子未必是紧的, 同时也说明了第一类算子方程和第二类算子方程的区别: 因为对紧算子 $A$, $A$ 和 $I - A$ 显然具有不同的性质.

由定理 2.2.10 和定理 2.2.13, 紧算子 $A$ 不可能存在有界的逆, 除非其值域 $A(X)$ 是有限维的.

对第二类的算子方程

$$\phi - A\phi = f,$$

如果 $A$ 是压缩的 (即 $\|A\| < 1$), 其可解性可由 Neumann 级数的方法得到.

**定理 2.2.14** 设 $A: X \to X$ 是一个压缩的有界线性算子, 它把 Banach 空间 $X$ 映到自身. $I: X \to X$ 是单位算子. 则 $I - A$ 在 $X$ 上存在有界逆, 且由 Neumann 级数给出:

$$(I - A)^{-1} = \sum_{k=0}^{\infty} A^k,$$

$$\|(I - A)^{-1}\| \leqslant \frac{1}{1 - \|A\|},$$

其中 $A^n$ 由 $A^0 := I, A^n := AA^{n-1}$ 定义.

显然, Neumann 级数的部分和

$$\phi_n := \sum_{k=0}^n A^k f$$

满足 $\phi_{n+1} = A\phi_n + f$ $(n = 0, 1, \cdots)$. 据此可由 Neumann 级数构造方程的迭代解, 即

**定理 2.2.15** 在上述定理的条件下, 对任意 $f \in X$, 由任意的初值 $\phi_0 \in X$ 构造的序列

$$\phi_{n+1} = A\phi_n + f, \quad n = 0, 1, 2, \cdots \tag{2.2.1}$$

收敛于 $\phi - A\phi = f$ 的唯一解 $\phi$, 并且有下面的误差估计

$$\|\phi_n - \phi\| \leqslant \frac{\|A\|^n}{1 - \|A\|} \|\phi_1 - \phi_0\|.$$

该定理讨论方程的可解性时, 要求 $\|A\| < 1$. 该条件可以放宽到 $\|A^k\| < 1$ 对某个正整数 $k$ 成立 ([159]). 此时方程 $\phi - A\phi = f$ 对任意的 $f \in X$ 仍然存在唯一解. 类似于本定理, 对任意的迭代初值 $\phi_0$, 由迭代格式

$$\phi_{n+1} = A^k\phi_n + \sum_{j=0}^{k-1} A^j f, \quad n = 0, 1, 2, \cdots$$

得到的序列 $\{\phi_n\}$ 收敛于 $\phi - A\phi = f$ 的唯一解 $\phi$, 并且有下面的误差估计

$$\|\phi_n - \phi\| \leqslant \frac{\|A^k\|^n}{1 - \|A^k\|} \|\phi_1 - \phi_0\|.$$

对一般的第二类算子方程, 其可解性是由 Fredholm 理论得到的.

在线性空间 $X$ 上引进内积后, 由内积可以定义 $X$ 上的一个范数. 由此得到 Hilbert 空间.

**定义 2.2.16** 假定线性空间 $X$ 上定义了内积 $(\cdot, \cdot)$. 由

$$\|\phi\| := (\phi, \phi)^{1/2}, \quad \forall \phi \in X$$

定义了 $X$ 上的一个范数. 如果 $X$ 关于这个范数是完备的, 就称为 Hilbert 空间, 否则称为准 Hilbert 空间.

为了讨论不适定问题拟解的需要, 引进最佳逼近的概念.

**定义 2.2.17**　设 $U \subset X$ 是赋范线性空间 $X$ 的子集, $\phi \in X$. 元素 $v \in U$ 称为 $\phi$ 在 $U$ 上的最佳逼近, 如果

$$\|\phi - v\| = \inf_{u \in U} \|\phi - u\|,$$

即 $v$ 是 $U$ 上与 $\phi$ 距离最近的点.

**定理 2.2.18**　设 $U$ 是准 Hilbert 空间 $X$ 的线性子空间, $v \in U$ 是 $\phi \in X$ 在 $U$ 上的最佳逼近 $\Longleftrightarrow$

$$(\phi - v, u) = 0, \quad \forall u \in U,$$

即 $\phi - v \perp U$. 对 $\forall \phi \in X$, 在 $U$ 上至多有一个最佳逼近元素.

**定理 2.2.19**　设 $U$ 是准 Hilbert 空间 $X$ 的完备的线性子空间. $\forall \phi \in X$, 在 $U$ 上存在唯一的最佳逼近元素.

**定理 2.2.20**　设 $U$ 是准 Hilbert 空间 $X$ 的凸的子集. $v \in U$ 是 $\phi \in X$ 在 $U$ 上的最佳逼近 $\Longleftrightarrow$

$$\Re(\phi - v, u - v) \leqslant 0, \quad \forall u \in U.$$

对 $\forall \phi \in X$, 在 $U$ 上至多有一个最佳逼近元素.

对 Hilbert 空间, 还可以引进弱收敛序列 (weak convergence sequence) 和强制算子的概念.

**定义 2.2.21**　Hilbert 空间 $X$ 中的序列 $\{\phi_n\}$ 称为弱收敛于 $\phi \in X$(记为 $\phi_n \rightharpoonup \phi$), 如果对一切的 $\psi \in X$, 有

$$\lim_{n \to \infty} (\psi, \phi_n) = (\psi, \phi).$$

关于 Hilbert 空间中弱收敛序列, 有下列结果 ([37]).

**定理 2.2.22** (弱收敛的性质)

(1) 如果 $x_n \rightharpoonup x_0$, 则 $\|x_0\| \leqslant \underline{\lim}_{n \to \infty} \|x_n\|$;

(2) 如果 $x_n \rightharpoonup x_0$ 且 $\|x_n\| \to \|x_0\|$, 则 $\|x_n - x_0\| \to 0$;

(3) Hilbert 空间中弱收敛的序列是有界的, Hilbert 空间中的有界序列一定存在弱收敛的子列;

(4) 线性全连续算子把弱收敛的序列映射为强收敛 (依范数收敛) 的序列.

**定义 2.2.23**　设 $X$ 是 Hilbert 空间, $A : X \to X$ 是有界线性算子. 如果存在 $c > 0$ 使得

$$\Re(A\phi, \phi) \geqslant c\|\phi\|^2, \quad \forall \phi \in X$$

成立, 则称 $A$ 是严格强制的 (strictly coercive).

**定理 2.2.24** (Lax-Milgram 定理)  设 $X$ 是 Hilbert 空间. 严格强制的算子 $A: X \to X$ 存在有界逆 $A^{-1}: X \to X$.

设 $X, Y$ 是 Hilbert 空间, 对有界线性算子 $A: X \to Y$, 由后面给出的定理 2.3.14 知它有唯一的伴随算子 $A^*: Y \to X$. 对此有

**定理 2.2.25**  对有界线性算子 $A: X \to Y$, 成立

$$A(X)^\perp = \mathrm{Ker}(A^*), \quad \mathrm{Ker}(A^*)^\perp = \overline{A(X)},$$

其中 $\mathrm{Ker}(A^*)$ 表示 $A^*$ 的零空间.

该定理的一个直接应用就是空间 $Y$ 的直和分解 $Y = \overline{A(X)} \oplus \mathrm{Ker}(A^*)$. 这只要注意到 $Y = \overline{A(X)} \oplus \overline{A(X)}^\perp$, 而对 $Y$ 的闭子空间 $\overline{A(X)}$ 有 $\overline{A(X)}^\perp = A(X)^\perp$ 即可.

这表明对有界线性算子 $A$, $A(X)$ 在 $Y$ 中的稠密性等价于 $\mathrm{Ker}(A^*) = \{0\}$.

还可以引进线性赋范空间上元素列的弱收敛的概念, Hilbert 空间中序列的弱收敛是其特例 ([107]).

**定义 2.2.26**  设 $E$ 为线性赋范空间, $\{x_n\} \subset E, x_0 \in E$. 如果对任一线性泛函 $f \in E^*$, 在 $n \to \infty$ 时有 $f(x_n) \to f(x_0)$, 就称 $x_n$ 弱收敛于 $x_0$, 记为 $x_n \rightharpoonup x_0$.

关于元素列的弱收敛, 有下列判别法:

**定理 2.2.27**  序列 $\{x_n : n = 1, \cdots\}$ 弱收敛于 $x_0$ 的充分必要条件是

(1) 序列 $\{\|x_n\| : n = 1, \cdots\}$ 有界;

(2) $n \to \infty$ 时 $f(x_n) \to f(x_0)$, 其中 $f$ 为属于其线性组合在 $E^*$ 稠密的线性泛函集的任一元.

## 2.3  Riesz 理论和 Fredholm 理论

设 $A: X \to X$ 是赋范空间 $X$ 上的紧的线性算子. 本节介绍第二类算子方程

$$\phi - A\phi = f$$

的基本理论. 它起源于 Riesz 在 1918 年的工作和 Fredholm 在 1903 年对第二类积分方程的工作. 利用算子方程的有关理论来求解反问题是一类经典的方法 ([15]).

由单位算子 $I$ 定义

$$L := I - A. \tag{2.3.1}$$

**定理 2.3.1** (Riesz 第一定理)  算子 $L$ 的零空间

$$\mathrm{Ker}(L) := \{\phi \in X : L\phi = 0\}$$

是 $X$ 的有限维子空间.

**定理 2.3.2** (Riesz 第二定理) 算子 $L$ 的值域

$$L(X) := \{L\phi : \phi \in X\}$$

是 $X$ 的闭的线性子空间.

**定理 2.3.3** (Riesz 第三定理) 存在唯一的非负整数 $r$(称为 $A$ 的 Riesz 数), 满足

$$\{0\} = \mathrm{Ker}(L^0) \subsetneqq \mathrm{Ker}(L^1) \subsetneqq \cdots \subsetneqq \mathrm{Ker}(L^r) = \mathrm{Ker}(L^{r+1}) = \cdots,$$

$$X = L^0(X) \supsetneqq L^1(X) \supsetneqq \cdots \supsetneqq L^r(X) = L^{r+1}(X) = \cdots,$$

$$X = \mathrm{Ker}(L^r) \oplus L^r(X).$$

区分 $A$ 的 Riesz 数 $r = 0$ 和 $r > 0$ 两种情况, 即得到第二类算子方程的可解性结果.

**定理 2.3.4** 设 $X$ 是赋范空间, $A : X \to X$ 是紧算子. 如果 $I - A$ 是内射的 (injective), 则 $(I - A)^{-1} : X \to X$ 存在且有界.

**证明** $L$ 是内射的意味着 $\mathrm{Ker}(L) = \{0\}$, 即 $r = 0$. 由 Riesz 第三定理知 $X = L(X)$, 故 $L^{-1} : X \to X$ 存在.

用反证法证明有界性. 如果 $L^{-1}$ 无界, 则存在 $\{f_n\}$ 满足 $\|f_n\| = 1$ 并使得 $\phi_n := L^{-1}f_n$ 是无界的. 定义

$$g_n = \frac{f_n}{\|\phi_n\|}, \quad \psi_n = \frac{\phi_n}{\|\phi_n\|}, \quad n \in \mathbb{N},$$

则 $n \to \infty$ 时 $g_n \to 0$ 且 $\|\psi_n\| = 1$. 由于 $A$ 是紧算子, 可选取子列 $\psi_{n(k)}$ 使得 $k \to \infty$ 时 $A\psi_{n(k)} \to \psi \in X$. 再由

$$\psi_{n(k)} - A\psi_{n(k)} = g_{n(k)},$$

知 $k \to \infty$ 时 $\psi_{n(k)} \to \psi$, 因此 $\psi \in \mathrm{Ker}(L)$, 即 $\psi = 0$, 这与 $\|\psi_n\| = 1$ 矛盾. □

由此定理立即得到第二类算子方程解的存在唯一性结果.

**推论 2.3.5** 设 $X$ 是赋范空间, $A : X \to X$ 是紧算子. 如果齐次方程

$$\phi - A\phi = 0$$

只有唯一的平凡解 $\phi = 0$, 则对任意的 $f \in X$, 非齐次方程

$$\phi - A\phi = f$$

存在唯一解 $\phi \in X$, 并且该解连续依赖于 $f$.

在 $r > 0$ 时, Riesz 第三定理只能给出齐次方程 $\phi - A\phi = 0$ 解的结构.

**定理 2.3.6**  设 $X$ 是赋范空间, $A : X \to X$ 是紧算子. 如果 $I - A$ 不是内射的, 则 $L$ 的零空间 $\mathrm{Ker}(I - A)$ 是有限维的, 且其值域 $(I - A)X \subset X$ 是 $X$ 的闭子空间.

对第二类算子方程, 此结果对应于

**推论 2.3.7**  设 $X$ 是赋范空间, $A : X \to X$ 是紧算子. 如果齐次方程

$$\phi - A\phi = 0$$

有非平凡解, 则非齐次方程

$$\phi - A\phi = f$$

或者是无解的, 或者是其通解有表达式

$$\phi = \overline{\phi} + \sum_{k=1}^{m} \alpha_k \phi_k,$$

其中 $\phi_1, \phi_2, \cdots, \phi_m$ 是齐次方程的一组基础解, $\overline{\phi}$ 是非齐次方程的一个特解.

此结果没有给出 $f$ 的任何条件使得我们能判断非齐次方程 $\phi - A\phi = f$ 是无解还是有无穷多组解.

**推论 2.3.8**  设 $S$ 是有界线性算子且具有有界逆 $S^{-1}$. 上述结果中的 $I - A$ 用 $S - A$ 来代替后, 结论仍然成立.

Riesz 定理的重要性体现在推论 2.3.5 上: 对第二类积分方程, 由解的唯一性可以得到解的存在性, 这和有限维的线性方程组是一样的. 对 $n \times n$ 方阵 $B_{n \times n}$ 和 $x \in \mathbb{R}^n$, 如果 $Bx = 0$ 只有零解 (这意味着 $B$ 是可逆的), 则对任意的 $f \in \mathbb{R}^n$, 非齐次方程 $Bx = f$ 存在唯一解 $x = B^{-1}f$. 在 $Bx = 0$ 有非零解的时候, 为判断非齐次方程 $Bx = f$ 是否有解, 需判断 $B$ 的秩和 $(B, f)$ 的秩是否相等. 对无穷维的非齐次算子方程 $\phi - A\phi = f$, 该问题是由 Fredholm 理论来解决的. 为此引进对偶系统 (dual system) 的概念.

**定义 2.3.9**  设 $X, Y$ 是线性空间. 如果

$$\langle \alpha_1 \phi_1 + \alpha_2 \phi_2, \psi \rangle = \alpha_1 \langle \phi_1, \psi \rangle + \alpha_2 \langle \phi_2, \psi \rangle, \quad \forall \phi_1, \phi_2 \in X, \forall \psi \in Y, \alpha_1, \alpha_2 \in \mathbb{C},$$

$$\langle \phi, \beta_1 \psi_1 + \beta_2 \psi_2 \rangle = \beta_1 \langle \phi, \psi_1 \rangle + \beta_2 \langle \phi, \psi_2 \rangle, \quad \forall \psi_1, \psi_2 \in Y, \forall \phi \in X, \beta_1, \beta_2 \in \mathbb{C}$$

成立, 映射 $\langle \cdot, \cdot \rangle : X \times Y \to \mathbb{C}$ 称为是双线性的.

如果对任意的非零 $\phi \in X$, $\exists \psi \in Y$ 使得 $\langle \phi, \psi \rangle \neq 0$; 对任意的非零 $\psi \in Y$, $\exists \phi \in X$ 使得 $\langle \phi, \psi \rangle \neq 0$, 就称双线性映射是非退化的 (nondegenerate).

**定义 2.3.10** 赋范空间 $X$ 和 $Y$ 装备了非退化的双线性形式后, 称为对偶系统, 记为 $\langle X, Y \rangle$.

**定义 2.3.11** 设 $\langle X_1, Y_1 \rangle_1, \langle X_2, Y_2 \rangle_2$ 是两个对偶系统. 两个算子 $A : X_1 \to X_2, B : Y_2 \to Y_1$ 称为是伴随的, 如果

$$\langle A\phi, \psi \rangle_2 = \langle \phi, B\psi \rangle_1, \quad \forall \phi \in X_1, \psi \in Y_2.$$

需要注意的是, 在上述定义下, 只有线性算子才可以引进伴随算子的概念, 此即

**定理 2.3.12** 设 $\langle X_1, Y_1 \rangle_1, \langle X_2, Y_2 \rangle_2$ 是两个对偶系统. 如果算子 $A : X_1 \to X_2$ 有一个伴随算子 $B : Y_2 \to Y_1$, 则 $B$ 是唯一的, 并且 $A$ 和 $B$ 都是线性的.

**证明** 设 $A$ 有两个伴随算子 $B_1$ 和 $B_2$. 记 $B = B_1 - B_2$, 则对 $\forall \phi \in X_1, \psi \in Y_2$, 有

$$\langle \phi, B\psi \rangle_1 = \langle \phi, B_1\psi \rangle_1 - \langle \phi, B_2\psi \rangle_1 = \langle A\phi, \psi \rangle_2 - \langle A\phi, \psi \rangle_2 = 0.$$

由于 $\langle \cdot, \cdot \rangle_1$ 是非退化的, 上式表明 $B\psi = 0$ 对一切的 $\psi \in Y_2$ 成立, 即 $B_1 = B_2$. 为证明 $B$ 是线性的, 只要注意到 $\forall \phi \in X_1$, 有

$$\langle \phi, \beta_1 B\psi_1 + \beta_2 B\psi_2 \rangle_1 = \beta_1 \langle \phi, B\psi_1 \rangle_1 + \beta_2 \langle \phi, B\psi_2 \rangle_1 = \beta_1 \langle A\phi, \psi_1 \rangle_2 + \beta_2 \langle A\phi, \psi_2 \rangle_2$$
$$= \langle A\phi, \beta_1\psi_1 + \beta_2\psi_2 \rangle_2 = \langle \phi, B(\beta_1\psi_1 + \beta_2\psi_2) \rangle_1, \quad (2.3.2)$$

即 $\beta_1 B\psi_1 + \beta_2 B\psi_2 = B(\beta_1\psi_1 + \beta_2\psi_2)$. 类似地, $A$ 是线性的. □

下面的结果表明, 在 Hilbert 空间上, 有界线性算子的伴随算子总是存在的.

**定理 2.3.13** (Riesz 表示定理) 设 $X$ 是一个 Hilbert 空间. 对每一个有界线性泛函 $F : X \to \mathbb{C}$, 存在唯一的 $f \in X$ 使得

$$F(\phi) = (\phi, f), \quad \forall \phi \in X.$$

**定理 2.3.14** 设 $X, Y$ 是 Hilbert 空间, $A : X \to Y$ 是有界线性算子. 则存在唯一的有界线性算子 $A^* : Y \to X$ 满足

$$(A\phi, \psi)_Y = (\phi, A^*\psi)_X, \quad \forall \phi \in X, \psi \in Y,$$

即 $A$ 和 $A^*$ 是关于对偶系统 $\langle X, X \rangle$ 和 $\langle Y, Y \rangle$ 的伴随算子, 其上的双线性形式由 $X$ 和 $Y$ 上的内积定义. $A^*$ 是有界的且满足 $\|A^*\| = \|A\|$.

**定理 2.3.15** 设 $X, Y$ 是 Hilbert 空间, $A : X \to Y$ 是紧的线性算子. 则伴随算子 $A^* : Y \to X$ 也是紧的.

下面可以给出第二类算子方程的 Fredholm 理论.

**定理 2.3.16** (Fredholm 第一定理)　设 $\langle X, Y \rangle$ 是对偶系统, $A: X \to X, B:$ $Y \to Y$ 是紧的伴随算子. 则 $I - A$ 和 $I - B$ 的零空间具有相同的有限维数.

**定理 2.3.17** (Fredholm 第二定理)　非齐次方程

$$\phi - A\phi = f$$

可解的充要条件是 $\langle f, \psi \rangle = 0$ 对齐次伴随方程 $\psi - B\psi = 0$ 的一切解 $\psi$ 成立. 当 $A$ 和 $B$ 交换时结论也成立.

为了更清楚地叙述 Fredholm 第一、二定理, 引进正交补 (orthogonal complement) 的概念.

**定义 2.3.18**　设 $\langle X, Y \rangle$ 是对偶系统. 称集合

$$U^{\perp} := \{g \in Y : \langle \phi, g \rangle = 0, \ \forall \phi \in U\}$$

为 $U \subset X$ 关于双线性形式 $\langle \cdot, \cdot \rangle$ 的正交补. 类似地, 称

$$V^{\perp} := \{f \in X : \langle f, \psi \rangle = 0, \ \forall \psi \in V\}$$

为 $V \subset Y$ 的正交补.

在正交补的记号下, 上述 Fredholm 第一、二定理可叙述为

**定理 2.3.19** (Fredholm 选择定理)　设 $\langle X, Y \rangle$ 是对偶系统, $A: X \to X, B:$ $Y \to Y$ 是紧的伴随算子. 则有且仅有下述两结论之一成立:

(1) $\mathrm{Ker}(I - A) = \{0\}, \mathrm{Ker}(I - B) = \{0\}, (I - A)X = X, (I - B)Y = Y$;

(2) $\dim \mathrm{Ker}(I - A) = \dim \mathrm{Ker}(I - B) \in \mathbb{N}, (I - A)X = \mathrm{Ker}(I - B)^{\perp}, (I - B)Y = \mathrm{Ker}(I - A)^{\perp}$, 其中 $\mathbb{N}$ 表示自然数集.

对偶系统上的 Fredholm 选择定理有着重要的应用. 一个非常有趣的重要应用是: 在不同的对偶系统上利用 Fredholm 选择定理去证明具有弱奇性核的第二类积分算子的零空间在连续函数空间和 $L^2$ 空间是相同的. 这个结果在波场散射问题中证明 $\{\partial_{\nu} u(\cdot, d_n)|_{\partial D}, n = 1, 2, \cdots\}$ 在 $L^2(\partial D)$ 中的完备性时有重要的应用, 其中 $u(x, d_n)$ 是对应于入射平面波 $u^i(x) = e^{ikx \cdot d_n}$ 的总场, 入射方向 $d_n$ 在单位球上稠密. 参见 [30] 的定理 3.20.

## 2.4　线性积分算子

积分算子在反问题的研究中具有基本的和重要的作用. 很多情况下, 反问题转化为具有连续核或弱奇性核的第一类积分方程, 这类积分算子是紧的, 因而不具有有界逆, 从而导致问题的不适定性.

**定义 2.4.1** 集合 $G \subset \mathbb{R}^m$ 称为是 Jordan 可测的, 如果其特征函数

$$\chi_G(x) = \begin{cases} 1, & x \in G, \\ 0, & x \notin G \end{cases} \tag{2.4.1}$$

是 Riemann 可积的. 其 Jordan 测度 $|G|$ 定义为 $\chi_G$ 的积分. 对 Jordan 可测集 $G$, 其闭包 $\overline{G}$ 和边界 $\partial G$ 也都是 Jordan 可测的, 且 $|\overline{G}| = |G|$, $|\partial G| = 0$.

如果 $G$ 是紧的 Jordan 可测集, 则 $f \in C(G)$ 是 Riemann 可积的.

**定理 2.4.2** 设 $G \subset \mathbb{R}^m$ 是非空的紧的 Jordan 可测集, 且 $G$ 就是其内点的闭包. $K : G \times G \to \mathcal{C}$ 是一个连续函数. 由

$$(A\phi)(x) = \int_G K(x, y)\phi(y)dy, \quad x \in G \tag{2.4.2}$$

定义的线性算子 $A : C(G) \to C(G)$ 称为具有连续核 $K$ 的积分算子. 它是一个有界线性算子, 其模为

$$\|A\|_\infty = \max_{x \in G} \int_G |K(x, y)|dy.$$

**证明** 显然 $A$ 是一个由 $C(G)$ 到 $C(G)$ 的线性连续算子. 下面只要计算 $A$ 的模.

对 $\phi \in C(G), \|\phi\|_\infty \leqslant 1$, 显然有 $|A\phi(x)| \leqslant \int_G |K(x, y)|dy$, 从而

$$\|A\phi\|_\infty = \max_{x \in G} |A\phi(x)| \leqslant \max_{x \in G} \int_G |K(x, y)|dy,$$

据此得到

$$\|A\|_\infty = \sup_{\|\phi\|_\infty \leqslant 1} \|A\phi\|_\infty \leqslant \max_{x \in G} \int_G |K(x, y)|dy.$$

由连续函数的性质, 记 $x_0 \in G$ 满足

$$\int_G |K(x_0, y)|dy = \max_{x \in G} \int_G |K(x, y)|dy.$$

对 $\varepsilon > 0$, 取

$$\psi(y) := \frac{\overline{K(x_0, y)}}{|K(x_0, y)| + \varepsilon} \in C(G),$$

则有 $\|\psi\|_\infty \leqslant 1$ 且

$$\|A\psi\|_\infty \geqslant |(A\psi)(x_0)| = \int_G \frac{|K(x_0,y)|^2}{|K(x_0,y)|+\varepsilon} dy \geqslant \int_G \frac{|K(x_0,y)|^2-\varepsilon^2}{|K(x_0,y)|+\varepsilon} dy$$

$$= \int_G |K(x_0,y)|dy - \varepsilon|G|.$$

从而

$$\|A\|_\infty \geqslant \sup_{\|\phi\|_\infty \leqslant 1} \|A\phi\|_\infty \geqslant \|A\psi\|_\infty \geqslant \int_G |K(x_0,y)|dy - \varepsilon|G|.$$

再由 $\varepsilon$ 的任意性即有

$$\|A\|_\infty \geqslant \int_G |K(x_0,y)|dy = \max_{x\in G} \int_G |K(x,y)|dy.$$

最后得到了 $\|A\|_\infty = \max_{x\in G} \int_G |K(x,y)|dy.$                                      $\square$

把定理 2.2.14, 定理 2.2.15 应用于这里的积分算子 $A$, 得到

**定理 2.4.3**  设核函数 $K(x,y)$ 是连续的且满足

$$\max_{x\in G} \int_G |K(x,y)|dy < 1.$$

则对任意的 $f \in C(G)$, 第二类积分方程

$$\phi(x) - \int_G K(x,y)\phi(y)dy = f(x), \quad x \in G \tag{2.4.3}$$

存在唯一解 $\phi \in C(G)$. 由任意的初值 $\phi_0(x)$ 构造的序列

$$\phi_{n+1}(x) := \int_G K(x,y)\phi_n(y)dy + f(x), \quad n = 0,1,2,\cdots$$

一致收敛于其解.

具有连续核的积分算子不仅是有界的, 而且还是紧算子.

**定理 2.4.4**  设 $K$ 是连续核. 则 $A$ 是 $C(G)$ 上的紧算子.

**证明**  设 $U \subset C(G)$ 是有界的, 即对一切的 $\phi \in U$ 有 $\|\phi\|_\infty \leqslant C$. 从而

$$|(A\phi)(x)| \leqslant C|G| \max_{x,y\in G} |K(x,y)|, \quad \forall x \in G, \forall \phi \in U,$$

即 $A(U)$ 是有界的. 由于 $K$ 在紧集 $G \times G$ 上是一致连续的, $\forall \varepsilon > 0, \exists \delta > 0$ 使得

$$|K(x,z) - K(y,z)| \leqslant \frac{\varepsilon}{|G|}$$

对满足 $|x - y| < \delta$ 的一切 $x, y, z \in G$ 成立. 从而

$$|(A\phi)(x) - (A\phi)(y)| < \varepsilon$$

对一切的 $\phi \in U$ 和满足 $|x - y| < \delta$ 的一切 $x, y \in G$ 成立, 即 $A(U)$ 是等度连续的. 由 Arzela-Ascoli 定理, $A$ 是紧的. $\qquad\square$

**注解 2.4.5** 该定理的证明也可以借助于定理 2.2.11, 定理 2.2.12 在 Banach 空间 $C(G)$ 上用有限维逼近的方法来完成. 可以用两种办法来构造有限维的逼近算子: 用多项式来逼近连续核 (Weierstrass 定理) 或者用有限项的和来逼近积分式.

当算子 $A$ 具有弱奇性核时, $A$ 还是紧算子.

**定义 2.4.6** 设 $K(x,y)$ 定义于 $\{(x,y) : x, y \in G \subset \mathbb{R}^m, x \neq y\}$ 并且在其上连续. 如果存在 $M > 0, \alpha \in (0, m]$ 使得

$$|K(x,y)| \leqslant M|x-y|^{\alpha-m}, \quad \forall x, y \in G, x \neq y$$

成立, 则称 $K(x,y)$ 是弱奇性的.

**定理 2.4.7** 设 $K$ 是弱奇性的, 则 $A$ 是 $C(G)$ 上的紧算子.

**证明** 首先注意到

$$|K(x,y)\phi(y)| \leqslant M\|\phi\|_\infty |x-y|^{\alpha-m},$$

$$\int_G |x-y|^{\alpha-m} dy \leqslant \omega_m \int_0^d \rho^{\alpha-m} \rho^{m-1} d\rho = \frac{\omega_m}{\alpha} d^\alpha,$$

故定义中 $A$ 的奇性积分是存在的, 这里以 $x$ 为原点引进了极坐标, $d$ 是 $G$ 的直径, $\omega_m$ 是 $\mathbb{R}^m$ 中单位球的面积. 引进分段线性连续函数 $h(t) : [0, \infty) \to \mathbb{R}$:

$$h(t) = \begin{cases} 0, & 0 \leqslant t \leqslant 1/2, \\ 2t - 1, & 1/2 \leqslant t \leqslant 1, \\ 1, & 1 \leqslant t < \infty, \end{cases} \tag{2.4.4}$$

并且由

$$K_n(x,y) = \begin{cases} h(n|x-y|)K(x,y), & x \neq y, \\ 0, & x = y \end{cases} \tag{2.4.5}$$

定义连续的核函数 $K_n : G \times G \to \mathbb{C}$, 由定理 2.4.4 知相应的积分算子 $A_n : C(G) \to C(G)$ 是紧的, 并且对 $x \in G$ 有估计

$$|(A\phi)(x) - (A_n\phi)(x)| = \left| \iint_G [K(x,y) - K_n(x,y)]\phi(y)dy \right|$$

$$\leqslant \int_{G[x;1/n]} |K(x,y)| \|\phi\|_\infty dy$$

$$\leqslant M\|\phi\|_\infty \omega_m \int_0^{1/n} \rho^{\alpha-m} \rho^{m-1} d\rho = M\|\phi\|_\infty \frac{\omega_m}{\alpha n^\alpha}, \quad (2.4.6)$$

其中 $G[x;1/n] := \{y \in G, |y - x| \leqslant 1/n\}$. 据此知 $n \to \infty$ 时 $A_n\phi \to A\phi$ 一致成立, 从而 $A\phi \in C(G)$, 并且

$$\|A - A_n\|_\infty \leqslant M \frac{\omega_m}{\alpha n^\alpha} \to 0, \quad n \to \infty.$$

由定理 2.2.11 知 $A$ 是紧的.                                                                    □

为了用边界积分方程的方法讨论微分方程边值问题求解, 需要引进在 $\mathbb{R}^m$ 中的曲面上的积分. 这里仅讨论 $\mathbb{R}^m$ 中的光滑区域的边界上的积分.

**定义 2.4.8**　具有边界 $\partial D$ 的有界开区域 $D \subset \mathbb{R}^m$ 称为是 $C^k$ 类的, 如果 $\overline{D}$ 存在一个有限的开覆盖

$$D \subset \bigcup_{q=1}^{p} V_q,$$

使得与 $\partial D$ 相交的那些开集 $V_q$ 满足下列条件:

(1) 存在一一对应的映射把 $V_q \cap \overline{D}$ 映射到 $\mathbb{R}^m$ 中的半球

$$H := \{x \in \mathbb{R}^m : |x| < 1, x_m \geqslant 0\};$$

(2) 该映射及其逆映射是 $k$ 次连续可微的;

(3) $V_q \cap \partial D$ 被映射到圆 $H \cap \{x \in \mathbb{R}^m : x_m = 0\}$.

该定义意味着, 对 $C^k$ 类的区域, 其边界 $\partial D$ 有一个局部的参数化表示

$$x(u) = (x_1(u), \cdots, x_m(u)),$$

对应于 $\mathbb{R}^{m-1}$ 中的开集 $U$, $x(u)$ 表示 $\partial D$ 上的面积元 $S$. 对 $\forall x \in S$,

$$\frac{\partial x}{\partial u_i}, \quad i = 1, 2, \cdots, m-1$$

是线性无关的. 整个边界是由有限个面积元拼接而成的.

记 $\partial D$ 是 $C^1$ 类的有界开区域 $D \subset \mathbb{R}^m$ 的边界.

**定义 2.4.9** 定义于 $\{(x,y) : x, y \in \partial D, x \neq y\}$ 上的 $K(x,y)$ 称为是弱奇性的, 如果 $K(x,y)$ 在其上是连续的, 并且存在 $M > 0$ 和 $\alpha \in (0, m-1]$ 使得

$$|K(x,y)| \leqslant M|x-y|^{\alpha-m+1}, \quad \forall x, y \in \partial D, x \neq y \tag{2.4.7}$$

成立.

在装备有模 $\|\phi\|_\infty = \max_{x \in \partial D} |\phi(x)|$ 的 Banach 空间 $C(\partial D)$ 上定义算子 $A : C(\partial D) \to C(\partial D)$:

$$(A\phi)(x) = \int_{\partial D} K(x,y)\phi(y)ds(y), \quad x \in \partial D, \tag{2.4.8}$$

其中核函数 $K(x,y)$ 是连续的或者是弱奇性的. 有

**定理 2.4.10** 具有连续核或者是弱奇性核的积分算子 $A$ 在 $C(\partial D)$ 上是紧算子.

**证明** 证明和定理 2.4.7 的证明是完全类似的, 在弱奇性核的情形, 主要差别在于验证奇性积分的存在性.

由于边界 $\partial D$ 是 $C^1$ 类的, 边界上的法向 $n(x)$ 是边界上点的连续函数. 因此存在 $R \in (0, 1]$ 使得 $|x - y| \leqslant R$ 时,

$$(n(x), n(y)) \geqslant 1/2$$

对一切的 $x, y \in \partial D$ 成立; 且当 $R$ 充分小时, $\forall x \in \partial D$, $S[x, R] := \{y \in \partial D : |y - x| \leqslant R\}$ 是连通的. 因此, 上式意味着 $S[x, R]$ 可以投影到 $x$ 点处 $\partial D$ 的切平面. 引进切平面上原点在 $x$ 的极坐标 $(\rho, \omega)$, 有估计

$$\left| \int_{S[x,R]} K(x,y)\phi(y)ds(y) \right| \leqslant M\|\phi\|_\infty \int_{S[x,R]} |x-y|^{\alpha-m+1}ds(y)$$

$$\leqslant 2M\|\phi\|_\infty \omega_{m-1} \int_0^R \rho^{\alpha-m+1}\rho^{m-1}d\rho$$

$$= 2M\|\phi\|_\infty \omega_{m-1} \frac{R^{\alpha+1}}{\alpha+1}.$$

这里利用了下述事实:

(1) $|x - y| \geqslant \rho$ 并且面积元

$$ds(y) = \frac{\rho^{m-1}d\rho d\omega}{(n(x), n(y))} \leqslant 2\rho^{m-1}d\rho d\omega,$$

(2) $S[x, R]$ 在切平面上的投影包含在以 $x$ 为圆心、$R$ 为半径的球的内部.

另一方面,

$$\left| \int_{\partial D \setminus S[x,R]} K(x,y)\phi(y)ds(y) \right| \leqslant M\|\phi\|_\infty \int_{\partial D \setminus S[x,R]} R^{\alpha-m+1}ds(y)$$
$$\leqslant M\|\phi\|_\infty R^{\alpha-m+1}|\partial D|.$$

因此, 对任意的 $x \in \partial D$, 奇性积分是存在的. $A$ 的紧性可以通过与定理 2.4.7 证明类似的方法得到.                                                                                                       □

作为 Riesz 理论的一个应用, 下面介绍 Volterra 积分方程的可解性. 具有变上限积分的方程

$$\int_a^x K(x,y)\phi(y)dy = f(x), \quad x \in [a,b], \tag{2.4.9}$$

$$\phi(x) - \int_a^x K(x,y)\phi(y)dy = f(x), \quad x \in [a,b] \tag{2.4.10}$$

分别称为第一类和第二类的 Volterra 积分方程. 显然, 它是 Fredholm 积分方程的一个特殊情况, 但它有自身的特点. 具体来说, 第二类的 Volterra 积分方程总是唯一可解的.

**定理 2.4.11**    设第二类的 Volterra 积分方程

$$\phi(x) - \int_a^x K(x,y)\phi(y)dy = f(x), \quad x \in [a,b]$$

具有连续核 $K(x,y)$. 则对 $\forall f \in C[a,b]$, 该方程存在唯一解 $\phi \in C[a,b]$.

**证明**    补充定义 $y > x$ 时 $K(x,y) := 0$ 把 $K(x,y)$ 延拓到 $[a,b] \times [a,b]$ 上. 则 $K(x,y)$ 在 $x \neq y$ 时是连续的, 且

$$|K(x,y)| \leqslant M := \max_{a \leqslant y \leqslant x \leqslant b} |K(x,y)|, \quad x \neq y.$$

因此 $K$ 在 $[a,b] \times [a,b]$ 上是弱奇性的.

下面来证明

$$\phi(x) - \int_a^x K(x,y)\phi(y)dy = 0, \quad x \in [a,b]$$

只有零解. 事实上, 由归纳法可得

$$|\phi(x)| \leqslant \|\phi\|_\infty \frac{M^n(x-a)^n}{n!}, \quad x \in [a,b], \quad n = 0, 1, 2, \cdots,$$

令 $n \to \infty$ 得 $\phi(x) = 0$. 即证得了解的唯一性. 由推论 2.3.5 得解的存在性. □

尽管一般说来第一类积分方程要比第二类积分方程来得复杂, 但在某些特殊情况下, 仍可以把第一类的 Volterra 积分方程转化为第二类的 Volterra 积分方程.

情形 1: $K(x,x) \neq 0, K_x(x,y), f'(x)$ 存在且是连续的. (2.4.9) 两边关于 $x$ 求导, 此时第一类的 Volterra 积分方程可化为

$$\phi(x) + \int_a^x \frac{K_x(x,y)}{K(x,x)}\phi(y)dy = \frac{f'(x)}{K(x,x)}, \quad x \in [a,b]. \tag{2.4.11}$$

如 $f'(a) = 0$, (2.4.9) 和 (2.4.11) 是等价的.

情形 2: $K(x,x) \neq 0, K_y(x,y)$ 存在且是连续的. 令

$$\psi(x) := \int_a^x \phi(y)dy,$$

(2.4.9) 两边分部积分得

$$\psi(x) - \int_a^x \frac{K_y(x,y)}{K(x,x)}\psi(y)dy = \frac{f(x)}{K(x,x)}, \quad x \in [a,b], \tag{2.4.12}$$

即得到关于 $\psi$ 的第二类的 Volterra 积分方程.

**例 2.4** 作为 Fredholm 选择定理的一个应用, 讨论下述积分方程的解:

$$\phi(x) - \int_a^b e^{x-y}\phi(y)dy = f(x), \quad x \in [a,b]. \tag{2.4.13}$$

由于该方程意味着

$$\frac{d}{dx}[e^{-x}(\phi(x) - f(x))] = \frac{d}{dx}\int_a^b e^{-y}\phi(y)dy = 0,$$

故该积分方程的解一定具有形式

$$\phi(x) = f(x) + ce^x, \tag{2.4.14}$$

其中 $c$ 是待定常数. 把此表达式代入 (2.4.13) 知, 如果 $c$ 满足

$$c[1 - (b-a)] = \int_a^b e^{-y}f(y)dy, \tag{2.4.15}$$

则 $\phi$ 是积分方程的解. 考虑 $b - a \neq 1$ 和 $b - a = 1$ 两种情况.

如果 $b - a \neq 1$, 则积分方程的唯一解是

$$\phi(x) = f(x) + \frac{\int_a^b e^{-y} f(y) dy}{1 - (b - a)} e^x.$$

如果 $b - a = 1$, 则积分方程有解等价于

$$\int_a^b e^{-y} f(y) dy = 0, \tag{2.4.16}$$

此时对任意的常数 $c$, (2.4.14) 都是积分方程的解. 注意, $\psi(x) = e^{-x}$ 是齐次伴随方程

$$\psi(x) - \int_a^b e^{y-x} \psi(y) dy = 0, \quad x \in [a, b]$$

的解, 因此 (2.4.16) 就是 Fredholm 选择定理中方程的可解性条件.

## 2.5　紧算子的谱理论

用正则化方法求解不适定问题的核心是构造一个正则化算子. 在下一章我们将会看到, 构造正则化算子的各种方法理论上都是建立在紧算子的奇异值分解 (singular value decomposition, SVD) 的基础上的. 因此这里我们引进算子的谱 (spectral) 理论以便能更深刻地理解正则化方法.

**定义 2.5.1**　设 $X$ 是一个赋范空间, $A: X \to X$ 是一个线性算子. 算子 $A$ 的谱 $\sigma(A)$ 定义为使得 $A - \lambda I$ 在 $X$ 上不存在有界逆的 (复) 数 $\lambda$ 的集合, $I$ 是 $X$ 上的单位算子. 使得 $(A - \lambda I)^{-1}$ 存在且有界的 $\lambda$ 称为 $A$ 的正则值 (regular value). $r(A) := \sup_{\lambda \in \sigma(A)} |\lambda|$ 称为 $A$ 的谱半径.

$\lambda \in \sigma(A)$ 称为是算子 $A$ 的特征值, 如果 $A - \lambda I$ 不是一一的, 即 $(A - \lambda I)\phi = 0$ 有非零解 $\phi \in X$. 如果 $\lambda$ 是算子 $A$ 的特征值, $\mathrm{Ker}(A - \lambda I) = \{x \in X : Ax = \lambda x, x \neq 0\}$ 称为是 $A$ 的特征向量.

正则值的全体称为 $A$ 的预解集 $\rho(A)$(resolvent set). 显然, $\sigma(A)$ 是 $\rho(A)$ 的补集. 当 $\lambda$ 是正则值时, $R(\lambda, A) = (\lambda I - A)^{-1}$ 称为预解式.

这个定义对赋范空间上的任意的线性算子都是有意义的. 对一般的线性算子 $A$, 有可能 $A - \lambda I$ 是一一的 (injective), 但是不是双射的 (bijective). 一一的并且是满射的 (surjective) 算子称为是双射的. 例如考虑 $X = l^2$. 对 $x = \{x_k : k = $

$1, \cdots\} \in l^2$, 如下定义算子 $A$:

$$(Ax)_k := \begin{cases} 0, & k = 1, \\ x_{k-1}, & k = 2, 3, \cdots, \end{cases}$$

则 $\lambda = 1 \in \sigma(A)$ 但不是 $A$ 的特征值.

事实上, 对 $x = (x_1, x_2, \cdots) \in l^2$, 由 $(A - I)x = (0, 0, \cdots)$ 得 $x = (0, 0, \cdots)$, 故 $A - I$ 是一一的, 且 1 不是 $A$ 的特征值. 但是对 $y = (1, 0, 0, \cdots)$, $(A - I)x = y$ 的解 $x = (-1, -1, \cdots) \notin l^2$, 故 $A$ 不是满射, 从而 $A$ 不是双射. 另一方面, 由于

$$(A - I)x = (-x_1, x_1 - x_2, x_2 - x_3, \cdots, x_{n-1} - x_n, \cdots),$$

故 $A - I$ 是可逆的, 即对已知的 $y$ 由 $(A - I)x = y$ 可唯一得到 $x$, 但 $(A - I)^{-1}$ 无界. 即不存在常数 $C > 0$ 使得

$$\|(y_1, y_2, \cdots)\| \leqslant C\|(A - I)y\| = C\|(-y_1, y_1 - y_2, \cdots, y_{n-1} - y_n, \cdots)\|,$$

从而 $1 \in \sigma(A)$.

**定理 2.5.2** 设 $A : X \to X$ 是一个线性算子, 下面的结论成立.

(1) 如果 $x_j \in X$ 是对应于不同特征值 $\lambda_j \in \mathbb{C}$ 的特征向量, 则 $\{x_1, \cdots, x_n\}$ 是线性无关的; 如果 $X$ 是 Hilbert 空间且 $A$ 是自伴算子, 即 $A^* = A$, 则所有的特征值 $\lambda_j$ 都是实数, 相应的特征向量 $x_1, \cdots, x_n$ 是两两正交的.

(2) 如果 $X$ 是 Hilbert 空间, $A : X \to X$ 是自伴算子, 则

$$\|A\| = \sup_{\|x\|=1} |(Ax, x)| = r(A).$$

但是对紧的线性算子, 上述结论就变得更为具体. 主要结果为

**定理 2.5.3** 设 $K : X \to X$ 是一个紧的自伴的非零线性算子. 则有下列结论:

(1) $K$ 的谱只可能是特征值或者是 0. $K$ 的特征值都是实数. $K$ 至少有一个至多有可数个特征值, 0 是其唯一可能的聚点.

(2) 对每一个非 0 特征值, 只存在有限个线性无关的特征向量. 相应于不同特征值的特征向量是正交的.

(3) 把全体特征值以 $|\lambda_1| \geqslant |\lambda_2| \geqslant |\lambda_3| \geqslant \cdots$ 的方式排序, 记 $P_j : X \to \text{Ker}(K - \lambda_j I)$ 为 $X$ 到对应于 $\lambda_j$ 的特征子空间上的正交投影. 如果只存在有限个特征值 $\lambda_1, \lambda_2, \cdots, \lambda_m$, 则

$$K = \sum_{j=1}^{m} \lambda_j P_j,$$

如果存在无限个特征值的序列 $\{\lambda_j : j = 1, \cdots\}$, 则

$$K = \sum_{j=1}^{\infty} \lambda_j P_j,$$

此时级数在模意义下收敛, 且

$$\left\| K - \sum_{j=1}^{m} \lambda_j P_j \right\| = |\lambda_{m+1}|.$$

(4) 记 $H$ 是 $K$ 的非 0 特征值对应的特征向量张成的线性空间. 则

$$X = \overline{H} \oplus \mathrm{Ker}(K).$$

结论 (4) 的另一种表达式更为常见. 为了统一处理 $K$ 的特征值是有限个和无限个两种情况, 引进指标集 $J \subset \mathbb{N}$: 第一种情况 $J$ 是一个有限集合, 第二种情况 $J = \mathbb{N}$. 对每一个特征值 $\lambda_j$ $(j \in J)$, 选择对应的特征子空间 $\mathrm{Ker}(K - \lambda_j I)$ 的正交基. 同样, 把特征值以 $|\lambda_1| \geqslant |\lambda_2| \geqslant |\lambda_3| \geqslant \cdots > 0$ 的方式排序. 当把非 0 特征值以重数计算后, 我们可以把特征向量 $x_j$ 赋予特征值 $\lambda_j$, 从而 $\forall x \in X$ 都有一个抽象的 Fourier 级数展开式

$$x = x_0 + \sum_{j \in J}(x, x_j)x_j, \quad x_0 \in \mathrm{Ker}(K),$$

$$Kx = \sum_{j \in J} \lambda_j(x, x_j)x_j.$$

由此知, 如果 $K$ 是一一的, 所有特征向量的集合 $\{x_j : j \in J\}$ 在 $X$ 中是完备的.

把紧的自伴算子的谱理论推广到紧的非自伴算子, 就得到紧算子奇异值分解的结果.

**定义 2.5.4** 设 $X, Y$ 是 Hilbert 空间, $K : X \to Y$ 是紧算子, 伴随算子为 $K^* : Y \to X$. 自伴算子 $K^*K : X \to X$ 的特征值 $\lambda_j$ 的平方根 $\mu_j = \sqrt{\lambda_j}$ $(j \in J)$ 称为 $K$ 的奇异值, $J \subset \mathbb{N}$ 可以是有限集或者 $J = \mathbb{N}$.

注意, 由于 $K^*Kx = \lambda x$ 意味着 $\lambda(x, x) = (K^*Kx, x) = (Kx, Kx) \geqslant 0$, 故 $K^*K$ 的每一个特征值 $\lambda$ 都是非负的.

**定理 2.5.5** (奇异值分解) 设 $K : X \to Y$ 是线性紧算子, 伴随算子为 $K^* : Y \to X$. $\mu_1 \geqslant \mu_2 \geqslant \mu_3 \geqslant \cdots > 0$ 为 $K$ 的奇异值的有序序列 (按重数重复计算), 则存在标准正交系 $\{x_j : j \in J\} \subset X$ 和 $\{y_j : j \in J\} \subset Y$ 满足

$$Kx_j = \mu_j y_j, \quad K^*y_j = \mu_j x_j, \quad \forall j \in J. \tag{2.5.1}$$

系统 $\{(\mu_j, x_j, y_j) : j \in J\}$ 称为 $K$ 的奇异系统. 该奇异系统有下面的性质:

1. $\overline{\text{Range}(K)} = \overline{\text{span}\{y_j : j \in J\}}, (\text{Ker}(K))^\perp = \overline{\text{span}\{x_j : j \in J\}}$;

2. $\forall x \in X, \exists x_0 = Qx \in \text{Ker}(K)$($Q$ 是 $X \to \text{Ker}(K)$ 的正交投影), 使得 $x, Kx$ 有分解

$$x = x_0 + \sum_{j \in J}(x, x_j)x_j, \quad Kx = \sum_{j \in J}\mu_j(x, x_j)y_j. \tag{2.5.2}$$

注意, 本定理中的结论 2 实际上是结论 1 和下面的对有界线性算子 $K$ 的空间正交分解结果 (参见定理 2.2.25)

$$X = \text{Ker}(K) \oplus \text{Ker}(K)^\perp = \text{Ker}(K) \oplus \overline{\text{Range}(K^*)},$$

$$Y = \overline{\text{Range}(K)} \oplus (\text{Range}(K))^\perp = \overline{\text{Range}(K)} \oplus \text{Ker}(K^*)$$

的一个直接结果.

如果算子 $K$ 是一一的 (injective), 即 $\text{Ker}(K) = \{0\}$, 则上述结果表明

$$X = \text{Ker}(K)^\perp = \overline{\text{span}\{x_j : j \in J\}},$$

即 $\{x_j : j \in J\}$ 在 $X$ 中是完备的, 从而 $\{x_j : j \in J\}$ 就是 $X$ 空间的一组基. 但如果 $K$ 不是一一的, $\{x_j : j \in J\}$ 只能张成 $\text{Ker}(K)^\perp$, 不能张成 $X$. 类似地, 如果 $K(X)$ 在 $Y$ 中是稠密的, 即 $\overline{\text{Range}(K)} = Y$, 则 $\{y_j : j \in J\}$ 是 $Y$ 的一组基, 否则 $\{y_j : j \in J\}$ 只能张成 $\overline{\text{Range}(K)}$, 不能张成 $Y$.

另一方面, 上述奇异值分解的结果 (2.5.2) 也意味着

$$\|x\|^2 = \sum_{j \in J}|(x, x_j)|^2 + \|Qx\|^2, \quad \|Kx\|^2 = \sum_{j \in J}\mu_j^2|(x, x_j)|^2.$$

下述结果借助于奇异系统描述了紧算子的值域.

**定理 2.5.6** (Picard) 设 $K : X \to Y$ 是线性紧算子, $K$ 的奇异系统为 $\{(\mu_j, x_j, y_j) : j \in J\}$. 则方程

$$Kx = y \tag{2.5.3}$$

可解的充分必要条件是

$$y \in \text{Ker}(K^*)^\perp, \quad \sum_{j \in J}\frac{1}{\mu_j^2}|(y, y_j)|^2 < \infty. \tag{2.5.4}$$

在方程可解时, 其全部解的表达式为

$$x = x_0 + \sum_{j \in J}\frac{1}{\mu_j}(y, y_j)x_j,$$

其中 $x_0 \in \mathrm{Ker}(K)$ 是任意的. 如果 $K$ 还是一一的, 即 $\mathrm{Ker}(K) = \{0\}$, 则方程有唯一解

$$x = \sum_{j \in J} \frac{1}{\mu_j}(y, y_j)x_j. \tag{2.5.5}$$

由有界线性算子 $K$ 的一般结果 $K(X)^{\perp} = \mathrm{Ker}(K^*)$, $\mathrm{Ker}(K^*)^{\perp} = \overline{K(X)}$, 上述可解性条件 (2.5.4) 实际上是要求 $y \in K(X)$. 注意, 由条件 $y \in \mathrm{Ker}(K^*)^{\perp}$, 只能得到 $y \in \overline{K(X)}$, 一般在无限维空间不能保证 $y \in K(X)$. 只有加上条件 $\sum_{j \in J} \frac{1}{\mu_j^2}|(y, y_j)|^2 < \infty$ 才能保证 $y \in K(X)$. 当然, 该条件只在 $J = \mathbb{N}$ 时才是需要的.

**证明**　如果方程 $Kx = y$ 有解 $x$, 则必有 $y \in K(X) \subset \overline{K(X)}$. 由定理 2.5.5 的第一个结论, 即得 $y = \sum_{j \in J}(y, y_j)y_j$. 此时可直接验证

$$x = x_0 + \sum_{j \in J} \frac{1}{\mu_j}(y, y_j)x_j$$

满足 $Kx = y$. 并且由正交性条件有

$$\sum_{j \in J} \frac{1}{\mu_j^2}|(y, y_j)|^2 \leqslant \sum_{j \in J} \frac{1}{\mu_j^2}|(y, y_j)|^2 + \|x_0\|^2 = \|x\|^2 < \infty.$$

反之, 如果关于 $y$ 的条件成立, 可直接验证, 上式给出的 $x$ 是有意义的 (即级数在 $X$ 中是收敛的). 注意到 $y \in \mathrm{Ker}(K^*)^{\perp} = \overline{K(X)}$, 从而由奇异系统的性质得

$$Kx = Kx_0 + \sum_{j \in J} \frac{1}{\mu_j}(y, y_j)Kx_j = \sum_{j \in J}(y, y_j)y_j = y.$$

即 $x$ 是方程的解. 定理证毕.　　　　　　　　　　　　　　　　　　　　□

由此结果可以大体上解释求解 $Kx = y$ 的困难: 解可能不存在, 也可能不稳定. 如果记 $P$ 是由 $Y$ 到 $\overline{K(X)}$ 的正交投影算子, 由于 $\{y_j : j \in J\}$ 是 $\overline{K(X)}$(不一定是 $Y$) 的一组基, 从而对任意的 $y \in Y$, $Py$ 有表示式 $Py = \sum_{j \in J}(y, y_j)y_j$. 容易验证, 对任意的 $x \in X, y \in Y$ 有 $Kx, Py \perp (y - Py)$, 从而

$$\|Kx - y\|^2 = \|Kx - Py\|^2 + \|Py - y\|^2 \geqslant \|(I - P)y\|^2.$$

因此, 如果 $(I - P)y \neq 0$, 即 $y$ 在 $K(X)^{\perp}$ 上的分量不为零, 则 $Kx = y$ 不可能有精确解. 注意到 $(I - P)y \in K(X)^{\perp}$, $Py \in \overline{K(X)}$, 我们最有可能求出精确解的是其投影方程

$$Kx = PKx = P(I - P)y + P(Py) = Py,$$

第一个等号是投影算子的定义 (因为 $Kx \in K(X) \subset \overline{K(X)}$), 第二个等号是对给定的没有精确解的方程 $Kx = y$ 投影到 $\overline{K(X)}$ 上试图得到一个有解的方程. 上述方程的解是有可能存在的, 因为 $Py \in \overline{K(X)}$. 但是, 如果 $Py$ 不满足

$$\sum_{j \in J} \frac{1}{\mu_j^2} |(Py, y_j)|^2 < \infty,$$

则由定理 2.5.6 知 $Py \notin K(X)$, 即 $Kx = Py$ 的解仍然不存在. 但如果是考虑向 $\overline{K(X)}$ 的有限维子空间上的投影, 则投影方程的解总是存在的.

事实上, 记 $P_k : Y \to \operatorname{span}\{y_1, \cdots, y_k\} \subset \overline{K(X)}$, 即 $P_k y = \sum_{j=1}^{k} (y, y_j) y_j$. 由于 $P_k$ 是有限维的, 总有 $P_k y \in \operatorname{Range}(K)$, 并且在 $Y$ 中 $k \to \infty$ 时有 $P_k y \to Py$. 此时考虑的投影方程是

$$Kx = P_k y, \quad k \in \mathbb{N},$$

该方程总是有解的. 注意到 $Kx$ 的展开式 (2.5.2) 两边用 $y_m$ 作内积得

$$\mu_m(x, x_m) = \sum_{j \in J} \mu_j (x, x_j)(y_j, y_m) = \sum_{j=1}^{k} (y, y_j)(y_j, y_m) = \begin{cases} (y, y_m), & 1 \leqslant m \leqslant k, \\ 0, & m > k. \end{cases}$$

由此可知投影方程变为

$$Kx = \sum_{m \in J} \mu_m(x, x_m) y_m = \sum_{m=1}^{k} (y, y_m) y_m.$$

从而其解为

$$x_k = x_0 + \sum_{m=1}^{k} \frac{1}{\mu_m} (y, y_m) x_m.$$

注意这样在有限维空间上得到的投影解 $x_k$ 满足 $\|Kx_k - Py\| = \|(P - P_k)y\| \to 0$, $k \to 0$.

如果 $\operatorname{Ker}(K) = \{0\}$, 则必有 $x_0 = 0$. 从而上述得到的解 $x_k$ 也是唯一的. 在 $\operatorname{Ker}(K) \neq \{0\}$ 的情况下, 消除 $x_k$ 的不唯一性的一个办法是强行取 $x_0 = 0$, 这样产生的解实际上是最小模解, 因为

$$\|x_k\|^2 = \|x_0\|^2 + \sum_{m=1}^{k} \frac{1}{\mu_m^2} |(y, y_m)|^2.$$

在这种意义下确定的解就是所谓的截断奇异值解 (truncated SVD solution): $Kx = y$ 的截断奇异值解, 是指 $x_k \perp \operatorname{Ker}(K) \subset X$ 并满足 $Kx_k = P_k y$ 的解 $x_k$. 由上述推导, 对给定的正整数 $k$, $x_k$ 是唯一的, 并且满足 $\|Kx_k - y\| \to \|(I - P)y\|$, $k \to \infty$.

Picard 定理清楚地表明了紧算子方程 $Kx = y$ 的不适定性质. 如果我们给右端项 $y$ 一个扰动 $y^\delta = \delta y_n$, 则解 $x$ 的扰动为 $x^\delta = \delta x_n/\mu_n$. 由于在 $n \to \infty$ 时奇异值 $\mu_n \to 0$, 比值 $\|x^\delta\|/\|y^\delta\| = 1/\mu_n$ 可以任意大. 显然, 数据 $y$ 的扰动的影响是由此比值的收敛速度控制的. 如果 $n \to \infty$ 时奇异值趋于零的速度比较慢, 就称方程是温和不适定的 (mildly/moderately ill-posed), 反之称为严重不适定的 (severely ill-posed). 奇异值趋于零的速度与 $n$ 的渐近依赖关系反映了方程的不适定性的程度, 称为问题的不适定性度 (degree of ill-posedness).

这里提到的温和不适定和严重不适定也有一个定量的标准. 如果 $K$ 的奇异值 $\mu_j$ 在 $j \to \infty$ 时以多项式阶数 $O(j^{-\alpha})$ ($\alpha > 0$) 趋于零, 就称问题是温和不适定的, 算子 $K$ 具有光滑指标 $\alpha$; 如果奇异值 $\mu_j$ 是以指数衰减的速度趋于零, 就称问题是严重不适定的, 算子 $K$ 是无穷次光滑的.

$K$ 是无穷次光滑的线性算子方程 $Kx = y$ 在应用领域是很多的, 例如利用不完全数据集的成像问题 ([143])、远场数据的逆散射问题 ([30])、卫星地质探测问题等 ([46]), 都属于这一类问题. 当然, 它们都是很难求解的问题.

**例 2.5**　求积分算子 $A : L^2[0,1] \to L^2[0,1]$:

$$(A\phi)(x) := \int_0^x \phi(y)dy, \quad 0 \leqslant x \leqslant 1 \tag{2.5.6}$$

的奇异系统.

由 $A\phi = g$ 求解 $\phi$ 就是求函数 $g$ 的导数, 即 $A^{-1}$ 是微分算子. 容易理解, 它是无界的且 $A$ 的伴随算子是

$$(A^*\psi)(x) = \int_x^1 \psi(y)dy, \quad 0 \leqslant x \leqslant 1.$$

由于

$$(A^*A\phi)(x) := \int_x^1 \int_0^y \phi(z)dzdy, \quad 0 \leqslant x \leqslant 1, \tag{2.5.7}$$

特征方程 $A^*A\phi = \mu^2\phi$ 等价于 $\phi$ 满足定解问题

$$\begin{cases} \mu^2\phi''(x) + \phi(x) = 0, & 0 \leqslant x \leqslant 1, \\ \phi'(0) = \phi(1) = 0. \end{cases} \tag{2.5.8}$$

该特征问题的特征值和 (归一化的) 特征函数是

$$\mu_n = \frac{2}{(2n-1)\pi}, \quad \phi_n(x) = \sqrt{2}\cos\frac{2n-1}{2}\pi x,$$

再由 $g_n = A\phi_n/\mu_n$ 求出

$$g_n(x) = \sqrt{2}\sin\frac{2n-1}{2}\pi x,$$

从而得到奇异系统 $(\mu_n, \phi_n, g_n)$.

此例子可以看成是积分算子

$$(A\phi)(x) = \int_0^1 K(x,y)\phi(y)dy$$

取核函数

$$K(x,y) = \begin{cases} 1, & 0 \leqslant y < x, \\ 0, & x \leqslant y \leqslant 1 \end{cases}$$

时的情形, 这是一个弱间断的核函数. 类似地, 可以考虑积分算子

$$(A\phi)(x) = \int_0^\pi K(x,y)\phi(y)dy$$

在核函数

$$K(x,y) = \begin{cases} \dfrac{1}{\pi}(\pi - x)y, & 0 \leqslant y \leqslant x \leqslant \pi, \\[2mm] \dfrac{1}{\pi}(\pi - y)x, & 0 \leqslant x \leqslant y \leqslant \pi \end{cases}$$

的情形. 这是一个自伴的紧算子, 且 $K(x,y)$ 就是常微分方程定解问题

$$\begin{cases} \phi''(x) = -f(x), & 0 \leqslant x \leqslant \pi, \\ \phi(0) = \phi(\pi) = 0 \end{cases} \tag{2.5.9}$$

的 Green 函数. $\forall f \in C[0,\pi]$, (2.5.9) 的解可表示为

$$\phi(x) = \int_0^\pi K(x,y)f(y)dy \in C^2[0,\pi], \quad 0 \leqslant x \leqslant \pi.$$

类似可求得其奇异值为 $\mu_n = O\left(\dfrac{1}{n^2}\right)$.

一般而言, 紧算子 $A$ 的核函数的光滑性控制着方程 $A\phi = f$ 的不适定性的度. 事实上, 核函数的光滑性决定了 $A$ 的值域的光滑性. 这也就影响了 $A\phi = f$ 可解时对 $f$ 的光滑性要求. 核函数越光滑, 在 $n \to \infty$ 时奇异值 $\mu_n \to 0$ 的速度就越快, $A\phi = f$ 的不适定性的度也就越强. 可以再比较下述结果 ([94]):

**定理 2.5.7**   设积分算子 $A : L^2[-1, 1] \to L^2[-1, 1]$ 由

$$(A\phi)(x) = \int_{-1}^{1} K(x, y)\phi(y)dy$$

定义, 核函数 $K(x, y)$ 在 $[-1, 1] \times [-1, 1]$ 上解析. 则存在常数 $R > 1$, 使得 $A$ 的奇异值衰减的速度至少为 $\mu_n = O(R^{-n})$.

除了奇异值趋于零的速度外, 还有另一个指标可以描述线性算子方程 $A\phi = f$ 的不适定性的度 ([125]).

从 $A$ 是积分算子的情形来看, $A\phi$ 的光滑性比 $\phi$ 更高. 用 Sobolev 模来描述 $\phi$ 的光滑性. 记 $\hat{\phi}$ 为 $\phi$ 的 Fourier 变换:

$$\hat{\phi}(\xi) := \int_{\mathbb{R}^N} \phi(x)e^{-ix\cdot\xi}dx, \quad \|\phi\|_{H^s} = \left( \int_{\mathbb{R}^N} (1 + |\xi|^2)^s |\hat{\phi}(\xi)|^2 d\xi \right)^{1/2}.$$

$s$ 越大, $\phi$ 必须越光滑才能保证该模的存在.

**定义 2.5.8**   记 $A : L^2(\mathbb{R}^N) \to L^2(\mathbb{R}^N)$. 如果 $\|A\phi\|_{H^\alpha} \simeq \|\phi\|_{L^2}$, 称 $A$ 是 $\alpha$ 阶不适定的.

像 $A\phi$ 的光滑性比 $\phi$ 本身高 $\alpha$ 阶, 因此求解 $A\phi = f$ 实际上是由光滑的函数 $f$ 来求产生 $f$ 的不太光滑的函数 $\phi$. 例如在二维 X 光成像中, $\alpha = 1/2$. 用该定义描述的 $A$ 的不适定性度和前述用 $A$ 的奇异值分解的描述是有联系的.

**定理 2.5.9**   设 $A$ 是 $\alpha$ 阶不适定的. 若 $(\sigma_n, \phi_n, f_n)$ 是 $A$ 的奇异值系统, 即

$$A\phi_n = \sigma_n f_n, \quad A^* f_n = \sigma_n \phi_n,$$

则有 $\|f_n\|_{H^\alpha} \simeq 1/\sigma_n$.

事实上, $\sigma_n \|f_n\|_{H^\alpha} = \|A\phi_n\|_{H^\alpha} \simeq \|\phi_n\|_{L^2} = 1$.

因此该结果意味着属于小奇异值的奇异函数是振荡的. 问题的不适定性当然还依赖于解本身的光滑性. 解越光滑, 求解时的困难就越小. 而在具体的应用问题中, 解大多是不光滑的. 例如在医学成像中, 解 (图像) 是不连续的, 最多是分片连续的, 沿着光滑的曲面有阶跃. 用上述记号, 意味着解的 $H^{1/2}$ 模是有界的.

Picard 定理对一般的线性紧算子 $K$ 给出了方程 $Kx = y$ 可解的充要条件. 然而, 如果进一步假定 $K$ 还是自伴算子, 则可以用 Fourier 级数的方法来求解第一类积分方程 $Kx = y$, 该方法的理论基础是下面的 Hilbert-Schmidt 定理 ([159]).

**定理 2.5.10**   假定 $K$ 是 Hilbert 空间 $X$ 上的自伴的紧算子. 则任给 $x \in X$, $Kx$ 可以用由 $K$ 的特征向量组成的正交系统的收敛的 Fourier 级数来表示.

很显然, $Kx = y$ 的解是唯一的必要条件是 $\mathrm{Ker}(K) = \{0\}$. 如果 $K$ 是 Hilbert 空间 $X$ 上的自伴的紧算子并且 $\mathrm{Ker}(K) = \{0\}$, 则 $K$ 的特征向量 $\{e_n : Ke_n =$

$\lambda_n e_n, \lambda_n \neq 0\}$ 组成的正交系统构成了空间 $X$ 的一组正交基. 因此 $\forall x, y \in X$, 我们有 Fourier 展开

$$x = \sum_{n=1}^{\infty} a_n e_n, \quad a_n = (x, e_n), \tag{2.5.10}$$

$$y = \sum_{n=1}^{\infty} b_n e_n, \quad b_n = (y, e_n). \tag{2.5.11}$$

如果 $x$ 是 $Kx = y$ 的解, 则有

$$\sum_{n=1}^{\infty} b_n e_n = y = Kx = \sum_{n=1}^{\infty} a_n K e_n = \sum_{n=1}^{\infty} a_n \lambda_n e_n,$$

由此得到

$$a_n = \frac{b_n}{\lambda_n}. \tag{2.5.12}$$

(2.5.10) 中级数收敛的充要条件是 $\sum_{n=1}^{\infty} a_n^2$ 收敛. 因此求解 $Kx = y$ 的 Fourier 级数方法可以叙述为

**定理 2.5.11** 假定 $K$ 是 Hilbert 空间 $X$ 上的自伴的紧算子, $\mathrm{Ker}(K) = \{0\}$. 如果右端数据 $y$ 有展开式 (2.5.11), 则方程 $Kx = y$ 有解的充要条件是

$$\sum_{n=1}^{\infty} \left| \frac{b_n}{\lambda_n} \right|^2 < \infty,$$

并且该唯一解可以由 (2.5.10), (2.5.12) 来表示.

# 第 3 章 线性不适定问题的正则化方法

求解不适定问题的正则化算子的构造和相应的函数空间 (解空间、数据空间) 有着密切的联系. 在一般的度量空间上 Tikhonov 引进的变分正则化方法见 [179, 180,199]. 而在性质更好的空间上 (如 Banach 空间、Hilbert 空间), 有关结果具有更容易理解的几何背景, 其证明也可以大为简化. 但是它们的基本思想都是引进所谓的 "镇定泛函". 本章主要限于在 Hilbert 空间的框架下介绍线性不适定问题正则化方法的有关结果, 部分结果取材于 [92]. 以此为基础, 不难理解在一般的度量空间上的正则化方法. 关于线性不适定问题的一般的正则化方法和理论, 可参阅 [44,53,134]. 而对非线性不适定问题的理论发展, 本书则在第 5 章加以介绍, 读者可参阅 [180].

设 $K$ 是由 Hilbert 空间 $X$ 到 Hilbert 空间 $Y$ 的一个紧的线性算子, 则由 $Kx = y \in Y$ 求解 $x \in X$ 的问题是不适定的. 很多的反问题都可以化为这类算子方程的求解问题. 正则化理论求解这类不适定问题的基本思想是对解加上先验的条件, 以恢复问题的适定性, 尤其是稳定性.

问题的不适定性对其数值求解将产生本质的影响. 我们可以把不适定方程的数值逼近看成是其扰动数据的解 (包括算子扰动和输入数据扰动). 因此直接将算子方程近似求解的标准方法用于不适定方程时将会产生无意义的数值结果, 如我们在第 1 章介绍的几个数值例子. 从条件数 $\mathrm{Cond}(K) := \|K\| \|K^{-1}\|$ 的角度来看, 有界线性算子不存在有界逆这一事实意味着其有限维逼近系统的条件数随着逼近程度的提高而增加. 因此增加无限维方程的离散度 (即提高算子 $K$ 的逼近精度), 将会导致方程 $Kx = y$ 用直接的方法得到的近似解越来越不可靠.

## 3.1 一般的正则化理论

假定 $K : X \to Y$ 是紧线性算子, 对精确的右端数据 $y$, 方程

$$Kx = y \tag{3.1.1}$$

存在唯一解 $x$. 这意味着 $K : X \to K(X)$ 是一一对应的. 在什么情况下能保证 $K : X \to Y$ 是一一对应的 (这意味着对任意的 $y \in Y$, $Kx = y$ 都有唯一解), 或者说, 如何选取 $Y$ 使得 $K(X) = Y$, 这是反问题研究中的另一个重要理论问题, 即解的存在唯一性. 我们这里主要讨论不适定问题解的稳定性.

设有误差的右端数据 $y^\delta$ 满足

$$\|y^\delta - y\| \leqslant \delta. \tag{3.1.2}$$

如何由 $y^\delta$ 求 $x$ 的近似值 $x^\delta$? 一般说来, 它不能由对应的方程

$$Kx^\delta = y^\delta \tag{3.1.3}$$

直接来求, 因为: (1) 当 $y^\delta \notin K(X)$ 时, 该方程无解; (2) 即使 $y^\delta \in K(X)$, 由于 $K^{-1}$ 是无界的, 当 $\delta \to 0$ 时, 不能保证由 (3.1.3) 得到的解 $x^\delta \to x$.

为对 $y^\delta \notin K(X)$ 也能用合适的方法构造近似解 $x^\delta$, 并保证 $x^\delta$ 对 $y^\delta$ 的连续依赖性, 必须构造 $K^{-1} : K(X) \to X$ 的有界近似算子 $R : Y \to X$.

**定义 3.1.1** 一族有界线性算子 $R_\alpha : Y \to X, \alpha > 0$ 称为是 (3.1.1) 的正则化解算子, 如果它满足

$$\lim_{\alpha \to 0} R_\alpha Kx = x \tag{3.1.4}$$

对所有的 $x \in X$ 成立, $\alpha$ 称为正则化参数.

对这样的定义, 下面几点是容易理解的.

- 对任一固定的 $\alpha > 0, R_\alpha$ 是有界的.
- 在 $X$ 上, $\alpha \to 0$ 时 $R_\alpha K$ 逐点收敛于单位算子 $I$.
- 该定义等价于 $R_\alpha y \to K^{-1} y$ 对一切的 $y \in K(X)$ 成立.
- 如果 $K$ 是一般的紧算子, 一样可定义连续的正则化算子 $R_\alpha : Y \to X, \alpha > 0$ 去逼近不连续算子 $K^{-1}$. 但 $R_\alpha$ 未必是线性的, 此时 $R_\alpha$ 的有界性要求应改为 $R_\alpha y$ 对任意 $y \in Y$ 的连续性.

**定理 3.1.2** (正则化算子的性质) 设 $\dim X = \infty$, $K : X \to Y$ 是紧算子, $R_\alpha$ 是 $K^{-1}$ 的正则化算子, 则

(1) $R_\alpha$ 关于 $\alpha$ 不是一致有界的, 即有序列 $\{\alpha_j\} \to 0$ 使得 $j \to \infty$ 时 $\|R_{\alpha_j}\| \to \infty$.

(2) $\alpha \to 0$ 时 $\|R_\alpha K - I\| \to 0$ 不成立.

**证明** (1) 假若不然, 存在 $c > 0$ 使得 $\|R_\alpha\| \leqslant c$ 对一切的 $\alpha > 0$ 成立, 即 $\|R_\alpha y\| \leqslant c\|y\|$ 对一切的 $\alpha > 0, y \in Y$ 成立. 由于在 $\alpha \to 0$ 时 $R_\alpha y \to K^{-1} y$ 对一切的 $y \in K(X)$ 成立, 因此 $\|K^{-1} y\| \leqslant c\|y\|$ 对一切的 $y \in K(X)$ 成立, 即 $K^{-1}$ 是有界的, 这意味着 $I = K^{-1} K : X \to X$ 是紧的 (定理 2.2.10), 与 $\dim X = \infty$ 矛盾.

(2) 设 $R_\alpha K \to I$ 在 $L(X, X)$ 中成立. 由于 $R_\alpha K$ 是紧的 (定理 2.2.10), 据定理 2.2.11 知 $I$ 也是紧的, 与 $\dim X = \infty$ 矛盾 (定理 2.2.13). $\qquad \square$

据正则化算子的定义, 对右端的精确数据 $y = Kx$, 正则化解 $R_\alpha y$ 当 $\alpha \to 0$ 时当然收敛于精确解 $x$. 考虑右端数据不精确的情况.

令 $y \in K(X)$ 是右端的精确数据, 而 $y^\delta \in Y$ 是满足 (3.1.2) 的误差数据. 定义

$$x^{\alpha,\delta} := R_\alpha y^\delta$$

是由扰动数据 $y^\delta$ 构造的 $Kx = y$ 的精确解 $x$ 的近似值. 由估计

$$
\begin{aligned}
\|x^{\alpha,\delta} - x\| &\leqslant \|R_\alpha y^\delta - R_\alpha y\| + \|R_\alpha y - x\| \\
&\leqslant \|R_\alpha\|\|y^\delta - y\| + \|R_\alpha Kx - x\| \\
&\leqslant \delta\|R_\alpha\| + \|R_\alpha Kx - x\|
\end{aligned}
\tag{3.1.5}
$$

可以看出误差分成两部分: 第一项是输入数据的误差 $\delta > 0$ 产生的解的误差, 但它被正则化算子的模 $\|R_\alpha\|$ 放大了; 第二项表示正则化算子 $R_\alpha$ 逼近不连续算子 $K^{-1}$ 在精确右端数据 $y$ 处产生的误差 $\|(R_\alpha - K^{-1})y\|$, 当 $\alpha \to 0$ 时它趋于 0. 由定理 3.1.2, 对任何给定的 $\delta > 0$, 当 $\alpha \to 0$ 时 $\delta\|R_\alpha\| \to \infty$. 因此正则化参数 $\alpha$ 的选取必须保持某种平衡. 一方面, 近似解对输入数据的误差 $\delta > 0$ 的稳定性要求 $\|R_\alpha\|$ 很小 (即 $\alpha$ 不能太小); 另一方面, 正则化算子 $R_\alpha$ 对不连续算子 $K^{-1}$ 的逼近性要求 $\|(R_\alpha - K^{-1})y\|$ 很小 (即 $\alpha$ 越小越好). 因此求解不适定方程的正则化方法的基本问题是, 决定一种策略 $\alpha = \alpha(\delta)$ 使得

$$\delta\|R_\alpha\| + \|R_\alpha Kx - x\|$$

极小化, 且 $\delta \to 0$ 时有 $\delta\|R_\alpha\| + \|R_\alpha Kx - x\| \to 0$.

解决该问题的基本思想是用 $\alpha$ 分别来估计 $\|R_\alpha\|$ 和 $\|R_\alpha Kx - x\|$ 以得到误差的界 $\delta c_1(\alpha) + c_2(\alpha)$, 再以 $\alpha$ 为自变量, 极小化函数 $\delta c_1(\alpha) + c_2(\alpha)$ 确定 $\alpha = \alpha(\delta)$ (需精确解的先验估计), 并且该极小化函数在 $\delta \to 0$ 时也趋于 0.

**定义 3.1.3**　正则化参数的取法 $\alpha = \alpha(\delta)$ 称为是允许的, 如果在 $\delta \to 0$ 时

$$\alpha(\delta) \to 0, \quad \sup_{x \in X}\{\|R_{\alpha(\delta)}y^\delta - x\| : \|Kx - y^\delta\| \leqslant \delta\} \to 0$$

都成立.

正则化参数的取法有先验 (a-priori) 和后验 (a-posteriori) 两种方式. 先验取法基于精确解的光滑性条件, 这实际上是很难预先给出的. 故基于数据误差水平信息和误差数据本身的后验取法更为实用, 例如后面将要介绍的 Morozov 相容性原理.

下面先通过函数求导这样一个简单的例子来说明正则化参数的作用.

**例 3.1**　通过单边差分来计算函数的导数.

固定 $h \in (0, 1/2)$. $\forall y(t) \in L^2(0,1)$, 定义

$$(R_h \cdot y)(t) = v(t) = \begin{cases} \dfrac{1}{h}[y(t+h) - y(t)], & 0 < t < 1/2, \\ \dfrac{1}{h}[y(t) - y(t-h)], & 1/2 < t < 1. \end{cases} \tag{3.1.6}$$

我们知道, 当 $h \to 0$ 时, $(R_h \cdot y)(t)$ 是光滑函数 (例如, 可导函数)$y(t)$ 的导数的近似. 下面对 $y(t) \in H^2(0,1)$ 来估计这种近似的误差. 由 Taylor 公式,

$$y(t \pm h) = y(t) \pm y'(t)h + \int_t^{t\pm h} (t \pm h - s)y''(s)ds.$$

因此对 $t \in (0, 1/2)$, 有

$$v(t) - y'(t) = \frac{1}{h} \int_t^{t+h} (t+h-s)y''(s)ds = \frac{1}{h} \int_0^h y''(t+h-s)sds,$$

对 $t \in (1/2, 1)$ 有类似的表达式. 因此

$$h^2 \int_0^{1/2} |v(t) - y'(t)|^2 dt$$

$$= \int_0^{1/2} \left[ \int_0^h y''(t+h-s)sds \int_0^h y''(t+h-\tau)\tau d\tau \right] dt$$

$$= \int_0^h \int_0^h \tau s \left[ \int_0^{1/2} y''(t+h-\tau)y''(t+h-s)dt \right] d\tau ds$$

$$\leqslant \int_0^h \int_0^h \tau s \sqrt{\int_0^{1/2} |y''(t+h-\tau)|^2 dt} \sqrt{\int_0^{1/2} |y''(t+h-s)|^2 dt} d\tau ds$$

$$\leqslant \|y''\|_{L^2}^2 \left[ \int_0^h \tau d\tau \right]^2 = \frac{1}{4} h^4 \|y''\|_{L^2}^2, \tag{3.1.7}$$

类似得到

$$h^2 \int_{1/2}^1 |v(t) - y'(t)|^2 dt$$

的估计. 若假定

$$\|y''\|_{L^2} \leqslant E, \tag{3.1.8}$$

则有估计

$$\|v - y'\|_{L^2} \leqslant \frac{1}{\sqrt{2}} Eh. \tag{3.1.9}$$

这说明在先验条件 (3.1.8) 下, (3.1.6) 是导数的近似值, 其近似误差由 (3.1.9) 给出. 如果函数值 $y(t)$ 是精确给定的, 则 (3.1.6) 在 $h \to 0$ 时, 就趋向于 $y(t)$ 的导数值.

再考虑由 $y(t)$ 的近似数据 $\hat{y}(t)$ 求 $y(t)$ 的导数的近似值的问题. 假定

$$\|y - \hat{y}\|_{L^2} \leqslant \delta, \tag{3.1.10}$$

$\delta$ 表示近似数据的误差水平. 此时导数的单边差商近似为

$$\hat{v}(t) = \begin{cases} \dfrac{1}{h}[\hat{y}(t + h) - \hat{y}(t)], & 0 < t < 1/2, \\[2mm] \dfrac{1}{h}[\hat{y}(t) - \hat{y}(t - h)], & 1/2 < t < 1. \end{cases} \tag{3.1.11}$$

由此可得

$$|\hat{v}(t) - v(t)| \leqslant \frac{|\hat{y}(t \pm h) - y(t \pm h)|}{h} + \frac{|\hat{y}(t) - y(t)|}{h}, \quad \forall t \in (0, 1),$$

从而 $\|\hat{v} - v\|_{L^2} \leqslant 2\sqrt{2}\delta/h$. 因此用 $\hat{v}$ 来逼近导数 $y'$ 时, 总的误差为

$$\|\hat{v} - y'\|_{L^2} \leqslant \|\hat{v} - v\|_{L^2} + \|v - y'\|_{L^2} \leqslant \frac{2\sqrt{2}\delta}{h} + \frac{1}{\sqrt{2}} Eh. \tag{3.1.12}$$

比较此式和 (3.1.5), 两式的结构是完全一致的. 显然, 当离散化的步长 $h$ 取为 $h = 2\sqrt{\delta/E}$ 时, 在对精确的导数值 $y'$ 的先验条件 (3.1.8) 下, 得到最优的逼近误差

$$\|\hat{v} - y'\|_{L^2} \leqslant 2\sqrt{2E\delta}.$$

类似地, 我们也可以用双边差商来算数值微分. 定义 $K$ 为

$$(K \cdot x)(t) = \int_0^t x(s)ds = y(t).$$

对 $y(t) \in L^2(0, 1)$, 定义微分算子的逼近算子为

$$(R_h \cdot y)(t) = \begin{cases} \dfrac{1}{h}\left[4y\left(t + \dfrac{h}{2}\right) - y(t + h) - 3y(t)\right], & 0 < t < \dfrac{h}{2}, \\[3mm] \dfrac{1}{h}\left[y\left(t + \dfrac{h}{2}\right) - y\left(t - \dfrac{h}{2}\right)\right], & \dfrac{h}{2} < t < 1 - \dfrac{h}{2}, \\[3mm] \dfrac{1}{h}\left[3y(t) + y(t - h) - 4y\left(t - \dfrac{h}{2}\right)\right], & 1 - \dfrac{h}{2} < t < 1. \end{cases}$$

为证明 $R_h$ 是 $K^{-1}$ 的一个正则化逼近算子, 只要证明 ([92], 定理 A.27), $R_hK$ 在 $L^2$ 的算子范数下关于 $h$ 一致有界, 并且在 $h \to 0$ 时 $\|R_hKx - x\|_{L^2}$ 对光滑的 $x$ (例如 $x \in H^2(0,1)$) 趋于零. 这可以通过和单边差商证明类似的方法来实现, 在 $(K \cdot x)(t) = y(t)$ 的精确解 $x(t) \in H^2(0,1)$ 且 $\|x''\|_{L^2} \leqslant E$ 的先验条件下, 最后的结论为:

(1) 对精确的 $y(t)$,

$$\|R_h \cdot y - y'\|_{L^2} \leqslant c_1 Eh^2;$$

(2) 对满足 $\|\hat{y} - y\|_{L^2} \leqslant \delta$ 的误差数据 $\hat{y}$,

$$\|R_h \cdot \hat{y} - y'\|_{L^2} \leqslant c_2 \frac{\delta}{h} + c_1 Eh^2.$$

显然, 在 $\|y'''\|_{L^2} = \|x''\|_{L^2} \leqslant E$ 的先验条件下, 用双边差商由近似数据 $\hat{y}(t)$ 来计算数值微分时, 若步长 $h = c\sqrt[3]{\delta/E}$, 有最优误差

$$\|R_h \cdot \hat{y} - x\|_{L^2} \leqslant \hat{c} E^{1/3} \delta^{2/3}. \tag{3.1.13}$$

## 3.2  允许的 $\alpha = \alpha(\delta)$ 的取法

设 $X, Y$ 是 Hilbert 空间, $K : X \to Y$ 是紧线性算子. 记 $K^*$ 是 $K$ 的伴随算子, $\{(\mu_j(> 0), x_j, y_j) : j \in \mathbb{N}\}$ 是 $K$ 的奇异系统, 即

$$Kx_j = \mu_j y_j, \qquad K^*y_j = \mu_j x_j, \qquad j = 1, 2, \cdots.$$

一方面我们知道 $\mu_j \to 0$ $(j \to \infty)$, 另一方面由 Picard 定理 (定理 2.5.6), 当 $y \in K(X)$ 时,

$$x = \sum_{j=1}^{\infty} \frac{1}{\mu_j}(y, y_j)x_j. \tag{3.2.1}$$

因此构造正则化算子 $R_\alpha$ 的方法本质上就是找到一种方法把算子 $K$ 的小奇异值 $\mu_j$ 过滤掉. 下面的结果表明了这种一般性构造的可能性.

**定理 3.2.1**  设紧线性算子 $K$ 的奇异系统是 $\{(\mu_j(> 0), x_j, y_j) : j \in \mathbb{N}\}$, 函数

$$q(\alpha, \mu) : (0, \infty) \times (0, \|K\|) \to \mathbb{R}$$

满足下列性质:

(1) 对一切的 $\alpha > 0$ 和 $0 < \mu < \|K\|$ 成立 $|q(\alpha, \mu)| \leqslant 1$;

(2) 存在函数 $c(\alpha)$ 使得对一切的 $0 < \mu < \|K\|$ 成立 $|q(\alpha, \mu)| \leqslant c(\alpha)\mu$;

(3a) 对每一个 $0 < \mu < \|K\|$ 成立 $\lim_{\alpha \to 0} q(\alpha, \mu) = 1$.

则有下列结论:

A. 算子 $R_\alpha : Y \to X, \alpha > 0$:

$$R_\alpha y = \sum_{j=1}^\infty \frac{q(\alpha, \mu_j)}{\mu_j}(y, y_j)x_j, \quad y \in Y \tag{3.2.2}$$

是一个正则化算子, 且有估计 $\|R_\alpha\| \leqslant c(\alpha)$;

B. 如果取 $\alpha = \alpha(\delta)$ 在 $\delta \to 0$ 时满足 $\alpha(\delta) \to 0$, $\delta c(\alpha(\delta)) \to 0$, 则 $\alpha = \alpha(\delta)$ 是允许的取法.

**证明**　从假定 (2) 知

$$\|R_\alpha y\|^2 = \sum_{j=1}^\infty [q(\alpha, \mu_j)]^2 \frac{1}{\mu_j^2}|(y, y_j)|^2 \leqslant c(\alpha)^2 \sum_{j=1}^\infty |(y, y_j)|^2 \leqslant c(\alpha)^2 \|y\|^2,$$

即 $\|R_\alpha\| \leqslant c(\alpha)$, 因此 $R_\alpha$ 是有界的. 由

$$R_\alpha K x = \sum_{j=1}^\infty \frac{q(\alpha, \mu_j)}{\mu_j}(Kx, y_j)x_j, \quad x = \sum_{j=1}^\infty (x, x_j)x_j$$

和 $(Kx, y_j) = (x, K^* y_j) = \mu_j(x, x_j)$ 知

$$\|R_\alpha K x - x\|^2 = \sum_{j=1}^\infty [q(\alpha, \mu_j) - 1]^2|(x, x_j)|^2, \tag{3.2.3}$$

其中 $K^*$ 是 $K$ 的共轭算子, 下面经常要用此表达式. 设 $x \in X$. 一方面由 $\sum_{j=1}^\infty |(x, x_j)|^2$ 的收敛性知 $\forall \varepsilon > 0$, $\exists N \in \mathbb{N}$ 使得

$$\sum_{n=N+1}^\infty |(x, x_j)|^2 \leqslant \varepsilon^2/8.$$

另一方面, 由条件 (3a), 存在 $\alpha_0 > 0$ 使得

$$[q(\alpha, \mu_j) - 1]^2 \leqslant \frac{\varepsilon^2}{2\|x\|^2}, \quad j = 1, 2, \cdots, N, \quad 0 < \alpha \leqslant \alpha_0.$$

从而由条件 (1) 知, 对一切的 $0 < \alpha \leqslant \alpha_0$ 成立

$$\|R_\alpha K x - x\|^2 = \sum_{j=1}^N [q(\alpha, \mu_j) - 1]^2|(x, x_j)|^2 + \sum_{j=N+1}^\infty [q(\alpha, \mu_j) - 1]^2|(x, x_j)|^2$$

$$< \frac{\varepsilon^2}{2\|x\|^2} \sum_{j=1}^{N} |(x, x_j)|^2 + \frac{\varepsilon^2}{2} \leqslant \varepsilon^2.$$

因此我们已证明了 $\forall x \in X$, 当 $\alpha \to 0$ 时, $R_\alpha K x \to x$. 结论 A 得证. 结论 B 很容易由结论 A 得到. □

此定理中, $R_\alpha : Y \to X, \alpha > 0$ 是正则化算子意味着对一切 $x \in X$, 当 $\alpha \to 0$ 时, $R_\alpha K x \to x$ 或者 $\|R_\alpha K x - x\| \to 0$. 由于精确解 $x$ 是未知的, 能否用 $\alpha$ 来估计 $\|R_\alpha K x - x\|$?

由于 $\|R_\alpha K - I\| \to 0$ 一般而言不成立 (定理 3.1.2), 该估计需要 $x$ 的一些更严格的假定. 如解决了该问题, 则对由 $y = Kx$ 的近似数据 $y^\delta$ 求解 $x$ 的近似值的不适定问题, 求正则化解 $x^{\alpha,\delta}$ 时, 由于

$$\|x^{\alpha,\delta} - x\| \leqslant \delta\|R_\alpha\| + \|R_\alpha K x - x\| \leqslant \delta c(\alpha) + \|R_\alpha K x - x\|, \tag{3.2.4}$$

故对允许的取法 $\alpha = \alpha(\delta)$, 即可用 $\delta$ 来估计近似解的误差.

在对精确解 $x$ 的一些先验假定和条件 (3a) 的更强的条件下, 可解决该问题.

**定理 3.2.2** 设 $q(\alpha, \mu)$ 满足定理 3.2.1 中的 (1) 和 (2).

(A1) 如果 $x = K^* z \in K^*(Y)$ 并且

(3b) 对一切的 $\alpha > 0$ 和 $0 < \mu < \|K\|$ 成立

$$|q(\alpha, \mu) - 1| \leqslant c_1 \frac{\sqrt{\alpha}}{\mu},$$

则有估计

$$\|R_\alpha K x - x\| \leqslant c_1 \|z\| \sqrt{\alpha}; \tag{3.2.5}$$

(A2) 如果 $x = K^* K z \in K^* K(X)$ 并且

(3c) 对一切的 $\alpha > 0$ 和 $0 < \mu < \|K\|$ 成立

$$|q(\alpha, \mu) - 1| \leqslant c_2 \frac{\alpha}{\mu^2},$$

则有估计

$$\|R_\alpha K x - x\| \leqslant c_2 \|z\| \alpha. \tag{3.2.6}$$

**证明** 当 $x = K^* z$ 时, 由于 $(x, x_j) = \mu_j(z, y_j)$, (3.2.3) 变为

$$\|R_\alpha K x - x\|^2 = \sum_{j=1}^{\infty} [q(\alpha, \mu_j) - 1]^2 \mu_j^2 |(z, y_j)|^2 \leqslant c_1^2 \alpha \|z\|^2,$$

(3.2.5) 得证, (3.2.6) 的证明是类似的.　　　　　　　　　　　　　　　□

与定理 3.2.1 相比, 该定理的优点在于, 如果知道精确解 $x$ 的先验信息, 则可以选取适当的过滤函数 $q(\alpha, \mu)$, 使得我们可以估计出正则化解趋于精确解的速度. 然而, 该定理中要求的精确解的先验信息 (如 $x \in K^*(Y), x \in K^*K(X)$) 是很难验证的.

## 3.3　$q(\alpha, \mu)$ 的取法

满足定理 3.2.2 中条件的 $q(\alpha, \mu)$ 很多. 对应于不同的 $q(\alpha, \mu)$, 可得到不同的 $\alpha = \alpha(\delta)$ 的允许的取法, 以及相应的误差估计.

**定理 3.3.1**　下列三个函数 $q(\alpha, \mu)$ 都同时满足 (1),(2),(3b),(3c):

$$q(\alpha, \mu) = \frac{\mu^2}{\alpha + \mu^2}, \tag{3.3.1}$$

它对应于

$$c(\alpha) = \frac{1}{2\sqrt{\alpha}}, \quad c_1 = \frac{1}{2}, \quad c_2 = 1;$$

$$q(\alpha, \mu) = 1 - (1 - a\mu^2)^{1/\alpha}, \quad 0 < a < 1/\|K\|^2, \tag{3.3.2}$$

它对应于

$$c(\alpha) = \sqrt{\frac{a}{\alpha}}, \quad c_1 = \frac{1}{\sqrt{2a}}, \quad c_2 = \frac{1}{a};$$

$$q(\alpha, \mu) = \begin{cases} 1, & \mu^2 \geqslant \alpha, \\ 0, & \mu^2 < \alpha, \end{cases} \tag{3.3.3}$$

它对应于

$$c(\alpha) = \frac{1}{\sqrt{\alpha}}, \quad c_1 = 1, \quad c_2 = 1.$$

**证明**　对这三个函数, 条件 (1) 和 (3a) 是显然的.

对第一个函数, 由于 $1 - q(\alpha, \mu) = \alpha/(\alpha + \mu^2)$, 性质 (2), (3b) 可从估计

$$\frac{\mu}{\alpha + \mu^2} \leqslant \frac{1}{2\sqrt{\alpha}}, \quad \forall \alpha, \mu > 0$$

得到, 性质 (3c) 也是显然的.

对第二个函数, 由 Bernoulli 不等式,

$$1 - (1 - a\mu^2)^{1/\alpha} \leqslant 1 - \left(1 - \frac{a\mu^2}{\alpha}\right) = \frac{a\mu^2}{\alpha},$$

因此 $|q(\alpha, \mu)| \leqslant \sqrt{|q(\alpha, \mu)|} \leqslant \sqrt{a/\alpha}\mu$, 性质 (2) 得证. 性质 (3b), (3c) 可从估计

$$\mu(1 - a\mu^2)^\beta \leqslant \frac{1}{\sqrt{2a\beta}}, \quad \mu^2(1 - a\mu^2)^\beta \leqslant \frac{1}{a\beta}, \quad \forall \beta > 0, \, 0 \leqslant \mu \leqslant 1/\sqrt{a}$$

得到, 这两个不等式等价于下面的显然结果: $F(t) := t(1-t)^\beta - \frac{1}{\beta} \leqslant 0$ 在 $t \in [0, 1]$ 上对一切的 $\beta > 0$ 成立.

对第三个函数, 只要在 $\mu^2 \geqslant \alpha$ 时考虑性质 (2) 就可以了. 此时 $q(\alpha, \mu) = 1 \leqslant \mu/\sqrt{\alpha}$. 对性质 (3b), (3c), 只要考虑 $\mu^2 < \alpha$. 此时 $\mu(1 - q(\alpha, \mu)) = \mu \leqslant \sqrt{\alpha}$, $\mu^2(1 - q(\alpha, \mu)) = \mu^2 \leqslant \alpha$. 定理证毕. $\qquad\square$

这三种取法所得到的正则化解的精度本质上是一致的, 因为它们对应于 $R_\alpha$ 的相同的估计 $\|R_\alpha\| \leqslant 1/\sqrt{\alpha}$. 但其表现形式不同. 函数 $q(\alpha, \mu)$ 的前两种取法可以使我们避开 $K$ 的奇异值而构造正则化方法, 而 $q(\alpha, \mu)$ 的第三种取法称为谱截断 (spectral cutoff) 方法, 该方法在工程上经常采用. 谱截断对应的正则化解是

$$x^{\alpha, \delta} = \sum_{\mu_j^2 \geqslant \alpha} \frac{1}{\mu_j} (y^\delta, y_j) x_j.$$

由定理 3.2.2, 不难得到 $\|x^{\alpha, \delta} - x\|$ 的估计:

**定理 3.3.2** 设 $y^\delta \in Y$ 满足 $\|y^\delta - y\| \leqslant \delta$, $y = Kx$ 是精确的右端数据.

(a) $K$ 是紧的单射的算子, 奇异系统为 $\{(\mu_j, x_j, y_j) : j \in \mathbb{N}\}$, 则

$$R_\alpha y = \sum_{\mu_j^2 \geqslant \alpha} \frac{1}{\mu_j} (y^\delta, y_j) x_j, \quad y \in Y \tag{3.3.4}$$

是 $K^{-1}$ 的一个正则化算子, 并且 $\|R_\alpha\| \leqslant 1/\sqrt{\alpha}$. 如果 $\delta \to 0$ 时,

$$\alpha(\delta) \to 0, \quad \frac{\delta^2}{\alpha(\delta)} \to 0,$$

则 $\alpha = \alpha(\delta)$ 是一个允许的取法.

(b) 设 $x = K^* z \in K^*(Y)$, $\|z\|_Y \leqslant E$. 如取 $\alpha(\delta) = c\dfrac{\delta}{E}$ $(c > 0)$, 则有

$$\|x^{\alpha, \delta} - x\| \leqslant \left(\frac{1}{\sqrt{c}} + \sqrt{c}\right) \sqrt{\delta E}; \tag{3.3.5}$$

(c) 设 $x = K^*Kz \in K^*K(X)$, $\|z\|_X \leqslant E$. 如取 $\alpha(\delta) = c\left(\dfrac{\delta}{E}\right)^{2/3}$ $(c > 0)$, 则有

$$\|x^{\alpha,\delta} - x\| \leqslant \left(\frac{1}{\sqrt{c}} + c\right) E^{1/3}\delta^{2/3}. \tag{3.3.6}$$

**证明**  结论 (a) 是前述定理的一个直接结果. 综合应用 (3.1.5)、定理 3.2.1 和定理 3.2.2, 对结论 (b), 有

$$\|x^{\alpha,\delta} - x\| \leqslant \frac{\delta}{\sqrt{\alpha}} + \sqrt{\alpha}\|z\|;$$

对结论 (c), 有

$$\|x^{\alpha,\delta} - x\| \leqslant \frac{\delta}{\sqrt{\alpha}} + \alpha\|z\|,$$

分别取 $\alpha(\delta) = c\delta/E$ 和 $\alpha(\delta) = c(\delta/E)^{2/3}$, 即得到定理中的误差估计.  □

用过滤掉算子的小奇异值的方法来求紧算子逆的正则化算子, 已有很长的历史, 它对理论研究是很方便的. 但是对具体的问题, 应构造避开 $K$ 的奇异值的正则化方法, 因为算子的奇异值通常是很难求的. $q(\alpha, \mu)$ 的前两种取法可以完成这种构造.

下面介绍两种正则化方法: Tikhonov 正则化和 Landweber 迭代正则化.

## 3.4  Tikhonov 正则化方法

在有限维空间, 近似求解过定的线性代数方程组 $Kx = y$ 时, 方法是求最小二乘解, 即在有限维空间 $X$ 上极小化连续泛函 $\|Kx - y\|$. 该问题一定是有解的, 并且解是唯一的充要条件是 $N(K) = \{0\}$. 但是如果 $K$ 是紧的而 $X$ 是无限维的, 则该极小化问题是不适定的.

**定理 3.4.1**  设 $X, Y$ 是 Hilbert 空间, $K : X \to Y$ 是有界线性算子. 对 $y \in Y$, 存在 $\hat{x} \in X$ 使得

$$\|K\hat{x} - y\| \leqslant \|Kx - y\|$$

对一切 $x \in X$ 成立的充分必要条件是 $\hat{x}$ 满足

$$K^*K\hat{x} = K^*y,$$

其中 $K^* : Y \to X$ 是 $K$ 的伴随算子.

**证明** 直接计算知

$$\|Kx - y\|^2 - \|K\hat{x} - y\|^2 = 2\Re(K\hat{x} - y, K(x - \hat{x})) + \|K(x - \hat{x})\|^2$$
$$= 2\Re(K^*(K\hat{x} - y), x - \hat{x}) + \|K(x - \hat{x})\|^2, \quad \forall x, \hat{x} \in X.$$

如果 $\hat{x}$ 满足 $K^*K\hat{x} = K^*y$, 则 $\|Kx - y\|^2 - \|K\hat{x} - y\|^2 \geqslant 0$, 即 $\hat{x}$ 是 $\|Kx - y\|$ 的极小元. 反之, 如果 $\hat{x}$ 是 $\|Kx - y\|$ 的极小元, 对 $\forall t > 0, x \in X$, 取 $x = \hat{x} + tz$ 有

$$0 \leqslant 2t\Re(K^*(K\hat{x} - y), z) + t^2\|Kz\|^2.$$

两边除以 $t > 0$ 再令 $t \to 0$ 得

$$\Re(K^*(K\hat{x} - y), z) \geqslant 0, \quad \forall z \in X.$$

由 $z$ 的任意性即得 $K^*(K\hat{x} - y) = 0$. □

一般说来, 不能保证该必要性条件的方程解的存在唯一性, 因此该极小化问题是一个不适定的问题. 但如果对极小元 $\hat{x}$ 加上进一步的限制 (例如是最小模解), 则可保证极小元的存在唯一性.

因此必须在目标函数 $\|Kx - y\|$ 上加上罚项, 使得求新的目标函数的极小元的问题适定 (从优化理论的角度), 或者使得极小元满足的方程是一个第二类的方程 (从积分方程理论的角度). 这就是 Tikhonov 正则化方法解不适定问题的基本想法. 具体说来, 该问题提为:

对有界线性算子 $K : X \to Y$ 和 $y \in Y$, 求 $x^\alpha \in X$ 使其在 $X$ 上极小化 Tikhonov 泛函

$$J_\alpha(x) = \|Kx - y\|_Y^2 + \alpha\|x\|_X^2, \tag{3.4.1}$$

其中 $\alpha > 0$ 称为正则化参数.

与定理 3.4.1 对应, 此时有

**定理 3.4.2** 设 $X, Y$ 是 Hilbert 空间, $K : X \to Y$ 是有界线性算子. 则
(1) $J_\alpha(x)$ 在 $X$ 上存在唯一的极小元 $x^\alpha$;
(2) $x^\alpha \in X$ 满足

$$\alpha x^\alpha + K^*Kx^\alpha = K^*y. \tag{3.4.2}$$

**证明** 设 $\{x_n : n = 1, \cdots\} \subset X$ 是 $J_\alpha(x)$ 的极小化序列, 即 $n \to \infty$ 时,

$$J_\alpha(x_n) \to J_0 := \inf_{x \in X} J_\alpha(x).$$

首先证明 $\{x_n : n = 1, \cdots\}$ 是 $X$ 中的 Cauchy 列. 由于

$$J_\alpha(x_n) + J_\alpha(x_m) = 2J_\alpha\left(\frac{x_n + x_m}{2}\right) + \frac{1}{2}\|K(x_n - x_m)\|^2 + \frac{\alpha}{2}\|x_n - x_m\|^2$$

$$\geqslant 2J_0 + \frac{\alpha}{2}\|x_n - x_m\|^2,$$

左端在 $n, m \to \infty$ 时趋于 $2J_0$, 因此由 $\alpha > 0$ 知 $\{x_n : n = 1, \cdots\}$ 是 $X$ 中的 Cauchy 列. 令

$$\lim_{n\to\infty} x_n = x^\alpha \in X,$$

由 $J_\alpha(x)$ 的连续性得 $J_\alpha(x_n) \to J_\alpha(x^\alpha)$, 即 $J_\alpha(x^\alpha) = J_0$, 从而 $J_\alpha(x)$ 的极小元的存在性证毕. 另一方面, $\forall x \in X$, 由直接计算有

$$J_\alpha(x) - J_\alpha(x^\alpha)$$
$$= 2\Re(Kx^\alpha - y, K(x - x^\alpha)) + 2\alpha\Re(x^\alpha, x - x^\alpha) + \|K(x - x^\alpha)\|^2 + \alpha\|x - x^\alpha\|^2$$
$$= 2\Re(K^*(Kx^\alpha - y) + \alpha x^\alpha, x - x^\alpha) + \|K(x - x^\alpha)\|^2 + \alpha\|x - x^\alpha\|^2. \tag{3.4.3}$$

据此等式, 泛函 $J_\alpha(x)$ 的极小元和方程 (3.4.2) 解的等价性由前一定理的类似证明可以得到. 定理证毕. □

方程 (3.4.2) 的可解性也可由 Lax-Milgram 定理得到. 事实上, 记 $T := \alpha I + K^*K$, $\forall\phi \in X$, 有估计

$$\alpha\|\phi\|^2 \leqslant \alpha\|\phi\|^2 + \|K\phi\|^2 = \Re(T\phi, \phi),$$

即 $T$ 是严格强制的, 故由 Lax-Milgram 定理知 $T$ 存在有界逆 $T^{-1} : X \to X$.

对有界线性算子 $K : X \to Y$, 还可以进一步证明, 由定理 3.4.2 确定的最小元 $x^\alpha$ 关于 $\alpha$ 是无限次可微的, 且导数可递推得到 ([98]).

**定理 3.4.3** 设 $X, Y$ 是 Hilbert 空间, $K : X \to Y$ 是有界线性算子. 对任意的 $\alpha > 0$, $x^\alpha$ 关于 $\alpha$ 是无限次可微的, 且其 $n$ 阶导数 $w := \dfrac{d^n}{d\alpha^n}x^\alpha \in X$ 可由

$$\alpha w + K^*Kw = -n\frac{d^{n-1}}{d\alpha^{n-1}}x^\alpha, \quad n = 1, 2, \cdots, \tag{3.4.4}$$

或者其等价的变分形式:

$$(Kw, Kg)_Y + \alpha(w, g)_X = -n\left(\frac{d^{n-1}}{d\alpha^{n-1}}x^\alpha, g\right)_X, \quad \forall g \in X \tag{3.4.5}$$

递推确定.

**证明** 证明由下面两步完成: 对 $n = 1$ 证明该定理; 对 $n$ 用数学归纳法. 由于第二步是标准的, 故只要给出 $n = 1$ 时的证明即可. 由导数的定义, 要证明极限 $\lim_{t\to 0} \dfrac{x^{\alpha+t} - x^\alpha}{t}$ 存在且该极限满足

$$\alpha w + K^*Kw = -x^\alpha. \tag{3.4.6}$$

为此证明下面两个结论即可:

(1) 方程 (3.4.6) 存在唯一的解 $w$;

(2) $w = \lim_{t \to 0} \dfrac{x^{\alpha+t} - x^\alpha}{t}$.

事实上, 由于 $T := \alpha I + K^*K$ 是严格强制的, 由 Lax-Milgram 定理知 $\alpha w + K^*Kw = f$ 对任意的 $f \in X$ 都是唯一可解的, 故 (1) 显然成立. 下证 (2). 记

$$g_1(t) = \frac{x^{\alpha+t} - x^\alpha}{t} - w,$$

其中 $w$ 是方程 (3.4.6) 的唯一解, 即要证明 $\lim_{t \to 0} g_1(t) = 0$.

先证 $x^\alpha$ 关于 $\alpha > 0$ 的连续性. 取 $|t|$ 充分小使得 $\alpha + t > \alpha/2$. 将 (3.4.2) 中的 $\alpha$ 用 $\alpha + t$ 代替得

$$(\alpha + t)x^{\alpha+t} + K^*Kx^{\alpha+t} = K^*y. \tag{3.4.7}$$

两边用 $x^{\alpha+t}$ 作内积得

$$2\sqrt{\alpha + t}\|x^{\alpha+t}\|_X\|Kx^{\alpha+t}\|_Y \leqslant (\alpha + t)\|x^{\alpha+t}\|_X^2 + \|Kx^{\alpha+t}\|_Y^2$$
$$= (K^*y, x^{\alpha+t})_X \leqslant \|y\|_Y\|Kx^{\alpha+t}\|_Y,$$

由此得到

$$\|x^{\alpha+t}\|_X \leqslant \frac{1}{2\sqrt{\alpha + t}}\|y\|_Y \leqslant \frac{1}{\sqrt{2\alpha}}\|y\|_Y. \tag{3.4.8}$$

(3.4.7) 减去 (3.4.2) 后在两边用 $g \in X$ 作内积得

$$\alpha(x^{\alpha+t} - x^\alpha, g)_X + (K(x^{\alpha+t} - x^\alpha), Kg)_Y = -t(x^{\alpha+t}, g)_X. \tag{3.4.9}$$

取 $g = x^{\alpha+t} - x^\alpha$ 得

$$\alpha\|x^{\alpha+t} - x^\alpha\|^2 + \|K(x^{\alpha+t} - x^\alpha)\|^2 = -t(x^{\alpha+t}, x^{\alpha+t} - x^\alpha) \leqslant |t|\|x^{\alpha+t}\|\|x^{\alpha+t} - x^\alpha\|,$$

从而由 (3.4.8) 得

$$\|x^{\alpha+t} - x^\alpha\| \leqslant \frac{|t|}{\alpha}\|x^{\alpha+t}\| \leqslant \frac{|t|}{\alpha\sqrt{2\alpha}}\|y\|,$$

即 $x^\alpha$ 在每一点 $\alpha > 0$ 都是 Lipschitz 连续的.

在 (3.4.9) 的两边除以 $t$ 再减去 (3.4.6) 的变分形式得

$$\alpha(g_1, g)_X + (Kg_1, Kg)_Y = -(x^{\alpha+t} - x^{\alpha}, g)_X, \quad \forall g \in X.$$

取 $g = g_1(t)$ 得 $\alpha\|g_1\|^2 \leqslant \|x^{\alpha+t} - x^{\alpha}\|\|g_1\|$, 即

$$\|g_1\| \leqslant \frac{1}{\alpha}\|x^{\alpha+t} - x^{\alpha}\|.$$

对此式用 $x^{\alpha}$ 关于 $\alpha$ 的连续性得 $\lim_{t\to 0} g_1(t) = 0$.                                    $\square$

借助于泛函 $J_\alpha(x)$ 的极小元 $x^\alpha$ 关于 $\alpha$ 的可微性结果, 可以得到由相容性原理确定正则化参数 $\alpha$ 的一个迭代办法. 在该办法中, 给定的误差数据 $y^\delta$ 的误差水平 $\delta$ 可以是未知的, 且可以由误差数据 $y^\delta$ 本身来估计出 $\delta$ 的界. 其基本出发点是构造极小化函数 $J_\alpha(x)$ 的一个近似的有解析表达式的模型函数, 再由此模型函数近似确定正则化参数, 见本章 3.9 节和 [98, 198].

关于正则化元素 $x^\alpha$ 和 $J(x^\alpha)$ 的其他性质, 可见 [37, 179, 180].

方程 (3.4.2) 的解 $x^\alpha \in X$ 可写为 $x^\alpha = R_\alpha y$, 其中

$$R_\alpha := (\alpha I + K^* K)^{-1} K^* : Y \to X. \tag{3.4.10}$$

如果进一步假定 $K$ 为紧算子, 奇异系统为 $\{(\mu_j, x_j, y_j) : j \in \mathbb{N}\}$, 即 $Kx_j = \mu_j y_j, K^* y_j = \mu_j x_j$, 由 $x^\alpha = (\alpha I + K^* K)^{-1} K^* y$ 得 $(K^*)^{-1}(\alpha I + K^* K)x^\alpha = y$. 由于

$$(K^*)^{-1}(\alpha I + K^* K)x_j = \frac{\alpha + \mu_j^2}{\mu_j} y_j, \quad (\alpha I + K^* K)^* K^{-1} y_j = \frac{\alpha + \mu_j^2}{\mu_j} x_j,$$

故算子 $(K^*)^{-1}(\alpha I + K^* K)$ 的奇异值为 $\dfrac{\alpha + \mu_j^2}{\mu_j}$, 从而 $R_\alpha y$ 可表示为

$$R_\alpha y = \sum_{j=0}^{\infty} \frac{\mu_j}{\alpha + \mu_j^2}(y, y_j)x_j = \sum_{j=0}^{\infty} \frac{q(\alpha, \mu_j)}{\mu_j}(y, y_j)x_j, \tag{3.4.11}$$

其中

$$q(\alpha, \mu) = \frac{\mu^2}{\alpha + \mu^2},$$

它就是前述的第一个函数.

这里给出了求 $Kx = y$ 的正则化解的另一个方法, 它通过求一个泛函在全空间上的极小元, 或者直接解一个第二类的方程来确定正则化解 $x^\alpha$. 它对应于过滤

函数

$$q(\alpha, \mu) = \frac{\mu^2}{\alpha + \mu^2},$$

但是避开了 $K$ 的奇异值 $\mu_j$.

由对应于上述过滤函数的正则化解的理论结果 (定理 3.2.1), 即得到 Tikhonov 正则化方法应用于有误差的数据时的收敛性结果.

**定理 3.4.4** 设 $K : X \to Y$ 是紧的线性算子, $\alpha > 0$.

(a) $(\alpha I + K^*K)$ 是有界可逆的, $R_\alpha := (\alpha I + K^*K)^{-1}K^* : Y \to X$ 是 $Kx = y$ 的一个正则化解算子, $\|R_\alpha\| \leqslant \dfrac{1}{2\sqrt{\alpha}}$. 对应于近似的右端数据 $y^\delta$, $Kx = y$ 的 Tikhonov 正则化解 $x^{\alpha,\delta} = R_\alpha y^\delta$ 由

$$\alpha x^{\alpha,\delta} + K^*Kx^{\alpha,\delta} = K^*y^\delta \tag{3.4.12}$$

唯一确定. 正则化参数 $\alpha = \alpha(\delta)$ 只要在 $\delta \to 0$ 时满足

$$\alpha(\delta) \to 0, \qquad \frac{\delta^2}{\alpha(\delta)} \to 0$$

就是允许的取法.

(b) 设 $x = K^*z \in K^*(Y), \|z\| \leqslant E$. 则取 $\alpha(\delta) = c\delta/E$ 时, 有估计

$$\|x^{\alpha(\delta),\delta} - x\| \leqslant \frac{1}{2}\left(\frac{1}{\sqrt{c}} + \sqrt{c}\right)\sqrt{E\delta}. \tag{3.4.13}$$

(c) 设 $x = K^*Kz \in K^*K(X), \|z\| \leqslant E$. 则取 $\alpha(\delta) = c(\delta/E)^{2/3}$ 时, 有估计

$$\|x^{\alpha(\delta),\delta} - x\| \leqslant \left(\frac{1}{2\sqrt{c}} + c\right)E^{1/3}\delta^{2/3}. \tag{3.4.14}$$

**证明** 结论 (a) 是显然的, $\|R_\alpha\|$ 的估计由定理 3.2.1 得到, 只要注意 $q(\alpha, \mu) = \dfrac{\mu^2}{\alpha + \mu^2}$ 时有 $c(\alpha) = \dfrac{1}{2\sqrt{\alpha}}$. 综合应用估计 (3.1.5), 定理 3.2.1 和定理 3.2.2, 对结论 (b), 有

$$\|x^{\alpha,\delta} - x\| \leqslant \frac{\delta}{2\sqrt{\alpha}} + \frac{\sqrt{\alpha}}{2}\|z\|;$$

对结论 (c), 有

$$\|x^{\alpha,\delta} - x\| \leqslant \frac{\delta}{2\sqrt{\alpha}} + \alpha\|z\|,$$

分别取 $\alpha(\delta) = c\delta/E$ 和 $\alpha(\delta) = c(\delta/E)^{2/3}$ 即得到定理中的误差估计. $\square$

**注解 3.4.5**　结果 (c) 有特别的意义, 其收敛性估计是 $\delta^{2/3}$. 可以证明, 对一般的 Tikhonov 正则化方法, 满足 $\|Kx^\delta - y\| \leqslant \delta$ 的正则化解的误差估计 $\|x^\delta - x\|$ 最好也只能达到 $\delta^{2/3}$. 因此在精确解的先验条件 $x \in K^*K(X)$ 下, Tikhonov 正则化方法能够得到最优的近似解, 其误差是 $\delta^{2/3}$. 这就是下面的定理.

**定理 3.4.6**　设 $K : X \to Y$ 是一一的紧线性算子, 且 $K(X)$ 是无限维的. 对 $x \in X$, 如果存在 $\alpha : [0, \infty) \to [0, \infty)$ 满足 $\alpha(0) = 0$, 使得对满足 $\|y^\delta - Kx\| \leqslant \delta$ 的 $y^\delta \in Y$, 有

$$\lim_{\delta \to 0} \|x^{\alpha(\delta),\delta} - x\| \delta^{-2/3} = 0$$

成立, 其中 $x^{\alpha(\delta),\delta} \in X$ 是 (3.4.2) 中 $y$ 换为 $y^\delta$ 的解, 则 $x = 0$.

**注解 3.4.7**　该结果表明, 如果 Tikhonov 正则化解收敛于精确解 $x$ 的速度比 $\delta^{2/3}$ 还快, 则精确解 $x$ 必为 0.

**证明**　用反证法, 假定 $x \neq 0$.

首先证明 $\alpha(\delta)\delta^{-2/3} \to 0$. 记 $y = Kx$, 由

$$(\alpha(\delta)I + K^*K)(x^{\alpha(\delta),\delta} - x) = K^*(y^\delta - y) - \alpha(\delta)x,$$

得到估计

$$|\alpha(\delta)|\|x\| \leqslant \|K\|\delta + (\alpha(\delta) + \|K\|^2)\|x^{\alpha(\delta),\delta} - x\|.$$

两边乘以 $\delta^{-2/3}$ 并利用 $x \neq 0$, $\lim_{\delta \to 0} \|x^{\alpha(\delta),\delta} - x\|\delta^{-2/3} = 0$ 即得到 $\alpha(\delta)\delta^{-2/3} \to 0$.

现在要导出一个矛盾. 记 $\{(\mu_j, x_j, y_j) : j \in \mathbb{N}\}$ 是 $K$ 的奇异系统. 定义

$$\delta_j := \mu_j^3, \quad y^{\delta_j} := y + \delta_j y_j, \quad j \in \mathbb{N},$$

则 $j \to \infty$ 时 $\delta_j \to 0$, 且 $y^{\delta_j}$ 满足 $(\alpha_j I + K^*K)(x^{\alpha_j,\delta_j} - x^{\alpha_j}) = K^*(y^{\delta_j} - y)$, 从而

$$\begin{aligned}
x^{\alpha_j,\delta_j} - x &= (x^{\alpha_j,\delta_j} - x^{\alpha_j}) + (x^{\alpha_j} - x)\\
&= (\alpha_j I + K^*K)^{-1}K^*(\delta_j y_j) + (x^{\alpha_j} - x)\\
&= \sum_{k=1}^\infty \frac{\mu_k}{\alpha + \mu_k^2}(\delta_j y_j, y_k)x_k + (x^{\alpha_j} - x)\\
&= \frac{\delta_j \mu_j}{\alpha_j + \mu_j^2}x_j + (x^{\alpha_j} - x),
\end{aligned}$$

其中 $\alpha_j := \alpha(\delta_j)$, $x^{\alpha_j}$ 是 (3.4.2) 对应于 $\alpha = \alpha_j$ 的解. 由于 $\|x^{\alpha_j} - x\|\delta^{-2/3} \to 0$, 我们得到

$$\frac{\delta_j^{1/3}\mu_j}{\alpha_j + \mu_j^2} \to 0, \quad j \to \infty.$$

但另一方面, 由已证得的结果可知 $j \to \infty$ 时 $\alpha_j \delta_j^{-2/3} = \alpha(\delta_j)\delta_j^{-2/3} \to 0$, 从而有

$$\frac{\delta_j^{1/3}\mu_j}{\alpha_j + \mu_j^2} = \frac{\mu_j^2}{\alpha_j + \mu_j^2} = (1 + \alpha_j \delta_j^{-2/3})^{-1} \to 1, \quad j \to \infty.$$

这是一个矛盾. $\qquad \square$

**注解 3.4.8** 定理 3.4.4 和定理 3.4.6 有下述更一般的形式[44,50]: 若精确解满足光滑性条件 $x \in \mathrm{Range}((K^*K)^\nu), 0 < \nu \leqslant 1$, 则当正则化参数的选取满足 $\alpha = c\delta^{\frac{2}{2\nu+1}}$ 时, 是可取的方法, 此时解有收敛性估计 $\|x^{\alpha(\delta),\delta} - x\| = O(\delta^{\frac{2\nu}{2\nu+1}})$, 并且最优收敛速度在 $\nu = 1$ 获得, 而且是不可再改进的.

在前述由 Tikhonov 正则化泛函

$$J_\alpha(x) := \|Kx - y\|^2 + \alpha\|x\|^2, \quad x \in X, \alpha > 0$$

来构造 $Kx = y$ 的正则化近似解 $x^\alpha = R_\alpha y$ 时, $x^\alpha$ 是由

$$\alpha x^\alpha + K^*Kx^\alpha = K^*y \tag{3.4.15}$$

唯一确定的. 在由 $y$ 的误差数据 $y^\delta$ 来求正则化近似解时, $\alpha = \alpha(\delta)$ 的取法也已给定, 使得在 $\delta \to 0$ 时 $x^{\alpha(\delta),\delta} \to K^{-1}y$. 这里 $\alpha = \alpha(\delta)$ 是先验 (a-priori) 选取的, 即在求解 (3.4.2) 时必须先给定 $\alpha(\delta)$. 为了讨论 $\alpha = \alpha(\delta)$ 的后验 (a-posteriori) 取法, 必须进一步讨论 (3.4.15) 的解 $x^\alpha$ 对 $\alpha, y$ 的连续依赖性.

下面假定 $X$ 和 $Y$ 是 Hilbert 空间, $K: X \to Y$ 是一一的有界 (injective and bounded) 线性算子, $K(X)$ 在 $Y$ 中稠密.

**定理 3.4.9** 对 $y \in Y, \alpha > 0$, 记 $x^\alpha$ 是 (3.4.15) 的唯一解. 则

(1) $x^\alpha$ 连续依赖于 $\alpha, y$;

(2) 映射 $\alpha \longmapsto \|x^\alpha\|_X$ 是单调非增的, $\lim_{\alpha \to +\infty} x^\alpha = 0$;

(3) 映射 $\alpha \longmapsto \|Kx^\alpha - y\|_Y$ 是单调非减的, $\lim_{\alpha \to 0} Kx^\alpha = y$;

(4) 如果 $K^*y \neq 0$, $\alpha \longmapsto \|x^\alpha\|_X$ 是严格减的, $\alpha \longmapsto \|Kx^\alpha - y\|_Y$ 是严格增的.

**注解 3.4.10** 第一个结论在定理 3.4.3 中已给出证明. 由于 $x^\alpha = R_\alpha y$, 第三个结果说明

$$\lim_{\alpha \to 0} KR_\alpha y = y,$$

即 $R_\alpha$ 是 $K$ 的近似的右逆算子; 另一方面, 由正则化算子 $R_\alpha$ 的定义有

$$\lim_{\alpha \to 0} R_\alpha Kx = x,$$

即 $R_\alpha$ 是 $K$ 的近似的左逆算子. 因此对紧算子 $K$, $R_\alpha$ 是 $K$ 的近似的逆算子.

**证明**　分五步来证明.

第一步: 由 $J_\alpha(x)$ 的定义及 $x^\alpha$ 是极小元得

$$\alpha\|x^\alpha\|^2 \leqslant J_\alpha(x^\alpha) \leqslant J_\alpha(0) = \|y\|^2,$$

即 $\|x^\alpha\| \leqslant \|y\|/\sqrt{\alpha}$, 从而 $\alpha \to \infty$ 时 $x^\alpha \to 0$.

第二步: 取 $\alpha, \beta > 0$, 把 $x^\alpha$ 和 $x^\beta$ 满足的方程相减得到

$$\alpha(x^\alpha - x^\beta) + K^*K(x^\alpha - x^\beta) + (\alpha - \beta)x^\beta = 0,$$

两边乘以 $(x^\alpha - x^\beta)$ 得到

$$\alpha\|x^\alpha - x^\beta\|^2 + \|K(x^\alpha - x^\beta)\|^2 = (\beta - \alpha)(x^\beta, x^\alpha - x^\beta). \tag{3.4.16}$$

从而

$$\alpha\|x^\alpha - x^\beta\| \leqslant |\beta - \alpha|\|x^\beta\| \leqslant |\beta - \alpha|\frac{\|y\|}{\sqrt{\beta}},$$

这就证明了映射 $\alpha \longmapsto x^\alpha$ 的连续性.

第三步: 取 $\beta > \alpha > 0$, 由 (3.4.16) 知 $(x^\beta, x^\alpha - x^\beta) \geqslant 0$, 从而

$$\|x^\beta\|^2 \leqslant (x^\beta, x^\alpha) \leqslant \|x^\beta\|\|x^\alpha\|,$$

即 $\|x^\beta\| \leqslant \|x^\alpha\|$, 因此 $\alpha \longmapsto \|x^\alpha\|_X$ 是单调非增的.

第四步: 在 $x^\beta$ 满足的 Euler 方程两边用 $x^\alpha - x^\beta$ 作内积得

$$\beta(x^\beta, x^\alpha - x^\beta) + (Kx^\beta - y, K(x^\alpha - x^\beta)) = 0.$$

取 $\alpha > \beta$. 由 (3.4.16) 知 $(x^\beta, x^\alpha - x^\beta) \leqslant 0$, 即

$$0 \leqslant (Kx^\beta - y, K(x^\alpha - x^\beta)) = (Kx^\beta - y, Kx^\alpha - y) - \|Kx^\beta - y\|^2,$$

由 Cauchy-Schwarz 不等式得 $\|Kx^\beta - y\| \leqslant \|Kx^\alpha - y\|$.

第五步: 取 $\varepsilon > 0$. 由于 $K(X)$ 在 $Y$ 中是稠密的, $\exists x \in X$ 使得 $\|Kx - y\|^2 \leqslant \varepsilon^2/2$. 取 $\alpha_0$ 满足 $\alpha_0\|x\|^2 \leqslant \varepsilon^2/2$, 则

$$\|Kx^\alpha - y\|^2 \leqslant J_\alpha(x^\alpha) \leqslant J_\alpha(x) \leqslant \varepsilon^2,$$

即对一切的 $0 < \alpha \leqslant \alpha_0$, $\|Kx^\alpha - y\| \leqslant \varepsilon$ 成立.

定理证毕.　　　　　　　　　　　　　　　　　　　　　　　　□

**注解 3.4.11** 这里正则化的提法是在整个空间 $X$ 上极小化泛函 $J_\alpha(x)$. 而由定理 3.4.4 中的 (b), (c) 知, 如果将精确解 $x$ 限制到一个更小的空间时, 就可以得到更好的收敛性结果. 因此可在 Tikhonov 正则化方法中考虑更强的罚项, 即考虑

$$\|Kx - y\|_Y^2 + \alpha\|x\|_1^2 \tag{3.4.17}$$

在 $X_1 \subset X$ 上的极小化问题, $\|\cdot\|_1$ 是 $X_1$ 上的模 (半模). 这是 Tikhonov 正则化方法的一般思想.

**注解 3.4.12** 考虑正则化方程 (3.4.2) 在 $\alpha = 0$ 时的情况. 如果方程 $K^*v = 0$ 只有零解 $v = 0$, 则求解 $Kx = y$ 和 $K^*Kx = K^*y$ 是等价的. 此时显有 $(v, y)_Y = 0$. 这是 Fredholm 选择定理的一个特例: $Kx = y$ 有解的充要条件是 $(v, y)_Y = 0$, 其中 $v$ 满足 $K^*v = 0$. 事实上,

$$(v, y)_Y = (v, Kx)_Y = (K^*v, x)_X = 0, \quad \forall v \in \text{Ker}(K^*).$$

下面再给出 Tikhonov 正则化方程 (3.4.2) 的一个等价形式, 据此可得到 (3.4.2) 求解的一个迭代算法, 并给出 (3.4.2) 的进一步解释.

**定理 3.4.13** 正则化方程 (3.4.2) 等价于弱耦合的方程组

$$\begin{cases} Kx^\alpha - \sqrt{\alpha}v^\alpha = y, \\ K^*v^\alpha + \sqrt{\alpha}x^\alpha = 0, \end{cases} \tag{3.4.18}$$

$v^\alpha$ 称为伴随变量.

事实上, 我们只要从此式中消去 $v^\alpha$ 即得 (3.4.2). 把 (3.4.2) 写为 $K^*(Kx^\alpha - y) + \alpha x^\alpha = 0$ 并记 $\sqrt{\alpha}v^\alpha = Kx^\alpha - y$ 即得方程组.

对任意待定的非零实数 $\beta$, (3.4.18) 可改写为

$$\begin{cases} Kx^\alpha - \sqrt{\alpha}v^\alpha = y, \\ \sqrt{\alpha}\beta K^*v^\alpha + \alpha\beta x^\alpha - x^\alpha + x^\alpha = 0, \end{cases} \tag{3.4.19}$$

据此 (3.4.18) 的迭代解法为 ($\beta$ 依赖于 $n$)

$$\begin{cases} \sqrt{\alpha}v_n^\alpha = Kx_n^\alpha - y, \\ x_{n+1}^\alpha = x_n^\alpha - \beta_n[\alpha x_n^\alpha + K^*\sqrt{\alpha}v_n^\alpha]. \end{cases} \tag{3.4.20}$$

该迭代程序通过求解两个正问题来得到序列 $x_{n+1}^\alpha$: 给定 $x_n^\alpha$, 先计算原正问题 $Kx_n^\alpha$ 产生 $v_n^\alpha$, 再计算伴随正问题 $K^*v_n^\alpha$ 产生 $v_{n+1}^\alpha$. 利用求解伴随问题来解不适定的问题已经得到广泛的应用, 例如在大气科学中[67].

注意到 $J_\alpha(x)$ 的梯度为 $2(\alpha x^\alpha + K^*(\sqrt{\alpha} v^\alpha))$, 因此 (3.4.20) 的第二步迭代就是求泛函极小值的共轭梯度法, 从而可以确定常数 $\beta_n$. 因此上述迭代格式就是求解 $Kx = y$ 的正则化的伴随共轭梯度方法 (regularization-adjoint-conjugate gradient method).

## 3.5 拟解和相容性原理

Tikhonov 正则化方法把正则化泛函

$$J_\alpha(x) = \|Kx - y\|^2 + \alpha\|x\|^2, \quad \alpha > 0, x \in X$$

的极小元 $x^\alpha$ 作为 $Kx = y$ 的正则化近似解. 该正则化解一方面使得 $\|Kx^\alpha - y\|$ 较小 (从而是 $Kx = y$ 的近似解), 另一方面通过罚项 (penalty term) $\alpha\|x\|^2$ 来保证解的稳定性 (从而是正则化解). 从优化理论的角度来看, 该二次优化问题可以看成是下述两个带约束的优化问题的罚函数方法:

(a) 对给定的 $\rho > 0$, 在对解的约束条件 $\|x\| \leqslant \rho$ 下极小化偏差函数 $\|Kx - y\|$;

(b) 对给定的 $\delta > 0$, 在对偏差的约束条件 $\|Kx - y\| \leqslant \delta$ 下极小化解的模 $\|x\|$.

Tikhonov 正则化方法的这两种解释, 使得我们可以自然地引进借助于解的先验条件, 构造正则化解的另外两个更具体的办法. 第一种解释得到了拟解 (quasi-solution) 的概念, 而第二种解释得到了相容性原理 (discrepancy principle). 这两种办法中, 正则化参数都是后验选取的.

由 Ivanov 在 1962 年提出的拟解的基本思想 ([76]) 是, 对方程 $Kx = y$ 的解加上某种先验条件使得方程的解限制在 $X$ 的某个子集 $U \subset X$ 中, 在 $U$ 中来求解方程以消除不稳定性. 对有扰动的右端项 $y$, 一般而言, 不能保证在 $U$ 中有解. 因此我们不是去求方程在 $U$ 中的精确解 (这是不可能的), 而是求某种 "解" 使得误差 $\|Kx - y\|$ 最小. 考虑 $U = B[0, \rho]$ 为 $X$ 中的球的情况. $U$ 的这种选择意味着对解的大小有先验的条件.

**定义 3.5.1** 设 $K : X \to Y$ 是有界的一一的线性算子, $\rho > 0$. 对 $y \in Y$, $x_0 \in X$ 称为是方程 $Kx = y$ 具有模约束 $\rho$ 的拟解 (最小偏差解), 如果 $x_0$ 满足

$$\|x_0\| \leqslant \rho, \quad \|Kx_0 - y\| = \inf\{\|Kx - y\| : \|x\| \leqslant \rho\}.$$

如果 $y \in K(U) \subset Y$, 拟解就是精确解. $x_0$ 是 $Kx = y$ 的拟解等价于 $Kx_0$ 是 $y$ 在 $V := K(B[0, \rho])$ 上的最佳逼近. 拟解的定义不难推广到 $U$ 的其他选法上去. $K$ 是一一的 (injective) 对拟解的唯一性是必需的.

**定理 3.5.2** 设 $K : X \to Y$ 是有界的一一的线性算子, $K(X)$ 在 $Y$ 中稠密. 给定 $\rho > 0$, 方程 $Kx = y$ 对 $\forall y \in Y$ 存在唯一的具有模约束 $\rho$ 的拟解.

**证明** 由于 $K$ 是线性的, $V$ 显然是凸的. 由定理 2.2.20, 在 $V$ 上最多有 $y$ 的一个最佳逼近元素. 再由条件 $K$ 是一一的得到拟解的唯一性.

下证拟解的存在性. 如果 $y \in K(B[0, \rho])$, 则存在 $x_0 \in B[0, \rho]$ 满足 $Kx_0 = y$, 显然 $x_0$ 就是拟解. 故只需考虑 $y \notin K(B[0, \rho])$ 的情况.

对此种情况, 由定理 2.2.20, 只要构造一个元素 $x_0$ 满足定理 2.2.20 的充分条件, 则 $x_0$ 就是拟解. 对 $U = B[0, \rho]$, 该条件为 $\Re(y - Kx_0, Kx - Kx_0) \leqslant 0$ 对一切的满足 $\|x\| \leqslant \rho$ 的 $x$ 成立 (注意到拟解的定义意味着 $Kx_0$ 是 $y$ 在 $K(U)$ 上的最佳逼近), 即

$$\Re(K^*(y - Kx_0), x - x_0) \leqslant 0, \quad \forall x \in U. \tag{3.5.1}$$

下面来证明, 对 $y \notin K(B[0, \rho])$, 存在 $\alpha > 0$, 使得方程

$$\alpha x_0 + K^* K x_0 = K^* y \tag{3.5.2}$$

的唯一解 $x_0$ 满足

$$\|x_0\| = \rho. \tag{3.5.3}$$

对该 $x_0$, 由 (3.5.2) 知

$$\Re(K^*(y - Kx_0), x - x_0) = \alpha \Re(x_0, x - x_0) \leqslant \alpha(\|x_0\|\|x\| - \|x_0\|^2) = \alpha \rho(\|x\| - \rho) \leqslant 0$$

对满足 $\|x\| \leqslant \rho$ 的一切 $x$ 成立, 故 $x_0$ 就是一个拟解.

为此定义 $F : (0, \infty) \to \mathbb{R}$:

$$F(\alpha) := \|x_\alpha\|^2 - \rho^2,$$

其中 $x_\alpha$ 是方程 (3.4.2) 的唯一解. 由定理 3.4.9 结论 (1) 和 (2) 知, $F(\alpha)$ 是 $\alpha$ 的连续函数, 且

$$\lim_{\alpha \to \infty} F(\alpha) = -\rho^2 < 0.$$

另一方面, 由于 $K(X)$ 在 $Y$ 中稠密, 由定理 3.4.9 结论 (3) 知

$$\lim_{\alpha \to 0} Kx_\alpha = y. \tag{3.5.4}$$

下面来证明, 一定存在充分小的 $\alpha > 0$ 使得 $F(\alpha) > 0$, 从而 $F(\alpha)$ 一定有零点即可.

若不然, 对所有 $\alpha > 0$ 有 $\|x_\alpha\| \leqslant \rho$. 由定理 2.2.22, 存在序列 $\{\alpha_n\}$ 满足 $\alpha_n \to 0, n \to \infty$, 使得相应的函数序列 $x_n := x_{\alpha_n}$ 在 $X$ 中弱收敛于某 $x \in X$. 由

$$\|x\|^2 = \lim_{n \to \infty} (x_n, x) \leqslant \rho\|x\|$$

知 $\|x\| \leqslant \rho$. 对 $\forall z \in Y$, 由于

$$\lim_{n \to \infty} (Kx_n, z) = \lim_{n \to \infty} (x_n, K^*z) = (x, K^*z) = (Kx, z),$$

故 $n \to \infty$ 时 $Kx_n$ 弱收敛于 $Kx$. 最后, 由 (3.5.4) 得

$$\|Kx - y\|^2 = \lim_{n \to \infty} (Kx_n - y, Kx - y) \leqslant \lim_{n \to \infty} \|Kx_n - y\|\|Kx - y\| = 0,$$

即对此 $x$, 满足 $\|x\| \leqslant \rho$ 和 $Kx = y$, 这与 $y \notin K(B[0, \rho])$ 矛盾.

从而 $F(\alpha)$ 一定有零点, 定理证毕. $\qquad\qquad\qquad\qquad\qquad\qquad\square$

该定理给出了拟解的存在唯一性. 可以进一步证明, 拟解弱连续地依赖于右端项, 即由右端项的模收敛性 $y_n \to y_0$ 可以推出相应解的弱收敛性 $x_n \rightharpoonup x_0$.

事实上, 记 $x_n, x_0$ 分别是 $Kx = y_n, Kx = y_0$ 在模约束 $\rho$ 下的拟解, 即

$$m_n := \|Kx_n - y_n\| = \inf\{\|Kx - y_n\| : \|x\| \leqslant \rho\},$$

$$m_0 := \|Kx_0 - y_0\| = \inf\{\|Kx - y_0\| : \|x\| \leqslant \rho\},$$

下面来证明 $y_n \to y_0$ 时有 $x_n \rightharpoonup x_0$. 分五步来证明.

第一步: 由 $m_n, m_0$ 的定义, 有

$$m_n = \inf\{\|Kx - y_n\| : \|x\| \leqslant \rho\} \leqslant \inf\{\|Kx - y_0\| + \|y_0 - y_n\| : \|x\| \leqslant \rho\}$$
$$= m_0 + \|y_0 - y_n\|,$$

$$m_0 = \inf\{\|Kx - y_0\| : \|x\| \leqslant \rho\} \leqslant \inf\{\|Kx - y_n\| + \|y_n - y_0\| : \|x\| \leqslant \rho\}$$
$$= m_n + \|y_0 - y_n\|,$$

因此 $m_0 - \|y_0 - y_n\| \leqslant m_n \leqslant m_0 + \|y_0 - y_n\|$, 从而 $n \to \infty$ 时 $m_n \to m_0$, 即

$$\|Kx_n - y_n\| \to \|Kx_0 - y_0\|.$$

第二步: 由三角不等式 $\|Kx_n - y_n\| \leqslant \|Kx_n - y_0\| + \|y_0 - y_n\|$ 得

$$\|Kx_n - y_n\| - \|y_0 - y_n\| \leqslant \|Kx_n - y_0\| \leqslant \|Kx_n - y_n\| + \|y_n - y_0\|,$$

据此由第一步得 $n \to \infty$ 时 $\|Kx_n - y_0\| \to \|Kx_0 - y_0\|$.

第三步: $Kx_0$ 是 $y_0$ 在闭凸集 $K(B[0, \rho])$ 上的最佳逼近, $\|Kx_0 - y_0\|$ 是最小距离, 由最佳逼近元的唯一性得 $n \to \infty$ 时 $Kx_n \to Kx_0$.

第四步: 由于 $\|x_n\| \leqslant \rho$, $\{x_n\}$ 有一个弱收敛的子列 $x_{n_k} \rightharpoonup x^*$, 从而 $Kx_{n_k} \rightharpoonup Kx^*$. 但 $\{Kx_{n_k}\}$ 是 $\{Kx_n\}$ 的子列, 由于已证明了 $\{Kx_n\}$ 强收敛于 $Kx_0$, 故其子列 $\{Kx_{n_k}\}$ 也强收敛于 $Kx_0$, 因此 $Kx^* = Kx_0$. 由于 $K$ 是一一的, 有 $x^* = x_0$. 从而 $x_{n_k} \rightharpoonup x_0$.

第五步: 最后考虑 $\{x_n\}$ 的任意子列, 它当然也是有界的. 由上述第四步的证明, 该子列同样有子子列弱收敛于 $x_0$. 由 $\{x_n\}$ 的子列的任意性, 即得 $x_n \rightharpoonup x_0$.

$\square$

**注解 3.5.3** 第五步的论述等价于证明下列关于数列 $a_n$ 收敛性的命题:

如果数列 $a_n$ 的任意一个子列都有一个收敛的子子列, 并且所有这些子子列都收敛于同一极限 $a_0$, 则数列 $a_n$ 也收敛于 $a_0$.

事实上, 如 $\lim_{n \to \infty} a_n \neq a_0$, 则由定义知, 存在常数 $\varepsilon_0 > 0$ 及序列 $n_1 < n_2 < \cdots \to \infty$, 使得

$$|a_{n_k} - a_0| > \varepsilon_0$$

对一切的 $k = 1, 2, \cdots$ 成立. 考虑 $a_n$ 的子列 $a_{n_k}$, 该子列就没有收敛于 $a_0$ 的子子列, 因为对一切的 $k$ 都有 $|a_{n_k} - a_0| > \varepsilon_0$, 得出矛盾.

在具体应用中, 对有误差的输入数据, 一般而言, 总能保证 $y \notin K(B[0, \rho])$. 故对具有模约束 $\rho$ 的拟解, 总可以用数值方法求出 $F(\alpha) = 0$ 的根 $\alpha$, 再由 (3.5.2) 求出拟解 $x_0$. 例如, 如果用 Newton 迭代法求 $F(\alpha) = 0$ 的根, $F(\alpha)$ 的导数由

$$F'(\alpha) = 2 \Re \left( \frac{dx_\alpha}{d\alpha}, x_\alpha \right)$$

确定, 其中 $dx_\alpha/d\alpha$ 满足

$$\alpha \frac{dx_\alpha}{d\alpha} + K^* K \frac{dx_\alpha}{d\alpha} = -x_\alpha. \tag{3.5.5}$$

对 $y \in K(X)$ 的有扰动的右端项 $y^\delta$, 具有模约束 $\rho$ 的拟解可以看成是在精确解 $\|x\| \leqslant \rho$ 的先验条件下 Tikhonov 正则化方法中正则化参数 $\alpha$ 的一种后验 (a-posteriori) 选取方法. 事实上, 具有模约束 $\rho$ 的拟解可以看成是 Tikhonov 正则化方法中 $\alpha$ 的选取使得

$$x_\alpha^\delta = (\alpha I + K^* K)^{-1} K^* y^\delta$$

满足 $\|x_\alpha^\delta\| = \rho$ 的正则化解.

由 (3.5.2) 和 (3.5.3) 并注意到 $x$ 满足 $\|x\| = \|K^{-1}y\| \leqslant \rho$, $\alpha$ 的选取应满足

$$\alpha\rho^2 = \alpha\|x_\alpha^\delta\|^2 = (x_\alpha^\delta, K^*(y^\delta - Kx_\alpha^\delta)) = (Kx_\alpha^\delta, y^\delta - Kx_\alpha^\delta)$$
$$\leqslant \rho\|K\|\|y^\delta - Kx_\alpha^\delta\| \leqslant \rho\|K\|\|y^\delta - Kx\| \leqslant \|K\|\rho\delta,$$

这里利用了 $\|y^\delta - Kx_\alpha^\delta\| = \inf\{\|y^\delta - K\hat{x}\| : \|\hat{x}\| \leqslant \rho\} \leqslant \|y^\delta - Kx\|$, 从而 $\alpha$ 应满足

$$\alpha\rho \leqslant \|K\|\delta, \tag{3.5.6}$$

这就给出了用 Newton 迭代法求 $F(\alpha) = 0$ 的根时, 迭代初值 $\alpha$ 的选取的一个限制条件.

下面的结果表明, 对 $y \in K(X)$ 的扰动数据 $y^\delta$, $Kx = y$ 的具有模约束 $\rho$ 的拟解, 对适当选取的固定的 $\rho$, 在 $\delta \to 0$ 时拟解收敛于的精确解 $x$, 不过只是弱收敛. 如要得到强收敛, 则 $\rho$ 的选取是极其严格的.

**定理 3.5.4**  设 $K : X \to Y$ 是有界的一一的线性算子, $K(X)$ 在 $Y$ 中稠密, 对 $y \in K(X)$, 其误差数据 $y^\delta$ 满足 $\|y^\delta - y\| \leqslant \delta$. 如果取 $\rho \geqslant \|K^{-1}y\|$, 则 $Kx = y^\delta$ 具有模约束 $\rho$ 的拟解满足

$$x^\delta \rightharpoonup K^{-1}y, \quad \delta \to 0.$$

如果取 $\rho = \|K^{-1}y\|$, 则

$$x^\delta \to K^{-1}y, \quad \delta \to 0.$$

**证明**  对任意的 $z \in Y$, 由于 $\|K^{-1}y\| \leqslant \rho$, 有估计

$$|(Kx^\delta - y, z)| \leqslant (\|Kx^\delta - y^\delta\| + \|y^\delta - y\|)\|z\|$$
$$\leqslant (\|KK^{-1}y - y^\delta\| + \|y^\delta - y\|)\|z\| \leqslant 2\delta\|z\|, \tag{3.5.7}$$

因此对 $z \in Y$, $\delta \to 0$ 时 $(x^\delta - K^{-1}y, K^*z) \to 0$. 注意到对一一的算子 $K$(意味着 $\mathrm{Ker}(K) = \{0\}$), $K^*(Y)$ 在 $X$ 中是稠密的 (在定理 2.2.25 中取 $A = K^*, A^* = K$ 得 $\overline{K^*(Y)} = \mathrm{Ker}(K)^\perp$, 从而 $X = \mathrm{Ker}(K) + \mathrm{Ker}(K)^\perp = \overline{K^*(Y)}$), 且 $x^\delta$ 是有界的, 这意味着 $\delta \to 0$ 时有 $x^\delta \rightharpoonup K^{-1}y$.

如果取 $\rho = \|K^{-1}y\|$, 则 $\delta \to 0$ 时有估计

$$\|x^\delta - K^{-1}y\|^2 = \|x^\delta\|^2 - 2\Re(x^\delta, K^{-1}y) + \|K^{-1}y\|^2$$
$$\leqslant \rho^2 - 2\Re(x^\delta, K^{-1}y) + \|K^{-1}y\|^2$$
$$= -2\Re(x^\delta, K^{-1}y) + 2\|K^{-1}y\|^2 = 2\Re(K^{-1}y - x^\delta, K^{-1}y) \to 0,$$

定理证毕.                                                                                                    □

**注解 3.5.5** 条件 $\rho \geqslant \|K^{-1}y\|$ 对得到解的弱收敛性是必要的, 否则由

$$\|K^{-1}y\|^2 = \lim_{\delta \to 0}(x^\delta, K^{-1}y) \leqslant \rho\|K^{-1}y\| < \|K^{-1}y\|^2$$

会得出矛盾. 另一方面, 在 $\rho > \|K^{-1}y\|$ 时一般也得不到强收敛性, 否则由 $x^\delta \to K^{-1}y$ 意味着 $\|x^\delta\|$ 在 $\delta$ 很小时近似于 $\|K^{-1}y\| < \rho$, 这与 $\|x^\delta\| = \rho$ 对一切的 $\delta > 0$ 成立矛盾.

然而, 如对 $y$ 的光滑性增加要求, 在 $\rho = \|K^{-1}y\|$ 时, 还能得到拟解的强收敛阶.

**定理 3.5.6** 在上述定理的条件下, 如果 $y \in KK^*(Y)$ 并且取 $\rho = \|K^{-1}y\|$, 则有

$$\|x^\delta - K^{-1}y\| = O(\delta^{1/2}), \quad \delta \to 0.$$

**证明** 在 $y \in KK^*(Y)$ 时, 存在 $z \in Y$ 使得 $K^{-1}y = K^*z$, 从而由上一定理的证明中最后一个估计及 (3.5.7) 知

$$\|x^\delta - K^{-1}y\|^2 \leqslant 2\Re(K^{-1}y - x^\delta, K^{-1}y) = 2\Re(K^{-1}y - x^\delta, K^*z)$$
$$= 2\Re(y - Kx^\delta, z) \leqslant 4\delta\|z\|,$$

定理证毕. $\square$

可以构造一个反例来说明该定理中的收敛阶是最优的.

设 $K$ 是紧算子, $\dim K(X) = \infty$, $\{(\mu_n, x_n, y_n) : n \in \mathbb{N}\}$ 为 $K$ 的奇异系统. 考虑 $y = \mu_1 y_1$ 和 $y^{\delta_n} = \mu_1 y_1 + \delta_n y_n$, 其中 $\delta_n = \mu_n^2$, 则 $K^{-1}y = x_1$ 且

$$x^{\delta_n} = R_{\alpha_n}y^{\delta_n} = (\alpha_n I + K^*K)^{-1}K^*(\mu_1 y_1 + \delta_n y_n)$$

$$= \sum_{j=1}^\infty \frac{\mu_j}{\alpha_n + \mu_j^2}(\mu_1 y_1 + \delta_n y_n, y_j)x_j = \frac{\mu_1^2}{\alpha_n + \mu_1^2}x_1 + \frac{\delta_n \mu_n}{\alpha_n + \mu_n^2}x_n.$$

为了使得 $x^{\delta_n}$ 是模约束 $\rho = 1$ 下的最小模解, $\alpha_n$ 应满足

$$\frac{\mu_1^4}{(\alpha_n + \mu_1^2)^2} + \frac{\delta_n^2 \mu_n^2}{(\alpha_n + \mu_n^2)^2} = 1.$$

假定 $n \to \infty$ 时有收敛性

$$\|x^{\delta_n} - K^{-1}y\| = o(\delta_n^{1/2}),$$

利用 $\delta_n = \mu_n^2$ 和 $x^{\delta_n}$ 的表达式, 在 $n \to \infty$ 时,

$$\frac{\delta_n}{\alpha_n + \delta_n} = \frac{\delta_n^{1/2}\mu_n}{\alpha_n + \delta_n} \to 0,$$

从而 $n \to \infty$ 时应有 $\alpha_n/\delta_n \to \infty$, 这与 (3.5.6) 矛盾.

下面利用正则化方法的第二种解释, 来讨论最小模解, 其基本出发点如下. 对 $y$ 的有误差的右端数据 $y^\delta$, 前述拟解是在模一致有界的函数集 $\{x : \|x\| \leqslant \rho\}$ 中, 确定一个函数 $x^\delta$ 使得 $\|Kx - y^\delta\|$ 尽可能地小. 然而, 由于 $\|y^\delta - y\| \leqslant \delta$, 即输入数据的精度只是 $\delta$, 要求偏差 $\|Kx - y^\delta\|$ 过分小于输入数据误差 $\delta$ 是没有意义的. 因此一个自然的想法就是在满足 $\|Kx - y^\delta\| \leqslant \delta$ 的函数集中, 确定 $x$ 使得 $\|x\|$ 尽可能地小.

**定义 3.5.7**　设 $K : X \to Y$ 是有界的线性算子, $\delta > 0$. 对给定的 $y \in Y$, 如 $x_0 \in X$ 满足

$$\|Kx_0 - y\| \leqslant \delta, \quad \|x_0\| = \inf\{\|x\| : \|Kx - y\| \leqslant \delta\},$$

则称 $x_0$ 是方程 $Kx = y$ 在偏差 $\delta$ 下的最小模解.

显然, $x_0$ 是方程 $Kx = y$ 在偏差 $\delta$ 下的最小模解 $\iff x_0$ 是 $X$ 中的元素 0 在 $U_y := \{x \in X : \|Kx - y\| \leqslant \delta\}$ 上的最佳逼近. 注意, 最小模解的定义和拟解的定义对算子 $K$ 的要求有一点区别, 这里没有假定 $K$ 是一一的.

类似于拟解的讨论, 为简单起见, 在讨论最小模解的存在性时, 假定 $K(X)$ 在 $Y$ 中稠密.

**定理 3.5.8**　设 $K : X \to Y$ 是有界的线性算子, $K(X)$ 在 $Y$ 中稠密, $\delta > 0$. 则对任意的 $y \in Y$, 方程 $Kx = y$ 在偏差 $\delta$ 下存在唯一的最小模解.

**证明**　$\forall \lambda \in (0, 1), x_1, x_2 \in U_y$, 由于

$$\|K(\lambda x_1 + (1 - \lambda)x_2)\| \leqslant \lambda\|Kx_1 - y\| + (1 - \lambda)\|Kx_2 - y\|,$$

故 $U_y$ 是凸的. 由定理 2.2.20 知, 元素 0 在 $U_y := \{x \in X : \|Kx - y\| \leqslant \delta\}$ 上最多只有一个最佳逼近元素.

如果 $\|y\| \leqslant \delta$, 显然 $x_0 = 0$ 就是偏差 $\delta$ 下的最小模解. 因此只要考虑 $\|y\| > \delta$ 的情况. 由于 $K(X)$ 在 $Y$ 中稠密, $U_y$ 是非空的. 我们同样通过构造一个元素 $x_0$ 满足定理 2.2.20 的充分条件的办法来证明最小模解的存在性. 对 $U_y$ 上的最佳逼近, 该条件为

$$\Re(x_0, x_0 - x) \leqslant 0, \quad \forall x \in \{x \in X : \|Kx - y\| \leqslant \delta\}. \tag{3.5.8}$$

如果存在 $\alpha > 0$, 使得

$$\alpha x_0 + K^* K x_0 = K^* y \tag{3.5.9}$$

的唯一解满足

$$\|Kx_0 - y\| = \delta, \tag{3.5.10}$$

则由于

$$\alpha\Re(x_0, x_0 - x) = \Re(K^*(y - Kx_0), x_0 - x)$$
$$= \Re(Kx_0 - y, Kx - y) - \|Kx_0 - y\|^2 \leqslant \delta(\|Kx - y\| - \delta) \leqslant 0,$$

$x_0$ 就满足 (3.5.8), 因此就是最小模解.

下证上述 $\alpha$ 的存在性. 定义 $G : (0, \infty) \to \mathbb{R}$:

$$G(\alpha) := \|Kx_\alpha - y\|^2 - \delta^2,$$

其中 $x_\alpha$ 是方程 (3.4.2) 的唯一解. 由定理 3.4.9 知, $G(\alpha)$ 是 $\alpha$ 的单调连续函数, 且

$$\lim_{\alpha \to \infty} G(\alpha) = \|y\|^2 - \delta^2 > 0.$$

另一方面, 由于 $K(X)$ 在 $Y$ 中稠密, 由定理 3.4.9 结论 (3) 知

$$\lim_{\alpha \to 0} G(\alpha) = -\delta^2 < 0.$$

从而 $G(\alpha) = 0$ 存在唯一的零点. 定理证毕. $\qquad\qquad\qquad\square$

同样可以进一步证明, 最小模解弱连续地依赖于右端项, 即对方程 $Kx = y$, 若 $x_n, x_0$ 分别是 $Kx = y_n$ 和 $Kx = y_0$ 在偏差下 $\delta$ 的最小模解, 则当 $y_n \to y_0$ 时有 $x_n \rightharpoonup x_0$.

**证明** 由最小模解的定义, 有

$$\|Kx_n - y_n\| \leqslant \delta, \quad \|x_n\| = \inf\{\|x\| : \|Kx - y_n\| \leqslant \delta\},$$

$$\|Kx_0 - y_0\| \leqslant \delta, \quad \|x_0\| = \inf\{\|x\| : \|Kx - y_0\| \leqslant \delta\}.$$

证明分为三步.

第一步: 记 $U_n = \{x : \|Kx - y_n\| \leqslant \delta, x \in X\}$. 因为 $y_n \to y_0$, 故对充分大的 $n$ 有 $\|y_n - y_0\| \leqslant \delta/2$. 另一方面, 由于 $K(X)$ 在 $Y$ 中稠密, 故对 $y_0 \in Y$ 存在 $x^* \in X$ 使得 $\|Kx^* - y_0\| \leqslant \delta/2$. 因此对充分大的 $n$ 有

$$\|Kx^* - y_n\| \leqslant \|Kx^* - y_0\| + \|y_n - y_0\| \leqslant \delta,$$

即对充分大的 $n$ 有 $x^* \in U_n$, 从而 $\|x_n\| = \inf_{U_n} \|x\| \leqslant \|x^*\|$, 故 $\{x_n\}$ 是 Hilbert 空间 $X$ 中的有界集, 从而 $\{x_n\}$ 有一个弱收敛的子列 $x_{n_k}$. 记 $n_k \to \infty$ 时 $x_{n_k} \rightharpoonup \overline{x} \in X$, 从而 $Kx_{n_k} \rightharpoonup K\overline{x}$.

第二步: $x_{n_k} \rightharpoonup \overline{x} \in X$ 意味着 $n_k \to \infty$ 时 $(x_{n_k}, g) \to (\overline{x}, g)$ 对任意的 $g \in X$ 成立. 特别地, 取 $g = \overline{x} \in X$ 有 $\|\overline{x}\|^2 = \lim_{n_k \to \infty}(x_{n_k}, \overline{x}) \leqslant \|\overline{x}\| \lim_{n_k \to \infty} \|x_{n_k}\|$, 据此由 $y_n \to y_0$ 得

$$
\begin{aligned}
\|\overline{x}\| &\leqslant \lim_{n_k \to \infty} \|x_{n_k}\| = \lim_{n_k \to \infty} \inf\{\|x\| : \|Kx - y_{n_k}\| \leqslant \delta\} \\
&\leqslant \lim_{n_k \to \infty} \inf\{\|x\| : \|Kx - y_0\| + \|y_0 - y_{n_k}\| \leqslant \delta\} \\
&= \inf\{\|x\| : \|Kx - y_0\| \leqslant \delta\} = \|x_0\|.
\end{aligned}
$$

另一方面, 由第一步有 $\|K\overline{x} - y_0\|^2 = \lim_{n_k \to \infty}(Kx_{n_k} - y_0, K\overline{x} - y_0)$, 从而

$$
\begin{aligned}
\|K\overline{x} - y_0\| &\leqslant \lim_{n_k \to \infty} \|Kx_{n_k} - y_0\| \\
&= \lim_{n_k \to \infty} [\|Kx_{n_k} - y_{n_k}\| + \|y_{n_k} - y_0\|] \\
&\leqslant \lim_{n_k \to \infty} [\delta + \|y_{n_k} - y_0\|] = \delta.
\end{aligned}
$$

这两个关系表明, $\overline{x}$ 也是 $Kx = y_0$ 在偏差 $\delta$ 下的最小模解. 由唯一性得 $\overline{x} = x_0$. 从而 $x_{n_k} \rightharpoonup x_0$.

第三步: 证明 $n \to \infty$ 时 $x_n \rightharpoonup x_0 \in X$. 考虑 $\{x_n\}$ 的任一子列. 它满足 $\{x_n\}$ 的一切性质. 因此由上述两步的结果, 存在该子列的子子列, 其弱收敛于 $x_0$. 由 $\{x_n\}$ 中选取子列方式的任意性, $\{x_n\}$ 本身一定弱收敛于 $x_0$. □

一般说来, 总可以认为输入数据的大小比误差水平大得多, 即 $\|y\| > \delta$, 否则输入数据就会完全被噪声覆盖, 因而没有意义. 在这种情况下, 同样可通过 Newton 方法来数值求解 $G(\alpha) = 0$ 的根 $\alpha$. 由简单计算知

$$
\begin{aligned}
G'(\alpha) &= 2\Re\left(K\frac{dx_\alpha}{d\alpha}, Kx_\alpha - y\right) = 2\Re\left(\frac{dx_\alpha}{d\alpha}, K^*(Kx_\alpha - y)\right) \\
&= 2\alpha\Re\left(\frac{dx_\alpha}{d\alpha}, \alpha\frac{dx_\alpha}{d\alpha} + K^*K\frac{dx_\alpha}{d\alpha}\right) \\
&= 2\alpha^2\left\|\frac{dx_\alpha}{d\alpha}\right\|^2 + 2\alpha\left\|K\frac{dx_\alpha}{d\alpha}\right\|^2,
\end{aligned} \tag{3.5.11}
$$

其中 $\dfrac{dx_\alpha}{d\alpha}$ 满足

$$
\alpha\frac{dx_\alpha}{d\alpha} + K^*K\frac{dx_\alpha}{d\alpha} = -x_\alpha. \tag{3.5.12}
$$

由此可完成 Newton 迭代.

该定理给出的最小模解也可以看作是 Tikhonov 正则化方法中对应于正则化参数 $\alpha$ 的一种后验取法而得到的正则化解. 对 $y \in K(X)$ 的满足

$$\left\| y^\delta - y \right\| \leqslant \delta < \left\| y^\delta \right\|$$

的扰动数据 $y^\delta$, 取 $\alpha$ 使得

$$x_\alpha^\delta = (\alpha I + K^*K)^{-1} K^* y^\delta$$

满足 $\left\| Kx_\alpha^\delta - y^\delta \right\| = \delta$. 对这样的 $\alpha$, 有

$$\left\| y^\delta \right\| - \delta = \left\| y^\delta \right\| - \left\| Kx_\alpha^\delta - y^\delta \right\| \leqslant \left\| Kx_\alpha^\delta \right\| = \frac{1}{\alpha} \left\| KK^*(y^\delta - Kx_\alpha^\delta) \right\| \leqslant \frac{\left\| K \right\|^2 \delta}{\alpha},$$

从而在 $\left\| y^\delta \right\| > \delta$ 时,

$$\alpha(\left\| y^\delta \right\| - \delta) \leqslant \left\| K \right\|^2 \delta,$$

这就是 $\alpha$ 应满足的条件, 它可以作为选取 Newton 迭代初值的必要条件.

下面的结果反映了最小模解的正则性.

**定理 3.5.9** 设 $K : X \to Y$ 是有界的一一的线性算子, $K(X)$ 在 $Y$ 中稠密, $\delta > 0$. 对 $y \in K(X)$ 的满足 $\left\| y^\delta - y \right\| \leqslant \delta < \left\| y^\delta \right\|$ 的扰动数据 $y^\delta \in Y$, 记 $x^\delta$ 是偏差 $\delta$ 下的最小模解, 则

$$x^\delta \to K^{-1}y, \quad \delta \to 0.$$

**证明** 由于 $\left\| y^\delta \right\| > \delta$, 由定理 3.5.8 的证明知 $x^\delta$ 极小化泛函 $\left\| Kx - y^\delta \right\|^2 + \alpha \left\| x \right\|^2$. 因此

$$\delta^2 + \alpha \left\| x^\delta \right\|^2 = \left\| Kx^\delta - y^\delta \right\|^2 + \alpha \left\| x^\delta \right\|^2$$

$$\leqslant \left\| KK^{-1}y - y^\delta \right\|^2 + \alpha \left\| K^{-1}y \right\|^2 \leqslant \delta^2 + \alpha \left\| K^{-1}y \right\|^2,$$

此即

$$\left\| x^\delta \right\| \leqslant \left\| K^{-1}y \right\|. \tag{3.5.13}$$

该不等式在 $\left\| y^\delta \right\| \leqslant \delta$ 时也成立, 因为此时 $x^\delta = 0$. 另一方面, 对任意的 $z \in Y$,

$$\left| (Kx^\delta - y, z) \right| \leqslant \left[ \left\| Kx^\delta - y^\delta \right\| + \left\| y^\delta - y \right\| \right] \left\| z \right\| \leqslant 2\delta \left\| z \right\|.$$

和定理 3.5.4 的证明一样, 这意味着 $\delta \to 0$ 时 $x^\delta \rightharpoonup K^{-1}y$. 最后由 (3.5.13) 得 $\delta \to 0$ 时,

$$\left\| x^\delta - K^{-1}y \right\|^2 = \left\| x^\delta \right\|^2 - 2\Re(x^\delta, K^{-1}y) + \left\| K^{-1}y \right\|^2$$

$$\leqslant 2[\left\|K^{-1}y\right\|^2 - \Re(x^\delta, K^{-1}y)] \to 0, \quad \delta \to 0, \quad (3.5.14)$$

定理证毕. □

类似于定理 3.5.6, 有

**定理 3.5.10**　在上述定理的条件下, 如果 $y \in KK^*(Y)$, 则有

$$\|x^\delta - K^{-1}y\| = O(\delta^{1/2}), \quad \delta \to 0.$$

同样可以证明, 其中的阶 $O(\delta^{1/2})$ 是最优的.

上述最小模解的讨论导致了由 Morozov 在 1966 年引进的确定 Tikhonov 正则化参数的一种后验取法, 称为 Morozov 偏差原理 (Morozow discrepancy principle). 该基本原理的出发点是, 对有误差 $\|y^\delta - y\| \leqslant \delta$ 的噪声数据 $y^\delta$, 要求由 $x^\alpha = (I + K^*K)^{-1}K^*y^\delta$ 确定的 Tikhonov 正则化解对应的偏差 $\|Kx^\alpha - y^\delta\|$ 有比 $\delta$ 更高的精度是没有意义的, 该误差最多和 $\delta$ 具有相同的精度. 从物理的角度而言, 这个要求是很自然的. 因此, Morozov 偏差原理由下面的方程

$$\|Kx_\alpha - y^\delta\| = \delta \quad (3.5.15)$$

来确定正则化参数 $\alpha$. 由定理 3.5.8 的证明过程知 (由 (3.5.9) 和 (3.5.10) 出发), 当 $K(X)$ 在 $Y$ 中稠密时, 上述 Morozov 方程对满足 $\|y^\delta\| > \delta$ 的输入噪声数据一定存在唯一的解 $\alpha = \alpha(\delta)$.

值得注意的是, 如果 $K(X)$ 不在 $Y$ 中稠密, 条件 $\|y^\delta\| > \delta$ 不能保证 (3.5.15) 有解. 在此情况下, 为了得到此方程的可解性从而可以用 Morozov 偏差原理来确定 $\alpha$, 必须对 $y^\delta$ 加上更高的要求.

**定理 3.5.11**　记 $T : Y \to \mathrm{Ker}(K^*) = \mathrm{Range}(K)^\perp$ 的正交投影算子. 则 $\|Kx_\alpha - y^\delta\|$ 是关于 $\alpha$ 的严格单调增函数, 并且满足

$$\|Ty^\delta\| \leqslant \|Kx_\alpha - y^\delta\| \leqslant \|y^\delta\|.$$

因此方程 (3.5.15) 存在唯一解 $\alpha = \alpha(\delta)$ 的充要条件是

$$\|Ty^\delta\| \leqslant \delta \leqslant \|y^\delta\|. \quad (3.5.16)$$

**证明**　对 $Kx_\alpha$ 用奇异系统展开得到

$$\|Kx_\alpha - y^\delta\|^2 = \sum_{j \in J} \left(\frac{\mu_j^2}{\mu_j^2 + \alpha} - 1\right)^2 (y^\delta, y_j)^2 + \|Ty^\delta\|^2$$

$$= \sum_{j \in J} \left(\frac{\alpha}{\mu_n^2 + \alpha}\right)^2 (y^\delta, y_j)^2 + \|Ty^\delta\|^2.$$

由此立即得到 $\dfrac{d}{d\alpha}\|Kx_\alpha - y^\delta\|^2 > 0$, 从而严格单调增得证. 另一方面, 同样由上式得

$$\|Ty^\delta\|^2 = \lim_{\alpha\to 0}\|Kx_\alpha - y^\delta\|^2 \leqslant \|Kx_\alpha - y^\delta\|^2 \leqslant \lim_{\alpha\to\infty}\|Kx_\alpha - y^\delta\|^2 = \|y^\delta\|^2,$$

定理得证. $\qquad\qquad\square$

注意, 定理条件中要求 $\|Ty^\delta\| \leqslant \delta$ 是很自然的, 它表示 $y^\delta$ 中垂直于 $\mathrm{Range}(K)$ 的分量一定是由噪声引起的, 故其大小 $\|Ty^\delta\|$ 不超过 $\delta$. 显然, 如果 $K(X)$ 在 $Y$ 中稠密, 则 $\mathrm{Range}(K)^\perp = \{0\}$, 从而 $Ty^\delta = 0$, 该定理就是前述的标准情况.

在用 Morozov 相容性原理来确定正则化参数 $\alpha = \alpha(\delta)$ 时, (3.5.15) 中的 $\delta$ 是满足 $\|y^\delta - y\| \leqslant \delta$ 的输入数据 $y^\delta$ 的误差水平. 把表达式 $x_\alpha^\delta = (\alpha I + K^*K)^{-1}K^*y^\delta$ 代入 (3.5.15), 并利用 $K$ 的奇异系统, Morozov 偏差原理的方程可以借助于奇异值表示为

$$\left\| \sum_{j\in J} \frac{\mu_j^2}{\mu_j^2 + \alpha}(y^\delta, y_j)y_j - y^\delta \right\| = \delta. \tag{3.5.17}$$

注意这里的模是用来描述输入数据的整体误差水平的. 由于数值计算只能在有限维空间进行, 假定我们已经把 Morozov 方程在有限维空间 $\mathbb{R}^N$ 上来近似求解, 即算子 $K$ 已经近似离散为一个有限维的矩阵, 或者说, (3.5.17) 中的和变为有限项的和, 其中的模就变成了有限维空间的向量模. 考虑的扰动数据 $y^\delta$ 也通常是在有限个节点上的带有随机扰动的误差向量, 例如通常的描述方式是

$$y_i^\delta = y_i + e_i, \quad i = 1, 2, \cdots, N,$$

其中的 $e_i$ 是满足一定分布的随机误差. 记 $\tilde{y}^\delta := (y_1^\delta, \cdots, y_N^\delta)$, $\tilde{y} := (y_1, \cdots, y_N) \in \mathbb{R}^N$ 是两个 $N$ 维的向量. $e = (e_1, \cdots, e_N) \in \mathbb{R}^N$ 则是一个随机误差向量. 现在我们要来建立 $\delta$ 和随机向量 $e$ 的关系. 下面是 [84] 中提出的一种处理办法.

由于在 $\mathbb{R}^N$ 上 $\|e\|$ 也是一个随机变量, 因此刻画 (3.5.17) 中满足 $\|\tilde{y}^\delta - \tilde{y}\| \leqslant \delta$ 的 $\delta$ 的一个自然的办法就是用 $\|e\|$ 数学期望来表示. 可以有两种方案来建立这种关系. 一种方案是取

$$\delta = \mathcal{E}\{\|e\|\}, \tag{3.5.18}$$

另一种方案是取

$$\delta^2 = \mathcal{E}\{\|e\|^2\} \tag{3.5.19}$$

来定义 $\delta$. 如果随机变量 $\|e\|^2$ 的概率密度函数是知道的, 由上面的关系就可以计算出 $\delta$. 一个常见的假定就是 $e$ 是具有独立分量和零平均分量的 Gauss 噪声, 即

$e \sim \mathcal{N}(0, \sigma^2 I)$, 其中 $I$ 是 $N \times N$ 的单位矩阵, $\sigma^2$ 是每个分量的均方差 (variance). 这里的 $\sigma$ 可以与相对误差水平联系在一起. 例如 $\sigma = 0.01 \times \|\tilde{y}\|_\infty$ 表示每个分量包含有最大数据 $\|\tilde{y}\|_\infty = \max\{\tilde{y}_j : j = 1, \cdots, N\}$ 的 1% 的随机误差.

对这样一分布的数据误差, 可以计算出 (3.5.18), (3.5.19) 分别对应的 $\delta$. 对由 (3.5.19) 确定 $\delta$ 的方案, 可以很容易计算出

$$\delta^2 = N\sigma^2.$$

而对由 (3.5.18) 确定 $\delta$ 的方案, 则同样由方差的定义有

$$\delta = \frac{1}{(2\pi\sigma^2)^{N/2}} \int_{\mathbb{R}^N} \|t\| \exp\left(-\frac{1}{2\sigma^2}\|t\|^2\right) dt$$

$$= \frac{|S^{N-1}|}{(2\pi)^{N/2}} \sigma \int_0^{+\infty} s^N \exp\left(-\frac{1}{2}s^2\right) ds := \gamma_N \sigma,$$

其中 $|S^{N-1}|$ 是 $N-1$ 维空间单位球的面积. 这两种方案确定的 $\delta$ 都是 $\sigma$ 的线性函数.

引入随机分布的误差变量对应用问题是重要的. 对多节点的测量数据, 即使每个点的偏差并不大, 最后 $\|e\|$ 也有可能很大. 例如, 对 $N = 100, \sigma = 1$, 可以直接计算出 $\|e\| \in [9, 11]$ 的概率是 0.84.

上述方案给出了由节点数据的随机误差水平确定 Morozov 相容性原理中误差水平 $\delta$ 的一个方法.

## 3.6　Landweber 迭代正则化

Tikhonov 正则化方法对应于过滤函数

$$q(\alpha, \mu) = \frac{\mu^2}{\alpha + \mu^2},$$

正则化参数 $\alpha$ 是连续变化的. Landweber, Friedman, Bialy 提出了求解 $Kx = y$ 的正则化解的一种迭代算法 (例如见 [101]), 它以迭代步数 $m$ 的倒数 $1/m$ 为正则化参数 $\alpha$, 对应于过滤函数

$$q(\alpha, \mu) = 1 - (1 - a\mu^2)^{1/\alpha}, \quad 0 < a < 1/\|K\|^2.$$

设 $a > 0$. 把 $Kx = y$ 改写为

$$x = (I - aK^*K)x + aK^*y,$$

并用迭代法解此方程, 即

$$x^0 = 0, \quad x^m = (I - aK^*K)x^{m-1} + aK^*y, \quad m = 1, 2, 3, \cdots, \tag{3.6.1}$$

该迭代法实际上是求解二次泛函 $\|Kx - y\|^2$ 极小值的以步长为 $a$ 的最速下降法 (the steepest descent algorithm). 事实上, 若记

$$\psi(x) = \frac{1}{2}\|Kx - y\|^2, \quad x \in X,$$

它在 $z \in X$ 的 Fréchet 导数

$$\psi'(z)x = \Re(Kz - y, Kx) = \Re(K^*(Kz - y), x).$$

因此, $x^m = x^{m-1} - aK^*(Kx^{m-1} - y)$ 是步长为 $a$ 的最速下降迭代序列. 另一方面, 该迭代格式中的常数步长 $a$ 也可以看作是松弛因子, 它是格式 $x^m = x^{m-1} - K^*(Kx^{m-1} - y)$ 的一个改进形式. 可以将 $x^m$ 显式表示为 $x^m = R_my$, 算子 $R_m : Y \to X$ 为

$$R_m := a \sum_{k=0}^{m-1} (I - aK^*K)^k K^*, \quad m = 1, 2, \cdots. \tag{3.6.2}$$

利用紧算子 $K$ 的奇异系统 $\{(\mu_j, x_j, y_j) : j \in \mathbb{N}\}$ 展开, $R_m$ 有表达式

$$\begin{aligned}
R_m y &= a \sum_{j=1}^{\infty} \sum_{k=0}^{m-1} (1 - a\mu_j^2)^k (y, y_j) \mu_j x_j \\
&= \sum_{j=1}^{\infty} \frac{1}{\mu_j} [1 - (1 - a\mu_j^2)^m] (y, y_j) x_j \\
&= \sum_{j=1}^{\infty} \frac{q(m, \mu_j)}{\mu_j} (y, y_j) x_j,
\end{aligned} \tag{3.6.3}$$

其中过滤函数

$$q(m, \mu) = 1 - (1 - a\mu^2)^m.$$

在定理 3.3.1 中研究过该函数, 因此利用定理 3.3.2 立即得到迭代步数 $m$ 的取法及相应的误差估计.

**定理 3.6.1** 设 $K : X \to Y$ 是紧的线性算子, $0 < a < 1/\|K\|^2$.

(a) 如上定义的有界线性算子 $R_m : Y \to X$ 是 $Kx = y$ 的一个具有离散正则化参数 $\alpha = 1/m$ 的正则化解算子, $\|R_m\| \leqslant \sqrt{am}$. 对应于近似的右端数据 $y^\delta$,

$Kx = y$ 的正则化解 $x^{m,\delta} = R_m y^\delta$ 由上述迭代序列确定. 正则化参数 (迭代步数) $m = m(\delta)$ 只要在 $\delta \to 0$ 时满足

$$m(\delta) \to \infty, \quad \delta^2 m(\delta) \to 0$$

就是允许的取法.

(b) 设 $x = K^* z \in K^*(Y), \|z\| \leqslant E, 0 < c_1 < c_2$. 则取 $c_1 E/\delta \leqslant m(\delta) \leqslant c_2 E/\delta$ 时, 有估计

$$\|x^{m(\delta),\delta} - x\| \leqslant c_3 \sqrt{\delta E}; \tag{3.6.4}$$

(c) 设 $x = K^* K z \in K^* K(X), \|z\| \leqslant E, 0 < c_1 < c_2$. 则取 $c_1 (E/\delta)^{2/3} \leqslant m(\delta) \leqslant c_2 (E/\delta)^{2/3}$ 时, 有估计

$$\|x^{m(\delta),\delta} - x\| \leqslant c_3 E^{1/3} \delta^{2/3}. \tag{3.6.5}$$

**注解 3.6.2**　该方法再次表明了对正则化参数 (迭代步数) $m = m(\delta)$ 的平衡要求. 近似解的逼近性要求 $m$ 很大 ($m(\delta) \to \infty$, 相应于 $\alpha$ 很小), 而稳定性要求 $m$ 不能太大 ($\delta^2 m(\delta) \to 0$).

**注解 3.6.3**　取迭代初值为 $x^0 = 0$ 是为了简化分析运算. 一般的显式迭代是

$$x^m = a \sum_{k=0}^{m-1} (I - aK^* K)^k K^* y + (I - aK^* K)^m x^0, \quad m = 1, 2, \cdots,$$

此时, $R_m y = S_m y + z^m, y \in Y, z^m \in X, S_m : Y \to X$ 是线性算子.

需要指出的是, 前述两种方法中, 正则化参数是基于先验取法 (a-priori) 确定的, 即在求正则化解前给定 $\alpha(\delta)$ 或 $m(\delta)$, 在求解过程中, 正则化参数保持不变. 事实上, 对 Tikhonov 正则化和 Landweber 正则化, 也可以给出正则化参数的后验取法 (a-posteriori), 它们分别对应于 Morozov 相容性原理和 Landweber 迭代停止准则. 前者已经介绍过, 下面介绍后者.

在由 Landweber 迭代法构造正则化解序列 $x^{m,\delta}$ 时, 必须给出迭代次数 $m = m(\delta)$ 的取法, 作为迭代停止准则. 它相应于前述连续的正则化参数 $\alpha = \alpha(\delta)$ 的取法. 设 $r > 1$ 是给定的固定常数, $m = m(\delta)$ 的取法通常是当满足

$$\left\| Kx^{m,\delta} - y^\delta \right\| \leqslant r\delta$$

的 $m$ 第一次出现时, 迭代即停止. 下面的定理表明, $m$ 这样的选法是可能的, 它产生了一个允许的甚至是最优的正则化迭代策略.

**定理 3.6.4** 设 $K : X \to Y$ 是紧的一一的线性算子, $K(X)$ 在 $Y$ 中稠密, $\delta_0 > 0$. 对 $y \in K(X)$ 的满足 $\|y^\delta - y\| \leqslant \delta, \|y^\delta\| \geqslant r\delta, \forall \delta \in (0, \delta_0)$ 的扰动数据 $y^\delta \in Y$, 设 $x^{m,\delta}$ 是 Landweber 迭代序列, 则下列结论成立:

(1) $\forall \delta > 0$ 成立 $\lim_{m\to\infty} \|Kx^{m,\delta} - y^\delta\| = 0$, 即把 $m = m(\delta)$ 取为满足 $\|Kx^{m,\delta} - y^\delta\| \leqslant r\delta$ 的最小整数是有意义的;

(2) $\lim_{\delta\to 0} \delta^2 m(\delta) = 0$, 即 $m(\delta)$ 是一个允许的正则化迭代策略. 从而由定理 3.6.1 知

$$x^{m(\delta),\delta} \to x;$$

(3) 如果存在 $z \in Y$ 满足 $\|z\| \leqslant E$ 使得 $x = K^*z \in K^*(Y)$, 则

$$\left\|x^{m(\delta),\delta} - x\right\| \leqslant c\sqrt{E}\delta,$$

如果存在 $z \in X$ 满足 $\|z\| \leqslant E$ 使得 $x = K^*Kz \in K^*K(X)$, 则

$$\left\|x^{m(\delta),\delta} - x\right\| \leqslant cE^{1/3}\delta^{2/3},$$

这意味着 $m(\delta)$ 的选择是最优的.

**证明** 对 $\forall y \in Y$, 由 (3.6.3) 知

$$R_m y = \sum_{j=1}^{\infty} \frac{1 - (1 - a\mu_j^2)^m}{\mu_j} (y, y_j) x_j,$$

据此由奇异值的定义和 Picard 展开得到

$$KR_m y - y = KR_m y - Kx = \sum_{j=1}^{\infty} \frac{1 - (1 - a\mu_j^2)^m}{\mu_j} (y, y_j) Kx_j - \sum_{j=1}^{\infty} \frac{1}{\mu_j} (y, y_j) Kx_j,$$

从而

$$\|KR_m y - y\|^2 = \sum_{j=1}^{\infty} (1 - a\mu_j^2)^{2m} |(y, y_j)|^2.$$

由 $|1 - a\mu_j^2| < 1$ 知 $\|KR_m - I\| \leqslant 1$. 用 $y^\delta$ 代替 $y$ 得

$$\left\|Kx^{m,\delta} - y^\delta\right\|^2 = \sum_{j=1}^{\infty} (1 - a\mu_j^2)^{2m} |(y^\delta, y_j)|^2.$$

(1) 对任给 $\varepsilon > 0$, 由 $\sum_{j=1}^{\infty} |(y^\delta, y_j)|^2$ 的收敛性, 可取 $J \in \mathbb{N}$ 满足

$$\sum_{j=J+1}^{\infty} |(y^\delta, y_j)|^2 < \frac{\varepsilon^2}{2}.$$

由于 $m \to \infty$ 时 $(1-a\mu_j^2)^{2m} \to 0$ 对 $j = 1, 2, \cdots, J$ 一致成立, 存在 $m_0 \in \mathbb{N}$ 使得

$$\sum_{j=1}^{J}(1-a\mu_j^2)^{2m}|(y^\delta, y_j)|^2 \leqslant \max_{j=1,\cdots,J}(1-a\mu_j^2)^{2m}\sum_{j=1}^{J}|(y^\delta, y_j)|^2 \leqslant \frac{\varepsilon^2}{2}$$

对 $m \geqslant m_0$ 成立, 即 $\|Kx^{m,\delta} - y^\delta\|^2 \leqslant \varepsilon^2$ 在 $m \geqslant m_0$ 时成立, 因此 $m(\delta)$ 是一个允许的正则化迭代策略.

(2) 只要对 $m(\delta) \to \infty$ 证明即可. 记 $m := m(\delta)$. 由 $m(\delta)$ 的选择方法, 对 $y = Kx$ 成立

$$\|KR_{m-1}y - y\| \geqslant \|KR_{m-1}y^\delta - y^\delta\| - \|(KR_{m-1} - I)(y - y^\delta)\|$$
$$\geqslant r\delta - \|KR_{m-1} - I\|\delta \geqslant (r-1)\delta,$$

这里 $\|KR_{m-1}y^\delta - y^\delta\| > r\delta$ 是因为 $m$ 是满足 $\|KR_m y^\delta - y^\delta\| = \|Kx^{m,\delta} - y^\delta\| \leqslant r\delta$ 的最小值. 因此由 $(y, y_j) = (Kx, y_j) = (x, K^*y_j) = \mu_j(x, x_j)$ 得

$$m(r-1)^2\delta^2 \leqslant m\sum_{j=1}^{\infty}(1-a\mu_j^2)^{2m-2}|(y, y_j)|^2 = \sum_{j=1}^{\infty}m(1-a\mu_j^2)^{2m-2}\mu_j^2|(x, x_j)|^2.$$

$$\text{(3.6.6)}$$

下面来证明该级数在 $\delta \to 0$ 时趋于 0 (级数对 $\delta$ 的依赖由 $m$ 表示). 注意到对一切的 $m \geqslant 2$ 和 $0 \leqslant \mu \leqslant \dfrac{1}{\sqrt{a}}$ 成立 $m(1-a\mu^2)^{2m-2}\mu^2 \leqslant 1/(2a)$(见下面引理的证明), 故有估计

$$\sum_{j=1}^{\infty}m(1-a\mu_j^2)^{2m-2}\mu_j^2|(x, x_j)|^2 \leqslant \sum_{j=1}^{J}m(1-a\mu_j^2)^{2m-2}\mu_j^2|(x, x_j)|^2$$
$$+ \frac{1}{2a}\sum_{j=J+1}^{\infty}|(x, x_j)|^2.$$

对任给 $\varepsilon > 0$, 先取 $J$ 充分大使得第二项小于 $\varepsilon/2$. 对取定的 $J$, 由于

$$m(1-a\mu_j^2)^{2m-2} \to 0, \quad m \to \infty$$

对 $j = 1, \cdots, J$ 一致成立, 故对充分大的 $m$ 第一项小于 $\varepsilon/2$.

(3) 由估计 (3.1.5) 和定理 3.6.1(a) 得

$$\|x^{m,\delta} - x\| \leqslant \delta\sqrt{am} + \|R_m Kx - x\|. \tag{3.6.7}$$

对 $x = K^*z(\|z\| \leqslant E)$, 再次记 $m = m(\delta)$, 由 (3.6.6) 得 (注意 $x = K^*z, Kx_j = \mu_j y_j$)

$$(r-1)^2\delta^2 m^2 \leqslant \sum_{j=1}^{\infty} m^2(1-a\mu_j^2)^{2m-2}\mu_j^4|(z,y_j)|^2.$$

由于 $m \geqslant 2, 0 \leqslant \mu \leqslant 1/\sqrt{a}$ 时 $m^2(1-a\mu^2)^{2m-2}\mu^4 \leqslant 1/a^2$(见下面引理的证明), 从而 $(r-1)^2\delta^2 m^2 \leqslant \|z\|^2/a^2$, 即有上界估计

$$m(\delta) \leqslant \frac{1}{a(r-1)}\frac{E}{\delta}.$$

下面估计 (3.6.7) 中的第二项. 由 Cauchy-Schwarz 不等式并注意到 $|1-a\mu_j^2| \leqslant 1$ 得

$$\|(I-R_m K)x\|^2 = \sum_{j=1}^{\infty}\mu_j^2(1-a\mu_j^2)^{2m}|(z,y_j)|^2$$

$$= \sum_{j=1}^{\infty}[\mu_j^2(1-a\mu_j^2)^m|(z,y_j)|][(1-a\mu_j^2)^m|(z,y_j)|]$$

$$\leqslant \sqrt{\sum_{j=1}^{\infty}\mu_j^4(1-a\mu_j^2)^{2m}|(z,y_j)|^2}\sqrt{\sum_{j=1}^{\infty}(1-a\mu_j^2)^{2m}|(z,y_j)|^2}$$

$$\leqslant \|KR_m y-y\|\,\|z\| \leqslant E[\|(I-KR_m)(y-y^\delta)\| + \|(I-KR_m)y^\delta\|]$$

$$\leqslant E(1+r)\delta,$$

这里 $\sqrt{\sum_{j=1}^{\infty}\mu_j^4(1-a\mu_j^2)^{2m}|(z,y_j)|^2} = \|KR_m y-y\|$ 是因为 $\mu_j^2|(z,y_j)| = \mu_j|(z,\mu_j y_j)| = \mu_j|(z,Kx_j)| = \mu_j|(K^*z,x_j)| = |(x,\mu_j x_j)| = |(x,K^*y_j)| = |(y,y_j)|$, 从而由 (3.6.7) 得

$$\|x^{m(\delta),\delta}-x\| \leqslant \delta\sqrt{am(\delta)} + \|R_{m(\delta)}Kx-x\| \leqslant c\sqrt{E\delta}.$$

下面考虑 $x = K^*Kz(\|z\| \leqslant E)$ 的情况. 类似前述处理得

$$(r-1)^2\delta^2 \leqslant \sum_{j=1}^{\infty}(1-a\mu_j^2)^{2m-2}\mu_j^6|(z,x_j)|^2.$$

由于 $m \geqslant 2, 0 \leqslant \mu \leqslant 1/\sqrt{a}$ 时 $m^3(1-a\mu^2)^{2m-2}\mu^6 \leqslant 27/(8a^3)$(见下面引理 3.6.5 的证明), 从而 $(r-1)^2\delta^2 \leqslant \frac{27}{8a^3 m^3}\|z\|^2$, 即有上界估计

$$m(\delta) \leqslant cE^{2/3}\delta^{-2/3}.$$

由 Hölder 不等式

$$\sum_{j=1}^{\infty}|a_jb_j| \leqslant \left[\sum_{j=1}^{\infty}|a_j|^{3/2}\right]^{2/3}\left[\sum_{j=1}^{\infty}|b_j|^3\right]^{1/3}$$

和 $|1-a\mu_j|^2 \leqslant 1$ 得

$$\begin{aligned}
\|(I-R_mK)x\|^2 &= \sum_{j=1}^{\infty}\mu_j^4(1-a\mu_j^2)^{2m}|(z,x_j)|^2 \\
&= \sum_{j=1}^{\infty}\left[\mu_j^4(1-a\mu_j^2)^{4m/3}|(z,x_j)|^{4/3}\right]\left[(1-a\mu_j^2)^{2m/3}|(z,x_j)|^{2/3}\right] \\
&\leqslant \left[\sum_{j=1}^{\infty}\mu_j^6(1-a\mu_j^2)^{2m}|(z,x_j)|^2\right]^{2/3}\left[\sum_{j=1}^{\infty}(1-a\mu_j^2)^{2m}|(z,x_j)|^2\right]^{1/3} \\
&\leqslant \|KR_my-y\|^{4/3}\|z\|^{2/3},
\end{aligned}$$

从而, $\|(I-R_mK)x\| \leqslant E^{1/3}(1+r)^{2/3}\delta^{2/3}$, 因此由 (3.6.7) 得

$$\left\|x^{m(\delta),\delta}-x\right\| \leqslant \delta\sqrt{am(\delta)}+\left\|R_{m(\delta)}Kx-x\right\| \leqslant cE^{1/3}\delta^{2/3},$$

定理证毕. □

现在给出上述定理证明中用到的三个不等式的证明.

**引理 3.6.5** 对一切整数 $m \geqslant 2$ 和 $0 \leqslant \mu \leqslant \dfrac{1}{\sqrt{a}}$, 有下面三个不等式成立:

$$m(1-a\mu^2)^{2m-2}\mu^2 \leqslant \frac{1}{2a}, \quad m^2(1-a\mu^2)^{2m-2}\mu^4 \leqslant \frac{1}{a^2}, \quad m^3(1-a\mu^2)^{2m-2}\mu^6 \leqslant \frac{27}{8a^3}.$$

**证明**　记 $t=a\mu^2$, 则上述三个不等式可统一为

$$f(t):=m^k(1-t)^{2m-2}t^k \leqslant \left(\frac{k}{2}\right)^k, \quad k=1,2,3 \tag{3.6.8}$$

对 $t \in [0,1]$ 成立.

$t=0,1$ 时不等式显然成立. 令 $f'(t)=0$ 得驻点 $t_0=\dfrac{k}{2m-2+k}$. 只要证明不等式在 $t_0$ 成立即可, 即

$$\left(1-\frac{k}{2m-2+k}\right)^{2m-2}\left(\frac{m}{2m-2+k}\right)^k \leqslant \left(\frac{1}{2}\right)^k, \quad k=1,2,3. \tag{3.6.9}$$

当 $k = 2, 3$ 时, 显然有

$$\frac{k}{2m - 2 + k} \leqslant 1, \quad \frac{m}{2m - 2 + k} \leqslant \frac{m}{2m} = \frac{1}{2},$$

故 (3.6.9) 成立. $k = 1$ 时 (3.6.9) 即要证明

$$\frac{2m}{2m - 1} \left( 1 - \frac{1}{2m - 1} \right)^{2m - 2} \leqslant 1.$$

该估计由

$$\left( 1 + \frac{1}{2m - 1} \right) \left( 1 - \frac{1}{2m - 1} \right)^{2m - 2} = \left[ 1 - \left( \frac{1}{2m - 1} \right)^2 \right] \left( 1 - \frac{1}{2m - 1} \right)^{2m - 3} < 1$$

对整数 $m \geqslant 2$ 成立得到, 引理得证. □

我们已经给出了迭代初值 $x^0 = 0$ 时 Landweber 迭代正则化方法的迭代步数的要求和在精确解的先验条件下解的收敛速度. 由于一个好的迭代初值 (未必是 $x^0 = 0$) 的选取对迭代格式的收敛性和收敛速度都是关键的, 下面来考虑迭代初值 $x^0$ 选取适当的非零元时, Landweber 迭代正则化方法的迭代步数的选取要求.

当 $x^0 \neq 0$ 时, 迭代格式没有 (3.6.2) 的简单形式 (见定理 3.6.1 的注解). 特别地, 当取初值 $x^0 = aK^*y$ 时, 递推格式

$$\begin{cases} x^0 = aK^*y, \\ x^m = (I - aK^*K)x^{m-1} + aK^*y \end{cases} \tag{3.6.10}$$

可以用归纳法得到相应的迭代格式的表达式, 是

$$x^m = R_m y := a \sum_{k=0}^{m} (I - aK^*K)^k K^*y, \quad m = 1, 2, \cdots. \tag{3.6.11}$$

同样考虑用精确右端数据 $y$ 的近似值 $y^\delta$ 在迭代格式 (3.6.10)(或 (3.6.11)) 下所得到的序列 $x^{m,\delta} = R_m y^\delta$ 对精确解的收敛性问题.

**定理 3.6.6** 取迭代步长 $a < 2 \|K^*K\|^{-1}$. 如果迭代步数 $m(\delta)$ 在 $\delta \to 0$ 时满足

$$m(\delta) \to \infty, \quad m(\delta)\delta \to 0,$$

则由 (3.6.11) 产生的序列 $x^{m(\delta),\delta} = R_{m(\delta)} y^\delta$ 在 $\delta \to 0$ 时有

$$\left\| x^{m(\delta),\delta} - x \right\| \to 0. \tag{3.6.12}$$

**证明**　对迭代步数 $m$, 由标准的估计方法得到

$$\left\|R_m y^\delta - x\right\| \leqslant \left\|R_m\right\|\left\|y^\delta - y\right\| + \left\|R_m y - x\right\| \leqslant \left\|R_m\right\|\delta + \left\|R_m y - x\right\|. \quad (3.6.13)$$

对紧线性算子 $K$ 的奇异系统 $\{(\mu_j, x_j, y_j) : j \in \mathbb{N}\}$, 由

$$\mu_j^2\left\|x_j\right\|^2 = (\mu_j^2 x_j, x_j) = (K^*K x_j, x_j) \leqslant \left\|K^*K x_j\right\|\left\|x_j\right\| \leqslant \left\|K^*K\right\|\left\|x_j\right\|^2$$

可知 $\mu_j \leqslant \|K^*K\|$. 故而对 $a < 2\|K^*K\|^{-1}$ 有估计 $|1 - a\mu_j^2| < 1$, $j = 1, 2, \cdots$.
下面来证明

$$\left\|I - aK^*K\right\| = 1. \quad (3.6.14)$$

对 $x \in X$, 由奇异系统的定义及 $\{x_j\}$ 的完备性有 $(I - aK^*K)x = \sum_{j=1}^\infty (1 - a\mu_j^2)c_j x_j$, 其中 $c_j = (x, x_j)$. 据此得

$$\left\|(I - aK^*K)x\right\|^2 = \sum_{j=1}^\infty (1 - a\mu_j^2)^2 c_j^2 \leqslant \sum_{j=1}^\infty c_j^2 = \left\|x\right\|^2,$$

因此 $\|I - aK^*K\| \leqslant 1$. 假定 $\|I - aK^*K\| := a_0 < 1$. 由于 $\mu_j \to 0$, 故存在整数 $k$ 使得 $1 - a\mu_k > a_0$. 对 $x_k \in X$ 有估计

$$\left\|(I - aK^*K)x_k\right\| = (1 - a\mu_k^2)\left\|x_k\right\| > a_0\left\|x_k\right\|,$$

这与 $\|I - aK^*K\| := a_0$ 矛盾, 故 (3.6.14) 成立. 从而由 (3.6.11) 知

$$\left\|R_m\right\| \leqslant a\sum_{i=0}^m \left\|I - aK^*K\right\|^i\left\|K^*\right\| = a(m+1)\left\|K^*\right\| \leqslant 2\left\|K^*K\right\|^{-1}(m+1)\left\|K^*\right\|.$$

$$(3.6.15)$$

另一方面, 记 $\bar{c}_j = (x, x_j)$, 由 $Kx = y$ 得

$$\begin{aligned}
R_m y - x &= a\sum_{i=0}^m (I - aK^*K)^i K^*Kx - x \\
&= a\sum_{i=0}^m (I - aK^*K)^i \sum_{j=1}^\infty \bar{c}_j \mu_j x_j - \sum_{j=1}^\infty \bar{c}_j x_j \\
&= a\sum_{j=1}^\infty \bar{c}_j \mu_j \sum_{i=0}^m (1 - a\mu_j^2)^i x_j - \sum_{j=1}^\infty \bar{c}_j x_j.
\end{aligned}$$

注意到 $\sum_{i=0}^m (1 - a\mu_j^2)^i = \left[1 - (1 - a\mu_j^2)^{m+1}\right](a\mu_j^2)^{-1}$, 上式变为

$$R_m y - x = \sum_{j=1}^\infty \bar{c}_j\left[1 - (1 - a\mu_j^2)^{m+1}\right]x_j - \sum_{j=1}^\infty \bar{c}_j x_j = -\sum_{j=1}^\infty (1 - a\mu_j^2)^{m+1}\bar{c}_j x_j.$$

由此得到

$$\|R_m y - x\|^2 = \sum_{j=1}^{\infty} (1 - a\mu_j^2)^{2(m+1)} \bar{c}_j^2.$$

下面据此来证明 $m \to \infty$ 时

$$\|R_m y - x\| \to 0. \tag{3.6.16}$$

由于我们已证明了 $1 - a\mu_j^2 < 1$, 该式的证明和定理 3.6.4 结论 (1) 的证明完全一致. 最后由 (3.6.13), (3.6.15), (3.6.16) 完成该定理的证明. □

**注解 3.6.7** 该定理表明, 当迭代步数 $m(\delta) \to \infty$ 的速度在 $m(\delta)\delta \to 0$ 的意义下和误差水平 $\delta$ 相匹配时, $x^{m(\delta),\delta}$ 在 $\delta \to 0$ 时收敛于精确解 $x$. 比较该定理和定理 3.6.1 结论 (1), 我们知道当迭代初值选取不同时, 对 $m(\delta)$ 匹配性的要求和迭代步长 $a$ 的选取要求是不同的. 还可以类似考虑在本定理条件下定理 3.6.1 其他两个收敛速度估计的对应结论. 另一方面, 下面的反例表明, 如果没有这种匹配性, $x^{m(\delta),\delta}$ 未必收敛于精确解.

设 $K$ 是将可分的 Hilbert 空间 $X$ 映射到自身的线性全连续算子, 并且进一步假定 $K$ 还是自伴的 ($K^* = K$). 精确数据 $y$ 的扰动数据 $y^\delta$ 由下面的方式产生:

$$y^\delta = y - \sqrt{\mu_k} x_k,$$

其中 $\{(\mu_j, x_j, y_j) : j \in \mathbb{N}\}$ 是算子 $K$ 的奇异系统. 显然有

$$\|y^\delta - y\| = \sqrt{\mu_k} \to 0, \quad k \to \infty. \tag{3.6.17}$$

对此扰动数据, 同样有

$$\|R_m y^\delta - x\| = \|R_m y - \sqrt{\mu_k} R_m x_k - x\| \geqslant |\|R_m y - x\| - \sqrt{\mu_k} \|R_m x_k\||. \tag{3.6.18}$$

由于 $m \to \infty$ 时总有 $\|R_m y - x\| \to 0$, 故只要证明有 $m \to \infty$ 的某种方式使得

$$\sqrt{\mu_k} \|R_m x_k\| \nrightarrow 0, \quad m \to \infty, k \to \infty. \tag{3.6.19}$$

注意到 $K$ 是自伴的, 由 (3.6.11) 直接计算知

$$R_m x_k = a \sum_{i=0}^{m} (1 - a\mu_k^2)^i \mu_k x_k = \frac{1 - (1 - a\mu_k^2)^{m+1}}{\mu_k} x_k,$$

由此得到

$$\sqrt{\mu_k} \|R_m x_k\| = \frac{1 - (1 - a\mu_k^2)^{m+1}}{\sqrt{\mu_k}}.$$

取 $m \to \infty$ 的方式为 $m = m(k) = (\text{Integer}(1/\mu_k))^4 \to \infty, k \to \infty$, 则有

$$(1 - a\mu_k^2)^{m(k)+1} \to 0, \quad k \to \infty.$$

从而 $\sqrt{\mu_k}\|R_m x_k\| \to \infty$, 故 (3.6.19) 得证.

对求解线性算子方程的梯度型的迭代算法的早期工作, 可见 [131].

## 3.7   条件稳定性和正则化参数选取

在前面几节, 我们已经讨论了 Tikhonov 正则化方法的一般思想. 并且在对精确解的某种先验假定条件下, 给出了正则化解对精确解的收敛速度. 例如, 定理 3.4.4 在精确解 $x$ 属于 $K^*$ 或 $K^*K$ 的值域的条件下, 给出了正则化参数 $\alpha = \alpha(\delta)$ 的取法及相应正则化解 $x^{\alpha(\delta),\delta}$ 的收敛速度. 然而, 对很多具体的问题, 去验证精确解的这类先验条件是非常困难的, 或者是不可能的. 本节我们介绍正则化参数的另一种选取方法 ([22]), 它建立在原问题的某种条件稳定性的基础上, 而不是直接要求精确解的某种先验条件. 而对很多问题, 解的条件稳定性是不难建立的 ([37, 109, 151]).

首先引进定义于 $[0, \infty)$ 上的函数空间 $B(\mathbb{R}^+)$.

**定义 3.7.1**   函数空间 $B(\mathbb{R}^+)$ 由满足下列条件的定义于 $[0, \infty)$ 上的函数 $\omega(\eta)$ 组成:

(1) $\omega(\eta)$ 是 $[0, \infty)$ 上的非负的单调增函数;

(2) $\lim_{\eta \to 0+} \omega(\eta) = 0$;

(3) 存在定义于 $(0, \infty)$ 上的正函数 $B(k)$ 使得 $\omega(k\eta) \leqslant B(k)\omega(\eta)$ 对一切的 $k \in (0, \infty)$ 成立.

再引进方程 $Kx = y$ 的解的条件稳定性的概念. 对定义于整个空间 $X$ 上的算子 $K$, 当 $K^{-1}$ 无界时, 像元素 $Kx$ 的很小变化不能保证原像 $x$ 的变化也很小. 但是如果将 $K$ 的定义域限制于 $X$ 的某个子集 $Z$ 上, 即只考虑 $Z$ 上元素在 $K$ 的作用下的像, 就可能当 $Kx$ 的变化很小时, $Z$ 上元素的原像 $x$ 变化也很小. 这就是解的条件稳定性.

设 $Z$ 是另一个 Banach 空间, 嵌入 $Z \hookrightarrow X$ 是连续的, $Q \subset Z$ 是适当选定的集合. 对 $M > 0$, 记

$$\mathbf{U}_M = \{f \in Z : \|f\|_Z \leqslant M\}. \tag{3.7.1}$$

下面叙述本节的主要结果.

**定理 3.7.2**   设 $K$ 是由 Banach 空间 $X$ 到 Banach 空间 $Y$ 连续的一一的算子, $K(X)$ 在 $Y$ 中稠密. 对精确的右端数据 $y_0 \in Y$, 设方程 $Kx = y_0$ 存在唯一解

$x_0 \in Q \cap Z$. 记 $y^\delta$ 为满足

$$\|y^\delta - y_0\| \leqslant \delta \tag{3.7.2}$$

的已知的扰动数据. 对任意的 $x_1, x_2 \in \mathbf{U}_M \cap Q$, 存在常数 $C(M) > 0$ 和 $\omega(\eta) \in B(\mathbb{R}^+)$ 使得算子 $K$ 满足

$$\|x_1 - x_2\| \leqslant C(M)\omega(\|Kx_1 - Kx_2\|). \tag{3.7.3}$$

定义泛函

$$F_\alpha(x) = F_\alpha(x; y^\delta) = \|Kx - y^\delta\|_Y^2 + \alpha\|x\|_Z^2.$$

如果存在 $x^\alpha = x^\alpha(y^\delta) \in Q \cap Z$ 满足

$$F_\alpha(x^\alpha) \leqslant \inf_{x \in Q \cap Z} F_\alpha(x) + \delta^2, \tag{3.7.4}$$

则对 $\alpha \sim \delta^2$, 在 $\delta \to 0$ 时有下列收敛性估计:

$$\|x^\alpha - x_0\| = O(\omega(\delta)), \tag{3.7.5}$$

这里对非负变量 $x, y$, $x \sim y$ 表示存在常数 $C > 0$ 使得 $C^{-1}x \leqslant y \leqslant Cx$.

**注解 3.7.3** 该定理实质有两点: (1) $Kx = y$ 的解有某种条件稳定性 (3.7.3), 即对 $y_1, y_2 \in K(\mathbf{U}_M \cap Q)$, 相应的解 $x_1, x_2 \in \mathbf{U}_M \cap Q$ 满足 $\|x_1 - x_2\| \leqslant C(M)\omega(\|y_1 - y_2\|)$; (2) $x^\alpha \in Q \cap Z$ 是泛函 $F_\alpha(x)$ 在 $Q \cap Z$ 上的近似极小元, 它使得 $F_\alpha(x^\alpha)$ 与 $F_\alpha(x)$ 的真正极小值的误差为 $O(\delta^2)$. 该定理告诉我们, 如果 $Kx = y$ 的解有某种条件稳定性, 则泛函 $F_\alpha(x)$ 在误差量 $O(\delta^2)$ 下的近似极小元在取 $\alpha \sim \delta^2$ 时, 以某种速度收敛于真解, 该速度依赖于条件稳定性.

由于该定理以泛函 $F_\alpha(x)$ 的近似极小元, 而不是以精确极小元来逼近真解, 这就给逼近元素的存在性和数值计算带来了极大的方便. 注意, 如在 $X$ 的子集 $X_1$ 上极小化泛函, 为保证精确极小元的存在性, $X_1$ 必须是 $X$ 中的紧集.

**证明** 取 $M = 2\|x_0\|_Z$, 这意味着 $x_0 \in \mathbf{U}_M \cap Z$. 从而由条件 (3.7.4) 得

$$\begin{aligned}
\|Kx^\alpha - y^\delta\|_Y^2 + \alpha\|x^\alpha\|_Z^2 &\leqslant \|Kx_0 - y^\delta\|_Y^2 + \alpha\|x_0\|_Z^2 + \delta^2 \\
&= \|y_0 - y^\delta\|_Y^2 + \alpha\|x_0\|_Z^2 + \delta^2 \\
&\leqslant 2\delta^2 + \alpha M^2.
\end{aligned}$$

注意, 这里的常数 $M$ 的取法不是唯一的. 尽管 $x_0$ 未知, 但可以认为 $\|x_0\|$ 的某个上界是已知的. 据此得到

$$\|Kx^\alpha - y^\delta\|_Y \leqslant \left[2\delta^2 + \alpha M^2\right]^{1/2}, \quad \|x^\alpha\|_Z \leqslant \left[\frac{2\delta^2}{\alpha} + M^2\right]^{1/2},$$

从而由 $\alpha \sim \delta^2$ 得

$$\|Kx^\alpha - y^\delta\|_Y \leqslant (2 + cM^2)^{1/2}\delta, \quad \|x^\alpha\|_Z \leqslant (2c^{-1} + M^2)^{1/2},$$

其中 $c > 0$ 表示独立于 $\alpha, \delta$ 的常数. 不失一般性, 可考虑充分小的 $\delta$. 上式表为

$$\|Kx^\alpha - y^\delta\|_Y \leqslant c\delta, \quad \|x^\alpha\|_Z \leqslant (2c^{-1} + M^2)^{1/2} = M_1, \tag{3.7.6}$$

据此得到

$$\|Kx^\alpha - Kx_0\|_Y \leqslant \|Kx^\alpha - y^\delta\|_Y + \|y^\delta - Kx_0\|_Y \leqslant (c+1)\delta, \tag{3.7.7}$$

最后由 (3.7.3), (3.7.6) 和 (3.7.7) 得

$$\|x^\alpha - x_0\| \leqslant C(M_1)\omega(\|Kx^\alpha - Kx_0\|) \leqslant c(M_1)\omega((c+1)\delta) \leqslant C(M_1)B(c+1)\omega(\delta),$$

定理得证. $\qquad\qquad\qquad\qquad\qquad\qquad\qquad\qquad\qquad\qquad\qquad\square$

容易看出, $\omega(\eta)$ 的条件中 $\omega(k\eta) \leqslant B(k)\omega(\eta)$ 可去掉, 此时得到的估计是 $\|x^\alpha - x_0\| \leqslant c(M_1)\omega((c+1)\delta)$. 另一方面, 我们这里没有要求 $K$ 是线性算子, 因此这里的方法对某些非线性问题也是适用的, 核心点是条件稳定性.

由于对一大类正问题的研究已经建立了解的条件稳定性. 因此对相应的反问题, 可用本节的结果讨论正则化方法. 下面就是一个非线性反问题的例子.

**例 3.2** 高维波动方程系数辨识问题. 设 $\Omega$ 是 $\mathbb{R}^m (m = 1, 2, 3)$ 中的一个 $C^2$ 类的有界区域. 考虑

$$\begin{cases} \dfrac{\partial^2 u}{\partial t^2}(x,t) = \Delta u(x,t) + p(x)u(x,t), & x \in \Omega, 0 < t < T, \\[2mm] u(x,0) = a(x), \dfrac{\partial u}{\partial t}(x,0) = b(x), & x \in \Omega, \\[2mm] \dfrac{\partial u}{\partial \nu} = 0, & x \in \partial\Omega, 0 < t < T, \end{cases} \tag{3.7.8}$$

其中 $\dfrac{\partial}{\partial \nu}$ 是边界上的外法向导数. 对满足

$$a \in H^3(\Omega), \quad b \in H^2(\Omega), \quad \left.\frac{\partial a}{\partial \nu}\right|_{\partial\Omega \times (0,T)} = \left.\frac{\partial b}{\partial \nu}\right|_{\partial\Omega \times (0,T)} = 0 \tag{3.7.9}$$

的给定的初值数据, 当系数 $p \in W^{1,\infty}(\Omega)$ 时, 问题存在唯一解

$$u(p) = u(p)(x,t) \in C([0,T]; H^3(\Omega)) \cap C^1([0,T]; H^2(\Omega)) \cap C^2([0,T]; H^1(\Omega)).$$

反问题是由 $u(p)\big|_{\partial\Omega\times(0,T)}$ 来确定 $p = p(x)$. 假定

$$T > \min_{x'\in\overline{\Omega}} \max_{x\in\overline{\Omega}} |x - x'|, \tag{3.7.10}$$

$$|a(x)| > 0, \quad x \in \overline{\Omega}. \tag{3.7.11}$$

对 $M > 0$, 记

$$\mathbf{U}_M = \{p \in W^{1,\infty}(\Omega); \|p\|_{W^{1,\infty}} \leqslant M\}, \tag{3.7.12}$$

Yamamoto 已经证明了 ([70]) 存在 $C = C(\Omega, T, a, b, M)$ 使得对一切的 $p, q \in \mathbf{U}_M$, 有

$$\|p - q\|_{L^2(\Omega)} \leqslant C \left\| \frac{\partial}{\partial t}(u(p) - u(q)) \right\|_{H^1(\partial\Omega\times(0,T))}. \tag{3.7.13}$$

因此在反问题的正则化方法中, 取

$$X = L^2(\Omega), \quad Y = H^1(\partial\Omega \times (0,T)), \quad Q = Z = W^{1,\infty}(\Omega),$$

$$K(p) = \frac{\partial u(p)}{\partial t}\bigg|_{\partial\Omega\times(0,T)}, \quad \omega(\eta) = \eta,$$

则对由本节方法确定的近似解,

$$\|x^\alpha - x_0\|_{L^2(\Omega)} \leqslant O(\delta).$$

本节所述方法的其他应用将在后面给出.

## 3.8  线性反问题正则化参数的迭代选取

对线性不适定方程

$$Kx = y, \tag{3.8.1}$$

其中 $K$ 是由 Hilbert 空间 $X$ 到 Hilbert 空间 $Y$ 的有界线性算子, $K^{-1}: K(X) \to X$ 是不连续的, 记 $y \in K(X)$ 的扰动数据为 $y^\delta \in Y$ 满足

$$\|y^\delta - y\|_Y \leqslant \delta. \tag{3.8.2}$$

由扰动数据为 $y^\delta \in Y$ 求 (3.8.1) 解的稳定近似值的正则化方法化为求极小化问题

$$\min_{x\in X} J_\alpha(x) = \frac{1}{2}\|Kx - y^\delta\|_Y^2 + \frac{\alpha}{2}\|x\|_X^2 \tag{3.8.3}$$

的极小元 $x^\alpha$. 前已证明 (定理 3.4.2), 对任意给定的正则化参数 $\alpha > 0$, $x^\alpha$ 存在唯一并且满足

$$\alpha x^\alpha + K^* K x^\alpha = K^* y^\delta. \tag{3.8.4}$$

当 $\delta > 0$ 已知时, 存在 $\alpha = \alpha(\delta)$ 的一种选取策略使得 $\delta \to 0$ 时 $\alpha(\delta) \to 0$ 且 $x^{\alpha(\delta)} \to x$, 例如, 拟解和最小模解的概念, 其中求最小模解时确定正则化参数的方法又称为 Morozov 相容性原理. 理论上, Morozov 相容性原理用

$$\|Kx^\alpha - y^\delta\|_Y^2 = \delta^2 \tag{3.8.5}$$

来确定正则化参数 $\alpha(\delta)$. 由于 $\alpha(\delta) \to 0$, 不失一般性, 在本节我们总假定 $0 < \alpha < 1$.

有时由 Morozov 相容性原理的方程 (3.8.5) 确定正则化参数后得到的正则化解仍然不是很理想. 一个更一般的推广是由

$$\|Kx^\alpha - y^\delta\|_Y^2 + \alpha^\gamma \|x^\alpha\|_X^2 = \delta^2 \tag{3.8.6}$$

来确定正则化参数 $\alpha(\delta)$, 其中 $\gamma \in [1, +\infty]$ 是给定的参数. 该方法称为吸收 Morozov 相容性原理 (damped Morozov principle)([134]). 特别地, 由于 $\alpha \in (0, 1)$, $\gamma = +\infty$ 时 (3.8.6) 即为 (3.8.5). 注意, 在由 (3.8.4) 和 (3.8.5)(或 (3.8.6)) 联立求 $\alpha$ 时, 既需要 $y^\delta$ 也需要 $\delta$. 而且, 当用数值方法直接解方程 (3.8.5) 时, 数值方案并不总是十分有效的. 例如, 当用 Newton 迭代法求解时, 由于函数的导数很小, 会出现迭代解的收敛速度很慢的问题.

下面讨论从已知的扰动数据 $y^\delta \in Y$ 由 (3.8.6) 来确定正则化参数 $\alpha$ 的一种拟 Newton 迭代方法 ([98]). 该方法基于极小元 $x^\alpha$ 的性质 (定理 3.4.3), 且迭代序列超线性收敛于 (3.8.6) 的精确解 $\alpha^*$. 特别地, 由适当取定的迭代初值 $\alpha_0, \alpha_1$, 还可以借助于泛函极小值函数 $F(\alpha)$ 的近似的模型函数 $m(\alpha)$(model function) 来估计 $\delta$ 的界, $m(\alpha)$ 是一个含有有限个参数的待定函数, 它作为 $F(\alpha)$ 的近似. 这样就能够在误差水平 $\delta > 0$ 未知时仍可以由扰动数据 $y^\delta \in Y$ 来近似求 $\alpha(\delta)$. 为了记号的方便, 本节将 $x^\alpha$ 记为 $x(\alpha)$, 记号 $x'(\alpha), x''(\alpha)$ 表示 $x(\alpha)$ 对 $\alpha$ 的一阶、二阶导数.

对任意给定的 $\alpha > 0$, 记问题 (3.8.3) 的极小值为 $F(\alpha)$, 即

$$F(\alpha) := J_\alpha(x(\alpha)) = \frac{1}{2}\|Kx(\alpha) - y^\delta\|_Y^2 + \frac{\alpha}{2}\|x(\alpha)\|_X^2 = \min_{x \in X} J_\alpha(x). \tag{3.8.7}$$

再定义

$$F(0) := \frac{1}{2} \inf_{x \in X} \|Kx - y^\delta\|_Y^2 := \frac{1}{2}\mu^2,$$

则这样定义的 $F(\alpha)$ 在 $[0, \infty)$ 上连续. 先给出 $F(\alpha)$ 的一些性质, 它来源于 $x(\alpha)$ 的性质.

**引理 3.8.1** $F(\alpha)$ 是无限次可微的, 并且有下列性质:

(1) $\lim_{\alpha\to+\infty} F(\alpha) = \dfrac{1}{2}\|y^\delta\|_Y^2$;

(2) 对一切的 $\alpha > 0$, $F(\alpha)$ 的一阶、二阶导数表达式为

$$F'(\alpha) = \frac{1}{2}\|x(\alpha)\|_X^2, \quad F''(\alpha) = (x(\alpha), x'(\alpha))_X; \tag{3.8.8}$$

(3) 对 $y^\delta \notin \mathrm{Ker}(K^*)$, 非负函数 $F(\alpha)$ 是严格单调增加并且严格凸的, 即

$$F'(\alpha) > 0, \quad F''(\alpha) < 0, \quad \forall \alpha > 0; \tag{3.8.9}$$

(4) $F(\alpha)$ 满足微分关系

$$\frac{d}{d\alpha}\left\{\alpha F'(\alpha) + F(\alpha) + \frac{1}{2}\|Kx(\alpha)\|_Y^2\right\} = 0, \quad \forall \alpha > 0. \tag{3.8.10}$$

**证明** 由定理 3.4.3, $F(\alpha)$ 显然是无限次可微的. 在 (3.8.4) 两边用 $x(\alpha)$ 作内积得

$$\alpha\|x(\alpha)\|^2 \leqslant \alpha\|x(\alpha)\|^2 + \|Kx(\alpha)\|^2 = (K^*y^\delta, x(\alpha))_Y \leqslant \|K^*y^\delta\|\|x(\alpha)\|,$$

由此知 $\lim_{\alpha\to\infty}\|x(\alpha)\| = 0$, 从而由此估计和上式得

$$\lim_{\alpha\to\infty} \alpha\|x(\alpha)\|^2 = 0, \quad \lim_{\alpha\to\infty} \|Kx(\alpha)\| = 0.$$

从而由 $F(\alpha)$ 的定义得结论 (1).

(3.8.7) 的两边关于 $\alpha$ 求导并用 (3.8.4) 得到

$$F'(\alpha) = (Kx(\alpha) - y^\delta, Kx'(\alpha))_Y + \alpha(x(\alpha), x'(\alpha))_X + \frac{1}{2}\|x(\alpha)\|_X^2 = \frac{1}{2}\|x(\alpha)\|_X^2.$$

从而结论 (2) 得证. 另一方面, (3.4.4) 的两边取 $n = 1$ 并用 $x'(\alpha)$ 作内积得

$$\|Kx'(\alpha)\|^2 + \alpha\|x'(\alpha)\|^2 = -(x(\alpha), x'(\alpha))_X,$$

从而由 (3.8.8) 知

$$F''(\alpha) = -\|Kx'(\alpha)\|^2 - \alpha\|x'(\alpha)\|^2 \leqslant 0, \quad F'(\alpha) \geqslant 0.$$

再证该式中的两个等号都不能成立. 如果存在某 $\overline{\alpha} > 0$ 有 $F''(\overline{\alpha}) = 0$, 则 $x'(\overline{\alpha}) = 0$, 在 (3.4.4) 的两边取 $n = 1$ 即得 $x(\overline{\alpha}) = 0$ (如 $F'(\overline{\alpha}) = 0$, 同样得 $x(\overline{\alpha}) = 0$), 故由 (3.8.4) 得 $K^*y^\delta = 0$, 与 $y^\delta \notin \mathrm{Ker}(K^*)$ 矛盾, 从而结论 (3) 得证.

(3.8.4) 的两边关于 $\alpha$ 求导后用 $x(\alpha)$ 作内积得

$$(Kx'(\alpha), Kx(\alpha))_Y + (x(\alpha), x(\alpha))_X + \alpha(x'(\alpha), x(\alpha))_X = 0,$$

由 (3.8.8), 该关系即为

$$2F'(\alpha) + \alpha F''(\alpha) + \frac{1}{2}\frac{d}{d\alpha}(Kx(\alpha), Kx(\alpha))_Y = 0.$$

从而结论 (4) 得证. □

下面可以讨论求解 (3.8.6) 的迭代方法. 借助于 $F(\alpha)$ 的表达式, (3.8.6) 变为

$$G(\alpha) := F(\alpha) + (\alpha^\gamma - \alpha)F'(\alpha) - \frac{1}{2}\delta^2 = 0. \tag{3.8.11}$$

记 $\alpha^\gamma|_{\gamma=\infty} = 0$, 则对一切的 $\gamma \in [1,\infty], \alpha \in (0,1)$ 有

$$G(\alpha) = F(\alpha) + (\alpha^\gamma - \alpha)F'(\alpha) - \frac{1}{2}\delta^2, \quad G'(\alpha) = \gamma\alpha^{\gamma-1}F'(\alpha) + (\alpha^\gamma - \alpha)F''(\alpha). \tag{3.8.12}$$

**引理 3.8.2** 如果 $y^\delta \notin \text{Ker}(K^*), F(0) < \frac{1}{2}\delta^2 < F(1)$, 则 (3.8.6) 在 $\alpha \in (0,1]$ 上存在唯一的根 $\alpha^* \in (0,1)$.

**证明** 注意到 $\alpha \in (0,1), \gamma \in [1,\infty]$, 由 (3.8.9), (3.8.12) 知 $G'(\alpha) > 0$. 故 $G(\alpha)$ 在 $(0,1)$ 上是严格增加的. 再由 $G(\alpha)$ 在 $[0,1]$ 上的连续性及 $G(0) < 0, G(1) > 0$ 完成了证明. □

下面来给出求解 (3.8.11) 的 (拟) Newton 迭代法. 由 (3.8.8) 和 (3.8.12) 得

$$G'(\alpha) = \frac{1}{2}\gamma\alpha^{\gamma-1}\|x(\alpha)\|_X^2 + (\alpha^\gamma - \alpha)(x(\alpha), x'(\alpha))_X, \quad \gamma \in [1,\infty]. \tag{3.8.13}$$

因此对给定的 $\alpha \in (0,1)$, 计算 $G'(\alpha)$ 必须由

$$\alpha x(\alpha) + K^*Kx(\alpha) = K^*y^\delta, \quad \alpha x'(\alpha) + K^*Kx'(\alpha) = -x(\alpha)$$

来分别计算 $x(\alpha)$ 和 $x'(\alpha)$.

Newton 迭代法: 给定初值 $\alpha_0$, 下式产生 Newton 迭代序列去逼近 (3.8.11) 的根 $\alpha_*$:

$$\alpha_{k+1} = \alpha_k - \frac{G(\alpha_k)}{G'(\alpha_k)} = \alpha_k - \frac{2G(\alpha_k)}{\gamma\alpha_k^{\gamma-1}\|x(\alpha_k)\|_X^2 + 2(\alpha_k^\gamma - \alpha_k)(x(\alpha_k), x'(\alpha_k))_X}. \tag{3.8.14}$$

Newton 迭代法是二次收敛的, 但是该序列中用到的 $x'(\alpha_k)$ 还需要解一个积分方程, 计算量较大. 用差分来代替 $x'(\alpha_k)$, 即

$$x'(\alpha_k) \approx x_k(\alpha_k, \alpha_{k-1}) := \frac{x(\alpha_k) - x(\alpha_{k-1})}{\alpha_k - \alpha_{k-1}}, \tag{3.8.15}$$

则 (3.8.14) 产生下述结果.

拟 Newton 迭代法: 给定初值 $\alpha_0, \alpha_1$, 下式产生迭代序列去逼近 (3.8.11) 的根 $\alpha_*$:

$$\alpha_{k+1} = \alpha_k - \frac{G(\alpha_k)}{G'(\alpha_k)} = \alpha_k - \frac{2G(\alpha_k)}{\gamma\alpha_k^{\gamma-1}\|x(\alpha_k)\|_X^2 + 2(\alpha_k^\gamma - \alpha_k)(x(\alpha_k), x_k(\alpha_k, \alpha_{k-1}))_X}. \tag{3.8.16}$$

但是, 可以证明, 由 (3.8.16) 产生的序列在初值 $\alpha_0, \alpha_1$ 选取较好时, 超线性收敛于 $\alpha_*$.

**定理 3.8.3** 设 $y^\delta \notin \mathrm{Ker}(K^*), F(0) < \frac{1}{2}\delta^2 < F(1), \alpha_* \in (0,1)$ 是 (3.8.11) 的唯一根. 则存在正常数 $\varepsilon > 0$ 使得当初值 $\alpha_0, \alpha_1 \in I := [\alpha_* - \varepsilon, \alpha_* + \varepsilon]$ 时, 由 (3.8.16) 产生的迭代序列 $\{\alpha_k\}_1^\infty \subset I$ 且超线性收敛于 $\alpha_*$.

**证明** 由 $x(\alpha)$ 的无穷可微性及 $\|x(\alpha)\|, \|x'(\alpha)\|, \|x''(\alpha)\| \neq 0$, 并注意到 $\alpha_* = \alpha_*(\gamma)$, 定义正常数 $M_\gamma$ 满足

$$\frac{\sqrt{2}}{3}M_\gamma := \max_{\alpha \in [\alpha_*/2, 3\alpha_*/2]} \{\|x(\alpha)\|, \|x'(\alpha)\|, \|x''(\alpha)\|\}. \tag{3.8.17}$$

由 (3.8.13) 可求得对 $\gamma \in [1, \infty]$,

$$G''(\alpha) = \frac{\gamma(\gamma-1)}{2}\alpha^{\gamma-2}\|x(\alpha)\|^2 + (2\gamma\alpha^{\gamma-1} - 1)(x(\alpha), x'(\alpha))$$

$$+ (\alpha^\gamma - \alpha)[\|x'(\alpha)\|^2 + (x(\alpha), x''(\alpha))].$$

据此可得

$$|G''(\alpha)| \leqslant \frac{2}{9}M_\gamma^2 C_\gamma, \tag{3.8.18}$$

其中常数

$$C_\gamma = \begin{cases} 3, & \gamma = \infty, \\ \max\left\{\dfrac{|\gamma(\gamma-1)|}{2}\max\left\{\left(\dfrac{1}{2}\right)^{\gamma-2}, \left(\dfrac{3}{2}\right)^{\gamma-2}\right\}\alpha_*^{\gamma-2}, 2\gamma+1, 2\right\}, & \gamma \in [1, \infty). \end{cases}$$

另一方面, 由 $G'(\alpha)$ 在 $\alpha_*$ 的连续性, 存在 $\varepsilon_\gamma \in (0, \alpha_*/2)$ 使得

$$|G'(\alpha)| \geqslant \frac{1}{2}|G'(\alpha_*)|, \quad \forall \alpha \in [\alpha_* - \varepsilon_\gamma, \alpha_* + \varepsilon_\gamma] \subset [\alpha_*/2, 3\alpha_*/2]. \tag{3.8.19}$$

进一步假定 $\varepsilon_\gamma > 0$ 满足

$$\varepsilon_\gamma \leqslant p_\gamma \frac{|G'(\alpha_*)|}{M_\gamma^2}, \tag{3.8.20}$$

其中 $p_\gamma$ 是待定的常数.

考虑 $k = 1$. 注意到 $G(\alpha_*) = 0$ 并令

$$A_1 = -\frac{1}{2}\left[\gamma\alpha_1^{\gamma-1}\|x(\alpha_1)\|_X^2 + 2(\alpha_1^\gamma - \alpha_1)(x(\alpha_1), x_1(\alpha_1, \alpha_0))_X\right], \tag{3.8.21}$$

则由迭代序列 (3.8.16) 得到

$$\alpha_2 - \alpha_* = \alpha_1 - \alpha_* + \frac{G'(\eta_1)(\alpha_1 - \alpha_*)}{A_1} := (\alpha_1 - \alpha_*)\frac{B_1}{A_1}, \tag{3.8.22}$$

其中 $\eta_1$ 介于 $\alpha_1$ 和 $\alpha_*$ 之间, 且

$$B_1 := A_1 + G'(\eta_1). \tag{3.8.23}$$

首先由 Taylor 展式得

$$x_1(\alpha_1, \alpha_0) = x'(\alpha_1) + \frac{1}{2}x''(\xi_1)(\alpha_0 - \alpha_1),$$

$\xi_1$ 介于 $\alpha_1$ 和 $\alpha_0$ 之间, 从而

$$\begin{aligned}
A_1 &= (\alpha_1 - \alpha_1^\gamma)(x(\alpha_1), x_1(\alpha_1, \alpha_0))_X - \frac{1}{2}\gamma\alpha_1^{\gamma-1}\|x(\alpha_1)\|_X^2 \\
&= (\alpha_1 - \alpha_1^\gamma)[(x(\alpha_1), x_1(\alpha_1, \alpha_0) - x'(\alpha_1))_X \\
&\quad + (x(\alpha_1), x'(\alpha_1))_X] - \frac{1}{2}\gamma\alpha_1^{\gamma-1}\|x(\alpha_1)\|_X^2 \\
&= \frac{\alpha_1 - \alpha_1^\gamma}{2}(\alpha_0 - \alpha_1)(x(\alpha_1), x''(\xi_1))_X \\
&\quad + (\alpha_1 - \alpha_1^\gamma)(x(\alpha_1), x'(\alpha_1))_X - \frac{\gamma}{2}\alpha_1^{\gamma-1}\|x(\alpha_1)\|_X^2 \\
&= \frac{1}{2}(\alpha_1 - \alpha_1^\gamma)(\alpha_0 - \alpha_1)(x(\alpha_1), x''(\xi_1))_X - G'(\alpha_1), \tag{3.8.24}
\end{aligned}$$

这里最后一个等号用了 (3.8.13). 再由 (3.8.23) 得

$$B_1 = \frac{1}{2}(\alpha_1 - \alpha_1^\gamma)(\alpha_0 - \alpha_1)(x(\alpha_1), x''(\xi_1))_X + G''(\xi_2)(\eta_1 - \alpha_1), \qquad (3.8.25)$$

$\xi_2$ 介于 $\alpha_1$ 和 $\eta_1$ 之间. 下面来估计 $A_1, B_1$. 显然, 对 $\alpha_0, \alpha_1 \in [\alpha_* - \varepsilon_\gamma, \alpha_* + \varepsilon_\gamma]$ 有 $|\eta_1 - \alpha_1| \leqslant \varepsilon_\gamma, |\alpha_0 - \alpha_1| \leqslant 2\varepsilon_\gamma$, 且 $|\alpha_1 - \alpha_1^\gamma| \leqslant 2$ 对 $\gamma \in [1, \infty]$ 成立. 利用上述事实和 (3.8.17)—(3.8.20) 得

$$|A_1| \geqslant \frac{1}{2}|G'(\alpha_*)| - 2\varepsilon_\gamma \frac{2}{9}M_\gamma^2 \geqslant \left(\frac{1}{2} - \frac{4}{9}p_\gamma\right)|G'(\alpha_*)|;$$

$$|B_1| \leqslant \frac{4}{9}p_\gamma|G'(\alpha_*)| + \frac{2}{9}M_\gamma^2 C_\gamma \varepsilon_\gamma \leqslant \left(\frac{4}{9} + \frac{2}{9}C_\gamma\right)p_\gamma|G'(\alpha_*)|.$$

由这两个估计得到

$$\frac{|B_1|}{|A_1|} \leqslant \frac{\left(\dfrac{4}{9} + \dfrac{2}{9}C_\gamma\right)p_\gamma}{\dfrac{1}{2} - \dfrac{4}{9}p_\gamma}.$$

因此只要取充分小, 例如

$$p_\gamma \leqslant \frac{9}{8(C_\gamma + 3)}, \qquad (3.8.26)$$

则有 $\dfrac{|B_1|}{|A_1|} \leqslant \dfrac{1}{2}$. 从而由 (3.8.22) 得

$$|\alpha_2 - \alpha_*| \leqslant \frac{1}{2}|\alpha_1 - \alpha_*|.$$

该关系表明只要取 $\varepsilon = \varepsilon_\gamma$, 其中 $\varepsilon_\gamma$ 满足 (3.8.19), (3.8.20) 和 (3.8.26), 则由 $\alpha_1, \alpha_0 \in I$ 可得 $\alpha_2 \in I$. 对 $k$ 用归纳法, 即得 $\alpha_k \in I$ 且

$$|\alpha_k - \alpha_*| \leqslant \frac{1}{2}|\alpha_{k-1} - \alpha_*|.$$

因此

$$|\alpha_k - \alpha_*| \leqslant \frac{1}{2^{k-1}}|\alpha_1 - \alpha_*| \to 0, \quad k \to \infty. \qquad (3.8.27)$$

类似于 (3.8.22) 的处理, 可导出

$$\alpha_{k+1} - \alpha_* = (\alpha_k - \alpha_*)\frac{B_k}{A_k},$$

$$A_k = (\alpha_k - \alpha_k^\gamma)(x(\alpha_k), x_1(\alpha_k, \alpha_{k-1}))_X - \frac{1}{2}\gamma\alpha_k^{\gamma-1}\|x(\alpha_k)\|_X^2, \quad B_k = A_k + G'(\eta_k).$$

由 (3.8.27) 知 $\lim_{k\to\infty}\alpha_k = \lim_{k\to\infty}\eta_k = \alpha_*$, 从而由 (3.8.13) 得

$$\lim_{k\to\infty} A_k = (\alpha_* - \alpha_*^\gamma)(x(\alpha_*), x'(\alpha_*))_X - \frac{1}{2}\gamma\alpha_*^{\gamma-1}\|x(\alpha_*)\|_X^2 = -G'(\alpha_*) < 0,$$

$$\lim_{k\to\infty} B_k = \lim_{k\to\infty} (A_k + G'(\eta_k)) = 0.$$

因此我们得到

$$\lim_{k\to\infty} \frac{|\alpha_{k+1} - \alpha_*|}{|\alpha_k - \alpha_*|} = \lim_{k\to\infty} \frac{|B_k|}{|A_k|} = 0,$$

即 $\alpha_k$ 超线性收敛于 $\alpha_*$. □

**注解 3.8.4** 在 [98] 中的定理 3.1 给出了该定理 $\gamma = \infty$ 的证明, 那里关于 $\varepsilon \leqslant \dfrac{3}{4}\dfrac{|G'(\alpha_*)|}{M^2}$ 的取法有误, 不能保证 $|\alpha_2 - \alpha_*| \leqslant \dfrac{1}{2}|\alpha_1 - \alpha_*|$, 应按这里 $C_\infty = 3$ 即 $(p_\infty \leqslant 3/16)$ 的取法.

## 3.9　求正则化参数的模型函数方法

据 (3.8.11), 由 Morozov 相容性原理 (最小模解) 确定正则化参数 $\alpha_*$ 是

$$G(\alpha) := F(\alpha) + (\alpha^\gamma - \alpha)F'(\alpha) - \frac{1}{2}\delta^2 = 0 \tag{3.9.1}$$

的根, 对给定的 $\alpha$, $F(\alpha)$ 是由极小元 $x(\alpha)$ 确定的泛函极小值. 因此, 理论上为求正则化参数, 必须对给定的 $\alpha$ 先求 $x(\alpha), x'(\alpha)$, 再得到 $G(\alpha), G'(\alpha)$, 最后通过迭代得到 $\alpha_*$. 由于对给定的 $\alpha$, 理论上而言是已知的函数 $F(\alpha)$ 的具体形式是未知的, 故而求解 (3.9.1) 的一般方法的数值实现是不容易的, 计算量极大.

模型函数方法是引进 $F(\alpha)$ 的含有待定参数的具有明确表达式的近似函数 $m(\alpha)$. 以此表达式为基础, (3.9.1) 近似为

$$m(\alpha) + (\alpha^\gamma - \alpha)m'(\alpha) - \frac{1}{2}\delta^2 = 0.$$

由此在迭代求解 $\alpha$ 时, 同时更新 $m(\alpha)$ 中的待定参数 (即 $F(\alpha)$ 的模型函数), 使得 $m(\alpha)$ 更好地逼近 $F(\alpha)$. 由此用上述关于 $m(\alpha)$ 的方程的零点来近似 (3.9.1) 的零点.

先来建立 $F(\alpha)$ 满足的方程. 由 $F(\alpha)$ 的定义,

$$
\begin{aligned}
F(\alpha) &= \frac{1}{2}\left\|Kx(\alpha)-y^\delta\right\|^2 + \frac{\alpha}{2}\left\|x(\alpha)\right\|^2 \\
&= \frac{1}{2}\left\|y^\delta\right\|^2 + \frac{1}{2}\left\|Kx(\alpha)\right\|^2 - \Re(Kx(\alpha),y^\delta) + \frac{\alpha}{2}\left\|x(\alpha)\right\|^2.
\end{aligned}
$$

另一方面, 在 (3.8.4) 两边用 $x(\alpha)$ 作内积得

$$
(Kx(\alpha),y^\delta) = \left\|Kx(\alpha)\right\|^2 + \alpha\left\|x(\alpha)\right\|^2 = \Re(Kx(\alpha),y^\delta).
$$

从而有

$$
F(\alpha) = \frac{1}{2}\left\|y^\delta\right\|^2 - \frac{1}{2}\left\|Kx(\alpha)\right\|^2 - \frac{\alpha}{2}\left\|x(\alpha)\right\|^2. \tag{3.9.2}
$$

由 $F'(\alpha)$ 的表达式 (3.8.8), 上式即为

$$
2F(\alpha) + 2\alpha F'(\alpha) + \left\|Kx(\alpha)\right\|^2 = \left\|y^\delta\right\|^2. \tag{3.9.3}
$$

这是 $F(\alpha)$ 满足的精确方程, 它是引理 3.8.1 中结论 (4) 的一个更准确的形式, 但在这个等式中 $\left\|Kx(\alpha)\right\|^2$ 与 $F(\alpha)$ 的关系是不清楚的. 引进 $F(\alpha)$ 近似的模型函数来转化 $\left\|Kx(\alpha)\right\|^2$. 由于对任意给定的 $\alpha > 0$, 总有某常数 $\tilde{C}(\alpha) > 0$ 使得 $(Kx(\alpha),Kx(\alpha)) = \tilde{C}(\alpha)(x(\alpha),x(\alpha))$, 在考虑的求 (3.9.1) 零点的 $\alpha$ 的区间上将此式近似为

$$
(Kx(\alpha),Kx(\alpha)) \approx T(x(\alpha),x(\alpha)) = 2TF'(\alpha), \tag{3.9.4}
$$

其中 $T$ 为常数. 将此意义下 $F(\alpha)$ 的模型函数记为 $m(\alpha)$. 于是由 (3.9.3) 知 $m(\alpha)$ 满足

$$
2m(\alpha) + 2\alpha m'(\alpha) + 2Tm'(\alpha) = \left\|y^\delta\right\|^2. \tag{3.9.5}
$$

这就是在 (3.9.4) 的意义下 $F(\alpha)$ 的模型函数 $m(\alpha)$ 满足的方程. 解此常微分方程得到含有两个参数 $C,T$ 的 $m(\alpha)$ 的表达式

$$
m(\alpha) = \frac{1}{2}\left\|y^\delta\right\|^2 + \frac{C}{T+\alpha}. \tag{3.9.6}
$$

对此模型函数, (3.9.1) 就变为

$$
m(\alpha) + (\alpha^\gamma - \alpha)m'(\alpha) - \frac{1}{2}\delta^2 = 0. \tag{3.9.7}
$$

显然, 对给定的常数 $C,T$, 由 (3.9.6) 表示的 $m(\alpha)$ 只能是 $F(\alpha)$ 的一个近似, 因此由 (3.9.6), (3.9.7) 解出的零点也只能是精确的正则化参数的近似.

　　下面给出参数 $C, T$ 的一个迭代更新算法, 使得 $m(\alpha)$ 不断逼近 $F(\alpha)$, 从而用模型函数的方程解出的零点也就是对应于由 Morozov 相容性原理确定正则化参数的一个简单的迭代算法.

　　置 $k = 0$, 给定 (3.9.1) 的近似零点 $\alpha_0$, 迭代误差水平 $\varepsilon > 0$.

　　第一步: 解 (3.8.4) 得 $x(\alpha_k)$, 由 (3.8.7), (3.8.8) 计算 $F(\alpha_k), F'(\alpha_k)$.

　　第二步: 由表达式 (3.9.6), 从关系

$$
\begin{cases}
m_k(\alpha_k) = \dfrac{1}{2} \left\| y^\delta \right\|^2 + \dfrac{C_k}{T_k + \alpha_k} = F(\alpha_k), \\
m_k'(\alpha_k) = -\dfrac{C_k}{(T_k + \alpha_k)^2} = F'(\alpha_k)
\end{cases}
\tag{3.9.8}
$$

确定 $m(\alpha)$ 中的 $C_k, T_k$:

$$
T_k = \frac{\|Kx(\alpha_k)\|^2}{\|x(\alpha_k)\|^2}, \quad C_k = -\frac{(\|Kx(\alpha_k)\|^2 + \alpha_k \|x(\alpha_k)\|^2)^2}{2 \|x(\alpha_k)\|^2},
\tag{3.9.9}
$$

进而得到 $F(\alpha)$ 的第 $k$ 次逼近的模型函数

$$
m_k(\alpha) = \frac{1}{2} \left\| y^\delta \right\|^2 + \frac{C_k}{T_k + \alpha}.
\tag{3.9.10}
$$

容易看出 $m_k'(\alpha) > 0, m_k''(\alpha) < 0$.

　　第三步: 由 (3.9.7) 解模型函数满足的方程

$$
G_k(\alpha) := m_k(\alpha) + (\alpha^\gamma - \alpha) m_k'(\alpha) - \frac{1}{2} \delta^2 = 0
\tag{3.9.11}
$$

确定 (3.9.7) 新的近似零点 $\alpha_{k+1}$, 它也是 (3.9.1) 的近似零点.

　　第四步: 如 $|\alpha_{k+1} - \alpha_k| \leqslant \varepsilon$, 迭代停止, 取 $\alpha_{k+1}$ 为最终解; 否则置 $k := k + 1$ 回到第一步开始下一迭代.

　　**注解 3.9.1**　(3.9.9) 迭代更新参数 $T$ 时 $T_k$ 的表达式正是引进模型函数时的近似关系 (3.9.4), 这表明这里的迭代关系与原来的模型函数近似关系是相符合的. 换言之, 由此迭代更新参数 $T, C$ 最终得到的 $m(\alpha)$ 应该是 $F(\alpha)$ 在 (3.9.4) 意义下的一个有效近似. 另一方面, $m_k'(\alpha) > 0, m_k''(\alpha) < 0$ 说明模型函数 $m(\alpha)$ 也保持了 $F(\alpha)$ 的单调性和凸性 (引理 3.8.1 结论 (3)).

　　下面要从理论上来证明该迭代算法在一定条件下确实收敛到 (3.9.1) 的精确解, 进而得到一个改进的迭代算法.

　　先来证明 (3.9.11) 在 $\alpha_k$ 充分小时确实有解.

**定理 3.9.2** 设 $F(\alpha)$ 满足引理 3.8.2 的条件. 假定 $G_k(\alpha_k) > 0$ 且确定 $G_k(\alpha)$ 的 $\alpha_k$ 充分小, 则迭代方程 (3.9.11) 存在唯一解 $\alpha_{k+1}$, 并且满足 $G(\alpha_{k+1}) < 0$.

**证明** 由 (3.9.10), (3.9.11) 知

$$G_k(0) = \frac{1}{2}\left\|y^\delta\right\|^2 + \frac{C_k}{T_k} - \frac{1}{2}\delta^2. \tag{3.9.12}$$

另一方面, 由 $C_k, T_k$ 的表达式易知

$$\frac{C_k}{T_k} = -\frac{(\|Kx(\alpha_k)\|^2 + \alpha_k \|x(\alpha_k)\|^2)^2}{2\|Kx(\alpha_k)\|^2} := -\frac{1}{2}q(\alpha_k). \tag{3.9.13}$$

由于 $\lim_{\alpha\to 0} \alpha \|x(\alpha)\|^2 = 0$, 故由 $q(\alpha)$ 的定义得 $\lim_{\alpha\to 0} q(\alpha) = \lim_{\alpha\to 0} \|Kx(\alpha)\|^2$. 另一方面由 (3.9.2) 得

$$\lim_{\alpha\to 0} \|Kx(\alpha)\|^2 = \lim_{\alpha\to 0}[\|y^\delta\|^2 - 2F(\alpha) - \alpha \|x(\alpha)\|^2] = \|y^\delta\|^2 - 2F(0) = \|y^\delta\|^2 - \mu^2.$$

这里用了 $F(\alpha)$ 在 $\alpha = 0$ 的连续性. 从而我们得到 $\lim_{\alpha\to 0} q(\alpha) = \|y^\delta\|^2 - \mu^2$. 由此式得到

$$\lim_{\alpha\to 0}(\|y^\delta\|^2 - q(\alpha) - \delta^2) = \mu^2 - \delta^2. \tag{3.9.14}$$

假定原精确方程 $Kx = y$ 有解 $x^*$, 即 $Kx^* = y$. 从而

$$\mu = \inf_{x\in X}\left\|Kx - y^\delta\right\| \leqslant \left\|Kx^* - y^\delta\right\| = \left\|y - y^\delta\right\| \leqslant \delta.$$

不失一般性, 假定

$$0 \leqslant \mu < \delta < \left\|y^\delta\right\|_Y. \tag{3.9.15}$$

故由 (3.9.12), (3.9.13), (3.9.14) 得知在 $\alpha_k$ 充分小时有 $G_k(0) < 0$. 故 (3.9.11) 在 $(0, \alpha_k)$ 内有零点 $\alpha_{k+1}$. 另一方面, 由

$$m_k'(\alpha) = -\frac{C_k}{(T_k + \alpha)^2} > 0, \quad m_k''(\alpha) = \frac{2C_k}{(T_k + \alpha)^3} < 0$$

可知在 $\alpha \in [0, 1]$ 上 $G_k'(\alpha) > 0$, 故 $\alpha_{k+1}$ 是唯一的.

最后证 $G(\alpha_{k+1}) < 0$. 由 (3.9.8) 和 $G(\alpha), G_k(\alpha)$ 的定义得 $G(\alpha_k) = G_k(\alpha_k)$, 而 $G_k(\alpha_{k+1}) = 0$, 故只要证 $G_{k+1}(\alpha_{k+1}) < G_k(\alpha_{k+1})$ 即可. 另一方面直接计

算得到

$$\begin{cases} G_{k+1}(\alpha_{k+1}) = \dfrac{1}{2}(\|y^\delta\|^2 - \delta^2) - \dfrac{h(\alpha_{k+1})}{2(\alpha_{k+1} + g(\alpha_{k+1}))^2}[g(\alpha_{k+1}) + 2\alpha_{k+1} - \alpha_{k+1}^\gamma], \\[3mm] G_k(\alpha_{k+1}) = \dfrac{1}{2}(\|y^\delta\|^2 - \delta^2) - \dfrac{h(\alpha_k)}{2(\alpha_{k+1} + g(\alpha_k))^2}[g(\alpha_k) + 2\alpha_{k+1} - \alpha_{k+1}^\gamma], \end{cases}$$

$$(3.9.16)$$

其中

$$h(\alpha) = \frac{(\|Kx(\alpha)\|_Y^2 + \alpha\|x(\alpha)\|_X^2)^2}{\|x(\alpha)\|_X^2}, \quad g(\alpha) = \frac{\|Kx(\alpha)\|_Y^2}{\|x(\alpha)\|_X^2},$$

并且由直接计算可验证

$$g'(\alpha) \geqslant 0, \quad h(\alpha) = \|x(\alpha)\|_X^2 (g(\alpha)+\alpha)^2, \quad h'(\alpha) = \|x(\alpha)\|_X^2 g'(\alpha)(g(\alpha)+\alpha) \geqslant 0.$$

$$(3.9.17)$$

据 (3.9.16), 我们只要证明函数

$$\phi(\alpha) := \frac{h(\alpha)(g(\alpha) + 2a - a^\gamma)}{(g(\alpha) + a)^2} \tag{3.9.18}$$

在 $(\alpha_{k+1}, \alpha_k)$ 上单调减少即可, 其中 $a = \alpha_{k+1}$.

对 (3.9.18) 直接求导并利用 (3.9.17) 得到

$$\phi'(\alpha) = \frac{h'(\alpha)}{(g(\alpha) + a)^3}[(a^\gamma - \alpha)g(\alpha) + (2a^\gamma - 3a)\alpha + a(2a - a^\gamma)].$$

对方括号中的第一项 (注意 $\gamma \geqslant 1$),

$$(a^\gamma - \alpha)g(\alpha) = (\alpha_{k+1}^\gamma - \alpha)g(\alpha) \leqslant (\alpha_{k+1} - \alpha)g(\alpha) \leqslant 0, \quad \alpha \in (\alpha_{k+1}, \alpha_k),$$

而方括号中余下的项是 $\alpha$ 的单调下降的线性函数 (因斜率 $2a^\gamma - 3a \leqslant 2a - 3a \leqslant 0$), 并且在 $\alpha = a = \alpha_{k+1}$ 处, $(2a^\gamma - 3a)a + a(2a - a^\gamma) = a(a^\gamma - a) \leqslant 0$, 从而有

$$(2a^\gamma - 3a)\alpha + a(2a - a^\gamma) \leqslant 0, \quad \alpha \in (\alpha_{k+1}, \alpha_k),$$

此即 $\phi'(\alpha) \leqslant 0, \alpha \in (\alpha_{k+1}, \alpha_k)$. □

**注解 3.9.3** 由该定理可知, 近似的 Morozov 方程 (3.9.11) 只有在 $\alpha_k$ 很小时才能保证其可解性. 另一方面, (3.9.11) 的解满足 $G(\alpha_{k+1}) < 0$, 注意到 $G(\alpha_k) = G_k(\alpha_k) > 0$, 因此 $(\alpha_{k+1} + \alpha_k)/2$ 确实是 $G(\alpha) = 0$ 的比 $\alpha_k$ 更准确的根, 但条件同样是 $\alpha_k$ 必须充分小. 这表明, 为了使得该迭代算法能收敛到准确的 Morozov 方程 (3.9.1) 的解, 迭代初值必须选择得充分逼近真值. 因此该迭代算法只具有局部收敛性, 不是一个真正可应用的算法. 必需对其加以改进.

改进的方法是对函数 $G_k(\alpha)$ 加上小的扰动项:

$$\hat{G}_k(\alpha) := G_k(\alpha) + \lambda_k(G_k(\alpha) - G_k(\alpha_k)), \qquad (3.9.19)$$

其中 $\lambda_k$ 是适当的松弛常数. 由于 $G_k'(\alpha) > 0$, 在 $(0, \alpha_k)$ 上第二项的符号完全由 $\lambda_k$ 决定 (与 $\lambda_k$ 反号). 再用方程

$$\hat{G}_k(\alpha) = 0 \qquad (3.9.20)$$

来代替 (3.9.11), 即 $G_k(\alpha) = 0$.

$\lambda_k$ 的选取应该使得改进后的近似 Morozov 方程 (3.9.20) 存在唯一解. 由于 $\hat{G}_k(\alpha_k) > 0$, 故只要 $\hat{G}_k(0) < 0$ 且 $\hat{G}_k(\alpha)$ 单调上升即可. 我们可以用以下方式来确定 $\lambda_k$:

$$\hat{G}_k(0) = G_k(0) + \lambda_k(G_k(0) - G_k(\alpha_k)) = -\hat{\lambda}\delta^2,$$

其中 $\hat{\lambda} \in (0, 1/2)$ 是任意取定的常数. 由此解得

$$\lambda_k = \frac{G_k(0) + \hat{\lambda}\delta^2}{G_k(\alpha_k) - G_k(0)}. \qquad (3.9.21)$$

此时由 $G_k(\alpha_k) > 0, G_k'(\alpha) > 0$ 可知

$$\hat{G}_k'(\alpha) = (1 + \lambda_k)G_k'(\alpha) = \frac{G_k(\alpha_k) + \hat{\lambda}\delta^2}{G_k(\alpha_k) - G_k(0)}G_k'(\alpha) > 0,$$

故 $\hat{G}_k(\alpha)$ 确是增函数.

下面可以给出对这样改进以后的近似 Morozov 方程 (3.9.20) 迭代求解的程序及相应产生的序列 $\alpha_k$ 的收敛性质.

置 $k = 0$, 给定 (3.9.1) 的近似零点 $\alpha_0$, 迭代误差水平 $\varepsilon > 0$.

第一步: 解 (3.8.4) 得 $x(\alpha_k)$, 由 (3.8.7), (3.8.8) 计算 $F(\alpha_k), F'(\alpha_k)$.

第二步: 由表达式 (3.9.6), 从关系

$$\begin{cases} m_k(\alpha_k) = \dfrac{1}{2}\left\|y^\delta\right\|^2 + \dfrac{C_k}{T_k + \alpha_k} = F(\alpha_k), \\[2mm] m_k'(\alpha_k) = -\dfrac{C_k}{(T_k + \alpha_k)^2} = F'(\alpha_k) \end{cases} \qquad (3.9.22)$$

确定 $m(\alpha)$ 中的 $C_k, T_k$, 进而得到 $F(\alpha)$ 的第 $k$ 次逼近的模型函数

$$m_k(\alpha) = \frac{1}{2}\left\|y^\delta\right\|^2 + \frac{C_k}{T_k + \alpha}. \qquad (3.9.23)$$

第三步: 由 (3.9.7) 求解改进后的模型函数满足的方程

$$\hat{G}_k(\alpha) := G_k(\alpha) + \lambda_k(G_k(\alpha) - G_k(\alpha_k)) = 0 \tag{3.9.24}$$

确定 (3.9.7) 新的近似零点 $\alpha_{k+1}$, 它也是 (3.9.1) 的近似零点, 其中 $\lambda_k$ 由 (3.9.21) 确定.

第四步: 如 $\hat{G}_k(\alpha_k) \leqslant 0$ 或 $|\alpha_{k+1} - \alpha_k| \leqslant \varepsilon$, 迭代停止, 取 $\alpha_{k+1}$ 为最终解; 否则置 $k := k + 1$ 回到第一步开始下一迭代.

与由 (3.9.11) 确定 $\alpha_{k+1}$ 不同, 由 $\hat{G}_k(\alpha) = 0$ 确定 $\alpha_{k+1}$ 时, 不要求 $\alpha_k$ 很小, 这是由于我们引进了松弛参数 $\lambda_k$ 来保证 $\hat{G}_k(\alpha) < 0$. 进一步说, 这样得到的序列还具有全局收敛性. 该结果表示为下面的定理.

**定理 3.9.4**　如果 $\hat{G}_0(\alpha_0) > 0$, 则由迭代程序 (3.9.22)—(3.9.24) 确实产生了逼近序列 $\{\alpha_k\}$. 该序列具有下面的性质之一:

1. 该序列在某一有限步 $k$ 满足 $G_k(\alpha_k) \leqslant 0$; 否则即有

2. 记 $\alpha^*$ 为 (3.9.1) 的根, 对任意初值 $\alpha_0 \in (\alpha^*, 1)$, 序列 $\{\alpha_k\}$ 是一个无穷项序列, 该序列单调减少收敛于 $\alpha^*$.

**证明**　序列 $\{\alpha_k\}$ 的存在性是显然的. 如结论 1 成立, 定理已证. 否则对一切的整数 $k$, 成立

$$\hat{G}_k(\alpha_k) = G_k(\alpha_k) > 0, \tag{3.9.25}$$

在此条件下来证明结论 2.

由于 $\hat{G}_k(\alpha)$ 是单调上升的, 在条件 (3.9.25) 下由 (3.9.24) 确定的 $\alpha_{k+1}$ 显然满足 $\alpha_{k+1} < \alpha_k$, 即序列 $\{\alpha_k\}$ 是单调下降的. 另一方面, 由 (3.9.19), (3.9.22) 得到

$$\hat{G}_k(\alpha_k) = G_k(\alpha_k) = G(\alpha_k).$$

据此和 (3.9.25) 得 $G(\alpha_k) > 0$. 再由 $G(\alpha^*) = 0$ 和 $G(\alpha)$ 的单调上升性得 $\alpha_k > \alpha^*$. 从而得知序列 $\{\alpha_k\}$ 是收敛的. 记 $\lim_{k \to \infty} \alpha_k = \overline{\alpha}$. 下面只要证明 $G(\overline{\alpha}) = 0$ 即可.

首先由 (3.9.9) 和 $h(\alpha), g(\alpha)$ 的定义得到

$$\lim_{k \to \infty} T_k = g(\overline{\alpha}), \quad \lim_{k \to \infty} C_k = -h(\overline{\alpha})/2. \tag{3.9.26}$$

其次由 (3.9.22) 和 $G_k(\alpha), G(\alpha)$ 的定义得 $G(\alpha_{k+1}) = G_{k+1}(\alpha_{k+1})$. 由这两个关系和 (3.9.23) 以及 $G_k(\alpha)$ 的定义导出

$$G(\overline{\alpha}) = \lim_{k \to \infty} G(\alpha_{k+1}) = \lim_{k \to \infty} G_{k+1}(\alpha_{k+1}) = \lim_{k \to \infty} G_k(\alpha_{k+1}). \tag{3.9.27}$$

此关系表明

$$\lim_{k \to \infty} (G_k(\alpha_{k+1}) - G_k(\alpha_k)) = 0. \tag{3.9.28}$$

另一方面, $\alpha_{k+1}$ 是 (3.9.24) 的根表示

$$G_k(\alpha_{k+1}) + \lambda_k(G_k(\alpha_{k+1}) - G_k(\alpha_k)) = 0.$$

此式取极限, 由 (3.9.27), (3.9.28) 并注意序列 $\{\lambda_k : k = 1, \cdots\}$ 也收敛, 最后得到 $G(\overline{\alpha}) = 0$. □

**注解 3.9.5** 该定理表明, 用改进后的模型函数方法来迭代近似确定Tikhonov 正则化参数时 (用 Morozov 相容性原理), 该迭代程序是一个全局收敛的算法, 对迭代初值的要求不高. 关于本节讨论的确定正则化参数方法在具体反问题中的应用, 将在后面给出. 另外, 对处理非线性反问题的 Tikhonov 正则化参数的一种自适应的选取方法, 可见 [88].

## 3.10 两类正则化方法的比较

本章介绍了在无限维空间上处理不适定问题的两类正则化方法: Tikhonov 正则化方法和 Landweber 迭代方法. 利用这两类方法, 我们得到了原来无限维不适定问题的一个近似的问题, 它消除了原问题的不适定性, 但仍是一个无限维的问题. 下面就可以用标准的数值逼近方法来求解该适定的问题. 在下一章我们将讨论数值求解不适定问题的另一种方法: 先用有限维空间的近似来逼近原无限维问题, 再用正则化方法来求解该病态的离散问题.

本节讨论直接在无限维空间上处理问题不适定性的两种方法的联系和差别.

首先我们注意 Tikhonov 正则化方法最早是对线性不适定的问题 $Kx = y$ 的求解提出的, 即方程中 $K$ 是线性算子. 假定对精确数据 $y$, 该方程存在唯一解 $x$. 对给定的满足 $\|y^\delta - y\| \leqslant \delta$ 的扰动数据 $y^\delta$, 该方法用泛函

$$J_\alpha(x) = \left\|Kx - y^\delta\right\|^2 + \alpha \left\|Lx\right\|^2 \tag{3.10.1}$$

在给定正则化参数 $\alpha$ 后的极小元 $x_\alpha^\delta$ 来近似方程 $Kx = y$ 的精确解 $x$, 其中第二项用来约束解的大小 (当 $L$ 是单位算子时) 或者解的振荡性 (当 $L$ 是某个微分算子时), 它起着稳定性的作用. 当 $K$ 是线性算子时, 泛函 $J_\alpha(x)$ 是严格凸的, 故存在唯一的极小元. 已经证明, 对适当的取法 $\alpha = \alpha(\delta)$, 在 $\delta \to 0$ 时有 $x_{\alpha(\delta)}^\delta \to x$. 然而该方法也有不足之处.

对线性不适定的问题 $Kx = y$, 可以从两个方面来看. 首先在某些情况下, Tikhonov 正则化方法可能改变了原问题的某些特性和结构. 例如对由

$$\begin{cases} w_t(x,t) = w_{xx}(x,t), & 0 < x < \infty, 0 < t < T, \\ w(0,t) = u(t), & 0 < t < T, \\ w(x,0) = 0, & 0 < x < \infty \end{cases} \tag{3.10.2}$$

在给定的附加数据

$$w(1,t) = f(t), \quad 0 < t < T \tag{3.10.3}$$

下来确定源函数 $u(l)$ 的热传导反问题, 可化为第一类 Volterra 方程

$$\mathcal{A}(u)(t) := \int_0^t k(t,\tau)u(\tau)d\tau = f(t), \quad t \in [0,T] \tag{3.10.4}$$

的求解问题, 其中核函数

$$k(t,\tau) = \frac{1}{2\sqrt{\pi(t-\tau)^{3/2}}} e^{-1/(4(t-\tau))}.$$

对此问题知, 确定 $[0,t]$ 上的 $u(\tau)$ 只需要 $[0,t]$ 上的 $f(\tau)$. 它反映了问题的因果关系 (causality), 即 $f$ 在过去时段 $[0,t]$ 上的信息已完全反映了源函数 $u(\tau)$ 在 $[0,t]$ 上的大小, $[t,T]$ 上 $f$ 的信息对 $u(t)$ 无影响. 然而在用 Tikhonov 正则化方法求解 (3.10.4)(取 $L$ 为单位算子) 时, 相应的正则化方程是

$$\int_t^T \int_0^s k(s,t)k(s,\tau)u(\tau)d\tau ds + \alpha u(t) = \int_t^T k(s,t)f(s)ds. \tag{3.10.5}$$

这是一个适定的第二类的 Fredholm 积分方程, 由此可求出 $u(t)$ 的稳定的近似解 $u_\alpha(t)$. 但是, 该方程两边外层在 $[t,T]$ 上的积分已经改变了原问题的因果关系, 变成了用 $[t,T]$ 上 $f$ 的值来求解 $[0,t]$ 上的 $u_\alpha$, 即求 $u_\alpha(t)$ 时用的是 $[t,T]$ 上的 $f$ 的值. 这就改变了原问题求解的实时性质, 即求正则化的近似解时, 用未来的值来求现在的值. 这是采取 Tikhonov 正则化方法解具体问题时可能产生的缺点之一.

　　另一方面, Tikhonov 正则化方法中引进了正则化项 $\|Lu\|$, 微分算子 $L$ 的作用在于减弱原不适定问题近似解的振荡性, 即要求所求的正则化解 $x_\alpha$ 具有一定的光滑性, 用它来近似原问题的解 $x$. 很显然, 如果原问题的精确解 $x$ 本身就不光滑甚至具有一些奇性, 近似解 $x_\alpha$ 就不可能完全反映这种奇性, 换言之, Tikhonov 正则化方法得到稳定的近似解的代价是模糊了原问题真实解的奇性 (如果有的话). 而真实解的奇性在一些问题的求解中是非常重要的, 甚至正是所要求的. 这是 Tikhonov 正则化方法的另一缺点, 即解的过度光滑化 (over-smoothing).

　　对非线性的不适定问题 (即 $Kx = y$ 中 $K$ 是非线性的全连续算子), Tikhonov 正则化方法面临一些新的问题. 例如, 此时 (3.10.1) 中的泛函 $J_\alpha(x)$ 不再是严格凸的, 因此可能会有多个局部极小点 $x_\alpha$. 虽然 Tikhonov 正则化方法对非线性的不适定问题求解的理论在 80 年代后期已经有了一定的发展 ([43,44,172,177]), 但要验证这些理论中的假定条件是不容易的, 求泛函的多个局部极小点也非常困难,

不同的迭代初值可能导致不同的极值点, 因此有可能最后得到的并不是我们需要的真正的解.

当然, 类似于处理适定的非线性问题的常用方法, 也可以用线性化近似的方法来讨论非线性的不适定问题. 然而下述结果表明, 对非线性不适定问题, 问题的不适定性在其线性化近似中一般说来是不可能消除的 ([30]).

**定理 3.10.1** 设 $U$ 是赋范空间 $X$ 的一个开集, $Y$ 是 Banach 空间, $K : U \subset X \to Y$ 是一个全连续算子. 假定 $K$ 在 $\psi \in U$ 是 Fréchet 可导的, 则 $K'_\psi$ 是紧算子.

该结果意味着当我们用线性化近似 (例如 Newton 方法) 去近似解一个非线性的不适定问题时, 得到的仍然是一个不适定的线性方程, 还是需要用正则化方法处理不适定性.

基于 Tikhonov 正则化方法的上述问题, 人们就引进了所谓的迭代正则化方法, 如前面已介绍过的解线性问题的 Landweber 迭代法. 尤其是对大规模的问题, 计算迭代公式要比泛函的极小化问题相对容易一些 (计算量相对较小). 事实上, 迭代正则化方法的正则化参数是迭代步数, 当 $K$ 是有限维的矩阵时, 在每一步迭代时需要计算两个矩阵和向量的乘法. 因此迭代方法的总的计算量是 ($2\times$ 迭代步数) 个矩阵和向量的乘法. 而对 Tikhonov 正则化方法, 泛函的极小元是一个线性的正则化方程 (依赖于正则化参数 $\alpha$) 的解, 一方面该线性方程需要用迭代法求得好的近似解, 另一方面还需要对正则化参数 $\alpha$ 反复试验以得到较优的参数, 因此对大规模的问题, Tikhonov 正则化方法的计算量要比迭代法大很多.

基于上述问题, Landweber 迭代法已被进一步发展用于求解非线性的不适定问题 ([58,160]). 对一般的处理非线性的不适定问题的迭代方法, 它用适当构造的迭代程序

$$x_{n+1} = U(n, x_n) \tag{3.10.6}$$

来求解方程 $K(x) = y$. 和求解适定问题的迭代不同, 这里必须选择合适的迭代停止标准, 并非是迭代次数越多越好. 否则初始数据的误差将会由于问题的不适定性而急剧放大. 迭代停止标准的作用就对应于 Tikhonov 正则化方法中正则化参数. 例如, 可以通过迭代预条件 (iterative preconditioning) 的方法把 $K(x) = y$ 化为

$$B(n, x)(K(x) - y) = 0, \quad n \in N_0, \tag{3.10.7}$$

其中 $B(n, x) : Y \to X$ 是线性有界算子. 据此迭代格式 (3.10.6) 可表示为

$$x_{n+1} = x_n - B(n, x_n)(K(x_n) - y). \tag{3.10.8}$$

很多经典的迭代格式都可以统一到 (3.10.8) 的格式下. 为此设 $B(n, x)$ 有形式

$$B(n, x) = K'(x)^*C(n, x)^*C(n, x), \tag{3.10.9}$$

其中 $C(n, x) : n \in N_0, x \in X$ 是 $Y$ 到 Hilbert 空间 $Z$ 的线性有界算子, $C(n, x)^*$ 是 $C(n, x)$ 的共轭算子.

Case 1: 取 $C(n, x) = K'(x)^{-1}$, (3.10.8) 变为 Newton 迭代格式

$$x_{n+1} = x_n - K'(x_n)^{-1}(K(x_n) - y). \tag{3.10.10}$$

Case 2: 取 $C(n, x) = I$, (3.10.8) 变为 Landweber 迭代格式

$$x_{n+1} = x_n - K'(x_n)^*(K(x_n) - y). \tag{3.10.11}$$

Case 3: 取 $s_n = K'(x_n)^*(K(x_n) - y), \alpha_n = \dfrac{\|s_n\|^2}{\|K'(x_n)s_n\|^2}, C(n, x) = \sqrt{\alpha_n}I$, (3.10.8) 变为最速下降 (the steepest descent) 迭代格式

$$x_{n+1} = x_n - \frac{\|s_n\|^2}{\|K'(x_n)s_n\|^2}K'(x_n)^*(K(x_n) - y). \tag{3.10.12}$$

Case 4: 取 $s_n = K'(x_n)^*(K(x_n) - y), \alpha_n = \dfrac{\|K(x_n) - y\|^2}{\|s_n\|^2}, C(n, x) = \sqrt{\alpha_n}I$, (3.10.8) 变为最小误差 (minimal error) 迭代格式

$$x_{n+1} = x_n - \frac{\|K(x_n) - y\|^2}{\|s_n\|^2}K'(x_n)^*(K(x_n) - y). \tag{3.10.13}$$

这些格式对适定的问题是标准的, 在一定条件下可以证明 $n \to \infty$ 时迭代序列的收敛性. 然而对不适定的问题, 上述迭代步骤就不能无限进行下去, 必须在扰动 (由于问题的不适定性) 放大到一定程度之前及时停止, 否则结果毫无意义. 尤其是对有扰动的输入数据, 必须研究迭代停止标准与数据误差水平 $\delta$ 的关系, 以保证 $\delta \to 0$ 时 $x^{n(\delta), \delta} \to x$. 另一方面, 在实际计算时, 只能利用无穷维算子的 $K'(x_n)^*, K(x_n)$ 近似, 这又进一步引进了新的误差. 为此就必须考虑这些算子的高维逼近. 从而我们最终的任务是必须综合考虑精度和计算量. 关于线性和非线性不适定问题在这方面的工作, 可见 ([153, 160]).

最后再讨论一个介于 Tikhonov 正则化和迭代正则化之间的方法, 即迭代 Tikhonov 正则化方法. 该方法本质上仍然是 Tikhonov 正则化方法, 但应用迭代法来解正则化方程

$$(\alpha I + K^*K)x = K^*y^\delta,$$

由此得到的正则化近似解有可能高于 $O(\delta^{2/3})$ 的收敛性. 该迭代法的一般格式如下:

$$\begin{cases} x_0^{\alpha,\delta} = 0, \\ (\alpha I + K^*K)x_i^{\alpha,\delta} = K^*y^\delta + \alpha x_{i-1}^{\alpha,\delta}, \quad i = 1, \cdots, n. \end{cases} \quad (3.10.14)$$

在实际计算中, 该格式对应于下面的算法 $(i = 1, \cdots, n)$:

$$\begin{cases} z_0^{\alpha,\delta} = 0, \\ (\alpha I + KK^*)z_i^{\alpha,\delta} = y^\delta + \alpha z_{i-1}^{\alpha,\delta}, \\ x_i^{\alpha,\delta} = K^*z_i^{\alpha,\delta}. \end{cases} \quad (3.10.15)$$

当其中的正则化参数 $\alpha$ 的选取方法不同时, 正则化解对应于不同的收敛速度.

Case 1: 当精确解 $x \in \mathrm{Range}((K^*K)^\nu), 0 < \nu \leqslant n$ 时, 如用先验取法取 $\alpha = \alpha(\delta) = c\delta^{\frac{2}{2\nu+1}}, c > 0$, 则由 (3.10.15) 产生的序列 $\{x_i^{\alpha(\delta),\delta}\}$ 的收敛速度为 $\|x_i^{\alpha(\delta),\delta} - x\| = O\left(\dfrac{2\nu}{2\nu + 1}\right)$, 且在 $\nu = n$ 时得到最优精度 $O\left(\dfrac{2n}{2n + 1}\right)$.

Case 2: 也可以讨论正则化参数的后验取法. 记 $Q : Y \to \overline{\mathrm{Range}(K)}$ 为正交投影算子, $c > 1$ 为常数. 在扰动数据满足

$$\left\|y^\delta - y\right\|^2 \leqslant \delta^2 \leqslant \left\|Qy^\delta\right\|^2 / c \quad (3.10.16)$$

的条件下, Gfrerer([48]) 考虑了由下面的方程

$$f_n(\alpha, y^\delta) := \alpha^{2n+1}((\alpha I + KK^*)^{-(2n+1)}Qy^\delta, Qy^\delta) = c\delta^2 \quad (3.10.17)$$

来确定第 $n$ 步的迭代 Tikhonov 正则化参数. 可以证明, 对给定的 $n$, 在 (3.10.16) 下 (3.10.17) 有唯一的零点 $\alpha_n(y^\delta, \delta)$. 以此零点作为第 $n$ 步的迭代 Tikhonov 正则化参数, 由 (3.10.15) 构造序列 $\{x_n^{\alpha,\delta}\}$, 有下列收敛性结果 ([48,199]):

**定理 3.10.2** 设 $c \geqslant 1, n \in \mathbb{N}$ 给定, $y^\delta$ 满足 (3.10.16), $x_n^{\alpha_n,\delta}$ 是 (3.10.15) 的第 $n$ 次迭代点. 则有

$$\lim_{\delta \to 0} x_n^{\alpha_n,\delta} = x.$$

另一方面, 如果精确解 $x \in \mathrm{Range}((K^*K)^\nu), \nu > 0$, 则收敛速度为

$$\begin{cases} \left\|x_n^{\alpha_n,\delta} - x\right\| = o(\delta^{\frac{2\nu}{2\nu+1}}), \quad \nu < n, \\ \left\|x_n^{\alpha_n,\delta} - x\right\| = O(\delta^{\frac{2\nu}{2\nu+1}}), \quad \nu \geqslant n. \end{cases} \quad (3.10.18)$$

综上所述, Tikhonov 正则化方法和迭代正则化方法是处理不适定问题的两类方法, 它们各有优劣. 但是共同点都是先在无限维空间上处理问题的不适定性, 正则化参数的选取和迭代停止标准的选取分别是这两种方法得到稳定近似解的基本问题. 在下一章, 我们要介绍处理不适定问题的另一类方法.

## 3.11　线性不适定问题 Tikhonov 正则化方法的推广

我们在本章介绍了 Tikhonov 正则化方法在求解线性不适定问题中的应用. 该方法可以有一些推广的形式.

对非线性的不适定问题, 问题要复杂得多. 利用迭代的近似办法把该问题化为一系列的线性不适定问题来求解是一个基本的思路, 我们前一节已经解释过, 对问题线性化并不能改变问题的不适定性. 现在我们来讨论该方法的基本思想. 在第 5 章我们还要详细讨论求解非线性不适定问题的理论.

给定 $K : X \to Y$ 是一个非线性算子. 如果 $x$ 的大的变化可能引起 $K(x)$ 的变化很小, 则求解 $K(x) = y$ 的问题是不适定的, 一般的方法, 尤其是迭代型的数值方法, 一般难以得到满意的解 $x$. 非线性不适定问题的一般的 Tikhonov 正则化方法仍然是找一个 $x$ 使得它能极小化下面的正则化泛函:

$$J_\alpha(x) := \|K(x) - y\|^2 + \alpha\|x\|^2. \tag{3.11.1}$$

现在的泛函不再是二次泛函, 关于此泛函的极小元是否存在, 是否唯一及如何去确定的问题, 都没有一般的结论, 需要针对具体问题分别讨论. 一个寻找可能的解的一般方法是迭代方法, 此迭代过程逐次把算子 $K$ 用线性化的算子来代替. 从而在每一个迭代步, 需要求解的是一个线性的不适定问题.

**定义 3.11.1**　算子 $K : X \to Y$ 在 $x_0$ 称为是 Fréchet 可微的, 如果它有下面的展开

$$K(x_0 + z) = K(x_0) + R_{x_0} z + W(x_0, z),$$

其中 $R_{x_0} : X \to Y$ 是一个线性的连续算子,

$$\|W(x_0, z)\| \leqslant \|z\|\varepsilon(x_0, z),$$

泛函 $\varepsilon(x_0, z)$ 在 $z \to 0$ 时趋于 $0$.

假定所论的非线性算子 $K : X \to Y$ 是 Fréchet 可微的. 在每一个给定点 $x_0$, $K$ 的线性化算子把原泛函近似为

$$\begin{aligned} J_\alpha(x) \approx \tilde{J}_\alpha(x, x_0) &= \|K(x_0) + R_{x_0}(x - x_0) - y\|^2 + \alpha\|x\|^2 \\ &= \|R_{x_0} x - g(y, x_0)\|^2 + \alpha\|x\|^2, \end{aligned} \tag{3.11.2}$$

其中

$$g(y, x_0) = y - K(x_0) + R_{x_0} x_0.$$

由线性不适定问题的正则化理论, 该近似泛函的极小元是

$$x = (\alpha I + R_{x_0}^* R_{x_0})^{-1} R_{x_0}^* g(y, x_0).$$

一个很自然的方法就是取这个新的点 $x$ 作为对泛函 $K$ 线性化的下一个基点 $x_0$, 但是有可能线性化问题的解并不能适当反映原来问题的非线性性. 因此一个更好的策略是在每一迭代步适当控制步长. 该基本思想和非线性代数方程的迭代求解是一致的. 因此可以提出下面的迭代步骤:

- S1: 选初值 $x_0$ 并置 $m = 0$.
- S2: 计算 Fréchet 导数 $R_{x_m}$.
- S3: 计算

$$x = (\alpha I + R_{x_m}^* R_{x_m})^{-1} R_{x_m}^* g(y, x_m), \quad g(y, x_m) = y - K(x_m) + R_{x_m} x_m,$$

并据此定义 $\delta x = x - x_m$.

- S4: 极小化下面关于步长 $s > 0$ 的泛函

$$f(s) = \|K(x_m + s\, \delta x)\|^2 + \|x_m + s\, \delta x\|^2$$

确定下一迭代步长 $s$.

- S5: 计算 $x_{m+1} = x_m + s\delta x$ 并置 $m + 1 \to m$. 当迭代误差满足预设要求时停止迭代过程.

需要指出的是, 对给定的初值 $x_0$, 并不能保证上述步骤一定收敛. 因此线性化近似只是求解非线性不适定问题的一个可能的方法, 并不一定能实现. 如果有比较好的迭代初值. 该方法是可行的, 但得到的可能是局部最小元. 上述问题和非线性函数的极小点的确定是类似的. 由于这个原因, 已经有了大量的研究非线性不适定问题的专门的正则化方法.

线性不适定问题正则化的推广的另一种途径就是对所加的罚项的形式进行改变, 改为考虑下面的泛函的极小化问题

$$\|Kx - y\|^2 + \alpha G(x), \tag{3.11.3}$$

其中的 $G : X \to \mathbb{R}$ 是一个给定的非负泛函. 该泛函极小元的存在唯一性依赖于 $G$ 的选取. 一个常见的形式是

$$G(x) := \|L(x - x_0)\|^2,$$

其中 $L : \mathrm{Domain}(L) \to Y$, $\mathrm{Domain}(L) \subset X$ 是一个线性算子, $x_0 \in X$ 是问题精确解的一个已知的近似值. 当 $X$ 是函数空间时, $L$ 通常取为微分算子, 它使得问题的极小元限制在光滑的函数类中. 通过利用 $x_0$, 该泛函其实是充分利用了不适定问题的已知信息, 这也是求解不适定问题的基本思想.

在有限维空间的情形, 算子 $L$ 是一个 $\mathbb{R}^{k \times n}$ 中的矩阵. 于是上述泛函的形式可以改写为

$$\|Kx - y\|^2 + \alpha \|L(x - x_0)\|^2 = \left\| \begin{bmatrix} K \\ \sqrt{\alpha} L \end{bmatrix} x - \begin{bmatrix} y \\ \sqrt{\alpha} L x_0 \end{bmatrix} \right\|^2. \tag{3.11.4}$$

假定矩阵 $A := \begin{bmatrix} K \\ \sqrt{\alpha} L \end{bmatrix}$ 的奇异值均为正, 则上述问题的极小元是 $A^{\dagger} \begin{bmatrix} y \\ \sqrt{\alpha} L x_0 \end{bmatrix}$, $A^{\dagger}$ 是 $A$ 的广义逆矩阵. 如果 $A$ 有某些奇异值为零, 则说明 $L$ 的选取不适当, 未能将问题正则化.

如果将这里介绍的两种推广综合起来, 就得到处理非线性不适定问题的一般的正则化泛函

$$J_{\alpha}(x) = \|K(x) - y\|^2 + \alpha G(x).$$

该问题的求解是一般的非线性泛函的优化问题, 需要结合 $K, G$ 的形式专门讨论了, 见本书第 5 章.

# 第 4 章　离散化的正则化方法

求解无限维系统上的不适定问题, 从数值求解的角度来看, 总是要把它化为有限维的问题. 由于问题的不适定性, 又必须使用某种正则化方法. 根据这两个步骤的先后次序, 求解无限维系统上的不适定问题的离散数值方法, 可以分成两大类:

M1: 先对无限维系统上的不适定问题利用正则化方法, 得到的仍然是无限维系统上的正则化近似. 这是一个适定的近似问题. 再用标准的数值逼近方法求解该适定系统在有限维空间上的逼近问题. 我们前面介绍的 Tikhonov 正则化就是此类方法.

M2: 先直接离散无限维系统上的不适定问题, 得到有限维空间上的一个近似问题. 该有限维问题是一个病态系统, 再用正则化方法求解该有限维近似问题. 这就是本章要介绍的正则化方法.

从应用的角度而言, 求出方程的有意义的数值解比对方程解的性质的定性理论分析更为重要. 而在求数值解时, 必然要采用某种离散的近似方法在一个有限维的近似子空间上求解. 从第 1 章的例子可以看到, 对不适定的方程, 并不是任意离散方法都能得到有意义的近似数值解. 而由第 3 章的理论分析知, 对不适定问题, 必需引进正则化技术才能得到有意义的近似解. 因此本章对不适定的方程, 讨论能够构成正则化方法的离散的数值方法, 其中最重要的方法就是正则化的投影方法 (projection method). 关于投影空间维数的选取是投影正则化方法的一个核心, 已有的研究工作可见 [85, 130].

本章首先介绍投影方法的一般思想, 然后讨论配置方法 (collocation method) 和 Galerkin 方法 (Galerkin method) 作为投影方法的两种特例. 最后介绍它们在数值求解第一类积分方程中的应用.

## 4.1　一般的投影方法

我们总是在解空间的某个子空间上求线性算子方程的近似解. 从数值计算的角度而言, 我们要求该子空间是有限维的.

**定义 4.1.1**　设 $X$ 是赋范空间, $U \subset X$ 是一个非平凡的子空间. 如果有界线性算子 $P : X \to U$ 对一切的 $\phi \in U$ 成立 $P\phi = \phi$, 我们称 $P$ 是由 $X$ 到 $U$ 上的投影算子.

**定理 4.1.2**　一个非平凡的有界线性算子 $P$ 是投影算子 $\Longleftrightarrow$ $P^2 = P$. 对非平凡的投影算子 $P$ 成立 $\|P\| \geqslant 1$.

**证明**　如 $P$ 是由 $X$ 到 $U$ 上的投影算子, 由定义, 对一切的 $\phi \in X, P\phi \in U$, 从而 $P^2\phi = P(P\phi) = P\phi$, 即 $P^2 = P$. 反之, 如 $P^2 = P$, 定义 $U := P(X)$. 则对任意的 $\phi \in U$ 存在 $\psi \in X$ 使得 $\phi = P\psi$, 从而 $P\phi = \phi$.

对非平凡的投影算子 $P$, 由于 $P^2 = P, P \neq 0$, 故由 $\|P\| = \|P^2\| \leqslant \|P\|^2$ 即得 $\|P\| \geqslant 1$. 该结果也可由投影算子的定义直接得到:

$$\|P\| = \sup_{x \in X} \frac{\|Px\|}{\|x\|} \geqslant \frac{\|Px\|}{\|x\|}\Big|_{x \in U} = \frac{\|x\|}{\|x\|} = 1.$$

定理证毕.　　　　　　　　　　　　　　　　　　　　　　　　　　　□

最重要的投影算子之一是正交投影 (orthogonal projection). 由定理 2.2.19 知, $X$ 中的任一元素在 $U$ 中存在一个唯一的最佳逼近, 由此就定义了 $X$ 到 $U$ 的一个特殊的投影算子: 正交投影. 我们有

**定理 4.1.3**　设 $U$ 是准 Hilbert 空间 $X$ 的一个非平凡的完备的子空间. 把 $X$ 中任一元素 $\phi$ 映为它在 $U$ 上的最佳逼近的映射 $P$ 是一个投影算子, 且 $\|P\| = 1$. $P$ 称为 $X$ 到 $U$ 上的正交投影.

**证明**　对一切 $\phi \in U$ 显然有 $P\phi = \phi$. 对准 Hilbert 空间 $X$ 中的元素在 $U$ 上的最佳逼近, 由定理 2.2.18 中的正交条件知 $P$ 是线性的, 且 (在定理 2.2.18 中取 $u = v = P\phi$) 对一切 $\phi \in X$,

$$\|\phi\|^2 = \|P\phi + (\phi - P\phi)\|^2 = \|P\phi\|^2 + \|\phi - P\phi\|^2 \geqslant \|P\phi\|^2,$$

从而 $\|P\| \leqslant 1$. 再由定理 4.1.2 得 $\|P\| = 1$.　　　　　　　　　　　□

另一个重要的投影算子是插值算子 (interpolation operator). 以 $C(G)$ 为模型, 先给出 $C(G)$ 上插值函数的性质.

**定理 4.1.4**　设 $U_n \subset C(G)$ 是一个 $n$ 维的子空间, $x_1, \cdots, x_n$ 是 $G$ 中的 $n$ 个不同的点, 使得 $U_n$ 关于 $x_1, \cdots, x_n$ 是唯一可解的, 即对 $f(x) \in U_n$, $f(x_1) = f(x_2) = \cdots = f(x_n) = 0$ 意味着 $f(x) = 0$. 则对给定的 $n$ 个值 $g_1, \cdots, g_n$, 存在唯一的 $u \in U_n$ 满足插值性质

$$u(x_j) = g_j, \quad j = 1, 2, \cdots, n.$$

**证明**　记 $u_1, u_2, \cdots, u_n$ 是 $n$ 维空间 $U_n$ 的一组基, 即 $U_n = \text{span}\{u_1, \cdots, u_n\}$. 则对 $f(x) \in U_n$, 它可以展开为

$$f(x) = \sum_{k=1}^{n} \gamma_k u_k(x).$$

假定 $f(x)$ 满足 $f(x_1) = f(x_2) = \cdots = f(x_n) = 0$, 我们得到

$$\sum_{k=1}^{n} \gamma_k u_k(x_j) = 0, \quad j = 1, \cdots, n.$$

另一方面, 由于 $f(x_1) = \cdots = f(x_n) = 0$ 意味着 $f(x) \equiv 0$, 故只能有 $\gamma_k = 0$, $k = 1, \cdots, n$. 这说明上面关于 $(\gamma_1, \cdots, \gamma_n)$ 的线性方程组只有零解. 从而矩阵 $(u_k(x_j))_{n \times n}$ 是可逆的. 于是对任意的 $u(x) = \sum_{k=1}^{n} \gamma_k u_k(x) \in U_n$, 如果满足 $u(x_j) = g_j$, 则其对应的展开系数 $\gamma_1, \gamma_2, \cdots, \gamma_n$ 由线性方程组

$$\sum_{k=1}^{n} \gamma_k u_k(x_j) = g_j, \quad j = 1, 2, \cdots, n$$

唯一决定. 从而 $u \in U_n$ 是唯一确定的. □

记 $L_1, \cdots, L_n$ 是 $U_n$ 的 Lagrange 基, 即具有插值性质

$$L_j(x_k) = \delta_{j,k}, \quad j, k = 1, \cdots, n,$$

从而表示式

$$P_n g := \sum_{j=1}^{n} g(x_j) L_j$$

就定义了一个线性有界插值算子 $P_n$. 对给定的 $g(x)$, 上述插值函数过节点 $\{(x_j, g(x_j))\}_{j=1}^{n}$.

下面给出插值算子的定义.

**定义 4.1.5** 对 $g(x) \in C(G)$, 记 $g_j = g(x_j), j = 1, 2, \cdots, n$. 上述插值函数 $g \to u$ 定义了一个有界线性算子 $P_n : C(G) \to U_n$, 称为插值算子.

**注解 4.1.6** 连续函数空间 $C(G)$ 的插值空间 $U_n$ 可取为多项式插值或三角函数插值. 对多项式插值而言, $n + 1$ 个插值点可以确定一个 $n$ 次多项式. 一个显然的事实是, 插值点个数的增加并不能保证相应的插值多项式在所有点对被插函数的逼近性都提高 (Runge 现象和 Faber 定理)([68]). 然而对光滑的周期函数, 等距节点的三角函数插值具有最优的收敛精度.

**例 4.1** 考虑 $C[a, b]$ 上的线性样条插值 (linear splines). 记 $a = t_1 < \cdots < t_n = b$, 定义

$$U_n = S_1(t_1, \cdots, t_n) = \{x \in C[a, b] : x \big|_{[t_j, t_{j+1}]} \in \mathbf{P}_1, j = 1, \cdots, n-1\},$$

$\mathbf{P}_1$ 是次数不超过 1 的多项式组成的线性空间. 从而插值算子 $P_n : C[a, b] \to$

$S_1(t_1, \cdots, t_n)$ 为

$$P_n x = \sum_{j=1}^{n} x(t_j) \hat{y}_j,$$

其中基函数 $\hat{y}_j \in S_1(t_1, \cdots, t_n)$, $j = 1, \cdots, n$ 是

$$\hat{y}_j(t) = \begin{cases} \dfrac{t - t_{j-1}}{t_j - t_{j-1}}, & t \in [t_{j-1}, t_j], j \geqslant 2, \\ \dfrac{t_{j+1} - t}{t_{j+1} - t_j}, & t \in [t_j, t_{j+1}], j \leqslant n - 1, \\ 0, & t \notin [t_{j-1}, t_{j+1}]. \end{cases} \tag{4.1.1}$$

显然, $P_n x$ 是分段线性插值函数. 对此例子可证明 $\|P_n\|_\infty = 1$, 且对 $x \in C^1[a, b]$ 有

$$\|P_n x - x\|_\infty \leqslant ch \|x'\|_\infty,$$

其中 $h = \max\{t_j - t_{j-1} : j = 2, \cdots, n\}$.

事实上, 由于 $\hat{y}_j(t) \geqslant 0$ 且 $\sum_{j=1}^{n} \hat{y}_j(t) = 1$, 有

$$\|P_n x\|_\infty = \max_{t \in [a,b]} \left| \sum_{j=1}^{n} x(t_j) \hat{y}_j(t) \right| \leqslant \sum_{j=1}^{n} \|x\|_\infty \max_{t \in [a,b]} |\hat{y}_j(t)|$$

$$= \|x\|_\infty \max_{t \in [a,b]} \sum_{j=1}^{n} \hat{y}_j(t) = \|x\|_\infty,$$

即 $\|P_n\| \leqslant 1$. 另一方面, 对 $x_0(t) \equiv 1 \in C[a, b]$, 有 $P_n x_0 \equiv 1$, $\|P_n x_0\| / \|x_0\| = 1$. 故 $\|P_n\| = 1$.

对 $x \in C^1[a, b]$, 由定义,

$$\|P_n x - x\|_\infty = \max_{t \in [a,b]} \left| \sum_{j=1}^{n} x(t_j) \hat{y}_j(t) - x(t) \right|$$

$$= \max_{j=1,\cdots,n} \max_{t \in [t_{j-1}, t_j]} \left| \sum_{j=1}^{n} x(t_j) \hat{y}_j(t) - x(t) \right|.$$

当 $t \in [t_{j-1}, t_j]$ 时,

$$\sum_{j=1}^{n} x(t_j) \hat{y}_j(t) - x(t) = \frac{t - t_{j-1}}{t_j - t_{j-1}} x(t_j) + \frac{t_j - t}{t_j - t_{j-1}} x(t_{j-1}) - x(t)$$

$$= \frac{1}{t_j - t_{j-1}} [(t_j - t)(x(t_{j-1}) - x(t)) + (t - t_{j-1})(x(t_j) - x(t))]$$

$$= \frac{1}{t_j - t_{j-1}} [(t_j - t)x'(\xi_1)(t_{j-1} - t) + (t - t_{j-1})x'(\xi_2)(t_j - t)],$$

其中 $\xi_1, \xi_2 \in (t_{j-1}, t_j)$, 从而

$$\left| \sum_{j=1}^n x(t_j)\hat{y}_j(t) - x(t) \right| \leqslant \frac{2\|x'\|_\infty}{t_j - t_{j-1}} (t_j - t)(t - t_{j-1}) \leqslant ch\|x'\|_\infty.$$

下面给出用投影方法解算子方程的一般方法.

**定义 4.1.7** 设 $X, Y$ 是 Banach 空间, $K : X \to Y$ 是有界的一一对应的算子, $X_n \subset X, Y_n \subset Y$ 是有限维的子空间. $P_n : Y \to Y_n$ 是投影算子. 对给定的 $y \in Y$, 解方程 $Kx = Y$ 的投影方法就是解方程组

$$P_n K x_n = P_n y, \quad x_n \in X_n. \tag{4.1.2}$$

设 $\{\hat{x}_1, \cdots, \hat{x}_n\}$ 和 $\{\hat{y}_1, \cdots, \hat{y}_n\}$ 分别是 $X_n, Y_n$ 的一组基. 则 $P_n y, P_n K\hat{x}_j \in Y_n$ 可表示为

$$P_n y = \sum_{i=1}^n \beta_i \hat{y}_i, \quad P_n K\hat{x}_j = \sum_{i=1}^n A_{ij} \hat{y}_i, \quad j = 1, \cdots, n. \tag{4.1.3}$$

从而 $x_n = \sum_{i=1}^n \alpha_i \hat{x}_i$ 是 (4.1.2) 解的充分必要条件是 $\alpha = (\alpha_1, \cdots, \alpha_n)$ 满足有限维的线性方程组

$$\sum_{j=1}^n A_{ij} \alpha_j = \beta_i, \quad i = 1, \cdots, n. \tag{4.1.4}$$

如果取该方法中的投影算子 $P_n : Y \to Y_n$ 是前述的正交投影或插值投影, 就得到如下的两个重要的投影方法. 假定 $K : X \to Y$ 是有界的一一对应的算子.

(1) (Galerkin 方法) 设 $X, Y$ 是准 Hilbert 空间. 取 $P_n : Y \to Y_n$ 是前述的正交投影. 投影方程 (4.1.2) 可写为 $P_n(Kx_n - y) = \theta$(零向量). 对正交投影 $P_n$, 该式等价于 $Kx_n - y \perp Y_n$, 即 $(Kx_n - y, z) = 0$ 对一切的 $z \in Y_n$ 成立, 换言之,

$$(Kx_n, z) = (y, z), \quad \forall z \in Y_n. \tag{4.1.5}$$

令 $x_n = \sum_{j=1}^n \alpha_j \hat{x}_j$ 并取 $z = \hat{y}_j$ 把 (4.1.5) 写成 (4.1.4) 的形式, 从而 (4.1.4) 中的系数和右端项

$$A_{ij} = (K\hat{x}_j, \hat{y}_i), \quad \beta_i = (y, \hat{y}_i), \quad i, j = 1, \cdots, n. \tag{4.1.6}$$

(2) (配置方法) 设 $X$ 是 Banach 空间, $Y = C[a,b]$, $K : X \to C[a,b]$ 是有界算子. 记 $a = t_1 < \cdots < t_n = b$ 是给定的配置点. $Y_n = S(t_1, \cdots, t_n)$ 是前面例子定义的线性样条空间. 则对 $y \in C[a,b]$, 插值算子 $P_n : Y \to Y_n$ 可表示为

$$P_n y = \sum_{j=1}^{n} y(t_j) \hat{y}_j.$$

记 $X_n$ 是 $X$ 的一个 $n$ 维子空间, (4.1.2) 等价于

$$(Kx_n)(t_i) = y(t_i), \quad i = 1, \cdots, n, \tag{4.1.7}$$

而 (4.1.4) 中的系数

$$A_{ij} = K\hat{x}_j(t_i), \quad \beta_i = y(t_i), \quad i, j = 1, \cdots, n. \tag{4.1.8}$$

不难写出上面两个方法对第一类积分方程

$$\int_a^b k(t,s)x(s)ds = y(t), \quad t \in [a,b] \tag{4.1.9}$$

在 $C[a,b]$ 或 $L^2(a,b)$ 上的形式, 其中 $k(t,s)$ 是连续的或者是弱奇性的. 对 Galerkin 方法,

$$A_{ij} = \int_a^b \int_a^b k(t,s)\hat{x}_j(s)\hat{y}_i(t)dsdt, \quad \beta_i = \int_a^b y(t)\hat{y}_i(t)dt, \quad i, j = 1, \cdots, n, \tag{4.1.10}$$

而对配置方法,

$$A_{ij} = \int_a^b k(t_i,s)\hat{x}_j(s)ds, \quad \beta_i = y(t_i), \quad i, j = 1, \cdots, n. \tag{4.1.11}$$

这两种方法各有优缺点. 比较 (4.1.10) 和 (4.1.11) 不难看出, 求系数矩阵时, 配置方法的计算量要比 Galerkin 方法小, 因而易于数值实现, 然而 Galerkin 方法在弱模的意义下有高阶的收敛性, 因此在很多具体问题, 如求解边界值问题的边界元方法中也有很多应用. 注意, 对第一类积分方程 (4.1.9), 用直接离散求积分项的方法来求数值解是不稳定的.

下面引进投影方法收敛性的概念.

**定义 4.1.8**　投影方法称为对算子 $K$ 是收敛的, 如存在正整数 $N$ 使得 $n > N$ 时对任意的 $y \in K(X)$ 方程 (4.1.2) 存在唯一解 $x_n \in X_n$, 并且在 $n \to \infty$ 时 $x_n$ 收敛于 $Kx = y$ 的唯一解 $x$.

从算子的角度来看, 投影方法的收敛性意味着 $n > N$ 时 $K_n := P_nK : X_n \to Y_n$ 是可逆的且对每一个 $x \in X$, $x_n = K_n^{-1}P_nKx \to x, n \to \infty$. 一般说来, 只有在子空间 $X_n$ 具有稠密性质

$$\inf_{\psi \in X_n} \|\psi - x\| \to 0, n \to \infty, \quad \forall x \in X \tag{4.1.12}$$

时才有收敛性. 因此我们下面假定:

(H1) $\bigcup_{n \in \mathbb{N}} X_n$ 在 $X$ 中稠密, $P_nK|_{X_n} : X_n \to Y_n$ 是一一对应的, 因而是可逆的.

记 $x_n \in X_n$ 是 (4.1.2) 的唯一解, 它可以表示为 $x_n = R_ny$, 其中 $R_n : Y \to X_n \subset X$ 由

$$R_n := (P_nK|_{X_n})^{-1}P_n : Y \to X_n \subset X \tag{4.1.13}$$

来定义. 于是投影方法收敛性意味着对 $y = Kx \in K(X)$, 有

$$R_nKx = (P_nK|_{X_n})^{-1}P_nKx \to x, \quad n \to \infty. \tag{4.1.14}$$

比较该表达式和定义 3.1.1 知, 该收敛性的定义和算子方程 $Kx = y$ 的正则化算子 $R_\alpha(\alpha = 1/n)$ 在 $\alpha$ 取 $0$ 时的收敛性是一致的. 因此有

**定理 4.1.9**　投影方法收敛的充分必要条件是 $R_n$ 为方程 $Kx = y$ 的正则化算子.

如上所述, 如果 $\bigcup_{n \in \mathbb{N}} X_n$ 在 $X$ 中是稠密的, 且对一切的 $y \in K(X)$ 有 $P_ny \to y$, 可以期望得到 $x_n$ 的收敛性, 即 (H1) 是收敛的必要条件. 但是, 如果 $K$ 是紧算子, 该条件不能保证收敛性 (即不是充分条件). 必需再补充 $R_n$ 的某种有界性以使得 $R_n$ 成为正则化算子.

先引进算子收敛的一致有界性原理 (共鸣定理), 它建立了算子依范数收敛和逐点收敛的关系.

**引理 4.1.10**　设 $X$ 是 Banach 空间, $Y$ 是赋范空间. $A_n : X \to Y$ 是一个有界线性算子序列. 如果 $A_n$ 是逐点有界的, 即对每一个 $x \in X$ 存在依赖于 $x$ 的常数 $C_x$, 使得

$$\|A_nx\| \leqslant C_x$$

对一切的 $n \in \mathbb{N}$ 成立, 则序列 $A_n$ 是一致有界的, 即存在常数 $C$ 使得

$$\|A_n\| \leqslant C$$

对一切的 $n \in \mathbb{N}$ 成立.

下面可以给出投影方法的收敛性结果.

**定理 4.1.11**　设 (H1) 成立. (4.1.2) 的解 $x_n = R_n y \in X_n$ 对每一个 $y = Kx$ 收敛于 $x$ 的充分必要条件是存在 $c > 0$, 使得

$$\|R_n K\| \leqslant c, \quad n \in \mathbb{N}. \tag{4.1.15}$$

在条件 (4.1.15) 成立时有估计

$$\|x_n - x\| \leqslant (1 + c) \min_{z_n \in X_n} \|z_n - x\|. \tag{4.1.16}$$

**证明**　设投影方法是收敛的. 由定义 $R_n K x \to x$ 对每个 $x \in X$ 成立, 从而 $R_n K x$ 是有界的. 故由一致有界性原理, $\|R_n K\| \leqslant c, n \in \mathbb{N}$. 反之, 假定 $\|R_n K\|$ 是一致有界的. 由于对 $z_n \in X_n$ 有

$$R_n K z_n = (P_n K |_{X_n})^{-1} P_n K z_n = z_n,$$

因此 $R_n K$ 是 $X$ 到 $X_n$ 上的一个投影算子. 注意到 $(R_n K - I) z_n = 0$, 从而对一切的 $z_n \in X_n$ 有

$$x_n - x = (R_n K - I) x = (R_n K - I)(x - z_n),$$

由此得到

$$\|x_n - x\| \leqslant (1 + c)\|z_n - x\|, \quad \forall z_n \in X_n,$$

(4.1.16) 得证. 由 $\bigcup_{n \in \mathbb{N}} X_n$ 在 $X$ 中的稠密性得到 $x_n \to x$.　□

该定理称为 Cea 引理. 它表明, 投影方法的误差是由精确解在子空间 $X_n$ 上可达到的逼近程度决定的.

下面的结果表明, 若 $K = S - A$, 在一定条件下由投影方法对 $S$ 的收敛性可导出投影方法对 $K$ 的收敛性. 该定理建立在如下两个引理的基础上.

**引理 4.1.12**　设 $X, Y$ 是 Banach 空间, $A : X \to Y$ 是有界线性算子且有有界逆 $A^{-1} : Y \to X$. 若有界线性算子序列 $A_n$ 依范数收敛于 $A$, 则对满足

$$\|A^{-1}(A_n - A)\| < 1$$

的 $n$, $A_n^{-1}$ 存在且

$$\|A_n^{-1}\| \leqslant \frac{\|A^{-1}\|}{1 - \|A^{-1}(A_n - A)\|}. \tag{4.1.17}$$

**定义 4.1.13**　设 $X, Y$ 是赋范空间. 有界线性算子的集合 $\mathbf{A} = \{A : X \to Y\}$ 称为是集紧的 (collectively compact), 如果对任意的有界集 $U \subset X$, 其像集合

$$\mathbf{A}(U) = \{Ax : x \in U, A \in \mathbf{A}\}$$

是相对紧的.

**引理 4.1.14** 设 $X, Z$ 是赋范空间, $Y$ 是 Banach 空间. **A** 是把 $X$ 映到 $Y$ 的算子的集紧的集合, $L_n : Y \to Z$ 是逐点收敛于 $L : Y \to Z$ 的有界线性算子序列. 则 $n \to \infty$ 时成立

$$\sup_{A \in \mathbf{A}} \|(L_n - L)A\| \to 0.$$

下面叙述投影方法对 $K$ 的收敛性.

**定理 4.1.15** 设 $S : X \to Y$ 是一个有界线性算子, 它具有有界逆 $S^{-1} : Y \to X$. 假定投影算子 $P_n$ 对 $S$ 是收敛的. $A : X \to Y$ 是一个有界线性算子, 满足下面两条件之一:

(1) $\|A\|$ 充分小;

(2) $A$ 是紧的, $K = S - A$ 是一一的,

则投影算子 $P_n$ 对 $K = S - A$ 也是收敛的.

**证明** 由定理 4.1.11 知, $S_n := P_n S$ 是可逆的, 且对充分大的 $n$, $\|S_n^{-1} P_n S\| \leqslant C$(把 $S_n^{-1} P_n$ 看成 $R_n$). 由于 $S$ 有有界逆, 由 $X$ 上 $S_n^{-1} P_n S$ 对 $I$ 的逐点收敛性知, $S_n^{-1} P_n$ 在 $Y$ 上也是逐点收敛到 $S^{-1}(n \to \infty)$ 的, 从而算子 $S_n^{-1} P_n$ 是逐点有界的. 下面证明对充分大的 $n$, 如果 (1) 或者 (2) 成立, $I - S_n^{-1} P_n A : X \to X$ 的逆算子存在并且是一致有界的.

假如 (1) 成立. 把一致有界性原理 (引理 4.1.10) 应用于 $S_n^{-1} P_n$ 后得 $\|S_n^{-1} P_n\| \leqslant C$. 从而当 $\|A\|$ 很小时, 有 $\sup_{n \in \mathbb{N}} \|S_n^{-1} P_n\| \|A\| < 1$. 由定理 2.2.14 得, $(I - S_n^{-1} P_n A)^{-1}$ 存在, 并且对充分大的 $n$ 是一致有界的.

假如 (2) 成立. 由于 $S^{-1} A$ 是紧的, 由 Riesz 定理, $I - S^{-1} A : X \to X$ 有有界逆. 由序列 $S_n^{-1} P_n$ 的逐点收敛性和 $A$ 的紧性, 据引理 4.1.14 得 $n \to \infty$ 时 $\|S^{-1} A - S_n^{-1} P_n A\| \to 0$. 即 $S_n^{-1} P_n A$ 依范数收敛于 $S^{-1} A$. 最后由引理 4.1.12 得 $(I - S_n^{-1} P_n A)^{-1}$ 存在, 并且对充分大的 $n$ 是一致有界的.

注意, $(I - S_n^{-1} P_n A)^{-1}$ 把 $X_n$ 映到自身. 记 $K := S - A, K_n := P_n K$. 则 $K_n = S_n(I - S_n^{-1} P_n A) : X_n \to Y_n$ 对充分大的 $n$ 是可逆的, 且逆算子

$$K_n^{-1} = (I - S_n^{-1} P_n A)^{-1} S_n^{-1}.$$

记

$$\hat{S}_n := S_n(I - S_n^{-1} P_n A) = S_n - P_n A = P_n(S - A)|_{X_n};$$

$$\hat{S} := S(I - S^{-1} A) = S - A = K,$$

则由 $\hat{S}_n^{-1} P_n \hat{S} = (I - S_n^{-1} P_n A)^{-1} S_n^{-1} P_n S(I - S^{-1} A)$ 得估计

$$\|\hat{S}_n^{-1} P_n \hat{S}\| \leqslant \|(I - S_n^{-1} P_n A)^{-1}\| \|I - S^{-1} A\| c \leqslant C.$$

因此 (4.1.15) 对 $\hat{S}$ 是成立的. □

该定理本质上是一个扰动结果: 研究投影方法对算子的收敛性时, 只要研究对算子主部的收敛性即可. 把算子分解为主部和扰动项. 当扰动项很小时 ($\|A\|$ 很小), 投影方法对算子主部的收敛性即可保证对算子的收敛性; 当 $\|A\|$ 不小但是 $A$ 相对于主部 $S$ 是紧的 (即 $S^{-1}A$ 是紧的) 时, 投影方法对算子主部 $S$ 的收敛性也能保证它对算子的收敛性. 该结果也可叙述为

**定理 4.1.16** 设 $A: X \to Y$ 是一个有界线性算子, $A(X) \subset S(X)$ 且 $K = S - A$ 是一一的, $S^{-1}A$ 在 $X$ 上是紧的. 如果投影方法对算子 $S$ 是收敛的, 即对一切的 $x \in X$ 有 $R_n S x \to x$, 其中 $R_n = (P_n S|_{X_n})^{-1} P_n$, 则投影方法对算子 $S - A$ 也是收敛的.

上面讨论了投影方法的一些性质. 如前所述, 投影方法的收敛性等价于 $R_n$ 是一种正则化算子, $n$ 相当于离散的正则化参数. 因此我们还可以进一步考虑方程 $Kx = y$ 的右端项是误差数据 $y^\delta$ 的情况. 此时必须区分右端项的两种不同类型的误差.

第一种误差是用 $Y$ 空间的模来度量的, 它就是第 3 章讨论正则化方法时的误差, 它反映了问题的实际的输入数据与精确的输入数据的误差 $\|y^\delta - y\| \leqslant \delta$, 即所论模型本身的不准确性, 我们把这种误差称为右端项的连续扰动. 此时, $Y$ 上的模起着基本的作用. 对 $x_n^\delta := R_n y^\delta$, 由三角不等式,

$$
\begin{aligned}
\|x_n^\delta - x\| &\leqslant \|x_n^\delta - R_n y\| + \|R_n y - x\| \\
&\leqslant \|R_n\| \|y^\delta - y\| + \|R_n K x - x\|.
\end{aligned} \tag{4.1.18}
$$

该估计就是第 3 章的基本估计: 第一项反映了问题的不适定性, 即输入数据的误差 $\delta$ 被 $R_n$ 放大了; 第二项反映了用 $R_n$ 近似 $K^{-1}$ 时产生的误差.

第二种误差是在实际的数值计算中产生的. 在投影方法中, 人们求解的是离散的系统 (4.1.4). 在实际计算时, 通常只能得到 (4.1.4) 的右端向量 $\beta$ 的扰动向量 $\beta^\varepsilon$, 它满足

$$
|\beta^\varepsilon - \beta|^2 = \sum_{j=1}^{n} |\beta_j^\varepsilon - \beta_j|^2 \leqslant \varepsilon^2.
$$

我们把这种误差称为右端项的离散扰动. 此时取代 (4.1.4) 实际求解的方程是

$$
\sum_{j=1}^{n} A_{ij} \alpha_j^\varepsilon = \beta_i^\varepsilon, \quad i = 1, \cdots, n. \tag{4.1.19}
$$

相应得到的解是

$$x_n^\varepsilon = \sum_{j=1}^n \alpha_j^\varepsilon \hat{x}_j.$$

此时, 起基本作用的是基函数 $\hat{x}_j \in X, \hat{y}_j \in Y$ 的选取, 而不是 $Y$ 上的模.

下面将讨论两个具体的投影方法对误差 $\delta$ 或者 $\varepsilon$ 的收敛性质: Galerkin 方法和配置方法. 此时必须讨论投影空间的维数 $n$ 与输入数据误差的关系, 以使得 $R_{n(\delta)}y^\delta$ 或者 $R_{n(\varepsilon)}y^\varepsilon$ 收敛于真解.

## 4.2  Galerkin 方法

Galerkin 方法的构造在 (4.1.5) 和 (4.1.6) 中已经给出. 本节来讨论该方法的误差估计. 根据 4.1 节最后的说明, 这里讨论两种类型的误差分析: 分别由连续输入扰动和离散输入扰动造成的近似解的误差估计.

**定理 4.2.1**  设 $Kx = y$ 且 Galerkin 方程 (4.1.5) 对任意的右端项是可解的.

(a) 设 $y^\delta$ 是满足 $\|y^\delta - y\| \leqslant \delta$ 的误差数据, $x_n^\delta$ 是

$$(Kx_n^\delta, z_n) = (y^\delta, z_n), \quad \forall z_n \in Y_n \tag{4.2.1}$$

的解. 则有误差估计

$$\|x_n^\delta - x\| \leqslant \delta\|R_n\| + \|R_n Kx - x\|. \tag{4.2.2}$$

(b) 设 $A_{ij}, \beta_j$ 由 (4.1.6) 给出. $\beta^\varepsilon$ 是 $\beta$ 的满足 $|\beta^\varepsilon - \beta| \leqslant \varepsilon$ 的误差数据, $|\cdot|$ 表示 Euclid 模. 记 $\alpha^\varepsilon$ 是 $A\alpha^\varepsilon = \beta^\varepsilon$ 的解, 定义

$$x_n^\varepsilon := \sum_{j=1}^n \alpha_j^\varepsilon \hat{x}_j \in X_n, \tag{4.2.3}$$

则有误差估计

$$\|x_n^\varepsilon - x\| \leqslant \frac{a_n}{\lambda_n}\varepsilon + \|R_n Kx - x\|, \tag{4.2.4}$$

$$\|x_n^\varepsilon - x\| \leqslant b_n\|R_n\|\varepsilon + \|R_n Kx - x\|, \tag{4.2.5}$$

其中

$$a_n = \max\left\{\left\|\sum_{j=1}^n \rho_j \hat{x}_j\right\| : \sum_{j=1}^n |\rho_j|^2 = 1\right\}, \quad b_n = \max\left\{\sqrt{\sum_{j=1}^n |\rho_j|^2} : \left\|\sum_{j=1}^n \rho_j \hat{y}_j\right\| = 1\right\},$$

$\lambda_n > 0$ 是矩阵 $A$ 的最小奇异值.

**注解 4.2.2**　估计式 (4.2.4) 和 (4.2.5) 分别给出了考虑右端项的离散误差时, 正则化解的误差对于子空间 $X_n, Y_n$ 基函数的依赖关系. 注意, 当 $\{\hat{x}_j : j = 1, \cdots, n\} \subset X$ 或者 $\{\hat{y}_j : j = 1, \cdots, n\} \subset Y$ 是正交系统时, 有 $a_n = 1$ 或 $b_n = 1$.

**证明**　(a) 是 (4.1.18) 的一个直接结果.

(b) 由三角不等式 $\|x_n^\varepsilon - x\| \leqslant \|x_n^\varepsilon - R_n y\| + \|R_n y - x\|$, 只要估计第一项即可. 注意到 $R_n y = \sum_{j=1}^n \alpha_j \hat{x}_j$, 其中 $\alpha_j$ 是 (4.1.4) 的解, 因此有 $x_n^\varepsilon - R_n y = \sum_{j=1}^n (\alpha_j^\varepsilon - \alpha_j)\hat{x}_j$, 据此得

$$\|x_n^\varepsilon - R_n y\| \leqslant a_n |\alpha^\varepsilon - \alpha| = a_n |A^{-1}(\beta^\varepsilon - \beta)| \leqslant a_n |A^{-1}|_2 |\beta^\varepsilon - \beta| \leqslant \frac{a_n}{\lambda_n}\varepsilon,$$

其中 $|A^{-1}|_2$ 是 $A^{-1}$ 的谱模, 即 $A$ 的最小的奇异值. (4.2.4) 证毕.

取 $y_n^\varepsilon \in Y_n$ 使得 $(y_n^\varepsilon, \hat{y}_i) = \beta_i^\varepsilon$. 由 $x_n^\varepsilon = R_n y_n^\varepsilon$ 得 $\|x_n^\varepsilon - R_n y\| = \|R_n y_n^\varepsilon - R_n y\|$. 由于

$$R_n y = (P_n K|_{X_n})^{-1} P_n y$$

对一切的 $y \in Y$ 成立, 其中用 $P_n y \in Y_n \subset Y$ 代替 $y$ 得到 (注意 $P_n$ 是投影算子)

$$R_n P_n y = (P_n K|_{X_n})^{-1} P_n^2 y = (P_n K|_{X_n})^{-1} P_n y = R_n y,$$

从而得

$$\|x_n^\varepsilon - R_n y\| \leqslant \|R_n\|\|y_n^\varepsilon - P_n y\| = \|R_n\| \sup_{z_n \in Y_n} \frac{(y_n^\varepsilon - P_n y, z_n)}{\|z_n\|}$$

$$= \|R_n\| \sup_{\rho_j} \frac{\sum_{j=1}^n \rho_j(y_n^\varepsilon - P_n y, \hat{y}_j)}{\left\|\sum_{j=1}^n \rho_j \hat{y}_j\right\|} = \|R_n\| \sup_{\rho_j} \frac{\sum_{j=1}^n \rho_j(\beta_j^\varepsilon - \beta_j)}{\left\|\sum_{j=1}^n \rho_j \hat{y}_j\right\|}$$

$$\leqslant \|R_n\||\beta^\varepsilon - \beta| \sup_{\rho_j} \frac{\sqrt{\sum_{j=1}^n \rho_j^2}}{\left\|\sum_{j=1}^n \rho_j \hat{y}_j\right\|} \leqslant \|R_n\| b_n \varepsilon,$$

(4.2.5) 证毕.　　　　　　　　　　　　　　　　　　　　　　　　□

再次指出, 只有在定理 4.1.11 中的有界性条件 (4.1.15) 成立时才能得到 Galerkin 方法的收敛性.

当以特殊的方式选取有限维子空间 $X_n$ 和 $Y_n$ 时, 就得到 Galerkin 方法的一些特殊情形:

- 当取 $Y_n = K(X_n)$ 时导出的方法就是最小二乘法 (least squares method);
- 当取 $X_n = K^*(Y_n)$ 时导出的方法称为对偶最小二乘法 (dual least squares method), 其中 $K^* : Y \to X$ 是 $K$ 的伴随算子.

下面分别加以介绍.

求解方程 $Kx = y$ 的一个明显的方法是在有限维子空间上求最小二乘的近似解: 对有限维子空间 $X_n \subset X$, 求 $x_n \in X_n$ 使得对一切的 $z_n \in X_n$ 成立

$$\|Kx_n - y\| \leqslant \|Kz_n - y\|. \tag{4.2.6}$$

由于 $K$ 是一一对应的, $X_n$ 是有限维的, $x_n \in X_n$ 显然存在唯一. 该最小二乘问题的解 $x_n \in X_n$ 等价于

$$(Kx_n, Kz_n) = (y, Kz_n), \quad \forall z_n \in X_n. \tag{4.2.7}$$

据此可看出, 当 $Y_n = K(X_n)$ 时, 最小二乘法就是 Galerkin 方法的一个特殊情形.

取 $\{\hat{x}_j : j = 1, \cdots, n\}$ 为 $X_n$ 的一组基, 上式变为

$$\sum_{j=1}^{n} \alpha_j (K\hat{x}_j, K\hat{x}_i) = \beta_i = (y, K\hat{x}_i), \quad i = 1, \cdots, n. \tag{4.2.8}$$

再考虑右端项有扰动的情况. 对右端项的满足 $\|y^\delta - y\| \leqslant \delta$ 的连续扰动数据 $y^\delta$, 记 $x_n^\delta \in X_n$ 满足

$$(Kx_n^\delta, Kz_n) = (y^\delta, Kz_n), \quad \forall z_n \in X_n. \tag{4.2.9}$$

对离散扰动数据, 设 (4.2.8) 中的 $\beta$ 被 $\beta^\delta$ 代替 (这里为了下面记号方便我们仍用 $\delta$ 来表示离散扰动的误差水平, 即 $\beta^\delta$ 对应于前面的 $\beta^\varepsilon$), 此时的 $x_n^\delta = \sum_{j=1}^{n} \alpha_j^\delta \hat{x}_j$ 的系数满足

$$\sum_{j=1}^{n} \alpha_j^\delta (K\hat{x}_j, K\hat{x}_i) = \beta_i^\delta, \quad i = 1, \cdots, n. \tag{4.2.10}$$

由于系数矩阵 $A = ((K\hat{x}_j, K\hat{x}_i))_{n \times n}$ 正定, 该方程组唯一可解. 对最小二乘法, 有界性条件 (4.1.15) 需要给出附加条件才能满足. 然而有下列结果:

**定理 4.2.3** 设 $X, Y$ 是 Hilbert 空间, $K : X \to Y$ 是一个有界的一一的线性算子, $X_n \subset X$ 是有限维子空间且 $\bigcup_{n \in \mathbb{N}} X_n$ 在 $X$ 中稠密. 记 $x \in X$ 是 $Kx = y$ 的解, $x_n^\delta \in X_n$ 是 (4.2.9) 的解, 或者是由 (4.2.10) 决定的系数确定的解. 定义

$$\sigma_n := \max\{\|z_n\| : z_n \in X_n, \|Kz_n\| = 1\}. \tag{4.2.11}$$

如果存在独立于 $n$ 的常数 $c > 0$, 使得

$$\min_{z_n \in X_n} \{\|x - z_n\| + \sigma_n \|K(x - z_n)\|\} \leqslant c\|x\| \tag{4.2.12}$$

对一切的 $x \in X$ 成立, 则最小二乘法是收敛的, 且 $\|R_n\| \leqslant \sigma_n$, 此时的误差估计为

$$\|x - x_n^\delta\| \leqslant r_n \sigma_n \delta + \hat{c} \min\{\|x - z_n\| : z_n \in X_n\}, \tag{4.2.13}$$

$\hat{c}$ 为某常数, $r_n$ 定义如下:

(1) 如 $\delta$ 是右端连续扰动的度量, 即 $x_n^\delta \in X_n$ 是 (4.2.9) 的解, 取 $r_n = 1$;

(2) 如 $\delta$ 是右端离散扰动的度量, 即 $x_n^\delta = \sum_{j=1}^n \alpha_j^\delta \hat{x}_j \in X_n$, $\alpha_j^\delta$ 满足 (4.2.10), 取

$$r_n = \max\left\{ \sqrt{\sum_{j=1}^n |\rho_j|^2} : \left\| K\left( \sum_{j=1}^n \rho_j \hat{x}_j \right) \right\| = 1 \right\}. \tag{4.2.14}$$

**证明**　我们证明 $\|R_n K\|$ 关于 $n$ 是一致有界的. 设 $x \in X$ 并记 $x_n := R_n K x$, 则 $x_n$ 对一切的 $z_n \in X_n$ 成立 $(Kx_n, Kz_n) = (Kx, Kz_n)$. 从而

$$\|K(x_n - z_n)\|^2 = (K(x_n - z_n), K(x_n - z_n))$$
$$= (K(x - z_n), K(x_n - z_n)) \leqslant \|K(x - z_n)\| \|K(x_n - z_n)\|.$$

从而对一切的 $z_n \in X_n$ 有 $\|K(x_n - z_n)\| \leqslant \|K(x - z_n)\|$. 据此和 $\sigma_n$ 的定义得

$$\|x_n - z_n\| \leqslant \sigma_n \|K(x_n - z_n)\| \leqslant \sigma_n \|K(x - z_n)\|,$$

因此对一切的 $z_n \in X_n$ 成立估计

$$\|x_n\| \leqslant \|x_n - z_n\| + \|z_n - x\| + \|x\| \leqslant \|x\| + [\|z_n - x\| + \sigma_n \|K(x - z_n)\|].$$

此式对一切的 $z_n \in X_n$ 在 $X_n$ 上取极小值, 由 (4.2.12) 得 $\|x_n\| \leqslant (1 + c)\|x\|$. 故有界性条件 (4.1.15) 成立. 由定理 4.1.11 得到收敛性.

类似证明 $\|R_n\|$ 的估计. 设 $y \in Y$, 记 $x_n = R_n y$. 由 (4.2.7) 得

$$\|Kx_n\|^2 = (Kx_n, Kx_n) = (y, Kx_n) \leqslant \|y\| \|Kx_n\|.$$

因此由 $\sigma_n$ 的定义, $\|x_n\| \leqslant \sigma_n \|Kx_n\| \leqslant \sigma_n \|y\|$. 从而 $\|R_n\| \leqslant \sigma_n$.

误差估计 (4.2.13) 由定理 4.2.1 和 (4.2.2) 或 (4.2.5)(对 $\hat{y}_j = K\hat{x}_j$) 得到.　□

下面介绍对偶最小二乘法. 我们将看到有界性条件 (4.1.15) 总是成立的. 对给定的有限维子空间 $Y_n \subset Y$, 定义 $u_n \in Y_n$, 使得

$$(KK^* u_n, z_n) = (y, z_n) \tag{4.2.15}$$

对一切 $z_n \in Y_n$ 成立, 其中 $K^*$ 是 $K$ 的伴随算子. $x_n := K^* u_n$ 称为对偶最小二乘解. 它是 Galerkin 方法取 $X_n = K^*(Y_n)$ 的一种特例. 对 $y = Kx$, 上式为

$$(K^* u_n, K^* z_n) = (x, K^* z_n).$$

由此可看出, 方程 $Kx = y$ 的对偶最小二乘法就是 $K^*y = x$ 的最小二乘法, 这也正是该名称的由来.

再次考虑右端项有扰动的情况. 记 $y^\delta \in Y$ 满足 $\|y^\delta - y\| \leqslant \delta$. 对应于 (4.2.15), 由

$$(K^*u_n, K^*z_n) = (y^\delta, z_n) \tag{4.2.16}$$

来决定 $x_n^\delta = K^*u_n^\delta \in X_n$. 对离散扰动, 选取 $\{\hat{y}_j, j = 1, 2, \cdots, n\}$ 为 $Y_n$ 的基. 假定 Galerkin 方程的右端 $\beta_i = (y, \hat{y}_i)$ $(i = 1, \cdots, n)$ 的扰动向量为 $\beta^\delta$, $|\beta^\delta - \beta| \leqslant \delta$. 对应于 (4.2.15), 由

$$x_n^\delta = K^*u_n^\delta = \sum_{j=1}^{n} \alpha_j^\delta K^*\hat{y}_j$$

来决定 $x_n^\delta$, 其中 $\alpha^\delta$ 满足

$$\sum_{j=1}^{n} \alpha_j^\delta (K^*\hat{y}_j, K^*\hat{y}_i) = \beta_i^\delta, \quad i = 1, \cdots, n. \tag{4.2.17}$$

下面说明 (4.2.16) 和 (4.2.17) 的唯一可解性. 由于 $K(X)$ 在 $Y$ 中是稠密的, $K^*: Y \to X$ 是一一对应的. 从而 $X_n$ 和 $Y_n$ 的维数一致, 且 $K^*$ 是 $Y_n$ 到 $X_n$ 上的一个同构 (isomorphism). 故只要证明 (4.2.16) 解的唯一性即可. 如果 $u_n \in Y_n$ 使得 $(K^*u_n, K^*z_n) = 0$ 对一切的 $z_n \in Y_n$ 成立, 取 $z_n = u_n$ 得 $\|K^*u_n\|^2 = 0$, 即 $K^*u_n = 0$ 或 $u_n = 0$.

收敛性和误差估计由下面的结果给出.

**定理 4.2.4** 设 $X, Y$ 是 Hilbert 空间, $K: X \to Y$ 是一一对应的线性有界算子, 且 $K(X)$ 在 $Y$ 中稠密. 记 $Y_n \subset Y$ 是有限维的子空间且 $\bigcup_{n \in \mathbb{N}} Y_n$ 在 $Y$ 中稠密. 记 $x \in X$ 是 $Kx = y$ 的解. 则

(1) Galerkin 方程 (4.2.16) 和 (4.2.17) 对任意的右端项和任意 $n \in \mathbb{N}$ 的是唯一可解的.

(2) 对偶最小二乘法是收敛的, 且

$$\|R_n\| \leqslant \sigma_n := \max\{\|z_n\| : z_n \in Y_n, \|K^*z_n\| = 1\}. \tag{4.2.18}$$

(3) 存在 $c > 0$, 使得误差估计为

$$\|x - x_n^\delta\| \leqslant r_n \sigma_n \delta + c \min\{\|x - z_n\| : z_n \in K^*(Y_n)\}, \tag{4.2.19}$$

这里当 $x_n^\delta$ 满足 (4.2.16) 时取 $r_n = 1$; 当 $x_n^\delta = \sum_{j=1}^{n} \alpha_j^\delta K^*\hat{y}_j \in X_n$, $\alpha^\delta$ 满足

(4.2.17) 时取

$$r_n = \max\left\{\sqrt{\sum_{j=1}^{n}|\rho_j|^2} : \left\|\sum_{j=1}^{n}\rho_j\hat{y}_j\right\| = 1\right\}. \tag{4.2.20}$$

注意, 当 $\{\hat{y}_j : j = 1, \cdots, n\}$ 是 $Y$ 中的正交基时, $r_n = 1$.

**证明**　(1) 已证.

(2) 先证明 $\|R_nK\| \leqslant 1$. 对 $x \in X$ 记 $x_n := R_nKx \in X_n$, 则 $x_n = K^*u_n$, 其中 $u_n \in Y_n$ 满足

$$(K^*u_n, K^*z_n) = (Kx, z_n), \quad \forall z_n \in Y_n.$$

取 $z_n = u_n$ 即得

$$\|x_n\|^2 = \|K^*u_n\|^2 = (Kx, u_n) = (x, K^*u_n) \leqslant \|x\|\|x_n\|.$$

上述论证中的 $Kx$ 用 $y$ 代替并注意 $\left\|K^*\dfrac{u_n}{\|K^*u_n\|}\right\| = 1$ 得

$$\|x_n\|^2 \leqslant \|y\|\|u_n\| \leqslant \sigma_n\|y\|\|K^*u_n\| = \sigma_n\|y\|\|x_n\|,$$

即 $\|R_ny\| = \|R_nKx\| = \|x_n\| \leqslant \sigma_n\|y\|$, (2) 得证.

(3) 先证 $\bigcup_{n\in\mathbb{N}} X_n$ 在 $X$ 中稠密. 记 $x \in X, \varepsilon > 0$. 由于 $K^*(Y)$ 在 $X$ 中稠密, 存在 $y \in Y$ 使得 $\|x - K^*y\| \leqslant \varepsilon/2$. 由于 $\bigcup_{n\in\mathbb{N}} Y_n$ 在 $Y$ 中稠密, 存在 $y_n \in Y_n$ 使得 $\|y - y_n\| \leqslant \varepsilon/(2\|K\|)$. 故对 $x_n := K^*y_n \in X_n$, 由三角不等式得

$$\|x - x_n\| \leqslant \|x - K^*y\| + \|K^*(y - y_n)\| \leqslant \varepsilon.$$

应用定理 4.2.1, 定理 4.1.11 和 (4.2.2), (4.2.5) 即得 (4.2.19). 　　　　　□

## 4.3　配 置 方 法

如前所述, 配置方法通过插值算子构成了一种特殊的投影方法. 它要求 $Y$ 是一个具有再生核的 Hilbert 空间, 即其上所有取值函数 $y \to y(t)$ 对 $y \in Y, t \in [a, b]$ 是有界的.

这里不讨论具有再生核的 Hilbert 空间的一般介绍, 只考虑配置方法的一种特殊而重要的情况: 最小模配置方法. 我们将看到, 该方法是最小二乘解的一种特例, 因而可以用前节的方法求解.

现在我们再简述一下一般的配置方法, 并且在右端项有离散扰动的情况下导出误差估计.

设 $X$ 是 Hilbert 空间, $X_n \subset X$ 是维数为 $n$ 的有限维子空间. $a \leqslant t_1 < \cdots < t_n \leqslant b$ 是配置点. 设 $K : X \to C[a,b]$ 是有界的、一一对应的, $Kx = y$. 假定配置方程

$$Kx_n(t_i) = y(t_i), \quad i = 1, \cdots, n \tag{4.3.1}$$

对任一右端项在 $X_n$ 上是唯一可解的. 取 $\{\hat{x}_j : j = 1, \cdots, n\}$ 为 $X_n$ 的基函数, 把此方程的唯一解展开为 $x_n = \sum_{j=1}^{n} \alpha_j \hat{x}_j$, 从而上述方程变为 $A\alpha = \beta$, 系数矩阵 $A$ 和右端项 $\beta$ 的元素为

$$A_{ij} = K\hat{x}_j(t_i), \quad \beta_i = y(t_i). \tag{4.3.2}$$

下面关于配置方法的主要结果类似于定理 4.2.1, 但仅限于右端项的离散扰动的情况. 当然也可以考虑右端项的连续扰动的情况, 但是意义不是很大, 因为右端项的扰动用 $L^2$ 模度量时, 逐点取值没有意义.

先引进矩阵 $A$ 的谱范数:

$$\|A\|_2 = \sqrt{\lambda_{\max}(A^{\mathrm{T}}A)},$$

其中 $\lambda_{\max}(A^{\mathrm{T}}A)$ 表示矩阵 $A^{\mathrm{T}}A$ 的最大特征值. 由该定义, 对可逆阵 $A$ 显然有

$$\left\|A^{-1}\right\|_2 = \sqrt{\lambda_{\max}((AA^{\mathrm{T}})^{-1})} = \sqrt{\frac{1}{\lambda_{\min}(AA^{\mathrm{T}})}} = \frac{1}{\sqrt{\lambda_{\min}(AA^{\mathrm{T}})}} = \frac{1}{\lambda_n},$$

其中 $\lambda_n$ 表示 $A$ 的最小奇异值.

**定理 4.3.1** 设 $\{t_1^{(n)}, \cdots, t_n^{(n)}\} \subset [a,b], n \in \mathbb{N}$ 是配置点序列, $\bigcup_{n \in \mathbb{N}} X_n$ 在 $X$ 中稠密. 假定配置方法是收敛的. 记 $x_n^\delta = \sum_{j=1}^{n} \alpha_j^\delta \hat{x}_j \in X_n$, 其中 $\alpha^\delta$ 满足 $A\alpha^\delta = \beta^\delta$, $\beta^\delta$ 满足 $|\beta^\delta - \beta| \leqslant \delta$. 则有下列误差估计

$$\|x_n^\delta - x\|_{L^2} \leqslant c \left(\frac{a_n}{\lambda_n}\delta + \inf\{\|x - z_n\| : z_n \in X_n\}\right), \tag{4.3.3}$$

其中

$$a_n = \max\left\{\left\|\sum_{j=1}^{n} \rho_j \hat{x}_j\right\| : \sum_{j=1}^{n} |\rho_j|^2 = 1\right\}, \tag{4.3.4}$$

$\lambda_n$ 是 $A$ 的最小奇异值.

**证明** 记 $x_n := R_n y$ 是配置方程的解 (用 $\beta$ 代替 $\beta^\delta$), 在 $\|x_n^\delta - x\| \leqslant \|x_n^\delta - x_n\| + \|x_n - x\|$ 中, 第二项由定理 4.1.11 给出估计, 第一项由

$$\|x_n^\delta - x_n\| \leqslant a_n|\alpha^\delta - \alpha| = a_n|A^{-1}(\beta^\delta - \beta)| \leqslant a_n \left\|A^{-1}\right\|_2 |\beta^\delta - \beta| \leqslant \frac{a_n}{\lambda_n}\delta$$

给出估计. 注意, 如果 $\{\hat{x}_j : j = 1, \cdots, n\}$ 是 $X$ 中的正交系统, $a_n = 1$.　　　　□

下面介绍最小模的配置方法.

设 $K$ 是由 Hilbert 空间 $X$ 到 $[a, b]$ 上的连续函数空间 $C[a, b]$ 一一的有界线性算子. 假定方程 $Kx = y$ 存在唯一解, $a \leqslant t_1 < \cdots < t_n \leqslant b$ 是配置点. 如果在 $X$ 上直接求解配置方程 $(Kx)(t_i) = y(t_i)$, 而不是像 (4.3.1) 那样限制在有限维空间 $X_n$ 上 (此时 $x_n(t) \in X_n$ 是唯一的), 则此时解出的 $x$ 是不唯一的. 一个明显的选择方法是从 (4.3.1) 的解集合中确定具有最小 $L^2$ 模的解.

**定义 4.3.2**　$x_n \in X$ 称为是 (4.3.1) 关于配置点 $a \leqslant t_1 < \cdots < t_n \leqslant b$ 的矩解 (moment solution), 如果 $x_n$ 满足 (4.3.1) 且

$$\|x_n\|_{L^2} = \min\{\|z_n\|_{L^2} : z_n \in X \text{ 满足 } (4.3.1)\}.$$

我们可以把矩解解释为一种最小二乘解. 由于映射 $z(t) \to Kz(t_i)$ 在 Hilbert 空间 $X$ 上是有界的, 由 Riesz 表示定理, 存在 $k_i \in X$ 使得对一切 $z \in X$ 和 $i = 1, \cdots, n$ 有 $Kz(t_i) = \langle k_i, z \rangle$. 例如, 如果 $K$ 是实值核函数 $k(t, s)$ 的积分算子

$$Kz(t) = \int_a^b k(t, s)z(s)ds, \quad t \in [a, b], z \in L^2(a, b),$$

则 $k_i \in L^2(a, b)$ 显然由 $k_i(s) = k(t_i, s)$ 给出. 把矩方程 (4.3.1) 重写为

$$(k_i, x_n) = y(t_i) = (k_i, x), \quad i = 1, \cdots, n$$

由投影定理, 该方程组的最小模解 $x_n$ 是 $x$ 在 $X_n = \mathrm{span}\{k_j : j = 1, \cdots, n\}$ 上的最佳逼近.

定义 Hilbert 空间 $Y := K(X)$, 其上内积为

$$(y, z)_Y = (K^{-1}y, K^{-1}z), \quad \forall y, z \in K(X).$$

对此空间, 有下述简单的结果.

**引理 4.3.3**　$Y$ 是连续嵌入到 $C[a, b]$ 的 Hilbert 空间, 并且 $K$ 是 $X$ 到 $Y$ 上的一个同构.

现在可以把方程 (4.3.1) 重写为

$$(Kk_i, Kx_n)_Y = (Kk_i, y)_Y, \quad i = 1, \cdots, n.$$

把此方程和 (4.2.9) 比较知道, (4.3.1) 是最小二乘法在 $X_n$ 上的 Galerkin 方程. 因此我们已经证明了矩解可以解释为算子 $K : X \to Y$ 的最小二乘解. 从而由定理 4.2.3 得到如下结果.

**定理 4.3.4** 设 $K$ 是一一对应的, $\{k_j : k_j \in X, j = 1, \cdots, n\}$ 是线性无关的, 且使得 $Kz(t_j) = \langle k_j, z \rangle$ 对一切的 $z \in X, j = 1, \cdots, n$ 成立, 则 (4.3.1) 存在唯一的矩解 $x_n$, 它可表示为

$$x_n = \sum_{j=1}^{n} \alpha_j k_j, \tag{4.3.5}$$

其中 $\alpha = (\alpha_j)$ 满足 $A\alpha = \beta$,

$$A_{ij} = Kk_j(t_i) = (k_i, k_j), \quad \beta_i = y(t_i). \tag{4.3.6}$$

记 $\{t_1^{(n)}, \cdots, t_n^{(n)}\} \subset [a, b], n \in \mathbb{N}$ 是配置点序列, 使得 $\bigcup_{n \in \mathbb{N}} X_n$ 在 $X$ 中稠密, 其中

$$X_n = \mathrm{span}\{k_j^{(n)} : j = 1, \cdots, n\}.$$

则 (4.3.1) 的矩解 $x_n \in X_n$ 在 $X$ 上收敛于 $x \in L^2(a, b)$.

如果 $x_n^\delta = \sum_{j=1}^{n} \alpha_j^\delta k_j^{(n)}$, 其中 $\alpha^\delta$ 满足 $A\alpha^\delta = \beta^\delta, |\beta - \beta^\delta| < \delta$, 则有下列估计

$$\|x_n^\delta - x\| \leqslant \frac{a_n}{\lambda_n} \delta + c \min\{\|x - z_n\|_{L^2} : z_n \in X_n\}, \tag{4.3.7}$$

其中

$$a_n = \max\left\{ \left\|\sum_{j=1}^{n} \rho_j k_j^{(n)}\right\|_{L^2} : \sum_{j=1}^{n} |\rho_j|^2 = 1 \right\}, \tag{4.3.8}$$

$\lambda_n$ 是 $A$ 的最小奇异值.

**证明** $\|\cdot\|_Y$ 的定义意味着 $\|z_n\|_X = \|Kz_n\|_Y$, 从而 $\sigma_n = 1$, 其中 $\sigma_n$ 由 (4.2.11) 给出. 由于

$$\min_{z_n \in X_n}\{\|x - z_n\| + \sigma_n\|K(x - z_n)\|_Y\} \leqslant \|x\| + \sigma_n\|Kx\|_Y = \|x\| + \sigma_n\|x\| = 2\|x\|,$$

其中第一个估计由取 $z_n = \theta$(零向量) 得到, 最小二乘法的收敛性条件 (4.2.12) 显然满足, 从而由定理 4.2.3 完成证明. $\qquad\square$

考虑数值微分的例子. 定义算子 $K$ 为

$$(Kx)(t) := \int_0^t x(s)ds = \int_0^1 k(t, s)x(s)ds,$$

其中核函数

$$k(t, s) = \begin{cases} 1, & s \leqslant t, \\ 0, & s > t. \end{cases}$$

取等距节点 $t_j = j/n\ (j = 0, \cdots, n)$, 则矩方法就是在约束条件

$$\int_0^{t_j} x(s)ds = y(t_j), \quad j = 1, \cdots, n \tag{4.3.9}$$

下极小化 $\|x\|_{L^2}^2$. 由于解 $x_n$ 是分片常值函数 $k(t_j, \cdot)$ 的线性组合 (见定理 4.3.4 中的 (4.3.5)), 故也是分片常数. 因此有限维空间 $X_n$ 为

$$X_n = \{z_n \in L^2(0,1): z_n\big|_{(t_{j-1}, t_j)} = \text{constant}, j = 1, \cdots, n\}. \tag{4.3.10}$$

对 $X_n$ 的基函数, 可取 $\hat{x}_j(s) = k(t_j, s)$, 从而 $x_n = \sum_{j=1}^n \alpha_j k(t_j, \cdot)$ 就是矩解, 其中展开系数 $\alpha$ 满足 $A\alpha = \beta$, 系数矩阵元素为

$$A_{ij} = \int_0^1 k(t_i, s)k(t_j, s)ds = \frac{1}{n}\min\{i, j\}, \quad \beta_i = y(t_i).$$

不难看出矩解就是取 $h = 1/n$ 时的单边差商

$$x_n(t_1) = \frac{1}{h}y(t_1), \quad x_n(t_j) = \frac{1}{h}[y(t_j) - y(t_{j-1})], \quad j = 2, \cdots, n.$$

检查定理 4.3.4 中的条件. 首先, $K$ 是一一对应的, $\{k(t_j, \cdot): j = 1, \cdots, n\}$ 是线性无关的, 且可以证明 $\bigcup_{n \in \mathbb{N}} X_n$ 在 $L^2(0,1)$ 中稠密. 下面要由 (4.3.9) 来估计 $a_n$、$A$ 的最小奇异值 $\lambda_n$、$\min\{\|x - z_n\|_{L^2}: z_n \in X_n\}$.

设 $\rho \in \mathbb{R}^n$ 满足 $\sum_{j=1}^n \rho_j^2 = 1$. 由 Cauchy-Schwarz 不等式得

$$\int_0^1 \left|\sum_{j=1}^n \rho_j k(t_j, s)\right|^2 ds \leqslant \int_0^1 \sum_{j=1}^n k^2(t_j, s)ds = \sum_{j=1}^n t_j = \frac{n+1}{2},$$

因此 $a_n \leqslant \sqrt{(n+1)/2}$. 通过直接计算可知矩阵 $A$ 的逆矩阵是三对角的, 即

$$A^{-1} = n\begin{bmatrix} 2 & -1 & 0 & \cdots & 0 & 0 & 0 \\ -1 & 2 & -1 & \cdots & 0 & 0 & 0 \\ 0 & -1 & 2 & \cdots & 0 & 0 & 0 \\ \vdots & \vdots & \vdots & \ddots & \vdots & \vdots & \vdots \\ 0 & 0 & 0 & \cdots & -1 & 2 & -1 \\ 0 & 0 & 0 & \cdots & 0 & -1 & 1 \end{bmatrix}.$$

$A^{-1}$ 的最大特征值 $\mu_{\max}$ 可以用 $A^{-1}$ 的每一行元素绝对值的和的最大值来估计, 即 $\mu_{\max} \leqslant 4n$. 由于我们可以用迹公式给出 $\mu_{\max}$ 的下界, 该估计几乎是最优的,

即

$$n\mu_{\max} \geqslant \mathrm{trace}(A^{-1}) = \sum_{j=1}^{n}(A^{-1})_{jj} = (2n-1)n,$$

注意到 $A^{\mathrm{T}} = A$, 由定义,

$$\lambda_n = \sqrt{\lambda_{\min}(AA^{\mathrm{T}})} = \sqrt{\lambda_{\min}(A^2)} = \sqrt{(\lambda_{\min}(A))^2} = \frac{1}{\lambda_{\max}(A^{-1})} = \frac{1}{\mu_{\max}},$$

从而 $\lambda_n$ 的估计为

$$\frac{1}{4n} \leqslant \lambda_n \leqslant \frac{1}{2n-1}.$$

另一方面, 可以证明

$$\min\{\|x - z_n\|_{L^2} : z_n \in X_n\} \leqslant \frac{1}{n}\|x'\|_{L^2}.$$

因此对上述数值微分的例子, 我们已经证明了下面的定理.

**定理 4.3.5** (4.3.9) 的矩方法是收敛的. 如果 $x \in H^1(0,1)$, 则还有下列误差估计

$$\|x_n^\delta - x\|_{L^2} \leqslant \sqrt{\frac{n+1}{2}}\delta + \frac{c}{n}\|x'\|_{L^2},$$

$\delta$ 是右端项的离散误差.

利用该估计, 可以得出正则化参数 $n$ (有限维投影空间的维数) 与输入数据误差 $\delta$ 的依赖关系 $n = n(\delta)$, 以使得 $\delta \to 0$ 时 $\|x_{n(\delta)}^\delta - x\|_{L^2} \to 0$. 但是我们注意这种正则化参数的先验取法是对数值微分这样一个不适定性很弱的问题进行的. 对于其他弱不适定性的问题, 这种正则化方法也已经有了大量的研究. 关于不适定性强弱的描述, 前面我们已经给出了介绍. 但是, 如果所论的问题是强不适定的, 则这种投影正则化方法的研究还不多, 一个相关的工作见 [16].

## 4.4 投影方法的应用

前面我们介绍了两类投影方法: Galerkin 方法和配置方法, 它们可用于解第一类的不适定方程, 投影方法中有限维空间的维数起着正则化参数的作用. 本节介绍这两个方法在一个具体问题中的应用. 首先介绍问题的背景及对应的积分方程的性质, 然后介绍 Galerkin 方法的应用, 最后介绍配置方法对该问题的处理, 并比较两种方法的优劣.

### 4.4.1　Laplace 方程边值问题的势函数解法

考虑二维 Laplace 方程的 Dirichlet 边值问题

$$\begin{cases} \Delta u = 0, & x \in \Omega, \\ u = f, & x \in \partial\Omega, \end{cases} \tag{4.4.1}$$

其中 $\Omega \subset \mathbb{R}^2$ 是一个具有解析边界 $\partial\Omega$ 的单连通有界区域, $f \in C(\partial\Omega)$ 已知. 求解 (4.4.1) 的单层势函数方法是将 $u(x)$ 表示为

$$u(x) = -\frac{1}{\pi} \int_{\partial\Omega} \phi(y) \ln|x-y| ds(y), \quad x \in \Omega, \tag{4.4.2}$$

$u(x)$ 是 (4.4.1) 的解的充分必要条件是 $\phi \in C(\partial\Omega)$ 满足 Symm 方程

$$-\frac{1}{\pi} \int_{\partial\Omega} \phi(y) \ln|x-y| ds(y) = f(x), \quad x \in \partial\Omega. \tag{4.4.3}$$

这是一个第一类的积分方程. 对给定的区域 $\Omega$, 一般说来, 由 $\phi$ 到 $f$ 的映射不是一一对应的. 为了保证该方程解的唯一性, 需要对 $\Omega$ 加上条件. 在该条件下, (4.4.3) 有唯一解, 从而 (4.4.1) 的解可由 (4.4.2) 表出. 我们直接给出下面的结果 ([92]):

**定理 4.4.1**　设存在 $z_0 \in \Omega$ 使得对一切的 $x \in \partial\Omega$ 成立 $|x-z_0| \neq 1$, 则 $f = 0$ 时 (4.4.3) 的唯一解 $\phi \in C(\partial\Omega)$ 是 $\phi = 0$, 即上述积分算子是一一的 (one-to-one).

注意, 对 $\Omega$ 所加的条件是由于采用势函数方法求解 (4.4.1) 要求的, 不是原问题 (4.4.1) 本身的要求. 假定 $\partial\Omega$ 有参数表示

$$x = \gamma(s), \quad s \in [0, 2\pi],$$

其中 $\gamma : [0, 2\pi] \to \mathbb{R}^2$ 是以 $2\pi$ 为周期的解析函数, 且满足 $|\gamma'(s)| > 0, s \in [0, 2\pi]$. 此时 Symm 方程 (4.4.3) 变为

$$-\frac{1}{\pi} \int_0^{2\pi} \psi(s) \ln|\gamma(t) - \gamma(s)| ds = f(\gamma(t)), \quad t \in [0, 2\pi], \tag{4.4.4}$$

其中 $\psi(s) := \phi(\gamma(s))|\gamma'(s)|, s \in [0, 2\pi]$.

在 $\Omega = B(0, a)$ 的特殊情况下, $\gamma_a(s) := a(\cos s, \sin s)$, 从而

$$\ln|\gamma_a(t) - \gamma_a(s)| = \ln a + \frac{1}{2}\ln\left(4\sin^2\frac{t-s}{2}\right); \tag{4.4.5}$$

而对一般的区域 $\Omega$, (4.4.4) 中的核函数变为

$$-\frac{1}{\pi}\ln|\gamma(t)-\gamma(s)| = -\frac{1}{2\pi}\ln\left(4\sin^2\frac{t-s}{2}\right) + k(t,s), \quad t \neq s, \qquad (4.4.6)$$

其中 $k(t,s)$ 在 $t \neq s$ 时是解析函数. 直接求极限可得

$$\lim_{s\to t} k(t,s) = -\frac{1}{\pi}\ln|\gamma'(s)|.$$

这意味着 $k(t,s)$ 可以解析延拓到 $[0,2\pi] \times [0,2\pi]$ 上. 据此分解, (4.4.3) 变为

$$-\frac{1}{2\pi}\int_0^{2\pi}\psi(s)\ln\left(4\sin^2\frac{t-s}{2}\right)ds + \int_0^{2\pi}\psi(s)k(t,s)ds = f(\gamma(t)), \quad t \in [0,2\pi].$$
$$(4.4.7)$$

该方程是我们讨论投影方法的模型方程. 它是一个无限维空间上的第一类积分方程, 且第一积分项有弱奇性. 为此引进空间 $X = L^2(0,2\pi)$ 和定义于其上的算子 $K, K_0, C$:

$$(K \cdot \psi)(t) := -\frac{1}{\pi}\int_0^{2\pi}\psi(s)\ln|\gamma(t)-\gamma(s)|ds, \quad t \in [0,2\pi], \qquad (4.4.8)$$

$$(K_0 \cdot \psi)(t) := -\frac{1}{2\pi}\int_0^{2\pi}\psi(s)\left[\ln\left(4\sin^2\frac{t-s}{2}\right)-1\right]ds, \quad t \in [0,2\pi], \quad (4.4.9)$$

$$C \cdot \psi := K \cdot \psi - K_0 \cdot \psi, \quad t \in [0,2\pi]. \qquad (4.4.10)$$

由于 $K, K_0$ 的核函数是弱奇性的, 算子 $K, K_0$ (从而算子 $C$) 是 $X = L^2(0,2\pi)$ 上的紧算子, 并且是 $X$ 上的自伴算子. 再用 Fourier 级数的截断来定义有限维子空间 $X_n, Y_n$, 即

$$X_n = Y_n = \left\{\sum_{j=-n}^n \alpha_j e^{ijt} : \alpha_j \in \mathbb{C}\right\}, \qquad (4.4.11)$$

这里 $i = \sqrt{-1}$ 表示虚数单位. 为讨论算子 $K, K_0$ 的性质, 需下面的技术性结果和线性算子延拓定理及 Sobolev 空间嵌入定理.

**引理 4.4.2**

$$\frac{1}{2\pi}\int_0^{2\pi} e^{ins}\ln\left(4\sin^2\frac{s}{2}\right)ds = \begin{cases} -1/|n|, & n \in \mathbb{Z}, n \neq 0, \\ 0, & n = 0. \end{cases} \qquad (4.4.12)$$

该引理表明, 函数

$$\hat{\psi}_n(t) := e^{int}, \quad t \in [0, 2\pi], n \in \mathbb{Z} \tag{4.4.13}$$

是算子 $K_0$ 的特征函数:

$$K_0 \hat{\psi}_n = \frac{1}{|n|} \hat{\psi}_n, \quad n \neq 0; \quad K_0 \hat{\psi}_0 = \hat{\psi}_0. \tag{4.4.14}$$

下面的保范延拓定理是标准的.

**引理 4.4.3**   设 $\hat{X}, \hat{Y}$ 是 Banach 空间, $X \subset \hat{X}$ 是稠密的子空间. $A: X \to \hat{Y}$ 是有界线性算子. 则存在唯一的有界线性算子 $\hat{A}: \hat{X} \to \hat{Y}$ 使得

(1) 对一切的 $x \in X$ 成立 $\hat{A}x = Ax$, 即 $A$ 可以延拓到 $\hat{X}$ 上;

(2) $\|\hat{A}\| = \|A\|$.

**引理 4.4.4**   Sobolev 嵌入定理

(a) 对 $r > s$, $H^r(0, 2\pi)$ 是 $H^s(0, 2\pi)$ 的稠密子空间; 由 $H^r(0, 2\pi)$ 到 $H^s(0, 2\pi)$ 的嵌入算子是紧的.

(b) 对一切的 $r \geqslant 0, x \in H^r(0, 2\pi), y \in L^2(0, 2\pi)$ 成立

$$\left| \int_0^{2\pi} x(s)y(s)ds \right| \leqslant 2\pi \|x\|_{H^r} \|y\|_{H^{-r}}.$$

由此引理可得

**引理 4.4.5**   设 $r \in \mathbb{N}, k(t, s) \in C^r([0, 2\pi] \times [0, 2\pi])$ 是关于两个变量的以 $2\pi$ 为周期的函数, 则对任意的 $-r \leqslant s \leqslant r$, 由

$$\tilde{K}x(t) = \int_0^{2\pi} k(t, \tau)x(\tau)d\tau, \quad t \in (0, 2\pi)$$

定义的积分算子 $\tilde{K}$ 可以延拓为由 $H^s(0, 2\pi)$ 到 $H^r(0, 2\pi)$ 的一个有界算子.

**证明**   设 $x \in L^2(0, 2\pi)$. 由

$$\frac{d^j}{dt^j} \tilde{K}x(t) = \int_0^{2\pi} \frac{\partial^j k(t, \tau)}{\partial t^j} x(\tau)d\tau, \quad j = 0, \cdots, r$$

和引理 4.4.4(b) 知对 $x \in L^2(0, 2\pi)$, 有

$$\left| \frac{d^j}{dt^j} \tilde{K}x(t) \right| \leqslant 2\pi \left\| \frac{\partial^j k(t, \cdot)}{\partial t^j} \right\|_{H^r} \|x\|_{H^{-r}}, \tag{4.4.15}$$

从而对一切的 $x \in L^2(0, 2\pi)$ 成立

$$\|\tilde{K}x\|_{H^r} \leqslant c_1\|\tilde{K}x\|_{C^r} \leqslant c_2\|x\|_{H^{-r}}.$$

因此 $\tilde{K}$ 是 $L^2 \to H^r$ 的有界线性算子. 由于 $L^2(0, 2\pi)$ 在 $H^{-r}(0, 2\pi)$ 中是稠密的 (引理 4.4.4(a)), 由引理 4.4.3 知 $\tilde{K}$ 可以等距延拓为 $H^{-r} \to H^r$ 的有界线性算子, 而 $s \in [-r, r]$ 时有 $H^s \subset H^{-r}$, 即完成证明. □

下面的结果给出了算子 $K, K_0, C$ 的性质.

**定理 4.4.6** 设区域 $\Omega$ 满足定理 4.4.1 的条件, $K, K_0$ 如上给定. 则

(a) 对任意的 $s \in \mathbb{R}, K, K_0$ 都可以延拓为由 $H^{s-1}(0, 2\pi)$ 到 $H^s(0, 2\pi)$ 上的一个同构映射 (isomorphisms);

(b) $K_0$ 是由 $H^{-1/2}(0, 2\pi)$ 到 $H^{1/2}(0, 2\pi)$ 的一个强制映射;

(c) 对任意的 $s \in \mathbb{R}, C = K - K_0$ 是由 $H^{s-1}(0, 2\pi)$ 到 $H^s(0, 2\pi)$ 的紧算子.

**证明** 设 $\psi \in L^2(0, 2\pi)$. 则 $\psi$ 有表示式

$$\psi(t) = \sum_{n \in \mathbb{Z}} \alpha_n e^{int},$$

其中 $\sum_{n \in \mathbb{Z}} |\alpha_n|^2 < \infty$. 由 (4.4.14) 得

$$K_0\psi(t) = \alpha_0 + \sum_{n \neq 0} \frac{1}{|n|} \alpha_n e^{int}.$$

从而由 $H^s$ 范数的定义, 对任意的 $s \in \mathbb{R}$ 成立

$$\|K_0\psi\|_{H^s}^2 = |\alpha_0|^2 + \sum_{n \neq 0} (1 + n^2)^s \frac{1}{n^2} |\alpha_n|^2,$$

$$(\psi, K_0\psi) = |\alpha_0|^2 + \sum_{n \neq 0} \frac{1}{|n|} |\alpha_n|^2 \geqslant \sum_{n \in \mathbb{Z}} (1 + n^2)^{-1/2} |\alpha_n|^2 = \|\psi\|_{H^{-1/2}}^2.$$

由初等估计

$$(1 + n^2)^{s-1} \leqslant \frac{(1 + n^2)^s}{n^2} \leqslant \frac{(1 + n^2)^s}{(1 + n^2)/2} = 2(1 + n^2)^{s-1}, \quad n \neq 0$$

知 $K_0$ 可以延拓为 $H^{s-1}(0, 2\pi)$ 到 $H^s(0, 2\pi)$ 上的一个同构映射 (isomorphisms), 且 $s = 1/2$ 时, $K_0$ 是强制的.

另一方面, 对任意的 $s, r \in \mathbb{R}$, 由引理 4.4.5 知, $C$ 是由 $H^r(0, 2\pi)$ 到 $H^s(0, 2\pi)$ 的一个有界算子. 这就证明了 (c) 及 $K = K_0 + C$ 是 $H^{s-1}(0, 2\pi)$ 到 $H^s(0, 2\pi)$ 上的

一个有界算子. 下面只要证明 $K$ 还是 $H^{s-1}(0,2\pi)$ 到 $H^s(0,2\pi)$ 上的一个同构. 由 Riesz 定理 (定理 2.3.4), 只要证明 $K$ 是一一的. 设 $\psi \in H^{s-1}(0,2\pi)$ 满足 $K\psi = 0$. 由 $K_0\psi = -C\psi$ 及算子 $C$ 的性质知对一切的 $r \in \mathbb{R}$, $K_0\psi \in H^r(0,2\pi)$, 即对一切的 $r \in \mathbb{R}$, $\psi \in H^r(0,2\pi)$. 特别地, 这意味着 $\psi$ 是连续的且 $\phi(\gamma(t)) = \psi(t)/|\gamma'(t)|$ 满足 $f = 0$ 时的 Symm 方程. 由定理 4.4.1 得 $\phi = 0$. 　　□

　　应用上述理论结果, 下面可以讨论求解 Symm 方程的 Galerkin 方法.

### 4.4.2　Galerkin 方法解 Symm 方程

　　由 Galerkin 方法的一般结果, 该方法的收敛性依赖于算子 $K$ 在有限维空间 $X_n$ 上的条件数的估计, 该估计也称为稳定性性质.

　　**引理 4.4.7**　设 $r \geqslant s$. 存在 $c > 0$, 使得对一切 $n \in \mathbb{N}$ 成立

$$\|\psi_n\|_{L^2} \leqslant cn\|K\psi_n\|_{L^2}, \quad \forall \psi_n \in X_n, \tag{4.4.16}$$

$$\|\psi_n\|_{H^r} \leqslant cn^{r-s}\|\psi_n\|_{H^s}, \quad \forall \psi_n \in X_n. \tag{4.4.17}$$

　　**证明**　设 $\psi_n(t) = \sum_{|j| \leqslant n} \alpha_j e^{ijt} \in X_n$. 则

$$\|K_0\psi_n\|_{L^2}^2 = 2\pi \left[ |\alpha_0|^2 + \sum_{|j| \leqslant n, j \neq 0} \frac{1}{j^2} |\alpha_j|^2 \right] \geqslant \frac{1}{n^2} \|\psi_n\|_{L^2}^2, \tag{4.4.18}$$

此即 $K = K_0$ 时的 (4.4.16). 由于 $K = (KK_0^{-1})K_0$, 且由定理 4.4.6(a) 知 $KK_0^{-1}$ 是 $L^2(0,2\pi)$ 上的一个同构, 故第一个估计式对 $K$ 也成立. 另一方面, 由于 $|j| \leqslant n$ 时 $(1+j^2)^{r-s} \leqslant (2n^2)^{r-s}$, 从而

$$\|\psi_n\|_{H^r}^2 = \sum_{|j| \leqslant n} (1+j^2)^r |\alpha_j|^2 = \sum_{|j| \leqslant n} (1+j^2)^{r-s}(1+j^2)^s |\alpha_j|^2 = (2n^2)^{r-s} \|\psi_n\|_{H^s}^2,$$

故 (4.4.17) 得证.　　□

　　利用算子的该估计及前述 Galerkin 方法的收敛性结果, 即得

　　**定理 4.4.8**　设 $\psi \in H^r(0,2\pi)$ 是 (4.4.4) 的唯一解, 即对某 $g \in H^{r+1}(0,2\pi)$, $r \geqslant 0$ 成立

$$K\psi(t) := -\frac{1}{\pi} \int_0^{2\pi} \psi(s) \ln|\gamma(t) - \gamma(s)| ds = g(t) := f(\gamma(t)), \quad t \in [0, 2\pi].$$

记 $g^\delta \in L^2(0,2\pi)$ 满足 $\|g^\delta - g\|_{L^2} \leqslant \delta$, $X_n$ 如 (4.4.11) 定义. 如果

　　(a) $\psi_n^\delta \in X_n$ 是最小二乘解, 即 $\psi_n^\delta$ 满足

$$(K\psi_n^\delta, K\phi_n) = (g^\delta, K\phi_n), \quad \forall \phi_n \in X_n; \tag{4.4.19}$$

或者

(b) $\psi_n^\delta = K\hat{\psi}_n^\delta (\hat{\psi}_n^\delta \in X_n)$ 是对偶最小二乘解, 即 $\hat{\psi}_n^\delta$ 满足

$$(K\hat{\psi}_n^\delta, K\phi_n) = (g^\delta, \phi_n), \quad \forall \phi_n \in X_n, \tag{4.4.20}$$

则存在 $c > 0$, 使得对一切 $n \in \mathbb{N}$ 成立

$$\|\psi_n^\delta - \psi\|_{L^2} \leqslant c\left(n\delta + \frac{1}{n^r}\|\psi\|_{H^r}\right). \tag{4.4.21}$$

**证明** 由引理 4.4.7 的估计得

$$\sigma_n = \max\{\|\phi_n\|_{L^2} : \phi_n \in X_n, \|K\phi_n\|_{L^2} = 1\} \leqslant cn,$$

$$\rho_n = \max\{\|\phi_n\|_{L^2} : \phi_n \in X_n, \|\phi_n\|_{H^{-1/2}} = 1\} \leqslant c\sqrt{n}.$$

另一方面, 由于

$$\min\{\|\psi - \phi_n\|_{L^2} : \phi_n \in X_n\} \leqslant \|\psi - P_n\psi\|_{L^2} \leqslant \frac{1}{n^r}\|\psi\|_{H^r},$$

其中 $P_n\psi = \sum_{|j| \leqslant n} \alpha_j \psi_j$ 是 $\psi = \sum_{j \in \mathbb{Z}} \alpha_j \psi_j$ 在 $X_n$ 的正交投影, 从而由定理 4.2.3 和定理 4.2.4 得到所要的结果, 这里最后一个估计源于下面对 $r \geqslant s$ 的一般估计:

$$\|P_n\psi - \psi\|_{H^s}^2 = \sum_{|j| \geqslant n+1} (1+j^2)^s |\alpha_j|^2 = \sum_{|j| \geqslant n+1} (1+j^2)^{s-r}(1+j^2)^r |\alpha_j|^2$$

$$\leqslant \frac{1}{n^{2(r-s)}} \sum_{|j| \geqslant n+1} (1+j^2)^r |\alpha_j|^2 \leqslant \frac{1}{n^{2(r-s)}} \|\psi\|_{H^r}^2.$$

定理证毕. □

该定理给出了 Galerkin 方法处理 Symm 方程时对右端项的连续误差的解的误差估计. 根据定理 4.2.3 和定理 4.2.4 的第二部分的结果, 同样可以考虑该方法对右端项的离散误差的解的误差估计. 此时需要给出 $r_n$ 的估计. 记 $\phi_k(t) = e^{ikt}$ 时 (4.4.19) 或 (4.4.20) 的右端项为 $\beta_k$, $\beta = (\beta_k)$. 记 $\beta$ 的扰动向量为 $\beta^\delta$ 满足 $|\beta^\delta - \beta| \leqslant \delta$. 由于 $\{e^{ikt}, k = -n, \cdots, n\}$ 是正交的, 对最小二乘法, 据 (4.2.14) 有

$$r_n^2 = \max\left\{\sum_{j=-n}^n |\rho_j|^2 : \left\|\sum_{j=-n}^n \rho_j K_0 e^{ij\cdot}\right\|_{L^2} = 1\right\}$$

$$= \max\left\{\sum_{j=-n}^n |\rho_j|^2 : 2\pi\left(|\rho_0|^2 + \sum_{j \neq 0} \frac{1}{j^2}|\rho_j|^2\right) = 1\right\} = \frac{n^2}{2\pi};$$

而对对偶最小二乘法, 据 (4.2.20) 有

$$r_n^2 = \max\left\{\sum_{j=-n}^{n}|\rho_j|^2 : \left\|\sum_{j=-n}^{n}\rho_j e^{ij\cdot}\right\|_{L^2} = 1\right\} = \frac{1}{2\pi}.$$

### 4.4.3　配置方法解 Symm 方程

前述算子 $K$ 是有定义的, 并且是由 $L^2(0,2\pi)$ 到 $H^1(0,2\pi)$ 的一个有界算子. 假定 $K$ 是一一的 (如在定理 4.4.1 的条件下), 由定理 4.4.6, 方程

$$K\psi(t) := -\frac{1}{\pi}\int_0^{2\pi}\psi(s)\ln|\gamma(t)-\gamma(s)|ds = g(t), \quad t \in [0,2\pi]$$

对任意 $g \in H^1(0,2\pi)$ 在 $L^2(0,2\pi)$ 上存在唯一解. 用 $t_k = k\pi/n$ $(k=0,\cdots,2n-1)$ 定义等距配置点. 对 $X_n \subset L^2(0,2\pi)$ 的基函数, 有各种不同的取法. 在考虑确定的取法以前, 先看一般的情况. 记 $X_n = \text{span}\{\hat{x}_j : j \in J\} \subset L^2(0,2\pi)$, $J \subset \mathbb{Z}$ 是有 $2n$ 个元素的指标集. 假定 $\{\hat{x}_j : j \in J\}$ 是 $L^2(0,2\pi)$ 中的正交集.

对 Symm 方程, 配置方程 (4.3.1) 的形式为

$$-\frac{1}{\pi}\int_0^{2\pi}\psi_n(s)\ln|\gamma(t_k)-\gamma(s)|ds = g(t_k), \quad k=0,\cdots,2n-1, \qquad (4.4.22)$$

其中 $\psi_n \in X_n$. 记 $Q_n : H^1(0,2\pi) \to Y_n$ 是到 $2n$ 维空间

$$Y_n := \left\{\sum_{m=-n}^{n-1}a_m e^{imt} : a_m \in \mathbb{C}\right\}$$

的三角插值算子. 先给出 $Q_n$ 的一个性质.

**引理 4.4.9**　设 $P_n : L^2(0,2\pi) \to Y_n \subset L^2(0,2\pi)$ 是一个正交投影算子, 则 $P_n$ 有表达式

$$P_n x(t) = \sum_{k=-n}^{n-1}a_k e^{ikt}, \quad x \in L^2(0,2\pi), \qquad (4.4.23)$$

其中系数

$$a_k = \frac{1}{2\pi}\int_0^{2\pi}x(s)e^{-iks}ds, \quad k \in \mathbb{Z},$$

并且对一切的 $x \in H^r(0,2\pi)$ 和 $r \geqslant s$ 成立

$$\|x - P_n x\|_{H^s} \leqslant \frac{1}{n^{r-s}}\|x\|_{H^r}.$$

**证明** 对 $x(t) = \sum_{k \in \mathbb{Z}} a_k e^{ikt} \in L^2(0, 2\pi)$, 记 $z(t) = \sum_{k=-n}^{n-1} a_k e^{ikt} \in Y_n$ 是 (4.2.23) 的右端. $e^{ikt}$ 的正交性表明 $x - z$ 垂直于 $Y_n$, 因此 $z$ 就是 $P_n x$. 对 $x \in H^r(0, 2\pi)$, 由

$$\|x - P_n x\|_{H^s}^2 \leqslant \sum_{|k| \geqslant n} (1 + k^2)^s |a_k|^2 \leqslant \sum_{|k| \geqslant n} (1 + k^2)^{-(r-s)} [(1 + k^2)^r |a_k|^2]$$

$$\leqslant (1 + n^2)^{s-r} \|x\|_{H^r}^2 \leqslant n^{2(s-r)} \|x\|_{H^r}^2,$$

定理证毕. $\qquad\qquad\qquad\qquad\qquad\qquad\qquad\qquad\qquad\qquad\qquad\qquad\qquad\qquad\qquad\qquad$ $\square$

首先容易验证 $Q_n$ 可利用 Lagrange 基

$$\hat{y}_k(t) = \frac{1}{2n} \sum_{m=-n}^{n-1} e^{im(t-t_k)}, \quad k = 0, \cdots, 2n - 1 \qquad (4.4.24)$$

表示为

$$Q_n \psi = \sum_{k=0}^{2n-1} \psi(t_k) \hat{y}_k.$$

由引理 4.4.9 知

$$\|\psi - Q_n \psi\|_{L^2} \leqslant \frac{c}{n} \|\psi\|_{H^1}, \quad \forall \psi \in H^1(0, 2\pi), \qquad (4.4.25)$$

$$\|Q_n \psi\|_{H^1} \leqslant c \|\psi\|_{H^1}, \quad \forall \psi \in H^1(0, 2\pi). \qquad (4.4.26)$$

现在将配置方程 (4.4.22) 写为

$$Q_n K \psi_n = Q_n g, \quad \psi_n \in X_n. \qquad (4.4.27)$$

为了利用定理 4.1.16 的扰动结果, 将 $K$ 分裂为 $K_0 + C$, 其中 $K_0$ 见 (4.4.9).

考虑 $X_n$ 的基函数的具体选取方法. 我们将讨论两种选取方式. 第一种方法取三角多项式为基函数, 这种基函数适用于边界数据充分光滑的情况; 第二种方法取分片常数的函数为基函数, 这种基函数适用于 $\partial\Omega$ 或者 $f(x)$ 不光滑的情况.

第一种方法:

$$\hat{x}_j(t) = \frac{1}{\sqrt{2\pi}} e^{ijt}, \quad j = -n, \cdots, n - 1. \qquad (4.4.28)$$

对由这种基函数构成的子空间, 有下列收敛性结果:

**定理 4.4.10**　设 $X_n = \mathrm{span}\left\{\dfrac{1}{\sqrt{2\pi}}e^{ijt}, j = -n, \cdots, n-1\right\}$, 则配置方法是收敛的, 即 (4.4.22) 的解 $\psi_n \in X_n$ 在 $L^2(0, 2\pi)$ 中收敛于 Symm 方程 $K\psi = g$ 的解 $\psi \in L^2(0, 2\pi)$.

如果 (4.4.22) 的右端用 $\beta^\delta \in \mathbb{C}^{2n}$ 代替, $\beta^\delta$ 满足

$$\sum_{k=0}^{2n-1} |\beta_k^\delta - g(t_k)|^2 \leqslant \delta^2,$$

记 $\alpha^\delta \in \mathbb{C}^{2n}$ 是 $A\alpha^\delta = \beta^\delta$ 的解, $A_{kj} = K\hat{x}_j(t_k)$, 则有误差估计

$$\|\psi_n^\delta - \psi\|_{L^2} \leqslant c[\sqrt{n}\delta + \min\{\|\psi - \phi_n\|_{L^2} : \phi_n \in X_n\}], \tag{4.4.29}$$

其中

$$\psi_n^\delta(t) = \frac{1}{\sqrt{2\pi}} \sum_{j=-n}^{n-1} \alpha_j^\delta e^{ijt}.$$

**证明**　由定理 4.1.16 的扰动结果, 只要对算子 $K_0$ 证明. 由 (4.4.14), $K_0$ 把 $X_n$ 映为 $Y_n = X_n$, 因此关于 $K_0$ 的配置方程为

$$K_0\psi_n = Q_n g.$$

为了应用定理 4.1.11, 必须估计 $R_n K_0$. 现在 $R_n = (K_0|_{X_n})^{-1} Q_n$. 由于 $K_0 : L^2(0, 2\pi) \to H^1(0, 2\pi)$ 是可逆的, 对一切的 $g \in H^1(0, 2\pi)$ 有估计

$$\|R_n g\|_{L^2} = \|\psi_n\|_{L^2} \leqslant c_1\|K_0\psi_n\|_{H^1} = c_1\|Q_n g\|_{H^1} \leqslant c_2\|g\|_{H^1},$$

从而对一切的 $\psi \in L^2(0, 2\pi)$ 有估计

$$\|R_n K\psi\|_{L^2} \leqslant c_2\|K\psi\|_{H^1} \leqslant c_3\|\psi\|_{L^2},$$

应用定理 4.1.11 就得到收敛性的估计.

为了得到误差估计, 我们利用定理 4.3.1. 为此必须估计矩阵

$$B = (B_{kj}) = (K_0\hat{x}_j(t_k))$$

的奇异值, $\hat{x}_j$ 由 (4.4.28) 定义. 由 (4.4.14),

$$B_{kj} = \frac{1}{\sqrt{2\pi}} \frac{1}{|j|} e^{ijk\pi/n}, \quad k, j = -n, \cdots, n-1,$$

其中 $j = 0$ 时 $B_{kj} = \frac{1}{\sqrt{2\pi}}$. 由于 $B$ 的奇异值就是 $B^*B$ 的特征值的平方根, 而 $B^*B$ 的元素是

$$(B^*B)_{lj} = \sum_{k=-n}^{n-1} \overline{B}_{kl}B_{kj} = \frac{1}{2\pi}\frac{1}{|l||j|}\sum_{k=-n}^{n-1} e^{ik(j-l)\pi/n} = \frac{n}{\pi}\frac{1}{l^2}\delta_{lj},$$

其中规定 $l = 0$ 时 $(B^*B)_{lj} = \frac{n}{\pi}\delta_{lj}$. 由此得到 $B$ 的奇异值是 $\sqrt{n/(\pi l^2)}, l = 1, \cdots, n$, $B$ 的最小的奇异值是 $1/\sqrt{n\pi}$. 由定理 4.3.1 的估计 (4.3.3) 给出 (4.4.29). 定理证毕.  $\square$

据此定理, 我们可以对配置方法和 Galerkin 方法分别比较连续扰动 $\|y - y^\delta\|_{L^2}$ 和离散扰动. 为此必须把离散的向量 $\beta^\delta$ 扩充为一个函数 $y_n^\delta \in X_n$.

对配置方法, 用插值算子 $Q_n$ 和 $y_n^\delta = \sum_{j=1}^{2n-1} \beta_j^\delta \hat{y}_j$ 来定义 $y_n^\delta \in X_n$, 其中 $\hat{y}_j$ 是 Lagrange 基函数 (4.4.24). 从而 $y_n^\delta(t_k) = \beta_k^\delta$ 且有估计

$$\|y_n^\delta - y\|_{L^2} \leqslant \|y_n^\delta - Q_n y\|_{L^2} + \|Q_n y - y\|_{L^2}.$$

注意到 $y_n^\delta(t) - Q_n y(t) = \sum_{j=-n}^{n-1} \rho_j e^{ijt}$, 简单的计算知

$$\sum_{k=0}^{n-1} |\beta_k^\delta - y(t_k)|^2 = \sum_{k=0}^{n-1} |\beta_k^\delta - Q_n y(t_k)|^2 = \sum_{k=0}^{n-1} \left| \sum_{j=-n}^{n-1} \rho_j e^{ikj\pi/n} \right|^2$$

$$= 2n \sum_{j=-n}^{n-1} |\rho_j|^2 = \frac{n}{\pi} \|y_n^\delta - Q_n y\|_{L^2}^2. \tag{4.4.30}$$

因此对配置方法, 连续误差为 $\delta$ 时, 离散误差为 $\delta\sqrt{n/\pi}$, 因此在用连续输入数据的误差来描述计算结果时, (4.4.29) 的第一项应该加上一个因子 $\sqrt{n}$.

对 Galerkin 方法, 定义 $y_n^\delta(t) = \frac{1}{2\pi}\sum_{j=-n}^{n} \beta_j^\delta e^{ijt}$, 从而 $(y_n^\delta, e^{ij\cdot})_{L^2} = \beta_j^\delta$. 记 $P_n$ 是到 $X_n$ 上的正交投影, 在 $\|y_n^\delta - y\|_{L^2} \leqslant \|y_n^\delta - P_n y\|_{L^2} + \|P_n y - y\|_{L^2}$ 中, 第一项的估计为

$$\|y_n^\delta - P_n y\|_{L^2}^2 = \frac{1}{2\pi}\sum_{j=-n}^{n} |\beta_j^\delta - (y, e^{ij\cdot})|^2,$$

此时连续误差与离散误差有相同的阶 (比较 (4.4.30)).

第二种方法:

$$
\hat{x}_0(t) = \begin{cases} \sqrt{\dfrac{n}{\pi}}, & t < \dfrac{\pi}{2n} \ \text{或} \ t > 2\pi - \dfrac{\pi}{2n}, \\[2mm] 0, & \dfrac{\pi}{2n} < t < 2\pi - \dfrac{\pi}{2n}, \end{cases} \tag{4.4.31}
$$

$$
\hat{x}_j(t) = \begin{cases} \sqrt{\dfrac{n}{\pi}}, & |t - t_j| < \dfrac{\pi}{2n}, \\[2mm] 0, & |t - t_j| > \dfrac{\pi}{2n}, \end{cases} \quad j = 1, \cdots, 2n-1. \tag{4.4.32}
$$

从而 $\hat{x}_j, j = 0, 1, \cdots, 2n-1$ 在 $L^2(0, 2\pi)$ 中是正交的. 对由这样的基函数张成的空间 $X_n = \mathrm{span}\{\hat{x}_0, \hat{x}_1, \cdots, \hat{x}_{2n-1}\}$, 有下列结果:

**引理 4.4.11** 设 $P_n$ 是 $L^2(0, 2\pi)$ 到 $X_n$ 的正交投影算子, 则 $\bigcup_{n\in\mathbb{N}} X_n$ 在 $L^2(0, 2\pi)$ 中是稠密的, 且存在常数 $c > 0$ 使得

$$
\|\psi - P_n\psi\|_{L^2} \leqslant \frac{c}{n}\|\psi\|_{H^1}, \quad \forall\psi \in H^1(0, 2\pi), \tag{4.4.33}
$$

$$
\|K(\psi - P_n\psi)\|_{L^2} \leqslant \frac{c}{n}\|\psi\|_{L^2}, \quad \forall\psi \in H^1(0, 2\pi). \tag{4.4.34}
$$

**证明** 第一个估计留着练习. 第二个估计由下式得到.

$$
\begin{aligned}
\|K(\psi - P_n\psi)\|_{L^2} &= \sup_{\phi\neq 0}\frac{(K(\psi - P_n\psi), \phi)_{L^2}}{\|\phi\|_{L^2}} = \sup_{\phi\neq 0}\frac{(\psi - P_n\psi, K\phi)_{L^2}}{\|\phi\|_{L^2}} \\
&= \sup_{\phi\neq 0}\frac{(\psi, (I - P_n)K\phi)_{L^2}}{\|\phi\|_{L^2}} \leqslant \|\psi\|_{L^2}\sup_{\phi\neq 0}\frac{\|(I - P_n)K\phi\|_{L^2}}{\|\phi\|_{L^2}} \\
&\leqslant \frac{c}{n}\|\psi\|_{L^2}\sup_{\phi\neq 0}\frac{\|K\phi\|_{H^1}}{\|\phi\|_{L^2}} \leqslant \frac{c}{n}\|\psi\|_{L^2}.
\end{aligned}
$$

定理证毕. □

为了证明配置方法在 $X_n$ 上的收敛性, 需要估计矩阵 $B = (B_{kj})$ 的奇异值, 其中

$$
B_{kj} = K_0\hat{x}_j(t_k) = -\frac{1}{2\pi}\int_0^{2\pi} \hat{x}_j(s)\left[\ln\left(4\sin^2\frac{t_k - s}{2}\right) - 1\right]ds. \tag{4.4.35}
$$

对此有下列结果:

**引理 4.4.12** 矩阵 $B$ 是正定对称的, $B$ 的奇异值就是 $B$ 的特征值, 其大小为

$$\mu_0 = \sqrt{\frac{n}{\pi}}, \quad \mu_m = \sqrt{\frac{n}{\pi}} \frac{\sin\frac{m\pi}{2n}}{2n\pi} \sum_{j\in\mathbb{Z}} \frac{1}{\left(\frac{m}{2n}+j\right)^2}, \quad m = 1, \cdots, 2n-1, \quad (4.4.36)$$

并且存在常数 $c > 0$, 使得

$$\frac{1}{\sqrt{n\pi}} \leqslant \mu_m \leqslant c\sqrt{n}, \quad m = 0, \cdots, 2n-1. \quad (4.4.37)$$

该结果的证明完全是技术性的, 我们略去其过程. 由此结果可知, 矩阵 $B$ 的条件数 (最大奇异值和最小奇异值的比) 是用 $n$ 界住的.

下面讨论配置方法在 $X_n$ 上的收敛性.

**定理 4.4.13** 设 $\hat{x}_j$ 由 (4.4.31) 和 (4.4.32) 定义, $X_n = \mathrm{span}\{\hat{x}_0, \hat{x}_1, \cdots, \hat{x}_{2n-1}\}$, 则配置方法是收敛的, 即 (4.4.22) 的解 $\psi_n \in X_n$ 在 $L^2(0, 2\pi)$ 上收敛于 $K\psi = g$ 的解 $\psi \in L^2(0, 2\pi)$.

如果 (4.4.22) 的右端被满足

$$\sum_{j=0}^{2n-1} |\beta_j^\delta - g(t_j)|^2 \leqslant \delta^2$$

的 $\beta^\delta \in \mathbb{C}^{2n}$ 代替, $\alpha^\delta \in \mathbb{C}^{2n}$ 是 $A\alpha^\delta = \beta^\delta$ 的解, $A_{kj} = K\hat{x}_j(t_k)$, 则有误差估计

$$\|\psi_n^\delta - \psi\|_{L^2} \leqslant c[\sqrt{n}\delta + \min\{\|\psi - \phi_n\|_{L^2} : \phi_n \in X_n\}], \quad (4.4.38)$$

其中 $\psi_n^\delta = \sum_{j=0}^{2n-1} \alpha_j^\delta \hat{x}_j$. 如果 $\psi \in H^1(0, 2\pi)$, 还有估计

$$\|\psi_n^\delta - \psi\|_{L^2} \leqslant c \left[\sqrt{n}\delta + \frac{1}{n}\|\psi\|_{H^1}\right]. \quad (4.4.39)$$

**证明** 由定理 4.1.16 的扰动结果, 只要对算子 $K_0$ 证明即可. 再记

$$R_n = [Q_n K_0|_{X_n}]^{-1} Q_n : H^1(0, 2\pi) \to X_n \subset L^2(0, 2\pi).$$

对 $\psi \in H^1(0, 2\pi)$, 记 $\psi_n = R_n\psi = \sum_{j=0}^{2n-1} \alpha_j \hat{x}_j$. 则 $\alpha \in \mathbb{C}^{2n}$ 满足 $B\alpha = \beta, \beta_k = \psi(t_k)$. 因此由 (4.4.37) 得

$$\|\psi_n\|_{L^2} = |\alpha| \leqslant |B^{-1}|_2|\beta| \leqslant \sqrt{n\pi} \left[\sum_{k=0}^{2n-1} |\psi(t_k)|^2\right]^{1/2},$$

其中 $|\cdot|$ 表示 $\mathbb{C}^n$ 中的 Euclid 模. 据此估计和 $\beta_k^\delta = 0$ 时的 (4.4.30) 得到

$$\|R_n\psi\|_{L^2} = \|\psi_n\|_{L^2} \leqslant n\|Q_n\psi\|_{L^2}, \quad \forall\psi \in H^1(0,2\pi). \tag{4.4.40}$$

因此对一切的 $\psi \in L^2(0,2\pi)$, 有估计

$$\|R_nK_0\psi\|_{L^2} \leqslant n\|Q_nK_0\psi\|_{L^2}.$$

下面用 $\psi$ 的 $L^2$ 模来估计 $\|R_nK_0\psi\|_{L^2}$. 记 $\hat{\psi}_n = P_n\psi \in X_n$ 是 $\psi \in L^2(0,2\pi)$ 在 $X_n$ 上的正交投影, 则有 $R_nK_0\hat{\psi}_n = \hat{\psi}_n$ 和 $\|\hat{\psi}_n\|_{L^2} \leqslant \|\psi\|_{L^2}$. 从而

$$\begin{aligned}
\|R_nK_0\psi - \hat{\psi}_n\|_{L^2} &= \|R_nK_0(\psi - \hat{\psi}_n)\|_{L^2} \leqslant n\|Q_nK_0(\psi - \hat{\psi}_n)\|_{L^2} \\
&\leqslant n[\|Q_nK_0\psi - K_0\psi\|_{L^2} + \|K_0\psi - K_0\hat{\psi}_n\|_{L^2} \\
&\quad + \|K_0\hat{\psi}_n - Q_nK_0\hat{\psi}_n\|_{L^2}].
\end{aligned}$$

现在由 (4.4.25) 和定理 4.4.11 得

$$\begin{aligned}
\|R_nK_0\psi - \hat{\psi}_n\|_{L^2} &\leqslant c_1[\|K_0\psi\|_{H^1} + \|\psi\|_{L^2} + \|K_0\hat{\psi}_n\|_{H^1}] \\
&\leqslant c_2[\|\psi\|_{L^2} + \|\hat{\psi}_n\|_{L^2}] \leqslant c_3\|\psi\|_{L^2},
\end{aligned}$$

即对一切的 $\psi \in L^2(0,2\pi)$ 有 $\|R_nK_0\psi\|_{L^2} \leqslant c_4\|\psi\|_{L^2}$. 因此定理 4.1.11 中的条件是满足的. 由定理 4.3.1 得到 (4.4.39).                                                                        □

### 4.4.4  解 Symm 方程的数值实验

本节给出用前述的投影方法解 Symm 方程的若干数值结果, 更一般的细节见 [92,152].

在模型方程

$$(K \cdot \psi)(t) := -\frac{1}{\pi}\int_0^{2\pi} \psi(s)\ln|\gamma(t) - \gamma(s)|ds = g(t), \quad 0 \leqslant t \leqslant 2\pi \tag{4.4.41}$$

中, 我们取

$$\gamma(t) = (\cos t, 2\sin t), \quad \psi(t) = \exp(3\sin t), \quad t \in [0,2\pi].$$

数值实验的步骤是先通过计算左端积分产生右端数据 $g = K \cdot \psi$. 然后以右端已知数据为输入, 用前面的投影方法解 $\psi$, 并和精确值 $\exp(3\sin t)$ 比较以检验投影方法的效果.

当 $\gamma(t)$ 是一般的光滑闭曲线时, 由 (4.4.7) 的推导, 有

$$(K \cdot \psi)(t) = -\frac{1}{2\pi}\int_0^{2\pi} \psi(s)\ln\left(4\sin^2\frac{t-s}{2}\right)ds + \int_0^{2\pi} \psi(s)k(t,s)ds, \tag{4.4.42}$$

其中核函数

$$
k(t,s) = \begin{cases} -\dfrac{1}{2\pi} \ln \dfrac{|\gamma(t)-\gamma(s)|^2}{4\sin^2 \dfrac{t-s}{2}}, & t \neq s, \\ -\dfrac{1}{\pi} \ln |\gamma'(t)|, & t = s \end{cases} \tag{4.4.43}
$$

用节点 $t_j = j\pi/n$ $(j = 0, 1, \cdots, 2n-1)$ 离散区间 $[0, 2\pi]$, 再用三角插值公式计算 (4.4.42) 的第一个弱奇性的积分项, 用矩形公式计算第二个光滑积分项, 可得算子 $K$ 的近似为

$$
K_n\psi(t) := \sum_{j=0}^{2n-1} \psi(t_j) \left[ R_j(t) + \frac{\pi}{n} k(t, t_j) \right], \quad t \in [0, 2\pi], \tag{4.4.44}
$$

其中的权函数为

$$
R_j(t) = \frac{1}{n} \left[ \frac{1}{2n} \cos n(t-t_j) + \sum_{m=1}^{n-1} \frac{1}{m} \cos m(t-t_j) \right].
$$

该逼近的详细推导见 [94, 108]. 对任意的 $2\pi$ 周期连续函数 $\psi$, $K_n \cdot \psi$ 一致收敛于 $K \cdot \psi$. 简单的计算得到

$$
K_n\psi(t_k) = \sum_{j=0}^{2n-1} \left[ R_{|k-j|} + \frac{\pi}{n} k(t_k, t_j) \right] \psi(t_j) := \sum_{j=0}^{2n-1} A_{k,j}\psi(t_j),
$$

其中

$$
R_l = \frac{1}{n} \left[ \frac{(-1)^l}{2n} + \sum_{m=1}^{n-1} \frac{1}{m} \cos \frac{ml\pi}{n} \right].
$$

利用上述公式, 就可以由 $\psi(t)$ 的离散值 $\tilde{\psi}(t_j) = \exp(3\sin t_j)$ 来计算 $g(t)$ 的离散值 $\tilde{g} = A \cdot \tilde{\psi}$, 算子 $A$ 由上述的系数 $A_{k,j}$ 定义.

数值实验中, 在正演产生右端项时取 $n = 60$ 以得到 $\tilde{g} = A \cdot \tilde{\psi}$.

在 $\tilde{g}$ 上加上一致分布的随机扰动数据, $\delta$ 为扰动数据的振幅. 下面的所有结果都是在十次扰动数据的基础上计算平均值得到的. 误差的测量用离散的二范数表示:

$$
|z|_2^2 := \frac{1}{2n} \sum_{j=0}^{2n-1} |z_j|^2, \quad z \in \mathbb{C}^{2n}.
$$

先给出用定理 4.4.8 的最小二乘法求 $\psi(t)$ 时对不同输入误差水平 $\delta$ 的计算误差分布, $m$ 表示插值空间的维数.

从表 4.1 显示的误差分布可以看出, 当 $\delta = 0$ 时, 误差随着逼近子空间的维数 $m$ 的增加是单调减少的. 然而, 如果 $\delta \neq 0$, 则解不适定的 Symm 方程得到的数值解的精度并非 $m$ 越大越好, 例如在 $\delta = 0.1, 0.01, 0.001$ 时最小误差对应的 $m$ 分别是 $5, 6, 10$, 这正是不适定问题正则化参数 $m$ 的选取特点, 和我们前面的理论分析是一致的.

表 4.1　最小二乘法解 Symm 方程时的误差分布

| $m$ | $\delta = 0.1$ | $\delta = 0.01$ | $\delta = 0.001$ | $\delta = 0$ |
|---|---|---|---|---|
| 1 | 38.190 | 38.190 | 38.190 | 38.190 |
| 2 | 15.772 | 15.769 | 15.768 | 15.768 |
| 3 | 5.2791 | 5.2514 | 5.2511 | 5.2511 |
| 4 | 1.6209 | 1.4562 | 1.4541 | 1.4541 |
| 5 | 1.0365 | 0.3551 | $3.433 \times 10^{-1}$ | $3.432 \times 10^{-1}$ |
| 6 | 1.1954 | 0.1571 | $7.190 \times 10^{-2}$ | $7.045 \times 10^{-2}$ |
| 10 | 2.7944 | 0.2358 | $2.742 \times 10^{-2}$ | $4.075 \times 10^{-5}$ |
| 12 | 3.7602 | 0.3561 | $3.187 \times 10^{-2}$ | $5.713 \times 10^{-7}$ |
| 15 | 4.9815 | 0.4871 | $4.977 \times 10^{-2}$ | $5.570 \times 10^{-10}$ |
| 20 | 7.4111 | 0.7270 | $7.300 \times 10^{-2}$ | $3.530 \times 10^{-12}$ |

下面再来看用配置方法解 Symm 方程的数值解. 由 4.4.3 节的结果, 配置方法的基函数有 (4.4.28) 和 (4.4.31/32) 两种选取方法. 为此需要计算下面两个积分:

$$-\frac{1}{\pi} \int_0^{2\pi} e^{ijs} \ln |\gamma(t_k) - \gamma(s)| ds, \quad j = -m, \cdots, m-1, \quad k = 0, 1, \cdots, 2m-1.$$
$$(4.4.45)$$

$$-\frac{1}{\pi} \int_0^{2\pi} \hat{x}_j(s) \ln |\gamma(t_k) - \gamma(s)| ds, \quad j, k = 0, 1, \cdots, 2m-1. \tag{4.4.46}$$

(4.4.45) 中的积分可以借助于引理 4.4.2 表示为

$$-\frac{1}{\pi} \int_0^{2\pi} e^{ijs} \ln |\gamma(t_k) - \gamma(s)| ds = \varepsilon_j e^{ijt_k} - \frac{1}{2\pi} \int_0^{2\pi} e^{ijs} \ln \frac{|\gamma(t_k) - \gamma(s)|^2}{4 \sin^2(t_k - s)/2} ds,$$

其中 $\varepsilon_0 = 0, \varepsilon_j = 1/|j|, j \neq 0$, 而后一个积分可以用复合梯形公式计算.

由 $\hat{x}_j(s)$ 的定义, (4.4.46) 中的积分化为计算

$$\int_{t_j - \pi/(2m)}^{t_j + \pi/(2m)} \ln |\gamma(t_k) - \gamma(s)|^2 ds = \int_{-\pi/(2m)}^{\pi/(2m)} \ln |\gamma(t_k) - \gamma(s + t_j)|^2 ds.$$

$j \neq k$ 时, 右边的被积函数是解析的, 我们用 100 个节点的 Simpson 公式来计算此积分. 当 $j = k$ 时, 被积函数在 $s = 0$ 有弱奇性. 注意到 $\int_0^\pi \ln(4 \sin^2(s/2)) ds = 0$,

可将其分裂为

$$\int_{-\pi/(2m)}^{\pi/(2m)} \ln(4\sin^2(s/2))ds + \int_{-\pi/(2m)}^{\pi/(2m)} \ln \frac{|\gamma(t_k) - \gamma(s+t_k)|^2}{4\sin^2(s/2)} ds$$

$$= -2 \int_{\pi/(2m)}^{\pi} \ln(4\sin^2(s/2))ds + \int_{-\pi/(2m)}^{\pi/(2m)} \ln \frac{|\gamma(t_k) - \gamma(s+t_k)|^2}{4\sin^2(s/2)} ds.$$

这两个积分同样通过 100 个节点的 Simpson 公式来计算.

利用上述方案, 对本节的例子用配置方法分别取两种基函数 (4.4.28) 和 (4.4.31/32) 加以计算, 对不同的 $\delta$, 计算误差分布如表 4.2 和表 4.3 所示.

这两个数值结果同样反映了 $m$ 作为正则化参数的特点, 即在输入数据有误差时 ($\delta \neq 0$), $m$ 不是越大越好. 并且请注意, 在 $\delta = 0$ 时, 以三角函数为基函数的配置方法 (表 4.2) 误差趋于零的速度是指数型的, 而以分片常数为基函数的配置方法 (表 4.3) 误差趋于零的速度只是 $1/m$.

**表 4.2　配置方法解 Symm 方程时的误差, 基函数为 (4.4.28)**

| $m$ | $\delta = 0.1$ | $\delta = 0.01$ | $\delta = 0.001$ | $\delta = 0$ |
|-----|------|------|------|------|
| 1 | 6.7451 | 6.7590 | 6.7573 | 6.7578 |
| 2 | 1.4133 | 1.3877 | 1.3880 | 1.3879 |
| 3 | 0.3556 | $2.791 \times 10^{-1}$ | $2.770 \times 10^{-1}$ | $2.769 \times 10^{-1}$ |
| 4 | 0.2525 | $5.979 \times 10^{-2}$ | $5.752 \times 10^{-2}$ | $5.758 \times 10^{-2}$ |
| 5 | 0.3096 | $3.103 \times 10^{-2}$ | $1.110 \times 10^{-2}$ | $1.099 \times 10^{-2}$ |
| 6 | 0.3404 | $3.486 \times 10^{-2}$ | $3.753 \times 10^{-3}$ | $1.905 \times 10^{-3}$ |
| 10 | 0.5600 | $5.782 \times 10^{-2}$ | $5.783 \times 10^{-3}$ | $6.885 \times 10^{-7}$ |
| 12 | 0.6974 | $6.766 \times 10^{-2}$ | $6.752 \times 10^{-3}$ | $8.135 \times 10^{-9}$ |
| 15 | 0.8017 | $8.371 \times 10^{-2}$ | $8.586 \times 10^{-3}$ | $6.436 \times 10^{-12}$ |
| 20 | 1.1539 | $1.163 \times 10^{-1}$ | $1.182 \times 10^{-2}$ | $1.806 \times 10^{-13}$ |

**表 4.3　配置方法解 Symm 方程时的误差, 基函数为 (4.4.31/32)**

| $m$ | $\delta = 0.1$ | $\delta = 0.01$ | $\delta = 0.001$ | $\delta = 0$ |
|-----|------|------|------|------|
| 1 | 6.7461 | 6.7679 | 6.7626 | 6.7625 |
| 2 | 1.3829 | 1.3562 | 1.3599 | 1.3600 |
| 3 | 0.4944 | $4.874 \times 10^{-1}$ | $4.909 \times 10^{-1}$ | $4.906 \times 10^{-1}$ |
| 4 | 0.3225 | $1.971 \times 10^{-1}$ | $2.000 \times 10^{-1}$ | $2.004 \times 10^{-1}$ |
| 5 | 0.3373 | $1.649 \times 10^{-1}$ | $1.615 \times 10^{-1}$ | $1.617 \times 10^{-1}$ |
| 6 | 0.3516 | $1.341 \times 10^{-1}$ | $1.291 \times 10^{-1}$ | $1.291 \times 10^{-1}$ |
| 10 | 0.5558 | $8.386 \times 10^{-2}$ | $6.140 \times 10^{-2}$ | $6.107 \times 10^{-2}$ |
| 12 | 0.6216 | $7.716 \times 10^{-2}$ | $4.516 \times 10^{-2}$ | $4.498 \times 10^{-2}$ |
| 15 | 0.8664 | $9.091 \times 10^{-2}$ | $3.137 \times 10^{-2}$ | $3.044 \times 10^{-2}$ |
| 20 | 1.0959 | $1.168 \times 10^{-1}$ | $2.121 \times 10^{-2}$ | $1.809 \times 10^{-2}$ |
| 30 | 1.7121 | $1.688 \times 10^{-1}$ | $1.862 \times 10^{-2}$ | $8.669 \times 10^{-3}$ |

# 第 5 章　非线性不适定问题的正则化方法

相对于线性不适定问题的正则化理论和计算方法, 处理非线性不适定问题的正则化理论和算法还远不完善. 非线性现象和非线性问题在现代社会中是广泛存在的、不可避免的, 对既有非线性性, 又有不适定性的重要科学问题, 研究有效的求解理论和算法, 既有重要的数学理论意义和价值, 也具有广泛的应用前景.

考虑非线性算子方程

$$F(x) = y, \tag{5.0.1}$$

其中 $F : \mathcal{D}(F) \subset \mathcal{X} \to \mathcal{Y}$ 为非线性算子, 记 $R(F) \subset Y$ 为 $F$ 的值域. 假设 $\mathcal{X}$ 和 $\mathcal{Y}$ 为 Hilbert 空间, $\|\cdot\|$ 和 $(\cdot, \cdot)$ 分别表示 Hilbert 空间中的范数和内积. 在实际问题中, 方程 (5.0.1) 右端项通常为含有噪声的测量数据, 记为 $y^\delta$. 假设

$$\|y - y^\delta\| \leqslant \delta, \tag{5.0.2}$$

其中 $\delta$ 为已知的噪声水平. 本章介绍求解非线性不适定问题的经典的 Tikhonov 正则化方法、梯度方法和 Newton 型方法.

## 5.1　Tikhonov 正则化

本节假设下面两个条件成立:
- $F$ 是连续的;
- $F$ 是弱闭的, 即如果 $x_n \subset \mathcal{D}(F)$ 在 $\mathcal{X}$ 中弱收敛到 $x$, $F(x_n)$ 在 $\mathcal{Y}$ 中弱收敛到 $y$, 则有 $x \in \mathcal{D}(F)$ 且 $F(x) = y$.

如果 $F$ 是连续的紧算子并且 $\mathcal{D}(F)$ 是弱闭的, 则上述两个假设自然成立.

记 $x^\dagger$ 为非线性问题 (5.0.1) 的 $x_0$-最小模解, 即

$$F\left(x^\dagger\right) = y$$

且

$$\left\|x^\dagger - x_0\right\| = \min\left\{\|x - x_0\| : F(x) = y\right\}.$$

对于非线性问题, $x_0$ 的选取是至关重要的. 在选择 $x_0$ 时, 需要融入 $F(x) = y$ 的先验信息. 如果方程有多个解, $x_0$ 实际上起到一个选择标准的角色. 一般而言,

$x_0$-最小模解不一定存在, 即使存在也不一定唯一. 本节中我们假设对 $y \in \mathcal{Y}$, 方程 (5.0.1) 存在 $x_0$-最小模解.

类似于线性问题, 我们先给出一个判断非线性问题是否不适定的准则[44].

**引理 5.1.1** 令 $F$ 是一个连续的非线性紧算子, $\mathcal{D}(F)$ 是弱闭的. 假设 $F\left(x^{\dagger}\right) = y$, 且存在 $\varepsilon > 0$, 使得对于所有 $\bar{y} \in \mathcal{R}(F) \cap \mathcal{B}_{\varepsilon}(y)$, 方程 $F(x) = \bar{y}$ 有唯一解. 如果存在一个序列 $\{x_n\} \subset \mathcal{D}(F)$ 满足

$$x_n \rightharpoonup x^{\dagger}, \quad x_n \nrightarrow x^{\dagger}, \tag{5.1.1}$$

则 $F^{-1}(\cdot)$ (定义在 $\mathcal{R}(F) \cap \mathcal{B}_{\varepsilon}(y)$) 是不连续的.

如果 (5.0.1) 是不适定的, 为了获得稳定的解, 需要引进正则化方法. 本节考虑经典的 Tikhonov 正则化. 和线性问题一样, 考虑如下极小化问题:

$$\left\|F(x) - y^{\delta}\right\|^2 + \alpha \left\|x - x_0\right\|^2 \to \min_{x \in \mathcal{D}(F)}, \tag{5.1.2}$$

其中 $\alpha > 0$ 为正则化参数, $y^{\delta} \in \mathcal{Y}$ 是满足 (5.0.2) 的噪声数据, $x_0 \in \mathcal{X}$. 基于对 $F$ 的假设, 极小化问题 (5.1.2) 存在解, 但通常不具有唯一性. 记 (5.1.2) 的解为 $x_{\alpha}^{\delta}$, 首先证明 $x_{\alpha}^{\delta}$ 连续依赖于数据 $y^{\delta}$ ([44]).

**定理 5.1.2** 设 $\alpha > 0$, $\{y_k\}$ 为一给定的序列, 且 $y_k \to y^{\delta}\,(k \to \infty)$. 在 (5.1.2) 中, 将 $y^{\delta}$ 替换成 $y_k$, 令 $x_k$ 为对应的极小元. 则 $\{x_k\}$ 存在收敛的子序列, 且每一个收敛子序列的极限都是 (5.1.2) 的极小元.

**证明** 根据 $x_k$ 的定义, 对任意的 $x \in \mathcal{D}(F)$ 有

$$\left\|F\left(x_k\right) - y_k\right\|^2 + \alpha \left\|x_k - x_0\right\|^2 \leqslant \left\|F(x) - y_k\right\|^2 + \alpha \left\|x - x_0\right\|^2. \tag{5.1.3}$$

因此, $\{\|x_k\| : k = 1, \cdots\}$ 和 $\{\|F(x_k)\| : k = 1, \cdots\}$ 是有界的. 从而存在 $\{x_k\}$ 的子列 $\{x_{m_j}\}$ 以及 $\bar{x}$, 使得 $j \to \infty$ 时

$$x_{m_j} \rightharpoonup \bar{x}, \quad F\left(x_{m_j}\right) \rightharpoonup F(\bar{x}).$$

再由范数的弱下半连续性, 可得

$$\|\bar{x} - x_0\| \leqslant \liminf_{j \to \infty} \|x_{m_j} - x_0\|$$

和

$$\left\|F(\bar{x}) - y^{\delta}\right\| \leqslant \liminf_{j \to \infty} \left\|F\left(x_{m_j}\right) - y_{m_j}\right\|. \tag{5.1.4}$$

此外, 由 (5.1.3) 可知, 对 $x \in \mathcal{D}(F)$ 有

$$\left\|F(\bar{x}) - y^{\delta}\right\|^2 + \alpha \left\|\bar{x} - x_0\right\|^2 \leqslant \liminf_{j \to \infty} \left( \left\|F\left(x_{m_j}\right) - y_{m_j}\right\|^2 + \alpha \left\|x_{m_j} - x_0\right\|^2 \right)$$

$$\leqslant \limsup_{j \to \infty} \left( \left\| F\left( x_{m_j} \right) - y_{m_j} \right\|^2 + \alpha \left\| x_{m_j} - x_0 \right\|^2 \right)$$

$$\leqslant \lim_{j \to \infty} \left( \left\| F(x) - y_{m_j} \right\|^2 + \alpha \left\| x - x_0 \right\|^2 \right)$$

$$= \left\| F(x) - y^\delta \right\|^2 + \alpha \left\| x - x_0 \right\|^2 .$$

这表明 $\bar{x}$ 是 (5.1.2) 的极小元, 且

$$\lim_{j \to \infty} \left( \left\| F\left( x_{m_j} \right) - y_{m_j} \right\|^2 + \alpha \left\| x_{m_j} - x_0 \right\|^2 \right) = \left\| F(\bar{x}) - y^\delta \right\|^2 + \alpha \left\| \bar{x} - x_0 \right\|^2 .$$

$$(5.1.5)$$

假设 $x_{m_j} \not\to \bar{x}$, 则

$$c := \limsup_{j \to \infty} \left\| x_{m_j} - x_0 \right\| > \left\| \bar{x} - x_0 \right\| ,$$

并且存在 $\{x_{m_j}\}$ 的子列 $\{\tilde{x}_n\}$, 使得 $\tilde{x}_n \to \bar{x}, F\left( \tilde{x}_n \right) \to F(\bar{x})$ 且 $\left\| \tilde{x}_n - x_0 \right\| \to c$. 由 (5.1.5) 可得

$$\lim_{n \to \infty} \left\| F\left( \tilde{x}_n \right) - y_n \right\|^2 = \left\| F(\bar{x}) - y^\delta \right\|^2 + \alpha \left( \left\| \bar{x} - x_0 \right\|^2 - c^2 \right) < \left\| F(\bar{x}) - y^\delta \right\|^2 ,$$

这与 (5.1.4) 矛盾. 由此证得 $x_{m_j} \to \bar{x}$. □

　　以下定理说明, 类似于线性问题, 只要恰当地选取正则化参数 $\alpha(\delta)$, 则 (5.1.2) 的解就收敛到 (5.0.1) 的 $x_0$-最小模解 ([44]).

　　**定理 5.1.3**　设 $y^\delta \in \mathcal{Y}$ 满足 (5.0.2). 如果 $\delta \to 0$ 时 $\alpha(\delta)$ 满足

$$\alpha(\delta) \to 0, \quad \delta^2 / \alpha(\delta) \to 0,$$

则 (5.1.2) 的极小元序列 $\left\{ x_{\alpha_k}^{\delta_k} \right\}$ 必有收敛子序列, 其中 $\delta_k \to 0, \alpha_k := \alpha\left( \delta_k \right)$, 且每一个收敛子列的极限都是 $x_0$-最小模解. 如果 $x_0$-最小模解 $x^\dagger$ 是唯一的, 则

$$\lim_{\delta \to 0} x_{\alpha(\delta)}^\delta = x^\dagger .$$

　　**证明**　由 $x_{\alpha_k}^{\delta_k}$ 的定义可得

$$\left\| F\left( x_{\alpha_k}^{\delta_k} \right) - y^{\delta_k} \right\|^2 + \alpha_k \left\| x_{\alpha_k}^{\delta_k} - x_0 \right\|^2 \leqslant \delta_k^2 + \alpha_k \left\| x^\dagger - x_0 \right\|^2 ,$$

进而有

$$\lim_{k \to \infty} F\left( x_{\alpha_k}^{\delta_k} \right) = y, \tag{5.1.6}$$

$$\limsup_{k\to\infty} \left\| x_{\alpha_k}^{\delta_k} - x_0 \right\| \leqslant \left\| x^\dagger - x_0 \right\|. \tag{5.1.7}$$

因此, $\left\{ x_{\alpha_k}^{\delta_k} \right\}$ 是有界的. 从而, 存在 $\left\{ x_{\alpha_k}^{\delta_k} \right\} \subset \mathcal{X}$ 和一个子列 (为简便, 仍记为 $\left\{ x_{\alpha_k}^{\delta_k} \right\}$), 使得

$$x_{\alpha_k}^{\delta_k} \rightharpoonup x, \quad k \to \infty. \tag{5.1.8}$$

联立 (5.1.6) 和 (5.1.8), 有 $x \in \mathcal{D}(F)$, $F(x) = y$. 再由范数弱下半连续性, 由 (5.1.7) 和 (5.1.8) 得

$$\| x - x_0 \| \leqslant \limsup_{k\to\infty} \left\| x_{\alpha_k}^{\delta_k} - x_0 \right\| \leqslant \left\| x^\dagger - x_0 \right\| \leqslant \| x - x_0 \|.$$

这表明 $\| x - x_0 \| = \left\| x^\dagger - x_0 \right\|$, 即 $x$ 也是 $x_0$-最小模解. 结合 (5.1.7), (5.1.8) 和

$$\left\| x_{\alpha_k}^{\delta_k} - x \right\|^2 = \left\| x_{\alpha_k}^{\delta_k} - x_0 \right\|^2 + \| x_0 - x \|^2 + 2\left( x_{\alpha_k}^{\delta_k} - x_0, x_0 - x \right),$$

可得

$$\limsup_{k\to\infty} \left\| x_{\alpha_k}^{\delta_k} - x \right\|^2 \leqslant 2\| x_0 - x \|^2 + 2\lim_{k\to\infty}\left( x_{\alpha_k}^{\delta_k} - x_0, x_0 - x \right) = 0,$$

因此,

$$\lim_{k\to\infty} x_{\alpha_k}^{\delta_k} = x.$$

如果 $x^\dagger$ 唯一, 注意到每一个序列都有一个收敛于 $x^\dagger$ 的子列, 即可证得 $x_{\alpha(\delta)}^\delta$ 的收敛性. □

接下来分析 Tikhonov 正则化方法的误差估计和收敛速度, 给出 $\| x_\alpha^\delta - x^\dagger \| = O(\sqrt{\delta})$ 的充分条件 ([44]).

**定理 5.1.4** 设 $\mathcal{D}(F)$ 是凸的, $y^\delta \in \mathcal{Y}$ 满足 (5.0.2), $x^\dagger$ 是一个 $x_0$-最小模解. 如 $F$ 满足

(1) $F$ 是 Fréchet 可微的;

(2) 存在常数 $C \geqslant 0$, 使得

$$\left\| F'\left( x^\dagger \right) - F'(x) \right\| \leqslant C \left\| x^\dagger - x \right\|, \quad \forall x \in \mathcal{D}(F); \tag{5.1.9}$$

(3) 存在 $w \in \mathcal{Y}$ 满足 $x^\dagger - x_0 = F'\left( x^\dagger \right)^* w$;

(4) $C\|w\| < 1$.

则有如下误差估计式:

$$\left\| x_\alpha^\delta - x^\dagger \right\| \leqslant \frac{\delta + \alpha\|w\|}{\sqrt{\alpha(1 - C\|w\|)}}, \tag{5.1.10}$$

$$\left\| F\left(x_\alpha^\delta\right) - y^\delta \right\| \leqslant \delta + 2\alpha\|w\|. \tag{5.1.11}$$

如果选取 $\alpha \sim \delta$, 则在 $\delta \to 0$ 时有

$$\left\| x_\alpha^\delta - x^\dagger \right\| = O(\sqrt{\delta}), \quad \left\| F\left(x_\alpha^\delta\right) - y^\delta \right\| = O(\delta).$$

**证明**　由于 $x_\alpha^\delta$ 是极小化问题 (5.1.2) 的解, $F\left(x^\dagger\right) = y$ 且 $\left\| y - y^\delta \right\| \leqslant \delta$, 因此

$$\left\| F\left(x_\alpha^\delta\right) - y^\delta \right\|^2 + \alpha \left\| x_\alpha^\delta - x_0 \right\|^2 \leqslant \delta^2 + \alpha \left\| x^\dagger - x_0 \right\|^2,$$

进而有

$$\begin{aligned} &\left\| F\left(x_\alpha^\delta\right) - y^\delta \right\|^2 + \alpha \left\| x_\alpha^\delta - x^\dagger \right\|^2 \\ &\leqslant \delta^2 + \alpha \left( \left\| x^\dagger - x_0 \right\|^2 + \left\| x_\alpha^\delta - x^\dagger \right\|^2 - \left\| x_\alpha^\delta - x_0 \right\|^2 \right) \\ &= \delta^2 + 2\alpha \left( x^\dagger - x_0, x^\dagger - x_\alpha^\delta \right). \end{aligned} \tag{5.1.12}$$

由条件 (1) 和 (2) 可得

$$F\left(x_\alpha^\delta\right) = F\left(x^\dagger\right) + F'\left(x^\dagger\right)\left(x_\alpha^\delta - x^\dagger\right) + r_\alpha^\delta, \tag{5.1.13}$$

其中

$$\left\| r_a^\delta \right\| \leqslant \frac{C}{2} \left\| x_\alpha^\delta - x^\dagger \right\|^2. \tag{5.1.14}$$

根据条件 (3), 由 (5.1.12) 可得

$$\left\| F\left(x_\alpha^\delta\right) - y^\delta \right\|^2 + \alpha \left\| x_\alpha^\delta - x^\dagger \right\|^2 \leqslant \delta^2 + 2\alpha \left( w, F'\left(x^\dagger\right)\left(x^\dagger - x_\alpha^\delta\right) \right). \tag{5.1.15}$$

由 (5.1.13)—(5.1.15) 可知

$$\begin{aligned} &\left\| F\left(x_\alpha^\delta\right) - y^\delta \right\|^2 + \alpha \left\| x_\alpha^\delta - x^\dagger \right\|^2 \\ &\leqslant \delta^2 + 2\alpha \left( w, \left(y - y^\delta\right) + \left(y^\delta - F\left(x_\alpha^\delta\right)\right) + r_\alpha^\delta \right) \\ &\leqslant \delta^2 + 2\alpha\delta\|w\| + 2\alpha\|w\| \left\| F\left(x_\alpha^\delta\right) - y^\delta \right\| + \alpha C\|w\| \left\| x_\alpha^\delta - x^\dagger \right\|^2. \end{aligned}$$

因此,

$$\left( \left\| F\left(x_\alpha^\delta\right) - y^\delta \right\| - \alpha\|w\| \right)^2 + \alpha(1 - C\|w\|) \left\| x_\alpha^\delta - x^\dagger \right\|^2 \leqslant (\delta + \alpha\|w\|)^2.$$

再利用条件 (4) 即可证得 (5.1.10) 和 (5.1.11). 最后, 选取 $\alpha \sim \delta$ 时的误差阶是显然的. □

**注解 5.1.5**  关于定理 5.1.4 中假定条件的若干说明.

(1) 定理 5.1.4 中的条件 (2) 可以减弱, 要求 (5.1.9) 对某个球 $\mathcal{B}_\rho(x^\dagger)$ 内的 $x$ 成立即可[178].

(2) 对线性问题, 定理 5.1.4 中的条件 (3) 对应于 $x^\dagger - x_0 \in \mathcal{R}(F^*)$, 此时收敛速度为 $O(\sqrt{\delta})$, 见定理 3.4.4 中的结论 (b).

(3) 如果 $F$ 是二次 Fréchet 可微的, 条件 (2) 和 (4) 可替换为更弱的条件

$$2\left(w, \int_0^1 (1-t)F''\left[x^\dagger + t\left(x_\alpha^\delta - x^\dagger\right)\right]\left(x_\alpha^\delta - x^\dagger\right)^2 dt\right) \leqslant C\left\|x_\alpha^\delta - x^\dagger\right\|^2, \quad C < 1.$$

对线性不适定问题, 根据定理 3.4.4 和定理 3.4.6, 当 $x^\dagger - x_0 \in \mathcal{R}(F^*F)$ 时 $\left\|x_\alpha^\delta - x^\dagger\right\|$ 可以获得最佳收敛速度 $O(\delta^{\frac{2}{3}})$. 对非线性不适定问题, 如果 $x^\dagger - x_0 \in \mathcal{R}(F'(x^\dagger)^* F'(x^\dagger))$, 则可以得到同样的收敛速度. 类似于线性问题 (参见注解 3.4.8), 我们甚至可以对更一般的源条件

$$x^\dagger - x_0 \in \mathcal{R}\left(\left(F'(x^\dagger)^* F'(x^\dagger)\right)^\mu\right), \quad \mu \in [1/2, 1]$$

的情形证明正则化解的收敛速度 ([144]).

**定理 5.1.6**  假设定理 5.1.4 中的条件成立, 如果 $x^\dagger$ 在 $\mathcal{D}(F)$ 的内部, 并且存在 $\mu \in [1/2, 1]$, 使得

$$x^\dagger - x_0 = \left(F'(x^\dagger)^* F'(x^\dagger)\right)^\mu v. \tag{5.1.16}$$

则对 $\alpha \sim \delta^{\frac{2}{2\mu+1}}$, 在 $\delta \to 0$ 时有

$$\left\|x_\alpha^\delta - x^\dagger\right\| = O\left(\delta^{\frac{2\mu}{2\mu+1}}\right).$$

**证明**  定义

$$z_\alpha := x^\dagger - \alpha(F'(x^\dagger)^* F'(x^\dagger) + \alpha I)^{-1} F'(x^\dagger)^* w, \tag{5.1.17}$$

其中 $w$ 如定理 5.1.4 的条件 (3) 所示. 由于 $\|z_\alpha - x^\dagger\| \leqslant \sqrt{\alpha}\|w\|$, 且 $x^\dagger$ 位于 $\mathcal{D}(F)$ 的内部, 则对于充分小的 $\alpha$ 有 $z_\alpha \in \mathcal{D}(F)$. 由定理 5.1.4 的条件 (1) 和 (2) 可得

$$F(z_\alpha) = F(x^\dagger) + F'(x^\dagger)(z_\alpha - x^\dagger) + s_\alpha, \tag{5.1.18}$$

其中

$$\|s_\alpha\| \leqslant \frac{\gamma}{2}\left\|z_\alpha - x^\dagger\right\|^2. \tag{5.1.19}$$

注意到

$$\left\| F\left(x_\alpha^\delta\right) - y^\delta \right\|^2 + \alpha \left\| x_\alpha^\delta - x_0 \right\|^2 \leqslant \left\| F\left(z_\alpha\right) - y^\delta \right\|^2 + \alpha \left\| z_\alpha - x_0 \right\|^2,$$

再结合 (5.1.13), (5.1.18) 以及定理 5.1.4 的条件 (3), 可得

$$
\begin{aligned}
\left\| x_\alpha^\delta - x^\dagger \right\|^2 \leqslant{}& \frac{1}{\alpha} \left( \left\| F\left(z_\alpha\right) - y^\delta \right\|^2 - \left\| F\left(x_\alpha^\delta\right) - y^\delta \right\|^2 \right) + \left\| z_\alpha - x^\dagger \right\|^2 \\
& + 2\left(z_\alpha - x^\dagger, x^\dagger - x_0\right) - 2\left(x_\alpha^\delta - x^\dagger, x^\dagger - x_0\right) \\
={}& 2\left(r_\alpha^\delta, w\right) - \frac{1}{\alpha} \left\| F\left(x_\alpha^\delta\right) - y^\delta + \alpha w \right\|^2 \\
& + \left\| z_\alpha - x^\dagger \right\|^2 + \frac{1}{\alpha} \left\| s_\alpha + y - y^\delta \right\|^2 \\
& + \left(2F'\left(x^\dagger\right)\left(z_\alpha - x^\dagger\right) + \alpha w, w\right) + \frac{1}{\alpha} \left\| F'\left(x^\dagger\right)\left(z_\alpha - x^\dagger\right) \right\|^2 \\
& + 2\left(y - y^\delta, w\right) + \frac{2}{\alpha}\left(s_\alpha + y - y^\delta, F'\left(x^\dagger\right)\left(z_\alpha - x^\dagger\right)\right). \quad (5.1.20)
\end{aligned}
$$

利用 (5.1.14), (5.1.17) 和 (5.1.19), 直接计算可得

$$2\left(r_\alpha^\delta, w\right) \leqslant \gamma \|w\| \left\| x_\alpha^\delta - x^\dagger \right\|^2,$$

$$\frac{1}{\alpha} \left\| s_\alpha + y - y^\delta \right\|^2 \leqslant \frac{2}{\alpha} \left( \frac{\gamma^2}{4} \left\| z_\alpha - x^\dagger \right\|^4 + \delta^2 \right),$$

$$
\begin{aligned}
& \left(2F'\left(x^\dagger\right)\left(z_\alpha - x^\dagger\right) + \alpha w, w\right) + \frac{1}{\alpha} \left\| F'\left(x^\dagger\right)\left(z_\alpha - x^\dagger\right) \right\|^2 \\
& = \alpha^3 \|(F'\left(x^\dagger\right) F'\left(x^\dagger\right)^* + \alpha I)^{-1} w\|^2,
\end{aligned}
$$

$$
\begin{aligned}
& 2\left(y - y^\delta, w\right) + \frac{2}{\alpha}\left(s_\alpha + y - y^\delta, F'\left(x^\dagger\right)\left(z_\alpha - x^\dagger\right)\right) \\
& \leqslant \gamma \|w\| \left\| z_\alpha - x^\dagger \right\|^2 + 2\delta\alpha \|(F'\left(x^\dagger\right) F'\left(x^\dagger\right)^* + \alpha I)^{-1} w\|.
\end{aligned}
$$

根据上述估计, 以及 (5.1.20) 和定理 5.1.4 的条件 (4), 有

$$
\begin{aligned}
\left\| x_\alpha^\delta - x^\dagger \right\|^2 = O\bigg(& \left\| z_\alpha - x^\dagger \right\|^2 + \frac{1}{\alpha} \left\| z_\alpha - x^\dagger \right\|^4 \\
& + \alpha^3 \|(F'\left(x^\dagger\right) F'\left(x^\dagger\right)^* + \alpha I)^{-1} w\|^2 + \frac{\delta^2}{\alpha} \bigg).
\end{aligned}
$$

再利用 $F'\left(x^\dagger\right)^* w = (F'\left(x^\dagger\right)^* F'\left(x^\dagger\right))^\mu v$ 以及算子谱理论, 有

$$\left\| x_\alpha^\delta - x^\dagger \right\|^2 = O\left( \alpha^{2\mu} e_\alpha + \frac{\delta^2}{\alpha} \right),$$

其中

$$e_\alpha := \int_0^\infty \frac{\lambda^{2\mu}\alpha^{2-2\mu} + \lambda^{2\mu-1}\alpha^{3-2\mu}}{(\lambda+\alpha)^2} d\|E_\lambda v\|^2,$$

这里 $\{E_\lambda : \lambda > 0\}$ 是 $F'(x^\dagger)^* F'(x^\dagger)$ 的谱集. 当 $1/2 \leqslant \mu < 1$ 时, $e_\alpha = o(1)$; 当 $\mu = 1$ 时, $e_\alpha = O(1)$. 注意到 $\alpha \sim \delta^{\frac{2}{2\mu+1}}$, 定理得证. $\qquad\square$

**注解 5.1.7** 关于正则化参数的选取和源条件的说明.

(1) 和处理线性不适定问题一样, 要寻找合适的正则化参数 $\alpha$, 使得误差 $\|x_\alpha^\delta - x^\dagger\|$ 尽可能小. 根据定理 5.1.4 和定理 5.1.6, 如果采用先验参数选择策略, 正则化参数依赖于精确解 $x^\dagger$ 的光滑性. 一般而言, 这种光滑性是很难预先保证的, 所以在实际计算中这种策略并不适用. 在第 3 章中, 对线性问题, 我们已证明了后验参数选择策略不需要精确解的先验信息就可以得到误差估计和收敛速度.

(2) 从定理 5.1.4 的证明可知, 由 Morozov 偏差原理选取的正则化参数 $\alpha(\delta)$, 即 $\alpha = \alpha(\delta)$ 由

$$\|F(x_\alpha^\delta) - y^\delta\| = \delta \qquad (5.1.21)$$

确定时, 可以得到正则化解的收敛速度 $O(\sqrt{\delta})$. 但是对于非线性问题, 只有在对正则化解加上非常严格的假设下, 方程 (5.1.21) 才有解, 并且为了求得解, 要求解两个非线性问题. 关于正则化参数的其他后验选取策略, 可以参考 [61] 和 [178].

(3) 在很多实际问题中, 噪声水平 $\delta$ 是未知的, 此时正则化参数的启发式选取策略更加有效 ([62]). 考虑更一般的源条件

$$x^\dagger - x_0 = \varphi\big(F'(x^\dagger)^* F'(x^\dagger)\big)v, \qquad (5.1.22)$$

其中 $\varphi$ 为定义在 $[0, \sigma]$ 上的连续、单调不减的指标函数, 且 $\sigma > \|F'(x^\dagger)\|^2$, $\varphi(0) = 0$. 若定理 5.1.4 中的假设条件成立, 且指标函数 $\varphi$ 满足一定的条件, 文献 [127] 中给出了一种基于平衡原理的启发式正则化参数选取策略, 并证明了正则化解的收敛速度.

类似于线性不适定问题在偏差 $\delta$ 下的最小模解 (定义 3.5.7), 考虑如下极小化问题:

$$\min_{x\in\mathcal{M}^\delta} \|x - x_0\|, \quad \mathcal{M}^\delta := \{x \in \mathcal{D}(F) : \|F(x) - y^\delta\| \leqslant \delta\}, \qquad (5.1.23)$$

可以证明, 在某些条件下, (5.1.23) 存在一个稳定解 $x^\delta$, 而且在定理 5.1.4 的条件下, 可以获得收敛速度 $\|x^\delta - x^\dagger\| = O(\sqrt{\delta})$. 但是这个问题求解起来仍然很困难. 因此, 考虑如下修正的 Tikhonov 正则化策略:

$$\big(\|F(x) - y^\delta\| - \delta\big)^2 + \alpha\|x - x_0\|^2 \to \min_{x\in\mathcal{D}(F)}. \qquad (5.1.24)$$

类似于经典的 Tikhonov 正则化, 可以证明对于所有的 $\alpha > 0$, 该问题存在一个稳定解, 记为 $x_\alpha^\delta$. 如果 $\alpha(\delta) = O(\delta^2)$, 正则化解在定理 5.1.3 的意义下收敛到 $x_0$-最小模解. 如果定理 5.1.4 的条件成立, 对问题 (5.1.24), 采用先验参数选择策略同样可以得到收敛率 $O(\sqrt{\delta})$ (命题 10.10, [44]), 注意到此时不需要精确解 $x^\dagger$ 的先验信息, 而且只需要求解一个非线性问题.

在 [75] 中, Ito 和 Jin 考虑对解加入某个凸约束, 从优化角度研究了 (5.0.1) 的 Tikhonov 正则化方法, 分析了正则化参数的后验选取策略和两种启发式选取策略, 并建立了正则化解的收敛速度. 文献 [65] 中研究了非线性不适定问题的 Tikhonov 正则化方法在 Hilbert 尺度下的收敛性分析, 其中 (5.1.2) 中的罚项采用了子空间 $\mathcal{X}_1 \subset \mathcal{X}$ 上更强的范数. 文献 [126] 考虑了右端项和非线性算子都含有误差的非线性不适定问题 (5.0.1) 的 Tikhonov 正则化方法, 证明了在 Hilbert 空间和 Banach 空间中的收敛速度.

## 5.2　梯　度　方　法

如果将算子方程 (5.0.1) 归结为求解优化问题

$$\min_{x \in \mathcal{D}(F)} \frac{1}{2} \|F(x) - y\|^2,$$

梯度方法是最常用的方法. 注意到上述泛函的负梯度为 $F'(x)^*(y - F(x))$, 且方程 (5.0.1) 的右端项通常是噪声数据 $y^\delta$, 由此得到如下迭代格式:

$$x_{k+1}^\delta = x_k^\delta + \omega_k^\delta F'\left(x_k^\delta\right)^* \left(y^\delta - F\left(x_k^\delta\right)\right), \quad k = 0, 1, 2, \cdots. \tag{5.2.1}$$

通过不同的方式选取 $\omega_k^\delta$, 可得到经典的 Landweber 迭代法、最速下降法和最小误差法等. 关于线性问题的迭代格式, 可以参见 3.10 节. 对不适定方程, 标准的迭代方法可能导致迭代过程的不稳定性[40]. 对迭代法作为一种正则化方法求解不适定问题的研究, 已有相关的研究[2,36,41,184].

### 5.2.1　非线性 Landweber 迭代

类似于线性问题的 Landweber 迭代 (3.6.1), 非线性不适定问题 (5.0.1) 的 Landweber 迭代格式为 ([58])

$$x_{k+1}^\delta = x_k^\delta + F'\left(x_k^\delta\right)^* \left(y^\delta - F\left(x_k^\delta\right)\right), \quad k = 0, 1, 2, \cdots, \tag{5.2.2}$$

即在 (5.2.1) 中取 $\omega_k^\delta = 1$, 其中 $y^\delta$ 是满足 (5.0.2) 的噪声数据. $x_0^\delta = x_0$ 是一个包含精确解先验信息的初始猜测, 如果将 Landweber 迭代方法应用于精确数据, 即

把 (5.2.2) 中的 $y^\delta$ 替换成 $y$, 则迭代解 $x_k^\delta$ 此时对应替换成 $x_k$, 即准确输入数据对应的迭代解. Landweber 迭代格式 (5.2.2) 要用到 $F$ 的导算子的性质, 下面可以看到, 要保证迭代格式的收敛性, 是需要对导数的性质作一些限制的. 对不利用导数信息的 Landweber 迭代格式求解某些特殊的非线性反问题的研究, 也已有相关的工作[97].

对于噪声数据的情况, 必须考虑迭代过程的停止准则. 我们采用偏差原理, 即选择停止指标 $k_* = k_* \left(\delta, y^\delta\right)$, 使得

$$\left\|y^\delta - F\left(x_{k_*}^\delta\right)\right\| \leqslant \tau\delta < \left\|y^\delta - F\left(x_k^\delta\right)\right\|, \quad 0 \leqslant k < k_*, \tag{5.2.3}$$

这里 $\tau$ 是一个合适的正数. Morozov 偏差原理 ($\tau > 1$) 已经成功应用于线性不适定问题的正则化 (定理 3.6.4). 对于非线性问题, 类似于 (5.2.2) 的迭代方法一般不会全局收敛. 但是如果对 $F$ 加一些条件, 可以证明局部收敛性.

**假设 5.2.1** (1) $F'$ 满足如下有界性条件:

$$\|F'(x)\| \leqslant 1, \quad \forall x \in \mathcal{B}_{2\rho}(x_0) \subset \mathcal{D}(F), \tag{5.2.4}$$

其中 $\mathcal{B}_{2\rho}(x_0)$ 是中心在 $x_0$, 半径为 $2\rho$ 的闭球.

(2) $F$ 满足如下切锥条件:

$$\|F(x) - F(\tilde{x}) - F'(x)(x - \tilde{x})\| \leqslant \eta\|F(x) - F(\tilde{x})\|, \quad \forall x, \tilde{x} \in \mathcal{B}_{2\rho}(x_0) \subset \mathcal{D}(F), \tag{5.2.5}$$

其中 $0 < \eta < \dfrac{1}{2}$.

**注解 5.2.2** 由切锥条件 (5.2.5) 可知, 对于所有的 $x, \tilde{x} \in \mathcal{B}_{2\rho}(x_0)$, 有

$$\frac{1}{1+\eta}\|F'(x)(\tilde{x} - x)\| \leqslant \|F(\tilde{x}) - F(x)\| \leqslant \frac{1}{1-\eta}\|F'(x)(\tilde{x} - x)\|, \tag{5.2.6}$$

由此可以证明 $x_0$-最小模解 $x^\dagger$ 的存在唯一性 ([87]).

首先, 介绍保证迭代序列某种单调性质的一个条件 (命题 11.2, [44]), 它可以帮助我们选择停止准则 (5.2.3) 中的 $\tau$.

**引理 5.2.3** 令假设 5.2.1 成立, 而且方程 $F(x) = y$ 存在解 $x_* \in \mathcal{B}_\rho(x_0)$. 如果 $x_k^\delta \in \mathcal{B}_\rho(x_*)$, 则 $x_{k+1}^\delta$ 比 $x_k^\delta$ 更接近 $x_*$ 的一个充分条件是

$$\left\|y^\delta - F\left(x_k^\delta\right)\right\| > 2\frac{1+\eta}{1-2\eta}\delta, \tag{5.2.7}$$

而且恒有 $x_k^\delta, x_{k+1}^\delta \in \mathcal{B}_\rho(x_*) \subset \mathcal{B}_{2\rho}(x_0)$.

**证明**　假设 $x_k^\delta \in \mathcal{B}_\rho(x_*)$, 由三角不等式得 $x_*, x_k^\delta \in \mathcal{B}_{2\rho}(x_0)$. 因此, (5.2.4) 和 (5.2.5) 成立. 再结合 (5.2.2) 可得

$$\left\|x_{k+1}^\delta - x_*\right\|^2 - \left\|x_k^\delta - x_*\right\|^2$$

$$= 2\left(x_{k+1}^\delta - x_k^\delta, x_k^\delta - x_*\right) + \left\|x_{k+1}^\delta - x_k^\delta\right\|^2$$

$$= 2\left(y^\delta - F\left(x_k^\delta\right), F'\left(x_k^\delta\right)\left(x_k^\delta - x_*\right)\right) + \left\|F'\left(x_k^\delta\right)^*\left(y^\delta - F\left(x_k^\delta\right)\right)\right\|^2$$

$$\leqslant 2\left(y^\delta - F\left(x_k^\delta\right), y^\delta - F\left(x_k^\delta\right) - F'\left(x_k^\delta\right)\left(x_* - x_k^\delta\right)\right) - \left\|y^\delta - F\left(x_k^\delta\right)\right\|^2$$

$$\leqslant \left\|y^\delta - F\left(x_k^\delta\right)\right\|\left(2\delta + 2\eta\left\|y - F\left(x_k^\delta\right)\right\| - \left\|y^\delta - F\left(x_k^\delta\right)\right\|\right)$$

$$\leqslant \left\|y^\delta - F\left(x_k^\delta\right)\right\|\left(2(1+\eta)\delta - (1-2\eta)\left\|y^\delta - F\left(x_k^\delta\right)\right\|\right). \tag{5.2.8}$$

如果 (5.2.7) 恒成立, 则上式右端项是负的, 结论得证.　　　　　　　　　　　□

根据这个引理, 停止准则 (5.2.3) 中的 $\tau$ 应该满足如下约束:

$$\tau > 2\frac{1+\eta}{1-2\eta} > 2, \tag{5.2.9}$$

其中 $\eta$ 如 (5.2.5) 所示. 从下述引理可知 (5.2.3) 中的停止步数 $k_*$ 是有限的 ([87]).

**引理 5.2.4**　设引理 5.2.3 中的假设恒成立, $k_*$ 是根据停止准则 (5.2.3) 和 (5.2.9) 确定的, 则

$$k_*(\tau\delta)^2 < \sum_{k=0}^{k_*-1}\left\|y^\delta - F\left(x_k^\delta\right)\right\|^2 \leqslant \frac{\tau}{(1-2\eta)\tau - 2(1+\eta)}\left\|x_0 - x_*\right\|^2. \tag{5.2.10}$$

特别地, 如果 $y^\delta = y$ (即 $\delta = 0$), 则

$$\sum_{k=0}^{\infty}\left\|y - F(x_k)\right\|^2 < \infty. \tag{5.2.11}$$

**证明**　因为 $x_0^\delta = x_0 \in \mathcal{B}_\rho(x_*)$, 所以引理 5.2.3 对所有 $k \in [0, k_*)$ 均成立. 从 (5.2.8) 可得

$$\left\|x_{k+1}^\delta - x_*\right\|^2 - \left\|x_k^\delta - x_*\right\|^2 \leqslant \left\|y^\delta - F\left(x_k^\delta\right)\right\|^2\left(2\tau^{-1}(1+\eta) + 2\eta - 1\right).$$

对这些不等式关于 $k$ 从 0 到 $k_* - 1$ 求和, 可得

$$\left(1 - 2\eta - 2\tau^{-1}(1+\eta)\right)\sum_{k=0}^{k_*-1}\left\|y^\delta - F\left(x_k^\delta\right)\right\|^2 \leqslant \left\|x_0 - x_*\right\|^2 - \left\|x_{k_*}^\delta - x_*\right\|^2.$$

再结合 (5.2.3) 可得 (5.2.10). 显然, 如果 $\delta = 0$, 则 (5.2.10) 中的 $k_*$ 可以是任意正整数, 进而选择充分大的 $\tau$ 满足

$$\sum_{k=0}^{\infty} \|y - F(x_k)\|^2 \leqslant \frac{1}{(1 - 2\eta)} \|x_0 - x_*\|^2. \qquad \square$$

(5.2.11) 表明, 如果考虑带精确数据 $y$ 的 Landweber 迭代, 则当 $k \to \infty$ 时迭代残差的模会趋于零. 也就是说, 如果迭代收敛, 则极限一定是 $F(x) = y$ 的一个解.

以下给出精确右端项对应的 Landweber 迭代序列的收敛性 ([58]).

**定理 5.2.5** 设条件 (5.2.4) 和 (5.2.5) 恒成立, 并且 $F(x) = y$ 在 $\mathcal{B}_\rho(x_0)$ 中是可解的. 考虑带精确数据 $y$ 的非线性 Landweber 迭代, 则其迭代序列会收敛到 $F(x) = y$ 的解. 如果对所有的 $x \in \mathcal{B}_\rho(x^\dagger)$ 有 $\mathcal{N}(F'(x^\dagger)) \subset \mathcal{N}(F'(x))$, 则当 $k \to \infty$ 时 $x_k$ 收敛到 $x^\dagger$.

**证明** 注意到 $x_0$-最小模解 $x^\dagger \in \mathcal{B}_\rho(x_0)$. 令

$$e_k := x_k - x^\dagger,$$

则引理 5.2.3 表明 $\|e_k\|$ 单调递减到某个 $\varepsilon \geqslant 0$. 接下来证明 $\{e_k\}$ 是 Cauchy 列. 给定 $j \geqslant k$, 在 $k$ 和 $j$ 之间选择某个整数 $l$, 使得对于所有的 $k \leqslant i \leqslant j$ 都有

$$\|y - F(x_l)\| \leqslant \|y - F(x_i)\|, \qquad (5.2.12)$$

从而可得

$$\|e_j - e_k\| \leqslant \|e_j - e_l\| + \|e_l - e_k\| \qquad (5.2.13)$$

和

$$\begin{cases} \|e_j - e_l\|^2 = 2(e_l - e_j, e_l) + \|e_j\|^2 - \|e_l\|^2, \\ \|e_l - e_k\|^2 = 2(e_l - e_k, e_l) + \|e_k\|^2 - \|e_l\|^2. \end{cases} \qquad (5.2.14)$$

当 $k \to \infty$ (从而 $j, l \to \infty$) 时, (5.2.14) 中每个等式右端后两项之和会收敛到 $\varepsilon^2 - \varepsilon^2 = 0$. 下面借助 (5.2.2) 和 (5.2.5) 证明: 当 $k \to \infty$ 时 $(e_l - e_j, e_l)$ 也趋于零. 事实上, 容易推知

$$|(e_l - e_j, e_l)| = \left| \sum_{i=l}^{j-1} \left( F'(x_i)^* (y - F(x_i)), e_l \right) \right|$$

$$\leqslant \sum_{i=l}^{j-1} \left| \left( y - F(x_i), F'(x_i)(x_l - x^\dagger) \right) \right|$$

$$\leqslant \sum_{i=l}^{j-1} \|y - F(x_i)\| \left( \|y - F(x_i) - F'(x_i)(x^\dagger - x_i)\| \right.$$

$$\left. + \|y - F(x_l)\| + \|F(x_i) - F(x_l) - F'(x_i)(x_i - x_l)\| \right)$$

$$\leqslant (1 + \eta) \sum_{i=l}^{j-1} \|y - F(x_i)\| \|y - F(x_l)\| + 2\eta \sum_{i=l}^{j-1} \|y - F(x_i)\|^2$$

$$\leqslant (1 + 3\eta) \sum_{i=l}^{j-1} \|y - F(x_i)\|^2,$$

其中最后一个不等式由 (5.2.12) 得到. 类似地, 可以证明

$$|(e_l - e_k, e_l)| \leqslant (1 + 3\eta) \sum_{i=k}^{l-1} \|y - F(x_i)\|^2.$$

根据这些估计, 由 (5.2.11) 知, 当 $k \to \infty$ 时 (5.2.14) 的右端项趋于零. 因此, 从 (5.2.13) 知 $\{e_k\}$ 是 Cauchy 列, 进而 $\{x_k\}$ 也是 Cauchy 列. 因此, 当 $k \to \infty$ 时 $x_k$ 的极限一定是 $F(x) = y$ 的一个解.

如果对所有的 $x \in \mathcal{B}_\rho(x^\dagger)$ 有 $\mathcal{N}(F'(x^\dagger)) \subset \mathcal{N}(F'(x))$, 则借助 Landweber 迭代的定义 (5.2.2), 有

$$x_{k+1} - x_k \in \mathcal{R}(F'(x_k)^*) \subset \mathcal{N}(F'(x_k))^\perp \subset \mathcal{N}(F'(x^\dagger))^\perp.$$

因此, 对所有的 $k \in \mathbb{N}$ 恒成立

$$x_k - x_0 \in \mathcal{N}(F'(x^\dagger))^\perp.$$

从而对于 $x_k$ 的极限上述结果也成立. 由于 $x^\dagger$ 是使得这个条件恒成立的唯一解, 这就证明了 $k \to \infty$ 时有 $x_k \to x^\dagger$.                                  □

**注解 5.2.6**　一般而言 Landweber 迭代序列的极限不是 $x_0$-最小模解. 然而, 因为引理 5.2.3 的单调性结果对每一个解都成立, 所以 $x_k$ 的极限应该至少靠近 $x^\dagger$.

如果 $y^\delta$ 不属于 $F$ 的值域, 则 (5.2.2) 产生的迭代序列 $x_k^\delta$ 不能收敛, 但是如果在 $k_*$ 步之后停止迭代, 则对 $F(x) = y$ 的解就可以产生一个稳定的逼近. 下面的结果表明停止准则 (5.2.3) 和 (5.2.9) 使得 Landweber 迭代成为一种正则化方法 ([58]).

**定理 5.2.7**　设定理 5.2.5 中的假设成立, 且 $k_* = k_*(\delta, y^\delta)$ 根据停止准则 (5.2.3) 和 (5.2.9) 选择, 则当 $\delta \to 0$ 时 Landweber 迭代序列 $\{x_{k_*}^\delta\}$ 收敛到 $F(x) = y$ 的一个解. 如果对所有的 $x \in \mathcal{B}_\rho(x^\dagger)$, 有

$$\mathcal{N}(F'(x^\dagger)) \subset \mathcal{N}(F'(x)),$$

则当 $\delta \to 0$ 时, $x_{k_*}^{\delta}$ 收敛到 $x^{\dagger}$.

**证明** 令 $x_*$ 是对应于精确数据 $y$ 的 Landweber 迭代序列的极限, 取 $\delta_n \to 0 \, (n \to \infty)$, 记 $y_n := y^{\delta_n}$ 为对应噪声 $\delta_n$ 的扰动数据序列, 考虑相应于 $(\delta_n, y_n)$ 的 Landweber 迭代, 设 $k_n = k_*(\delta_n, y_n)$ 是由偏差原理所确定的停止指标.

首先, 令 $k$ 是 $\{k_n\}$ 的有限聚点. 不失一般性, 假设对所有的 $n \in \mathbb{N}$ 都有 $k_n = k$. 因此, 由 $k_n$ 的定义可得

$$\left\| y_n - F\left(x_k^{\delta_n}\right) \right\| \leqslant \tau \delta_n. \tag{5.2.15}$$

对固定的 $k$, $x_k^{\delta_n}$ 连续依赖于 $y_n^{\delta}$. 因此, 在 (5.2.15) 中取极限 $n \to \infty$ 可得

$$x_k^{\delta_n} \to x_k, \quad F\left(x_k^{\delta_n}\right) \to F(x_k) = y.$$

换言之, 带精确数据的 Landweber 迭代的第 $k$ 步迭代解是 $F(x) = y$ 的一个解, 故迭代以 $x_* = x_k$ 终止, 并且当 $\delta_n \to 0$ 有 $x_{k_n}^{\delta_n} \to x_*$.

接下来考虑当 $n \to \infty$ 时 $k_n \to \infty$ 的情况. 对于 $k_n > k$, 由引理 5.2.3 可得

$$\left\| x_{k_n}^{\delta_n} - x_* \right\| \leqslant \left\| x_k^{\delta_n} - x_* \right\| \leqslant \left\| x_k^{\delta_n} - x_k \right\| + \left\| x_k - x_* \right\|. \tag{5.2.16}$$

给定 $\varepsilon > 0$, 由定理 5.2.5 知可以选择足够大的 $k = k(\varepsilon)$ 使得 (5.2.16) 的右端第二项小于 $\varepsilon/2$. 根据非线性 Landweber 迭代的稳定性, 对于任意的 $n > n(\varepsilon, k)$ 都有

$$\left\| x_k^{\delta_n} - x_k \right\| < \varepsilon/2,$$

这表明对于充分大的 $n$ (使得 $k_n > k$), (5.2.16) 的左端项比 $\varepsilon$ 小. 因此

$$\lim_{n \to \infty} x_{k_n}^{\delta_n} = x_*. \qquad \Box$$

在前面的一般假设下, 对精确数据 $y$ 有

$$\lim_{k \to \infty} x_k = x_*,$$

而对噪声数据 $y^{\delta}$ 有

$$\lim_{\delta \to 0} x_{k_*}^{\delta} = x_*,$$

但这两种情况的收敛速度可能非常慢. 对于线性不适定问题 $Kx = y$, 如果源条件

$$x^{\dagger} - x_0 = (K^*K) v, \quad v \in \mathcal{N}(K)^{\perp}$$

成立, 定理 3.6.4 中给出了 Landweber 迭代序列的收敛速度. 事实上, 对更一般的源条件

$$x^{\dagger} - x_0 = (K^*K)^{\mu} v, \quad \mu > 0, \quad v \in \mathcal{N}(K)^{\perp},$$

也可以建立类似的收敛速度. 对于非线性问题, 对应的源条件为 ([44])

$$x^\dagger - x_0 = \left(F'\left(x^\dagger\right)^* F'\left(x^\dagger\right)\right)^\mu v, \quad v \in \mathcal{N}\left(F'\left(x^\dagger\right)\right)^\perp. \tag{5.2.17}$$

在许多例子中, 如果 $\mu > 0$, 这个条件意味着 $x^\dagger - x_0$ 需要满足一定的光滑性.

不同于 Tikhonov 正则化的情形 (定理 5.1.6), 源条件 (5.2.17) (其中 $\|v\|$ 充分小) 不足以保证获得 Landweber 迭代序列的收敛速度. 如果 $F$ 还满足

$$F'(x) = R_x F'\left(x^\dagger\right), \quad \|R_x - I\| \leqslant c \left\|x - x^\dagger\right\|, \quad \forall x \in \mathcal{B}_{2\rho}\left(x_0\right), \tag{5.2.18}$$

其中 $\{R_x : x \in \mathcal{B}_{2\rho}\left(x_0\right)\}$ 是一簇有界线性算子 $R_x : \mathcal{Y} \to \mathcal{Y}$, $c$ 是一个正常数, 则可以证明收敛速度 ([58]).

**定理 5.2.8**　假设算子 $F$ 满足条件 (5.2.5) 和 (5.2.18), $x^\dagger - x_0$ 满足源条件 (5.2.17), 其中 $\mu \in (0, 1/2]$ 且 $\|v\|$ 充分小. 令 $k_* = k_*\left(\delta, y^\delta\right)$ 根据停止准则 (5.2.3) 和 (5.2.9) 选择. 则

$$\|k_*\| \leqslant c_1(\|v\|/\delta)^{2/(2\mu+1)},$$
$$\left\|x^\dagger - x_{k_*}^\delta\right\| \leqslant c_2\|v\|^{1/(2\mu+1)} \delta^{2\mu/(2\mu+1)},$$

其中 $c_1, c_2$ 为仅依赖于 $\mu$ 的正常数.

由定理 5.2.8, 当 $\mu = 1/2$ 时达到最优收敛速度 $O(\delta^{1/2})$, 但条件 (5.2.18) 比较苛刻. [58] 给出了一个重建扩散系数的反问题, 该反问题并不满足此条件. 因此, 以下将 (5.2.2) 换成修正的迭代化方法:

$$x_{k+1}^\delta = x_k^\delta + \omega G^\delta\left(x_k^\delta\right)^*\left(y^\delta - F\left(x_k^\delta\right)\right), \quad k = 0, 1, 2, \cdots, \tag{5.2.19}$$

其中 $x_0^\delta = x_0$ 为初始猜测, $G^\delta(x) := G\left(x, y^\delta\right)$, $G$ 是从 $\mathcal{D}(F) \times \mathcal{Y}$ 映射到 $\mathcal{L}(\mathcal{X}, \mathcal{Y})$ 的一个连续算子. 对这个迭代格式, 也可以采用偏差原理 (5.2.3) 作为迭代停止准则. 为了获得局部收敛性和收敛速度, 需要下面的假设:

**假设 5.2.9**　(1) 令 $\rho$ 满足 $\mathcal{B}_{2\rho}\left(x_0\right) \subset \mathcal{D}(F)$, 且方程 $F(x) = y$ 在 $\mathcal{B}_\rho\left(x_0\right)$ 中有一个 $x_0$-最小模解.

(2) 存在正常数 $c_1, c_2, c_3$ 以及线性算子 $R_x^\delta$, 使得对于所有的 $x \in \mathcal{B}_\rho\left(x^\dagger\right)$ 成立

$$\left\|F(x) - F\left(x^\dagger\right) - F'\left(x^\dagger\right)\left(x - x^\dagger\right)\right\| \leqslant c_1\left\|F(x) - F\left(x^\dagger\right)\right\|\left\|x - x^\dagger\right\|, \tag{5.2.20}$$

$$G^\delta(x) = R_x^\delta G^\delta\left(x^\dagger\right), \tag{5.2.21}$$

$$\left\|R_x^\delta - I\right\| \leqslant c_2\left\|x - x^\dagger\right\|, \tag{5.2.22}$$

$$\left\|F'\left(x^\dagger\right) - G^\delta\left(x^\dagger\right)\right\| \leqslant c_3\delta. \tag{5.2.23}$$

(3) (5.2.19) 中的参数 $\omega$ 满足

$$\omega \left\| F'\left(x^{\dagger}\right) \right\|^2 \leqslant 1. \tag{5.2.24}$$

在上述假设下, 可建立修正的迭代方法 (5.2.19) 的收敛性和收敛速度 (定理 2.8, 定理 2.13, [87]).

**定理 5.2.10** 令假设 5.2.9 成立. $k_* = k_*\left(\delta, y^{\delta}\right)$ 根据停止准则 (5.2.3) 选择.

(1) 如果 $\left\| x_0 - x^{\dagger} \right\|$ 充分小, 且 (5.2.3) 中的 $\tau$ 充分大, 使得

$$2\eta_1 + \eta_2^2 \eta_3^2 < 2, \quad \tau > \frac{2\left(1 + \eta_1 + c_3 \eta_2 \left\| x_0 - x^{\dagger} \right\|\right)}{2 - 2\eta_1 - \eta_2^2 \eta_3^2},$$

其中

$$\eta_1 := \left\| x_0 - x^{\dagger} \right\| \left(c_1 + c_2 \left(1 + c_1 \left\| x_0 - x^{\dagger} \right\|\right)\right),$$
$$\eta_2 := 1 + c_2 \left\| x_0 - x^{\dagger} \right\|, \quad \eta_3 := 1 + 2c_3 \left\| x_0 - x^{\dagger} \right\|.$$

则当 $\delta \to 0$ 时 (5.2.19) 产生的迭代序列 $\{x_{k_*}^{\delta}\}$ 收敛到 $x^{\dagger}$.

(2) 如果 $\tau > 2$, $x^{\dagger} - x_0$ 满足源条件 (5.2.17) (其中 $0 < \mu \leqslant 1/2$), 且 $\|v\|$ 充分小, 则

$$k_* = O\left(\|v\|^{\frac{2}{2\mu+1}} \delta^{-\frac{2}{2\mu+1}}\right),$$

$$\left\| x_{k_*}^{\delta} - x^{\dagger} \right\| = \begin{cases} o\left(\|v\|^{\frac{1}{2\mu+1}} \delta^{\frac{2\mu}{2\mu+1}}\right), & \mu < \dfrac{1}{2} \\[2mm] O\left(\sqrt{\|v\|\delta}\right), & \mu = \dfrac{1}{2}. \end{cases}$$

**注解 5.2.11** 如果假设 5.2.9 和源条件 (5.2.17) 都成立, 定理 5.2.10 表明 $\mu = 1/2$ 时可得到最佳的收敛速度

$$\left\| x_{k_*}^{\delta} - x^{\dagger} \right\| = O(\sqrt{\delta}).$$

如果 $\|F'(x)\| \leqslant \gamma \leqslant 1$, 与 (5.2.9) 相比, Hanke 提出了一个关于 $\tau$ 的更小的下界 ([60]), 即

$$\tau > \alpha_{\gamma}^+(\eta) \frac{1 + \eta}{1 - 2\eta}, \tag{5.2.25}$$

其中

$$\alpha_{\gamma}^+(\eta) = \frac{\sqrt{1 - 4\eta + (5 + \eta^4)\eta^2 - 2\eta^3} + \eta\gamma^2}{1 - \eta},$$

并对改进后的停止准则 (5.2.3) 和 (5.2.25), 证明了迭代序列的收敛速度.

在文献 [83] 中, Jose 和 Rajan 提出了一种简化的 Landweber 迭代:

$$x_{k+1}^{\delta} = x_k^{\delta} + F'(x_0)^* \left( y^{\delta} - F\left(x_k^{\delta}\right) \right), \quad k = 0, 1, 2, \cdots, \tag{5.2.26}$$

即在迭代过程中只需要计算一次 Fréchet 导数 $F'(x_0)$, 从而极大地减少了计算量. 另外, 在某些简化的假设条件下, 可证明迭代格式 (5.2.26) 的收敛性和收敛速度.

### 5.2.2 最速下降法和最小误差法

为方便起见, 将迭代格式 (5.2.1) 写成

$$x_{k+1}^{\delta} = x_k^{\delta} + \omega_k^{\delta} s_k^{\delta}, \quad s_k^{\delta} := F'\left(x_k^{\delta}\right)^* \left( y^{\delta} - F\left(x_k^{\delta}\right) \right), \quad k = 0, 1, 2, \cdots. \tag{5.2.27}$$

对最速下降法, 系数 $\omega_k^{\delta}$ 取为

$$\omega_k^{\delta} := \frac{\left\| s_k^{\delta} \right\|^2}{\left\| F'\left(x_k^{\delta}\right) s_k^{\delta} \right\|^2}, \tag{5.2.28}$$

而最小误差法中系数 $\omega_k^{\delta}$ 取为

$$\omega_k^{\delta} := \frac{\left\| y^{\delta} - F\left(x_k^{\delta}\right) \right\|^2}{\left\| s_k^{\delta} \right\|^2}. \tag{5.2.29}$$

首先说明最速下降法和最小误差法是可行的, 并给出误差的单调性 ([87]).

**定理 5.2.12** 假设切锥条件 (5.2.5) 成立, 且 $F(x) = y$ 有解 $x_* \in \mathcal{B}_{\rho}(x_0)$. 令 $k_* = k_*(\delta, y^{\delta})$ 由停止准则 (5.2.3) 和 (5.2.9) 确定, 则由 (5.2.28) 或 (5.2.29) 对应产生的 $x_k^{\delta}$ 是有意义的, 且有

$$\left\| x_{k+1}^{\delta} - x_* \right\| \leqslant \left\| x_k^{\delta} - x_* \right\|, \quad 0 \leqslant k < k_*.$$

此外, 对任意 $0 \leqslant k \leqslant k_*$, 有 $x_k^{\delta} \in \mathcal{B}_{\rho}(x_*) \subset \mathcal{B}_{2\rho}(x_0)$, 且

$$\sum_{k=0}^{k_*-1} \omega_k^{\delta} \left\| y^{\delta} - F\left(x_k^{\delta}\right) \right\|^2 \leqslant \Psi^{-1} \left\| x_0 - x_* \right\|^2, \tag{5.2.30}$$

其中

$$\Psi := (1 - 2\eta) - 2\tau^{-1}(1 + \eta). \tag{5.2.31}$$

**证明** 设 $x_k^\delta \in \mathcal{B}_\rho(x_*)$, 其中 $0 \leqslant k < k_*$. 首先证明 $s_k^\delta \neq 0$ 和 $F'(x_k^\delta) s_k^\delta \neq 0$. 假设 $s_k^\delta = 0$, 则由 (5.2.27) 可得

$$
\begin{aligned}
0 &= (s_k^\delta, x_k^\delta - x_*) \\
&= (y^\delta - F(x_k^\delta), y^\delta - y) - \left\| y^\delta - F(x_k^\delta) \right\|^2 \\
&\quad - (y^\delta - F(x_k^\delta), F(x_k^\delta) - F(x_*) - F'(x_k^\delta)(x_k^\delta - x_*)),
\end{aligned}
$$

利用 (5.0.2) 和 (5.2.5) 可知

$$
\left\| y^\delta - F(x_k^\delta) \right\|^2 \leqslant \left\| y^\delta - F(x_k^\delta) \right\| (\delta + \eta(\delta + \left\| y^\delta - F(x_k^\delta) \right\|)).
$$

再由 (5.2.9) 知

$$
\left\| y^\delta - F(x_k^\delta) \right\| \leqslant \frac{1+\eta}{1-\eta}\delta \leqslant \frac{\tau}{2}\delta,
$$

这和 (5.2.3) 矛盾. 因此, $s_k^\delta \neq 0$.

假设 $F'(x_k^\delta) s_k^\delta = 0$, 则 $s_k^\delta \in \mathcal{N}(F'(x_k^\delta))$. 根据 $s_k^\delta$ 的定义, 可知

$$
s_k^\delta \in \mathcal{R}(F'(x_k^\delta)^*) \subset \mathcal{N}(F'(x_k^\delta))^\perp.
$$

因此 $s_k^\delta = 0$, 这和上面证明的结果相矛盾, 即 $F'(x_k^\delta) s_k^\delta \neq 0$. 从而, (5.2.27) 定义的 $x_{k+1}^\delta$ 是有意义的.

此外, 由 (5.0.2) 和 (5.2.5) 可得

$$
\begin{aligned}
&\left\| x_{k+1}^\delta - x_* \right\|^2 - \left\| x_k^\delta - x_* \right\|^2 \\
&= 2(x_{k+1}^\delta - x_k^\delta, x_k^\delta - x_*) + \left\| x_{k+1}^\delta - x_k^\delta \right\|^2 \\
&= 2\omega_k^\delta (y^\delta - F(x_k^\delta), F'(x_k^\delta)(x_k^\delta - x_*)) + (\omega_k^\delta)^2 \left\| s_k^\delta \right\|^2 \\
&\leqslant \omega_k^\delta \left\| y^\delta - F(x_k^\delta) \right\| (2(1+\eta)\delta - (1-2\eta) \left\| y^\delta - F(x_k^\delta) \right\|) \\
&\quad - \omega_k^\delta (\left\| y^\delta - F(x_k^\delta) \right\|^2 - \omega_k^\delta \left\| s_k^\delta \right\|^2).
\end{aligned}
$$

进而由 (5.2.3) 有

$$
\begin{aligned}
&\left\| x_{k+1}^\delta - x_* \right\|^2 + \Psi \omega_k^\delta \left\| y^\delta - F(x_k^\delta) \right\|^2 \\
&\leqslant \left\| x_k^\delta - x_* \right\|^2 - \omega_k^\delta (\left\| y^\delta - F(x_k^\delta) \right\|^2 - \omega_k^\delta \left\| s_k^\delta \right\|^2). \tag{5.2.32}
\end{aligned}
$$

根据 (5.2.9), 上式中 $\Psi > 0$.

接下来证明, 如果 $\omega_k^\delta$ 如 (5.2.28) 或者 (5.2.29) 所示, 则 (5.2.32) 右端括号里的表达式是非负的. 对 (5.2.29) 的情形, 括号里的表达式显然等于 0. 考虑 (5.2.28) 的情形, 有

$$\omega_k^\delta \left\| s_k^\delta \right\|^2 = \frac{\left( F'\left( x_k^\delta \right) s_k^\delta, y^\delta - F\left( x_k^\delta \right) \right)^2}{\left\| F'\left( x_k^\delta \right) s_k^\delta \right\|^2} \leqslant \left\| y^\delta - F\left( x_k^\delta \right) \right\|^2.$$

因此, 有

$$\left\| x_{k+1}^\delta - x_* \right\|^2 + \Psi \omega_k^\delta \left\| y^\delta - F\left( x_k^\delta \right) \right\|^2 \leqslant \left\| x_k^\delta - x_* \right\|^2.$$

注意到 $x_0 \in \mathcal{B}_\rho\left( x_* \right)$, 易证得结论. □

对于经典的 Landweber 迭代, 为了证明收敛性, 一般需要条件 (5.2.4) 或者 (5.2.24), 即关于 $\|F'(x)\|$ 的估计, 而最速下降法和最小模法都不需要类似的估计, 但需要假设 $F'$ 连续以及

$$\omega := \sup_{x \in \mathcal{B}_{2\rho}(x_0)} \|F'(x)\| < \infty. \tag{5.2.33}$$

该条件保证了由 (5.2.28) 或 (5.2.29) 定义的 $\omega_k^\delta$ 有下界 $\omega^{-2}$. 进而由 (5.2.3) 和 (5.2.30) 知 $k_* < \infty$.

对于精确数据, 有两种可能性. 如果 $k_* < \infty$, 则 $F(x) = y$ 的精确解已经得到; 如果 $k_* = \infty$, 迭代会收敛到 $F(x) = y$ 的某个解 ([87]).

**定理 5.2.13**　设 (5.2.5) 和 (5.2.33) 成立, 并且 $F(x) = y$ 在 $\mathcal{B}_\rho(x_0)$ 中可解. 令 $k_* = k_*(0, y) = \infty$, 如果将精确解 $\left( y^\delta = y \right)$ 应用于 (5.2.27) 定义的迭代, 则迭代序列 $\{x_k\}$ 会收敛到 $F(x) = y$ 的一个解, 其中 $\omega_k$ 由 (5.2.28) 或 (5.2.29) 定义. 如果对任意的 $x \in \mathcal{B}_\rho\left( x^\dagger \right)$ 有 $\mathcal{N}\left( F'\left( x^\dagger \right) \right) \subset \mathcal{N}\left( F'(x) \right)$, 则当 $k \to \infty$ 时 $x_k$ 收敛到 $x^\dagger$.

**证明**　证明过程类似于定理 5.2.5 的情形, 其中 $\|y - F(x_i)\|^2$ 替换为 $\omega_i \| y - F(x_i) \|^2$. 利用定理 5.2.12, 可得

$$\sum_{k=0}^\infty \omega_k \|y - F(x_k)\|^2 < \infty,$$

再根据 (5.2.33), 易知 $k \to \infty$ 时 $\|y - F(x_k)\| \to 0$. □

下面证明, 带停止准则 (5.2.3), (5.2.9) 的最速下降法和最小误差法是正则化方法 ([87]).

**定理 5.2.14**　假设 (5.2.5) 和 (5.2.33) 成立, $F(x) = y$ 在 $\mathcal{B}_\rho(x_0)$ 中可解. 设 $k_* = k_*\left( \delta, y^\delta \right)$ 是根据停止准则 (5.2.3), (5.2.9) 选择的, 则 (5.2.27) 定义的迭代解

$x_{k_*}^\delta$ 收敛到 $F(x) = y$ 的一个解, 其中 $\omega_k^\delta$ 由 (5.2.28) 或 (5.2.29) 定义. 如果对任意的 $x \in \mathcal{B}_\rho(x^\dagger)$, 都有 $\mathcal{N}(F'(x^\dagger)) \subset \mathcal{N}(F'(x))$, 则 $\delta \to 0$ 时 $x_{k_*}^\delta$ 收敛到 $x^\dagger$.

**证明** 由 (5.2.3), (5.2.27)—(5.2.29) 和定理 5.2.12 可知, 对所有的 $k \in [0, k_*(0, y))$, 若 $\delta > 0$ 足够小, 则

$$k_*(\delta, y^\delta) > k, \tag{5.2.34}$$

$x_l^\delta$ 是良好定义的, 且

$$\lim_{\delta \to 0} x_l^\delta = x_l, \quad 0 \leqslant l \leqslant k+1. \tag{5.2.35}$$

令 $x_*$ 是 $x_k$ 的极限, 且当 $n \to \infty$ 时 $\delta_n \to 0$. 设 $y_n := y^{\delta_n}$ 是一个噪声数据序列, $k_n = k_*(\delta_n, y_n)$ 是将 $(\delta_n, y_n)$ 应用于 Landweber 迭代时由偏差原理决定的停止指标.

如果 $\tilde{k} := k_*(0, y) < \infty$, 则由 (5.2.34) 和定理 5.2.12 可知, 对足够大的 $n$ 有 $k_n \geqslant \tilde{k}$, 并且

$$\left\| x_{k_n}^{\delta_n} - x_* \right\| \leqslant \left\| x_{\tilde{k}}^{\delta_n} - x_* \right\| = \left\| x_{\tilde{k}}^{\delta_n} - x_{\tilde{k}} \right\| \to 0, \quad n \to \infty.$$

如果 $k_*(0, y) = \infty$, 则当 $n \to \infty$ 时有 $k_n \to \infty$. 其余的证明仿照对定理 5.2.7 的证明. $\qquad\square$

为了得到收敛速度, 假设源条件 (5.2.17) (其中 $\mu = 1/2$) 和 (5.2.18) 都成立, 则

$$\left(F'(x^\dagger)^* F'(x^\dagger)\right)^{-\frac{1}{2}} (x_k - x^\dagger)$$

是有界的, 进而可证明如下结果, 证明过程参见 [146].

**定理 5.2.15** 假设 (5.2.17) 和 (5.2.18) 成立, 其中 $c$ 充分小, $\mu = 1/2$, 并且 $x^\dagger \in \mathcal{B}_\rho(x_0)$, 则

$$\left\| x_k - x^\dagger \right\| = O(k^{-\frac{1}{2}}),$$

其中 $\{x_k\}$ 是由精确数据 $(y^\delta = y)$ 的迭代方法 (5.2.27) 产生的序列, $\omega_k$ 由 (5.2.28) 或 (5.2.29) 定义.

文献 [149] 中提出了关于步长 $\omega_k^\delta$ 新的选取策略, 即

$$\omega_k^\delta = \tilde{\omega}_k^\delta$$

或者

$$\omega_k^\delta = \min\left\{ \tilde{\omega}_k^\delta, a + b \sum_{i=0}^{k-1} \omega_i^\delta \right\}, \quad a > 0, b \geqslant 0,$$

其中

$$\tilde{\omega}_k^\delta := \frac{\|y^\delta - F(x_k^\delta)\|(\|y^\delta - F(x_k^\delta)\|(1-\eta) - \delta(1+\eta))}{\|s_k^\delta\|},$$

并给出了对应的收敛性和收敛速度, 数值例子表明新的选取策略可以有效减少迭代步数. 而文献 [201] 提出了修正的最小误差方法, 即在 (5.2.27) 中选取

$$\omega_k^\delta := \frac{2\omega \left\|y^\delta - F\left(x_k^\delta\right)\right\|^2}{\left\|s_k^\delta\right\|^2}, \quad \omega > 0. \tag{5.2.36}$$

若 $\omega = 1/2$, (5.2.36) 对应于经典的最小误差法. 基于多尺度 Galerkin 方法, [201] 中研究了修正的最小误差法的数值实现, 数值例子表明该方法能有效减少迭代步数.

文献 [169] 中研究了比 (5.2.27) 更一般的迭代格式:

$$x_{k+1}^\delta = x_k^\delta + \omega_k^\delta s_k^\delta, \quad s_k^\delta := F'\left(x_k^\delta\right)^*\left(y^\delta - F\left(x_k^\delta\right)\right) + \beta_{k-1}s_{k-1}, \quad k = 0, 1, 2, \cdots, \tag{5.2.37}$$

其中系数 $\omega_k^\delta > 0$, $\beta_{k-1} \geqslant 0$ 且满足一定的约束关系. 若 $\beta_{k-1} = 0$, 迭代格式 (5.2.37) 与 (5.2.27) 相同; 若 $\omega_k^\delta \neq 0$, $\beta_{k-1} \neq 0$, 迭代格式 (5.2.37) 形式上类似于共轭梯度法.

### 5.2.3　Hilbert 尺度下的 Landweber 迭代

Tikhonov 正则化的收敛速度在两种情况下可以提高, 一是精确解足够光滑, 二是空间 $\mathcal{X}$ 中的正则化模可以被 Hilbert 尺度中的更强的模取代 ([44, 142, 145]). Landweber 迭代也可以通过这些办法提高收敛速度 ([147]).

下面先介绍 Hilbert 尺度 (Hilbert scale) 的定义. 假定 $L$ 是 $\mathcal{X}$ 上的稠定无界自伴严格正算子. 如果 $\mathcal{X}_s$ 是 $\bigcap_{k=0}^\infty \mathcal{D}\left(L^k\right)$ 关于范数 $\|x\|_s := \|L^s x\|_{\mathcal{X}}$ 的完备化空间, 则 $(\mathcal{X}_s)_{s \in \mathbb{R}}$ 表示由 $L$ 诱导的 Hilbert 尺度. 特别地, 有 $\|x\|_0 = \|x\|_{\mathcal{X}}$ ([93], 或 8.4 节, [44]).

将 $F'\left(x_k^\delta\right)$ 看成从 $\mathcal{X}_s$ 到 $\mathcal{Y}$ 的算子, 再用其伴随算子替换 (5.2.2) 中的 $F'\left(x_k^\delta\right)^*$. 一般而言, $s \geqslant 0$, 但在下面的一些特例中会发现 $s$ 为负数时效果更好. 由 $\mathcal{X}_s$ 的定义可知, $F'\left(x_k^\delta\right)$ 的伴随算子为 $L^{-2s}F'\left(x_k^\delta\right)^*$, 此时迭代格式 (5.2.2) 被替换成

$$x_{k+1}^\delta = x_k^\delta + L^{-2s}F'\left(x_k^\delta\right)^*\left(y^\delta - F\left(x_k^\delta\right)\right), \quad k = 0, 1, 2, \cdots. \tag{5.2.38}$$

与 5.2.1 节相同, 这个迭代过程在满足停止准则 (5.2.3) 时停止.

为了证明收敛速度, 需要一些基本的假设条件.

**假设 5.2.16** (1) $F : \mathcal{D}(F)(\subset \mathcal{X}) \to \mathcal{Y}$ 是连续的, 并且在 $\mathcal{X}$ 中是 Fréchet 可导的.

(2) $F(x) = y$ 存在解 $x^\dagger$.

(3) 存在 $a > 0, \bar{m} > 0$, 使得 $\|F'(x^\dagger) x\| \leqslant \bar{m}\|x\|_{-a}$ 对所有 $x \in \mathcal{X}$ 成立. 此外, $F'(x^\dagger)$ 在 $\mathcal{X}_{-a}$ 上的延拓是单射.

(4) $B := F'(x^\dagger) L^{-s}$ 满足 $\|B\|_{\mathcal{X}, \mathcal{Y}} \leqslant 1$, 其中 $-a < s$. 如果 $s < 0$, $F'(x^\dagger)$ 要替换成它在 $\mathcal{X}_s$ 上的延拓.

一般而言, 在分析 Hilbert 尺度下的正则化方法时, 需要一个比假设 5.2.16 中的 (3) 更强的条件 ([147]), 即对于所有 $x \in \mathcal{X}$ 成立

$$\|F'(x^\dagger) x\| \sim \|x\|_{-a}, \tag{5.2.39}$$

其中 $a$ 可以看作是在 $x^\dagger$ 处的线性化问题的不适定度. 然而, 这个条件并不一定满足, 有时只能对某些问题说明假设 5.2.16 中的 (3) 确实是成立的. 当然我们也有可能在一个更弱的范数意义下证明 $\|F'(x^\dagger) x\|$ 的下界 ([38]), 即对于所有的 $x \in \mathcal{X}$ 以及某个 $\tilde{a} \geqslant a, \underline{m} > 0$, 有

$$\|F'(x^\dagger) x\| \geqslant \underline{m}\|x\|_{-\bar{a}}. \tag{5.2.40}$$

在收敛性分析中, 需要引入变换的 Hilbert 尺度, 即

$$\widetilde{\mathcal{X}}_r := \mathcal{D}((B^*B)^{\frac{s-r}{2(a+s)}} L^s), \tag{5.2.41}$$

其范数为

$$\|x\|_r := \|(B^*B)^{\frac{s-r}{2(a+s)}} L^s x\|_{\mathcal{X}}, \tag{5.2.42}$$

其中 $a, s, B$ 如假设 5.2.16 所示. 为分析收敛速度, 还需要解 $x^\dagger$ 的光滑性条件和 $F$ 的 Fréchet 导数.

**假设 5.2.17** (1) 存在 $\rho > 0$, 使得

$$x_0 \in \tilde{\mathcal{B}}_\rho(x^\dagger) := \{x \in \mathcal{X} : x - x^\dagger \in \tilde{\mathcal{X}}_0 \wedge \|x - x^\dagger\|_0 \leqslant \rho\} \subset \mathcal{D}(F).$$

(2) 存在 $b \in [0, a], \beta \in (0, 1]$ 以及 $c > 0$, 对于任意的 $x \in \tilde{\mathcal{B}}_\rho(x^\dagger)$ 有

$$\|F'(x^\dagger) - F'(x)\|_{\tilde{\mathcal{X}}_{-b}, \mathcal{Y}} \leqslant c\|x^\dagger - x\|_0^\beta.$$

(3) 存在 $u \in ((a - b)/\beta, b + 2s]$ 使得 $x^\dagger - x_0 \in \tilde{\mathcal{X}}_u$, 即存在 $v \in \mathcal{X}$ 使得

$$L^s(x^\dagger - x_0) = (B^*B)^{\frac{u-s}{2(a+s)}} v, \quad \|v\|_0 = \|x_0 - x^\dagger\|_u. \tag{5.2.43}$$

假设 5.2.17 中的条件 (2) 表明 $F'(x)$ 至少有一个在 $x^\dagger$ 的邻域到 $\widetilde{\mathcal{X}}_{-b} \supset \mathcal{X}$ 的连续延拓. 利用空间 $\widetilde{\mathcal{X}}_{-b}$ 的定义, 条件 (2) 等价于

$$\left\| (B^*B)^{-\frac{b+s}{2(a+s)}} L^{-s}(F'(x^\dagger)^* - F'(x)^*) \right\|_{\mathcal{Y},\mathcal{X}} \leqslant c \left\| x^\dagger - x \right\|_0^\beta. \qquad (5.2.44)$$

如果 $s = 0$, (5.2.44) 变成

$$\left\| (F'(x^\dagger)^* F'(x^\dagger))^{-\frac{b}{2a}} (F'(x^\dagger)^* - F'(x)^*) \right\|_{\mathcal{Y},\mathcal{X}} \leqslant c \left\| x^\dagger - x \right\|_0^\beta.$$

更进一步, 如果 $b = a, \beta = 1$, 此条件等价于将 (5.2.22) 中的 $\|R_x^\delta - I\|$ 替换成 $\|(R_x^\delta - I)Q\|$, 其中 $Q$ 是从 $\mathcal{Y}$ 到 $\overline{\mathcal{R}(F'(x^\dagger))}$ 的正交投影.

假设 5.2.17 中的条件 (3) 是一个类似于 (5.2.17) 的精确解的光滑性条件. 通常用 $\mathcal{X}_u$ 而不是 $\widetilde{\mathcal{X}}_u$. 然而, 如果 (5.2.39) 成立, 这些条件相互等价. 如果 $b = a$, 则允许 $u \leqslant a + 2s$, 这是 Hilbert 尺度中的正则化的一般要求. 注意到, Hilbert 尺度下的非线性不适定问题的 Tikhonov 正则化方法需要限制 $a \leqslant s \leqslant u$ ([145]). 然而, 在更强的 Lipschitz 条件 (5.2.44) ($\beta = 1$) 下, [145] 中的结果甚至对 $a - b \leqslant s \leqslant u$ 的情形也是成立的. 类似于线性不适定问题的 Tikhonov 正则化方法, Landweber 迭代允许 $u < s$.

以下给出几个主要结论, 证明过程参考 [87,147].

**定理 5.2.18**　令假设 5.2.16 和假设 5.2.17 成立. $k_* = k_*(\delta, y^\delta)$ 是由停止准则 (5.2.3) (其中 $\tau > 2$) 选择的, 且 $\left\| x_0 - x^\dagger \right\|_u$ 充分小. 则

$$\left\| x_k^\delta - x^\dagger \right\|_r \leqslant \frac{4(\tau-1)}{\tau-2} \left\| x_0 - x^\dagger \right\|_u (k+1)^{-\frac{u-r}{2(a+s)}}, \quad -a \leqslant r < u, \quad (5.2.45)$$

$$\left\| y^\delta - F(x_k^\delta) \right\| \leqslant \frac{2\tau^2}{\tau-2} \left\| x_0 - x^\dagger \right\|_u (k+1)^{-\frac{a+u}{2(a+s)}}, \quad 0 \leqslant k < k_*. \quad (5.2.46)$$

对精确数据 ($\delta = 0$) 而言, 上述估计对所有 $k \geqslant 0$ 都成立.

**定理 5.2.19**　在定理 5.2.18 的假设下, 对于 $\delta > 0$ 以及某些正常数 $c_r$, 有

$$k_* \leqslant \left( \frac{2\tau}{\tau-2} \left\| x_0 - x^\dagger \right\|_u \delta^{-1} \right)^{\frac{2(a+s)}{a+u}} \qquad (5.2.47)$$

和

$$\left\| x_{k_*}^\delta - x^\dagger \right\|_r \leqslant c_r \left\| x_0 - x^\dagger \right\|_u^{\frac{a+r}{a+u}} \delta^{\frac{u-r}{a+u}}, \quad -a \leqslant r < u. \qquad (5.2.48)$$

对于 Hilbert 尺度中的正则化, 考虑关于 $\mathcal{X} = \mathcal{X}_0$ 中的范数的收敛速度.

**定理 5.2.20**   在定理 5.2.18 的假设下, 下列估计成立:

$$
\begin{cases}
\left\| x_{k_*}^\delta - x^\dagger \right\|_0 = O\big(\delta^{\frac{u}{a+u}}\big), & s \leqslant 0, \\
\left\| x_{k_*}^\delta - x^\dagger \right\|_0 = O\big(\big\| x_{k_*}^\delta - x^\dagger \big\|_s\big) = O\big(\delta^{\frac{u-s}{a+u}}\big), & 0 < s < u.
\end{cases}
\tag{5.2.49}
$$

如果进一步假设 (5.2.40) 成立, 则当 $s > 0$ 时可以得到更高的收敛速度

$$
\left\| x_{k_*}^\delta - x^\dagger \right\|_0 = O\big(\big\|\big| x_{k_*}^\delta - x^\dagger \big|\big\|_r\big) = O\big(\delta^{\frac{u-r}{a+u}}\big), \quad r := \frac{s(\tilde{a}-a)}{\tilde{a}+s} \leqslant u. \tag{5.2.50}
$$

**注解 5.2.21**   由 (5.2.47) 可知, 对 $\delta > 0$, $k_*$ 是有限的, 因此 $x_{k_*}^\delta$ 是 $x^\dagger$ 的一个稳定近似.

此外, 当 $\delta \to 0$ 时, 由 (5.2.47) 可知, $s$ 越大则 $k_*$ 可能增长越快. 因此, $s$ 应该尽可能小以减少迭代次数, 从而降低计算代价. 另一方面, 如果 $u$ 接近于 0, 则可以选取一个负的 $s$, 根据 (5.2.49), 此时依然可以得到最佳速率, 但是由 (5.2.47) 可知, $k_*$ 增长不会太快. 选一个负的 $s$ 可以看作是带预处理的 Landweber 方法 ([38]). 例如, 如果 $\beta = 1, a/2 < b \leqslant a, a - b < u < b$, 则可以选择 $s = (u-b)/2 < 0$ (参考假设 5.2.17(3)).

关于定理 5.2.20 中的收敛速度, 如果仅有假设 5.2.16(3) 成立, 即 $\| F'(x^\dagger) x \|$ 在 $\mathcal{X}_{-a}$ 中的模意义下仅有上界, 则只有对 $s < u$ 的情形才可以得到在 $\mathcal{X}_0$ 中的收敛速度. 如果 $s > 0$, 这个速率通常不会是最佳的. 为了得到 $s > u$ 时的收敛速度, 还需要满足 (5.2.40). 如果 (5.2.40) 对于 $0 < s < u$ 也成立, 则可以改进 $\left\| x_{k_*}^\delta - x^\dagger \right\|_0$ 的收敛速度. 此外, 当 $\tilde{a} = a$, 即 (5.2.39) 成立时, 可以获得最佳速率 $O\big(\delta^{\frac{u}{a+u}}\big)$ ([147]).

数值计算时, 需要用有限维空间来逼近无穷维空间. 同时, 算子 $F$ 和 $F'(x)^*$ 必须用合适的有限维算子近似. 在 [147] 中有近似的收敛速度分析, 这个分析说明, (5.2.38) 中 $F'(x_k^\delta)^*$ 可以替换成 $G^\delta(x_k^\delta)$.

相比假设 5.2.16 和假设 5.2.17, 文献 [148] 中给出了在更弱条件下的收敛性和收敛速度, 具体而言, 对假设 5.2.16 中的第一个条件, $F$ 只需要在 Hilbert 空间 $\mathcal{X}$ 的某个稠密的 Banach 子空间上 Fréchet 可微; 假设 5.2.17 的第二个条件也可以进一步减弱. 此外, 对空间 $\mathcal{Y}$ 使用 Hilbert 尺度的正则化策略可参考 [39].

## 5.2.4  迭代正则化 Landweber 方法

考虑如下修正的 Landweber 方法 ([170]):

$$
x_{k+1}^\delta = x_k^\delta + F'(x_k^\delta)^* (y^\delta - F(x_k^\delta)) + \beta_k (x_0 - x_k^\delta), \quad k = 0, 1, 2, \cdots, \tag{5.2.51}
$$

其中

$$0 < \beta_k \leqslant \beta_{\max} < \frac{1}{2},$$

称之为迭代正则化 Landweber 方法 (iteratively regularized Landweber iteration method). 很显然, (5.2.51) 可写成

$$x_{k+1}^\delta = x_k^\delta - \frac{1}{2} \partial_x \left( \|F(x) - y^\delta\|^2 + \beta_k \|x - x_0\|^2 \right) (x_k^\delta), \quad k = 0, 1, 2, \cdots . \quad (5.2.52)$$

与一般的 Landweber 迭代格式 (5.2.2) 相比, 上述格式多了附加项 $\beta_k \left( x_k^\delta - x_0 \right)$, 这一项实际上起到了稳定算法的作用, 最早被应用于 Gauss-Newton 方法 ([8]). 在 5.3.2 节, 我们会详细介绍.

首先, 在一定条件下可以保证序列 $x_k^\delta$ 始终在 $x_0$ 为中心的球形区域内 (命题 3.11, [87]).

**引理 5.2.22**　假设 $x_* \in \mathcal{B}_\rho (x_0)$ 是 $F(x) = y$ 的解, 令 $\kappa \in (0, 1)$ 是固定的正常数, 并且

$$c(\rho) := \rho \frac{1 - \beta_{\max} + \sqrt{1 + \beta_{\max} (2 - \beta_{\max}) \kappa^{-2}}}{2 - \beta_{\max}}. \quad (5.2.53)$$

(1) 假定条件 (5.2.4) 和 (5.2.5) 在 $\mathcal{B}_{\rho + c(\rho)} (x_0)$ 上成立, 且 (5.2.5) 中的 $\eta$ 满足

$$E := 1 - 2\eta - 2\beta_{\max}(1 - \eta) - \kappa^2 > 0. \quad (5.2.54)$$

如果 $x_k^\delta \in \mathcal{B}_{c(\rho)} (x_*)$, 则 $x_{k+1}^\delta \in \mathcal{B}_{c(\rho)} (x_*) \subset \mathcal{B}_{\rho + c(\rho)} (x_0)$ 的一个充分条件为

$$\left\| y^\delta - F\left( x_k^\delta \right) \right\| > 2\left( 1 - \beta_{\max} \right) \frac{1 + \eta}{E} \delta. \quad (5.2.55)$$

(2) 假设条件 (5.2.4) 和 (5.2.5) 在 $\mathcal{B}_{\rho + \hat{c}(\rho)} (x_0)$ 上成立, 而且 (5.2.5) 中的 $\eta$ 满足 (5.2.54). 令

$$\hat{c}(\rho) := c(\rho) + D(1 + \eta) + \frac{1}{2} \left( D\beta_{\max} + \rho \right), \quad D > 0. \quad (5.2.56)$$

如果 $x_k^\delta \in \mathcal{B}_{\hat{c}(\rho)} (x_*)$, 则 $x_{k+1}^\delta \in \mathcal{B}_{\hat{c}(\rho)} (x_*) \subset \mathcal{B}_{\rho + \hat{c}(\rho)} (x_0)$ 的一个充分条件是

$$\frac{\delta}{\beta_k} \leqslant D. \quad (5.2.57)$$

**证明**　由 (5.2.51) 直接计算可得

$$\left\| x_{k+1}^\delta - x_* \right\|^2 = (1 - \beta_k)^2 \left\| x_k^\delta - x_* \right\|^2 + \beta_k^2 \left\| x_0 - x_* \right\|^2$$

$$+ 2\beta_k \left(1 - \beta_k\right) \left(x_k^\delta - x_*, x_0 - x_*\right) + \left\| F'\left(x_k^\delta\right)^* \left(y^\delta - F\left(x_k^\delta\right)\right) \right\|^2$$
$$+ 2\left(1 - \beta_k\right) \left(y^\delta - F\left(x_k^\delta\right), F'\left(x_k^\delta\right) \left(x_k^\delta - x_*\right)\right)$$
$$+ 2\beta_k \left(x_0 - x_*, F'\left(x_k^\delta\right)^* \left(y^\delta - F\left(x_k^\delta\right)\right)\right). \tag{5.2.58}$$

再结合 (5.0.2), (5.2.4), (5.2.5) 以及

$$\left(y^\delta - F\left(x_k^\delta\right), F'\left(x_k^\delta\right) \left(x_k^\delta - x_*\right)\right)$$
$$= \left(y^\delta - F\left(x_k^\delta\right), y^\delta - y\right) - \left\| y^\delta - F\left(x_k^\delta\right) \right\|^2$$
$$- \left(y^\delta - F\left(x_k^\delta\right), F\left(x_k^\delta\right) - F\left(x_*\right) - F'\left(x_k^\delta\right) \left(x_k^\delta - x_*\right)\right) \tag{5.2.59}$$

和

$$2\beta_k \left\| x_0 - x_* \right\| \left\| y^\delta - F\left(x_k^\delta\right) \right\| \leqslant \kappa^{-2} \beta_k^2 \left\| x_0 - x_* \right\|^2 + \kappa^2 \left\| y^\delta - F\left(x_k^\delta\right) \right\|^2,$$

可得

$$\left\| x_{k+1}^\delta - x_* \right\|^2 \leqslant \left(1 - \beta_k\right)^2 \left\| x_k^\delta - x_* \right\|^2 + \beta_k^2 \left(1 + \kappa^{-2}\right) \left\| x_0 - x_* \right\|^2$$
$$+ 2\beta_k \left(1 - \beta_k\right) \left\| x_k^\delta - x_* \right\| \left\| x_0 - x_* \right\|$$
$$+ \left\| y^\delta - F\left(x_k^\delta\right) \right\| \left(2\left(1 - \beta_k\right)\left(1 + \eta\right)\delta\right.$$
$$\left. - \left\| y^\delta - F\left(x_k^\delta\right) \right\| \left(1 - 2\eta - 2\beta_k(1 - \eta) - \kappa^2\right)\right). \tag{5.2.60}$$

首先考虑情形 (1). 如果 $0 \leqslant \beta_k \leqslant \beta_{\max}$, 由 (5.2.54) 可知

$$\frac{1 - \beta_{\max}}{1 - 2\eta - 2\beta_{\max}(1 - \eta) - \kappa^2} \geqslant \frac{1 - \beta_k}{1 - 2\eta - 2\beta_k(1 - \eta) - \kappa^2}.$$

因此, 由 (5.2.55), (5.2.60), $\left\| x_0 - x_* \right\| \leqslant \rho$ 和 $\left\| x_k^\delta - x_* \right\| \leqslant c(\rho)$ 可得

$$\left\| x_{k+1}^\delta - x_* \right\|^2 \leqslant \left(1 - \beta_k\right)^2 c(\rho)^2 + \beta_k^2 \left(1 + \kappa^{-2}\right) \rho^2 + 2\beta_k \left(1 - \beta_k\right) \rho c(\rho) \leqslant c(\rho)^2,$$

其中最后一个不等式由 (5.2.53) 以及

$$\left(1 - \beta_k\right)^2 c^2 + \beta_k^2 \left(1 + \kappa^{-2}\right) \rho^2 + 2\beta_k \left(1 - \beta_k\right) \rho c \leqslant c^2 \tag{5.2.61}$$

得到. 事实上, 注意到

$$c \geqslant \rho \frac{1 - \beta_k + \sqrt{1 + \beta_k \left(2 - \beta_k\right) \kappa^{-2}}}{2 - \beta_k}$$

对 $c(\rho)$ 成立, (5.2.61) 是显然的.

现在考虑情况 (2). 由 (5.0.2) 和 (5.2.4) 可得

$$\left\| y^\delta - F\left(x_k^\delta\right) \right\| \leqslant \left\| y^\delta - y \right\| + \int_0^1 \left\| F'\left(x_* + t\left(x_k^\delta - x_*\right)\right)\left(x_k^\delta - x_*\right) \right\| dt$$
$$\leqslant \delta + \left\| x_k^\delta - x_* \right\|. \tag{5.2.62}$$

再利用 $\beta_k \leqslant \beta_{\max}$, (5.2.54), (5.2.57), (5.2.60) 和 $\|x_0 - x_*\| \leqslant \rho$ 知

$$\left\| x_{k+1}^\delta - x_* \right\|^2 + E\left\| y^\delta - F\left(x_k^\delta\right) \right\|^2$$
$$\leqslant (1 - \beta_k)^2 \left\| x_k^\delta - x_* \right\|^2 + \beta_k^2\left(\left(1 + \kappa^{-2}\right)\rho^2 + 2D^2(1 - \beta_k)(1 + \eta)\right)$$
$$+ 2\beta_k(1 - \beta_k)\left\| x_k^\delta - x_* \right\|(\rho + D(1 - \beta_k)). \tag{5.2.63}$$

此外, 由 $\left\| x_k^\delta - x_* \right\| \leqslant \hat{c}(\rho)$ 进一步可知

$$\left\| x_{k+1}^\delta - x_* \right\|^2 \leqslant (1 - \beta_k)^2 \hat{c}(\rho)^2 + \beta_k^2\left(\left(1 + \kappa^{-2}\right)\rho^2 + 2D^2(1 - \beta_k)(1 + \eta)\right)$$
$$+ 2\beta_k(1 - \beta_k)\hat{c}(\rho)(\rho + D(1 + \eta))$$
$$\leqslant \hat{c}(\rho)^2. \tag{5.2.64}$$

上式最后一个不等式的证明与情形 (1) 类似, 这只要注意到

$$\frac{(1 - \beta_k)a + \sqrt{(1 - \beta_k)^2 a^2 + \beta_k(2 - \beta_k)(p + 2(1 - \beta_k)q)}}{2 - \beta_k}$$
$$\leqslant c(\rho) + \frac{1}{2}D(1 + \eta) + \frac{1}{2}\sqrt{D(1 + \eta)(D(1 + \eta + 2\beta_{\max}) + 2\rho)}$$
$$\leqslant c(\rho) + D(1 + \eta) + \frac{1}{2}(D\beta_{\max} + \rho)$$
$$= \hat{c}(\rho), \tag{5.2.65}$$

其中

$$a := \rho + D(1 + \eta), \quad p := \left(1 + \kappa^{-2}\right)\rho^2, \quad q := D^2(1 + \eta).$$

定理证毕. □

如果 $\beta_{\max} = 0$, 则情形 (1) 中 $\kappa$ 可能是 0, 因此 (5.2.55) 可以减弱为条件 (5.2.7), 此时需要证明对于经典 Landweber 迭代 (5.2.2) 的 $\left\| e_k^\delta \right\|$ 的单调性. 另外, 由于 $\hat{c}(\rho) \geqslant c(\rho)$, 与情形 (1) 相比, 情形 (2) 中的条件 (5.2.4) 和 (5.2.5) 需要在更大的区域上满足.

接下来讨论迭代正则化 Landweber 方法的迭代停止准则.

第一个是后验停止准则, 也就是偏差原理 (5.2.3), 即迭代在 $k_* = k_*\left(\delta, y^\delta\right)$ 步之后终止, 其中 $k_*$ 满足

$$\left\|y^\delta - F\left(x_{k_*}^\delta\right)\right\| \leqslant \tau\delta < \left\|y^\delta - F\left(x_k^\delta\right)\right\|, \quad 0 \leqslant k < k_*,$$

这里

$$\tau > 2\left(1 - \beta_{\max}\right)\frac{1 + \eta}{E}, \tag{5.2.66}$$

$E$ 如 (5.2.54) 中所示.

第二个是先验停止准则, 迭代在 $k_* = k_*(\delta)$ 步之后终止, 其中 $k_*$ 满足

$$D\beta_{k_*} < \delta \leqslant D\beta_k, \quad 0 \leqslant k < k_*, \tag{5.2.67}$$

这里 $D$ 是某个正常数. 如果当 $k \to \infty$ 时 $\beta_k \to 0$, 则对 $\delta > 0$, (5.2.67) 中的 $k_*(\delta)$ 是有限的.

先证明一个与经典 Landweber 迭代方法的引理 5.2.4 类似的结果 (推论 3.12, [87]).

**引理 5.2.23**　假设 $F(x) = y$ 存在一个解 $x_* \in \mathcal{B}_\rho\left(x_0\right)$.

(1) 我们令引理 5.2.22 中的假设 (1) 成立. 如迭代正则化 Landweber 方法根据后验停止准则 (5.2.3) 和 (5.2.66) 停止, 则

$$k_*(\tau\delta)^2 < \sum_{k=0}^{k_*-1}\left\|y^\delta - F\left(x_k^\delta\right)\right\|^2 \leqslant \Psi^{-1}\rho^2\left(1 + 2\left(1 + \kappa^{-2}\right)\sum_{k=0}^{k_*-1}\beta_k\right),$$

其中

$$\Psi := E - 2\tau^{-1}\left(1 - \beta_{\max}\right)\left(1 + \eta\right) > 0. \tag{5.2.68}$$

特别地, 如果 $y^\delta = y$, 即 $\delta = 0$, 则

$$\sum_{k=0}^{\infty}\left\|y - F\left(x_k\right)\right\|^2 \leqslant E^{-1}\rho^2\left(1 + 2\left(1 + \kappa^{-2}\right)\sum_{k=0}^{\infty}\beta_k\right).$$

(2) 令引理 5.2.22(2) 中的假设成立. 如迭代正则化 Landweber 方法根据先验准则 (5.2.67) 停止, 则

$$\sum_{k=0}^{k_*-1}\left\|y^\delta - F\left(x_k^\delta\right)\right\|^2 \leqslant E^{-1}\left(\rho^2 + \Phi\sum_{k=0}^{k_*-1}\beta_k\right),$$

其中

$$\Phi := 2(\rho + D(1+\eta)) \left( \rho \left(1 + \kappa^{-2}\right) + D(1+\eta) + \frac{1}{2} \left(D\beta_{\max} + \rho\right) \right).$$

**证明**　首先考虑情形 (1). 由于 $x_0^\delta = x_0 \in \mathcal{B}_\rho (x_*)$, 因此引理 5.2.22(1) 对任意的 $0 \leqslant k < k_*$ 都成立. 从而结合 (5.2.53) 可知

$$\left\| x_k^\delta - x_* \right\| \leqslant c(\rho) < \rho\sqrt{1 + \kappa^{-2}} < \rho \left(1 + \kappa^{-2}\right).$$

同时, 由 (5.2.60) 和 (5.2.68) 得到

$$\left\| x_{k+1}^\delta - x_* \right\|^2 + \Psi \left\| y^\delta - F\left(x_k^\delta\right) \right\|^2$$

$$\leqslant \left(1 - \beta_k\right)^2 \left\| x_k^\delta - x_* \right\|^2 + \beta_k^2 \left(1 + \kappa^{-2}\right) \rho^2 + 2\beta_k \left(1 - \beta_k\right) \left\| x_k^\delta - x_* \right\| \rho$$

$$\leqslant \left\| x_k^\delta - x_* \right\|^2 + 2\rho^2 \left(1 + \kappa^{-2}\right) \beta_k. \tag{5.2.69}$$

再利用 (5.2.54) 和 (5.2.66) 得到 $\Psi > 0$. 因此由归纳法可以得情形 (1).

在无噪声的情况下, $k_*$ 可以是任意正整数, $\tau$ 可以任意大, 从而可以得到 $\delta = 0$ 时的估计. 注意到此时常数 $\Psi$ 需要替换成 $E$.

现考虑情形 (2). 由引理 5.2.22(2) 和 (5.2.63) 立刻得到

$$\left\| x_{k+1}^\delta - x_* \right\|^2 + E \left\| y^\delta - F\left(x_k^\delta\right) \right\|^2$$

$$\leqslant \left\| x_k^\delta - x_* \right\|^2 + \beta_k^2 \left(\left(1 + \kappa^{-2}\right) \rho^2 + 2D^2 \left(1 - \beta_k\right) \left(1 + \eta\right)\right)$$

$$+ 2\beta_k \left(1 - \beta_k\right) \hat{c}(\rho)(\rho + D(1+\eta))$$

$$\leqslant \left\| x_k^\delta - x_* \right\|^2 + \Phi\beta_k, \tag{5.2.70}$$

这里用到了

$$\hat{c}(\rho) \leqslant \rho \left(1 + \kappa^{-2}\right) + D(1+\eta) + \frac{1}{2} \left(D\beta_{\max} + \rho\right).$$

进而易证情形 (2) 的结论.　　　　　　　　　　　　　　　　　　　　　□

由上面的引理可知, 如果

$$\sum_{k=0}^{\infty} \beta_k < \infty, \tag{5.2.71}$$

对 $\delta > 0$ 的情形, 由偏差原理 (5.2.3), (5.2.66) 决定的终止步数 $k_* \left(\delta, y^\delta\right)$ 是有限的. 对 $\delta = 0$ 的情形, 也需要同样的条件来保证收敛性 ([87, 定理 3.13]).

**定理 5.2.24** 设 (5.2.4) 和 (5.2.5) 在 $\mathcal{B}_{\rho+c(\rho)}(x_0)$ 上成立, $c(\rho)$ 如 (5.2.53) 定义且 $\eta$ 满足 (5.2.71). 同时, 假定 $F(x) = y$ 在 $\mathcal{B}_\rho(x_0)$ 中是可解的, 且 $\{\beta_k\}$ 满足 (5.2.71). 则对精确数据 $y$ $(\delta = 0)$ 的情形, 迭代 Landweber 正则化方法的迭代解收敛于 $F(x) = y$ 在 $\mathcal{B}_{\rho+c(\rho)}(x_0)$ 中的解. 如果对于任意的 $x \in \mathcal{B}_{\rho+c(\rho)}(x_0)$ 有 $\mathcal{N}(F'(x^\dagger)) \subset \mathcal{N}(F'(x))$, 则当 $k \to \infty$ 时 $x_k$ 收敛到唯一的 $x_0$-最小模解 $x^\dagger$.

**证明** 证明类似于定理 5.2.5, 但不能使用 $\|e_k\|$ 的单调性, 其中 $e_k := x_k - x^\dagger$.

由引理 5.2.22(1) 可知, 序列 $\{\|e_k\|\}$ 是有界的. 因此它具有一个收敛子列 $\{\|e_{k_n}\|\}$ 且其极限 $\varepsilon \geq 0$. 由 (5.2.69) 易知

$$\|e_{k+1}\| \leq (1 - \beta_k) \|e_k\| + \beta_k \rho \sqrt{1 + \kappa^{-2}}.$$

另一方面, 当 $n \geq m$ 且 $\prod_{l=n+1}^n (1 - \beta_l) = 1$ 时, 有

$$1 - \prod_{l=m}^n (1 - \beta_l) = \sum_{j=m}^n \beta_j \prod_{l=j+1}^n (1 - \beta_l). \tag{5.2.72}$$

因此, 对 $m < k$, 有

$$\|e_k\| \leq \|e_m\| \prod_{l=m}^{k-1} (1 - \beta_l) + \rho \sqrt{1 + \kappa^{-2}} \left( 1 - \prod_{l=m}^{k-1} (1 - \beta_l) \right). \tag{5.2.73}$$

如果 $k_{n-1} < k < k_n$, 由 (5.2.73) 可知

$$\|e_k\| \leq \|e_{k_{n-1}}\| + \left( \rho \sqrt{1 + \kappa^{-2}} - \|e_{k_{n-1}}\| \right) \left( 1 - \prod_{l=k_{n-1}}^{k-1} (1 - \beta_l) \right),$$

$$\|e_k\| \geq \|e_{k_n}\| - \left( \rho \sqrt{1 + \kappa^{-2}} - \|e_k\| \right) \left( 1 - \prod_{l=k}^{k_n-1} (1 - \beta_l) \right).$$

根据 (5.2.71), 有

$$\prod_{l=m}^{k-1} (1 - \beta_l) \to 1, \quad m \to \infty, \quad k > m. \tag{5.2.74}$$

注意到 $k \to \infty$ 时 $k_n \to \infty$, 由 $\|e_{k_n}\|$ 的收敛性立刻可得

$$\lim_{k \to \infty} \|e_k\| = \varepsilon.$$

以下采用类似于定理 5.2.5 的证明. 对 $n \geqslant k$, 选择满足 $n \geqslant m \geqslant k$ 的 $m$, 使得对任意的 $k \leqslant i \leqslant n$ 有

$$\|y - F(x_m)\| \leqslant \|y - F(x_i)\|,$$

如果能证明当 $k \to \infty$ 时 $(e_m - e_n, e_m)$ 和 $(e_m - e_k, e_m)$ 都趋于 0, 则迭代序列 $\{x_k\}$ 的收敛性可以得到保证. 由引理 5.2.23(1) 和 (5.2.71) 可知, 当 $k \to \infty$ 时残差 $y - F(x_k)$ 收敛到 0. 因此, $x_k$ 的极限一定是 $F(x) = y$ 的解.

事实上, 根据 (5.2.51) 和 (5.2.72), 可知对 $m < k$ 有

$$e_k = e_m \prod_{l=m}^{k-1} (1 - \beta_l) + \sum_{j=m}^{k-1} F'(x_j)^* (y - F(x_j)) \prod_{l=j+1}^{k-1} (1 - \beta_l)$$

$$+ (x_0 - x^\dagger) \left( 1 - \prod_{l=m}^{k-1} (1 - \beta_l) \right),$$

由此可得

$$|(e_m - e_n, e_m)| \leqslant \left( 1 - \prod_{l=m}^{n-1} (1 - \beta_l) \right) |(x_0 - x_m, e_m)|$$

$$+ \sum_{j=m}^{n-1} \left( \prod_{l=j+1}^{n-1} (1 - \beta_l) \right) |(y - F(x_j), F'(x_j)(x_m - x^\dagger))|.$$

根据 $|(x_0 - x_m, e_m)|$ 的有界性, 由 (5.2.74) 可知上式右边第一项趋于 0. 由于 $(1 - \beta_l) \leqslant 1$, 上式右边第二项可以通过

$$(1 + 3\eta) \sum_{j=m}^{n-1} \|y - F(x_j)\|^2$$

来估计 (类似于定理 5.2.5). 因此, 由 (5.2.71) 和引理 5.2.22(1) 可知, 当 $m \to \infty$ 时上述和式会趋于零, 因此 $(e_m - e_n, e_m) \to 0$. 类似地, 可以证明 $(e_m - e_k, e_m) \to 0$. 关于 $x_0$-最小模解的结论可仿照定理 5.2.5 的证明得到. □

下面的定理表明, 带有后验停止准则 (5.2.3) 与 (5.2.66) 的迭代方法 (5.2.51) 是一种正则化方法 ([87, 定理 3.14]).

**定理 5.2.25**　若定理 5.2.24 的假设成立, 令 $k_* = k_*(\delta, y^\delta)$ 按停止准则 (5.2.3) 与 (5.2.66) 选定, 则迭代 Landweber 正则化方法的解 $x_{k_*}^\delta$ 收敛到 $F(x) = y$ 的解. 若对任意 $x \in \mathcal{B}_{\rho + c(\rho)}(x_0)$, 有

$$\mathcal{N}(F'(x^\dagger)) \subset \mathcal{N}(F'(x)),$$

则当 $\delta \to 0$ 时 $x_{k_*}^{\delta}$ 收敛到 $x^{\dagger}$.

**证明** 证明过程类似于定理 5.2.7 的情形. □

下面的定理 ([87, 定理 3.15]) 给出带有先验停止准则 (5.2.67) 的迭代方法 (5.2.51) 的正则化性质.

**定理 5.2.26** 假设条件 (5.2.4) 与 (5.2.5) 在 $\mathcal{B}_{\rho+\hat{c}(\rho)}(x_0)$ 上成立, 其中 $\hat{c}(\rho)$ 由 (5.2.56) 定义, $\eta$ 满足 (5.2.54). 假设 $F(x) = y$ 在 $\mathcal{B}_{\rho}(x_0)$ 内有解, 且 $\{\beta_k\}$ 满足 (5.2.71), 令 $k_* = k_*(\delta, y^{\delta})$ 按停止准则 (5.2.67) 选定, 则迭代正则化 Landweber 方法的解 $x_{k_*}^{\delta}$ 收敛到 $F(x) = y$ 的解. 若对任意 $x \in \mathcal{B}_{\rho+\hat{c}(\rho)}(x_0)$, 有

$$\mathcal{N}\left(F'\left(x^{\dagger}\right)\right) \subset \mathcal{N}\left(F'(x)\right),$$

则当 $\delta \to 0$ 时 $x_{k_*}^{\delta}$ 收敛到 $x^{\dagger}$.

**证明** 由于 $\hat{c}(\rho) \geqslant c(\rho)$, 可应用定理 5.2.24. 令 $x_*$ 为精确数据 $y$ 对应的迭代 Landweber 正则化方法的迭代序列的极限, $\{\delta_n : n = 1, \cdots\}$ 为收敛到零的序列. 记 $y_n := y^{\delta_n}$ 为扰动数据对应的序列, $k_n = k_*(\delta_n)$ 为由 (5.2.67) 确定的停止步数. 因为 $\beta_k > 0$ 且由 (5.2.71) 可知 $\lim_{k \to \infty} \beta_k = 0$, 所以 $\lim_{n \to \infty} k_n = \infty$. 对 $k_n > k$, 由 (5.2.70) 可得

$$\left\| x_{k_n}^{\delta_n} - x_* \right\|^2 \leqslant \left( \left\| x_k^{\delta_n} - x_k \right\| + \left\| x_k - x_* \right\| \right)^2 + \Phi \sum_{l=k}^{k_n-1} \beta_k.$$

类似于定理 5.2.7 的证明, 基于 (5.2.71) 可证得结论. □

经典 Landweber 迭代的收敛速度结果仅在某些关于 $F$ 的非线性约束条件下成立, 参见假设 5.2.9. 下面的定理将说明, 类似于 Tikhonov 正则化的情形, 若满足很强的源条件, 则可在对 $F$ 的非线性约束较弱的情况下得到迭代正则化 Landweber 方法的收敛速度, 甚至无需条件 (5.2.5).

**假设 5.2.27** 给定正数 $\rho$ 使得 $\mathcal{B}_{2\rho}(x_0) \subset \mathcal{D}(F)$ 成立.

(1) 方程 $F(x) = y$ 在 $\mathcal{B}_{\rho}(x_0)$ 内存在 $x_0$-最小模解 $x^{\dagger}$, 它满足源条件

$$x^{\dagger} - x_0 = F'\left(x^{\dagger}\right)^* w, \quad w \in \mathcal{N}\left(F'\left(x^{\dagger}\right)^*\right)^{\perp}.$$

这对应于 $\mu = 1/2$ 时的 (5.2.17).

(2) 算子 $F$ 是 Fréchet 可微的, 且在 $\mathcal{B}_{2\rho}(x_0)$ 内满足 $\|F'(x)\| \leqslant \omega \leqslant 1$. 若 $\omega < 1$, 则此条件强于 (5.2.4).

(3) Fréchet 导数是局部 Lipschitz 连续的, 即

$$\|F'(x) - F'(\tilde{x})\| \leqslant L\|x - \tilde{x}\|, \quad \forall x, \tilde{x} \in \mathcal{B}_{2\rho}(x_0).$$

**定理 5.2.28**([87, 定理 3.17])  若假设 5.2.27 成立, 令 $\{\beta_k\}$ 单调递减, 并假设存在正常数 $a, b, c, d$ 使得下列条件成立:

$$(1+a)\omega^2 + b + c + d + 2\beta_0 - 2 \leqslant 0, \tag{5.2.75}$$

$$\left\|x_0 - x^\dagger\right\|^2 \leqslant 2\beta_0\sqrt{qdL^{-1}} \leqslant \rho^2, \tag{5.2.76}$$

$$\sqrt{qd^{-1}L} < p \leqslant \beta_0^{-1}, \tag{5.2.77}$$

$$\beta_k\left(1 - \beta_k\left(p - \sqrt{qd^{-1}L}\right)\right) \leqslant \beta_{k+1}, \tag{5.2.78}$$

其中

$$q := \|w\|^2\left(\omega^2\left(1 + a^{-1}\right) + b^{-1}\right) + 2\|w\|D + c^{-1}D^2, \tag{5.2.79}$$

$$p := 1 + (1 - L\|w\|)\left(1 - \beta_0\right), \tag{5.2.80}$$

且 $D$ 满足 (5.2.67). 对带先验停止准则 (5.2.67) 的迭代 Landweber 正则化方法, 收敛速度为

$$\left\|x_{k_*}^\delta - x^\dagger\right\| = O(\sqrt{\delta}).$$

对于无噪声的情形, 即 $\delta = D = 0$, 其收敛速度为

$$\left\|x_k - x^\dagger\right\| = O\left(\sqrt{\beta_k}\right).$$

**证明**  假设对某个 $0 \leqslant k < k_*$, 有 $x_k^\delta \in \mathcal{B}_\rho\left(x^\dagger\right) \subset \mathcal{B}_{2\rho}\left(x_0\right)$. 由 $F'$ 的 Lipschitz 连续性知

$$\|F(x) - F(\tilde{x}) - F'(\tilde{x})(x - \tilde{x})\| \leqslant \frac{1}{2}L\|x - \tilde{x}\|^2, \quad \forall x, \tilde{x} \in \mathcal{B}_{2\rho}\left(x_0\right). \tag{5.2.81}$$

再结合 (5.0.2), (5.2.58), (5.2.59) 和假设 5.2.27, 可得

$$
\begin{aligned}
\left\|x_{k+1}^\delta - x^\dagger\right\|^2 \leqslant\ & (1-\beta_k)^2\left\|x_k^\delta - x^\dagger\right\|^2 + \beta_k^2\omega^2\|w\|^2 \\
& + 2\beta_k\left(1 - \beta_k\right)\|w\|\left(\delta + \left\|y^\delta - F\left(x_k^\delta\right)\right\| + \frac{1}{2}L\left\|x_k^\delta - x^\dagger\right\|^2\right) \\
& + \omega^2\left\|y^\delta - F\left(x_k^\delta\right)\right\|^2 + 2\beta_k\omega^2\|w\|\left\|y^\delta - F\left(x_k^\delta\right)\right\| \\
& + 2\left(1 - \beta_k\right)\left\|y^\delta - F\left(x_k^\delta\right)\right\|\left(\delta - \left\|y^\delta - F\left(x_k^\delta\right)\right\| + \frac{1}{2}L\left\|x_k^\delta - x^\dagger\right\|^2\right) \\
\leqslant\ & \left\|x_k^\delta - x^\dagger\right\|^2\left(1 - \beta_k\right)\left(1 - \beta_k(1 - L\|w\|)\right) \\
& + \beta_k^2\omega^2\|w\|^2\left(1 + a^{-1}\right) + 2\beta_k\|w\|\delta + b^{-1}\beta_k^2\|w\|^2 + c^{-1}\delta^2
\end{aligned}
$$

$$+ \left\| y^\delta - F\left(x_k^\delta\right) \right\|^2 \left((1+a)\omega^2 + b + c + d + 2\beta_0 - 2\right)$$

$$+ \frac{1}{4} d^{-1} L \left\| x_k^\delta - x^\dagger \right\|^4. \tag{5.2.82}$$

注意到对 $s, A, B > 0$ 有 $2AB \leqslant s^{-1}A^2 + sB^2$ 成立. 利用 (5.2.67), (5.2.75), (5.2.79) 及 (5.2.80), 并令

$$\gamma_k^\delta := \beta_k^{-1} \left\| x_k^\delta - x^\dagger \right\|^2,$$

则

$$\gamma_{k+1}^\delta \leqslant \beta_{k+1}^{-1} \beta_k \left( \gamma_k^\delta \left(1 - p\beta_k\right) + q\beta_k + \frac{1}{4} d^{-1} L \beta_k \left(\gamma_k^\delta\right)^2 \right). \tag{5.2.83}$$

下面证明 $x_k^\delta$ 仍属于 $\mathcal{B}_\rho\left(x^\dagger\right)$, 且对任意的 $0 \leqslant k \leqslant k_*$ 有 $\gamma_k^\delta \leqslant 2\sqrt{qdL^{-1}}$. 事实上, 基于 (5.2.76), 此结论对 $k = 0$ 成立. 现在我们假设此结论对 $k < k_*$ 也成立. 利用 (5.2.77), (5.2.78) 及 (5.2.83) 可得

$$\gamma_{k+1}^\delta \leqslant 2\sqrt{qdL^{-1}} \beta_{k+1}^{-1} \beta_k \left(1 - \beta_k(p - \sqrt{qd^{-1}L})\right) \leqslant 2\sqrt{qdL^{-1}}.$$

此外, 由 (5.2.76) 及 $\{\beta_k\}$ 的单调性可知 $x_{k+1}^\delta \in \mathcal{B}_\rho\left(x^\dagger\right)$. 此时, 由于 $k_*(0) = \infty$, 我们实际上已证得无噪声情形下的迭代收敛速度. 基于 $\beta_{k_*} \leqslant D^{-1}\delta$ 和 (5.2.67), 可进一步得到噪声数据情形下的迭代收敛速度. $\square$

在定理 5.2.28 的证明中, 并未要求 $x^\dagger$ 必须是 $x_0$-最小模解, 仅需要 $\mathcal{B}_\rho(x_0)$ 中的解满足假设 5.2.27(1) 中的源条件. 但是, 若 $x^\dagger - x_0 = F'\left(x^\dagger\right)^* w$ 且 $L\|w\| < 1$, 则 $x^\dagger \in \mathcal{B}_\rho(x_0)$ 是唯一的 $x_0$-最小模解, 即令 $x \in \mathcal{B}_\rho(x_0), x \neq x^\dagger$ 满足 $F(x) = y$. 由 (5.2.81) 可得

$$\begin{aligned} \|x - x_0\|^2 &= \left\| x - x^\dagger \right\|^2 + \left\| x^\dagger - x_0 \right\|^2 + 2\left(F'\left(x^\dagger\right)\left(x - x^\dagger\right), w\right) \\ &\geqslant \left\| x - x^\dagger \right\|^2 (1 - L\|w\|) + \left\| x_0 - x^\dagger \right\|^2 \\ &> \left\| x_0 - x^\dagger \right\|^2. \end{aligned}$$

另外, 定理 5.2.28 的证明过程表明, 对根据偏差原理 (5.2.3) 及 (5.2.66) 选取得到的 $k_*$, 迭代解 $x_k^\delta$ 的收敛速度也可得证. 在与定理 5.2.28 类似的假定条件下, 其收敛速度为

$$\left\| x_{k_*}^\delta - x^\dagger \right\| = O\left(\sqrt{\beta_{k_*}}\right).$$

文献 [7] 中提出了一种数据驱动的迭代正则化 Landweber 方法, 即

$$x_{k+1}^\delta = x_k^\delta + F'\left(x_k^\delta\right)^* \left(y^\delta - F\left(x_k^\delta\right)\right) + \beta_k A'\left(x_k^\delta\right)^* \left(y^\delta - A(x_k^\delta)\right), \quad k = 0, 1, 2, \cdots,$$

或等价地写成

$$x_{k+1}^\delta = x_k^\delta - \frac{1}{2}\partial_x \left( \|F(x) - y^\delta\|^2 + \beta_k \|A(x) - y^\delta\|^2 \right)(x_k^\delta), \quad k = 0, 1, 2, \cdots,$$

其中算子 $A$ 由给定的训练数据 $\{x^{(i)}, F(x^{(i)})\}_{i=1}^n$ 得到, 满足 $A(x^{(i)}) = F(x^{(i)})$, $i = 1, \cdots, n$. 该迭代方法的收敛性分析和数值算例见 [7].

迭代正则化 Landweber 方法也被推广到 Banach 空间中. 例如, Kaltenbacher 在 Banach 空间中证明了基于先验正则化参数选择策略的收敛速度[89].

## 5.3　Newton 型方法

本节介绍求解非线性不适定问题 (5.0.1) 的 Newton 型方法, 其关键是在近似解 $x_k^\delta$ 附近线性化算子方程 $F(x) = y$, 并求解线性化问题

$$F'\left(x_k^\delta\right)\left(x_{k+1}^\delta - x_k^\delta\right) = y^\delta - F\left(x_k^\delta\right),$$

以得到 $x_{k+1}^\delta$. 一般而言, 如果非线性问题是不适定的, 则其线性化问题也是不适定的, 因此, 需正则化方案来处理不适定性. 若对线性化问题使用 Tikhonov 正则化, 则得到 Levenberg-Marquardt 方法[6]. 如果再加一个罚项, 则可得到 Bakushinskii 所提出的迭代正则化 Gauss-Newton 法 ([8]).

### 5.3.1　Levenberg-Marquardt 方法

Levenberg-Marquardt 方法的基本想法是在置信域内极小化残差平方 $\|F(x) - y^\delta\|^2$, 即选取中心为 $x_k^\delta$, 半径为 $\eta_k$ 的球, 在该球内求解线性化问题的极小元. 易知, 该极小化问题等价于对 $z = z_k$, 极小化

$$\left\| y^\delta - F\left(x_k^\delta\right) - F'\left(x_k^\delta\right)z \right\|^2 + \alpha_k \|z\|^2, \tag{5.3.1}$$

其中 $\alpha_k$ 为对应的 Lagrange 乘子. 再用 $x_{k+1}^\delta = x_k^\delta + z_k$ 更新 $x_k^\delta$, 并更新置信域半径 $\eta_{k+1}$ 直至收敛.

(5.3.1) 也可解释为对线性化问题加以罚项 $\alpha_k \|z\|^2$ 后所导致的正则化. 这等价于对线性化问题 $F'\left(x_k^\delta\right)h = y^\delta - F\left(x_k^\delta\right)$ 使用 Tikhonov 正则化, 对应的迭代过程为

$$x_{k+1}^\delta = x_k^\delta + \left(F'\left(x_k^\delta\right)^* F'\left(x_k^\delta\right) + \alpha_k I\right)^{-1} F'\left(x_k^\delta\right)^* \left(y^\delta - F\left(x_k^\delta\right)\right), \tag{5.3.2}$$

其中 $y^\delta$ 是满足 (5.0.2) 的噪声数据. 在迭代过程中, 需选取合适的正则化参数序列 $\alpha_k$. [59] 中提出了后验偏差原理: 对某个固定的 $q \in (0, 1)$, 令 $\alpha = \alpha_k$ 满足

$$p_k^\delta(\alpha) := \left\| y^\delta - F\left(x_k^\delta\right) - F'\left(x_k^\delta\right)\left(x_{k+1}^\delta(\alpha) - x_k^\delta\right) \right\| = q \left\| y^\delta - F\left(x_k^\delta\right) \right\|, \tag{5.3.3}$$

其中 $x_{k+1}^{\delta}(\alpha)$ 由 (5.3.2) 定义. 注意到

$$p_k^{\delta}(\alpha) = \alpha \left\| \left(F'\left(x_k^{\delta}\right) F'\left(x_k^{\delta}\right)^* + \alpha I\right)^{-1} \left(y^{\delta} - F\left(x_k^{\delta}\right)\right) \right\|,$$

若 $y^{\delta} - F\left(x_k^{\delta}\right) \neq 0$ 且 $F'$ 连续, 则 $p_k^{\delta}(\alpha)$ 关于 $\alpha$ 是连续且严格单调递增的.

接下来, 我们假设 $y^{\delta} - F\left(x_k^{\delta}\right) \neq 0$ 且 $F'$ 连续, 则对任意 $x \in \mathcal{D}(F)$ 有

$$\lim_{\alpha \to \infty} p_k^{\delta}(\alpha) = \left\| y^{\delta} - F\left(x_k^{\delta}\right) \right\|, \tag{5.3.4}$$

$$\lim_{\alpha \to 0} p_k^{\delta}(\alpha) = \left\| P_k^{\delta} \left(y^{\delta} - F\left(x_k^{\delta}\right)\right) \right\| \leqslant \left\| y^{\delta} - F\left(x_k^{\delta}\right) - F'\left(x_k^{\delta}\right)\left(x - x_k^{\delta}\right) \right\|, \tag{5.3.5}$$

其中 $P_k^{\delta}$ 是 $\mathcal{R}\left(F'\left(x_k^{\delta}\right)\right)^{\perp}$ 上的正交投影. 令 $x^{\dagger}$ 为 $x_0$-最小模解. 如果存在 $\gamma > 1$ 使得

$$\left\| y^{\delta} - F\left(x_k^{\delta}\right) - F'\left(x_k^{\delta}\right)\left(x^{\dagger} - x_k^{\delta}\right) \right\| \leqslant \frac{q}{\gamma} \left\| y^{\delta} - F\left(x_k^{\delta}\right) \right\|, \tag{5.3.6}$$

则 (5.3.3) 有唯一解 $\alpha_k$. 假设在 $\mathcal{B}_{\rho}(x_0)$ 内存在解. 对满足

$$\left\| y^{\delta} - F\left(x_k^{\delta}\right) - F'\left(x_k^{\delta}\right)\left(x - x_k^{\delta}\right) \right\| \leqslant q \left\| y^{\delta} - F\left(x_k^{\delta}\right) \right\|$$

的任意 $x \in \mathcal{X}$, 则 $x = x_{k+1}^{\delta}$ 到 $x_k^{\delta}$ 的距离最小 ([50]), 其中 $\alpha_k$ 由 (5.3.3) 确定.

下面给出收敛性分析. 首先, 与非线性 Landweber 迭代的引理 5.2.3 类似, 很容易证得误差的单调性[59].

**引理 5.3.1** 令 $0 < q < 1 < \gamma$. 假设 (5.0.1) 有解, 并且 (5.3.6) 成立以使得 $\alpha_k$ 可由 (5.3.3) 定义. 则有以下估计式

$$\left\| x_k^{\delta} - x^{\dagger} \right\|^2 - \left\| x_{k+1}^{\delta} - x^{\dagger} \right\|^2 \geqslant \left\| x_{k+1}^{\delta} - x_k^{\delta} \right\|^2, \tag{5.3.7}$$

$$\left\| x_k^{\delta} - x^{\dagger} \right\|^2 - \left\| x_{k+1}^{\delta} - x^{\dagger} \right\|^2$$
$$\geqslant \frac{2(\gamma - 1)}{\gamma \alpha_k} \left\| y^{\delta} - F\left(x_k^{\delta}\right) - F'\left(x_k^{\delta}\right)\left(x_{k+1}^{\delta} - x_k^{\delta}\right) \right\|^2 \tag{5.3.8}$$

$$\geqslant \frac{2(\gamma - 1)(1 - q)q}{\gamma \left\| F'\left(x_k^{\delta}\right) \right\|^2} \left\| y^{\delta} - F\left(x_k^{\delta}\right) \right\|^2. \tag{5.3.9}$$

**证明** 类似于 Landweber 迭代中的估计式 (5.2.8), 设 $K_k := F'\left(x_k^{\delta}\right)$, 由 (5.3.2), Cauchy-Schwarz 不等式与

$$\alpha_k \left(K_k K_k^* + \alpha_k I\right)^{-1} \left(y^{\delta} - F\left(x_k^{\delta}\right)\right) = y^{\delta} - F\left(x_k^{\delta}\right) - K_k \left(x_{k+1}^{\delta} - x_k^{\delta}\right) \tag{5.3.10}$$

可得

$$
\begin{aligned}
& \left\| x_{k+1}^\delta - x^\dagger \right\|^2 - \left\| x_k^\delta - x^\dagger \right\|^2 \\
&= 2 \left( x_{k+1}^\delta - x_k^\delta, x_k^\delta - x^\dagger \right) + \left\| x_{k+1}^\delta - x_k^\delta \right\|^2 \\
&= -2\alpha_k \left\| \left( K_k K_k^* + \alpha_k I \right)^{-1} \left( y^\delta - F\left( x_k^\delta \right) \right) \right\|^2 \\
&\quad - \left\| \left( K_k^* K_k + \alpha_k I \right)^{-1} K_k^* \left( y^\delta - F\left( x_k^\delta \right) \right) \right\|^2 \\
&\quad + 2 \left( \left( K_k K_k^* + \alpha_k I \right)^{-1} \left( y^\delta - F\left( x_k^\delta \right) \right), y^\delta - F\left( x_k^\delta \right) - K_k \left( x^\dagger - x_k^\delta \right) \right) \\
&\leqslant - \left\| x_{k+1}^\delta - x_k^\delta \right\|^2 - 2\alpha_k^{-1} \left\| y^\delta - F\left( x_k^\delta \right) - K_k \left( x_{k+1}^\delta - x_k^\delta \right) \right\| \\
&\quad \cdot \left( \left\| y^\delta - F\left( x_k^\delta \right) - K_k \left( x_{k+1}^\delta - x_k^\delta \right) \right\| - \left\| y^\delta - F\left( x_k^\delta \right) - K_k \left( x^\dagger - x_k^\delta \right) \right\| \right).
\end{aligned}
$$

$$
\tag{5.3.11}
$$

利用 (5.3.6) 和 (5.3.3), 可得

$$
\left\| y^\delta - F\left( x_k^\delta \right) - K_k \left( x^\dagger - x_k^\delta \right) \right\| \leqslant \gamma^{-1} \left\| y^\delta - F\left( x_k^\delta \right) - K_k \left( x_{k+1}^\delta - x_k^\delta \right) \right\|.
$$

由于 (5.3.11), 且 $\gamma > 1$, 故 (5.3.7) 与 (5.3.8) 成立.

为了得到 (5.3.9), 首先需得到 $\alpha_k$ 的上界. 由 (5.3.8) 及 (5.3.10) 可得

$$
q \left\| y^\delta - F\left( x_k^\delta \right) \right\| \geqslant \frac{\alpha_k}{\alpha_k + \| K_k \|^2} \left\| y^\delta - F\left( x_k^\delta \right) \right\|, \tag{5.3.12}
$$

因此,

$$
\alpha_k \leqslant \frac{q}{1-q} \| K_k \|^2.
$$

结合 (5.3.3) 即可证得 (5.3.9). □

基于引理 5.3.1, 与定理 5.2.5 类似, 若提出类似于 (5.2.5) 的非线性条件

$$
\| F(x) - F(\tilde{x}) - F'(x)(x - \tilde{x}) \|
$$

$$
\leqslant c \| x - \tilde{x} \| \| F(x) - F(\tilde{x}) \|, \quad \forall x, \tilde{x} \in \mathcal{B}_{2\rho}(x_0) \subset \mathcal{D}(F), \tag{5.3.13}
$$

则可证明精确数据下的收敛性结果[59].

**定理 5.3.2**　令 $0 < q < 1$, 假设 (5.0.1) 在 $\mathcal{B}_\rho(x_0)$ 内有解, 并假设 $F'$ 在 $\mathcal{B}_\rho(x^\dagger)$ 内一致有界, 且存在 $c > 0$ 使得 $F$ 的 Taylor 余项满足 (5.3.13). 若 $\| x_0 - x^\dagger \| < q/c$ 且 $\alpha_k$ 由 (5.3.3) 确定, 则当 $k \to \infty$ 时带有精确数据 $y^\delta = y$ 的 Levenberg-Marquardt 方法的解收敛到 $F(x) = y$ 的解.

**证明** 定义 $\gamma := q\left(c\left\|x_0 - x^\dagger\right\|\right)^{-1}$, 由假设可知 $\gamma > 1$. 在 (5.3.13) 中取 $x = x_0$ 且 $\tilde{x} = x^\dagger$, 可得 (5.3.6). 基于引理 5.3.1, 则对 $k = 0$ 有

$$\left\|x_{k+1} - x^\dagger\right\| \leqslant \left\|x_k - x^\dagger\right\|.$$

显然, 这个不等式对所有 $k \in \mathbb{N}$ 恒成立, 这说明在全部迭代过程中, 引理 5.3.1 的假设均满足, 且 $\left\|x_k - x^\dagger\right\|$ 是单调减的. 余下的证明与定理 5.2.5 对 Landweber 迭代的证明相似, 即对任意 $j \geqslant k$, 根据 (5.2.12), 选取介于 $k$ 与 $j$ 之间的 $l$. 令 $K_k := F'(x_k)$, 且对 $i \geqslant 0$ 令 $\eta := c\left\|x_0 - x^\dagger\right\| \geqslant c\left\|x_i - x^\dagger\right\|$, 结合 (5.3.13) 可得

$$\begin{aligned}
\left\|K_i\left(x_l - x^\dagger\right)\right\| &\leqslant \left\|y - F(x_l)\right\| + c\left\|x_i - x^\dagger\right\|\left\|y - F(x_i)\right\| \\
&\quad + c\left\|x_l - x_i\right\|\left\|F(x_l) - F(x_i)\right\| \\
&\leqslant (1 + 5\eta)\left\|y - F(x_i)\right\|.
\end{aligned} \tag{5.3.14}$$

令 $e_k := x_k - x^\dagger$, 由 (5.3.10) 有

$$\begin{aligned}
\left|(e_l - e_j, e_l)\right| &= \left|\sum_{i=l}^{j-1}\left(\left(K_i^* K_i + \alpha_i I\right)^{-1} K_i^*\left(y - F(x_i)\right), e_l\right)\right| \\
&\leqslant \sum_{i=l}^{j-1}\left\|\left(K_i K_i^* + \alpha_i I\right)^{-1}\left(y - F(x_i)\right)\right\|\left\|K_i e_l\right\| \\
&\leqslant (1 + 5\eta)\sum_{i=l}^{j-1}\alpha_i^{-1}\left\|y - F(x_i) - K_i\left(x_{i+1} - x_i\right)\right\|\left\|y - F(x_i)\right\|. \tag{5.3.15}
\end{aligned}$$

根据 (5.3.3) 与 (5.3.8), 上式右端有上界

$$\frac{\gamma(1 + 5\eta)}{2q(\gamma - 1)}\left(\|e_l\|^2 - \|e_j\|^2\right).$$

类似地, 可得

$$\left|\langle e_l - e_k, e_l\rangle\right| \leqslant \frac{\gamma(1 + 5\eta)}{2q(\gamma - 1)}\left(\|e_k\|^2 - \|e_l\|^2\right).$$

根据 (5.2.13) 与 (5.2.14), 且单调列 $\{\|e_k\|\}$ 有极限, 可知 $\{e_k\}$ 为 Cauchy 列. 另外, 注意到 $F'$ 在 $\mathcal{B}_\rho(x^\dagger)$ 内一致有界, 由 (5.3.9) 得到, $k \to \infty$ 时有 $\|y - F(x_k)\| \to 0$, 故 $x_k$ 的极限为方程 (5.0.1) 的解. 定理证毕. $\qquad\square$

对于噪声数据的情况, 迭代需要在适当的步数后停止. 如果步数 $k_*$ 由偏差原理 (5.2.3) 决定, 即

$$\left\|y^\delta - F\left(x_{k_*}^\delta\right)\right\| \leqslant \tau\delta < \left\|y^\delta - F\left(x_k^\delta\right)\right\|, \quad 0 \leqslant k < k_*,$$

其中常数 $\tau > 1/q$, 可证明当噪声水平 $\delta \to 0$ 时迭代序列 $\{x_{k_*}^\delta\}$ 收敛到 (5.0.1) 的解.

**定理 5.3.3**([87]) 若定理 5.3.2 的假设成立, 对 $\tau > 1/q$, 令 $k_* = k_*(\delta, y^\delta)$ 由停止准则 (5.2.3) 确定. 则对充分小的 $\|x_0 - x^\dagger\|$, 基于偏差原理 (5.2.3), Levenberg-Marquardt 方法 ($\alpha_k$ 由 (5.3.3) 确定) 在 $k_*$ 步后迭代停止, 且

$$k_*(\delta, y^\delta) = O(1 + |\ln \delta|).$$

此外, 当 $\delta \to 0$ 时 Levenberg-Marquardt 方法产生的迭代序列 $\{x_k^\delta\}$ 收敛到 $F(x) = y$ 的解.

**证明** 首先证明 $\|x_k^\delta - x^\dagger\|$ 的单调性. 不失一般性, 假设 $k_* \geqslant 1$ 且

$$\|x_0 - x^\dagger\| < \frac{q\tau - 1}{c(1 + \tau)},$$

其中 $c$ 满足 (5.3.13). 由

$$\begin{aligned}
&\left\|y^\delta - F(x_0) - F'(x_0)(x^\dagger - x_0)\right\| \\
&\leqslant \delta + c\|x_0 - x^\dagger\|\|y - F(x_0)\| \tag{5.3.16} \\
&\leqslant (1 + c\|x_0 - x^\dagger\|)\delta + c\|x_0 - x^\dagger\|\|y^\delta - F(x_0)\| \tag{5.3.17}
\end{aligned}$$

可得, 当 $\gamma = q\tau\left[1 + c(1 + \tau)\|x_0 - x^\dagger\|\right]^{-1} > 1$ 时 (5.3.6) 成立. 因此, 对 $k = 0$ 可使用引理 5.3.1, 进而类似于定理 5.3.2, 即可证得单调性.

对 (5.3.9) 的两边关于 $k$ 从 0 到 $k_* - 1$ 求和, 再利用 (5.2.3) 可得

$$\begin{aligned}
k_*\tau^2\delta^2 &\leqslant \sum_{k=0}^{k_*-1}\left\|y^\delta - F(x_k^\delta)\right\|^2 \\
&\leqslant \frac{\gamma}{2(\gamma - 1)(1 - q)q}\sup_{x \in \mathcal{B}_\rho(x^\dagger)}\|F'(x)\|^2\|x_0 - x^\dagger\|^2. \tag{5.3.18}
\end{aligned}$$

因此, 当 $\delta > 0$ 时 $k_*$ 是有限的.

$x_{k_*}^\delta$ 的收敛性的证明与定理 5.2.7 中证明 Landweber 迭代序列的收敛性类似. 下面证明 $k_*$ 的对数估计. 利用三角不等式, 结合 (5.3.13) 与 (5.3.3) 可得

$$\begin{aligned}
q\|y^\delta - F(x_k^\delta)\| &= \|y^\delta - F(x_k^\delta) - F'(x_k^\delta)(x_{k+1}^\delta - x_k^\delta)\| \\
&\geqslant \|y^\delta - F(x_{k+1}^\delta)\| - c\|x_{k+1}^\delta - x_k^\delta\|\|F(x_{k+1}^\delta) - F(x_k^\delta)\| \\
&\geqslant (1 - c\|x_{k+1}^\delta - x_k^\delta\|)\|y^\delta - F(x_{k+1}^\delta)\| - c\|x_{k+1}^\delta - x_k^\delta\|\|y^\delta - F(x_k^\delta)\|.
\end{aligned}$$
$$\tag{5.3.19}$$

根据 (5.2.3) 与 (5.3.7), 可知

$$\tau\delta \leqslant \left\| y^\delta - F\left(x_{k_*-1}^\delta\right)\right\| \leqslant \tilde{q}\left\| y^\delta - F\left(x_{k_*-2}^\delta\right)\right\| \leqslant \tilde{q}^{k_*-1}\left\| y^\delta - F\left(x_0\right)\right\|,$$

其中

$$\tilde{q} := \frac{q + c\left\| x_0 - x^\dagger\right\|}{1 - c\left\| x_0 - x^\dagger\right\|}.$$

若 $\left\| x_0 - x^\dagger\right\|$ 充分小, 则 $\tilde{q} < 1$, 即可证得 $k_*$ 的估计结果. 定理证毕. □

假设源条件 (5.2.17) 成立, 即

$$x^\dagger - x_0 = \left(F'\left(x^\dagger\right)^* F'\left(x^\dagger\right)\right)^\mu v, \quad \mu > 0, \quad v \in \mathcal{N}\left(F'\left(x^\dagger\right)\right)^\perp,$$

其中

$$0 < \mu_{\min} \leqslant \mu \leqslant \frac{1}{2}, \tag{5.3.20}$$

且满足

$$F'(x) = R_x F'\left(x^\dagger\right), \quad \left\| R_x - I\right\| \leqslant c\left\| x - x^\dagger\right\|, \quad \forall x \in \mathcal{B}_\rho\left(x_0\right) \subset \mathcal{D}(F), \tag{5.3.21}$$

在 [162,163] 中已给出了收敛速度的结果. 最小指数 $\mu_{\min}$ 严格大于零, 且依赖于 (5.3.21) 中的常数 $c$.

考虑 $k_*$ 和 $\alpha_k$ 的先验策略选择. 下面的定理 5.3.4 表明, 假设光滑性条件 (5.2.17) 对任意的 $\mu \in (0, 1/2]$ 都成立, 如果有 (5.3.21), 则可以获得几乎最优的收敛速度. 相比于后验选取策略, 这种方法的缺点在于需要预先知道 $\mu$ (或者它的一个正下界), 以此来保证收敛速度; 其优点在于对 $\mu$ (除了严格正之外) 没有类似于 (5.3.20) 的限制, 因此不需要通过求解非线性方程 (5.3.3) 来计算 $\alpha_k$.

为了进一步得到收敛速度, 假设 $\alpha_k$ 和停止步数 $k_*$ 都是先验选取的, 即

$$\alpha_k = \alpha_0 q^k, \quad \alpha_0 > 0, q \in (0, 1), \tag{5.3.22}$$

$$\eta_{k_*} \alpha_{k_*}^{\mu+\frac{1}{2}} \leqslant \delta < \eta_k \alpha_k^{\mu+\frac{1}{2}}, \quad 0 \leqslant k < k_*, \tag{5.3.23}$$

其中 $\eta_k := \eta(k+1)^{-(1+\varepsilon)}, \eta > 0, \varepsilon > 0$.

以下给出关于收敛速度的结果, 其证明过程可参见 [87].

**定理 5.3.4** 设 (5.0.1) 的解 $x^\dagger$ 存在, 且对某个 $\mu \in (0, 1/2]$ 和充分小的 $\|v\|$, (5.3.21) 和 (5.2.17) 恒成立. 此外, $\alpha_k$ 和迭代停止步数 $k_*$ 分别由 (5.3.22) 和

(5.3.23) 确定, 其中 $\eta$ 充分小. 则由 (5.3.2) 定义的 Levenberg-Marquardt 迭代序列始终在 $\mathcal{B}_\rho(x_0)$ 中, 并且是收敛的, 其收敛速度为

$$\left\|x_{k_*}^\delta - x^\dagger\right\| = O\big(\big(\delta(1 + |\ln\delta|)^{(1+\varepsilon)}\big)^{\frac{2\mu}{2\mu+1}}\big).$$

此外, 有

$$\left\|F\left(x_{k_*}^\delta\right) - y\right\| = O\left(\delta(1 + |\ln\delta|)^{(1+\varepsilon)}\right), \quad k_* = O(1 + |\ln\delta|).$$

对于无噪声的情况 $(\delta = 0, \eta = 0)$, 有

$$\left\|x_k - x^\dagger\right\| = O\left(\alpha_k^\mu\right), \quad \left\|F\left(x_k\right) - y\right\| = O\big(\alpha_k^{\mu+\frac{1}{2}}\big).$$

值得注意的是, 停止准则 (5.3.23) 依赖于源条件 (5.2.17) 中的 $\mu$, 这在很多实际问题中是难以验证的, 因此文献 [80] 中提出了相应于 (5.3.22) 的后验停止准则, 并建立了收敛速度 (定理 1, [80]).

**定理 5.3.5** 假设

(1) 存在 $\rho > 0$, 使得 $\mathcal{B}_\rho(x^\dagger) \subset \mathcal{D}(F)$.

(2) 存在 $K_0 > 0$, 对任意 $x, z \in \mathcal{B}_\rho(x^\dagger)$ 都存在一个有界线性算子 $Q(x, z) : \mathcal{Y} \to \mathcal{Y}$ 使得

$$F'(x) = Q(x, z)F'(z), \quad \|I - Q(x, z)\| \leqslant K_0 \|x - z\|.$$

(3) $\|F'(x^\dagger)\| \leqslant \alpha_0^{1/2}$.

令 $\{\alpha_k\}$ 由 (5.3.22) 确定, $\tau > 1$ 为常数, $\gamma_0 > 1/(\sqrt{q}(\tau-1))$. 假定存在一个依赖于 $\tau$ 和 $q$ 的正常数 $\eta_0$, 使得

$$(2 + \gamma_0/(1 - \sqrt{q}))\|x_0 - x^\dagger\| < \rho, \quad K_0\|x_0 - x^\dagger\| \leqslant \eta_0.$$

则对迭代格式 (5.3.2) 和 (5.3.22), 由偏差原理确定 (5.2.3) 的迭代步数 $k_*$ 满足

$$k_* = O(1 + |\ln\delta|),$$

如果 $x_0 - x^\dagger \in \mathcal{N}\left(F'\left(x^\dagger\right)\right)^\perp$, 则

$$\lim_{\delta \to 0} x_{k_*}^\delta = x^\dagger.$$

此外, 如果源条件 (5.2.17) (其中 $0 < \mu \leqslant 1/2$) 还满足, 且存在一个仅依赖于 $\alpha_0$ 和 $q$ 的常数 $\eta_1 > 0$ 使得 $K_0\|v\| \leqslant \eta_1$, 则

$$\left\|x_{k_*}^\delta - x^\dagger\right\| \leqslant C\|v\|^{1/(1+2\mu)}\delta^{2\mu/(1+2\mu)},$$

其中 $C$ 为依赖于 $\tau, r, v$ 的常数.

上述定理对任意 $\mu \in (0, 1/2]$ 给出了迭代格式 (5.3.2), (5.3.22), (5.2.17) 的最优收敛阶.

### 5.3.2 迭代正则化 Gauss-Newton 方法

本小节介绍迭代正则化 Gauss-Newton 方法:

$$x_{k+1}^{\delta} = x_k^{\delta} + \left( F'\left(x_k^{\delta}\right)^* F'\left(x_k^{\delta}\right) + \alpha_k I \right)^{-1} \left( F'\left(x_k^{\delta}\right)^* \left(y^{\delta} - F\left(x_k^{\delta}\right)\right) \right.$$
$$\left. + \alpha_k \left(x_0 - x_k^{\delta}\right) \right), \tag{5.3.24}$$

其中 $x_0^{\delta} = x_0$ 是真实解的初始猜测, $\{\alpha_k\}$ 是极限为 0 的正序列, $y^{\delta}$ 是满足 (5.0.2) 的噪声数据. 这个方法与 Levenberg-Marquardt 迭代是类似的, 通过极小化泛函

$$\phi(x) := \left\| y^{\delta} - F\left(x_k^{\delta}\right) - F'\left(x_k^{\delta}\right)\left(x - x_k^{\delta}\right) \right\|^2 + \alpha_k \left\| x - x_0 \right\|^2$$

得到近似解 $x_{k+1}^{\delta}$. 这意味着, 将非线性泛函 $F$ 在 $x_k^{\delta}$ 附近做线性化, 则 $x_{k+1}^{\delta}$ 为对应的 Tikhonov 泛函的极小元. 如果 $F'(\cdot)$ 是连续的, 则当迭代次数固定时迭代过程 (5.3.24) 是稳定的. 在数值计算过程中, 若选取 $\alpha_k := q^k$, $q \in (0, 1)$, 迭代正则化 Gauss-Newton 方法的收敛速度比 Landweber 迭代方法快得多, 但迭代的每一步需要计算

$$\left( F'\left(x_k^{\delta}\right)^* F'\left(x_k^{\delta}\right) + \alpha_k I \right)^{-1},$$

因而计算量更大.

假定 $F'$ 是 Lipschitz 连续的, Bakushinskii 在 [8] 中证明了在 $\mu \geqslant 1$ 的源条件 (5.2.17) 下的局部收敛性. 对无噪声的情况, 其收敛速度为

$$\left\| x_n - x^{\dagger} \right\| = O\left(\alpha_k\right).$$

如果 $\mu < 1$, [12] 中也给出了收敛速度的估计.

与 Landweber 迭代一样, 如果源条件 (5.2.17) 中 $\mu < 1/2$, $F'$ 的 Lipschitz 连续性不足以保证得到收敛速度. 类似于假设 5.2.9(2), 我们需要关于 $F'$ 的更多条件以保证线性化的结果不至于偏离非线性算子 $F$ 太远. 但对于 $\mu \geqslant 1/2$ 的情况, 与 Tikhonov 正则化和迭代正则化 Landweber 方法一样, $F'$ 的 Lipschitz 连续性足以保证迭代正则化 Gauss-Newton 方法的收敛速度.

为了进行收敛性分析, 需要如下假设.

**假设 5.3.6** 令 $\rho$ 是一个满足 $\mathcal{B}_{2\rho}\left(x_0\right) \subset \mathcal{D}(F)$ 的正数.

(1) 方程 $F(x) = y$ 在 $\mathcal{B}_{\rho}\left(x_0\right)$ 有一个最小模解 $x^{\dagger}$.

(2) $x^{\dagger}$ 满足某个 $\mu \in [0, 1]$ 对应的源条件 (5.2.17), 即

$$x^{\dagger} - x_0 = \left( F'\left(x^{\dagger}\right)^* F'\left(x^{\dagger}\right) \right)^{\mu} v, \quad v \in \mathcal{N}\left(F'\left(x^{\dagger}\right)\right)^{\perp}.$$

(3) 若 $\mu < 1/2$, Fréchet 导数 $F'$ 满足

$$F'(\tilde{x}) = R(\tilde{x}, x) F'(x) + Q(\tilde{x}, x), \tag{5.3.25}$$

$$\|I - R(\tilde{x}, x)\| \leqslant c_R, \tag{5.3.26}$$

$$\|Q(\tilde{x}, x)\| \leqslant c_Q \left\| F'\left(x^\dagger\right)(\tilde{x} - x)\right\|, \tag{5.3.27}$$

其中 $x, \tilde{x} \in \mathcal{B}_{2\rho}(x_0)$, $c_R$ 和 $c_Q$ 是非负常数.

若 $\mu \geqslant 1/2$, Fréchet 导数 $F'$ 在 $\mathcal{B}_{2\rho}(x_0)$ 内 Lipschitz 连续, 即存在某个常数 $L > 0$, 使得

$$\|F'(\tilde{x}) - F'(x)\| \leqslant L\|\tilde{x} - x\|, \quad \forall x, \tilde{x} \in \mathcal{B}_{2\rho}(x_0). \tag{5.3.28}$$

(4) 存在某个常数 $r > 1$, 使得 (5.3.24) 中的序列 $\{\alpha_k\}$ 满足

$$\alpha_k > 0, \quad 1 \leqslant \frac{\alpha_k}{\alpha_{k+1}} \leqslant r, \quad \lim_{k \to \infty} \alpha_k = 0. \tag{5.3.29}$$

在有噪声的条件下, 只有选取合适的迭代停止准则才能得到收敛性结果. 除了作为后验停止准则的偏差原理, 还需要研究先验停止准则. 事实上, 即使对线性问题, 基于偏差原理 (5.2.3) 的迭代格式 (5.3.24) 的最佳收敛速度是 $O(\sqrt{\delta})$, 但在先验停止准则下的最佳收敛速度可以达到 $O(\delta^{\frac{2}{3}})$.

下面考虑先验停止准则. 如果存在 $\eta > 0$, 使得

$$\begin{cases} \eta \alpha_{k_*}^{\mu+\frac{1}{2}} \leqslant \delta < \eta \alpha_k^{\mu+\frac{1}{2}}, 0 \leqslant k < k_*, & 0 < \mu \leqslant 1, \\ k_*(\delta) \to \infty, \eta \geqslant \delta \alpha_{k_*}^{-\frac{1}{2}} \to 0, \delta \to 0, & \mu = 0, \end{cases} \tag{5.3.30}$$

则迭代 $k_* = k_*(\delta)$ 步后停止. 由 (5.3.29), 当 $\delta > 0$ 时 $k_*(\delta) < \infty$, 且当 $\delta \to 0$ 时 $k_*(\delta) \to \infty$. 对无噪声的情形 $(\delta = 0)$, 取 $k_*(0) := \infty$, $\eta := 0$.

另一方面, 如 $\|v\|, c_R, c_Q, \eta$ 足够小, 由先验停止准则可以得到 Gauss-Newton 法 (5.3.24) 的收敛性和收敛速度[87]. 这就是下面的结果.

**定理 5.3.7** 若假设 5.3.6 成立, 根据 (5.3.30) 选取 $k_* = k_*(\delta)$. 如 $\|x_0 - x^\dagger\|, \|v\|, \eta, C_R, C_Q$ 充分小, 有

$$\left\|x_{k_*}^\delta - x^\dagger\right\| \to \begin{cases} o(1), & \mu = 0, \\ O\left(\delta^{\frac{2\mu}{2\mu+1}}\right), & 0 < \mu \leqslant 1, \end{cases}$$

对无噪声的情形 $(\delta = 0, \eta = 0)$, 有

$$\left\|x_k - x^\dagger\right\| = \begin{cases} o\left(\alpha_k^\mu\right), & 0 \leqslant \mu < 1, \\ O\left(\alpha_k\right), & \mu = 1. \end{cases}$$

以及

$$\|F(x_k) - y\| = \begin{cases} o\big(\alpha_k^{\mu+\frac{1}{2}}\big), & 0 \leqslant \mu < \dfrac{1}{2}, \\ O(\alpha_k), & \dfrac{1}{2} \leqslant \mu \leqslant 1. \end{cases}$$

先验迭代停止准则 (5.3.30) 的缺点是需要预先知道精确解的光滑性信息, 也即参数 $\mu$. 而后验迭代停止准则只需要现有可用的信息, 所以需要研究偏差原理 (5.2.3), 即选择 $k_* = k_*(\delta)$ 使得

$$\big\|y^\delta - F\big(x_{k_*}^\delta\big)\big\| \leqslant \tau\delta < \big\|y^\delta - F\big(x_k^\delta\big)\big\|, \quad 0 \leqslant k < k_*,$$

其中 $\tau > 1$ 充分大. 跟先验停止准则一样, 若 $\|v\|, c_R$ 和 $c_Q$ 足够小, 可以对 $\mu \leqslant 1/2$ 的情形证明收敛速度 ([87]).

**定理 5.3.8** 假设 5.3.6 对某个 $\mu \in [0, 1/2]$ 成立, 而 (5.3.25)—(5.3.27) 对 $\mu = 1/2$ 也成立. 根据偏差原理 (5.2.3) (其中 $\tau > 1$) 选取 $k_* = k_*(\delta)$. 如果 $\|x_0 - x^\dagger\|, \|v\|, 1/\tau, C_R, C_Q$ 充分小, 则可得到收敛速度为

$$\big\|x_{k_*}^\delta - x^\dagger\big\| = \begin{cases} o\big(\delta^{\frac{2\mu}{2\mu+1}}\big), & 0 \leqslant \mu < \dfrac{1}{2}, \\ O(\sqrt{\delta}), & \mu = \dfrac{1}{2}. \end{cases} \tag{5.3.31}$$

需要指出的是, 即使存在某个 $\mu > 1/2$ 使得 $x^\dagger - x_0$ 满足源条件 (5.2.17), 这个选取准则无法得到比 $O(\sqrt{\delta})$ 更好的收敛结果. 另外, 对很多重要的反问题, 假设 5.3.6 中关于 $F$ 的条件 (5.3.25)—(5.3.27) 是很难验证的. 因此, 文献 [77] 中提出了另外一种后验停止准则, 即令 $k_*$ 为第一个满足如下条件的正整数:

$$\alpha_{k_*}\Big(F\big(x_{k_*}^\delta\big) - y^\delta, \big(\alpha_{k_*}I + F'\big(x_{k_*}^\delta\big)F'\big(x_{k_*}^\delta\big)^*\big)^{-1}\big(F\big(x_{k_*}^\delta\big) - y^\delta\big)\Big) \leqslant c\delta^2, \tag{5.3.32}$$

其中 $c \geqslant 1$. 在适当的假定条件下, 可得到收敛性和收敛速度 (推论 2.1, [77]).

**定理 5.3.9** 假设以下条件成立:

(1) 存在常数 $p > 3\|x_0 - x^\dagger\|$ 使得 $\mathcal{B}_p(x^\dagger) \subset \mathcal{D}(F)$.

(2) 存在常数 $K_0$ 使得对任意的 $x, z \in \mathcal{B}_p(x^\dagger)$ 和 $w \in \mathcal{X}$ 有

$$(F'(x) - F'(z))w = F'(z)h(x, z, w),$$

其中 $h(x, z, w) \in X$ 且

$$\|h(x, z, w)\| \leqslant K_0\|x - z\|\|w\|.$$

(3) $\|F'(x)\| \leqslant \sqrt{\alpha_0/3}, \forall x \in \mathcal{B}_p(x^\dagger)$.

(4) 存在某个常数 $r > 1$, 使得 (5.3.24) 中的序列 $\{\alpha_k\}$ 满足

$$\alpha_k > 0, \quad 1 \leqslant \frac{\alpha_k}{\alpha_{k+1}} \leqslant r, \quad \lim_{k \to \infty} \alpha_k = 0.$$

此外, 假设 $12rK_0\|x_0 - x^\dagger\| \leqslant 1$, $c \geqslant 25/4$. 令 $k_*$ 由停止准则 (5.3.32) 确定. 如果 $x_0$ 满足 $x_0 - x^\dagger \in \mathcal{N}(F'(x^\dagger))^\perp$, 则

$$\lim_{\delta \to 0} x_{k_*}^\delta = x^\dagger. \tag{5.3.33}$$

如果 $x_0 - x^\dagger$ 满足源条件 (5.2.17) (其中 $\mu \in (0, 1]$), 则

$$\left\| x_{k_*}^\delta - x^\dagger \right\| \leqslant C_\mu \|v\|^{\frac{1}{1+2\mu}} \delta^{\frac{2\mu}{1+2\mu}}, \tag{5.3.34}$$

其中 $C_\mu$ 为仅依赖于 $\mu$ 的常数.

另外, 我们也可以考虑更一般的 Newton 型迭代格式

$$x_{k+1}^\delta = x_0 + g_{\alpha_k}\left(F'\left(x_k^\delta\right)^* F'\left(x_k^\delta\right)\right) F'\left(x_k^\delta\right)^* \left(y^\delta - F\left(x_k^\delta\right) - F'\left(x_k^\delta\right)\left(x_0 - x_k^\delta\right)\right), \tag{5.3.35}$$

其中参数序列 $\{\alpha_k\}$ 满足 (5.3.29), $g_\alpha : [0, +\infty) \to \mathbb{R}$ 为满足一定条件的分片连续函数[9]. 当 $g_\alpha(\lambda) = (\alpha + \lambda)^{-1}$ 时, 迭代格式 (5.3.35) 等价于迭代正则化 Gauss-Newton 方法 (5.3.24). 利用偏差原理 (5.2.3) 作为迭代停止准则, 文献 [78,81] 中给出了迭代格式 (5.3.35) 的收敛性分析.

从数值计算的角度看, (5.3.24) 和 (5.3.35) 的每一步迭代都需要计算非线性算子 $F$ 在不同点 $x_k^\delta$ 处的 Fréchet 导数, 为减小计算量, 文献 [79,129] 研究了一种简化的 Gauss-Newton 迭代方法

$$x_{k+1}^\delta = x_0 + g_{\alpha_k}\left(F'\left(x_0\right)^* F'\left(x_0\right)\right) F'\left(x_0\right)^* \left(y^\delta - F\left(x_k^\delta\right) - F'\left(x_k^\delta\right)\left(x_0 - x_k^\delta\right)\right), \tag{5.3.36}$$

并提出了两种不同的迭代停止准则, 在一般的源条件下给出了误差分析. 该方法只需计算 $F$ 在 $x_0$ 处的 Fréchet 导数, 极大地减小了计算代价. 在文献 [10] 中, Bauer 等研究了观测数据带有随机噪声的 Gauss-Newton 方法. 关于连续的正则化 Gauss-Newton 方法的收敛性分析, 可见 [86].

# 第 6 章　正则化方法应用

在前面几章, 我们已经介绍了处理不适定问题的有关理论和算法. 作为不适定问题的一个重要的研究课题, 数学物理方程的反问题一直是和不适定问题联系在一起的. 不适定问题求解理论的重要性之一就在于它可以用于求解很多由微分方程描述的反问题. 此时不适定问题中对算子的假定条件对应于微分方程正问题的性态. 作为前面介绍的求解不适定问题的理论和方法的应用, 本章介绍几类重要的数理方程反问题的求解方法, 包括扩散过程逆时问题、数值微分问题、逆散射问题和不完全数据的图像恢复问题等. 这些反问题既具有本身的重要性, 同时也揭示了求解不适定问题的一般的正则化方法应用于具体问题时, 必须针对问题的特殊性, 具体考虑正则化方法和正则化参数的选取.

## 6.1　扩散过程的逆时问题

对有界区域 $\Omega \subset \mathbb{R}^n$ 上的热传导问题, 给定 $t = 0$ 时的初始温度分布和相应的边界条件, 确定在 $t > 0$ 时介质中的温度场分布是经典的正问题. 该类问题的特点是, 对任意给定的初始温度分布, 总可以产生相应的温度场, 且该温度场连续依赖于初始温度. 用数学语言来讲, 热传导方程的正问题总存在连续依赖于初值的解.

所谓逆时热传导问题, 是由介质在某一时刻 $T > 0$ 的温度场分布 $u(x, T) := f(x)$ 来求 $t < T$ 时的温度. 包含两种情况: 求 $t = 0$ 的初始温度 $g(x)$ 和 $0 < t < T$ 的温度. 并且一般而言, 求初始温度的问题更为困难. 和正向热传导问题相比, 该问题有两个特点. 首先该问题不是对任意给定的函数 $f(x)$ 都存在解. 由于热传导问题的时间不可逆性, 这里的 $f(x)$ 必须确实是某一个正向热传导问题产生的温度场, 才能保证逆时问题解在经典意义下的存在性. 在具体问题中, 我们通常得到的是真实温度场 $f(x)$ 的测量数据 $f^\delta(x)$. 由于测量误差 $\delta$ 的存在, $f^\delta(x)$ 即使对很小的 $\delta$ 也有可能不是由任意初始温度场产生的 $T$ 时刻的温度分布. 由此数据当然不可能求出任何有物理意义的精确的初始温度场. 另一方面, 初始温度场的数据对 $t = T$ 的温度场不具有连续依赖性, 即 $u(x, T)$ 的小的改变有可能对应于初始温度场的很大的改变. 因此需要讨论确定近似解的稳定的数值反演方法.

本节首先讨论逆时热传导问题的上述不适定性, 进而给出正则化方法在求解该类问题中的应用并给出了一些数值结果. 后面我们再讨论慢扩散过程对应的逆时问题. 我们的结果分别讨论了一维和二维空间变量的问题. 这部分的结果包含了作者和其学生近年来的有关工作 ([103, 109, 111, 114, 115, 191]).

### 6.1.1　逆时热传导问题不适定性

本节仅以最简单的一维逆时热传导问题的模型来分析问题的不适定性, 所用的基本工具是对数凸性方法. 关于在更一般的方程和边界条件下的问题及高维逆时问题的不适定性分析, 所用的工具基本类似, 见 [109, 111, 114, 115].

考虑由

$$
\begin{cases}
u_t = a^2 u_{xx}, & (x,t) \in (0,\pi) \times (0,T), \\
u(0,t) = 0, u(\pi,t) = 0, & 0 < t < T, \\
u(x,0) = g(x), & x \in (0,\pi)
\end{cases}
\tag{6.1.1}
$$

产生的逆时问题, 我们的任务是由

$$
u(x,T) = f(x) \tag{6.1.2}
$$

的扰动值来求初始温度分布 $g(x)$ 的近似值, 或者求 $0 < t < T$ 上的 $u(x,t)$.

定义

$$
\phi(t) = \|u(\cdot,t)\|_{L^2(0,\pi)}^2 = \int_0^\pi u^2(x,t)dx.
$$

利用 (6.1.1) 中的方程和边界条件易得

$$
\phi'(t) = 2\int_0^\pi u(x,t)u_t(x,t)dx, \quad \phi''(t) = 4\int_0^\pi u_t^2(x,t)dx.
$$

从而由 Cauchy 不等式得

$$
\frac{d^2}{dt^2}\ln\phi(t) = \frac{\phi''(t)\phi(t) - (\phi'(t))^2}{\phi^2(t)} \geqslant 0, \quad t \in [0,T]. \tag{6.1.3}
$$

故 $\ln\phi(t)$ 是 $[0,T]$ 上的下凸函数. 从而对 $0 \leqslant t_1 < t_2 \leqslant T$ 成立

$$
\ln\phi(\theta t_1 + (1-\theta)t_2) \leqslant \theta\ln\phi(t_1) + (1-\theta)\ln\phi(t_2), \quad \forall\theta \in [0,1].
$$

对任意 $t \in [0,T]$, 取 $\theta = 1 - t/T, t_1 = 0, t_2 = T$, 上式变为

$$
\ln\phi(t) \leqslant \left(1 - \frac{t}{T}\right)\ln\phi(0) + \frac{t}{T}\ln\phi(T), \quad t \in [0,T].
$$

此式等价于

$$\phi(t) \leqslant \phi(0)^{1-t/T} \phi(T)^{t/T}. \tag{6.1.4}$$

另一方面, (6.1.3) 意味着 $(\ln \phi(t))'$ 是单调增函数, 即

$$\frac{\ln \phi(T) - \ln \phi(0)}{T} \leqslant \frac{d \ln \phi(t)}{dt}\bigg|_{t=T}.$$

由此可见

$$\phi(0) \geqslant \phi(T) \exp\left(-T \frac{\phi'(T)}{\phi(T)}\right). \tag{6.1.5}$$

再由直接计算得到

$$\phi'(t) = 2 \int_0^\pi u(x,t) u_t(x,t) dx = 2a^2 \int_0^\pi u(x,t) u_{xx}(x,t) dx = -2a^2 \int_0^\pi (u_x(x,t))^2 dx,$$

从而 (6.1.5) 变为

$$\phi(0) \geqslant \phi(T) \exp\left(\frac{2Ta^2 \int_0^\pi (u_x(x,T))^2 dx}{\phi(T)}\right). \tag{6.1.6}$$

(6.1.4) 和 (6.1.6) 是反映逆时问题不适定性的两个基本估计. (6.1.6) 提示我们, 对适当选择的初值, 有可能 $\phi(T) \to 0$ 但是 $\phi(0) \to \infty$; 而 (6.1.4) 则揭示了以 $u(x,T)$ 为输入数据时逆时问题的条件稳定性. 具体地说, 有下述定理.

**定理 6.1.1** 对由 (6.1.1)—(6.1.2) 描述的逆时问题, 由 $u(x,T) = f(x)$ 确定 $u(x,0) = g(x)$ 的问题是不稳定的, 但是在对初始温度 $u(x,0)$ 先验条件假定

$$\|u(\cdot, 0)\|_{L^2} = \|g\|_{L^2} \leqslant M \tag{6.1.7}$$

下 ($M$ 是已知的正常数), 由 $u(x,T) = f(x)$ 确定 $u(x,t), 0 < t < T$ 的逆时问题是稳定的.

**证明** 取特殊的初始温度场 $g_k(x) = k \sin(kx)$, $k = 1, 2, \cdots$. 易知

$$u_k(x,t) = \exp(-a^2 k^2 t) k \sin(kx)$$

是 (6.1.1) 的解, 从而 $f_k(x) = \exp(-a^2 k^2 T) k \sin(kx)$. 对这样构造的问题, 容易验证 $k \to \infty$ 时

$$\|u_k(\cdot, T)\|_{L^2} = \|f_k\|_{L^2} \to 0, \quad \|u_k(\cdot, 0)\|_{L^2} = \|g_k\|_{L^2} \to \infty.$$

这就证明了在 $L^2$ 意义下求初始温度场的逆时问题的不稳定性. 事实上, 对这样的 $g_k, f_k$, 当 $k \to \infty$ 时,

$$\|f_k\|_{C(0,\pi)} \to 0, \quad \|g_k\|_{C^p(0,\pi)} \to \infty$$

仍成立 ($p$ 是任意给定的正整数), 即该逆时问题在 $C(0,\pi) \times C^p(0,\pi)$ 的度量拓扑下也是不稳定的.

对 $0 < t < T$, 由 (6.1.4) 和 (6.1.7) 得到

$$\|u(\cdot,t)\|_{L^2} \leqslant M^{1-t/T} \|u(\cdot,T)\|_{L^2}^{t/T} \leqslant M \|u(\cdot,T)\|_{L^2}^{t/T}. \tag{6.1.8}$$

该式表明, 在关于初始温度的先验条件下, 求 $u(x,t), 0 < t < T$ 的逆时问题对终值 $u(x,T)$ 是稳定的 (Hölder 连续性). □

**注解 6.1.2**　由此定理可以看出, 由终值求初始时刻 $t = 0$ 的温度分布的逆时问题即使在条件 (6.1.7) 下也不能得到稳定性 ((6.1.8) 对 $t = 0$ 成立但是无任何意义). 但是如果仅考虑 $0 < t < T$, 则逆时问题可以建立条件稳定性. 要想对 $t = 0$ 建立逆时问题的稳定性, 必须对 $u(x,t)$ 加上更强的先验条件 (例如 $\|u_t(\cdot,t)\|_{L^2} \leqslant M, t \in (0,T)$), 此时一般我们只能得到双对数型的连续性, 见 [72,116].

可以给出在 $t > 0$ 时上面结果中条件稳定性的一个更深刻的数学解释 ([37]). 记满足 (6.1.7) 的函数集合为

$$U := \{u(x,0) : \|u(\cdot,0)\|_{L^2} \leqslant M\} \subset L^2(0,\pi),$$

它是 $L^2(0,\pi)$ 中的有界集. 逆时问题在 $t > 0$ 时的解当然也可以看成由 $t = 0$ 的某个初始温度场 $u(x,0)$ 对应的正问题. 由分离变量法, 不难求出 (6.1.1) 的解是

$$(\mathbf{K}_1^t \cdot u(\cdot,0))(x) := \int_0^\pi K_1(x,\xi;t)u(\xi,0)d\xi = u(x,t), \quad 0 < t < T,$$

其中核函数

$$K_1(x,\xi;t) = \frac{2}{\pi} \sum_{n=1}^\infty \sin(nx)\sin(n\xi)\exp(-a^2 n^2 t).$$

由于 $K_1(x,\xi;t)$ 在 $0 \leqslant x, \xi \leqslant \pi$ 上是连续的, $\mathbf{K}_1^t$ 是 $L^2(0,\pi)$ 到 $L^2(0,\pi)$ 的一个全连续算子. 因此在 $u(x,0) \in U$ 的限制下求 $t > 0$ 的逆时问题, 相当于在 $L^2(0,\pi)$ 的紧子集 $\mathbf{K}_1^t U$ 上求解

$$\int_0^\pi K_1(x,\xi;T-t)u(\xi,t)d\xi = u(x,T),$$

$K_1(x, \xi; T-t)$ 仍然是连续的. 很显然, 当在 $L^2$ 的紧子集 $\mathbf{K}_1^t U$ 上求解该方程时, 稳定性得到了恢复.

下面来讨论逆时问题不适定性的另一方面, 即解的存在性和唯一性. 前已说明, 并不是任意给定一个函数 $f(x)$, 由 (6.1.1) 和 (6.1.2) 构成的逆时问题都有解 $g(x)$, $f(x)$ 必须确实是某一个初始温度场产生的温度场. 下面的结果给出了解的存在性的一个必要条件及解的唯一性. 为记号简单, 记

$$\psi_k(x) = \sqrt{2/\pi} \sin(kx), \quad k = 1, 2, \cdots.$$

显然 $\{\psi_k(x)\}_{k=1}^\infty$ 构成 $L^2(0, \pi)$ 的一个完备的正交标准函数基. $(\cdot, \cdot)$ 表示 $L^2(0, \pi)$ 上的内积.

**定理 6.1.3** 设给定终值 $f(x) \in L^2(0, \pi)$. 由 (6.1.1) 和 (6.1.2) 构成的逆时问题有解 $g(x) \in L^2(0, \pi)$ 的充分必要条件是

$$\sum_{k=1}^\infty (f, \psi_k)^2 \exp(2k^2 a^2 T) < \infty. \tag{6.1.9}$$

如果有解 $g(x) \in L^2(0, \pi)$, 则解必唯一.

**证明** 假定原逆时问题有解 $g(x) \in L^2(0, \pi)$. 由分离变量法得满足 (6.1.1) 中方程和边界条件的 $u(x, t)$ 有形式

$$u(x, t) = \sum_{n=1}^\infty C_n \exp(-n^2 a^2 t) \sin(nx). \tag{6.1.10}$$

分别用 $t = 0$ 和 $t = T$ 的温度分布来确定该式中的系数得

$$u(x, t) = \sum_{n=1}^\infty \left( \frac{2}{\pi} \int_0^\pi g(\xi) \sin(n\xi) d\xi \right) \exp(-n^2 a^2 t) \sin(nx),$$

$$u(x, t) = \sum_{n=1}^\infty \left( \frac{2}{\pi} \int_0^\pi f(\xi) \sin(n\xi) d\xi \right) \exp(n^2 a^2 (T-t)) \sin(nx).$$

此两式中分别取 $t = T$ 和 $t = 0$ 得

$$f(x) = \sum_{n=1}^\infty \exp(-n^2 a^2 T)(g, \psi_n) \psi_n(x), \tag{6.1.11}$$

$$g(x) = \sum_{n=1}^\infty \exp(n^2 a^2 T)(f, \psi_n) \psi_n(x). \tag{6.1.12}$$

(6.1.12) 是 $g(x) \in L^2(0, \pi)$ 的 Fourier 级数展开. 由 Parseval 等式得

$$\sum_{n=1}^{\infty} \exp(2n^2 a^2 T)(\psi_k, f)^2 = \|g\|_{L^2(0,\pi)}^2 < \infty.$$

此即必要性. 条件的充分性是显然的. 当 (6.1.9) 成立时, 以 $\exp(n^2 a^2 T)(f, \psi_n)$ 为 Fourier 系数构造的 $g(x)$ 就是所求的解. 解的存在性得证. 为得到解的唯一性, 只要证明 $f = 0$ 意味着 $g = 0$ 即可. 在 (6.1.11) 中取 $f = 0$, 同样由 $\{\psi_n(x)\}_{n=1}^{\infty}$ 在 $L^2(0, \pi)$ 中的完备性得

$$(g, \psi_n) \exp(-n^2 a^2 T) = 0, \quad n = 1, 2, \cdots.$$

此即 $(g, \psi_n) = 0 \ (n = 1, 2 \cdots)$. 由此最后得到 $g = 0$. □

一般而言, 在具体反问题中对解的存在性的讨论不是特别的关注. 我们更关心的是对精确输入数据 (假定它已经保证了解的存在性) 的扰动值, 如何由此来求出精确解的近似值, 包括近似值的稳定的求解方法和近似值的收敛速度. 这就要用到我们前面介绍过的正则化解的有关理论.

### 6.1.2 逆时问题的正则化方法

假定我们给定的是精确数据 $f$ 的扰动数据 $f^\delta$, 满足

$$\left\| f^\delta - f \right\|_{L^2(0,\pi)} \leqslant \delta. \tag{6.1.13}$$

下面考虑求解逆时问题 (6.1.1), (6.1.2) 的正则化方法. 我们这里介绍构造正则化解的三种方法.

方法 1: 等价于第一类 Fredholm 积分方程的方法.

对精确数据 $u(x, T) = f(x)$, 由前述知逆时问题的精确解 $u(x, t)$ 满足第一类 Fredholm 积分方程

$$(\mathbf{K}_1^{T-t} \cdot u(\cdot, t))(x) := \int_0^\pi K_1(x, \xi; T - t) u(\xi, t) d\xi = u(x, T) = f(x), \quad 0 \leqslant t < T, \tag{6.1.14}$$

其中核函数

$$K_1(x, \xi; t) = \frac{2}{\pi} \sum_{n=1}^{\infty} \sin(nx) \sin(n\xi) \exp(-a^2 n^2 t). \tag{6.1.15}$$

当 $t = 0$ 时就是求初始温度 $g(x)$ 的逆时问题; 当 $0 < t < T$ 时是求区域 $(x, t) \in (0, \pi) \times (0, T)$ 上温度分布的逆时问题, 它具有条件稳定性.

对 $f$ 的扰动数据 $f^\delta$, 无论 $\delta$ 多小它也有可能不满足 (6.1.9), 因此 $u(x,t)$ 的近似 $u^\delta(x,t)$ 不能用 (6.1.14) 右端换为 $f^\delta$ 的解来定义, 因为该方程可能无解.

由 $f$ 的近似数据 $f^\delta$ 求 (6.1.14) 的近似解的正则化方法是解第二类的积分方程 (正则化方程)

$$(\alpha I + (\mathbf{K}_1^{T-t})^* \mathbf{K}_1^{T-t}) u^{\alpha,\delta}(\cdot,t) = (\mathbf{K}_1^{T-t})^* f^\delta, \quad t > 0. \tag{6.1.16}$$

对给定的 $\alpha > 0$, 该方程存在唯一解 $u^{\alpha,\delta}(\cdot,t)$, $0 \leqslant t < T$. 当 $\alpha, \delta \to 0$ 时, $u^{\alpha,\delta}(\cdot,t) \to u(\cdot,t)$. 特别地, 对 $t > 0$, 由于可以建立条件稳定性, 可以用 3.7 节的方法给出 $\alpha = \alpha(\delta)$ 的选取策略并估计出该正则化解的收敛速度. 对确定 $t = 0$ 的解的逆时问题, 在 $\alpha = \alpha(\delta)$ 的适当取法下, $u^{\alpha,\delta}(\cdot,0) \to u(\cdot,0)$ 的依赖于 $\alpha, \delta$ 的理论的双对数型速度估计可见 [116], 对不同 $\alpha, \delta$ 的数值实验也表明该方法确实能较好地近似 $u(\cdot,0)$. 此时正则化参数 $\alpha = \alpha(\delta)$ 也可以用标准的方法如相容性原理来确定, 但此时的收敛速度估计还需要进一步的工作. (6.1.16) 的数值解可以用任何标准的求解方法得到.

方法 2: 拟逆方法 (quasi-reversibility method).

前面利用第一类积分方程的正则化解法求解逆时问题, 是一个比较一般的方法. 该方法也可以用于解决其他的线性不适定问题, 例如我们将要讲到的由散射波的远场形式求近场的问题. 但是如果考虑到逆时问题的具体特点, 我们还可以用拟逆的方法来解该问题. 关于拟逆方法的起源, 可参看 [102, 133, 173]; 关于该方法在逆时问题中更一般的应用, 见 [37, 151].

拟逆方法的基本思想如下. 对所讨论的不适定问题的微分方程 (也可能是边界条件) 加上一个小的扰动, 使得扰动后的定解问题变为适定的, 进而用扰动问题的解来构造原不适定问题的近似解. 这里小扰动的参数就是正则化参数, 它直接进入了原不适定问题, 从而改变了问题的结构. 当然, 构造小扰动的方法是不唯一的. 注意, 拟逆方法事实上有很长的历史背景. 例如, 它和流体力学和气体动力学中添加人工粘性项的处理方法有异曲同工之妙. 在计算流体力学中, 添加人工粘性项的目的也是使得扰动问题的解稳定.

仍然以模型问题 (6.1.1)—(6.1.2) 来介绍近似求初始温度 $g(x)$ 拟逆方法. 作变量代换 $\tau = T - t$ 并记 $\tilde{u}(x,\tau) = u(x,T-\tau)$, 原反问题等价于由

$$\begin{cases} \tilde{u}_\tau = -a^2 \tilde{u}_{xx}, & (x,\tau) \in (0,\pi) \times (0,T), \\ \tilde{u}(0,\tau) = 0, \tilde{u}(\pi,\tau) = 0, & 0 < \tau < T, \\ \tilde{u}(x,0) = f(x), & x \in (0,\pi), \end{cases}$$

来求 $\tilde{u}(x, T) = g(x)$. 给定 $\alpha > 0$, 考虑此问题的下述扰动问题:

$$
\begin{cases}
v_\tau = -a^2 v_{xx} - \alpha a^4 v_{xxxx}, & (x, \tau) \in (0, \pi) \times (0, T), \\
v(0, \tau) = 0, v(\pi, \tau) = 0, & 0 < \tau < T, \\
v_{xx}(0, \tau) = 0, v_{xx}(\pi, \tau) = 0, & 0 < \tau < T, \\
v(x, 0) = f(x), & x \in (0, \pi).
\end{cases}
\tag{6.1.17}
$$

易知该问题的解有级数表达式

$$
\begin{aligned}
v(x, \tau) &= \frac{2}{\pi} \sum_{n=1}^{\infty} \int_0^\pi f(\xi) \sin(n\xi) d\xi \; \exp\left(a^2 n^2 \tau (1 - \alpha a^2 n^2)\right) \sin(nx) \\
&= \sum_{n=1}^{\infty} (f, \psi_n) \exp\left(a^2 n^2 \tau (1 - \alpha a^2 n^2)\right) \psi_n(x).
\end{aligned}
\tag{6.1.18}
$$

当 $\alpha = 0$ 时, 该问题在 $\tau = T$ 的解 $v(x, T) = g(x)$ 就是反问题 (6.1.1)—(6.1.2) 的解 (6.1.12). 对小的扰动项 $\alpha > 0$, (6.1.18) 在 $\tau = T$ 可以看成是 $g(x)$ 的一个近似. 另一方面, 只要 $\alpha > 0$, 级数 (6.1.18) 对任意的 $f \in L^2(0, \pi)$ 都是收敛的, 因此对精确的 $f$ 扰动数据 $f^\delta$ (它可能不是任何初始温度对应的终值温度), 可以用 (6.1.18) 来定义逆时问题温度的近似值. 定义

$$
R_\alpha f := \sum_{n=1}^{\infty} (f, \psi_n) \exp\left(a^2 n^2 T (1 - \alpha a^2 n^2)\right) \psi_n(x).
\tag{6.1.19}
$$

下面的任务是来讨论 $R_\alpha f^\delta$ 对 $g$ 的收敛性, 其中 $f^\delta$ 是 $f$ 的满足 (6.1.13) 的误差数据.

**定理 6.1.4**   *如果正则化参数 $\alpha = \alpha(\delta) > 0$ 在 $\delta \to 0$ 时满足*

$$
\alpha(\delta) \to 0, \quad \exp\left(\frac{T}{4\alpha(\delta)}\right) \delta \to 0,
$$

*则对扰动数据 $f^\delta$, 成立*

$$
\left\| R_{\alpha(\delta)} f^\delta - g \right\|_{L^2(0, \pi)} \to 0, \quad \delta \to 0,
$$

*其中 $g$ 是对应于精确温度场 $f$ 的初始温度.*

**证明**   由标准的估计和 (6.1.13) 有

$$
\left\| R_\alpha f^\delta - g \right\| \leqslant \left\| R_\alpha f^\delta - R_\alpha f \right\| + \left\| R_\alpha f - g \right\| \leqslant \left\| R_\alpha \right\| \delta + \left\| R_\alpha f - g \right\|.
\tag{6.1.20}
$$

由 (6.1.19) 和 $\{\psi_n : n = 1, \cdots\}$ 在 $L^2$ 上的正交完备性知

$$\|R_\alpha f\|^2 = \sum_{n=1}^{\infty} |(f, \psi_n)|^2 \exp\left(2a^2 n^2 T(1 - \alpha a^2 n^2)\right).$$

对任意的 $n$, 显然有 $2a^2 n^2 T(1 - \alpha a^2 n^2) \leqslant T/(2\alpha)$, 从而上式变为

$$\|R_\alpha f\|^2 \leqslant \exp(T/(2\alpha)) \sum_{n=1}^{\infty} |(f, \psi_n)|^2 = \exp(T/(2\alpha)) \|f\|^2.$$

由此得到

$$\|R_\alpha\| \leqslant \exp(T/(4\alpha)). \tag{6.1.21}$$

另一方面, 由 (6.1.12), (6.1.19) 知

$$\|R_\alpha f - g\|^2 = \sum_{n=1}^{\infty} [1 - e^{-\alpha a^4 n^4 T}]^2 e^{2a^2 n^2 T} |(f, \psi_n)|^2$$

$$\leqslant \sum_{n=1}^{N} [1 - e^{-\alpha a^4 n^4 T}]^2 e^{2a^2 n^2 T} |(f, \psi_n)|^2 + \sum_{n=N+1}^{\infty} e^{2a^2 n^2 T} |(f, \psi_n)|^2.$$

由于 $g \in L^2$, 由定理 6.1.3 知, $\forall \varepsilon > 0$, $\exists$ 一个整数 $N$ 充分大, 使得

$$\sum_{n=N+1}^{\infty} e^{2a^2 n^2 T} |(f, \psi_n)|^2 \leqslant \varepsilon^2/2.$$

对此有限 $N$, 当 $\alpha > 0$ 很小时,

$$\sum_{n=1}^{N} [1 - e^{-\alpha a^4 n^4 T}]^2 e^{2a^2 n^2 T} |(f, \psi_n)|^2 \leqslant \varepsilon^2/2.$$

综上所述, 由 $\varepsilon$ 的任意性得

$$\|R_\alpha f - g\| \to 0, \quad \alpha \to 0. \tag{6.1.22}$$

最后 (6.1.20)—(6.1.22) 完成了定理的证明. $\qquad\qquad\square$

**注解 6.1.5**  该结果只是证明了 $\delta \to 0$ 时 $R_{\alpha(\delta)} f^\delta - g \to 0$. 在关于 $g$ (或者是 $f$) 的更强的先验条件下, 可以进一步得到收敛速度的估计, 具体的处理技术可参见下面的定理 6.1.6.

如果我们只要求重建 $0 < t < T$ 时的逆时问题的解, 而不去求解 $t = 0$ 的初始温度, 则我们还可以在给定的终值数据上加上小扰动而构造正则化近似解, 它可以看成是拟逆方法的另一种形式 (如果把时间 $t = T$ 看成边界)([5]).

方法 3: 终值数据扰动正则化方法.

考虑由

$$
\begin{cases}
u_t = a^2 u_{xx}, & (x,t) \in (0,\pi) \times (0,T), \\
u(0,t) = 0, u(\pi,t) = 0, & 0 < t < T, \\
u(x,T) = f(x), & x \in (0,\pi),
\end{cases}
\tag{6.1.23}
$$

求 $0 < t < T$ 上的 $u(x,t)$ 的逆时问题. 如前所述, 当给定的终值数据 $f(x)$ 满足 (6.1.9) 时, 该逆时问题存在唯一解.

对 $\alpha > 0$, 引进对应的扰动问题

$$
\begin{cases}
u_t^\alpha = a^2 u_{xx}^\alpha, & (x,t) \in (0,\pi) \times (0,T), \\
u^\alpha(0,t) = 0, u^\alpha(\pi,t) = 0, & 0 < t < T, \\
\alpha u^\alpha(x,0) + u^\alpha(x,T) = f(x), & x \in (0,\pi).
\end{cases}
\tag{6.1.24}
$$

下面对精确的输入数据, 来讨论正则化近似解 $u^\alpha(x,t)$ 和精确解 $u(x,t)$ 的误差.

对给定的 $u^\alpha(x,0)$, 易知满足 (6.1.24) 前两式的 $u^\alpha(x,t)$ 有表达式

$$
u^\alpha(x,t) = \sum_{n=1}^\infty (u^\alpha(\cdot,0), \psi_n) e^{-a^2 n^2 t} \psi_n(x) := \mathbf{K}_1^t u^\alpha(\cdot,0), \quad t \in [0,T],
\tag{6.1.25}
$$

其中有界线性算子 $\mathbf{K}_1^t$ 由 (6.1.14), (6.1.15) 的定义. 将此表达式代入 (6.1.24) 的第三个条件得

$$
u^\alpha(x,0) = (\alpha I + \mathbf{K}_1^T)^{-1} f.
$$

从而由 (6.1.25) 得 $u^\alpha(x,t) = \mathbf{K}_1^t (\alpha I + \mathbf{K}_1^T)^{-1} f$. 注意 $\mathbf{K}_1^t (\alpha I + \mathbf{K}_1^T)^{-1} = (\alpha I + \mathbf{K}_1^T)^{-1} \mathbf{K}_1^t$, 得 $u^\alpha(x,t)$ 满足

$$
\alpha u^\alpha(x,t) + (\mathbf{K}_1^T u^\alpha(\cdot,t))(x) = (\mathbf{K}_1^t f)(x), \quad t \in [0,T].
\tag{6.1.26}
$$

这是一个关于 $u^\alpha(x,t)$ 的第二类积分方程. 将此式和 (6.1.16) 比较 (取 $\delta = 0$), 可以看到这里方程的结构要比那里简单, 但是两种方法中正则化参数的意义有所不同. 由算子 $\mathbf{K}_1^t$ 的表达式, 不难证明

$$
\lim_{\alpha \to 0} \|u^\alpha(\cdot,t) - u(\cdot,t)\| = 0, \quad t \in [0,T].
$$

下面进一步估计收敛速度 (仅是对正则化参数 $\alpha$, 未讨论输入数据的误差 $\delta$). 如果对终值数据加上更进一步的限制 (除了定理 6.1.3 的有解的条件), 有下面的收敛速度.

**定理 6.1.6** 假定存在 $\varepsilon \in (0,1)$, 使得终值数据 $f(x)$ 满足

$$\sum_{k=1}^{\infty} (f, \psi_k)^2 \exp(2k^2 a^2 (1+\varepsilon)T) := M(\varepsilon)^2 < \infty. \tag{6.1.27}$$

则正则化解 $u^\alpha(\cdot, t)$ 满足下面的误差估计

$$\|u^\alpha(\cdot, t) - u(\cdot, t)\| \leqslant \alpha^\varepsilon M(\varepsilon), \quad t \in [0, T].$$

如果 $0 < \varepsilon \leqslant t/T$, 还有估计

$$\|u^\alpha(\cdot, t) - u(\cdot, t)\| \leqslant \alpha^\varepsilon \|u(\cdot, 0)\|.$$

**注解 6.1.7** 如果 $\varepsilon = 0$ (即 $f$ 的条件只要保证原逆时问题有解), 该结果不能给出任何收敛速度. 关于 $f$ 的条件 (6.1.27), 本质上是对原不适定问题解 $u$ 的先验假定条件. 另一方面, 条件 (6.1.27) 也可以用于定理 6.1.4 中收敛速度关于输入数据误差 $\delta$ 的进一步分析, 即在正则化参数 $\alpha = \alpha(\delta)$ 的适当的取法下, $u^{\alpha(\delta)}(\cdot, t) - u(\cdot, t)$ 关于 $\delta$ 的收敛性.

**证明** (6.1.27) 显然意味着条件 (6.1.9). 故由定理 6.1.3, 逆时问题有解, 并且可表为 $u(x, t) = \mathbf{K}_1^t (\mathbf{K}_1^T)^{-1} f$. 从而有

$$u(x, t) - u^\alpha(x, t) = \mathbf{K}_1^t ((\mathbf{K}_1^T)^{-1} - (\alpha I + \mathbf{K}_1^T)^{-1}) f.$$

记 $\phi_\alpha(x) := (\alpha I + \mathbf{K}_1^T)^{-1} f$, 由 $(\alpha I + \mathbf{K}_1^T)\phi_\alpha = f(x)$ 及 $\mathbf{K}_1^T$ 的定义, 不难解出

$$\phi_\alpha(x) = \sum_{l=1}^{\infty} c_l \psi_l(x)$$

中的系数 $c_l = (\alpha + e^{-a^2 l^2 T})^{-1} (f, \psi_l)$. 据此得到

$$u(x, t) - u^\alpha(x, t) = \sum_{l=1}^{\infty} [e^{a^2 l^2 T} - (\alpha + e^{-a^2 l^2 T})^{-1}](f, \psi_l)(\mathbf{K}_1^t \psi_l)(x)$$

$$= \alpha \sum_{l=1}^{\infty} e^{a^2 l^2 T} (\alpha + e^{-a^2 l^2 T})^{-1} (f, \psi_l) \sum_{n=1}^{\infty} e^{-a^2 n^2 t} \psi_n(x) \delta_{l,n}$$

$$= \alpha \sum_{n=1}^{\infty} e^{a^2 n^2 (T-t)} (\alpha + e^{-a^2 n^2 T})^{-1} (f, \psi_n) \psi_n(x).$$

从而对 $\varepsilon \in (0,1)$, 有下列估计

$$\|u(\cdot,t) - u^\alpha(\cdot,t)\|^2 = \alpha^2 \sum_{n=1}^\infty e^{2a^2n^2(T-t)}|(f,\psi_n)|^2[(\alpha+e^{-a^2n^2T})^\varepsilon(\alpha+e^{-a^2n^2T})^{1-\varepsilon}]^{-2}$$

$$\leqslant \alpha^2 \sum_{n=1}^\infty e^{2a^2n^2(T-t)}|(f,\psi_n)|^2(e^{2a^2n^2T})^\varepsilon(\alpha^{1-\varepsilon})^{-2}$$

$$\leqslant \alpha^{2\varepsilon} \sum_{n=1}^\infty e^{2a^2n^2((1+\varepsilon)T-t)}|(f,\psi_n)|^2. \tag{6.1.28}$$

由此完成定理的证明. □

**注解 6.1.8** 该定理类似于 [4] 中的定理 2.6, 它由经典的对数凸性的方法 (参见 6.1.1 节) 得到. 关于此方法的数值实验, 见 [5]. 另一方面, 如果 $\varepsilon > 1$, 由于

$$[(\alpha + e^{-a^2n^2T})^\varepsilon(\alpha + e^{-a^2n^2T})^{1-\varepsilon}]^{-2} \leqslant e^{2\varepsilon a^2n^2T}(\alpha + e^{-a^2T})^{2\varepsilon-2},$$

可以得到一个更好的估计

$$\|u(\cdot,t) - u^\alpha(\cdot,t)\| \leqslant \frac{\alpha}{(\alpha + e^{-a^2T})^{\varepsilon-1}} M(\varepsilon),$$

它是 $\alpha \to 0$ 时的一个更快的收敛性估计.

关于更一般的变系数的 1-D 逆时问题的适定性分析, 可见 [114,115].

### 6.1.3 二维逆时问题数值结果

记 $\Omega = [0,\pi] \times [0,\pi] \subset \mathbb{R}^2$. 考虑二维热传导方程的初边值问题

$$\begin{cases} u_t = \Delta u, & (x,t) \in \Omega \times (0,T), \\ u|_{\partial\Omega} = 0, & 0 < t < T, \\ u|_{t=0} = g(x), & x \in \Omega. \end{cases} \tag{6.1.29}$$

类似于前述一维问题, 正问题的解可以用 Laplace 算子的特征系统 $\{(u_n(x),\lambda_n) : n \in \mathbb{N}\}$ 表示为 $(\|u_n\| = 1)$

$$u(x,t) = \sum_{n=1}^\infty G_n u_n(x) e^{-\lambda_n t}, \tag{6.1.30}$$

其中系数 $G_n = \int_\Omega g(x)u_n(x)dx$. 这里讨论的逆时问题是要由时刻 $t_0 > 0$ 的温度场 $u(x,t_0)$ 决定 $t = 0$ 初始温度 $g(x)$ ([111]), 它是不适定的. 由 6.1.2 节的分析可

知, 该问题要比考虑 $0 < t < t_0$ 上的逆时问题更为困难, 一般而言得不到 Hölder 型的稳定性估计. 本小节的重点是用数值结果来说明正则化参数的引进对数值结果稳定性的作用.

给定 $g(x) \in L^2(\Omega)$, 据正问题 (6.1.29) 定义算子 $\mathbf{A}$:

$$\mathbf{A}g(x) = u(x, t_0). \tag{6.1.31}$$

则由正问题的解的表达式知

$$\mathbf{A}g(x) = \sum_{n=1}^{\infty} G_n u_n(x) e^{-\lambda_n t_0} := \int_{\Omega} K(x, y; t_0) g(y) dy, \tag{6.1.32}$$

其中核函数 $K(x, y, t_0) = \sum_{n=1}^{\infty} u_n(x) u_n(y) e^{-\lambda_n t_0}$, 易知 $\mathbf{A}$ 是自伴的紧算子. 另一方面, 同样容易写出

$$g(x) = \mathbf{A}^{-1} u(x, t_0) = \sum_{n=1}^{\infty} D_n u_n(x), \tag{6.1.33}$$

$$D_n = \exp(\lambda_n t_0) \int_{\Omega} u(y, t_0) u_n(y) dy.$$

$\mathbf{A}^{-1}$ 是无界的, 即当 $u(x, t_0)$ 的误差数据为 $u^\delta(x, t_0)$ 时, 不能由 $\mathbf{A}^{-1} u^\delta(x, t_0)$ 来定义 $g(x)$ 的近似值 $g^\delta(x)$.

引进 $L^2(\Omega)$ 上的 Tikhonov 正则化泛函

$$F(g, \alpha) = \|\mathbf{A}g - u^\delta\|_{L^2(\Omega)}^2 + \alpha \|g\|_{L^2(\Omega)}^2, \tag{6.1.34}$$

它在 $g(x) \in L^2(\Omega)$ 上的极小元 $g_\alpha^\delta(x)$ 为 $g(x)$ 的正则化近似解. 由前述结果 (6.1.2 节, 方法 1), $g_\alpha^\delta$ 由第二类线性方程

$$\alpha g_\alpha^\delta + \mathbf{A}^2 g_\alpha^\delta = \mathbf{A} u^\delta \tag{6.1.35}$$

唯一确定. 对给定的 $\alpha > 0$, (6.1.35) 有多种数值解法. 由于算子 $\mathbf{A}$ 本身是二重积分, 故减少计算量是数值求解该方程的关键. 下面用超松弛 (SOR) 迭代法解 (6.1.35) 以得到 $g_\alpha^\delta$ 的数值近似解. 即求相应的函数列 $\{g_n\}_{n=1}^{\infty}$ 及误差函数 $\{r_n\}_{n=1}^{\infty}$:

$$r_n = \mathbf{A} u^\delta(x, t_0) - (\alpha g_n + \mathbf{A}^2 g_n).$$

用误差校正的办法来得到序列 $\{g_n\}_{n=1}^{\infty}$. 在 SOR 迭代法中, 首先给定 $g_0$, 由此计算 $r_0$. 然后序列 $\{g_n\}_{n=1}^{\infty}$ 如下定义:

$$\beta_n := \frac{(r_{n-1}, (\alpha + \mathbf{A}^2) r_{n-1})}{\|(\alpha + \mathbf{A}^2) r_{n-1}\|^2}, \quad g_n := g_{n-1} + \beta_n r_{n-1}, \quad n = 1, \cdots,$$

$(\cdot, \cdot)$ 是 $L^2(\Omega)$ 内积. $\beta_n$ 是根据 $\|r_n\|$ 极小化来取的, 因为

$$r_n = \mathbf{A}u^\delta(x, t_0) - (\alpha + \mathbf{A}^2)(g_{n-1} + \beta_n r_{n-1}) = r_{n-1} - \beta_n(\alpha + \mathbf{A}^2)r_{n-1}.$$

对精确初始温度 $g(x_1, x_2) = \sin(x_1)\sin(x_2)$, 用三层隐式差分方法解正问题得到 $u(x, t_0)$ 在 $t_0 = 0.005$ 时的解作为模拟的反演输入数据, 该方法的构造和分析见 [117].

在反问题中, 取正则化参数 $\alpha = 0.0001$. 用

$$g_0(x_1, x_2) = -0.5x_1(\pi - x_1)x_2(\pi - x_2)$$

作为用 SOR 方法求解正则化方程的迭代初值. 精确解和猜测解见图 6.1和图 6.2, 可见此时我们选取的迭代初值与真实解的误差很大.

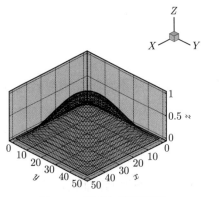 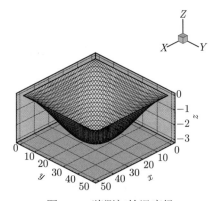

图 6.1   精确初始温度场        图 6.2   猜测初始温度场

为检验算法的稳定性, 给 $u(x_1, x_2, t_0)$ 在节点 $(x_1^i, x_2^j) = (ih, jh)$ 的扰动为

$$u^\delta(x_1^i, x_2^j, t_0) = u(x_1^i, x_2^j, t_0) + (-1)^{i+j}\delta,$$

对应于不同的参数, 50 次迭代的结果见表 (表 6.1—表 6.3), 其中表 6.1 是用三层隐式差分方法求解正问题的数值结果.

表 6.1   模拟正问题的解, $(\tau, M, \theta_2, f_2) = (1\mathrm{E} - 4, 50, -0.5, 0.0)$

|  | $u(10, 10, 50)$ | $u(20, 20, 50)$ | $u(30, 30, 50)$ | $u(40, 40, 50)$ | $u(50, 50, 50)$ |
|---|---|---|---|---|---|
| 精确解 | 3.4205382E−1 | 8.9550850E−1 | 8.9550845E−1 | 3.4205373E−1 | 0.0000000E+0 |
| 数值解 | 3.4205383E−1 | 8.9550853E−1 | 8.9550848E−1 | 3.4205375E−1 | 0.0000000E+0 |

表 6.2 反演结果, $(\tau, M, \theta_2, f_2, \alpha) = (1\text{E} - 04, 50, -0.5, 0.0, 1\text{E} - 04), n = 50$

|  | $g(10,10)$ | $g(20,20)$ | $g(30,30)$ | $g(40,40)$ | $g(50,50)$ |
|---|---|---|---|---|---|
| 精确值 | 3.45491E−1 | 9.04508E−1 | 9.04508E−1 | 3.45491E−1 | 0.00000E+0 |
| $\delta = 0.0$ | 3.45374E−1 | 9.04407E−1 | 9.04407E−1 | 3.45372E−1 | 0.00000E+0 |
| $\delta = 0.1$ | 3.45325E−1 | 9.04407E−1 | 9.04407E−1 | 3.45325E−1 | 0.00000E+0 |
| $\delta = 0.3$ | 3.45227E−1 | 9.04406E−1 | 9.04406E−1 | 3.45227E−1 | 0.00000E+0 |
| 初始猜测 | −1.24683 | −2.80538 | −2.80538 | −1.24683 | 0.00000E+0 |

表 6.3 对不同 $n, \delta$ 的相对反演误差

|  | $\delta = 0.0$ | $\delta = 0.1$ | $\delta = 0.3$ |
|---|---|---|---|
| $n = 5$ | 1.35722E−1 | 1.35885E−1 | 1.46904E−1 |
| $n = 10$ | 9.11435E−2 | 9.89342E−2 | 1.57957E−1 |
| $n = 30$ | 5.92728E−2 | 1.25784E−1 | 3.47691E−1 |
| $n = 50$ | 5.05045E−2 | 1.74660E−1 | 5.12384E−1 |

由表 6.2 可知, 正则化方法对不同的 $\delta$ 是很稳定的. 特别地, 在 $\delta = 0.3$ 时, 扰动数据的最大误差达到 30%. 50 次迭代对应于 $\delta = 0.0$ 和 $\delta = 0.3$ 的结果见图 6.3 和图 6.4.

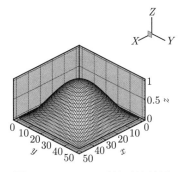

图 6.3 $\delta = 0.0$ 时的反演结果

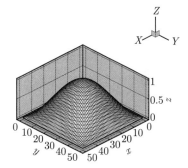

图 6.4 $\delta = 0.3$ 时的反演结果

然而由表 6.3 可看出反演方法对不同 $n, \delta$ 的效果不同. 相对误差曲线见图 6.5—图 6.7.

我们把上述求解方程 (6.1.31) 的数值方法称为正则化的 SOR 反演方法. 如不引进正则化参数 $\alpha$, 而是直接用 SOR 迭代法解 $\mathbf{A}g(x) = u(x, t_0)$, 即 $g(x_1, x_2)$ 由迭代过程:

$$\text{任意给定 } g_0(x_1, x_2), \qquad r_n = u(x_1, x_2, t_0) - \mathbf{A}g_n,$$

$$g_n = g_{n-1} + \alpha_n r_{n-1}, \qquad n \geqslant 1,$$

$$\alpha_n = \frac{(r_{n-1}, \mathbf{A}r_{n-1})_\Omega}{\|\mathbf{A}r_{n-1}\|^2}$$

求解 (方法 B), 对 $\delta = 0$, $\delta = 0.0001$ 和 $\delta = 0.001$ 的结果及相对误差见表 6.4, 表 6.5.

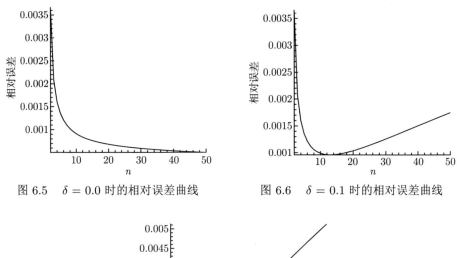

图 6.5　　$\delta = 0.0$ 时的相对误差曲线　　　　图 6.6　　$\delta = 0.1$ 时的相对误差曲线

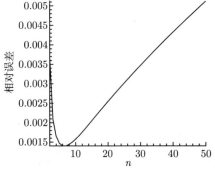

图 6.7　　$\delta = 0.3$ 时的相对误差曲线

表 6.4　　对不同扰动方法 B 的数值结果

|  | $g(10, 10)$ | $g(20, 20)$ | $g(30, 30)$ | $g(40, 40)$ | $g(50, 50)$ |
| --- | --- | --- | --- | --- | --- |
| 精确值 | 3.45491E-1 | 9.04508E-1 | 9.04508E-1 | 3.45491E-1 | 0.00000E+0 |
| $\delta = 0.0000$ | 3.45481E-1 | 9.04508E-1 | 9.04508E-1 | 3.45481E-1 | 0.00000E+0 |
| $\delta = 0.0001$ | 3.54771E-1 | 9.13798E-1 | 9.13798E-1 | 3.54771E-1 | 0.00000E+0 |
| $\delta = 0.001$ | 4.40246E-1 | 9.99274E-1 | 9.99274E-1 | 4.40246E-1 | 0.00000E+0 |

与正则化方法比较, 该方法不稳定, 迭代过程在 $\delta \neq 0$ 时是发散的. $\delta = 0.0001$ 和 $\delta = 0.001$ 的结果见图 6.8 和图 6.9. 这里的二维数值例子表明了正则化参数对稳定的反演结果的重要作用. 注意这里的 $\alpha$ 完全是先验选取的, 没有考虑它与误

差水平 $\delta$ 的关系, 在下一小节将通过一维的数值例子来表明 $\alpha = \alpha(\delta)$ 的取法. 关于松弛迭代法用于处理不适定问题的一般的误差分析, 可见 [181].

表 6.5 对不同 $n, \delta$, 方法 B 的相对误差

| | $\delta = 0.0000$ | $\delta = 0.0001$ | $\delta = 0.001$ |
|---|---|---|---|
| $n = 5$ | 6.62779E$-$2 | 1.20028E$-$1 | 1.00304 |
| $n = 10$ | 3.65036E$-$2 | 2.73355E$-$1 | 2.71260 |
| $n = 30$ | 1.91908E$-$2 | 1.03886 | 10.59637 |
| $n = 50$ | 1.48037E$-$2 | 1.82078 | 18.57355 |

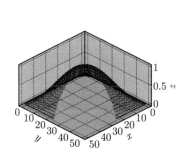 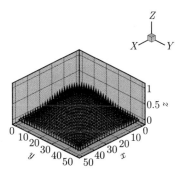

图 6.8 $\delta = 0.0001$ 时方法 B 的反演结果　　图 6.9 $\delta = 0.001$ 时方法 B 的反演结果

### 6.1.4 一维逆时问题数值结果

讨论描述长杆温度变化的数学模型

$$\begin{cases} \dfrac{\partial u}{\partial t} = \dfrac{\partial}{\partial x}\left(k(x)\dfrac{\partial u}{\partial x}\right), & (x,t) \in (a,b) \times (0,T], \\ u_x(a,t) - h(a)u(a,t) = 0, & t \in (0,T), \\ u_x(b,t) + h(b)u(b,t) = 0, & t \in (0,T), \\ u(x,0) = g(x), & x \in (a,b), \end{cases} \quad (6.1.36)$$

其中 $h(a), h(b) \geqslant 0$. 该模型表示在长杆内无热源或热汇, 且在两端与外界有热交换. 模型对应的反问题是初始温度 $u(x,0) = g(x)$ 未知, 而某个时刻 $T > 0$ 的温度场 $u(x,T)$ 已知, 要确定 $t \in [0,T)$ 的温度场 $u(x,t)$.

逆时热传导问题的难点 (问题的强不适定性) 来源于正向热传导问题温度场随时间的指数衰减性质. 时间越长, 初始温度的特性就越难体现, 从而由测量数据反演初始温度难度就越大. 对此一维模型, 问题的难点可以从下面的简单结果中反映出来. 取 $(a,b) = (0,\pi), k(x) = 1, h(0) = 0, h(\pi) = 1$, 初始温度 $g(x) =$

$\cos(5x)$. 正问题温度 $u(x,t)$ 在不同时刻的分布见图 6.10. 从图中可以看出初始温度的较强振荡性, 在 $t = 1$ 后已很难体现. 这说明对于热传导方程逆时问题, 使用的观测时刻相对说来不能取得太大.

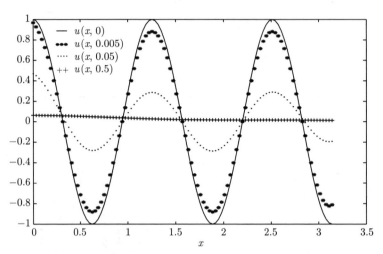

图 6.10　正问题不同时刻温度场的迅速衰减

同样考虑由 (6.1.36) 定义的算子方程

$$(\mathbf{A}g)(x) = u(x, T). \tag{6.1.37}$$

显然, $\mathbf{A}$ 是自伴算子. 对有误差的右端项 $u^\delta(x, T)$, 假定扰动数据 $u^\delta(x, T)$ 满足

$$\left\| u^\delta(\cdot, T) - u(\cdot, T) \right\|_{L^2} \leqslant \delta.$$

下面由 $u^\delta(x, T)$ 来求 $g(x)$ 的近似值 $g^\delta(x)$. 从前面的分析知道 $g^\delta(x)$ 不能由 $\mathbf{A}^{-1} u^\delta(x, T)$ 直接确定. 给定正则化参数 $\alpha > 0$, 我们用下面的 Tikhonov 泛函

$$F_\alpha^\delta(g) = \|\mathbf{A}g - u^\delta\|_{L^2(a,b)}^2 + \alpha \|g\|_{L^2(a,b)}^2 \tag{6.1.38}$$

在 $L^2(a,b)$ 上的极小元 $g_\alpha^\delta(x)$ 来作为 $g(x)$ 的近似, 它满足正则化方程

$$\alpha g_\alpha^\delta + \mathbf{A}^2 g_\alpha^\delta = \mathbf{A}u^\delta. \tag{6.1.39}$$

记 $R_\alpha = (\alpha I + \mathbf{A}^2)^{-1}\mathbf{A}$, 由前面给出的正则化解和精确解的经典误差分析

$$\|g_\alpha^\delta - g\| \leqslant \|R_\alpha\|\|u^\delta - u\| + \|R_\alpha \mathbf{A}g - g\| \leqslant \delta\|R_\alpha\| + \|R_\alpha \mathbf{A}g - g\|,$$

$\alpha$ 的选取应保持某种平衡. 这样就产生了一个问题: $\alpha$ 如何选取, 使得 $\delta\|R_\alpha\| + \|R_\alpha \mathbf{A}g - g\|$ 极小.

前面已经解释过, 由 $u(x, T)$ 求解 $[0, T]$ 上的 $u(x, t)$ 在 $t = 0$ 和 $0 < t < T$ 两种情形有点不同. 这里我们用不同的选取 $\alpha$ 的方法来解这两个问题: (1) 在由 $u(x, T)$ 反演初值 $g(x)$ 时 (即求解 (6.1.39) 时), 利用 Morozov 偏差原理决定 $\alpha$; (2) 在由 $u(x, T)$ 反演初值 $u(x, t_0), 0 < t_0 < T$ 时, 采用先验方法选取正则化参数 $\alpha$, 在对初始值 $g(x)$ 做一些限制时, 可以建立解的条件稳定性, 进而得到正则化解 $u_\alpha^\delta$ 的收敛速度估计.

A. 由 $u(x, T)$ 反演初值 $g(x)$.

我们采用 Morozov 偏差原理确定正则化参数 $\alpha$. 该原理要求参数 $\alpha$ 的选取应使得正则化解的误差应该与原始输入数据的误差相匹配. 即选取参数 $\alpha$ 使得偏差函数满足

$$\|\mathbf{A}g_\alpha^\delta - u^\delta\| = \delta.$$

把此式重写为

$$G(\alpha) := \|\mathbf{A}g_\alpha^\delta - u^\delta\|^2 - \delta^2 = 0. \tag{6.1.40}$$

Morozov 偏差原理实际上是对给定的 $\delta > 0$, 在偏差的约束条件 $\|\mathbf{A}g - u^\delta\| \leqslant \delta$ 下, 极小化解的模 $\|g\|$; 或者说在满足 $\|\mathbf{A}g - u^\delta\| = \delta$ 的函数集中确定 $g$, 使得 $\|g\|$ 尽可能的小. 这样的解 $g$ 称为最小模解. 如前所述, 在一定条件下, 存在唯一的最小模解, 并且最小模解连续地依赖于右端项.

在实际计算中, 求 (6.1.37) 的最小模解时, 首先要通过 (6.1.40) 确定 $\alpha$ 的取值, 在得到 $\alpha$ 的确定值后, 代回 (6.1.39) 式求解, 这就是所谓的正则化参数 $\alpha$ 的后验策略. 一般情况下, 总认为原始输入数据的大小比误差水平大得多, 即 $\|u^\delta\| > \delta$, 否则原始输入数据就会完全被噪声覆盖, 因而没有意义. 在这种情况下, 一般可通过 Newton 方法来数值求解 (6.1.40) 的根.

下面利用 [199] 中提出的一个迭代格式来确定 $\alpha$ 的值. 通过简单计算可得

$$G'(\alpha) = -2\left(\frac{dg_\alpha^\delta}{d\alpha}, g_\alpha^\delta\right), \quad G''(\alpha) = -2\left(\frac{dg_\alpha^\delta}{d\alpha}, g_\alpha^\delta\right) - 2\alpha\left[\left\|\frac{dg_\alpha^\delta}{d\alpha}\right\|^2 + \left(g_\alpha^\delta, \frac{d^2 g_\alpha^\delta}{d\alpha^2}\right)\right],$$

其中 $g_\alpha^\delta, \dfrac{dg_\alpha^\delta}{d\alpha}, \dfrac{d^2 g_\alpha^\delta}{d\alpha^2}$ 分别由下列三式确定:

$$(\alpha I + \mathbf{A}^2)g_\alpha^\delta = \mathbf{A}u^\delta, \quad (\alpha I + \mathbf{A}^2)\frac{dg_\alpha^\delta}{d\alpha} = -g_\alpha^\delta, \quad (\alpha I + \mathbf{A}^2)\frac{d^2 g_\alpha^\delta}{d\alpha^2} = -2\frac{dg_\alpha^\delta}{d\alpha}.$$

[199] 中提出的迭代格式如下:

$$\alpha_{k+1} = \alpha_k - \frac{G(\alpha_k)G'(\alpha_k)}{G'(\alpha_k)^2 - \dfrac{1}{2}G(\alpha_k)G''(\alpha_k)}, \tag{6.1.41}$$

并且可以证明该格式是至少局部三阶收敛的 ([103]). 关于收敛阶的定义如下.

**定义 6.1.9** 设序列 $\{x_k\}$ 收敛于 $x^*$, 并记 $e_k = x^* - x_k$ $(k = 0, 1, 2, \cdots)$. 如果存在常数 $p \geqslant 1$ 及非零常数 $C$, 使得

$$\lim_{k \to \infty} \frac{e_{k+1}}{e_k^p} = C,$$

则称序列 $\{x_k : k = 0, 1, \cdots\}$ 是 $p$ 阶收敛的.

**引理 6.1.10** 设迭代格式为 $x_{k+1} = \varphi(x_k)$ $(k = 1, 2, 3, \cdots)$. 若 $\varphi(x)$ 在 $x^*$ 附近的某个邻域内有 $p(p \geqslant 1)$ 阶导数, 且

$$\varphi^{(k)}(x^*) = 0 \ (k = 1, 2, 3, \cdots, p-1), \quad \varphi^{(p)}(x^*) \neq 0,$$

则迭代格式在 $x^*$ 附近是 $p$ 阶局部收敛的.

利用该 $p$ 阶收敛定理 ([175], 定理 2.4), 就可以证明格式 (6.1.41) 的局部三阶收敛性. 事实上, $\mathbf{A}u^\delta \neq 0$, 否则 (6.1.39) 只有零解. 我们可以知道 $G(\alpha)$ 在区间 $(0, 1)$ 中有单根. $G'(\alpha) > 0$ ([92], 定理 2.16).

设 $\alpha^*$ 为 $G(\alpha)$ 在 $(0, 1)$ 内的单根, 即 $G(\alpha^*) = 0$. 把逼近 $\alpha^*$ 的迭代格式重写为

$$\alpha_{k+1} = \alpha_k - \frac{G(\alpha_k)}{G'(\alpha_k)} \cdot \frac{1}{1 - \dfrac{G(\alpha_k)G''(\alpha_k)}{2G'(\alpha_k)^2}} := F(\alpha_k), \tag{6.1.42}$$

原迭代格式变为 $\alpha_{k+1} = F(\alpha_k)$. 再记

$$t(\alpha) = \frac{G(\alpha)G''(\alpha)}{G'(\alpha)^2}, \quad T(\alpha) = \frac{1}{1 - \dfrac{1}{2}t(\alpha)}, \quad s(\alpha) = \frac{G(\alpha)}{G'(\alpha)},$$

则 (6.1.42) 中引进的函数 $F$ 的表达式为 $F(\alpha) = \alpha - s(\alpha)T(\alpha)$. 由于 $G(\alpha^*) = 0$, 简单的计算表明

$$F'(\alpha^*) = 1 - T(\alpha^*)s'(\alpha^*) = 1 - 1 = 0,$$

$$F''(\alpha^*) = -s''(\alpha^*)T(\alpha^*) - 2s'(\alpha^*)T'(\alpha^*) = \frac{G''(\alpha^*)}{G'(\alpha^*)} - 2\frac{G''(\alpha^*)}{2G'(\alpha^*)} = 0.$$

同样也可以得到 $F'''(\alpha^*) = \dfrac{\dfrac{3}{2}G''(\alpha^*)^2 - G'''(\alpha^*)G'(\alpha^*)}{G'(\alpha^*)^2}$. 若无附加条件, 则无法判断 $F'''(\alpha^*)$ 是否为零. 这样由引理 6.1.10 知, 上述迭代格式是至少三阶收敛的.

B. 由 $u(x,T)$ 反演 $u(x,t_0)$, 其中 $0 < t_0 < T$.

首先来建立该逆时问题解的条件稳定性. 给定常数 $E > 0$, 定义集合

$$P(E) = \left\{ g(x) : \ g \in L^2(a,b), \|g(\cdot)\|_{L^2(a,b)} \leqslant E \right\}.$$

**定理 6.1.11** 设 (6.1.36) 中的初始值 $g(x) \in P(E)$, $u(x,t)$ 为 (6.1.36) 的解, 则下式成立

$$\|u(\cdot,t_0)\|_{L^2(a,b)} \leqslant E \|u(\cdot,T)\|_{L^2(a,b)}^{\frac{t_0}{T}}. \tag{6.1.43}$$

该定理的证明完全类似于 6.1.1 节中的 (6.1.4), 即所谓的对数凸性的方法, 从略.

有了定理 6.1.11, 可以立刻得到:

**定理 6.1.12** 设 $u_i(x,t)$ 为 (6.1.36) 对应于初值 $u_i(x,0) = g_i(x) \in P(E), i = 1, 2$ 的解, 则下式成立

$$\|u_1(\cdot,t_0) - u_2(\cdot,t_0)\|_{L^2(a,b)} \leqslant 2E \|u_1(\cdot,T) - u_2(\cdot,T)\|_{L^2(a,b)}^{\frac{t_0}{T}}. \tag{6.1.44}$$

**证明** 因为 $g_1(x), g_2(x) \in P(E)$, 所以 $g_1(x) - g_2(x) \in P(2E)$. 由问题的线性性, 利用定理 6.1.11, 立刻得到结果. □

这样, 我们就建立了逆时问题的条件稳定性. 该估计式在 $t_0 = 0$ 是正确的但是是平凡的, 它不能给出 $g(x)$ 对 $u(\cdot,T)$ 的任何连续性结果. 但是若对初值做相应的限制, 采用先验策略选取正则化参数时, 可以得到下面的定理.

**定理 6.1.13** 设 $g(x) \in P(E)$. 对于任意的 $C_0^2 > E^2 + 1$, 取 $\alpha = \delta^2$ 时, (6.1.39) 的正则化解 $g_\alpha^\delta$ 满足下式:

$$F_{\delta^2}^\delta(g^\delta) \leqslant C_0^2 \delta^2, \quad \|\mathbf{A}g_\alpha^\delta - \mathbf{A}g\| \leqslant (C_0 + 1)\delta. \tag{6.1.45}$$

**证明** 当 $\alpha = \delta^2$ 时, 显然有

$$F_{\delta^2}^\delta(g) = \|\mathbf{A}g(\cdot) - u^\delta(\cdot,T)\|^2 + \delta^2\|g(\cdot)\|^2 = \|u(\cdot,T) - u^\delta(\cdot,T)\|^2 + \delta^2\|g(\cdot)\|^2$$
$$\leqslant \delta^2 + \delta^2\|g(\cdot)\|^2 \leqslant (E^2 + 1)\delta^2.$$

由于 $g_\alpha^\delta$ 使得 Tikhonov 泛函 $F_{\delta^2}^\delta(g)$ 在 $L^2(a,b)$ 上达到最小值, 所以有

$$F_{\delta^2}^\delta(g_\alpha^\delta) \leqslant F_{\delta^2}^\delta(g) \leqslant (E^2 + 1)\delta^2 \leqslant C_0^2 \delta^2. \tag{6.1.46}$$

此式意味着 $\|\mathbf{A}g_\alpha^\delta(\cdot) - u^\delta(\cdot,T)\| \leqslant C_0\delta, \|g_\alpha^\delta(\cdot)\| \leqslant C_0$. 这样可得

$$\|\mathbf{A}g_\alpha^\delta(\cdot) - \mathbf{A}g(\cdot)\| \leqslant \|\mathbf{A}g_\alpha^\delta(\cdot) - u^\delta(\cdot,T)\| + \|u^\delta(\cdot,T) - \mathbf{A}g(\cdot)\| \leqslant (C_0 + 1)\delta. \quad \square$$

当 $\alpha = \delta^2$ 时, 可由 (6.1.39) 解得正则化解 $g_\alpha^\delta(x)$, 它是初值 $g(x)$ 的近似解. 这里我们没有 $g_\alpha^\delta(x) \to g(x)$ 的收敛速度. 这个结果类似于 [5] 中给出的定理 3. 把 $g_\alpha^\delta(x)$ 作为初值代入 (6.1.36) 中, 求解此正问题可以得到温度场 $u^\delta(x, t_0), t_0 \in (0, T)$. 有趣的是, 对于这样构造的 $u^\delta(x, t_0)$, 如果我们对精确的初值 $g(x)$ 加一些限制, 则可以得到 $u^\delta(x, t_0), t_0 \in (0, T)$ 的下面的收敛速度估计.

**定理 6.1.14**　设 $g(x) \in P(E)$, 对于上述 $u^\delta(x, t_0)$, 有下式成立:

$$\|u^\delta(\cdot, t_0) - u(\cdot, t_0)\| \leqslant \widetilde{C} \delta^{\frac{t_0}{T}}, \tag{6.1.47}$$

其中 $\widetilde{C}$ 为正常数.

**证明**　对 $\alpha = \delta^2$, 由 (6.1.45) 知

$$\|u^\delta(\cdot, 0)\| = \|g_\alpha^\delta(\cdot)\| \leqslant C_0, \quad \|u(\cdot, 0)\| = \|g(\cdot)\| \leqslant E \leqslant C_0, \tag{6.1.48}$$

即 $g_\alpha^\delta(x), g(x) \in P(C_0)$. 于是由定理 6.1.12 和定理 6.1.13 可得

$$\|u^\delta(\cdot, t_0) - u(\cdot, t_0)\| \leqslant (2C_0)\|\mathbf{A}g_\alpha^\delta(\cdot) - \mathbf{A}g(\cdot)\|^{\frac{t_0}{T}} \leqslant (2C_0)(C_0 + 1)^{\frac{t_0}{T}} \delta^{\frac{t_0}{T}} \leqslant \widetilde{C} \delta^{\frac{t_0}{T}},$$

其中 $\tilde{C}_0 = 2C_0(C_0 + 1)$.　　　　　　　　　　　　　　　　　　　　　□

从上面的定理可以看出, 由 $T$ 时刻的温度场 $u(x, T)$ 去反演温度场 $u(x, t_0)$, $t_0 \in (0, T)$ 时, 当 $t_0$ 越靠近 $T$ 时, $u^\delta(x, t_0)$ 收敛到 $u(x, t_0)$ 的速度越快, 反之则越慢. 但是对 $t_0 = 0$, 该方法不能给出任何收敛速度估计.

**注解 6.1.15**　实际上在计算中, 只能得到 (6.1.39) 的近似解 $\widetilde{g}_\alpha^\delta$, 如果近似解 $\widetilde{g}_\alpha^\delta$ 使得 $F_{\delta^2}^\delta(\widetilde{g}_\alpha^\delta) \leqslant C_0^2 \delta^2$ 成立, 则上面得到的速度估计仍然成立. 因此我们这里的估计结果实际上也给出了数值求解近似的正则化解 $\widetilde{g}_\alpha^\delta$ 时应达到的精度标准.

在上面求解 $u(x, 0)$ 和 $u(x, t_0), 0 < t_0 < T$ 的两类逆时问题 A, B 中, 求初始温度分布起着核心的作用. 因为有了 $u(x, 0)$, 解一个适定的正问题就得到了 $u(x, t_0), 0 < t_0 < T$. 因此在本小节的最后, 我们给出用不同的方法确定正则化参数时求初始温度分布 $g(x)$ 的数值结果. 我们的模型问题是

$$\begin{cases} u_t = u_{xx}, & (x, t) \in (0, \pi) \times (0, T], \\ u_x(0, t) = u_x(\pi, t) = 0, & t \in [0, T], \\ u(x, 0) = \cos x, & x \in (0, \pi). \end{cases} \tag{6.1.49}$$

容易验证 $u(x, t) = e^{-t}\cos x$ 是问题 (6.1.49) 的精确解. 反问题是由 $u(x, T)$ 来求 $g(x)$.

不难求出, (6.1.37) 中的算子 $\mathbf{A}$ 的表达式为

$$\mathbf{A}g(x) = \int_0^\pi K(x, y)g(y)dy$$

$$:= \frac{1}{\pi} \int_0^\pi \left( 1 + 2 \sum_{n=1}^\infty \cos(nx) \cos(ny) \exp(-n^2 T) \right) g(y) dy,$$

$$\mathbf{A}^2 g(x) = \int_0^\pi \int_0^\pi K(x,y) K(y,z) g(z) dz dy.$$

计算中取

$$K(x,y) \approx \frac{1}{\pi} \left( 1 + 2 \sum_{n=1}^{30} \cos(nx) \cos(ny) \exp(-n^2 T) \right).$$

把区间 $[0,\pi]$ 作 $m$ 等分并记 $x_i = i \times \pi/m, i = 0, 1, \cdots, m$. 用梯形公式计算积分 $\int_0^\pi f(x) dx \approx \frac{\pi}{m} \sum_{i=0}^m a_i f(x_i)$, 其中 $a_0 = a_m = 1/2$, 而 $i = 1, \cdots, m-1$ 时 $a_i = 1$. 故 (6.1.39) 的近似形式为

$$\alpha g^\delta(x) + \frac{\pi^2}{m^2} \sum_{j=0}^m a_j K(x, x_j) \left[ \sum_{i=0}^m a_i K(x_j, x_i) g^\delta(x_i) \right] = \frac{\pi}{m} \sum_{i=0}^m a_i K(x, x_i) u^\delta(x_i, T),$$

对 $x$ 离散, 可得矩阵方程

$$\left( \alpha E + \frac{\pi^2}{m^2} H^2 \right) \cdot G = \frac{\pi}{m} H \cdot U, \tag{6.1.50}$$

其中 $E$ 为 $m+1$ 维的单位阵,

$$G := \left[ g^\delta(x_0), \cdots, g^\delta(x_i), \cdots, g^\delta(x_m) \right]^{\mathrm{T}},$$

$$U := \left[ u^\delta(x_0, T), \cdots, u^\delta(x_i, T), \cdots, u^\delta(x_m, T) \right]^{\mathrm{T}},$$

$$H := \begin{bmatrix} a_0 K(x_0, x_0) & a_1 K(x_0, x_1) & \cdots & a_m K(x_0, x_m) \\ a_0 K(x_1, x_0) & a_1 K(x_1, x_1) & \cdots & a_m K(x_1, x_m) \\ \vdots & \vdots & \ddots & \vdots \\ a_0 K(x_m, x_0) & a_1 K(x_m, x_1) & \cdots & a_m K(x_m, x_m) \end{bmatrix}. \tag{6.1.51}$$

现在需要从 (6.1.50) 式中求出 $G$.

如前所述, 正则化参数 $\alpha$ 的选取有先验和后验两种策略. 下面我们分别验证.

A1: 正则化参数的先验取法.

首先取 $\alpha = 0.0001, T = 0.05, m = 100$. 取有扰动的右端项为 $u^\delta = u + \delta \sin(2x - 1)$. 求解正则化方程 (6.1.50) 得到的数值结果如表 6.6 和图 6.11(左).

表 6.6    不同扰动的数值结果

|  | $x = 0.314$ | $x = 0.942$ | $x = 1.57$ | $x = 2.51$ | $x = 3.14$ |
|---|---|---|---|---|---|
| 精确值 | 0.9510565 | 0.5877852 | $6.1232000\mathrm{D}-17$ | $-0.8090169$ | $-1.0000000$ |
| $\delta = 0.0$ | 0.9509514 | 0.5877203 | $7.557962\mathrm{D}-11$ | $-0.8089276$ | $-0.9998895$ |
| $\delta = 0.001$ | 0.9515322 | 0.5889929 | $1.0276217\mathrm{D}-03$ | $-0.8092694$ | $-0.9993272$ |
| $\delta = 0.01$ | 0.9567591 | 0.6004469 | $1.0276216\mathrm{D}-02$ | $-0.8123461$ | $-0.9942670$ |
| $\delta = 0.1$ | 1.0090280 | 0.7149868 | 0.10276210 | $-0.8431130$ | $-0.9436648$ |

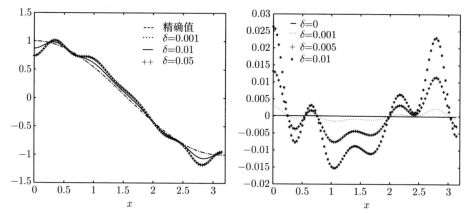

图 6.11    取不同 $\delta$ 时反演的初始温度 (左); 不同 $\delta$ 的反演结果在各点的误差 (右)

对不同的 $\delta$, 各节点的误差分布如图 6.11(右). 从图 6.11 中可知, 当 $\delta = 0$ 即输入数据没有扰动时, 正则化解与精确解的误差非常小, 且解的误差随 $\delta$ 的增大而增大. 图 6.12 给出了 $\delta = 0.005$ 时, 对于不同正则化参数 $\alpha$, 各节点的误差分

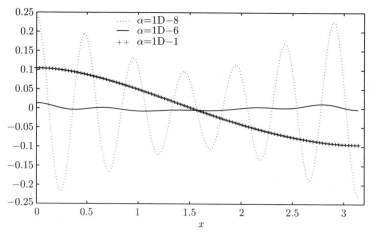

图 6.12    不同 $\alpha$ 的反演结果在各点的误差

布. 由此图可知, 当 $\alpha$ 取 $10^{-6}$ 时, 各节点的误差最小, 而 $\alpha$ 取 $10^{-8}$ 时, 误差曲线表现出较强的振荡性, 使得误差增大. 进一步考虑给定 $m = 100, T = 0.05$ 时, 对于不同的 $\alpha$ 和 $\delta$ 正则化解与精确解的相对误差, 见表 6.7. 这里的相对误差均为 $\dfrac{\|g_\alpha^\delta - g\|_{L^2}}{\|g\|_{L^2}}$.

表 6.7 不同 $\alpha$ 和 $\delta$ 的相对误差

| | $\delta = 0.0$ | $\delta = 0.001$ | $\delta = 0.01$ | $\delta = 0.1$ |
|---|---|---|---|---|
| $\alpha = 10^{-8}$ | 3.0694025D−08 | 3.4162679D−02 | 0.3416267 | 3.4162678 |
| $\alpha = 10^{-4}$ | 1.1047405D−04 | 1.5042884D−03 | 1.5292361D−02 | 0.1532063 |
| $\alpha = 10^{-2}$ | 1.0930873D−02 | 1.0530808D−02 | 1.2947229D−02 | 0.1183287 |
| $\alpha = 10^{-1}$ | 9.951856D−02 | 9.9098589D−02 | 9.576019D−02 | 0.1121833 |

从表 6.7 可以看出: 当 $\alpha = 10^{-8}$ 或 $\alpha = 0.1$ 时, 正则化解与精确解的相对误差很大; 当 $\alpha = 10^{-4}$ 时, 则有较好的结果. 这说明正则化参数 $\alpha$ 的选取既不能太大, 也不能太小, 这和前面的理论分析是一致的.

这里的正则化参数 $\alpha$ 是在区间 $(0, 1)$ 内先验选取的. 下面研究正则化参数 $\alpha$ 的后验选取的相容性原理.

B1: 正则化参数的后验取法.

现在我们采用 Morozov 偏差原理来确定正则化参数 $\alpha$, 这样得到的正则化解就是最小模解. 利用本节中的收敛的迭代格式来数值求 $\alpha$. 算法如下:

(1) 置初值 $\alpha_0 > 0, \delta > 0, \epsilon > 0$ 和最大迭代次数 $k_{\max}$, 令 $k = 0$.

(2) 离散并求解下列方程:

$$(\alpha I + \mathbf{A}^2)g_\alpha^\delta = \mathbf{A}u^\delta, \quad (\alpha I + \mathbf{A}^2)\frac{dg_\alpha^\delta}{d\alpha} = -g_\alpha^\delta, \quad (\alpha I + \mathbf{A}^2)\frac{d^2 g_\alpha^\delta}{d\alpha^2} = -2\frac{dg_\alpha^\delta}{d\alpha}.$$

(3) 计算

$$G(\alpha) = \|Ag_\alpha^\delta - u^\delta\|^2 - \delta^2, \quad G'(\alpha) = -2\alpha\left(\frac{dg_\alpha^\delta}{d\alpha}, g_\alpha^\delta\right),$$

$$G''(\alpha) = -2\left(\frac{dg_\alpha^\delta}{d\alpha}, g_\alpha^\delta\right) - 2\alpha\left[\left\|\frac{dg_\alpha^\delta}{d\alpha}\right\|^2 + \left(g_\alpha^\delta, \frac{d^2 g_\alpha^\delta}{d\alpha^2}\right)\right].$$

(4) 利用迭代格式 (6.1.42) 求下一迭代点 $\alpha_{k+1}$.

(5) 若 $|\alpha_{k+1} - \alpha_k| \leqslant \epsilon$ 或迭代次数 $k = k_{\max}$, 停止; 否则令 $k = k + 1$, 回到 (2).

在数值求解中, 我们取 $\alpha_0 = 0.01, \epsilon = 10^{-8}, k_{\max} = 50, m = 100, T = 0.005$.

在扰动数据 $u^\delta = u + \delta \sin(2x - 1)$ 中, 当取 $\delta = 0.001, 0.01$ 时, 分别迭代 5 次, 2 次后停止, 求得的正则化参数 $\alpha^* = 9.5151453 \times 10^{-4}$, $\alpha^* = 8.5541046 \times 10^{-3}$.

图 6.13 给出了对这样两个 $\delta$, 当正则化参数变化时, 求出的正则化解的误差分布. 比较其左右两张图和由我们迭代得到的 $\alpha$ 可知, 利用本节中的迭代格式近似确定正则化参数 $\alpha$, 虽然达不到最优, 但仍然能得到比较满意的精度, 可以看成是一种近似最优.

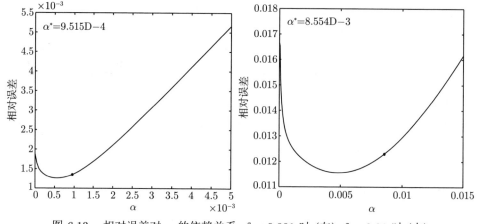

图 6.13    相对误差对 $\alpha$ 的依赖关系: $\delta = 0.001$ 时 (左); $\delta = 0.01$ 时 (右)

在这里的逆时问题中, 我们的终值时刻给在 $T = 0.005$, 这显然是一个很小的值. 如果 $T$ 比较大, 则数值结果的精度会大幅下降. 这是很显然的, 我们前面一开始已经解释过, $u(x, T)$ 中含有的 $u(x, 0)$ 的信息随着 $T$ 的增加迅速衰减. 类似的数值例子见 [5], 那里取 $T = 5/32$. 然而, 如果把 (6.1.49) 中的方程换为 $u_t = a^2 u_{xx}$ 并取较小的扩散系数 $a^2$, 则就可以用较大时刻 $T$ 的 $u(x, T)$ 来反演 $u(x, 0)$. 这类问题有广泛的物理背景. 例如, 在考古学中人们利用碳元素的衰变周期来推断文物的初始状态进而推算其年代. 由于碳元素的衰变周期很长, 因此该问题就表现为小扩散系数的热传导方程的逆时问题. 具体的数值实验见 [103].

**注解 6.1.16**    还有另一种抛物型方程的 "逆时问题". 给定的附加数据仍然是某个时刻 $T > 0$ 的解 $u(x, T)$, 但反演的不是 $0 \leqslant t < T$ 上的温度场 $u(x, t)$, 而是抛物型方程中的未知系数. 这类问题, 称为抛物型方程的 "逆边界问题" 更为确切. 对这类问题, 已经有了大量的研究工作, 主要的方法有拓扑度理论、极值原理、不动点定理等, 具体的工作可见 [27, 71, 158, 204]. 但是, 关于这类问题的数值实现还有待于进一步研究, 应用优化方法和有限元方法对该类问题的数值研究见 [21, 91].

## 6.2  时间分数阶导数偏微分方程的逆时问题

用带有时间一阶导数的抛物型方程来描述扩散过程是非常重要的. 如前所述, 这类问题的逆时问题是不适定的. 随着现代工程应用问题的驱动, 人们发现, 带有时间一阶导数的抛物型方程难以刻画一类非常重要的慢扩散过程, 此时需要降低时间导数的阶数, 用带有时间分数阶导数的偏微分方程来描述[132,154,205]. 从物理上来讲, 时间分数阶导数控制的扩散过程对应于非 Markov 过程的随机游走问题. 对这类扩散过程对应的逆时问题, 原则上来讲, 前面处理逆时问题不适定性的正则化策略大部分都是适用的, 但是需要讨论时间分数阶导数的非局部性问题. 另一方面, 对于慢扩散过程, 它对应的逆时问题的性态要比带有时间一阶导数的标准扩散过程来得好.

对 $\gamma \in [0,1]$, Caputo 导数意义下的 $\gamma$ 阶导数定义为

$$\frac{d^\gamma}{dt^\gamma} f(t) := \frac{1}{\Gamma(1-\gamma)} \int_0^t \frac{df(s)}{ds} \frac{ds}{(t-s)^\gamma}, \tag{6.2.1}$$

其中 $\Gamma(\cdot)$ 是 $\Gamma$-函数. 和整数阶导数不同, 时刻 $t$ 的分数阶导数依赖于 $f'(s)$ 在 $s \in (0,t)$ 上的所有信息, 这个事实反映了分数阶导数的记忆效应. 由于此特点, 由时间分数阶导数控制的偏微分方程的数值解需要采取特殊的策略以减少计算过程中的数据存储量 ([106]).

关于时间分数阶导数的反问题自从 2010 年左右才开始进行初步的研究 ([121]), 其原因除了求解正问题的复杂性外, 更主要的是由于微分算子 $\partial_t^\gamma$ 在 $\gamma = 1$ 和 $\gamma \in (0,1)$ 有很大的区别, 例如对时间反转变换 $t' = T - t$, $\partial_t = -\partial_{t'}$ 但是 $\partial_t^\gamma \neq -\partial_{t'}^\gamma$. 这种区别使得处理抛物型方程反问题不适定性的某些工具例如对数凸性方法不再适用.

对 $\gamma \in (0,1)$, 考虑下述分数阶系统的扩散问题

$$\begin{cases} \dfrac{\partial^\gamma u}{\partial t^\gamma} = \dfrac{\partial^2 u}{\partial x^2}, & (x,t) \in (0,\pi) \times (0,T], \\ u(0,t) = u(\pi,t) = 0, & t \in [0,T], \\ u(x,0) = u_0(x), & x \in [0,\pi], \end{cases} \tag{6.2.2}$$

其中 $u_0(x)$ 是满足相容性

$$u_0(0) = u_0(\pi) = 0$$

的初始条件. 此时的逆时问题是由 $u(x,T)$ 的满足

$$\left\| u^\delta(\cdot,T) - u(\cdot,T) \right\|_{L^2(0,\pi)} \leqslant \delta \tag{6.2.3}$$

的噪声数据 $u^\delta(x, T)$ 来近似求解 $t \in [0, T]$ 的 $u(x, t)$, 其中 $\delta > 0$ 是噪声水平. 和一阶时间导数描述的逆时扩散问题类似, 求解 $u(x, 0)$ 是特别困难的.

对分数阶导数控制的扩散过程, 由于 $t$ 时刻 $u(x, t)$ 的分数阶导数包含了 $(0, t)$ 上解的全部信息, 由 (6.2.2) 和 (6.2.3) 描述的逆时问题具有非局部性. 依据分数阶 Riemann-Liouville 算子

$$_0D_t^{1-\gamma}f(t) := \frac{1}{\Gamma(\gamma)}\frac{\partial}{\partial t}\int_0^t \frac{f(s)}{(t-s)^{1-\gamma}}ds,$$

(6.2.2) 中的分数阶偏微分方程可以写为积分-微分方程

$$\frac{\partial u}{\partial t} = {}_0D_t^{1-\gamma}\frac{\partial^2 u}{\partial x^2}(x, t),$$

它把时间方向的分数阶扩散和经典的热扩散联系在一起, 从另一个角度解释了分数阶扩散过程的记忆效应. 我们将建立基于定解问题正则化的近似解在 $[0, T]$ 上一致的收敛速度, 这和整数阶扩散过程有所不同, 一般而言, 整数阶扩散过程在 $t = 0$ 时刻的收敛速度是较慢的. 本节工作的细节可见 [20, 121, 191].

### 6.2.1　基于方程修正的正则化策略

对 $\eta \in [0, 1)$, 定义带权的 Banach 空间

$$C_\eta[a, b] := \{f(t) : f \in C(a, b), (t-a)^\eta f(t) \in C[a, b]\},$$

其上模为 $\|f\|_{C_\eta[a,b]} := \|(t-a)^\eta f(t)\|_{C[a,b]}$. 再引入 Banach 空间

$$C_\eta^1[a, b] := \{f(t) : f \in C[a, b], f'(t) \in C_\eta[a, b]\},$$

其上模为 $\|f\|_{C_\eta^1[a,b]} := \|f\|_{C[a,b]} + \|f'\|_{C_\eta[a,b]}$. 引入双参数的 Mittag-Leffler 函数

$$E_{\gamma,\beta}(z) := \sum_{k=0}^{+\infty} \frac{z^k}{\Gamma(\gamma k + \beta)}, \quad z \in \mathbb{C}, \quad \gamma > 0, \beta \geqslant 0.$$

它是指数函数 $e^z$ 的一个推广. 对实变量 $x$, $E_{\gamma,1}(x)$, $E_{\gamma,0}(x)$ 有下面的渐近行为.

**引理 6.2.1**　对 $\gamma \in (0, 1)$, Mittag-Leffler 函数有如下渐近行为:

$$E_{\gamma,1}(x) = \frac{1}{\gamma}e^{x^{1/\gamma}} - \frac{1}{x\Gamma(1-\gamma)} + O\left(\frac{1}{x^2}\right), \quad 0 < x \to +\infty,$$

$$E_{\gamma,1}(x) = -\frac{1}{x\Gamma(1-\gamma)} + O\left(\frac{1}{x^2}\right), \quad -\infty \leftarrow x < 0,$$

$$E_{\gamma,0}(x) = \frac{1}{\gamma}x^{1/\gamma}e^{x^{1/\gamma}} - \frac{1}{x\Gamma(-\gamma)} + O\left(\frac{1}{x^2}\right), \quad 0 < x \to +\infty,$$

$$E_{\gamma,0}(x) = -\frac{1}{x\Gamma(-\gamma)} + O\left(\frac{1}{x^2}\right), \quad -\infty \leftarrow x < 0.$$

该引理是 [154] 中定理 1.3 和定理 1.4 的特例. 作为该引理的直接结果, 我们知道 $E_{\gamma,1}(0), E_{\gamma,0}(0)$ 是有限的, 并且成立

**推论 6.2.2** 假定 $0 < \gamma_0 < \gamma_1 < 1$. 存在只依赖于 $\gamma_0, \gamma_1$ 的常数 $C_{1,\pm}, C_{2,\pm}$, $C_4, C_5 > 0$ 使得下面估计成立:

$$\frac{C_{1,-}}{\gamma}e^{x^{1/\gamma}} \leqslant E_{\gamma,1}(x) \leqslant \frac{C_{1,+}}{\gamma}e^{x^{1/\gamma}}, \quad \forall x \geqslant 0,$$

$$\frac{C_{2,-}}{\Gamma(1-\gamma)}\frac{1}{1-x} \leqslant E_{\gamma,1}(x) \leqslant \frac{C_{2,+}}{\Gamma(1-\gamma)}\frac{1}{1-x}, \quad \forall x \leqslant 0,$$

$$|E_{\gamma,0}(x)| \leqslant \frac{C_4}{\gamma}(1+x)^{1/\gamma}e^{x^{1/\gamma}}, \ \forall x \geqslant 0; \quad |E_{\gamma,0}(x)| \leqslant \frac{C_5}{\Gamma(-\gamma)}\frac{1}{1-x}, \ \forall x \leqslant 0.$$

首先给出带有分数阶时间导数的正问题 (6.2.2) 的解的正则性 ([167]).

**引理 6.2.3** 假定 $\gamma \in (0,1), 1 - \gamma/2 < \eta < 1$. 如果 $u_0(x) \in H_0^1(0,\pi)$, 则正问题 (6.2.2) 存在唯一解 $u \in C((0,T]; H_0^1(0,\pi)) \cap C((0,T]; H^2(0,\pi)) \cap C_\eta^1([0,T];$ $L^2(0,\pi))$. 对任意 $t_0 > 0$, 存在正常数 $C$ 不依赖于 $u_0, t_0$ 使得如下估计成立:

$$\|u(\cdot,t)\|_{L^2(0,\pi)} \leqslant C\|u_0\|_{L^2(0,\pi)}t^{-\gamma}, \quad \forall t \geqslant t_0. \tag{6.2.4}$$

据此引理, 显然有 $u \in C^\infty((0,T]; L^2(0,\pi))$. 此正则性结果将用于下面建立正则化解的收敛性质. 证明该引理的主要思路是利用解的特征函数展开和 Mittag-Leffler 函数的整函数性质. 下面我们来构造正则化解.

对 $\alpha \in (0, +\infty)$, 考虑如下初边值问题

$$\begin{cases} \dfrac{\partial^\gamma w}{\partial t^\gamma} = \dfrac{\partial^2 w}{\partial x^2} + \alpha\dfrac{\partial^4 w}{\partial x^4}, & (x,t) \in (0,\pi) \times (0,T], \\ w(0,t) = w(\pi,t) = w_{xx}(0,t) = w_{xx}(\pi,t) = 0, & t \in [0,T], \\ w(x,T) = g(x), & x \in [0,\pi]. \end{cases} \tag{6.2.5}$$

**定理 6.2.4** 给定 $g \in H_0^1(0,\pi)$ 和 $\alpha > 0$. 对任意正整数 $m$, (6.2.5) 存在唯一解 $w^\alpha[g](x,t) \in C((0,T]; H_0^m(0,\pi)) \cap C((0,T]; H_0^1(0,\pi))$.

**证明**　证明分为三步.

第一步. 解的存在性.

首先利用分离变量法构造正问题的形式解. 令 $u(x,t) = X(x)T(t)$, 直接计算得

$$\begin{cases} \alpha X''''(x) + X''(x) = -\lambda X(x), & x \in (0,\pi), \\ X(0) = X(\pi) = X''(0) = X''(\pi) = 0, \end{cases} \tag{6.2.6}$$

$$\frac{\partial^\gamma T(t)}{\partial t^\gamma} + \lambda T(t) = 0. \tag{6.2.7}$$

对特征值问题 (6.2.6), 其特征系统是

$$\lambda_n = -(\alpha n^4 - n^2), \quad X_n(x) = \sin nx, \quad n = 1, 2, \cdots.$$

对固定的 $\lambda = \lambda_n$, 利用 Laplace 变换, 可以得到 (6.2.7) 的解是 ([154]) $T_n(t) = E_{\gamma,1}(-\lambda_n t^\gamma)$. 现在我们构造 (6.2.5) 的下述形式解

$$w^\alpha(x,t) = \sum_{n=1}^\infty D_n E_{\gamma,1}(-\lambda_n t^\gamma) \sin nx, \tag{6.2.8}$$

其系数是

$$D_n = \frac{1}{E_{\gamma,1}(-\lambda_n T^\gamma)} \frac{2}{\pi} \int_0^\pi g(x) \sin nx dx := \frac{1}{E_{\gamma,1}(-\lambda_n T^\gamma)} g_n. \tag{6.2.9}$$

为了验证这种方式构造的 $w^\alpha(x,t)$ 确实是 (6.2.5) 的古典解, 需验证级数关于 $\partial_t^\gamma, \partial_x^2, \partial_x^4$ 在 $(x,t) \in (0,\pi) \times (0,T)$ 上可以逐项求导. 注意到

$$\partial_t^\gamma E_{\gamma,1}(-\lambda_n t^\gamma) = -\lambda_n E_{\gamma,1}(-\lambda_n t^\gamma), \quad (\sin nx)'' = -n^2 \sin nx,$$

$$(\sin nx)'''' = n^4 \sin nx$$

和 $\lambda_n = O(n^4)$, 只要证明 $\sum_{n=1}^\infty n^4 g_n \dfrac{E_{\gamma,1}(-\lambda_n t^\gamma)}{E_{\gamma,1}(-\lambda_n T^\gamma)}$ 在 $(t_l, t_u) \subsetneqq (0,T)$ 上的一致收敛性.

由推论 6.2.2 知道, 对 $x \geqslant 1$ 成立 $C_{1,-} e^{x^{1/\gamma}} \leqslant E_{\gamma,1}(x) \leqslant C_{1,+} e^{x^{1/\gamma}}$. 对 $\alpha > 0$ 和 $t_l > 0$, 记 $N(\alpha, t_l)$ 是满足 $(\alpha N^4 - N^2) t_l^\gamma \geqslant 1$ 的最小正整数. 对分解

$$\sum_{n=1}^\infty n^4 g_n \frac{E_{\gamma,1}(-\lambda_n t^\gamma)}{E_{\gamma,1}(-\lambda_n T^\gamma)} = \sum_{n=1}^{N(\alpha, t_l)} + \sum_{n=N(\alpha, t_l)+1}^\infty,$$

先考虑右端第二项. 对 $n \geqslant N(\alpha, t_l) + 1$ 和 $t \in (t_l, t_u)$, 由

$$(\alpha n^4 - n^2)T^\gamma > (\alpha n^4 - n^2)t^\gamma \geqslant (\alpha n^4 - n^2)t_l^\gamma \geqslant 1$$

可以知道

$$\frac{E_{\gamma,1}(-\lambda_n t^\gamma)}{E_{\gamma,1}(-\lambda_n T^\gamma)} \leqslant \frac{C_{1,+}e^{(\alpha n^4 - n^2)^{1/\gamma}t}}{C_{1,-}e^{(\alpha n^4 - n^2)^{1/\gamma}T}} \leqslant C_1 e^{-(\alpha n^4 - n^2)^{1/\gamma}(T - t_u)}.$$

由此估计和不等式

$$\left| \sum_{n=N(\alpha,t_l)+1}^{\infty} n^4 g_n \frac{E_{\gamma,1}(-\lambda_n t^\gamma)}{E_{\gamma,1}(-\lambda_n T^\gamma)} \right|$$

$$\leqslant \left( \sum_{N(\alpha,t_l)+1}^{\infty} n^2 g_n^2 \right)^{\frac{1}{2}} \left( \sum_{N(\alpha,t_l)+1}^{\infty} n^6 \left( \frac{E_{\gamma,1}(-\lambda_n t^\gamma)}{E_{\gamma,1}(-\lambda_n T^\gamma)} \right)^2 \right)^{\frac{1}{2}}$$

就得到了求导以后的级数在 $(t_l, t_u)$ 上的一致收敛性, 注意

$$\sum_{n=1}^{\infty} n^2 g_n^2 := g \in H_0^1(0, \pi).$$

第二步. 解的唯一性.

记 $w(x, t)$ 是 (6.2.5) 对应于 $g(x) \equiv 0$ 的唯一解. 将其展开为 $w(x, t) = \sum_{n=1}^{\infty} w_n(t) \sin nx$, 系数是

$$w_n(t) = \frac{2}{\pi} \int_0^\pi w(x, t) \sin nx \, dx, \quad n = 1, 2, \cdots.$$

对 (6.2.5) 中的方程两边乘以 $\sin nx$ 然后关于 $x$ 积分得到

$$\frac{d^\gamma w_n(t)}{dt^\gamma} = -\lambda_n w_n(t).$$

另一方面 $w(x, T) = 0$ 意味着 $w_n(T) = 0$. 从而由分数阶常微分方程的适定性得到 $w_n(t) \equiv 0, t \in [0, T]$, 于是 $w(x, t) \equiv 0$.

第三步. 解的正则性.

根据 $t \in (0, T]$ 时的表达式

$$\|w^\alpha(\cdot, t)\|_{L^2}^2 = \sum_{n=1}^{\infty} \left( \frac{E_{\gamma,1}(-\lambda_n t^\gamma)}{E_{\gamma,1}(-\lambda_n T^\gamma)} \right)^2 g_n^2,$$

$$\|w_x^\alpha(\cdot,t)\|_{L^2}^2 = \sum_{n=1}^{\infty} \left( \frac{E_{\gamma,1}(-\lambda_n t^\gamma)}{E_{\gamma,1}(-\lambda_n T^\gamma)} \right)^2 n^2 g_n^2,$$

显然有 $w^\alpha(\cdot,T) \in H_0^1(0,\pi)$. 对给定的 $\alpha > 0$ 和固定的 $t \in (0,T)$, 类似于第一步的处理, 总可以选择一个正整数 $N(\alpha,t)$ 使得

$$\left| \frac{E_{\gamma,1}(-\lambda_n t^\gamma)}{E_{\gamma,1}(-\lambda_n T^\gamma)} \right| \leqslant C_1 e^{-(\alpha n^4 - n^2)^{1/\gamma}(T-t)}$$

对 $n > N(\alpha,t)$ 成立. 由于级数 $\sum_{n=N(\alpha,t)+1}^{\infty} n^{2m} g_n^2 e^{-2(\alpha n^4 - n^2)^{1/\gamma}(T-t)}, t \in (0,T)$ 对所有整数 $m = 0,1,\cdots$ 都是收敛的, 从而有 $w^\alpha(x,t) \in C((0,T); H_0^m(0,\pi))$. 定理证毕. □

据此结果, $w^\alpha$ 是有定义的, 并具有相应的正则性. 下面将分析它作为正则化解的收敛性质.

### 6.2.2　正则化解的收敛性

首先考虑 $w^\alpha[g]$ 把 $g(x)$ 取为精确的 $u(x,T)$ 时的性质.

**定理 6.2.5**　对正问题 (6.2.2) 对应于 $\gamma \in [\gamma_0, \gamma_1]$ 和初值 $u_0(x) \in H^1(0,\pi)$ 的终值 $g(x) = u(x,T)$, 在 $\alpha \to 0$ 时,

$$w^\alpha[u(\cdot,T)](x,t) \to u(x,t) \tag{6.2.10}$$

在 $C((0,T]; H_0^1(0,\pi))$ 中成立, 并且

$$\|w^\alpha[u(\cdot,T)](\cdot,0) - u(\cdot,0)\|_{H^1(0,\pi)} \to 0, \quad \alpha \to 0.$$

**证明**　$w^\alpha[u(\cdot,T)](x,t)$ 和 $u(x,t)$ 的正则性可由引理 6.2.3 和定理 6.2.4 得到. 它们的差是

$$w^\alpha[u(\cdot,T)](x,t) - u(x,t) = \sum_{n=1}^{\infty} u_n f_{n,\gamma,T}(t) \sin nx, \tag{6.2.11}$$

其中系数

$$u_n = \frac{2}{\pi} \int_0^\pi u(x,T) \sin nx dx, \quad f_{n,\gamma,T}(t) := \frac{E_{\gamma,1}(-\lambda_n t^\gamma)}{E_{\gamma,1}(-\lambda_n T^\gamma)} - \frac{E_{\gamma,1}(-n^2 t^\gamma)}{E_{\gamma,1}(-n^2 T^\gamma)}.$$

利用 $\{\sin nx : n = 1,\cdots\}$ 的正交性和 (6.2.11) 得到

$$\|(w^\alpha[u(\cdot,T)] - u)(\cdot,t)\|_{L^2(0,\pi)}^2 = \int_0^\pi \left[ \sum_{n=1}^{\infty} u_n f_{n,\gamma,T}(t) \sin nx \right]^2 dx$$

$$= \sum_{n=1}^{\infty} u_n^2 f_{n,\gamma,T}^2(t). \tag{6.2.12}$$

现在来分析 $\alpha \to 0$ 时误差对 $t \in [0,T]$ 的收敛性. 为此把 $f_{n,\gamma,T}(t)$ 改写为

$$f_{n,\gamma,T}(t) = \frac{E_{\gamma,1}(-n^2 t^\gamma)}{E_{\gamma,1}(-n^2 T^\gamma)} \left( \frac{E_{\gamma,1}(-\lambda_n t^\gamma)}{E_{\gamma,1}(-\lambda_n T^\gamma)} \frac{E_{\gamma,1}(-n^2 T^\gamma)}{E_{\gamma,1}(-n^2 t^\gamma)} - 1 \right).$$

对 $t \in (0,T]$, 如果 $\lambda_n \leqslant 0$ 从而 $\alpha n^4 - n^2 \geqslant 0$, 于是有

$$\frac{E_{\gamma,1}(-\lambda_n t^\gamma)}{E_{\gamma,1}(-\lambda_n T^\gamma)} \leqslant \frac{C_{1,+} e^{(\alpha n^4 - n^2)^{\frac{1}{\gamma}} t}}{C_{1,-} e^{(\alpha n^4 - n^2)^{\frac{1}{\gamma}} T}} = C_1 e^{-(\alpha n^4 - n^2)^{\frac{1}{\gamma}}(T-t)} \leqslant C_1 \left( \frac{T}{t} \right)^\gamma.$$

如果 $\lambda_n > 0$ 从而 $\alpha n^4 - n^2 < 0$, 于是

$$\frac{E_{\gamma,1}(-\lambda_n t^\gamma)}{E_{\gamma,1}(-\lambda_n T^\gamma)} \leqslant \frac{C_{2,+} \dfrac{1}{1-(\alpha n^4 - n^2)t^\gamma}}{C_{2,-} \dfrac{1}{1-(\alpha n^4 - n^2)T^\gamma}} = C_2 \frac{1-(\alpha n^4 - n^2)T^\gamma}{1-(\alpha n^4 - n^2)t^\gamma} \leqslant C_2 \left( \frac{T}{t} \right)^\gamma.$$

另外还有估计

$$\frac{E_{\gamma,1}(-n^2 T^\gamma)}{E_{\gamma,1}(-n^2 t^\gamma)} \leqslant \frac{C_{2,+}}{C_{2,-}} \frac{1+n^2 t^\gamma}{1+n^2 T^\gamma} \leqslant C_2, \quad E_{\gamma,1}(-n^2 t^\gamma) \leqslant \frac{C_{2,+}}{\Gamma(1-\gamma)}.$$

使用上述估计, 就有

$$\sum_{n=1}^{\infty} u_n^2 f_{n,\gamma,T}^2(t) = \sum_{n=1}^{N} + \sum_{n=N+1}^{\infty}$$

$$\leqslant \frac{1}{\Gamma^2(1-\gamma)} \sum_{n=1}^{N} u_n^2 \frac{C_{2,+}^2}{E_{\gamma,1}^2(-n^2 T^\gamma)} \left( \frac{E_{\gamma,1}(-\lambda_n t^\gamma)}{E_{\gamma,1}(-\lambda_n T^\gamma)} \frac{E_{\gamma,1}(-n^2 T^\gamma)}{E_{\gamma,1}(-n^2 t^\gamma)} - 1 \right)^2$$

$$+ \frac{1}{\Gamma^2(1-\gamma)} \sum_{n=N+1}^{\infty} u_n^2 \frac{C_{2,+}^2}{E_\gamma^2(-n^2 T^\gamma)} 2 \left( \left| \frac{E_{\gamma,1}(-\lambda_n t^\gamma)}{E_{\gamma,1}(-\lambda_n T^\gamma)} \right|^2 \left| \frac{E_{\gamma,1}(-n^2 T^\gamma)}{E_{\gamma,1}(-n^2 t^\gamma)} \right|^2 + 1 \right)$$

$$\leqslant \frac{C_{2,+}^2}{\Gamma^2(1-\gamma)} \sum_{n=1}^{N} u_n^2 \frac{1}{E_{\gamma,1}^2(-n^2 T^\gamma)} \left( \frac{E_{\gamma,1}(-\lambda_n t^\gamma)}{E_{\gamma,1}(-\lambda_n T^\gamma)} \frac{E_{\gamma,1}(-n^2 T^\gamma)}{E_{\gamma,1}(-n^2 t^\gamma)} - 1 \right)^2$$

$$+ \frac{2C_{2,+}^2}{\Gamma^2(1-\gamma)} \left( C_2^2 \max\{C_1^2, C_2^2\} \left( \frac{T}{t} \right)^{2\gamma} + 1 \right) \sum_{n=N+1}^{\infty} u_n^2 \frac{1}{E_{\gamma,1}^2(-n^2 T^\gamma)}. \tag{6.2.13}$$

另一方面, 正问题解有表达式

$$u(x,t) = \sum_{n=1}^{\infty} \frac{E_{\gamma,1}(-n^2 t^{\gamma})}{E_{\gamma,1}(-n^2 T^{\gamma})} u_n \sin nx.$$

由于 $u(x,T) \in H_0^1(0,\pi)$ 是对应于 $u(x,0) = u_0(x) \in H_0^1(0,\pi)$ 的终值, 从而

$$u_0(x) = u(x,0) = \sum_{n=1}^{\infty} \frac{1}{E_{\gamma,1}(-n^2 T^{\gamma})} u_n \sin nx$$

保证了级数 $\sum_{n=1}^{\infty} \frac{1}{E_{\gamma}^2(-n^2 T^{\gamma})} u_n^2$ 的收敛性. 于是, 对任意 $\varepsilon > 0$, 可以取 $N_\varepsilon$ 充分大使得

$$\sum_{n=N_\varepsilon+1}^{\infty} \frac{1}{E_{\gamma,1}^2(-n^2 T^{\gamma})} u_n^2 \leqslant \frac{\varepsilon}{2}. \tag{6.2.14}$$

对此 $N = N_\varepsilon$, (6.2.13) 的第一项只是有限项的和, 注意到 $\lambda_n = -(\alpha n^4 - n^2)$ 和 $E_{\gamma,1}(\cdot)$ 的连续性, 可以取 $\alpha = \alpha(\varepsilon) > 0$ 充分小使得

$$\left( \frac{E_{\gamma,1}(-\lambda_n t^{\gamma})}{E_{\gamma,1}(-\lambda_n T^{\gamma})} \frac{E_{\gamma,1}(-n^2 T^{\gamma})}{E_{\gamma,1}(-n^2 t^{\gamma})} - 1 \right)^2 \leqslant \frac{\varepsilon}{2}, \quad n = 1, \cdots, N_\varepsilon. \tag{6.2.15}$$

把 (6.2.14) 和 (6.2.15) 代入 (6.2.13), 对充分小的 $\alpha = \alpha(\varepsilon) > 0$ 得到

$$\sum_{n=1}^{\infty} u_n^2 f_{n,\gamma,T}^2(t)$$

$$\leqslant \frac{C_{2,+}^2}{\Gamma^2(1-\gamma)} \left[ \frac{\varepsilon}{2} \sum_{n=1}^{N} u_n^2 \frac{1}{E_{\gamma}^2(-n^2 T^{\gamma})} + \left( C_2^2 \max\{C_1^2, C_2^2\} \left( \frac{T}{t} \right)^{2\gamma} + 1 \right) \varepsilon \right]$$

$$\leqslant \frac{C_{2,+}^2}{\Gamma^2(1-\gamma)} \left[ \|u_0\|_{L^2}^2 \frac{\varepsilon}{2} + \left( C_2^2 \max\{C_1^2, C_2^2\} \left( \frac{T}{t} \right)^{2\gamma} + 1 \right) \varepsilon \right]$$

$$\leqslant \frac{C_{2,+}^2}{\Gamma^2(1-\gamma)} \left[ 1 + \|u_0\|_{L^2}^2 + C_2^2 \max\{C_1^2, C_2^2\} \right] \left( \frac{T}{t} \right)^{2\gamma} \varepsilon. \tag{6.2.16}$$

从而我们证明了在 $\alpha \to 0$ 时,

$$\|w^{\alpha}[u(\cdot,T)](\cdot,t) - u(\cdot,t)\|_{L^2} \to 0, \quad \forall 0 < t \leqslant T.$$

对 $H^1(0,\pi)$ 模意义下的收敛性, 我们需要估计

$$\|w_x^\alpha[u(\cdot,T)](\cdot,t) - u_x(\cdot,t)\|_{L^2}^2 = \sum_{n=1}^\infty n^2 u_n^2 f_{n,\gamma,T}^2(t).$$

上述级数类似于 (6.2.13) 的分解是

$$\sum_{n=1}^\infty n^2 u_n^2 f_{n,\gamma,T}^2(t) = \sum_{n=1}^N + \sum_{n=N+1}^\infty$$

$$\leqslant \frac{C_{2,+}^2}{\Gamma^2(1-\gamma)} \sum_{n=1}^N n^2 u_n^2 \frac{1}{E_{\gamma,1}^2(-n^2T^\gamma)} \left( \frac{E_{\gamma,1}(-\lambda_n t^\gamma)}{E_{\gamma,1}(-\lambda_n T^\gamma)} \frac{E_{\gamma,1}(-n^2 T^\gamma)}{E_{\gamma,1}(-n^2 t^\gamma)} - 1 \right)^2$$

$$+ 2\frac{C_{2,+}^2}{\Gamma^2(1-\gamma)} \left( C_2^2 \max\{C_1^2, C_2^2\} \left(\frac{T}{t}\right)^{2\gamma} + 1 \right)$$

$$\times \sum_{n=N+1}^\infty n^2 u_n^2 \frac{1}{E_{\gamma,1}^2(-n^2 T^\gamma)}. \tag{6.2.17}$$

$u_0(\cdot) \in H_0^1(0,\pi)$ 保证了级数 $\sum_{n=1}^\infty n^2 u_n^2 \frac{1}{E_{\gamma,1}^2(-n^2T^\gamma)}$ 的收敛性. 从而利用
由 (6.2.13) 导出 (6.2.16) 的相同的技术得到 $\alpha = \alpha(\varepsilon)$ 充分小时成立

$$\sum_{n=1}^\infty n^2 u_n^2 f_{n,\gamma,T}^2(t) \leqslant \frac{C_{2,+}^2}{\Gamma^2(1-\gamma)} \left[ 1 + \|u_0\|_{H^1}^2 + C_2^2 \max\{C_1^2, C_2^2\} \right] \left(\frac{T}{t}\right)^{2\gamma} \varepsilon.$$

$$\tag{6.2.18}$$

需要注意的是, (6.2.16) 和 (6.2.18) 中的常数依赖于 $t > 0$, 这意味着收敛速度依赖于 $t$, 通常在 $t = 0$ 附近是比较慢的.

现在考虑 $t = 0$ 时正则化解的收敛速度. 此时我们要估计函数

$$f_{n,\gamma,T}(0) = \frac{1}{E_{\gamma,1}(-n^2T^\gamma)} \left( \frac{E_{\gamma,1}(-n^2T^\gamma)}{E_{\gamma,1}(-\lambda_n T^\gamma)} - 1 \right).$$

由不等式

$$E_{\gamma,1}(-\lambda_n T^\gamma) \geqslant \begin{cases} \dfrac{C_{1,-}}{\gamma} e^{(\alpha n^4 - n^2)^{\frac{1}{\gamma}} T}, & \lambda_n \leqslant 0 \\[3mm] \dfrac{C_{2,-}}{\Gamma(1-\gamma)} \dfrac{1}{1 - (\alpha n^4 - n^2)T^\gamma}, & \lambda_n > 0 \end{cases}$$

和 $E_{\gamma,1}(-n^2T^\gamma) \leqslant C_{2,+}\dfrac{1}{1+n^2T^\gamma}$ 可以得到

$$\frac{E_{\gamma,1}(-n^2T^\gamma)}{E_{\gamma,1}(-\lambda_nT^\gamma)} \leqslant C_{2+}\max\left\{\frac{1}{C_{1,-}}\gamma,\frac{1}{C_{2,-}}\Gamma(1-\gamma)\right\} := C_0\max\{\gamma,\Gamma(1-\gamma)\}$$

对所有 $n,\alpha>0$ 成立. 据此利用和处理 $t>0$ 时的级数相同的技术得到

$$\sum_{n=1}^{\infty}u_n^2f_{n,\gamma,T}^2(0)$$

$$\leqslant \sum_{n=1}^{N}\frac{u_n^2}{E_{\gamma,1}^2(-n^2T^\gamma)}\left(\frac{E_{\gamma,1}(-n^2T^\gamma)}{E_{\gamma,1}(-\lambda_nT^\gamma)}-1\right)^2$$

$$+\sum_{n=N+1}^{\infty}u_n^2\frac{1}{E_{\gamma,1}^2(-n^2T^\gamma)}2(C_0^2(\max\{\gamma,\Gamma(1-\gamma)\})^2+1). \quad (6.2.19)$$

据此估计类似可以证明 $\alpha\to0$ 时

$$\|w^\alpha[u(\cdot,T)](\cdot,0)-u(\cdot,0)\|_{L^2}\to0, \quad \|w_x^\alpha[u(\cdot,T)](\cdot,0)-u_x(\cdot,0)\|_{L^2}\to0.$$

定理证毕. $\qquad\qquad\qquad\qquad\qquad\qquad\qquad\qquad\qquad\qquad\qquad\qquad\qquad\qquad\qquad\qquad\square$

下面我们考虑噪声数据 $u^\delta(\cdot,T)$ 作为反演输入的情形. 假定噪声数据满足 (6.2.3).

记函数 $g^\delta(x)=u^\delta(x,T)-u(x,T)$ 的 Fourier 级数展开的系数为 $g_{n,\delta}$. 则有

$$\|w^\alpha[u^\delta(\cdot,T)](\cdot,t)-u(\cdot,t)\| \leqslant \|w^\alpha[g^\delta(\cdot)](\cdot,t)\|+\|w^\alpha[u(\cdot,T)](\cdot,t)-u(\cdot,t)\|.$$

$$(6.2.20)$$

此时我们只需要估计第一项, 因为第二项 $\alpha=\alpha(\delta)\to0$ 时根据定理 6.2.5 是趋于 0 的.

仍然取 $N_\alpha$ 充分大使得 $\alpha N_\alpha^4-N_\alpha^2>0$ 并作分解

$$\|w^\alpha[g^\delta(\cdot)](\cdot,t)\|_{L^2}^2 = \left(\sum_{n=1}^{N_\alpha}+\sum_{N_{\alpha+1}}^{\infty}\right)g_{n,\delta}^2\frac{E_{\gamma,1}^2(-\lambda_nt^\gamma)}{E_{\gamma,1}^2(-\lambda_nT^\gamma)}.$$

第一项中 $\lambda_n\geqslant0$, 第二项中 $\lambda_n<0$.

利用 $E_{\gamma,1}(-\lambda_nt^\gamma)$ 的一致上界和 $E_{\gamma,1}(-\lambda_nT^\gamma)$ 的一致下界, 我们对 $t\in[0,T]$ 成立

$$\|w^\alpha[g^\delta(\cdot)](\cdot,t)\|_{L^2}^2 \leqslant \sum_{n=1}^{N_\alpha}C_2^2g_{n,\delta}^2\left(\frac{1-(\alpha n^4-n^2)T^\gamma}{1-(\alpha n^4-n^2)t^\gamma}\right)^2$$

$$+ \sum_{N_{\alpha+1}}^{\infty} g_{n,\delta}^2 C_1^2 e^{-2(\alpha n^4 - n^2)^{\frac{1}{\gamma}}(T-t)}$$

$$\leqslant C_2^2 \sum_{n=1}^{N_\alpha} g_{n,\delta}^2 \left[1 - (\alpha n^4 - n^2)T^\gamma\right]^2 + C_1^2 \sum_{N_{\alpha+1}}^{\infty} g_{n,\delta}^2$$

$$\leqslant 2C_2^2 \sum_{n=1}^{N_\alpha} g_{n,\delta}^2 [1 + (\alpha n^4 - n^2)^2 T^{2\gamma}] + C_1^2 \sum_{N_{\alpha+1}}^{\infty} g_{n,\delta}^2$$

$$\leqslant 2C_2^2 T^{2\gamma} \sum_{n=1}^{\lceil \sqrt{\frac{1}{\alpha}} \rceil} (n^2 - \alpha n^4)^2 g_{n,\delta}^2 + (2C_2^2 + C_1^2)\delta^2. \qquad (6.2.21)$$

由于第一项中 $n^2 - \alpha n^4 > 0$, 我们考虑函数

$$\varphi(y) = y^2 - \alpha y^4, \quad y \in (0, +\infty).$$

容易验证 $\varphi(y)$ 在 $y_0 = \sqrt{\dfrac{1}{2\alpha}} \in \left(1, \left\lceil \sqrt{\dfrac{1}{\alpha}} \right\rceil \right)$ 取最大值, 其中 $\lceil \cdot \rceil$ 表示取整运算. 从而我们有

$$\sum_{n=1}^{\lceil \sqrt{\frac{1}{\alpha}} \rceil} (n^2 - \alpha n^4)^2 g_{n,\delta}^2 \leqslant \sum_{n=1}^{\lceil \sqrt{\frac{1}{\alpha}} \rceil} \left( \frac{1}{2\alpha} - \alpha \frac{1}{4\alpha^2} \right)^2 g_{n,\delta}^2 \leqslant \frac{1}{16\alpha^2} \sum_{n=1}^{\infty} g_{n,\delta}^2 \leqslant \frac{\delta^2}{16\alpha^2}.$$

把此估计代入 (6.2.21) 得到

$$\|w^\alpha[g^\delta(\cdot)](\cdot, t)\|_{L^2}^2 \leqslant C_2^2 T^{2\gamma} \frac{\delta^2}{8\alpha^2} + (2C_2^2 + C_1^2)\delta^2, \quad t \in [0, T]. \qquad (6.2.22)$$

联合定理 6.2.5, (6.2.20) 和 (6.2.22), 我们已经证明了

**定理 6.2.6** 对 $\gamma \in [\gamma_0, \gamma_1]$ 和给定的满足 (6.2.3) 的噪声数据 $u^\delta(\cdot, T)$. 如果我们取正则化参数 $\alpha = \alpha(\delta)$ 在 $\delta \to 0$ 时满足

$$\alpha(\delta) \to 0, \quad \frac{\delta}{\alpha(\delta)} \to 0, \qquad (6.2.23)$$

则对 $t \in [0, T]$ 有估计

$$\|w^{\alpha(\delta)}[u^\delta(\cdot, T)](\cdot, t) - u(\cdot, t)\|_{L^2} \to 0, \quad \delta \to 0. \qquad (6.2.24)$$

下面来建立收敛速度. 根据 (6.2.20) 和 (6.2.22), 关键是要根据 $\alpha$ 来估计 $\|w^\alpha[u(\cdot, T)](\cdot, t) - u(\cdot, t)\|$, 此时我们需要精确解的更强的正则性.

**定理 6.2.7**　假定 $\|u_0\|_{H_0^2(0,\pi)} \leqslant U_0$, $\gamma \in [\gamma_0, \gamma_1]$. 则对满足 (6.2.3) 的噪声数据 $u^\delta(\cdot, T)$ 和由 (6.2.23) 选取的正则化参数 $\alpha = \alpha(\delta)$, 对应的正则化解 $w^\alpha[u^\delta(\cdot, T)](x, t)$ 有估计

$$\|w^{\alpha(\delta)}[u^\delta(\cdot, T)](\cdot, t) - u(\cdot, t)\|_{L^2}$$

$$\leqslant C_2 T^\gamma \frac{\delta}{\alpha(\delta)} + 2(C_2 + C_1)\delta + C(\gamma, T) U_0 \alpha(\delta), \quad t \in [0, T], \quad (6.2.25)$$

其中常数 $C_1, C_2$ 仅依赖于 $\gamma_0, \gamma_1$, $C(\gamma, T) = C_*(\gamma_0, \gamma_1) \max\left\{\dfrac{1}{\gamma}, \dfrac{1}{T^\gamma}\right\}$.

**证明**　只要证明在先验条件 $u_0(\cdot) \in H_0^2$ 下,

$$\|w^\alpha[u(\cdot, T)](\cdot, t) - u(\cdot, t)\|_{L^2}^2 \leqslant C U_0 \alpha, \quad \alpha \to 0. \quad (6.2.26)$$

根据表达式 (6.2.12) 有

$$\|(w^\alpha[u(\cdot, T)] - u)(\cdot, t)\|_{L^2(0,\pi)}^2 = \sum_{i=1}^\infty u_n^2 f_{n,\gamma,T}^2(t), \quad (6.2.27)$$

其中系数

$$f_{n,\gamma,T}(t) := \frac{E_{\gamma,1}(-\lambda_n t^\gamma)}{E_{\gamma,1}(-\lambda_n T^\gamma)} - \frac{E_{\gamma,1}(-n^2 t^\gamma)}{E_{\gamma,1}(-n^2 T^\gamma)} = F'(\xi_n)(-\lambda_n + n^2) = F'(\xi_n)\alpha n^4,$$
$$(6.2.28)$$

$$F(\xi) := \frac{E_{\gamma,1}(\xi t^\gamma)}{E_{\gamma,1}(\xi T^\gamma)}, \xi_n \in (-n^2, \alpha n^4 - n^2).$$

利用 Mittag-Leffler 函数的导数关系 ([154], 1.2.3 节), 直接计算知

$$\frac{d}{d\xi} E_{\gamma,1}(\xi t^\gamma) = \frac{1}{\gamma \xi} E_{\gamma,0}(\xi t^\gamma)$$

对所有的 $\xi \in \mathbb{R}^1, \xi \neq 0$ 成立, 从而

$$F'(\xi) = \frac{1}{\gamma} \frac{E_{\gamma,0}(\xi t^\gamma) E_{\gamma,1}(\xi T^\gamma) - E_{\gamma,1}(\xi t^\gamma) E_{\gamma,0}(\xi T^\gamma)}{\xi E_{\gamma,1}^2(\xi T^\gamma)}, \quad \xi \neq 0.$$

根据推论 6.2.2 对 $E_{\gamma,0}$ 的估计和 $E_{\gamma,1}$ 的上下界, 我们知道 $\xi < 0$ 时

$$|F'(\xi)| \leqslant \frac{1}{\gamma} \frac{1}{-\xi} \frac{2C_{2,+} C_5 \dfrac{1}{(1 - \xi T^\gamma)(1 - \xi t^\gamma)}}{C_{2,-}^2 \dfrac{1}{(1 - \xi T^\gamma)^2}}$$

$$\leqslant \frac{C(\gamma_0)}{\gamma} \frac{1 - \xi T^\gamma}{-\xi(1 - \xi t^\gamma)} \leqslant \frac{C(\gamma_0)}{\gamma} \left( \frac{1}{-\xi} + T^\gamma \right)$$

$$\to \frac{C(\gamma_0)}{\gamma} T^\gamma, \quad \xi \to -\infty$$

对 $t \in [0, T]$ 一致成立, 而在 $\xi > 0$ 时, 有

$$|F'(\xi)| \leqslant \frac{1}{\gamma} \frac{C_{1,+} C_4 e^{\xi^{\frac{1}{\gamma}}(t+T)} \left( (1 + \xi t^\gamma)^{\frac{1}{\gamma}} + (1 + \xi T^\gamma)^{\frac{1}{\gamma}} \right)}{\xi C_{1,-}^2 e^{2\xi^{\frac{1}{\gamma}} T}}$$

$$\leqslant \frac{C(\gamma_0)}{\gamma_0} \frac{(1 + \xi T^\gamma)^{\frac{1}{\gamma}}}{\xi e^{\xi^{\frac{1}{\gamma}}(T-t)}} \leqslant \frac{C(\gamma_0)}{\gamma_0} \frac{(1 + \xi T)^{\frac{1}{\gamma_0}}}{\xi e^{\xi^{\frac{1}{\gamma_0}}(T-t)}} \to 0, \quad \xi \to +\infty$$

对 $t \in [0, T)$ 一致成立. 对 $t = T$, $F'(\xi)$ 的表达式在 $\xi > 0$ 时有 $F'(\xi) \equiv 0$.

至于 $F'(0)$, 我们有

$$F'(0) = \lim_{\xi \to 0} \frac{\frac{E_{\gamma,1}(\xi t^\gamma)}{E_{\gamma,1}(\xi T^\gamma)} - 1}{\xi - 0} = \lim_{\xi \to 0} \frac{E_{\gamma,1}(\xi t^\gamma) - E_{\gamma,1}(\xi T^\gamma)}{\xi E_{\gamma,1}(\xi T^\gamma)} = \frac{t^\gamma - T^\gamma}{\Gamma(\gamma + 1)},$$

它对所有的 $t \in [0, T], \gamma \in [\gamma_0, \gamma_1]$ 是一致有界的. 从而由上述三个估计, 存在独立于 $\gamma$ 的常数 $\hat{C}(\gamma_0, \gamma_1)$ 使得

$$|F'(\xi)| < \hat{C}(\gamma_0, \gamma_1) \max \left\{ \frac{2}{\gamma} T^\gamma, 2, \frac{2T^\gamma}{\Gamma(\gamma + 1)} \right\} := \hat{C}(\gamma_0, \gamma_1) \bar{C}_{\gamma, T}$$

对 $\xi \in \mathbb{R}^1, t \in [0, T]$ 一致成立. 最终我们导出了

$$\sum_{n=1}^\infty u_n^2 f_{n,\gamma,T}^2(t) = \sum_{n=1}^\infty u_n^2 |F'(\xi_n)|^2 \alpha^2 n^8 \leqslant \hat{C}^2(\gamma_0, \gamma_1) \bar{C}_{\gamma, T}^2 \alpha^2 \sum_{n=1}^\infty u_n^2 n^8. \quad (6.2.29)$$

另一方面, 由

$$u_0(x) = u(x, 0) = \sum_{n=1}^\infty \frac{1}{E_{\gamma,1}(-n^2 T^\gamma)} u_n \sin nx$$

和 $u_0(x) \in H^2(0, \pi)$ 知道, 级数

$$+\infty > \|u_0\|_{H^2}^2 = \sum_{n=1}^\infty \frac{n^4 u_n^2}{E_{\gamma,1}^2(-n^2 T^\gamma)} > \sum_{n=1}^\infty \frac{\Gamma^2(1-\gamma) n^4 u_n^2}{C_{2,+}^2 \frac{1}{(1 + n^2 T^\gamma)^2}}$$

收敛, 即

$$\sum_{n=1}^{\infty} u_n^2 n^8 \leqslant \frac{1}{T^{2\gamma}} \sum_{n=1}^{\infty} n^4 u_n^2 (1 + n^2 T^\gamma)^2 \leqslant \frac{1}{T^{2\gamma}} \frac{C_{2,+}^2}{\Gamma^2(1-\gamma)} U_0^2.$$

从而由 (6.2.29) 得到

$$\|w^\alpha[u(\cdot,T)](\cdot,t) - u(\cdot,t)\|_{L^2} \leqslant \frac{C_{2,+}}{\Gamma(1-\gamma)} \frac{1}{T^\gamma} U_0 \hat{C}(\gamma_0) \bar{C}_{\gamma,T} \alpha. \tag{6.2.30}$$

综合 (6.2.30) 和 (6.2.22) 得到

$$\|w^\alpha[u^\delta(\cdot,T)](\cdot,t) - u(\cdot,t)\|_{L^2} \leqslant \|w^\alpha[g^\delta](\cdot,t)\|_{L^2} + \|w^\alpha[u(\cdot,T)](\cdot,t) - u(\cdot,t)\|_{L^2}$$

$$\leqslant C_2 T^\gamma \frac{\delta}{\alpha} + 2(C_2 + C_1)\delta + C(\gamma,T)U_0\alpha, \tag{6.2.31}$$

定理证毕, (6.2.25) 中包含的常数 $C_*(\gamma_0, \gamma_1) = 2C_{2,+}(\gamma_0, \gamma_1)\hat{C}(\gamma_0, \gamma_1)/\Gamma(1-\gamma_0)$, 注意对 $\gamma \in (0,1]$ 有估计 $\Gamma(\gamma+1) \geqslant \gamma$. □

**推论 6.2.8**　假定 $u_0 \in H^2(0,\pi)$, $\gamma \in [\gamma_0, \gamma_1]$. 对满足 (6.2.3) 的噪声数据 $g(x) = u^\delta(x,T)$, 当正则化参数取为

$$\alpha(\delta) = \sqrt{\frac{C_2(\gamma_0,\gamma_1)}{U_0 C_*(\gamma_0,\gamma_1)} \min\left\{\frac{T^\gamma}{\gamma}, 1\right\}} \delta^{1/2}$$

时, 正则化解 (6.2.5) 对 $t \in [0,T]$ 具有最优误差估计

$$\|w^\alpha[u^\delta[\cdot,T]](\cdot,t) - u(\cdot,t)\|_{L^2}$$

$$\leqslant \left[ 2\sqrt{U_0 C_*(\gamma_0,\gamma_1) \max\left\{\frac{T^\gamma}{\gamma}, 1\right\}} + 2(C_2(\gamma_0,\gamma_1) + C_1(\gamma_0,\gamma_1)) \right] \delta^{1/2}$$

$$\leqslant C(\gamma_0,\gamma_1) \left( \max\left\{\frac{T^\gamma}{\gamma}, 1\right\} \right)^{1/4} U_0^{1/4} \delta^{1/2}. \tag{6.2.32}$$

对充分光滑的 $u_0(x)$ (例如 $u_0 \in H^2$), 我们可以建立正则化解对 $t \in [0,T]$ 的一致收敛速度. 但如果只假定 $u_0 \in H^1$, 则在 $t = 0$ 附近的收敛速度是 $\left(\dfrac{T}{t}\right)^\gamma$. 但是正则化解在 $t = 0$ 也是收敛的. 这说明 $\lim_{\alpha \to 0} \|w^\alpha[u(\cdot,T)](\cdot,t) - u(\cdot,t)\|_{H^1(0,\pi)}$ 在 $t = 0$ 是不连续的, 在 $\gamma = 1$ 时这个现象也是众所周知的.

**注解 6.2.9** 该结果解释了具有正下界 $\gamma_0$ 的分数阶指数 $\gamma$ 对收敛速度的影响: $\gamma$ 越小, 误差越大. 换言之, $\gamma$ 越大, 正向扩散速度就越快, 逆时问题就越难求解, 物理上该现象是显然的. 然而为了得到理论上的定性估计, 需要分数阶指数 $\gamma$ 的上下界.

**注解 6.2.10** 上述结果也给出了测量时刻 $T$ 对重建结果的影响. 如果 $T > \exp\left(\dfrac{\ln\gamma}{\gamma}\right)$ (如 $T > 1$), (6.2.32) 变为

$$\|w^\alpha[u^\delta[\cdot,T]](\cdot,t) - u(\cdot,t)\|_{L^2} \leqslant C(\gamma_0,\gamma_1)\left(\frac{T^\gamma}{\gamma}\right)^{1/4} U_0^{1/4}\delta^{1/2},$$

此时分数阶指数 $\gamma$ 对逆时问题的影响占优. 然而, 如果 $T > 0$ 比较小使得 $T < \exp\left(\dfrac{\ln\gamma}{\gamma}\right)$, 则估计变为

$$\|w^\alpha[u^\delta[\cdot,T]](\cdot,t) - u(\cdot,t)\|_{L^2} \leqslant C(\gamma_0,\gamma_1)U_0^{1/4}\delta^{1/2}.$$

此时, $\gamma \in [\gamma_0,\gamma_1]$ 的影响几乎消失.

### 6.2.3 数值实验

现在来检验正则化算法的效果. 为了避免在正演 $u(\cdot,T)$ 时产生的额外误差, 我们测试的例子是正向扩散过程解可以基于显式特征函数级数展开的特殊情形. 第一个例子是利用表达式

$$E_{1/2,1}(x) = e^{x^2}\operatorname{erfc}(-x) = \frac{2}{\sqrt{\pi}}e^{x^2}\int_{-x}^{+\infty} e^{-s^2}ds \tag{6.2.33}$$

来简化正问题的计算. 为了体现慢扩散过程的特点, 我们也和 $\gamma = 1$ 的情形比较.

**例 6.1** 考虑 $\gamma = 1/2$ 的慢扩散过程

$$\begin{cases} \dfrac{\partial^\gamma u}{\partial t^\gamma} = \dfrac{\partial^2 u}{\partial x^2}, & (x,t) \in (0,\pi) \times (0,T], \\ u(0,t) = u(\pi,t) = 0 & t \in [0,T], \\ u(x,0) = u_0(x) = \sin x + \sin 2x, & x \in [0,\pi]. \end{cases} \tag{6.2.34}$$

对 $\gamma = 1/2$ 和 $\gamma = 1$ 两种情形, $t > 0$ 时其解可分别表示为

$$\begin{cases} u_{1/2}(x,t) = E_{1/2,1}(-t^{1/2})\sin x + E_{1/2,1}(-4t^{1/2})\sin 2x, & x \in [0,\pi], \\ u_1(x,t) = e^{-t}\sin x + e^{-4t}\sin 2x, & x \in [0,\pi]. \end{cases} \tag{6.2.35}$$

$\gamma = 1/2$ 和 $\gamma = 1$ 两种扩散过程中在不同时刻 $t = 0, 0.5, 1.5, 3$ 时的 $u(x, t)$ 的分布见图 6.14. 显然, 由 $u(x, T)$ 重建 $u(x, 0)$ 的不适定性在 $\gamma = \dfrac{1}{2}$ 时比 $\gamma = 1$ 来得弱.

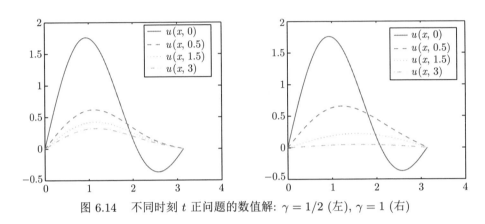

图 6.14    不同时刻 $t$ 正问题的数值解: $\gamma = 1/2$ (左), $\gamma = 1$ (右)

正问题的解可以用级数的有限项截断来近似表示. $\gamma = 1/2$ 和 $\gamma = 1$ 对应的正则化解分别是

$$
\begin{cases}
w_{1/2}^{\alpha}[u_{\frac{1}{2}}(\cdot, T)](x, t) = E_{1/2,1}(-T^{1/2}) \dfrac{E_{1/2,1}((\alpha - 1)t^{1/2})}{E_{1/2,1}((\alpha - 1)T^{1/2})} \sin x \\
\qquad\qquad + E_{1/2,1}(-4T^{1/2}) \dfrac{E_{1/2,1}((16\alpha - 4)t^{1/2})}{E_{1/2,1}((16\alpha - 4)T^{1/2})} \sin 2x, \quad (6.2.36) \\
w_1^{\alpha}[u_1(\cdot, T)](x, t) = e^{-T} e^{(\alpha - 1)(t - T)} \sin x + e^{-4T} e^{(16\alpha - 4)(t - T)} \sin 2x.
\end{cases}
$$

$\alpha \to 0$ 时, 在 $(x, t) \in [0, \pi] \times [0, T]$ 上 $w^{\alpha}[u(\cdot, T)](x, t) \to u(x, t)$ 是显然的.

在图 6.15 中, 我们给出了由 $T = 0.5$ 时的精确终值数据 (直接计算有限项截断的级数的正问题的表达式) 对不同的正则化参数 $\alpha = 0.3, 0.1, 0.05$ 重建 $u(x, 0)$ 的结果. $\alpha \to 0$ 时的收敛行为是显然的, $\gamma = 1/2$ 时的分数阶扩散模型重建初值的效果显然更好.

下面用

$$
u^{\delta}(x, T) = u(x, T) + \sqrt{\dfrac{2}{\pi}} \delta \times \text{rand}(x) \tag{6.2.37}
$$

来产生 $T = 0.5$ 时刻的噪声终值数据, 其中 $\text{rand}(x) \in [-1, 1]$ 用于对 $x = x_j \in [0, \pi], j = 1, \cdots, 100$ 产生标准随机数, 其中一个分布见图 6.16, $\delta$ 表示噪声水平.

用这些噪声数据, 计算正则化解

$$w_{1/2}^{\alpha}[u^{\delta}(\cdot, T)](x, t) \approx \sum_{n=1}^{50} g_{n,\delta} \frac{E_{1/2,1}((\alpha n^4 - n^2)t^{1/2})}{E_{1/2,1}((\alpha n^4 - n^2)T^{1/2})} \sin nx, \tag{6.2.38}$$

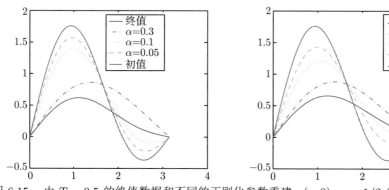

图 6.15 由 $T = 0.5$ 的终值数据和不同的正则化参数重建 $u(x,0)$: $\gamma = 1/2$ (左), $\gamma = 1$ (右)
(彩图请扫封底二维码)

其中系数

$$g_{n,\delta} = \frac{2}{\pi} \int_0^{\pi} u^{\delta}(x, T) \sin nx dx \approx \frac{2}{99} \sum_{j=1}^{99} u^{\delta}(x_j, T) \sin nx_j,$$

$0 = x_1 < \cdots < x_{100} = \pi$ 是 $[0, \pi]$ 上的等分节点.

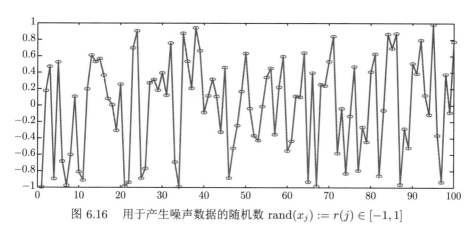

图 6.16 用于产生噪声数据的随机数 $\mathrm{rand}(x_j) := r(j) \in [-1, 1]$

在 $\gamma = 1/2$ 时由噪声数据重建相同的初始条件的结果见图 6.17. 其中左边是固定噪声水平 $\delta = 0.1$, 但不同的正则化参数 $\alpha = 0.1, 0.05, 0.02, 0.001$, 右边是不

同的噪声水平 $\delta = 0.5, 0.05, 0.005, 0.0005$, 但正则化参数由 $\alpha = \sqrt{\delta}$ 来选取的结果, 根据我们正则化策略, $\delta \to 0$ 时有很好的数值重建效果.

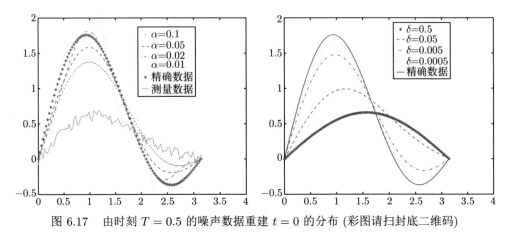

图 6.17　由时刻 $T = 0.5$ 的噪声数据重建 $t = 0$ 的分布 (彩图请扫封底二维码)

下一个例子是 $\gamma = 1/2$ 时待重建的初始函数 $u_0(x) \in H_0^1(0,\pi) \setminus H^2(0,\pi)$. 此时我们的理论结果不再适用. 但是, 实际的重建结果对 $t \in (0,T)$ 上的 $u_{1/2}(x,t)$ 仍然是有效的.

**例 6.2**　考虑分数阶模型的扩散问题

$$
\begin{cases}
\dfrac{\partial^{1/2} u}{\partial t^{1/2}} = \dfrac{\partial^2 u}{\partial x^2}, & (x,t) \in (0,\pi) \times (0,T], \\
u(0,t) = u(\pi,t) = 0, & t \in [0,T], \\
u(x,0) = u_0(x) = \begin{cases} x, & x \in [0,\pi/2], \\ \pi - x, & x \in [\pi/2,\pi]. \end{cases}
\end{cases}
\tag{6.2.39}
$$

正问题的解 $u_{1/2}(x,t)$ 和对应的正则化解 $w_{1/2}^\alpha(x,t)$ 可以由无穷项级数表示. 正问题解是

$$
u_{1/2}(x,t) = \sum_{n=1}^{\infty} d_n E_{1/2,1}(-n^2 t^{1/2}) \sin nx \approx \sum_{n=1}^{20} d_n E_{1/2,1}(-n^2 t^{1/2}) \sin nx, \quad t > 0,
\tag{6.2.40}
$$

其中系数

$$
d_n = \frac{2}{\pi} \int_0^\pi u_0(x) \sin nx \, dx = \frac{2(1 + (-1)^{n+1})}{\pi n^2} \left[ \sin \frac{n\pi}{2} - \frac{n\pi}{2} \cos \frac{n\pi}{2} \right]. \tag{6.2.41}
$$

在计算 (6.2.40) 中的 $E_{1/2,1}(-n^2 t^{1/2})$ 时, 利用公式

$$
E_{1/2,1}(-n^2 t^{1/2}) = \exp(n^4 t)\mathrm{erfc}(n^2 t^{1/2}) \equiv \exp(n^4 t + \ln \mathrm{erfc}(n^2 t^{1/2}))
$$

来避免 $n$ 很大时的数据逸出. 据此, 不同终止时刻 $T$ 的解 $u_{1/2}(x, T)$ 见图 6.18(左), 而标准扩散模型 $\gamma = 1$ 时的解见图 6.18(右). 很显然分数阶时间导数时的模型具有慢扩散. 在此例子中, 区间 $[0, \pi]$ 的等分节点是 $0 = x_1 < x_2 < \cdots < x_{101} = \pi$.

可以看到, 与 $\gamma = 1$ 时正常扩散过程相比, $u_{1/2}(x, t)$ 对很小的 $t$ 和很大的 $t$ 行为是有所不同的, 见图 6.18 中 $t < 1$ 和 $t > 1$ 的情形. 这个区别揭示了 $\gamma \in (0, 1)$ 时的记忆效应和时间方向扩散的某种平衡. 具体而言, $t$ 较大时, $\gamma \in (0, 1)$ 的记忆效应有足够多的时间来记住初始状态, 从而与 $\gamma = 1$ 的正常扩散过程相比, $u(x, t)$ 中的初始状态信息的强度更大, 重建效果就更好. 而对较小的 $t$, 扩散过程起主导作用.

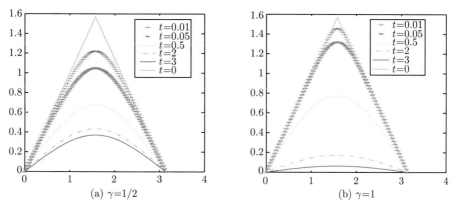

图 6.18　$\gamma = 1/2$ 和 $\gamma = 1$ 时沿时刻方向扩散过程光滑化效果的比较 (彩图请扫封底二维码)

我们利用 $T = 2$ 的终值数据来求解分数阶逆时问题. 可以看到, 对该时刻带有随机噪声的扰动数据, Fourier 级数中的高频系数几乎为零, 因此我们可以将解用级数的有限项来近似. 具体而言, 我们利用截断表示

$$w_{1/2,\delta}^\alpha(x, t) \approx \sum_{n=1}^{4} D_n E_{1/2,1}(-\lambda_n t^{1/2}) \sin nx, \tag{6.2.42}$$

其中系数

$$D_n = \frac{1}{E_{1/2,1}(-\lambda_n T^{1/2})} \frac{2}{\pi} \int_0^\pi u_{1/2}^\delta(x, T) \sin nx\, dx := \frac{1}{E_{1/2,1}((\alpha n^4 - n^2) T^{1/2})} g_{n,\delta}. \tag{6.2.43}$$

我们用两种方式来展示 $T = 2$ 时固定噪声水平 $\delta = 0.1$ 和正则化参数 $\alpha = 0.0002$ 的逆时问题的重建效果. $t = 0.5, 0.05, 0.01$ 时刻的重建效果见图 6.19(左), 而在图 6.19(右) 中, 我们展示了 $t_k \in [0.01, 2]$, $k = 1, 2, \cdots, 100$ 的关于空间的 $L^2$

误差, 其定义为

$$\mathrm{err}(t_k) := \sqrt{\frac{\pi}{100} \sum_{j=1}^{100} \Big( w_{1/2}^{\alpha}[u^{\delta}(\cdot, 2)](x_j, t_k) - u_{1/2}(x_j, t_k) \Big)^2}.$$

为了比较我们的理论结果, 我们也画出了函数 $f(t) = \dfrac{1}{50} \left(\dfrac{2}{t}\right)^{1/2}$ (参见 (6.2.18) 的误差估计) 的图像分布. 可以看出, 通过选择合适的常数 $C$, 两者的分布行为确实是类似的.

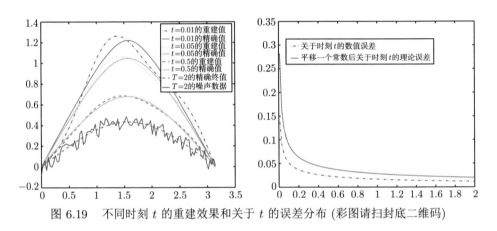

图 6.19    不同时刻 $t$ 的重建效果和关于 $t$ 的误差分布 (彩图请扫封底二维码)

注意到估计 (6.2.16), 重建的数值行为关于 $t$ 的分布是和我们的理论分析匹配的. 由于初值 $u_0(x) \notin H^2(0, \pi)$, 在 $t = 0$ 附近的重建效果不理想.

### 6.2.4    图像去模糊的慢扩散过程逆时问题模型

由前面几节的讨论可以看出, 抛物方程描述的正向扩散过程具有把系统的初始状态光滑化的特点, 这个过程和平面图像由于时间的久远和岁月的风化会变得日益模糊非常类似. 因此如果对 $x \in \Omega \subset \mathbb{R}^2$, 把 $u(x, 0)$ 看成是定义于 $\Omega$ 上的二维图像的表示 (例如图像的灰度), 则扩散过程的逆时问题, 即由系统的解 $u(x, t)$ 在 $t = T > 0$ 的状态确定 $u(x, 0)$ 的问题, 就对应于由一幅模糊图像 $u(x, T)$ 来确定它的清晰状态 $u(x, 0)$, 即二维图像的去模糊问题. 这里 $u(x, t), (x, t) \in \Omega \times [0, T]$ 满足的扩散过程, 就描述了原始的二维图像 $u(x, 0)$ 随着时间的演化变成模糊状态 $u(x, T)$ 的过程.

描述 $\Omega \subset \mathbb{R}^2$ 中扩散过程的经典模型是带有适当初边值条件的热传导方程

$$\frac{\partial u}{\partial t} = \nabla \cdot (a(x) \nabla u), \quad (x, t) \in \Omega \times (0, T),$$

其中 $a(x) > 0$ 反映了介质内部不均匀性对扩散过程的影响, 前述 6.1.3 节考虑的模型是它的一个特殊情况, 那里基于特征函数展开的求解逆时问题的方法当然可以用于处理以图像去模糊为背景的二维区域上的逆时问题. 在 $a(x) \equiv a^2 > 0$ (常数) 的情形, 初始图像 $u(x, 0)$ 经过时间演化后在 $t > 0$ 时刻本质上可以表示为 $u(x, t) = e^{-a^2 t} u(x, 0)$. 可以看出, $a$ 越大或者 $t$ 越大, $e^{-a^2 t}$ 将会变得很小, $u(x, 0)$ 中含有的图像特征在 $u(x, t)$ 中就会几乎消失 (参见图 6.10), 从而由 $u(x, t)$ 来恢复 $u(x, 0)$ 的特征会变得非常困难, 这个直观的观测表示了逆时问题的不适定性. 特别重要的是, 上面基于抛物方程的扩散过程关于时间 $t$ 是指数衰减的 (其原因是扩散过程中关于时间是一阶导数), 这个衰减过程是太快了, 很多实际的扩散过程其实衰减并不是如此迅速. 换言之, 在实际应用模型中有很多慢扩散的过程.

为了建立描述慢扩散过程的数学模型, 和前面几节的讨论类似, 一个重要的数学刻画是在扩散方程中降低关于时间 $t$ 的导数, 即对 $\gamma \in (0, 1)$, 考虑扩散方程

$$\frac{\partial^\gamma u}{\partial t^\gamma} = \nabla \cdot (a(x) \nabla u), \quad (x, t) \in \Omega \times (0, T), \tag{6.2.44}$$

其中左边的关于时间 $t$ 的 $\gamma$ 导数称为时间分数阶导数. 在 Cauputo 分数阶导数的意义下, 其定义为

$$\frac{d^\gamma f(t)}{dt^\gamma} := \frac{1}{\Gamma(1-\gamma)} \int_0^t \frac{f'(s)}{(t-s)^\gamma} ds. \tag{6.2.45}$$

由此定义可以看出, 不同于常见的一阶导数, 分数阶导数具有非局部的性质, 即 $t$ 时刻的分数阶导数依赖于 $(0, t)$ 上 $f$ 的性质, 而不只是 $t$ 附近 $f$ 的性质. 利用标准的 $\Gamma$-函数定义双参数的 Mittag-Leffler 函数

$$E_{\gamma, \beta}(z) := \sum_{k=0}^\infty \frac{z^k}{\Gamma(\gamma k + \beta)}, \quad z \in \mathbb{C}, \ \gamma > 0, \ \beta \geqslant 0.$$

对 $a_0 > 0, \gamma \in (0, 1]$ 可以直接验证, 一阶常微分方程的定解问题

$$\begin{cases} \dfrac{d^\gamma f(t)}{dt^\gamma} + a_0 f(t) = 0, \quad t > 0, \\ f(0) = f_0 \end{cases} \tag{6.2.46}$$

的解是

$$f^\gamma(t) = f_0 E_{\gamma, 1}(-a_0 t^\gamma), \quad t > 0. \tag{6.2.47}$$

根据 $E_{1,1}(-a_0 t) \equiv e^{-a_0 t}$ 和 $0 < \gamma < 1$ 的渐近展开

$$E_{\gamma, 1}(-a_0 t^\gamma) = \frac{1}{a_0 t^\gamma \Gamma(1-\gamma)} + O\left(\frac{1}{t^{2\gamma}}\right), \quad t \to +\infty,$$

由 (6.2.47) 可以看出 $t \to +\infty$ 时, $f^\gamma(t)$ 的衰减速度在 $\gamma \in (0,1)$ 时要比 $\gamma = 1$ 来得慢. 因此, 带有时间分数阶导数的扩散过程的逆时问题要比带有时间一阶导数的扩散过程的逆时问题具有更好的稳定性, 具体的数学分析可以见 [121]. 换言之, 用带有时间分数阶导数的扩散过程来作为图像去模糊的模型, 可以刻画不太强烈的图像模糊过程.

基于上述分析, 对定义于 $\Omega \subset \mathbb{R}^2$ 上的图像 $u_0(x)$, 我们用模型

$$\begin{cases} \dfrac{\partial^\gamma u}{\partial t^\gamma} = \nabla \cdot (a(x)\nabla u), & (x,t) \in \Omega \times (0,T], \\ u(x,t) = 0, & (x,t) \in \partial\Omega \times [0,T], \\ u(x,0) = u_0(x), & x \in \Omega \end{cases} \tag{6.2.48}$$

来刻画由时间的演化表示的图像的模糊过程, 其中 $\gamma \in (0,1)$ 表示慢模糊的速度, $0 < a_0 \leqslant a(x) \in C^1(\bar\Omega)$ 表示图像上不同位置的点的模糊效应可以是不同的. 图像的去模糊过程就是求解 (6.2.48) 对应的逆时问题: 由 $t = T > 0$ 时刻的模糊图像 $u(x,T) := g(x)$ 去恢复原始的清晰图像 $u(x,0) = u_0(x)$. 如果我们再允许 $g(x)$ 可能是带有噪声的, 即由满足

$$\|g^\delta(\cdot) - g(\cdot)\|_{L^2(\Omega)} \leqslant \delta \tag{6.2.49}$$

的噪声数据 $g^\delta(x)$ 来恢复 $u_0(x)$ ($\delta > 0$ 表示噪声水平), 则求解逆时问题 (6.2.48)—(6.2.49) 就是一个图像的去噪和去模糊的问题.

### 6.2.5 基于有限项级数展开的正则化策略

对给定的 $g^\delta(x) \approx u(x,T)$, 由 (6.2.48)—(6.2.49) 求解 $u_0(x)$ 是不适定的, 因此需要引进适当的正则化方法以得到稳定的数值解. 和前面采取的拟逆方法不同, 我们这里采取数据正则化的方法, 利用正向扩散过程解的有限项的级数近似在最小模解的意义下来构造正则化解, 其中级数的截断项数作为正则化参数. 下面只讨论基本的数学思想和框架, 更为细致的分析见 [191].

记 $\{(\lambda_n, \varphi_n(x)) : n \in \mathbb{N}\}$ 是算子 $-\nabla \cdot (a(x)\nabla \diamond)$ 定义于 $H^2(\Omega) \cap H_0^1(\Omega)$ 上的特征系统, 即 $\varphi_n(x)$ 满足

$$\begin{cases} \nabla \cdot (a(x)\nabla\varphi_n(x)) + \lambda_n\varphi_n(x) = 0, & x \in \Omega, \\ \varphi_n(x) = 0, & x \in \partial\Omega. \end{cases}$$

易知 $\{\varphi_n(x)\}_{n=1}^\infty$ 是 $L^2(\Omega)$ 的一组基, 且 $0 < \lambda_1 \leqslant \lambda_2 \leqslant \cdots \leqslant \lambda_n \leqslant \cdots$, $\lambda_n \to +\infty$. 进一步假定 $\{\varphi_n(x)\}_{n=1}^\infty$ 是标准正交的. 从而有

$$\lambda_n = \|\sqrt{a}\nabla\varphi_n\|_{L^2(\Omega)}^2, \quad \lambda_n^2 = \|\nabla \cdot (a\nabla\varphi_n)\|_{L^2(\Omega)}^2,$$

$$\int_\Omega a\nabla\varphi_n \cdot \nabla\varphi_m \, dx = 0, \qquad \int_\Omega \nabla\cdot(a\nabla\varphi_n)\nabla\cdot(a\nabla\varphi_m)\, dx = 0, \quad n \neq m.$$

我们对初始值作展开

$$u_0(x) = \sum_{n=1}^\infty c_n\varphi_n(x), \quad c_n = \int_\Omega u_0(x)\varphi_n(x)dx, \quad n = 1,2,\cdots. \qquad (6.2.50)$$

定义

$$\Phi_n(x,t) := E_{\gamma,1}(-\lambda_n t^\gamma)\varphi_n(x), \qquad (6.2.51)$$

它满足

$$\begin{cases} \dfrac{\partial^\gamma \Phi_n(x,t)}{\partial t^\gamma} = \nabla\cdot(a(x)\nabla\Phi_n(x,t)), & (x,t)\in\Omega\times(0,T], \\[2mm] \Phi_n(x,t) = 0, & x\in\partial\Omega, t\in[0,T], \\[2mm] \Phi_n(x,0) = \varphi_n(x), & x\in\Omega. \end{cases} \qquad (6.2.52)$$

从而 (6.2.48) 的精确解有表示

$$u(x,t) = \sum_{n=1}^\infty c_n\Phi_n(x,t). \qquad (6.2.53)$$

上式取 $t = T$, 即得到终值的展开式

$$g(x) = u(x,T) = \sum_{n=1}^\infty c_n\Phi_n(x,T). \qquad (6.2.54)$$

实际上, 我们知道的是 $g(x)$ 满足 (6.2.49) 的噪声数据 $g^\delta(x)$, 且也只能计算级数 (6.2.54) 的有限项. 因此展开系数 $\{c_n : n = 1,\cdots\}$ 只能从 (6.2.54) 的近似方程来近似得到, 即求解

$$\sum_{n=1}^M c_n^\delta\Phi_n(x,T) \approx g^\delta(x), \qquad (6.2.55)$$

用 $\{c_n^\delta : n = 1,\cdots,M\}$ 来近似 $\{c_n : n = 1,\cdots\}$, 其中的展开项数 $M$ 是预先未知的, 其大小会影响反演结果. (6.2.55) 中的近似既来源于 (6.2.54) 中级数的有限逼近, 也来源于我们采用的是 $u(x,T)$ 的近似数据 $g^\delta(x)$. 从 (6.2.55) 决定 $M$ 和 $\{c_n^\delta : n = 1,\cdots,M\}$ 是不适定的, 需要引进正则化方法. 记

$$C_M^{\varepsilon,\delta} := (c_1^{\varepsilon,\delta}, c_2^{\varepsilon,\delta}, \cdots, c_M^{\varepsilon,\delta}) \in \mathbb{R}^M$$

是 (6.2.55) 在偏差 $\varepsilon > 0$ 下的最小模解, 即

$$\left\| \sum_{n=1}^{M} c_n^{\varepsilon,\delta} \Phi_n(\cdot, T) - g^\delta(\cdot) \right\| \leqslant \varepsilon, \tag{6.2.56}$$

$$\|C_M^{\varepsilon,\delta}\|_{\mathbb{R}^M} = \inf \left\{ \|C_M^\delta\|_{\mathbb{R}^M} : \left\| \sum_{n=1}^{M} c_n^\delta \Phi_n(\cdot, T) - g^\delta(\cdot) \right\| \leqslant \varepsilon \right\}, \tag{6.2.57}$$

其中 $C_M^\delta := (c_1^\delta, c_2^\delta, \cdots, c_M^\delta)$. 注意到 (6.2.49), 我们下面取 $\varepsilon = \delta$. 截断项的项数 $M := M(\delta)$ 是正则化参数, 需要后续确定.

定义算子 $K : \mathbb{R}^M \to L^2(\Omega)$:

$$(KC_M^\delta)(x) := \sum_{n=1}^{M} c_n^\delta \Phi_n(x, T). \tag{6.2.58}$$

在对偶系统 $\langle \mathbb{R}^M, \mathbb{R}^M \rangle$ 和 $\langle L^2(\Omega), L^2(\Omega) \rangle$ 下, 其伴随算子为

$$K^* f = \left( \int_\Omega f(x) \Phi_1(x, T) dx, \int_\Omega f(x) \Phi_2(x, T) dx, \cdots, \int_\Omega f(x) \Phi_M(x, T) dx \right)^{\mathrm{T}}. \tag{6.2.59}$$

最小模解 $C_M^{\delta,\delta}$ 可以用偏差原理求解[94], 即求解

$$(\alpha(\delta) I + K^* K) C_M^{\delta,\delta} = K^* g^\delta(x) \tag{6.2.60}$$

得到 $C_M^{\delta,\delta}$, 其中正则化参数 $\alpha = \alpha(\delta)$ 由隐式方程

$$(\alpha I + K^* K) w_M^{\alpha,\delta} = K^* g^\delta(x), \quad \|K w_M^{\alpha,\delta} - g^\delta\| = \delta$$

决定, 可以通过传统的 Newton 方法 ([94]) 或者模型函数的方法来数值求解 (本书 3.9 节, [98, 196]).

由噪声数据 $g^\delta(x)$ 确定了 $C_M^{\delta,\delta}$ 后, 我们构造数据

$$F_M^{\delta,\delta}(x, T) := \sum_{n=1}^{M} c_n^{\delta,\delta} \Phi_n(x, T), \tag{6.2.61}$$

并据此定义逆时扩散过程

$$\begin{cases} \dfrac{\partial^\gamma u_M^{\delta,\delta}(x, t)}{\partial t^\gamma} = \nabla \cdot (a(x) \nabla u_M^{\delta,\delta}(x, t)), & (x, t) \in \Omega \times (0, T], \\ u_M^{\delta,\delta}(x, t) = 0, & x \in \partial\Omega, t > 0, \\ u_M^{\delta,\delta}(x, T) = F_M^{\delta,\delta}(x, T), & x \in \Omega. \end{cases} \tag{6.2.62}$$

根据表达式 (6.2.61), 该逆时问题存在唯一解, 并且有显式表示

$$u_M^{\delta,\delta}(x,t) = \sum_{n=1}^{M} c_n^{\delta,\delta} \Phi_n(x,t), \quad t \in [0,T]. \tag{6.2.63}$$

我们把这样定义的 $u_M^{\delta,\delta}(x,t)$ 作为 $u(x,t)$ 对应于噪声终值数据 $g^\delta$ 的正则化解, 其中的正则化参数 $M$ 需要进一步确定. 理论上也需要给出对应的正则化解的收敛速度. 我们分两步来完成上述工作: 首先是对固定的 $M$, 建立 $u_M^{\delta,\delta}(x,t)$ 和 $u(x,t)$ 之间的误差, 进而据此误差建立 $M$ 依赖于 $\delta$ 的最优选取策略, 从而得到正则化解的最佳误差.

为此我们需要 Mittag-Leffler 函数的有界性结果. 根据 [154] 中的定理 1.3 和定理 1.4, 有

**引理 6.2.11** Mittag-Leffler 函数的定量性质.

(i) 对 $\gamma \in (0,1)$, 下述渐近表达式成立:

$$E_{\gamma,1}(x) = \frac{1}{\gamma} e^{x^{1/\gamma}} - \frac{1}{x\Gamma(1-\gamma)} + O\left(\frac{1}{x^2}\right), \quad x \to +\infty,$$

$$E_{\gamma,1}(x) = -\frac{1}{x\Gamma(1-\gamma)} + O\left(\frac{1}{x^2}\right), \quad x \to -\infty.$$

(ii) 记 $0 < \gamma_0 < \gamma_1 < 1$. 则存在只依赖于 $\gamma_0, \gamma_1$ 的常数 $C_1, C_2 > 0$, 使得估计

$$\frac{C_1}{\Gamma(1-\gamma)} \frac{1}{1-x} \leqslant E_{\gamma,1}(x) \leqslant \frac{C_2}{\Gamma(1-\gamma)} \frac{1}{1-x}, \quad \forall x \leqslant 0$$

成立, 且此估计对 $\gamma \in [\gamma_0, \gamma_1]$ 一致成立.

和热传导逆时问题类似, 为了建立误差的定量估计, 需要初值 $u_0(x)$ 的先验限制.

**定理 6.2.12** 对标准的 Sobolev 空间 $H_0^p(\Omega)$ $(p = 1, 2)$, 假定初值 $u_0 \in H_0^p(\Omega)$ 满足先验的有界性条件 $\|u_0\|_{H_0^p} \leqslant U_p$. 则对任给 $\delta > 0$ 和正整数 $M$, 有误差估计

$$\|u_M^{\delta,\delta}(\cdot,t) - u(\cdot,t)\|_{L^2(\Omega)} \leqslant \frac{(3 + 2C_2 + C_1)C_2}{C_1(1 + \lambda_1 t^\gamma)}\left[(1 + \lambda_M T^\gamma)\delta + \frac{U_p}{\lambda_M^{p/2}}\right], \quad t \in [0,T]. \tag{6.2.64}$$

**证明** 由直接计算知

$$|u_M^{\delta,\delta}(x,t) - u(x,t)|^2 = \left(\sum_{n=1}^{M}(c_n^{\delta,\delta} - c_n)\Phi_n(x,t)\right)^2 + \left(\sum_{n=M+1}^{\infty} c_n\Phi_n(x,t)\right)^2$$

$$+ 2 \sum_{n=1}^{M} (c_n^{\delta,\delta} - c_n) \Phi_n(x,t) \sum_{n=M+1}^{\infty} c_n \Phi_n(x,t).$$

从而由 $\{\Phi_n(\cdot,t)\}_{n=1}^{\infty}$ 的正交性和引理 6.2.11得

$$\|u_M^{\delta,\delta}(\cdot,t) - u(\cdot,t)\|_{L^2(\Omega)}^2$$

$$= \sum_{n=1}^{M} (c_n^{\delta,\delta} - c_n)^2 E_{\gamma,1}^2(-\lambda_n t^{\gamma}) + \sum_{n=M+1}^{\infty} c_n^2 E_{\gamma,1}^2(-\lambda_n t^{\gamma})$$

$$\leqslant \left( \frac{C_2}{1 + \lambda_1 t^{\gamma}} \right)^2 \sum_{n=1}^{M} (c_n^{\delta,\delta} - c_n)^2 + \left( \frac{C_2}{1 + \lambda_M t^{\gamma}} \right)^2 \sum_{n=M+1}^{\infty} c_n^2. \quad (6.2.65)$$

另一方面, 由分解

$$\sum_{n=1}^{M} (c_n^{\delta,\delta} - c_n) \Phi_n(x,T) = \sum_{n=1}^{M} c_n^{\delta,\delta} \Phi_n(x,T) - g^{\delta}(x) + g^{\delta}(x) - g(x) + \sum_{n=M+1}^{\infty} c_n \Phi_n(x,T)$$

得到

$$\frac{1}{3} \left( \sum_{n=1}^{M} (c_n^{\delta,\delta} - c_n) \Phi_n(x,T) \right)^2 \leqslant \left( \sum_{n=1}^{M} c_n^{\delta,\delta} \Phi_n(x,T) - g^{\delta}(x) \right)^2 + (g^{\delta}(x) - g(x))^2$$

$$+ \left( \sum_{n=M+1}^{\infty} c_n \Phi_n(x,T) \right)^2.$$

从而由 (6.2.56) 得

$$\frac{1}{3} \sum_{n=1}^{M} (c_n^{\delta,\delta} - c_n)^2 E_{\gamma,1}^2(-\lambda_n T^{\gamma}) \leqslant 2\delta^2 + \sum_{n=M+1}^{\infty} c_n^2 E_{\gamma,1}^2(-\lambda_n T^{\gamma}).$$

于是由引理 6.2.11 得

$$\frac{1}{3} \left( \frac{C_1}{1 + \lambda_M T^{\gamma}} \right)^2 \sum_{n=1}^{M} (c_n^{\delta,\delta} - c_n)^2 \leqslant 2\delta^2 + \left( \frac{C_2}{1 + \lambda_M T^{\gamma}} \right)^2 \sum_{n=M+1}^{\infty} c_n^2,$$

即

$$\sum_{n=1}^{M} (c_n^{\delta,\delta} - c_n)^2 \leqslant \frac{6}{C_1^2} (1 + \lambda_M T^{\gamma})^2 \delta^2 + \frac{3C_2^2}{C_1^2} \sum_{n=M+1}^{\infty} c_n^2. \quad (6.2.66)$$

由 $\lambda_n^2 = \|\nabla \cdot (a\nabla\varphi_n)\|_{L^2(\Omega)}^2$ 及 $\{\nabla \cdot (a\nabla\varphi_n) : n = 1, \cdots\}$ 的正交性, 可得

$$\lambda_M^2 \sum_{n=M+1}^{\infty} c_n^2 \leqslant \sum_{n=M+1}^{\infty} c_n^2 \lambda_n^2 \leqslant \sum_{n=1}^{\infty} c_n^2 \|\nabla\cdot(a\nabla\varphi_n)\|_{L^2(\Omega)}^2 = \left\|\sum_{n=1}^{\infty} c_n \nabla\cdot(a\nabla\varphi_n)\right\|_{L^2(\Omega)}^2,$$

即

$$\lambda_M^2 \sum_{n=M+1}^{\infty} c_n^2 \leqslant \left\|\nabla\cdot\left(a\nabla\sum_{n=1}^{\infty} c_n\varphi_n\right)\right\|_{L^2(\Omega)}^2 \leqslant \|\nabla\cdot(a\nabla u_0)\|_{L^2(\Omega)}^2 \leqslant CU_2^2. \quad (6.2.67)$$

类似地, 由 $\{\sqrt{a}\nabla\varphi_n : n = 1, \cdots\}$ 的正交性, 我们有

$$\lambda_M \sum_{n=M+1}^{\infty} c_n^2 \leqslant \sum_{n=M+1}^{\infty} c_n^2 \lambda_n = \sum_{n=1}^{\infty} c_n^2 \|\sqrt{a}\nabla\varphi_n\|_{L^2(\Omega)}^2 = \|\sqrt{a}\nabla u_0\|_{L^2(\Omega)}^2 \leqslant CU_1^2. \quad (6.2.68)$$

综合 (6.2.65)—(6.2.68) 得到

$$\|u_M^{\delta,\delta}(\cdot,t) - u(\cdot,t)\|_{L^2(\Omega)}^2$$

$$\leqslant \frac{C_2^2}{C_1^2(1+\lambda_1 t^\gamma)^2}\left[6(1+\lambda_M T^\gamma)^2\delta^2 + \left(3C_2^2 + C_1^2\left(\frac{1+\lambda_1 t^\gamma}{1+\lambda_M t^\gamma}\right)^2\right)\frac{U_p^2}{\lambda_M^p}\right],$$

从而

$$\|u_M^{\delta,\delta}(\cdot,t) - u(\cdot,t)\|_{L^2(\Omega)} \leqslant \frac{(3+2C_2+C_1)C_2}{C_1(1+\lambda_1 t^\gamma)}\left[(1+\lambda_M T^\gamma)\delta + \frac{U_p}{\lambda_M^{p/2}}\right], \quad t \in [0,T]. \quad (6.2.69)$$

定理得证. $\qquad\qquad\qquad\qquad\qquad\qquad\qquad\qquad\qquad\qquad\qquad\square$

利用误差估计 (6.2.64), 我们就可以建立正则化解的收敛速度. 在 (6.2.64) 中取 $\lambda_{M(\delta)} \approx \dfrac{1}{T^\gamma h(\delta)}$, 其中 $h(\delta) > 0$ 满足 $\delta \to 0$ 时 $h(\delta) \to 0$. 则有估计

$$\|u_M^{\delta,\delta}(\cdot,t) - u(\cdot,t)\|_{L^2(\Omega)} \leqslant \frac{C_0(\gamma,p,T)}{1+\lambda_1 t^\gamma}\left[\delta + \frac{\delta}{h(\delta)} + h(\delta)^{p/2}\right].$$

取 $h(\delta) := \delta^{\frac{2}{p+2}}$, 我们就建立了下述收敛速度.

**定理 6.2.13** 假定 $u_0 \in H_0^p$ 具有先验界 $\|u_0\|_{H_0^p} \leqslant U_p$ ($p = 1, 2$). 如果截断项数 $M = M(\delta)$ 使得对应的特征值满足

$$\lambda_{M(\delta)} \approx \frac{1}{T^\gamma \delta^{\frac{2}{p+2}}}, \quad (6.2.70)$$

则有最优误差估计

$$\|u_M^{\delta,\delta}(\cdot,t) - u(\cdot,t)\|_{L^2(\Omega)} \leqslant \frac{3C_0(\gamma,p,T)}{1+\lambda_1 t^\gamma}\delta^{\frac{p}{p+2}}, \quad t \in [0,T]. \tag{6.2.71}$$

**注解 6.2.14**　对已知的 $a(x)$, 由于 $\lambda_M$ 和 $M$ 的依赖关系理论上是已知的, 该定理给出了 $M$ 依赖于 $\delta$ 的一种选取策略. 在数值实现过程中, $M$ 的决定依赖于已知算子 $-\nabla \cdot (a(x)\nabla\diamond)$ 特征系统的计算. 尽管对一般的 $\Omega$ 和变系数 $a(x)$, 计算特征系统的计算量是比较大的, 该结果仍然给出了已知正则化解的显式表示. 由于扩散过程的衰减性质, 实际的 $M$ 在数值计算中不需要取得太大.

### 6.2.6　图像去模糊的数值实验

下面我们来检验本方法的数值实验效果. 众所周知, 带有解的光滑性要求罚项的正则化方法的一个特点就是正则化解在降低解的振荡性的同时, 解的光滑性也提高了. 这类方法在处理图像去噪时就显示出明显的缺点, 因为对真实的图像, 只有图像分布的间断性才能显示出图像自身的特征, 这也是在图像处理中的正则化先验罚项一般都选全变分 (TV) 罚项, 而不选 $L^2$-或者 $H^2$-罚项的缘故. 我们提出的正则化方法是用解的级数近似的有限项的项数 $M$ 作为正则化参数的, 数值实验表明, 该方法可以有效重建图像的间断特征, 因此有望在图像处理中发挥潜在的作用.

在处理由分数阶导数描述的扩散问题时, Mittag-Leffler 函数 $E_{\gamma,1}(x)$ 对一般 $\gamma \in (0,1)$ 的计算是一个专门的技术. 为此这里只考虑 $\gamma = 1/2$ 时分数阶导数的情况, 此时 $E_{1/2,1}(t)$ 有积分表达式

$$E_{1/2,1}(t) = e^{t^2}\mathrm{erfc}(-t) = e^{t^2}\frac{2}{\sqrt{\pi}}\int_{-t}^{\infty} e^{-s^2}ds. \tag{6.2.72}$$

我们考虑 $\Omega = (0,\pi)^2 \subset \mathbb{R}^2$, $a(x) \equiv 1$, 初始的图像分布 $u_0(x,y)$ 是一个 "回" 字形的分片常数, 可以理解为图像的灰度, 见图 6.20 左上角. 注意, 这样的 $u_0(x,y) \notin H_0^1(\Omega)$.

我们用此扩散过程中 $T = 0.5$ 时的图像 $u(x,y,T)$ 作为模糊图像, 在其上利用

$$u^\delta(x,y,T) = u(x,y,T) + \frac{1}{\pi}\delta \cdot \mathrm{rand}(x,y) \tag{6.2.73}$$

来产生噪声数据, 其中 $\mathrm{rand}(x,y) \in [-1,1]$, 它在离散点 $(x_i,y_j) \in [0,\pi]^2$, $i,j = 1,\cdots,100$ 的取值是标准随机数, $\delta$ 表示数据的噪声水平. 由于扩散过程的光滑化效应, 图像 $u_0(x,y)$ 的间断特征在 $u^\delta(x,y,T)$ 中几乎消失了, 见图 6.20 第一行的第二列.

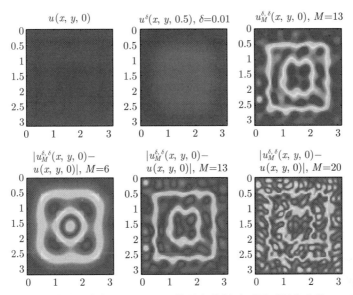

图 6.20 由 $T = 0.5$ 时刻噪声水平 $\delta = 0.01$ 的噪声数据对不同正则化参数 $M$ 重建 $u_0(x, y)$

利用 (6.2.73) 产生的噪声数据, 构造的正则化解是

$$u_M^{\delta, \delta}(x, y, t) \approx \frac{2}{\pi} \sum_{n=1}^{M} \sum_{m=1}^{M} c_{n,m}^{\delta, \delta} E_{1/2, 1}(-(n^2 + m^2) t^{1/2}) \sin(nx) \sin(my). \quad (6.2.74)$$

尽管这里的 $u_0(x, y)$ 不满足收敛性的理论估计的先验要求, 数值实验表明我们的方法仍然是有效的. 图 6.20 第一行第三列给出了取 $M = 13$ 时利用噪声数据的重建结果. 图像的界面和分片常数性质得到了很好的恢复.

图 6.20 的第二行, 我们给出了对不同 $M$ 重建结果的误差分布, 可以看出 $M = 13$ 是对应于总体重建效果最优的截断项数. 从第二行可以看到, 对不同的 $M$, 重建误差的最大值总是出现在图像的界面处, 这是由于在图像的界面处, $u_0(x, y)$ 有跳跃间断, 而我们的一致误差估计是建立在 $u_0(x, y)$ 的先验 $H_0^p(\Omega)$ 的正则性的基础上的.

我们在图 6.21 中给出了重建误差关于 $M$ 的分布 (左) 和 $M = 13$ 时的误差阶

$$\frac{\|u_M^{\delta/2, \delta/2}(\cdot, 0) - u(\cdot, 0)\|_{L^2(\Omega)}}{\|u_M^{\delta, \delta}(\cdot, 0) - u(\cdot, 0)\|_{L^2(\Omega)}}$$

关于噪声水平 $\delta$ 的分布 (右). 其中我们未发现 $\delta \to 0$ 时的极限行为 $2^{\frac{p}{p+2}}$, 其原因是 $u_0(x, y) \notin H_0^p(\Omega)$. 但是 $\delta \to 0$ 时其极限为 1 是很自然的, 它意味着 $\delta$ 很小时

有

$$\left\| u_M^{\delta/2,\delta/2}(\cdot,0) - u(\cdot,0) \right\|_{L^2(\Omega)} \approx \left\| u_M^{\delta,\delta}(\cdot,0) - u(\cdot,0) \right\|_{L^2(\Omega)}.$$

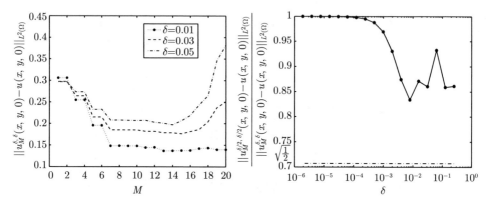

图 6.21　重建误差关于截断项 $M$ 的分布 (左) 和收敛阶关于噪声水平 $\delta$ 的分布 (右)

　　这里只给出了慢扩散过程在 $\gamma = 1/2$ 时的逆时问题重建间断图像的一个例子. 对于其他情形 $\gamma \in (0,1)$ 的更详细的数值实验和分析, 可见 [191].

## 6.3　数值微分问题

　　众所周知, 当函数值本身有较小的扰动时, 相应的导数的扰动可以是任意大的. 或者说, 由函数在有限个点的值求其导数的问题是不适定的. 对此问题, 已有大量的数值算法和收敛性分析 ([51,63,161]). 其中的主要方法是利用有限差分并选择合适的步长来近似导数 ([51,52,200]), 或者构造一类积分算子来近似导数 ([54]). 如果离散点的函数值含有误差, 则离散步长就不能取得太小, 或者说, 在有限区间内的节点的个数就不能太多. 这是显然的: 在太多的节点上给定函数的扰动数据只能增加求函数导数的误差. 求数值微分时离散步长的选取的这种平衡性本质上源于问题的不适定性, 因此必需引进正则化方法 ([63]), 但是正则化参数的选取是该方法的一个核心问题. 严格来讲, 稳定的近似求导方法都是基于正则化思想, 所不同的是正则化算子的构造和正则化参数的选取. 本节我们讨论求数值微分的三种方法.

### 6.3.1　样条插值方法

　　本小节先介绍利用条件稳定性来选取正则化参数并据此求数值微分的方法 ([194]), 所给的离散数据可以给在非等距节点上.

考虑定义于 $[0,1]$ 上的函数 $y(x)$, $\Delta := \{0 = x_0 < x_1 < \cdots < x_n = 1\}$ 是 $[0,1]$ 上非等距的节点. 记

$$h_i = x_i - x_{i-1}, \quad i = 1, 2, \cdots, n, \qquad h = \max_{1 \leqslant i \leqslant n} h_i.$$

设给定函数值 $y(x_i)$ 的误差数据 $\tilde{y}_i$, 满足

$$|y(x_i) - \tilde{y}_i| \leqslant \delta, \quad i = 1, \cdots, n,$$

$\delta > 0$ 是给定数据的误差水平. 数值微分的任务是要由离散的误差数据 $\tilde{y}_i$ 确定 $f_*(x)$ 使得 $f_*'(x)$ 能够近似 $y'(x)$. 为此必须回答如下问题:

(1) 如何由离散数据 $\{\tilde{y}_i : i = 1, \cdots, n\}$ 来构造 $f_*(x)$?

(2) $f_*'(x)$ 近似 $y'(x)$ 的误差如何?

不失一般性, 假定 $x = 0, 1$ 的数据是准确的, 即 $\tilde{y}_0 = y(0), \tilde{y}_n = y(1)$. 否则可用

$$Y(x) = y(x) + \tilde{y}_0 - y(0) + (\tilde{y}_n - y(1) - \tilde{y}_0 + y(0))x$$

来代替 $y(x)$. $L^2(0,1), H^k(0,1), C[0,1]$ 表示标准的函数空间. 对函数 $f(x)$, 定义泛函

$$\Phi(f) := \sum_{j=1}^{n-1} \frac{h_j + h_{j+1}}{2} (\tilde{y}_j - f(x_j))^2 + \alpha \|f''\|_{L^2(0,1)}^2, \qquad (6.3.1)$$

其中 $\alpha > 0$ 是正则化参数. 容易验证

$$\sum_{j=1}^{n-1} \frac{h_j + h_{j+1}}{2} = 1 - \frac{h_1 + h_n}{2} < 1.$$

定义函数空间

$$M(0,1) := \{f(x) : f \in H^2(0,1), f(0) = y(0), f(1) = y(1)\}.$$

借助于泛函 $\Phi(f)$, 我们可以在下述意义下构造 $y(x)$ 的一个近似函数 $f_*$:

(P1) 由离散扰动数据 $\{\tilde{y}_i : i = 1, \cdots, n\}$ 确定 $f_* \in M(0,1)$ 使得

$$\Phi(f_*) \leqslant \Phi(f) \qquad (6.3.2)$$

对一切的 $f \in M(0,1)$ 成立.

如果这样的 $f_*$ 存在 (它依赖于正则化参数 $\alpha$), 则必须考虑

(P2) 如何选择 $\alpha$ 使得 $f_*'(x)$ 是 $y'(x)$ 的一个逼近以及这种逼近的误差.

问题 (P1) 和 (P2) 可以用下面两个结果来回答:

**定理 6.3.1**　对任意 $\alpha > 0$, (P1) 存在唯一的解 $f_*$.

**定理 6.3.2**　设 $f_* \in M(0,1)$ 是 (P1) 的极小元, 则

$$\|f'_* - y'\|_{L^2(0,1)} \leqslant \left(2h + 4\alpha^{1/4} + \frac{h}{\pi}\right)\|y''\|_{L^2(0,1)} + h\sqrt{\frac{\delta^2}{\alpha} + \frac{2\delta}{\alpha^{1/4}}}, \qquad (6.3.3)$$

特别地, 如果取 $\alpha = \delta^2$, 则有估计

$$\|f'_* - y'\|_{L^2(0,1)} \leqslant \left(2h + 4\sqrt{\delta} + \frac{h}{\pi}\right)\|y''\|_{L^2(0,1)} + h + 2\sqrt{\delta}. \qquad (6.3.4)$$

定理 6.3.1 的证明过程同时也给出了 $f_*$ 的构造方法. 定理 6.3.2 告诉我们, 对 $y \in H^2(0,1)$, 如果 $h$ 和 $\delta$ 充分小, 则当正则化参数 $\alpha = \delta^2$ 时, 上面构造的 $f_*$ 的导数就是 $y'$ 的近似.

如果 $y \notin H^2(0,1)$, 此时 $\|y''\|_{L^2(0,1)}$ 无界, 定理 6.3.2 中的 (6.3.4) 不能保证 $f'_*$ 是 $y'$ 在 $L^2$ 意义下的逼近. 但是由上述方法构造的 $f_*$ 仍然可以反映 $y(x)$ 的不光滑性. 此即

**定理 6.3.3**　设 $f_*$ 是 (P1) 对应于 $\alpha = \delta^2$ 的极小元. 如果 $y \in C[0,1] \setminus H^2(0,1)$, 则 $\delta, h \to 0$ 时成立

$$\|f''_*\|_{L^2(0,1)} \to \infty.$$

对分片连续函数 $y(x)$, 该结果也是对的. 并且可以进一步证明, 如果 $x_0$ 是 $y(x)$ 的间断点, 则对任一包含 $x_0$ 的开区间 $I_1$, 在 $\delta, h \to 0$ 时成立 $\|f''_*\|_{L^2(I_1)} \to \infty$.

证明上面三个结果的基本思想是利用三次样条函数来构造一个合适的 $f_*$ 并证明唯一性. 首先给出关于样条插值的一些结果.

**定义 6.3.4**　我们称 $h(x)$ 是 $[0,1]$ 上关于节点 $\Delta$ 的一个自然三次样条函数, 如果它在 $[0,1]$ 上是二次连续可微的, 且满足

(1) $h(x)$ 在 $[x_i, x_{i+1}]$ 上是三次多项式;

(2) $h''(0) = h''(1) = 0$.

下面两个结果是标准的 ([57, 171, 174]).

**引理 6.3.5**　设 $y(x)$ 是 $(0,1)$ 上的光滑函数, $s(x)$ 是 $[0,1]$ 上关于节点 $\Delta$ 的一个自然三次样条函数满足 $s(x_i) = y(x_i)$ $(i = 0, 1, \cdots, n)$, 则

$$\|s'' - y''\|^2_{L^2(0,1)} + \|s''\|^2_{L^2(0,1)} = \|y''\|^2_{L^2(0,1)}, \qquad (6.3.5)$$

$$\|s' - y'\|_{L^2(0,1)} \leqslant \frac{h}{\pi}\|y''\|^2_{L^2(0,1)}. \qquad (6.3.6)$$

**引理 6.3.6** 对 $g \in H^2(0,1)$, 定义 $(0,1)$ 上的分段常值函数 $\chi$:

$$\chi|_{(x_{i-1},x_i)} = \chi_i = \frac{1}{h_i} \int_{x_{i-1}}^{x_i} g(x)dx,$$

则有下列估计

$$\|g - \chi\|_{L^2(0,1)} \leqslant h\|g'\|_{L^2(0,1)}. \tag{6.3.7}$$

基于这两个引理, 现在可以来证明本小节的主要结果.

定理 6.3.1 的证明分为两步: 先在 $M(0,1)$ 上构造 $f_*$, 再证明 $f_*$ 是 $\Phi$ 在 $M(0,1)$ 上的唯一极小元.

第一步: $f_*$ 的构造方法如下:

(1) $f_*$ 是节点 $\Delta$ 上的三次样条函数, 在 $[0,1]$ 上是二次连续可微的, 即

$$f_*(x_i+) = f_*(x_i-), \quad f_*'(x_i+) = f_*'(x_i-),$$

$$f_*''(x_i+) = f_*''(x_i-), \quad i = 1, 2, \cdots, n-1,$$

这里 $f_*(x_i\pm)$ 表示 $f(x)$ 在 $x_i$ 的左右极限.

(2) 在左右端点 $f_*''(0) = f_*''(1) = 0$.

(3) $f_*(x)$ 在节点 $x_i(i = 1, \cdots, n-1)$ 左右的三阶导数满足阶跃关系

$$f_*'''(x_i+) - f_*'''(x_i-) = \frac{1}{\alpha} \frac{h_i + h_{i+1}}{2} (\tilde{y}_i - f_*(x_i)). \tag{6.3.8}$$

这样唯一构造的 $f_*(x)$ 是 $[0,1]$ 上的分段三次多项式, 二阶导数在 $[0,1]$ 上连续, 三阶导数只在节点 $x_i$ $(i = 1, \cdots, n-1)$ 有阶跃.

第二步: 证明 $f_*$ 是唯一极小元.

注意到 $f_*'''(x)$ 是分片常数, 如果 $g(x) \in H^2(0,1), g(0) = g(1) = 0$, 则由分部积分可得

$$\int_0^1 g'' f_*'' dx = \frac{1}{\alpha} \sum_{i=1}^{n-1} \frac{h_i + h_{i+1}}{2} g(x_i)(\tilde{y}_i - f_*(x_i)). \tag{6.3.9}$$

据此及泛函 $\Phi(f)$ 的定义可得

$$\Phi(f) - \Phi(f_*) = \sum_{i=1}^{n-1} \frac{h_i + h_{i+1}}{2} (f(x_i) - f_*(x_i))(f(x_i) + f_*(x_i) - 2\tilde{y}_i)$$

$$+ \alpha \|f'' - f_*''\|_{L^2(0,1)}^2 + 2\alpha \int_0^1 (f'' - f_*'')f_*'' dx$$

$$= \sum_{i=1}^{n-1} \frac{h_i + h_{i+1}}{2} (f(x_i) - f_*(x_i))(f(x_i) + f_*(x_i) - 2\tilde{y}_i)$$

$$+ 2 \sum_{i=1}^{n-1} \frac{h_i + h_{i+1}}{2} (f(x_i) - f_*(x_i))(\tilde{y}_i - f_*(x_i))$$

$$+ \alpha \left\| f'' - f_*'' \right\|_{L^2(0,1)}^2$$

$$= \sum_{i=1}^{n-1} \frac{h_i + h_{i+1}}{2} (f(x_i) - f_*(x_i))^2 + \alpha \left\| f'' - f_*'' \right\|_{L^2(0,1)}^2 \geqslant 0,$$

$$(6.3.10)$$

因此 $f_*$ 是极小元. 为证明它是唯一的极小元, 假定另有 $f \in M(0,1)$ 使得 $\Phi(f) = \Phi(f_*)$. 于是由 (6.3.10) 得

$$\left\| f'' - f_*'' \right\|_{L^2(0,1)} = 0, \quad f(x_i) = f_*(x_i), \quad i = 1, \cdots, n-1.$$

从而 $f'' = f_*''$, 即 $f - f_* = ax + b$. 最后 $f(0) = y(0) = f_*(0), f(1) = y(1) = f_*(1)$ 即得 $f = f_*$. 定理 6.3.1 证毕. □

下面来证明定理 6.3.2. 对过精确数据点 $(x_i, y(x_i))$ $(i = 0, \cdots, n)$ 的自然三次样条函数 $s(x)$, 记 $e(x) = f_*(x) - s(x)$. 显然有 $e(0) = e(1) = 0$. 注意到

$$\left\| f_*' - y' \right\|_{L^2(0,1)} \leqslant \left\| e' \right\|_{L^2(0,1)} + \left\| s' - y' \right\|_{L^2(0,1)} \tag{6.3.11}$$

和引理 6.3.5 中的 (6.3.6), 为得到 (6.3.3), 只要估计 $\left\| e' \right\|_{L^2(0,1)}$. 为此引进分片常数函数 $\chi \in L^2(0,1)$:

$$\chi(x) = \frac{e(x_i) - e(x_{i-1})}{h_i} := \chi_i, \quad i = 1, \cdots, n-1, \tag{6.3.12}$$

则简单计算得

$$\left\| e' \right\|_{L^2(0,1)}^2 = \int_0^1 e'(e' - \chi) dx + \int_0^1 e' \chi dx$$

$$= \int_0^1 e'(e' - \chi) dx + \sum_{i=1}^{n-1} \chi_i (e(x_i) - e(x_{i-1}))$$

$$= \int_0^1 e'(e' - \chi) dx + \sum_{i=1}^{n-1} e(x_i)(\chi_i - \chi_{i+1}) := I_1 + I_2. \tag{6.3.13}$$

现在分别估计 $I_1, I_2$. 由引理 6.3.6 和 Cauchy 不等式得

$$I_1 \leqslant \|e'\|_{L^2(0,1)} \|e' - \chi\|_{L^2(0,1)} \leqslant h \|e'\|_{L^2(0,1)} \|e''\|_{L^2(0,1)}$$
$$\leqslant h \|e'\|_{L^2(0,1)} [\|f_*''\|_{L^2(0,1)} + \|s''\|_{L^2(0,1)}].$$

注意到 $f_*$ 是极小元且 $\sum_{i=1}^{n-1} \dfrac{h_1 + h_{i+1}}{2} \leqslant 1$, 从而

$$\alpha \|f_*''\|_{L^2(0,1)}^2 \leqslant \Phi(f_*) \leqslant \Phi(y) = \sum_{i=1}^{n-1} \frac{h_i + h_{i+1}}{2} (\tilde{y}_i - y(x_i))^2 + \alpha \|y''\|_{L^2(0,1)}^2$$
$$\leqslant \delta^2 + \alpha \|y''\|_{L^2(0,1)}^2.$$

将此式代入上式并用引理 6.3.5 的第一个关系得

$$I_1 \leqslant h \|e'\|_{L^2(0,1)} \left[ \left( \frac{\delta^2}{\alpha} + \|y''\|_{L^2(0,1)}^2 \right)^{1/2} + \|y''\|_{L^2(0,1)} \right]$$
$$\leqslant h \|e'\|_{L^2(0,1)} \left[ \sqrt{\frac{\delta^2}{\alpha}} + 2 \|y''\|_{L^2(0,1)} \right]. \tag{6.3.14}$$

为估计 $I_2$, 由 Cauchy 不等式

$$I_2^2 = \left[ \sum_{i=1}^{n-1} \left( \frac{h_i + h_{i+1}}{2} \right)^{1/2} e(x_i) \left( \frac{2}{h_i + h_{i+1}} \right)^{1/2} (\chi_i - \chi_{i+1}) \right]^2$$
$$\leqslant \sum_{i=1}^{n-1} \frac{h_i + h_{i+1}}{2} e(x_i)^2 \sum_{i=1}^{n-1} \frac{2}{h_i + h_{i+1}} (\chi_i - \chi_{i+1})^2, \tag{6.3.15}$$

只要估计右边的两个乘积项. 一方面, 由于 $f_*$ 是极小元, 故有

$$\sum_{i=1}^{n-1} \frac{h_i + h_{i+1}}{2} (f_*(x_i) - \tilde{y}_i)^2 \leqslant \Phi(f_*) \leqslant \Phi(y) \leqslant \delta^2 + \alpha \|y''\|_{L^2(0,1)}^2,$$

从而第一项有估计

$$\sum_{i=1}^{n-1} \frac{h_i + h_{i+1}}{2} e(x_i)^2 = \sum_{i=1}^{n-1} \frac{h_i + h_{i+1}}{2} (f_*(x_i) - y(x_i))^2$$
$$\leqslant \sum_{i=1}^{n-1} \frac{h_i + h_{i+1}}{2} [2(f_*(x_i) - \tilde{y}_i)^2 + 2(\tilde{y}_i - y(x_i))^2]$$

$$\leqslant 2\Phi(y) + 2\delta^2 \leqslant 2\delta^2 \left(2 + \frac{\alpha}{\delta^2} \|y''\|_{L^2(0,1)}^2\right). \tag{6.3.16}$$

这里用了 $s(x_i) = y(x_i)$ 和 $\sum_{i=1}^{n-1} \frac{h_i + h_{i+1}}{2}(y(x_i) - \tilde{y}_i)^2 \leqslant \delta^2$. 另一方面, 由 $\chi$ 的定义知

$$\chi_i - \chi_{i+1} = \frac{1}{h_i}\int_{x_{i-1}}^{x_i} e'(x)dx - \frac{1}{h_{i+1}}\int_{x_i}^{x_{i+1}} e'(x)dx$$

$$= \frac{x_i - x_{i-1}}{h_i}\int_0^1 e'(h_i\tau + x_{i-1})d\tau - \frac{x_{i+1} - x_i}{h_{i+1}}\int_0^1 e'(h_{i+1}\tau + x_i)d\tau$$

$$= \int_0^1 [e'(h_i\tau + x_{i-1}) - e'(h_{i+1}\tau + x_i)]d\tau = \int_0^1\int_{h_{i+1}\tau + x_i}^{h_i\tau + x_{i-1}} e''(x)dxd\tau,$$

此式意味着

$$|\chi_i - \chi_{i+1}| \leqslant \int_0^1\int_{x_{i-1}}^{x_{i+1}} |e''(x)|dxd\tau \leqslant (x_{i+1} - x_{i-1})\|e''\|_{L^2(x_{i-1},x_{i+1})}$$

$$\leqslant (h_i + h_{i+1})\|e''\|_{L^2(0,1)}.$$

故第二项有估计

$$\sum_{i=1}^{n-1} \frac{2}{h_i + h_{i+1}}(\chi_i - \chi_{i+1})^2 \leqslant 4\|e''\|_{L^2(0,1)}^2 \sum_{i=1}^{n-1} \frac{h_i + h_{i+1}}{2} \leqslant 4\|e''\|_{L^2(0,1)}^2. \tag{6.3.17}$$

将 (6.3.16), (6.3.17) 代入 (6.3.15) 并注意到在 $I_1$ 中关于 $\|e''\|_{L^2(0,1)}$ 的估计得到

$$I_2^2 \leqslant 8\delta^2\left(2 + \frac{\alpha}{\delta^2}\|y''\|_{L^2(0,1)}^2\right)\|e''\|_{L^2(0,1)}^2$$

$$\leqslant 8\delta^2\left(\sqrt{2} + \sqrt{\frac{\alpha}{\delta^2}}\|y''\|_{L^2(0,1)}\right)^2\left[\sqrt{\frac{\delta^2}{\alpha}} + 2\|y''\|_{L^2(0,1)}\right]^2$$

$$\leqslant 8\delta^2\left(2^{1/4}\left(\frac{\delta^2}{\alpha}\right)^{1/4} + 2\left(\frac{\alpha}{\delta^2}\right)^{1/4}\|y''\|_{L^2(0,1)}\right)^4. \tag{6.3.18}$$

把 (6.3.14) 和 (6.3.18) 代入 (6.3.13) 得到关于 $\|e'\|$ 的不等式. 由简单的计算解出

$$\|e'\|_{L^2(0,1)} \leqslant \left[2h + 4\left(\frac{\alpha}{\delta^2}\right)^{1/4}\sqrt{\delta}\right]\|y''\|_{L^2(0,1)} + h\sqrt{\frac{\delta^2}{\alpha}} + 2\sqrt{\delta}\left(\frac{\delta^2}{\alpha}\right)^{1/4}. \tag{6.3.19}$$

最后将引理 6.3.5 的第二个关系和 (6.3.19) 代回 (6.3.11) 得

$$\|f'_* - y'\|_{L^2(0,1)} \leqslant \left[2h + 4\alpha^{1/4} + \frac{h}{\pi}\right]\|y''\|_{L^2(0,1)} + h\sqrt{\frac{\delta^2}{\alpha}} + \frac{2\delta}{\alpha^{1/4}}.$$

定理 6.3.2 证毕.　　　　　　　　　　　　　　　　　　　　□

**注解 6.3.7** 在 [194] 中定理 2.5 的估计 (2.3) 的右端项中 $h\sqrt{\dfrac{\alpha}{\delta^2}}$ 有误, 应为 $h\sqrt{\dfrac{\delta^2}{\alpha}}$.

该定理表明, 如果 $y \in H^2$, 由扰动数据如上构造的 $f_*(x)$ 的导数在 $\delta, h \to 0$ 时是 $y'(x)$ 的近似, 且给出了收敛速度的估计. 但是, 如果 $y \notin H^2$, 则上面构造 $f_*(x)$ 其导数的性态如何? 这就是定理 6.3.3 的结果. 下面给出其证明.

用反证法来证明该结果. 如果不然, 存在两个序列 $\delta^m, \Delta^m, m = 1, 2, \cdots$ 和常数 $C$ 使得当 $\delta^m, h^m \to 0$ 时始终有

$$\|f''_*(\cdot, \delta^m, h^m)\|_{L^2(0,1)} \leqslant C,$$

其中 $h_m$ 表示划分 $\Delta^m$ 的最大网格长度, 即 $h^m = \max_{i=1,\cdots,n} h_i^m$, $f_*(x, \delta^m, h^m)$ 表示 $f_*(x)$ 依赖于 $\delta^m, h^m$. 由于 $H^2(0,1)$ 可以紧嵌入到 $C[0,1]$, 从而存在 $g(x) \in H^2(0,1)$ 使得

$$\|g''\|_{L^2(0,1)} \leqslant C, \tag{6.3.20}$$

$$\lim_{m \to \infty} \|f_*(\cdot, \delta^m, h^m) - g(\cdot)\|_{C[0,1]} \to 0. \tag{6.3.21}$$

我们的目标是证明

$$y = g \in H^2, \tag{6.3.22}$$

从而与 $y \in C[0,1] \setminus H^2(0,1)$ 矛盾, 即完成定理 6.3.3 的证明.

(6.3.22) 的证明由下面的三步完成.

第一步: 预备推论.

定义 $\phi(g) = \|g - y\|_{C[0,1]}$, $Y = \{g \in H^2(0,1), g(0) = y(0), g(1) = y(1)\}$.

对小的 $\delta > 0$, 记 $\tilde{f}_\delta(x)$ 是满足下面三个条件的函数:

(1) $\tilde{f}_\delta(0) = y(0), \tilde{f}_\delta(1) = y(1)$;

(2) $\|\tilde{f}''_\delta\|_{L^2(0,1)} \leqslant \dfrac{1}{\sqrt{\delta}}$;

(3) $\phi(\tilde{f}_\delta) \leqslant \inf_{f \in H_\delta} \phi(f) + \delta$, 其中 $H_\delta := \left\{f \in Y; \|f''\|_{L^2(0,1)} \leqslant \dfrac{1}{\sqrt{\delta}}\right\}$.

这样的 $\tilde{f}_\delta(x)$ 的存在性是显然的. 我们来证明

$$\lim_{\delta \to 0} \phi(\tilde{f}_\delta) = 0. \tag{6.3.23}$$

假定不然. 则存在 $C_1 > 0$ 和序列 $\delta_k \to 0$ $(k \to \infty)$ 使得 $\phi(\tilde{f}_{\delta_k}) \geqslant C_1$ 对一切的 $k$ 成立. 由于 $Y$ 在 $C[0,1]$ 中稠密, 对 $y \in C[0,1] \setminus H^2(0,1)$ 存在 $z \in Y$ 使得 $\phi(z) = \|z - y\|_{C[0,1]} < C_1/2$. 另一方面由于 $\lim_{k \to \infty} \delta_k = 0$, 故 $k$ 很大时,

$$\|z''\|_{L^2(0,1)} \leqslant \frac{1}{\sqrt{\delta_k}}, \quad \delta_k < \frac{C_1}{2}.$$

这表明对充分大的 $k$, $z \in H_{\delta_k}$. 于是由 $\tilde{f}_{\delta_k}$ 的定义有

$$\phi(\tilde{f}_{\delta_k}) \leqslant \phi(z) + \delta < C_1/2 + C_1/2 = C_1,$$

得到矛盾, (6.3.23) 得证.

第二步: 固定 $h > 0$, 证明 $\lim_{\delta \to 0} \Phi(f_*(\cdot, \delta, h)) \to 0$.

先来估计 $\Phi(\tilde{f}_\delta)$ 在 $\alpha = \delta^2$ 时的值. 由定义,

$$\begin{aligned}
\Phi(\tilde{f}_\delta) &= \sum_{i=1}^{n-1} \frac{h_i + h_{i+1}}{2} [(\tilde{y}_i - y(x_i)) + (y(x_i) - \tilde{f}_\delta(x_i))]^2 + \delta^2 \|\tilde{f}_\delta''\|_{L^2(0,1)}^2 \\
&\leqslant 2 \sum_{i=1}^{n-1} \frac{h_i + h_{i+1}}{2} (\tilde{y}_i - y(x_i))^2 \\
&\quad + 2 \sum_{i=1}^{n-1} \frac{h_i + h_{i+1}}{2} (y(x_i) - \tilde{f}_\delta(x_i))^2 + \delta^2 \|\tilde{f}_\delta''\|_{L^2(0,1)}^2 \\
&\leqslant 2\delta^2 + 2\phi(\tilde{f}_\delta)^2 + \delta,
\end{aligned}$$

最后的一个估计用了下面的事实:

$$\sum_{i=1}^{n-1} \frac{h_i + h_{i+1}}{2} \leqslant 1, \quad |\tilde{y}_i - y(x_i)| \leqslant \delta, \ |y(x_i) - \tilde{f}_\delta(x_i)| \leqslant \phi(\tilde{f}_\delta), \quad \|\tilde{f}_\delta''\|_{L^2(0,1)} \leqslant \frac{1}{\sqrt{\delta}}.$$

从而由 (6.3.23) 得 $\lim_{\delta \to 0} \Phi(\tilde{f}_\delta) = 0$. 又由于 $f_*$ 是 $\Phi(\cdot)$ 的极小元, 故

$$0 \leqslant \Phi(f_*(\cdot, \delta, h)) \leqslant \Phi(\tilde{f}_\delta) \to 0, \quad \delta \to 0.$$

第三步: 证明 $g = y$.

记 $\varepsilon > 0$ 是任意的正常数. 由定积分的定义,

$$\lim_{h^m \to 0} \sum_{i=1}^{n(m)-1} \frac{h_i^m + h_{i+1}^m}{2} (g(x_i^m) - y(x_i^m))^2 = \|g - y\|_{L^2(0,1)}^2.$$

注意到 $h^m \to 0$ 意味着 $m \to \infty$, 因此存在 $M > 0$, 使得 $m > M$ 后有

$$\|g - y\|_{L^2(0,1)}^2 \leqslant \sum_{i=1}^{n(m)-1} \frac{h_i^m + h_{i+1}^m}{2} (g(x_i^m) - y(x_i^m))^2 + \varepsilon. \qquad (6.3.24)$$

另一方面, 由 (6.3.21) 知, 存在 $M_1$, 使得 $m > M_1$ 后有

$$\|f_*(\cdot, \delta^m, h^m) - g(\cdot)\|_{C[0,1]}^2 \leqslant \varepsilon, \quad (\delta^m)^2 < \frac{\varepsilon}{C}. \qquad (6.3.25)$$

再由第二步的结论, 存在 $M_2$, 使得 $m > M_2$ 后有

$$0 \leqslant \Phi(f_*(\cdot, \delta^m, h^m)) \leqslant \varepsilon. \qquad (6.3.26)$$

综合 (6.3.24)—(6.3.26), 当 $m > \max\{M, M_1, M_2\}$ 时有

$$
\begin{aligned}
\|g - y\|_{L^2(0,1)}^2 \leqslant\ & 3 \sum_{i=1}^{n(m)-1} \frac{h_i^m + h_{i+1}^m}{2} (g(x_i^m) - f_*(x_i^m, \delta^m, h^m))^2 \\
& + 3 \sum_{i=1}^{n(m)-1} \frac{h_i^m + h_{i+1}^m}{2} (f_*(x_i^m, \delta^m, h^m) - \tilde{y}_i^m)^2 \\
& + 3 \sum_{i=1}^{n(m)-1} \frac{h_i^m + h_{i+1}^m}{2} (\tilde{y}_i^m - y(x_i^m))^2 + \varepsilon \\
\leqslant\ & 3\varepsilon + 3\Phi(f_*(\cdot, \delta^m, h^m)) + 3(\delta^m)^2 + \varepsilon \leqslant \left(7 + \frac{3}{C}\right)\varepsilon.
\end{aligned}
$$

这里仍然用了 $\sum_{i=1}^{n(m)-1} \frac{h_i^m + h_{i+1}^m}{2} \leqslant 1$. 由 $\varepsilon > 0$ 的任意性, 得 $g = y$ 在 $L^2(0,1)$ 中成立.

综合上面各步, 定理 6.3.3 得证. □

本节方法本质上是用一个光滑的样条函数去逼近扰动数据, 再用样条函数的导数去近似所求的导数. 该方法的优点是给出了近似解收敛速度的估计. 关于该方法的数值实验及应用, 见 [194]. 下面介绍另一种利用光滑的核函数的卷积来构造光滑化函数的方法.

### 6.3.2　光滑化方法

许多不适定的问题最后都化为了一个第一类线性积分方程的求解. 函数的求导问题, 也可以看成一个特殊的第一类线性积分方程的求解. 本节介绍求数值微分的光滑化 (mollification) 方法, 它本质上也是一个正则化方法. 其基本思想是对不准确的测量数据光滑化, 化为一个近似的光滑函数的求导问题. 这种光滑化是通过一个光滑核函数的卷积 (磨光函数) 来实现的, 但是注意这种核函数的选取不是唯一的. 该方法可用于各类不适定的问题, 例如高维逆时热传导问题、数值微分等. 更详细的介绍可见 [136].

对光滑的函数 $f(x) \in C^3[a,b]$, 假定其先验的界

$$\|f'''\|_{\infty,[a,b]} = \max_{[a,b]} |f'''(x)| \leqslant M_3$$

是已知的. 对准确的函数值 $f(x)$, 当用中心差分格式

$$D_0 f(x) := \frac{f(x+h) - f(x-h)}{2h}, \quad a \leqslant x - h < x + h \leqslant b \tag{6.3.27}$$

来近似数值求导时, 由 Taylor 公式可得其误差为

$$|D_0 f(x) - f'(x)| = \frac{h^2}{6} |f'''(s_1) + f'''(s_2)| \leqslant \frac{M_3}{3} h^2. \tag{6.3.28}$$

然而在 $f(x)$ 的测量数据 $f_m(x)$ 有误差时, 前已说明, 由 $f_m$ 近似求 $f'$ 是一个不适定的问题. 用中心差分格式也是如此. 考虑模型问题

$$f_m(x) = f(x) + N(x) := f(x) + \alpha \sin(\omega x), \quad \omega \in \mathbb{R}, \ \alpha \neq 0.$$

假定误差水平 $\|N\|_{\infty,[a,b]} = |\alpha| \leqslant \varepsilon$, 则对固定的 $\alpha$ 和充分大的 $\omega$, 导数的误差

$$f_m'(x) - f'(x) = \alpha \omega \cos(\omega x)$$

在 $x \cong \pm k\pi/\omega, k = 0, 1, 2, \cdots$ 处被剧烈放大了. 对给定的中心差分步长 $h$, 如取 $\omega = \pi/(2h)$, 直接计算得

$$D_0 f_m(x) - D_0 f(x) = \frac{\alpha}{h} \cos\left(\frac{\pi x}{2h}\right),$$

从而由 (6.3.28) 得

$$|D_0 f_m(x) - f'(x)| \leqslant |D_0 f_m(x) - D_0 f(x)| + |D_0 f(x) - f'(x)|$$

$$\leqslant \frac{M_3}{3}h^2 + \frac{|\alpha|}{h}\left|\cos\left(\frac{\pi x}{2h}\right)\right|. \tag{6.3.29}$$

该估计表明, 无论步长 $h$ 多小, 总有一些点 $x$, 不能用 $D_0 f_m(x)$ 来近似 $f'(x)$, 即使扰动函数 $N(x)$ 充分光滑.

求导问题的不适定性可以从 Fourier 变换来解释. 对 $f(x), f'(x) \in L^2(\mathbb{R})$, 由 Parseval 等式得 $\hat{f}' \in L^2(\mathbb{R})$. 而 $\hat{f}'(\omega) = i\omega\hat{f}(\omega)$, 因此 $|\omega| \to \infty$ 时必有 $|\omega||\hat{f}(\omega)| \to 0$. 这表明, 如 $f' \in L^2$, 则 $f$ 不仅应该在 $L^2$ 中, 它的高频分量 $|\hat{f}(\omega)|$ 的衰减速度还必须比 $|\omega^{-1}|$ 更快. 对扰动项而言, 即使我们假定 $N(x) \in L^2$, 也不能保证 $\hat{N}(\omega)$ 的高频分量满足该速降条件, 从而不能保证 $i\omega\hat{N}(\omega) \in L^2$.

下面讨论求导问题的稳定化方法. 为了克服问题的不稳定性, 需要用给定函数 $f_m(x)$ 的近似函数 $(J_\delta f_m)(x)$ 来代替 $f_m(x)$, 再用 $(J_\delta f_m)'(x)$ 代替 $f'(x)$. 这里近似函数 $(J_\delta f_m)(x) \in C^\infty$ 的高频分量满足速降条件, 对它求导数是稳定的. 得到稳定性的代价是用 $(J_\delta f_m)(x)$ 来代替 $f_m(x)$, $\delta > 0$ 本质上反映的是 $(J_\delta f_m)(x)$ 与 $f_m(x)$ 近似程度, 它对该不适定问题起到的是正则化参数的作用.

记 $I = [0,1]$, $C^0(I)$ 为连续函数集合, 其上无穷模记 $\|\cdot\|_{\infty,I}$. 对 $f(x) \in C^2(I)$, 假定我们已知其观察数据 $f_m(x) \in C^0(I)$ 满足

$$\|f_m - f\|_{\infty,I} \leqslant \varepsilon. \tag{6.3.30}$$

考虑由 $f_m(x)$ 近似求 $f'(x)$ 的问题. 记

$$\rho_\delta(x) = \frac{1}{\delta\sqrt{\pi}}\exp\left(\frac{-x^2}{\delta^2}\right) \in C^\infty(\mathbb{R}), \tag{6.3.31}$$

它是一个具有 "模糊半径" $\delta$ 的 Gauss 核函数, 它满足

$$\rho_\delta(x) \approx 0, \quad |x| \geqslant 3\delta, \quad \int_{\mathbb{R}}\rho_\delta(x)dx = 1.$$

由 (6.3.27) 可知, 对给定的步长 $h > 0$, 中心差分格式不可能用于近似计算距离区间端点很近的点的导数. 因此先把函数 $f_m, f$ 的定义域向区间两边作小的延拓以使得正则化方法能处理整个区间 $I$ 上点的求导问题. 记 $I_\delta := [-3\delta, 1+3\delta]$. 通过补充定义

$$f(x) = \begin{cases} 0, & x \in (-\infty, -3\delta] \cup [1+3\delta, \infty), \\ f(0)\exp[x^2/((3\delta)^2 - x^2)], & x \in (-3\delta, 0), \\ f(1)\exp[(x-1)^2/((x-1)^2 - (3\delta)^2)], & x \in [1, 1+3\delta) \end{cases}$$

将 $f(x)$ 延拓到 $\mathbb{R}$ 上, $f_m$ 以同样的方法延拓.

上面延拓方法的本质是使得 $f, f_m$ 在 $I_\delta \setminus I$ 光滑且在两个端点 $x = -3\delta, 1+3\delta$ 趋于零, 而在 $\mathbb{R} \setminus I_\delta$ 上为零, 当然这种延拓方法是不唯一的. 对这样延拓的函数, 注意到 $\rho_\delta(x)$ 的性质, 定义

$$(J_\delta f)(x) := (\rho_\delta * f)(x) = \int_{\mathbb{R}} \rho_\delta(x-s)f(s)ds \simeq \int_{x-3\delta}^{x+3\delta} \rho_\delta(x-s)f(s)ds, \quad (6.3.32)$$

它是在 $\mathbb{R}$ 上的 $C^\infty$ 函数.

对这样的光滑化函数, 易知

$$\frac{d}{dx}(J_\delta f)(x) = (\rho_\delta * f')(x) = (\rho_\delta' * f)(x). \quad (6.3.33)$$

在光滑化算子 $J_\delta$ 作用下, 可以用 $J_\delta f_m(x)$ 的导数来逼近 $f'(x)$, $\delta$ 就是正则化参数.

**定理 6.3.8**　假定 $f(x) \in C^2(I)$ 的上界 $\|f''\|_{\infty,I} \leqslant M_2$ 已知. $f_m \in C^0(I)$ 是 $f$ 的满足 (6.3.30) 的测量数据. 则有下面的估计

$$\|(J_\delta f_m)' - f'\|_{\infty,I} \leqslant 3\delta M_2 + \frac{2\varepsilon}{\delta\sqrt{\pi}}. \quad (6.3.34)$$

**注解 6.3.9**　这样得到的误差估计是整个 $I = [0,1]$ 上的最大模. 换言之, $(J_\delta f_m)'(x)$ 可以在整个 $I$ 上逼近 $f'(x)$, 包括 $I$ 内与 $x = 0,1$ 的任意邻近的点.

**证明**　对任意的 $x \in I$, 由表达式

$$(J_\delta f)'(x) - f'(x) = \int_{\mathbb{R}} \rho_\delta(x-s)[f'(s) - f'(x)]ds$$

可得

$$|(J_\delta f)'(x) - f'(x)| \leqslant \int_{\mathbb{R}} \rho_\delta(x-s)M_2|s-x|ds \simeq \int_{x-3\delta}^{x+3\delta} \rho_\delta(x-s)M_2|s-x|ds$$

$$\leqslant 3\delta M_2 \int_{x-3\delta}^{x+3\delta} \rho_\delta(x-s)ds \leqslant 3\delta M_2. \quad (6.3.35)$$

另一方面, 我们有估计

$$|(J_\delta f_m)'(x) - (J_\delta f)'(x)| = |(J_\delta(f_m - f))'(x)| = \int_{\mathbb{R}} \rho_\delta'(x-s)(f_m(s) - f(s))ds$$

$$\leqslant \int_{\mathbb{R}} |\rho_\delta'(x-s)||f_m(s)-f(s)|ds$$

$$= \varepsilon \int_{\mathbb{R}} |\rho_\delta'(x-s)|ds = 2\varepsilon \int_0^\infty \rho_\delta'(x)dx = \frac{2\varepsilon}{\delta\sqrt{\pi}}. \quad (6.3.36)$$

利用上面两个估计和

$$\|(J_\delta f_m)' - f'\|_\infty \leqslant \|(J_\delta f_m)' - (J_\delta f)'\|_\infty + \|(J_\delta f)' - f'\|_\infty ,$$

定理得证.　　　　　　　　　　　　　　　　　　　　　　　　　□

下面的收敛速度估计是显然的.

**推论 6.3.10**　如果我们取正则化参数

$$\delta = \delta(\varepsilon) = \sqrt{\frac{2\varepsilon}{3M_2\sqrt{\pi}}},$$

则对上面的近似导数逼近关系, 在 $\varepsilon \to 0$ 时有下面的收敛速度估计

$$\left\|(J_{\delta(\varepsilon)}f_m)' - f'\right\|_{\infty,I} \leqslant 2\pi^{-1/4}\sqrt{6M_2}\sqrt{\varepsilon}.$$

对 $f(x)$ 测量数据 $f_m$, 上面的结果给出了用 $(J_\delta f_m)'$ 的解析表达式来逼近 $f'$ 时的误差分析——如果我们能求出 $(J_\delta f_m)'$ 的表达式的话. 从数值计算的角度来看, $(J_\delta f_m)(x)$ 本身在充分多的离散点 $x$ 的值是可以得到的, 但其解析表达式是难以给出的. 因此一个更为实际的问题是如何由 $J_\delta f_m$ 在离散点的数值本身来近似求 $f'$. 我们前面讲的关于光滑函数的中心差分格式可用来解此问题, 注意 $J_\delta f_m(x) \in C^\infty(\mathbb{R})$. 假定 $M_{3,\delta}$ 是 $J_\delta f_m$ 的三阶导数的一致上界. 则由 (6.3.28) 和定理 6.3.8 得到

$$\|D_0(J_\delta f_m) - f'\|_\infty \leqslant \frac{M_{3,\delta}}{3}h^2 + 3\delta M_2 + \frac{2\varepsilon}{\delta\sqrt{\pi}}.$$

在推论 6.3.10 中, 正则化参数 $\delta = \delta(\varepsilon)$ 的确定及相应的收敛性估计基于 $f''$ 的上界 $M_2$ 和扰动数据 $f_m$ 的误差水平 $\varepsilon$. 在很多情况下, 我们所能知道的只是 $f_m$ 本身及其误差水平. 下面我们来讨论一种仅由数据 $f_m$ 及 $\varepsilon$ 确定正则化参数 $\delta$ 的方法, 而不需要 $f$ 的先验信息 $M_2$. 它类似于前面的 Morozov 相容性原理. 下面用 $L^2$ 模来表示两个函数在区间上的偏差.

**定理 6.3.11**　对给定的扰动函数 $f_m$, 假定其误差水平 $\varepsilon > 0$ 满足

$$0 \leqslant \|f_m - f\|_{L^2} \leqslant \varepsilon < \|f_m\|_{L^2}. \quad (6.3.37)$$

则方程

$$\|J_\delta f_m - f_m\|_{L^2} = \varepsilon \tag{6.3.38}$$

存在唯一解 $\delta = \delta(\varepsilon)$, 并且在 $\varepsilon \to 0$ 时成立 $\delta(\varepsilon) \to 0$.

**证明**　先来证明 $\|J_\delta f_m - f_m\|_{L^2}$ 严格单调增加. 事实上, 用 $\tilde{f}(\omega)$ 表示 $f(x)$ 的 Fourier 变换, 则由 $J_\delta$ 的定义和 Parseval 等式得

$$\frac{d}{d\delta}\|J_\delta f_m - f_m\|_{L^2}^2 = \frac{d}{d\delta}\|\tilde{\rho}_\delta \tilde{f}_m - \tilde{f}_m\|_{L^2}^2$$

$$= \frac{d}{d\delta}\int_{-\infty}^{\infty}\left[\frac{1}{\sqrt{2\pi}}e^{-\omega^2\delta^2/4}\tilde{f}_m(\omega) - \tilde{f}_m(\omega)\right]\left[\frac{1}{\sqrt{2\pi}}e^{-\omega^2\delta^2/4}\overline{\tilde{f}_m(\omega)} - \overline{\tilde{f}_m(\omega)}\right]d\omega$$

$$= \frac{\delta}{\sqrt{2\pi}}\int_{-\infty}^{\infty}\omega^2 e^{-\omega^2\delta^2/4}\left[1 - \frac{1}{\sqrt{2\pi}}e^{-\omega^2\delta^2/4}\right]|\tilde{f}_m(\omega)|^2 d\omega > 0.$$

另一方面, 由 $J_\delta$ 的定义知 $\lim_{\delta\to 0}\|J_\delta f_m - f_m\|_{L^2}^2 = 0$ 且

$$\|J_\delta f_m - f_m\|_{L^2}^2 - \|f_m\|_{L^2}^2 = \int_{\mathbb{R}}|\tilde{f}_m(\omega)|^2\left[\left(\frac{1}{\sqrt{2\pi}}e^{-\omega^2\delta^2/4} - 1\right)^2 - 1\right]d\omega$$

$$= \int_{|\omega|\leqslant\omega_0} + \int_{|\omega|\geqslant\omega_0}.$$

$\forall\varepsilon > 0$, 由该无穷积分的收敛性, 取 $\omega_0$ 充分大, 即有

$$\left|\int_{|\omega|\geqslant\omega_0}|\tilde{f}_m(\omega)|^2\left[\left(\frac{1}{\sqrt{2\pi}}e^{-\omega^2\delta^2/4} - 1\right)^2 - 1\right]d\omega\right| < \varepsilon.$$

对此固定的 $\omega_0$, 在 $\delta > 0$ 充分大后即有

$$\left|\int_{|\omega|\leqslant\omega_0}|\tilde{f}_m(\omega)|^2\left[\left(\frac{1}{\sqrt{2\pi}}e^{-\omega^2\delta^2/4} - 1\right)^2 - 1\right]d\omega\right| < \varepsilon.$$

从而在 $\delta > 0$ 充分大后即有

$$\left|\,\|J_\delta f_m - f_m\|_{L^2}^2 - \|f_m\|_{L^2}^2\,\right| \leqslant 2\varepsilon,$$

此即 $\lim_{\delta\to\infty}\|J_\delta f_m - f_m\|_{L^2} = \|f_m\|_{L^2}$. 故由条件 (6.3.37) 及 $\|J_\delta f_m - f_m\|_{L^2}$ 关于 $\delta$ 的连续单调性, 定理得证.　　□

**注解 6.3.12**　条件 $\varepsilon < \|f_m\|_{L^2}$ 是自然的. 注意 $\varepsilon$ 表示测量的误差精度. 如果 $\varepsilon > \|f_m\|_{L^2}$, 则说明待测数据的大小比仪器的测量精度还要小, 此时的测量是

无法进行的. 另一方面, $L^2$ 模是描述 $[0,1]$ 上偏差 $J_\delta f_m - f_m$ 的一个更好的模, 它避免了用最大模时过分强调端点 $0,1$ 附近的精度的问题. 注意到 $\|f_m - f\|_{L^2} \leqslant \varepsilon$ 意味着 $\|J_\delta f_m - f\|_{L^2} \leqslant 2\varepsilon$, 因此用本定理的方法确定 $\delta(\varepsilon)$ 本质上是要求解产生的误差要和测量数据的误差相匹配.

下面进一步讨论该方法的数值实现步骤. 大体来讲, 对给定 $f$ 的扰动数据 $f_m$, 首先用上述方法确定光滑半径 $\delta = \delta(\varepsilon)$, 再计算

$$\frac{d}{dx}[(J_\delta f_m)(x)] = (\rho_\delta * f_m)'(x)$$

来近似得出 $f'(x)$. 右边的导数可以通过中心差分来计算. 从更实际的角度来看, 测量数据通常都是在有限个点给定的, 即 $f_m(x)$ 在 $I = [0,1]$ 的值只在有限个节点 $x_i = i \times h, i = 0, 1, \cdots, N, h = 1/N$ 上给定. 对这样的离散数据, 仍用前面的方法将其延拓到 $I_\delta = [-3\delta, 1 + 3\delta]$ 上的离散点上. 注意在 $\mathbb{R} \setminus I_\delta$ 上 $f_m = 0$.

对给定的 $f_m$ 的离散数据, 方程 (6.3.38) 可以用多种方法求解以得到 $\delta$. 例如用二分法求解的步骤如下 (假定 $h < 0.1$, 给定计算精度 $\eta > 0$):

第一步: 取 $\delta_{\min} = h, \delta_{\max} = 0.1$. 取 $\delta$ 的初值介于 $\delta_{\min}, \delta_{\max}$ 之间;

第二步: 在充分大的区间上计算离散的卷积 $J_\delta f_m = \rho_\delta * f_m$;

第三步: 如果

$$|F(\delta) - \varepsilon| := \left| \frac{1}{N+1} \left[ \sum_{i=0}^{N} ((J_\delta f_m)(x_i) - f_m(x_i))^2 \right]^{1/2} - \varepsilon \right| \leqslant \eta,$$

则得到 $\delta = \delta(\varepsilon)$, 循环结束;

第四步: 如果 $F(\delta) - \varepsilon < -\eta$, 取 $\delta_{\min} = \delta, \delta_{\max}$ 不变, 如果 $F(\delta) - \varepsilon > \eta$, 取 $\delta_{\max} = \delta, \delta_{\min}$ 不变;

第五步: 取 $\delta = (\delta_{\min} + \delta_{\max})/2$, 回到第二步.

一旦确定了光滑化半径 $\delta$ 以及相应的离散卷积数据 $(J_\delta f_m)(x_i)$, 就可以用中心差分来计算导数 $(J_\delta f_m)'(x)$ 在节点的值. 关于具体的数值例子, 见 [136]. 关于该类正则化方法在求解 Helmholtz 方程混合边界问题中的应用 (用势函数理论), 见 [119].

### 6.3.3 积分算子方法

下面介绍一类利用积分算子来构造近似导数的方法, 其基本思想是在 [54] 中提出的, 在 [124] 中有一个利用类似的办法对收敛精度的改进.

记 $I = [a, b]$, $f(x) \in C^3(I)$. 假定 $f^\delta(x)$ 是 $I$ 上的有界可积函数, 在意义

$$\left\| f - f^\delta \right\|_\infty := \sup_{x \in I} |f(x) - f^\delta(x)| \leqslant \delta \tag{6.3.39}$$

下作为 $f(x)$ 的近似已知函数. 我们的目的是由 $f^\delta(x)$ 来近似求 $f'(x)$.

给定步长 $h > 0$, 对 $I$ 上的有界可积函数 $g(x)$, 定义

$$(D_h g)(x) := \frac{3}{2h^3} \int_{-h}^{h} tg(x+t)dt, \quad x \in (a, b). \tag{6.3.40}$$

在一定条件下, $(D_h g)(x)$ 可以作为 $g'(x)$ 的近似.

**定理 6.3.13**　对 $f \in C^3(I)$, 记 $M = \|f'''\|_\infty$. 其给定的扰动数据 $f^\delta$ 满足 (6.3.39). 则有

$$\|D_h f^\delta - f'\|_\infty \leqslant \frac{M}{10}h^2 + \frac{3\delta}{2h}. \tag{6.3.41}$$

**证明**　由 $f(x+t)$ 在 $x$ 的 Taylor 展开式

$$f(x+t) = f(x) + f'(x)t + \frac{1}{2}f''(x)t^2 + \frac{1}{6}f'''(\xi)t^3$$

可得

$$(D_h f)(x) = \frac{3}{2h^3}\left[f'(x)\int_{-h}^{h}t^2dt + \frac{1}{6}\int_{-h}^{h}f'''(\xi)t^4dt\right] = f'(x) + \frac{1}{4h^3}\int_{-h}^{h}f'''(\xi)t^4dt,$$

由此得估计

$$|(D_h f)(x) - f'(x)| \leqslant \frac{M}{4h^3}\int_{-h}^{h}t^4dt = \frac{M}{10}h^2. \tag{6.3.42}$$

另一方面, 由 $D_h$ 的定义及 (6.3.39) 得

$$|(D_h f)(x) - (D_h f^\delta)(x)| = \frac{3}{2h^3}\int_{-h}^{h}t|f(x+t) - f^\delta(x+t)|dt \leqslant \frac{3\delta}{2h}. \tag{6.3.43}$$

利用三角不等式和 (6.3.42), (6.3.43) 即证得 (6.3.41), 定理证毕.　　　□

很显然, 当取 $h = (15/M)^{1/3}\delta^{1/3}$ 时, (6.3.41) 的右端极小, 此时的误差是

$$\|D_h f^\delta - f'\|_\infty \leqslant 3\left(\frac{M}{15}\right)^{1/3}\delta^{2/3}. \tag{6.3.44}$$

同样这里的正则化参数 $h$ 的选取依赖于 $f'''$ 的上界.

这里我们利用 Taylor 展开式的办法证明了在 $h = O(\delta^{1/3})$ 取法下, $D_h f^\delta$ 逼近 $f'$ 的精度是 $O(\delta^{2/3})$. 这个精度是最优的吗? 换言之, 有没有 $h$ 的其他取法使得逼近精度优于 $O(\delta^{2/3})$? 下面的结果表明, 对 "几乎所有" 的 $f$, 该精度是最优的.

**定理 6.3.14** 设 $f(x) \in C^3(I)$. 若存在一个取法 $h = h(\delta) \to 0 (\delta \to 0)$, 使得对满足 (6.3.39) 的一切 $f^\delta$ 成立

$$\left\| D_h f^\delta - f' \right\|_\infty = o(\delta^{2/3}), \tag{6.3.45}$$

则 $f(x)$ 必为二次多项式.

**证明** 我们的方法是证明 $I$ 上 $f'''(x) \equiv 0$. 用反证法.

假定存在 $x_0 \in I$ 使得 $f'''(x_0) = a > 0$. 由连续性, 对 $\rho_0 \in (0,1)$, 存在 $x_0$ 的邻域 $N(x_0, \eta_0)$, 使得

$$a(1 - \rho_0) \leqslant f'''(x) \leqslant a(1 + \rho_0), \quad x \in [x_0 - \eta_0, x_0 + \eta_0]$$

成立. 取 $\delta > 0$ 充分小使得 $0 \leqslant h(\delta) \leqslant \eta_0$.

先来估计 $D_h f(x_0) - f'(x_0)$. 对积分余项型的 Taylor 公式

$$f(x_0 + t) = f(x_0) + f'(x_0)t + \frac{1}{2}f''(x_0)t^2 + \int_{x_0}^{x_0+t} \frac{(x_0 + t - s)^2}{2} f'''(s)ds,$$

当 $t \in [-h(\delta), h(\delta)] \subset [-\eta_0, \eta_0]$ 时, 上面积分中 $s \in [x_0 - \eta_0, x_0 + \eta_0]$. 故由此可以计算出

$$\begin{aligned}
& D_h f(x_0) - f'(x_0) \\
&= \frac{3}{2h^3} \int_{-h}^{h} t \int_{x_0}^{x_0+t} \frac{(x_0 + t - s)^2}{2} f'''(s) ds dt \\
&= \frac{3}{2h^3} \int_0^h t \left[ \int_{x_0-t}^{x_0} \frac{(x_0 - t - s)^2}{2} f''' ds + \int_{x_0}^{x_0+t} \frac{(x_0 + t - s)^2}{2} f''' ds \right] dt \\
&\geqslant \frac{3a(1 - \rho_0)}{2h^3} \int_0^h t \left[ \int_{x_0-t}^{x_0} \frac{(x_0 - t - s)^2}{2} ds + \int_{x_0}^{x_0+t} \frac{(x_0 + t - s)^2}{2} ds \right] dt \\
&= \frac{a(1 - \rho_0)}{10} h^2. \tag{6.3.46}
\end{aligned}$$

构造阶跃函数

$$\phi(x) = \begin{cases} \delta, & x_0 < x \leqslant b, \\ 0, & a \leqslant x \leqslant x_0, \end{cases}$$

并由此构造 $f^\delta(x) := f(x) + \phi(x)$, 则显然有 $\left\| f^\delta - f \right\|_\infty \leqslant \delta$. 直接计算得

$$(D_h \phi)(x_0) = \frac{3}{2h^3} \int_{-h}^{h} t\phi(x_0 + t)dt = \frac{3}{2h^3} \int_{-h+x_0}^{h+x_0} (s - x_0)\phi(s)ds = \frac{3\delta}{4h}. \tag{6.3.47}$$

故由 (6.3.46), (6.3.47) 得到

$$D_h f^\delta(x_0) - f'(x_0) = D_h f^\delta(x_0) - D_h f(x_0) + D_h f(x_0) - f'(x_0)$$

$$\geqslant \frac{a(1-\rho_0)}{10} h^2 + \frac{3\delta}{4h} > 0.$$

该估计表明对这样的 $f^\delta$, 有

$$\left\| D_h f^\delta - f' \right\|_\infty \geqslant \left| D_h f^\delta(x_0) - f'(x_0) \right| \geqslant \frac{a(1-\rho_0)}{10} h^2 + \frac{3\delta}{4h}.$$

从而由 (6.3.45) 得

$$\frac{a(1-\rho_0)}{10} h^2 + \frac{3\delta}{4h} \leqslant o(\delta^{2/3}).$$

此式等价于

$$\frac{a(1-\rho_0)}{10} \left( \frac{h(\delta)}{\delta^{1/3}} \right)^2 + \frac{3\delta^{1/3}}{4h(\delta)} \leqslant o(1).$$

无论 $\delta \to 0$ 和 $h(\delta) \to 0$ 的相对速度如何, 此关系都是不可能的, 得出了矛盾. 因此在 $I$ 上必有 $f'''(x) \leqslant 0$. 类似可证在 $I$ 上必有 $f'''(x) \geqslant 0$, 从而在 $I$ 上 $f'''(x) \equiv 0$. 即 $f(x)$ 必为二次多项式. 定理证毕.　　　　　　　□

当对 $f(x)$ 的光滑性加强, 例如 $f(x) \in C^5(I)$ 时, 可以构造类似的积分算子 $\tilde{D}_h$ 使得 $\tilde{D}_h f^\delta - f'$ 的精度达到 $O(\delta^{4/5})$. 我们把相对应的两个结果叙述如下, 这个改进的工作的类似上述的证明见 [124].

定义

$$\tilde{D}_h g(x) := \frac{3}{h^3} \int_{-h}^h t g(x+t) dt - \frac{3}{2\sqrt{2} h^3} \int_{-h}^h t g(x + \sqrt{2} t) dt.$$

**定理 6.3.15**　对 $f \in C^5(I)$, 记 $M_5 = \left\| f^{(5)} \right\|_\infty$. 则有估计

$$\left\| \tilde{D}_h f^\delta - f' \right\|_\infty \leqslant \frac{M_5}{84} h^4 + \frac{3(2\sqrt{2}+1)\delta}{2\sqrt{2} h}. \tag{6.3.48}$$

当取 $h = O(\delta^{1/5})$ 时, 上述逼近的精度是 $O(\delta^{4/5})$.

**定理 6.3.16**　设 $f(x) \in C^5(I)$. 若存在一个取法 $h = h(\delta) \to 0 (\delta \to 0)$, 使得对满足 (6.3.39) 的一切 $f^\delta$ 成立

$$\left\| \tilde{D}_h f^\delta - f' \right\|_\infty = o(\delta^{4/5}), \tag{6.3.49}$$

则 $f(x)$ 必为四次多项式.

上述用积分算子来近似导数的正则化方法, 和前面讲的利用卷积来光滑化扰动数据的方法有类似之处. 虽然这里得到的误差估计对 $I$ 上的点是一致成立的, 但是在具体的数值计算中, 当用 (6.3.40) 来近似计算导数时, 如果所求的点 $x$ 靠近 $I$ 的端点, 则步长 $h$ 必须充分小, 否则由于在 $I$ 外面函数无定义, 无法计算积分. 换言之, 对确定的步长 $h = h(\delta)$, 该方法能近似求出导数的点并非 $I$ 上的任意点, 离 $I$ 的端点很近的点是无法求的. 解决此问题的一个办法就是类似于前面的处理, 把 $I$ 上的函数适当向外延拓. 另一方面, 同样可以考虑正则化参数只依赖于 $f^\delta, \delta$, 而不需要先验数据 $M$ 的数值求解方法. 这两类问题有必要进一步研究.

# 6.4 声波逆散射问题的正则化求解

假定 $D \subset \mathbb{R}^m$ $(m = 2, 3)$ 是一个不可穿透的散射体. $D$ 外部的均匀介质中的一个入射平面波 $e^{ikd \cdot x}$ 碰到 $D$ 以后在其外部产生散射波. 显然, 散射波包含了散射体的一些性质, 例如边界的形状和物理性态. 利用测量到的散射波的信息来推知散射体的信息就是所谓的逆散射问题. 一类物理上有广泛应用的重要问题, 如医学 CT 成像、材料的无损探伤等, 本质上都可以归结于逆散射问题.

物理上而言, 散射波分布于无穷大区域 $\mathbb{R}^m \setminus \overline{D}$ 内任一点. 要想在每一点直接测量散射波显然是不现实的. 一种物理上可测量的散射波的数据是所谓的散射波的远场形式 (far-field pattern), 本质上它是散射波在充分远处平面波的近似振幅. 因此在逆散射问题中, 通常把散射波的远场形式作为可测量到的输入数据, 由此来求解逆散射问题. 关于散射波的有关的物理背景, 见 [29].

由散射波的远场形式来确定散射波的近场 (即在散射体外部任一点的散射波) 是一个重要而困难的问题. 物理上这意味着由一个有限区域上的数据 (散射波的远场形式定义于单位球上) 来确定无穷大区域上任一点的散射波, 当然这是在工程上很有意义的一种间接测量方法, 可以大量节省成本. 另一方面, 把散射波的远场形式转换成其近场, 在很多确定散射体边界的逆散射问题中, 起着关键的作用, 见 [23, 24, 26, 112].

由散射波的远场形式来确定其近场, 是一个典型的线性不适定问题. 因此很多发展起来的正则化方法可以有效地用来解决此问题. 但是, 和我们 6.3 节介绍的求导问题相比, 该问题的不适定性要强得多. 类似于其他的具体的不适定问题, 正则化参数的选取和收敛速度的估计是本质的问题. 在本节我们就在二维空间 $(m = 2)$ 来讨论此问题, 它已经反映了问题的本质, 三维的情形是类似的.

## 6.4.1 波场的散射问题

对光滑的不可穿透的散射体 $D \subset \mathbb{R}^2$, 假定散射体具有阻尼型的边界. 对给定的入射平面波 $u^i(x) = e^{ikx \cdot d}$, $d \in \Omega = \{\xi \in \mathbb{R}^2 : |\xi| = 1\}$ 是入射方向, 总波场

$u = u^i + u^s \in H^1_{\text{loc}}(\mathbb{R}^2 \setminus \overline{D})$ 满足下面的 Helmholtz 方程的外问题:

$$\begin{cases} \Delta u + k^2 u = 0, & x \in \mathbb{R}^2 \setminus \overline{D}, \\ \dfrac{\partial u}{\partial \nu} + ik\sigma(x)u = 0, & x \in \partial D, \\ \dfrac{\partial u^s}{\partial r} - iku^s = O\left(\dfrac{1}{\sqrt{r}}\right), & r = |x| \to \infty, \end{cases} \tag{6.4.1}$$

其中 $\nu$ 是 $\partial D$ 的单位外法向, $u^s(x)$ 表示对应于入射波 $u^i(x)$ 的散射波. 在 $0 < \sigma(x) \in C(\partial D)$ 的条件下, 该外问题存在唯一解 ([29]). 上面最后关于 $u^s(x)$ 的渐近条件称为 Sommerfeld 辐射条件, 物理上表示散射波在充分远处近似于一个向外传播的平面波, 数学上保证了上述外问题解的唯一性.

对上述定解问题, 由入射波 $u^i(x) = e^{ikx \cdot d}$ 产生的散射波 $u^s(x)$ 有下面的渐近展开

$$u^s(x) = \frac{e^{ik|x|}}{\sqrt{|x|}}\left\{u^\infty(d, \theta) + O\left(\frac{1}{|x|}\right)\right\}, \quad |x| \to \infty, \tag{6.4.2}$$

定义于单位圆 $\Omega$ 上的函数 $u^\infty(d, \cdot)$ 称为散射波 $u^s(x)$ 的远场形式.

记 $r = |x|, \theta = \hat{x}$, 把上面的式子改写为

$$\sqrt{r}\frac{u^s(r\theta)}{e^{ikr}} = u^\infty(d, \theta) + O\left(\frac{1}{|x|}\right).$$

则由上式得出

$$\lim_{r \to \infty}\left|\sqrt{r}\frac{u^s(r\theta)}{e^{ikr}}\right| = |u^\infty(d, \theta)|.$$

即左边实际上是远场的模. 注意到 $|u^i(x)| = |e^{ikd \cdot x}| = |e^{ik|x|}|$, 对一般的入射波 $u^i(x)$, 我们定义 $\sigma(\theta) := 2\pi|u^\infty(d, \theta)|^2$, 则上式左边的对应形式是

$$\sigma(\theta) = 2\pi \lim_{r \to \infty} r\frac{|u^s(r\theta)|^2}{|u^i(r\theta)|^2}.$$

该物理量称为单位长度的散射截面, 也称为回声宽度 (scattering cross section per unit length/echo width), 它是散射问题中的一个重要概念 ([1]).

因此, 上述展开式的物理意义是非常清楚的, $u^\infty(d, \cdot)$ 本质上表示的是散射波在无穷远处平面波的振幅, 其大小反映的是散射波和入射波能量在无穷远处的比值.

数学上, 有多种办法可以导出关系 (6.4.2). 这里我们给出基于 Green 公式和 Hankel 函数性质的一个简单推导. 记

$$\Phi(x, y) := \frac{i}{4} H_0^{(1)}(k|x - y|)$$

是二维 Helmholtz 方程的基本解, $H_0^{(1)}$ 是第一类的零阶 Hankel 函数. 由 Green 公式及 $u^s(x)$ 满足的辐射条件可以得到

$$u^s(x) = \int_{\partial D} \left[ u^s(y) \frac{\partial \Phi(x, y)}{\partial \nu(y)} - \frac{\partial u^s}{\partial \nu}(y) \Phi(x, y) \right] ds(y), \quad x \in \mathbb{R}^2 \setminus \bar{D}.$$

最后, 把 Hankel 函数的渐近展开

$$H_n^{(1)}(z) = \sqrt{\frac{2}{\pi z}} e^{i(z - n\pi/2 - \pi/4)} \left( 1 + O\left(\frac{1}{z}\right) \right), \quad z \to \infty$$

及下面明显的渐近关系

$$|x - y| = \sqrt{|x|^2 - 2(x, y) + |y|^2} = |x| - (\hat{x}, y) + O\left(\frac{1}{|x|}\right), \quad |x| \to \infty$$

代入 $u^s$ 的积分公式即得 (6.4.2).

注意, 这里导出渐近展开只用到了辐射条件和 Green 公式, 没有用到散射体的边界条件. 换言之, (6.4.2) 对任何类型边界的散射体都是成立的.

正散射问题是在给定入射波、散射体的条件下求散射波及其远场形式. 这是一个适定的问题. 所谓的逆散射问题, 则是由散射波的远场形式来求散射体的信息或散射波. 而由散射波的远场形式来求散射波的近场则具有基本的重要性, 因为在由远场形式确定散射体本身的问题中, 很多方法都是先把散射波的远场形式转化为近场形式, 再利用边界条件通过优化的近似方法或者是定性的准确方法来求散射体的边界 ([112, 155]).

因此我们必须讨论散射场 $u^s(x)$ 和其远场形式 $u^\infty(d, \theta)$ 的关系. 具体来说, 有下面几方面的问题:

1. $u^s(x)$ 和 $u^\infty(d, \theta)$ 可以相互唯一确定吗?

2. 这两个问题是适定的吗? 据展开式 (6.4.2), 由 $u^s(x)$ 确定 $u^\infty(d, \theta)$ 的问题显然是适定的. 反之如何?

3. 如何由 $u^\infty(d, \theta)$ 的扰动数据 $u_\delta^\infty(d, \theta)$ 近似构造 $u^s(x)$?

4. 稳定性的估计问题.

下面主要讨论前面三个问题. 对第四个问题, 可见 [17, 120, 157].

第一个问题由下面的 Rellich 定理回答.

**定理 6.4.1**　散射场 $u^s(x)$ 和它的远场形式 $u^\infty(d,\theta)$ 是互相唯一确定的.

下面就要考虑在 $u^s(x), u^\infty(d,\theta)$ 中的一个已知的情况下, 如何求另一个. 特别是如何由 $u^\infty(d,\theta)$ 的扰动数据 $u^\infty_\delta(d,\theta)$ 来近似求解散射场 $u^s(x)$. 该问题的难点在于, 满足

$$\|u^\infty_\delta(d,\cdot) - u^\infty(d,\cdot)\|_{L^2(\Omega)} \leqslant \delta$$

的扰动数据 $u^\infty_\delta(d,\theta)$ 有可能不是任何散射场的远场形式, 因为一个函数要是某个散射场的远场形式, 必须满足一定的必要条件 ([29]). 因此这是一个不适定的问题.

下面我们用势函数的理论来给出 $u^s(x)$ 和 $u^\infty(d,\theta)$ 的一个明确的关系, 而不只是渐近关系 (6.4.2). 此关系在给出互相求解方法的同时, 也揭示了由 $u^\infty(d,\theta)$ 求 $u^s(x)$ 的不适定性.

对密度函数 $\psi(x) \in C(\partial D)$, 定义

$$(\mathbf{K}'\psi)(x) := 2\int_{\partial D} \frac{\partial \Phi(x,y)}{\partial \nu(x)}\psi(y)ds(y), \quad x \in \partial D,$$

$$(\mathbf{S}\psi)(x) := 2\int_{\partial D} \Phi(x,y)\psi(y)ds(y), \quad x \in \partial D.$$

下面的引理给出了求解由 (6.4.1) 确定的散射场 $u^s(x)$ 及其远场形式 $u^\infty(d,\theta)$ 的一个方法 ([110, 118]), 它本质上是一种求解椭圆型方程外问题的边界积分方程方法. 该类方法已有相关的研究, 例如 [14].

**引理 6.4.2**　假定 $-k^2$ 不是 Laplace 算子的 Dirichlet 内问题的特征值. 如果密度函数 $\psi(x) \in C(\partial D)$ 满足

$$\psi(x) - (\mathbf{K}'\psi)(x) - ik\sigma(x)(\mathbf{S}\psi)(x) = -2f(x), \tag{6.4.3}$$

其中右端项

$$f(x) = -\frac{\partial u^i}{\partial \nu(x)} - ik\sigma(x)u^i, \quad x \in \partial D$$

是已知的, 则散射场及其远场形式可以表示为

$$u^s(x) = \int_{\partial D} \Phi(x,y)\psi(y)ds(y), \quad x \in \mathbb{R}^2 \setminus \overline{D}, \tag{6.4.4}$$

$$u^\infty(d,\theta) = \frac{e^{\pi i/4}}{\sqrt{8\pi k}}\int_{\partial D} e^{-ik(\theta,y)}\psi(y)ds(y), \quad \theta := \frac{x}{|x|} \in \Omega. \tag{6.4.5}$$

在 [118] 中的表达式 (2.3) 中的常数 $e^{\pi i/4}$ 有误, 应为这里 $\dfrac{e^{\pi i/4}}{\sqrt{8\pi k}}$. (6.4.4)

称为散射场的单层位势表示. 该方法的缺点在于它不能适用于一切的波数 $k$. 即 (6.4.3) 不是对一切的 $k$ 都可解. 克服该缺点的一种方法是引进散射波场的单双层位势联合表示, 即把 $u^s(x)$ 表示为

$$u^s(x) = \int_{\partial D} \left[ \frac{\partial \Phi(x,y)}{\partial \nu(y)} - i\eta \Phi(x,y) \right] \psi(y) ds(y), \quad x \in \mathbb{R}^2 \setminus \overline{D},$$

其中 $\eta > 0$ 是常数, 详见 [29], 3.6 节.

在 (6.4.3) 可解的条件下, 其求解是一个适定的问题. 由此可产生反问题所需要的模拟数据. 该数据已被用于反问题求解的验算中 ([111, 118, 150]).

该引理的另一个作用是揭示了由 $u^\infty(d, \theta)$ 求 $u^s(x)$ 的不适定性. 当 $u^\infty(d, \theta)$ 给定时, 原则上可以先由 (6.4.5) 求出密度函数 $\psi$, 再代入 (6.4.4) 就可以确定 $u^s(x)$. 但是 (6.4.5) 是一个第一类的积分方程, 求解该问题是不适定的. 主要表现在两个方面. 在该方程有解的情况下 (给定的数据确实是精确的远场形式), 它不能用通常的方法求数值解, 即计算积分算子的小误差可能导致解的很大变化, 类似的例子见例 1.2. 而当给定的是远场形式的近似值时, (6.4.5) 可能根本就没有经典意义的解. 此时需要给出广义解的概念. 从而必须用某种正则化的方法来求密度函数进而得到 $u^s(x)$ 的近似值.

### 6.4.2 由远场近似数据求散射波近场正则化方法

给定 $u_\delta^\infty(d, \theta)$, 如果直接用正则化方法求解 (6.4.5) 得到密度函数的正则化解 $\psi_\delta^\alpha(x)$, 其中 $\alpha$ 是正则化参数, 这样解得的 $\psi_\delta^\alpha(x)$ 是直接依赖于远场数据的. 换言之, 每给定一个远场数据, 都需要解一个密度函数. 在后面我们要讨论此方法作为确定正则化参数的一个应用. 但从计算量的角度来看, 这不是一个经济的方法. 本节介绍基于点源分解的办法来解此问题. 大体说来, 该方法先把点源近似分解为平面波的叠加, 以求出相应的正则化的密度函数. 再由此密度函数来构造正则化的散射波场. 该方法的优点在于, 一旦求出了密度函数, 它可以通过一个简单的积分用于计算任意近似远场数据对应的近似散射场. 这个方法最早是在 [155] 中提出的, 一个更一般的改进见 [120].

对给定的散射体 $D$, 记 $G : \overline{D} \subset G$ 是包含 $D$ 的一个区域. 对 $z \in \mathbb{R}^2 \setminus \overline{G}$ 和 $\xi \in \Omega$, 用密度函数 $g(z, \xi)$ 定义一个算子:

$$(Hg)(z, x) = \int_\Omega e^{ikx \cdot \xi} g(z, \xi) ds(\xi), \quad x \in \partial G, z \in \mathbb{R}^2 \setminus \overline{G}.$$

对任意给定的 $z \in \mathbb{R}^2 \setminus \overline{G}$, 用 $g_\epsilon(z,\cdot)$ 表示下面第一类积分方程

$$(Hg)(z,\cdot) = \Phi(\cdot,z) \tag{6.4.6}$$

在偏差条件

$$\|(Hg)(z,\cdot) - \Phi(\cdot,z)\|_{L^2(\partial G)} \leqslant \epsilon \tag{6.4.7}$$

下的最小模解.

**引理 6.4.3** 对上面引进的最小模解 $g_\epsilon(z,\cdot)$,

(1) $g_\epsilon(z,\cdot) \in L^2(\Omega)$ 存在唯一;

(2) $g_\epsilon(z,\cdot) \in L^2(\Omega)$ 关于 $z \in \mathbb{R}^2 \setminus \overline{G}$ 弱连续;

(3) $\|g_\epsilon(z,\cdot)\|_{L^2(\Omega)}$ 连续依赖于 $\epsilon$;

(4) $\varepsilon \to 0$ 时 $\|g_\epsilon(z,\cdot)\|_{L^2(\Omega)} \to \infty$.

该引理的证明见 [118].

借助于 $g_\epsilon(z,\cdot)$ 为核函数, 对给定的 $\phi(x) \in L^2(\Omega)$, 定义算子

$$(\mathbf{A}_\epsilon \phi)(z) := \frac{1}{\gamma_2} \int_\Omega g_\epsilon(z,\xi)\phi(-\xi)ds(\xi), \quad z \in \mathbb{R}^2 \setminus \overline{G}, \tag{6.4.8}$$

其中常数

$$\gamma_2 = \frac{e^{i\pi/4}}{\sqrt{8\pi k}}. \tag{6.4.9}$$

由引理 6.4.3 给出的 $g_\epsilon(z,\cdot)$ 性质可知 $\mathbf{A}_\epsilon : L^2(\Omega) \to C(\mathbb{R}^2 \setminus \overline{G})$. 据此算子, 就可以由 $u_\delta^\infty(d,\theta)$ 来求近似的散射波场. 为此我们需要阻尼边界条件下点源的一般的互易原理. 该原理在电磁场理论中很容易找到其对应形式. 在声软 (sound-soft) 和声硬 (sound-hard) 两种情形下标准互易原理的证明, 见 [30,156].

对给定的入射波 $u^i(x,d) = e^{ikx\cdot d}$, $d \in \Omega$ 表示入射方向, 用 $u^s(\cdot,d)$ 和 $u^\infty(\hat{x},d)$, $\hat{x} \in \Omega$ 分别表示散射波及其远场形式. 类似地, 对位于 $z$ 的点源函数 $\Phi(x,z)$, 用 $\Phi^s(\cdot,z)$ 和 $\Phi^\infty(\cdot,z)$ 分别表示散射波及其远场形式.

**引理 6.4.4** 对散射体 $D$ (边界条件可能是 sound-soft, sound-hard, 阻尼 (impedance)), 入射平面波的远场和点源的远场有下面的关系:

$$u^\infty(\hat{x},d) = u^\infty(-d,-\hat{x}), \quad \hat{x},d \in \Omega,$$

$$\Phi^\infty(\hat{x},z) = \gamma_2 u^s(z,-\hat{x}), \quad \hat{x} \in \Omega, z \in \mathbb{R}^2 \setminus \overline{D}.$$

**证明** 这里仅给出第二个关系的证明. 第一个关系的证明可见 [30], 定理 3.13.

由于 $u^s(x,z)$ 和 $\Phi^s(x,z)$ 都是 Helmholtz 方程的辐射解, 对 $x,z \in \mathbb{R}^2 \setminus \overline{D}$, 由 Green 公式得

$$u^s(x,z) = \int_{\partial D} \left[ u^s(y,z) \frac{\partial \Phi(x,y)}{\partial \nu(y)} - \frac{\partial u^s(y,z)}{\partial \nu(y)} \Phi(x,y) \right] ds(y), \qquad (6.4.10)$$

$$\Phi^s(x,z) = \int_{\partial D} \left[ \Phi^s(y,z) \frac{\partial \Phi(x,y)}{\partial \nu(y)} - \frac{\partial \Phi^s(y,z)}{\partial \nu(y)} \Phi(x,y) \right] ds(y). \qquad (6.4.11)$$

另一方面, 对 $y \in \partial D$, 基本解有渐近关系

$$\Phi(x,y) = \gamma_2 \frac{e^{ik|x|}}{\sqrt{|x|}} \left\{ e^{-ik\hat{x}\cdot y} + O\left(\frac{1}{|x|}\right) \right\},$$

$$\frac{\partial \Phi(x,y)}{\partial \nu(y)} = \gamma_2 \frac{e^{ik|x|}}{\sqrt{|x|}} \left\{ \frac{\partial e^{-ik\hat{x}\cdot y}}{\partial \nu(y)} + O\left(\frac{1}{|x|}\right) \right\}.$$

将此关系代入 (6.4.11) 得 $|x| \to \infty$ 时,

$$\Phi^s(x,z) = \gamma_2 \frac{e^{ik|x|}}{\sqrt{|x|}} \left[ \int_{\partial D} \left( \Phi^s(y,z) \frac{\partial e^{-ik\hat{x}\cdot y}}{\partial \nu(y)} - \frac{\partial \Phi^s(y,z)}{\partial \nu(y)} e^{-ik\hat{x}\cdot y} \right) ds(y) + O\left(\frac{1}{|x|}\right) \right].$$

据此和远场形式的定义得

$$\Phi^\infty(\hat{x},z) = \gamma_2 \int_{\partial D} \left[ \Phi^s(y,z) \frac{\partial e^{-ik\hat{x}\cdot y}}{\partial \nu(y)} - \frac{\partial \Phi^s(y,z)}{\partial \nu(y)} e^{-ik\hat{x}\cdot y} \right] ds(y)$$

$$= \gamma_2 \int_{\partial D} \left[ \Phi^s(y,z) \frac{\partial u^i(y,-\hat{x})}{\partial \nu(y)} - \frac{\partial \Phi^s(y,z)}{\partial \nu(y)} u^i(y,-\hat{x}) \right] ds(y). \qquad (6.4.12)$$

对固定的 $z$, 散射场 $\Phi^s, u^s$ 满足的辐射条件表明

$$\begin{cases} \dfrac{\partial \Phi^s(y,z)}{\partial \nu(y)} = ik\Phi^s(y,z) + O\left(\dfrac{1}{|y|}\right), & |y| \to \infty, \\[3mm] \dfrac{\partial u^s(y,-\hat{x})}{\partial \nu(y)} = iku^s(y,-\hat{x}) + O\left(\dfrac{1}{|y|}\right), & |y| \to \infty. \end{cases} \qquad (6.4.13)$$

因此对充分大的圆 $B(0,R)$, 注意到 $|y| = R \to \infty$ 时 $u^s(y,z), \Phi^s(y,z) \to 0$, 在 $B(0,R) \setminus \overline{D}$ 上用 Green 公式得

$$\int_{\partial D} \left[ \Phi^s(y,z) \frac{\partial u^s(y,-\hat{x})}{\partial \nu(y)} - \frac{\partial \Phi^s(y,z)}{\partial \nu(y)} u^s(y,-\hat{x}) \right] ds(y)$$

$$= \lim_{R \to \infty} \int_{\partial B(0,R)} \left[ \Phi^s(y,z) \frac{\partial u^s(y,-\hat{x})}{\partial \nu(y)} - \frac{\partial \Phi^s(y,z)}{\partial \nu(y)} u^s(y,-\hat{x}) \right] ds(y)$$

$$= \lim_{R \to \infty} \int_{\partial B(0,R)} \left[ \Phi^s(y,z) O\left(\frac{1}{|y|}\right) - u^s(y,-\hat{x}) O\left(\frac{1}{|y|}\right) \right] ds(y) = 0.$$

将此关系代入 (6.4.12) 得 (注意 $u = u^i + u^s$)

$$\Phi^\infty(\hat{x},z) = \gamma_2 \int_{\partial D} \left[ \Phi^s(y,z) \frac{\partial u(y,-\hat{x})}{\partial \nu(y)} - \frac{\partial \Phi^s(y,z)}{\partial \nu(y)} u(y,-\hat{x}) \right] ds(y). \quad (6.4.14)$$

由于 $u^i(\cdot, z)$ 在 $\mathbb{R}^2$ 上都满足方程, 在 $D$ 上用 Green 公式得

$$0 = \int_{\partial D} \left[ u^i(y,z) \frac{\partial \Phi(x,y)}{\partial \nu(y)} - \frac{\partial u^i(y,z)}{\partial \nu(y)} \Phi(x,y) \right] ds(y).$$

据此和 (6.4.10) 得

$$u^s(z,-\hat{x}) = \int_{\partial D} \left[ u(y,-\hat{x}) \frac{\partial \Phi(y,z)}{\partial \nu(y)} - \frac{\partial u(y,-\hat{x})}{\partial \nu(y)} \Phi(y,z) \right] ds(y). \quad (6.4.15)$$

如果 $\partial D$ 上的边界条件是 sound-soft 的, 则在 $\partial D$ 上满足

$$\Phi^s(\cdot, z) + \Phi(\cdot, z) = 0, \quad u(\cdot, -\hat{x}) = 0.$$

从而由 (6.4.15) 和 (6.4.14) 得

$$\gamma_2 u^s(z,-\hat{x}) = \gamma_2 \int_{\partial D} \Phi^s(y,z) \frac{\partial u(y,-\hat{x})}{\partial \nu(y)} ds(y) = \Phi^\infty(\hat{x},z).$$

如果 $\partial D$ 上的边界条件是 impedance 或 sound-hard 的, 则

$$\frac{\partial (\Phi^s(y,z) + \Phi(y,z))}{\partial \nu(y)} + i\sigma(y)(\Phi^s(y,z) + \Phi(y,z)) = 0,$$

或

$$\frac{\partial u(y,-\hat{x})}{\partial \nu(y)} + i\sigma(y) u(y,-\hat{x}) = 0.$$

将其用于 (6.4.15) 和 (6.4.14) 同样产生

$$\gamma_2 u^s(z,-\hat{x}) = -\gamma_2 \int_{\partial D} u(y,-\hat{x}) \left[ i\sigma(y)\Phi^s(y,z) + \frac{\Phi^s(y,z)}{\nu(y)} \right] ds(y) = \Phi^\infty(\hat{x},z).$$

引理证毕. □

上面构造的算子 $\mathbf{A}_\epsilon$ 实际上就是确定 $u^s(z)$ 的正则化算子, 它完全是由点源决定的, 与给定的散射波的远场形式无关. 下面来估计得到的正则化解与真解的误差.

**定理 6.4.5** 对给定的散射体 $D$, 设 $G$ 满足 $\overline{D} \subset G$. 记 $u_\delta^\infty$ 是精确远场形式 $u^\infty$ 的满足误差水平

$$\|u^\infty - u_\delta^\infty\|_{L^2(\Omega)} \leqslant \delta \tag{6.4.16}$$

的扰动数据. 则对 $z \in \mathbb{R}^2 \setminus \overline{G}$, 有下面的估计

$$|u^s(z) - (\mathbf{A}_\epsilon u_\delta^\infty)(z)| \leqslant c\epsilon + \frac{1}{\gamma_2} \|g_\epsilon(z, \cdot)\|_{L^2(\Omega)} \delta, \tag{6.4.17}$$

其中常数 $c$ 依赖于 $D$ 和映射 $S : C^1(\partial D) \to C(\Omega), u^i \to u^\infty$ 的模.

**证明** 对 $z \in \mathbb{R}^2 \setminus \overline{G}$, 用 $v^i(z, \cdot)$ 表示由 $g_\epsilon(z, \cdot)$ 定义的 Herglotz 波函数. 要证明本定理, 完全类似于 [155] 中定理 2 的证明, 只要证明下面两点:

(1) $\|\Phi(\cdot, z) - v^i(z, \cdot)\|_{C^1(\overline{D})} \leqslant C_1 \epsilon$;

(2) 互易原理.

由于已经给出了三种类型边界条件下的互易原理, 故只证明第一个估计即可.

由 Herglotz 波函数及 $g_\epsilon(z, \cdot)$ 的定义知

$$\|v^i(z, \cdot) - \Phi(\cdot, z)\|_{L^2(\partial G)} \leqslant \epsilon.$$

由于 $v^i(z, \cdot) - \Phi(\cdot, z)$ 在 $G$ 内满足 Helmholtz 方程, 故对确定的非空闭集 $M \subset \overline{D} \subset \overline{G}$,

$$\|v^i(z, \cdot) - \Phi(\cdot, z)\|_{C^2(M)} \leqslant C_1 \|v^i(z, \cdot) - \Phi(\cdot, z)\|_{L^2(\partial G)} \leqslant C_1 \epsilon. \tag{6.4.18}$$

另一方面, 由于 $v^i(z, \cdot) - \Phi(\cdot, z)$ 是 $G$ 内部的解析函数, 由 $M \subset \overline{D} \subset \overline{G}$ 即得

$$\|v^i(z, \cdot) - \Phi(\cdot, z)\|_{C^1(\overline{D})} \leqslant C_1 \epsilon.$$

下面即可类似于 [155] 的方法完成此定理的证明. □

**注解 6.4.6** 该定理表明了正则化解和精确界的误差同样是由两项组成的: (6.4.17) 右端第一项表示由于逆算子的近似引起的误差, 它依赖于正则化参数 $\epsilon$, 第二项表示由于输入数据误差 $\delta$ 引起的解的误差, 可是它被 $\|g_\epsilon(z, \cdot)\|_{L^2(\Omega)}$ 放大了. 由引理 6.4.3 的爆破性质 (4), 为保证 $(\mathbf{A}_\epsilon u_\delta^\infty)(z)$ 确实是 $u^s(z)$ 的近似, 正则化参数 $\epsilon = \epsilon(\delta)$ 的选取必须保持某种平衡, 以使得 $\delta \to 0$ 时第一项, 第二项均趋于 0. 这和我们前面讲述的一般的正则化理论是一致的.

　　关于这种取法的可能性及相应的收敛速度, 我们不加证明地给出如下结果, 它是 [155] 中收敛速度的一个更好的改进. 具体证明可见 [120].

　　**定理 6.4.7**　设 $u_\delta^\infty(\hat{x})$ 是满足 (6.4.16) 的扰动数据. 对 $z \in \mathbb{R}^2 \setminus \overline{\mathcal{H}(G)}$, 存在只依赖于 $D, k, \sigma, d$ 的正常数 $C, a, b, c$, 使得我们取正则化参数

$$\epsilon(\delta) = a\delta^{\frac{1}{b\ln(-\ln(c\delta))}} e^{-(-\ln(c\delta))^\beta}, \quad \forall \beta \in (0,1) \tag{6.4.19}$$

时, 相应的正则化解有收敛速度估计

$$|u^s(z) - (\mathbf{A}_{\epsilon(\delta)} u_\delta^\infty)(z)| \leqslant C\delta^{\frac{1}{b\ln(-a\ln(c\delta))}} e^{-(-\ln\delta)^\beta}, \tag{6.4.20}$$

其中常数 $C$ 对 $\mathbb{R}^2 \setminus \overline{\mathcal{H}(G)}$ 中的任意有界集是一致的, $\overline{\mathcal{H}(G)}$ 表示 $G$ 的闭凸包.

　　易知该估计的右端在 $\delta \to 0$ 时也趋于零, 但收敛速度是较慢的. 关于该方法的数值实验, 还需要进一步的工作.

　　下面我们转而讨论在 $\epsilon$ 的先验取法下的若干数值结果.

### 6.4.3　数值实验

　　反演 $u^s(z)$ 的一个主要工作就是求 $g_\epsilon(z, \cdot)$. 不失一般性, 假定 $\epsilon$ 充分小使得

$$\|\Phi(\cdot, z)\|_{L^2(\partial G)} > \epsilon, \tag{6.4.21}$$

否则取 $g_\epsilon(z, \xi) = 0$ 为最小模解即可. 如果取 $\partial G$ 是中心在原点的圆, 则 $\|\Phi(\cdot, z)\|_{L^2(\partial G)}$ 与 $z$ 无关. 给定 $\epsilon > 0$, 由最小模解的性质 ([94]), $\phi_0(\cdot) := g_\epsilon(z, \cdot)$ 满足

$$\alpha\phi_0(\xi) + (H^*H\phi_0)(\xi) = (H^*\Phi)(\xi, z), \quad \xi \in \Omega, \tag{6.4.22}$$

其中 $H^*$ 是 $H$ 的共轭算子, $\alpha = \alpha(\epsilon)$ 满足

$$G(\alpha) = \|H\phi_\alpha - \Phi\|_{L^2(\partial G)}^2 - \epsilon^2 = 0, \tag{6.4.23}$$

而 $\phi_\alpha(\xi)$ 满足

$$\alpha\phi_\alpha(\xi) + (H^*H\phi_\alpha)(\xi) = (H^*\Phi)(\xi, z), \quad \xi \in \Omega. \tag{6.4.24}$$

　　对给定的 $\epsilon > 0$, (6.4.23) 和 (6.4.24) 给出了确定 $\alpha = \alpha(\epsilon)$ 的一个隐式方程. 从而 $g_\epsilon(z, \cdot)$ 可以由 (6.4.22) 确定. 下面的结果给出了 $\alpha = \alpha(\epsilon)$ 的可解性及其显式上界, 它对用迭代法近似求 $\alpha(\epsilon)$ 是有用的.

　　**定理 6.4.8**　对满足 (6.4.21) 的正则化参数 $\epsilon$, 隐式方程 (6.4.23) 和 (6.4.24) 有唯一的根 $\alpha(\epsilon)$, 并且 $\alpha(\epsilon)$ 有估计

$$0 < \alpha < \frac{\|H\|^2\epsilon}{\|\Phi(\cdot, z)\| - \epsilon}. \tag{6.4.25}$$

**证明** 显然 $G(\alpha)$ 关于 $\alpha \in (0, \infty)$ 连续. 根据正则化解的性质 ([94], Ch.16) 和 (6.4.21),

$$\lim_{\alpha \to 0} G(\alpha) = -\epsilon^2 \leqslant 0, \quad \lim_{\alpha \to \infty} G(\alpha) = \|\Phi(\cdot, z)\|^2 - \epsilon^2 > 0.$$

另一方面, $\phi_\alpha$ 满足 (6.4.24) 意味着 $\dfrac{d\phi_\alpha}{d\alpha}$ 满足

$$\alpha \frac{d\phi_\alpha}{d\alpha} + H^* H \frac{d\phi_\alpha}{d\alpha} = -\phi_\alpha. \tag{6.4.26}$$

据此通过简单的计算可得

$$G'(\alpha) = 2\Re\left( H\frac{d\phi_\alpha}{d\alpha}, H\phi_\alpha - \Phi \right) = 2\Re\left( \frac{d\phi_\alpha}{d\alpha}, H^*(H\phi_\alpha - \Phi) \right)$$

$$= 2\alpha\Re\left( \frac{d\phi_\alpha}{d\alpha}, \alpha\frac{d\phi_\alpha}{d\alpha} + H^* H\frac{d\phi_\alpha}{d\alpha} \right) = 2\alpha^2 \left\| \frac{d\phi_\alpha}{d\alpha} \right\|^2 + 2\alpha \left\| H\frac{d\phi_\alpha}{d\alpha} \right\|^2 > 0.$$

因此 $\alpha(\epsilon)$ 的唯一可解性得证. 注意到 (6.4.23) 和 (6.4.24), 估计 (6.4.25) 由

$$\|\Phi(\cdot, z)\| - \epsilon = \|\Phi(\cdot, z)\| - \|H\Phi_\alpha - \Phi\|$$

$$\leqslant \|H\Phi_\alpha\| = \frac{1}{\alpha}\|HH^*\Phi - HH^*H\Phi_\alpha\|$$

$$= \|HH^*(\Phi - H\Phi_\alpha)\| \leqslant \frac{\|H\|^2\epsilon}{\alpha} \tag{6.4.27}$$

得到. □

$\alpha = \alpha(\epsilon)$ 可以近似用 Newton 迭代法求数值解. 可以由

$$\|(Hg)(\cdot, z)\|_{L^2(\partial G)}^2 \leqslant \int_{\partial G}\left[ \int_\Omega |e^{ikx\cdot\xi}|^2 ds(\xi) \int_\Omega |g(z, \xi)|^2 ds(\xi) \right] ds(x)$$

$$\leqslant \mathrm{mes}(\Omega)\|g(z, \cdot)\|_{L^2(\Omega)}^2 \mathrm{mes}(\partial G)$$

估计出 $\|H\|^2 \leqslant \mathrm{mes}(\Omega)\mathrm{mes}(\partial G)$. 故 (6.4.25) 给出了迭代法的一个上界.

先讨论对给定的 $\alpha > 0$, (6.4.24) 的解法. 对复值函数 $\phi(x) \in L^2(\partial G)$, 共轭算子的表达式为

$$(H^*\phi)(\xi) = \int_{\partial G} \phi(x)e^{-ikx\cdot\xi} ds(x).$$

从而对给定的 $z \in \mathbb{R}^2 \setminus \overline{G}$, (6.4.24) 和 (6.4.26) 的显式为

$$\alpha\phi_\alpha(z, \xi) + \int_\Omega K(\xi, \eta)\phi_\alpha(z, \eta)d\eta = \frac{i}{4}\int_{\partial G} e^{-ikx\cdot\xi} H_0^{(1)}(k|x - z|)ds(x), \tag{6.4.28}$$

$$\alpha \frac{d\phi_\alpha(z,\xi)}{d\alpha} + \int_\Omega K(\xi,\eta) \frac{d\phi_\alpha(z,\eta)}{d\alpha} d\eta = -\phi_\alpha(z,\xi), \tag{6.4.29}$$

其中核函数

$$K(\xi,\eta) = \int_{\partial G} e^{-ikx \cdot (\xi-\eta)} ds(x).$$

(6.4.28) 和 (6.4.29) 的左端结构是完全一样的, 故求 $\phi_\alpha(z,\xi), \dfrac{d\phi_\alpha(z,\xi)}{d\alpha}$ 只要改变右端项即可. 对给定的 $F(\xi), \xi = (\xi_1,\xi_2) = (\cos t, \sin t) \in \Omega$, 将 $\Omega$ 用节点 $\xi^j = (\xi_1^j, \xi_2^j) = (\cos t_j, \sin t_j), t_j = j \times \pi/N, \ j = 0,1,\cdots,2N-1$ 等分为 $2N$ 个小区间, 则方程

$$\alpha \phi(\xi) + \int_\Omega K(\xi,\eta) \phi(\eta) ds(\eta) = F(\xi)$$

可以离散为线性方程组

$$\alpha \phi(\xi^i) + \frac{\pi}{N} \sum_{j=0}^{2N-1} K(\xi^i,\xi^j) \phi(\xi^j) = F(\xi^i), \quad i = 0,1,2,\cdots,2N-1 \tag{6.4.30}$$

求数值解, 其中

$$K(\xi^i,\xi^j) = \int_0^{2\pi} e^{-ikx(t) \cdot (\xi^i-\xi^j)} |x'(t)| dt,$$

$x(t) = (x_1(t), x_2(t)), t \in [0,2\pi]$ 是 $\partial G$ 的参数表示. 通过上述过程解出 $\alpha(\epsilon)$ 进而求出 $g_\epsilon(z,\cdot)$ 后, 由 $u_\delta^\infty$ 近似构造的 $u^s(z)$ 为

$$u^s(z) = \frac{1}{\gamma_2} \frac{\pi}{N} \sum_{j=0}^{2N-1} g_\epsilon(z,\xi_j) u_\delta^\infty(d, -\xi^j), \quad z \in \mathbb{R}^2 \setminus \overline{G}. \tag{6.4.31}$$

用这里提出的数值方案考虑模型问题

$$\partial D = \{x : x = (x_1,x_2) = (1.2\cos t, 1.2\sin t), t \in [0,2\pi]\}, \quad \sigma(x) = \frac{2 + x_1 x_2}{(3 + x_2)^2},$$

并取入射方向 $d = (1.0, 0.0)$, 波数 $k = 1.0$. 在数值实验中, 我们用引理 6.4.2 的方案产生精确的 $u^s(z)$ 和远场数据 $u^\infty$. 再以此远场数据作为反演输入数据, 由 $\mathbf{A}_\epsilon$ 构造近似的 $u^s(z)$, 并对

$$\partial G = \{x : x(t) = (1.5\cos t, 1.5\sin t)\},$$

$$\partial Z = \{z : z(t) = 1.15 \times (1.5\cos t, 1.5\sin t)\}$$

来检验算法的效果, 用相对误差

$$\mathrm{err}(t_j) = \frac{|u^s(z(t_j)) - iu^s(z(t_j))|}{|u^s(z(t_j))|} \times 100\%$$

来描述反演精度.

首先检验精确的输入数据. 取 $N = 16$. 对 $\epsilon_1 = 1.040109\mathrm{E} - 06$, 用迭代法解得相应的 $\alpha_1 = 1.450226\mathrm{E} - 06$. 在四个特殊点的数值结果和整个 $\partial Z$ 上的反演结果分别见表 6.8 和图 6.22. 它们是非常令人满意的.

表 6.8 $\quad N = 16$ 时反演结果比较

| $t_j$ | 精确 $u^s(z(t_j))$ | 反演 $u^s(z(t_j))$ | $\mathrm{err}(t_j)$ |
|---|---|---|---|
| 0 | $(-2.692822\mathrm{E}-02, -1.027675)$ | $(-2.803457\mathrm{E}-02, -1.027045)$ | 0.12% |
| $\pi/2$ | $(6.662660\mathrm{E}-01, -4.690103\mathrm{E}-01)$ | $(6.657581\mathrm{E}-01, -4.684763\mathrm{E}-01)$ | 0.09% |
| $\pi$ | $(6.551172\mathrm{E}-01, -5.335922\mathrm{E}-01)$ | $(6.543543\mathrm{E}-01, -5.333374\mathrm{E}-01)$ | 0.09% |
| $3\pi/2$ | $(3.497621\mathrm{E}-01, -4.117846\mathrm{E}-01)$ | $(3.492075\mathrm{E}-01, -4.110203\mathrm{E}-01)$ | 0.17% |

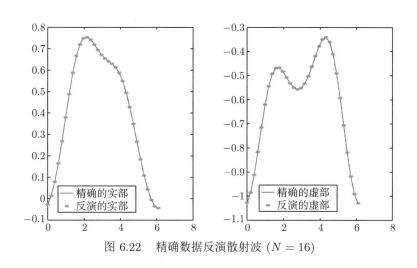

图 6.22 精确数据反演散射波 ($N = 16$)

下面检验反演算法的稳定性. 仍然取 $N = 16$ 并用下面的方式产生扰动数据:

$$u_\delta^\infty(\hat{x}(t_j)) = (1 + \delta)u^\infty(\hat{x}(t_j)), \tag{6.4.32}$$

误差水平 $\delta \in (-1, 1)$. $\delta = 0.1$ 时的反演结果见表 6.9 和图 6.23, 最小相对误差 9.80% 在 $j = 25$ 时取得, 而最大相对误差 9.94% 在 $j = 31$ 时取得.

表 6.9　$N = 16, \delta = 0.1$ 时反演结果比较

| $t_j$ | 精确 $u^s(z(t_j))$ | 反演 $u^s(z(t_j))$ | $\mathrm{err}(t_j)$ |
|---|---|---|---|
| $0$ | $(-2.692822\mathrm{E}{-}02, -1.027675)$ | $(-3.083766\mathrm{E}{-}02, -1.129750)$ | 9.94% |
| $\pi/2$ | $(6.662660\mathrm{E}{-}01, -4.690103\mathrm{E}{-}01)$ | $(7.323351\mathrm{E}{-}01, -5.153170\mathrm{E}{-}01)$ | 9.90% |
| $\pi$ | $(6.551172\mathrm{E}{-}01, -5.335922\mathrm{E}{-}01)$ | $(7.197876\mathrm{E}{-}01, -5.866771\mathrm{E}{-}01)$ | 9.90% |
| $3\pi/2$ | $(3.497621\mathrm{E}{-}01, -4.117846\mathrm{E}{-}01)$ | $(3.841274\mathrm{E}{-}01, -4.521179\mathrm{E}{-}01)$ | 9.81% |

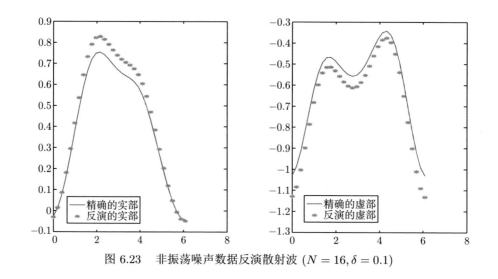

图 6.23　非振荡噪声数据反演散射波 ($N = 16, \delta = 0.1$)

由 (6.4.32) 产生的扰动数据意味着各点的噪声方式是一致的. 在此情形下, 10% 的输入扰动近似产生了精度为 10% 的反演结果. 该结果是令人满意的. 并且对应于扰动数据的偏差方式, 反演结果的偏差也显示了相应的一致性.

再考虑由

$$u_\delta^\infty(\hat{x}(t_j)) = (1 + (-1)^j \delta) u^\infty(\hat{x}(t_j)) \tag{6.4.33}$$

产生的振荡型扰动数据. $N = 16, \delta = 0.01$ 时的结果见表 6.10 和图 6.24. 此时最大相对误差为 26.7%. 由于 (6.4.33) 是一种非常极端的情形, 该结果是合理的, 也是可以接受的. 注意, 由于输入扰动数据是振荡的, 反演结果也产生振荡性. 一个

表 6.10　$N = 16, \delta = 0.01$ 时反演结果比较

| $t_j$ | 精确 $u^s(z(t_j))$ | 反演 $u^s(z(t_j))$ | $\mathrm{err}(t_j)$ |
|---|---|---|---|
| $0$ | $(-2.692822\mathrm{E}{-}02, -1.027675)$ | $(-7.828331\mathrm{E}{-}02, -9.970956\mathrm{E}{-}01)$ | 5.81% |
| $\pi/2$ | $(6.662660\mathrm{E}{-}01, -4.690103\mathrm{E}{-}01)$ | $(7.631726\mathrm{E}{-}01, -5.363312\mathrm{E}{-}01)$ | 14.4% |
| $\pi$ | $(6.551172\mathrm{E}{-}01, -5.335922\mathrm{E}{-}01)$ | $(6.983678\mathrm{E}{-}01, -5.399587\mathrm{E}{-}01)$ | 5.17% |
| $3\pi/2$ | $(3.497621\mathrm{E}{-}01, -4.117846\mathrm{E}{-}01)$ | $(2.426164\mathrm{E}{-}01, -3.676062\mathrm{E}{-}01)$ | 21.4% |

值得注意的事实是, 误差较大的反演点出现在精确散射场的局部极值点附近. 换言之, 精确散射场的变化趋势发生改变的那些点附近的反演值, 对输入数据的振荡更敏感. 这种现象在其他的反演数值结果中也多次出现.

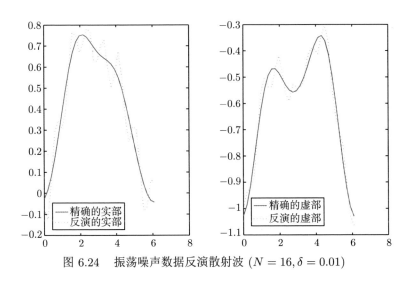

图 6.24　振荡噪声数据反演散射波 ($N = 16, \delta = 0.01$)

我们也可以对精确的反演输入数据来测试反演结果对正则化参数的依赖关系. 注意在我们的反演算法中, 其实有两个正则化参数: 一个是构造的近似逆算子 $\mathbf{A}_\epsilon$ 中的 $\epsilon$, 另一个是对给定的 $\epsilon$, 求最小模解时引进的 $\alpha = \alpha(\epsilon)$, 该参数理论上是可以求解的. 因此我们主要关心 $\epsilon$ 的扰动对反演结果的影响. 对上面同样问题的检验表明, $\epsilon$ 在一定程度上的改变对反演结果的影响不大. 具体的数值结果可参见 [118].

在我们实际的数值实验中, 正则化参数 $\epsilon, \alpha$ 的选取是通过自动搜索来实现的, 标准是使得相应的函数 $G(\alpha)$ 充分小, 而不是通过标准的 Newton 迭代法, 因为在具体的数值实现中, 我们发现 $G'(\alpha)$ 在 $\alpha$ 达到需要的精度以前就已经变得很小, 从而 Newton 迭代法不能产生需要的数值结果. 实际上, 大量的数值实验工作表明, 许多理论上很优美的确定正则化参数的方法, 在具体的计算中往往会产生一些问题, 下面我们将用前面讲述的模型函数的方法来确定该问题中的正则化参数.

### 6.4.4　求散射场的近似模型函数方法

前面我们讲了由散射波的远场形式确定散射波的正则化方法, 其中正则化参数的确定是一个关键的问题. 在数值实验中我们讨论的是 $\epsilon$ 的先验取法, 即没有讨论正则化参数 $\epsilon$ 与输入数据误差水平 $\delta$ 的关系. 在本小节, 我们用前面介绍的模型函数的办法来确定该类问题中的正则化参数, 它本质上是正则化参数的一种后验取法. 我们这里讨论 sound-soft 型边界散射体的逆散射问题. 本小节的工作是 [150] 中的一部分.

对二维具有 sound-soft 型边界散射体的散射问题, 在入射波 $u^i(x) = e^{ikd \cdot x}$ 的作用下, 总场 $u = u^s(x) + u^i(x)$ 满足

$$\begin{cases} \Delta u + k^2 u = 0, & x \in \mathbb{R}^2 \setminus \overline{D}, \\ u = 0, & x \in \partial D, \\ \dfrac{\partial u^s}{\partial r} - iku^s = O\left(\dfrac{1}{r}\right), & r = |x| \to \infty. \end{cases} \tag{6.4.34}$$

散射场和其远场之间的关系仍然是下面的渐近展开:

$$u^s(x) = \frac{e^{ik|x|}}{\sqrt{|x|}}\left\{ u_\infty(\hat{x}) + O\left(\frac{1}{|x|}\right) \right\}, \qquad |x| \to \infty, \tag{6.4.35}$$

其中 $\hat{x} = x/|x| \in \Omega$. 所论的反问题仍然是由远场形式的扰动数据来近似求解散射场. 我们这里的方法是基于密度函数的方法, 主要的目的是讨论确定正则化参数的模型函数的方法在逆散射问题中的应用.

当我们将反射波 $u^s$ 表示成单层位势形式

$$u^s(x) = \int_{\partial D} \varphi(y)\Phi(x, y)ds(y), \tag{6.4.36}$$

其中 $\varphi(y)$ 为未知的密度函数时, 同样可得到远场形式有下面的积分表示

$$u_\infty(\hat{x}) = \sigma \int_{\partial D} \varphi(y)e^{-ik(\hat{x}, y)}ds(y) := (\mathcal{F}\varphi)(\hat{x}), \quad \hat{x} \in \Omega, \tag{6.4.37}$$

这里 $\sigma = e^{i\frac{\pi}{4}}/\sqrt{8\pi k}$. 对于给定的远场形式 $u_\infty$ 的满足 (6.4.16) 扰动数据 $u_\infty^\delta$, 我们要寻找密度函数 $\varphi(y)$ 近似满足方程:

$$u_\infty^\delta(\hat{x}) := (\mathcal{F}\varphi)(\hat{x}), \quad \hat{x} \in \Omega. \tag{6.4.38}$$

由 (6.4.38) 近似求出 $\varphi$ 后, 再由 (6.4.36) 来确定 $u^s(x)$, (6.4.37) 中的积分算子有一个解析核, 从而 (6.4.38) 是一个第一类不适定方程, 它的不适定程度可以由算子 $\mathcal{F}$ 的奇异值来表示. 为计算简单, 不妨取 $\partial D$ 为一个单位圆, 由 [94] 知, 此时 $\mathcal{F}$ 的奇异值为 $\mu_n = 2\pi|\sigma J_n(k)|$, $n = 0, 1, \cdots$. 从 Bessel 函数的级数展开, 可以得到近似表达式:

$$\mu_n = O\left(\frac{1}{n!}\left(\frac{k}{2}\right)^n\right), \quad n \to \infty.$$

由此可以看出, $\mu_n \to 0$ 的速度极快, 它近似是一个指数型的衰减, 由我们前面的定义, 求解密度函数是一强不适定的问题.

由于 $u_\infty^\delta$ 未必是远场形式, 从而 (6.4.38) 未必有精确解, 因此只能求其近似解, 再由这样的近似解构造的密度函数来近似求散射场. 求不适定的方程 (6.4.38) 的稳定的近似解需要引进正则化的方法. 即在 $X := L^2(\partial D)$ 上极小化泛函

$$J_\beta(\varphi) = \frac{1}{2}\|\mathcal{F}\varphi - u_\infty^\delta\|_Y^2 + \frac{\beta}{2}\|\varphi\|_X^2, \tag{6.4.39}$$

这里 $\beta > 0$ 是正则化参数, $Y := L^2(\Omega)$. 对任意给定的 $\beta$, 该问题的唯一极小元 $\varphi(\beta)$ 是下面方程的解

$$\mathcal{F}^*\mathcal{F}\varphi + \beta\varphi = \mathcal{F}^*u_\infty^\delta. \tag{6.4.40}$$

确定正则化参数的 Morozov 相容性原理要求 $\beta$ 应该满足

$$\|\mathcal{F}\varphi(\beta) - u_\infty^\delta\|_Y^2 = \delta^2. \tag{6.4.41}$$

下面我们用前面讲述的模型函数的方法近似解此方程来确定正则化参数, 并进而检验该方法对此逆散射问题的反演结果.

同样我们首先采用势函数的理论解正问题产生精确的散射场及其远场数据. 为了对密度函数得到一个适定的线性积分方程, 不同于引理 6.4.2, 我们采用双层位势的形式来表示散射波场. 对满足 Helmholtz 方程的入射波 $u^i(x)$ (例如平面波 $e^{ikd \cdot x}$ 或者点源 $H_0^{(1)}(k|x - x_0|)$), 把正问题 (6.4.34) 重写为

$$\begin{cases} \Delta u^s + k^2 u^s = 0, & x \in \mathbb{R}^2 \setminus \overline{D}, \\ u^s = -u^i := f(x)/2, & x \in \partial D, \\ \dfrac{\partial u^s}{\partial r} - iku^s = O\left(\dfrac{1}{r}\right), & r = |x| \to \infty. \end{cases} \tag{6.4.42}$$

把该问题的解表示为双层位势的形式:

$$u^s(x) = \int_{\partial D} \frac{\partial \Phi(x, y)}{\partial \nu(y)} \phi(y) ds(y), \tag{6.4.43}$$

其中 $\nu(y)$ 是 $\partial D$ 的单位外法向. 同样由 Hankel 函数渐近展开和远场定义 (6.4.35) 得

$$u_\infty(\hat{x}) = \frac{k\, e^{-i\frac{\pi}{4}}}{\sqrt{8\pi k}} \int_{\partial D} (\nu(y), \hat{x}) e^{-ik\hat{x}y} \phi(y) ds(y), \quad \hat{x} \in \Omega. \tag{6.4.44}$$

用此方法解正问题, 有下面的结果.

**定理 6.4.9**　如果密度函数 $\phi(x) \in C(\partial D)$ 满足

$$2\int_{\partial D} \frac{\partial \Phi(x,y)}{\partial \nu(y)} \phi(y)ds(y) + 2\phi(x) = f(x), \tag{6.4.45}$$

则 (6.4.43) 就是正问题 (6.4.42) 的解, (6.4.44) 是相应的远场形式.

**注解6.4.10**　注意问题 (6.4.42) 解的单层位势和双层位势两种表示形式 (6.4.36), (6.4.43). 在这两种表示下, 对应的远场形式分别是 (6.4.37), (6.4.44). 对 sound-soft 型边界的散射体, 得到的是关于密度函数的第一类和第二类的线性积分方程. 在解正问题产生模拟数据时, 我们需要避开不适定的问题, 因此采用解的双层位势表示.

关于有弱奇性的积分方程 (6.4.45) 的解法, 见 [150]. 用此方法产生正演数据后, 下面我们来考虑由 $u_\infty^\delta$ 求 $u^s$ 的反问题. 即用模型函数的方法由 (6.4.40), (6.4.41) 来求正则化参数 $\beta$, 进而求密度函数 $\varphi$, 最后由 (6.4.36) 近似得到 $u^s$.

对 $\partial D = \{x := x(t) = (x_1(t), x_2(t)), \ t \in [0, 2\pi]\}$, 直接计算得

$$(\mathcal{F}\varphi)(\hat{x}) = \sigma \int_0^{2\pi} \varphi(x(\tau))e^{-ik\hat{x}\cdot x(\tau)}|x'(\tau)|d\tau,$$

$$(\mathcal{F}^*\mathcal{F}\varphi)(x(t))$$
$$= \bar{\sigma}\sigma \int_{[0,2\pi]^2} \varphi(x(\tau_1))e^{-ik(\cos\tau_2,\sin\tau_2)\cdot x(\tau_1)}e^{ik(\cos\tau_2,\sin\tau_2)\cdot x(t)}|x'(\tau_1)|d\tau_1 d\tau_2,$$

$$(F^*u^\infty)(x(t)) = \bar{\sigma}\int_0^{2\pi} u_\infty(\cos\tau_2,\sin\tau_2)e^{ik(\cos\tau_2,\sin\tau_2)\cdot x(t)}d\tau_2.$$

用矩形公式计算积分并取 $t = t_l = \dfrac{l}{n}\pi, l = 0, 1, \cdots, 2n-1$, (6.4.40) 的离散形式是

$$\beta\varphi(x(t_l)) + \bar{\sigma}\sigma\left(\frac{\pi}{n}\right)^2 \sum_{i,j=0}^{2n-1} (e^{-ik(\cos t_j,\sin t_j)\cdot x(t_i)}e^{ik(\cos t_j,\sin t_j)\cdot x(t_l)}|x'(t_i)|)\varphi(x(t_i))$$
$$= \bar{\sigma}\frac{\pi}{n}\sum_{j=0}^{2n-1} u_\infty^\delta(\cos t_j,\sin t_j)e^{ik(\cos t_j,\sin t_j)\cdot x(t_l)}. \tag{6.4.46}$$

记 (6.4.39) 的极小值为 $\hat{F}(\beta)$, 即 $\hat{F}(\beta) := J_\beta(\phi(\beta))$. 模型函数的方法确定正则化参数的步骤如下:

给定 $\beta_0 > 0, \epsilon > 0, l = 0$.

第一步: 由 (6.4.46) 解出 $\tilde{\varphi}_l(t_i) := \varphi_l(x(t_i))$, $i = 0, 1, \cdots, 2n-1$, 再如下计算 $\hat{F}(\beta_l)$, $\hat{F}'(\beta_l)$:

$$\hat{F}(\beta_l) = \frac{\pi}{2n} \sum_{j=0}^{2n-1} \left( \sigma \frac{\pi}{n} \sum_{i=0}^{2n-1} \tilde{\varphi}_l(t_i) e^{-ik(\cos t_j, \sin t_j)(x_1(t_i), x_2(t_i))} |x'(t_i)| - u_\infty^\delta(t_j) \right)^2$$

$$+ \beta_l \frac{\pi}{2n} \sum_{i=0}^{2n-1} \tilde{\varphi}_l(t_i)^2 |x'(t_i)|.$$

$$\hat{F}'(\beta_l) = \frac{\pi}{2n} \sum_{i=0}^{2n-1} \tilde{\varphi}_l(t_i)^2 |x'(t_i)|,$$

$$T_l = \frac{\sum_{j=0}^{2n-1} \left( \sigma \frac{\pi}{n} \sum_{i=0}^{2n-1} \tilde{\varphi}_l(t_i) e^{-ik(\cos t_j, \sin t_j)(x_1(t_i), x_2(t_i))} |x'(t_i)| \right)^2}{\sum_{i=0}^{2n-1} \tilde{\varphi}_l(t_i)^2 |x'(t_i)|},$$

$$C_l = -\frac{\pi}{2n}(T_l + \beta_l)^2 \sum_{i=0}^{2n-1} \tilde{\varphi}_l(t_i)^2 |x'(t_i)|.$$

第二步: 如下构造 $m_l(\beta)$:

$$m_l(\beta) = \frac{1}{2}\|u_\infty^\delta\|_Y^2 + \frac{C_l}{T_l + \beta} = \frac{\pi}{2n} \sum_{i=0}^{2n-1} (u_\infty^\delta(t_i))^2 + \frac{C_l}{T_l + \beta}, \tag{6.4.47}$$

$$m_l'(\beta) = -\frac{C_l}{(T_l + \beta)^2}. \tag{6.4.48}$$

取 $\hat{\alpha} = \dfrac{1}{4}$ $\left(\text{这意味着 } \hat{G}_l(0) < \dfrac{1}{2}\delta^2\right)$ 再计算

$$G_l(0) = \frac{1}{2}\|u_\infty^\delta\|^2 - \frac{1}{2}q(\beta_l) = \frac{1}{2} \sum_{i=0}^{2n-1} (u_\infty^\delta(t_i))^2 \frac{\pi}{n} + \frac{C_l}{T_l}, \quad G_l(\beta_l) = \hat{F}(\beta_l) - \beta_l \hat{F}'(\beta_l),$$

$$\alpha_l = \frac{G_l(0) - \dfrac{1}{4}\delta^2}{G_l(\beta_l) - G_l(0)}.$$

第三步: 由 (6.4.47), (6.4.48) 如下构造改进的模型函数方程

$$\hat{G}_l(\beta) := G_l(\beta) + \alpha_l(G_l(\beta) - G_l(\beta_l)) = \frac{1}{2}\delta^2.$$

据 $G_l(\beta_l), G_l(\beta), \alpha_l$ 的表达式将此式化简为

$$\frac{C_l T_l}{(T_l + \beta)^2} = \frac{\delta^2 + 2\alpha_l G_l(\beta_l)}{2(1 + \alpha_l)} - \frac{\pi}{2n} \sum_{i=0}^{2n-1} (u_\infty^\delta(t_i))^2, \tag{6.4.49}$$

解此显式方程得 $\beta_{l+1}$.

第四步: 如 $|\beta_{l+1} - \beta_l| \leqslant \epsilon$ 或 $\hat{G}_l(\beta_l) \leqslant \frac{1}{2}\delta^2$, 停止; 否则置 $l := l+1$, 返回第一步.

在模型中, 对入射平面波 $u^i = e^{ikx \cdot d}$ 取入射方向 $d = (1,0)$,

$$\partial D = \{x := (3\cos t, 4\sin t), t \in [0, 2\pi]\}.$$

我们的反问题是由远场的扰动数据 $u_\infty^\delta$ 来近似求 $x \in B_5 := \{x(t) = 5(\cos t, \sin t), t \in [0, 2\pi]\}$ 上的散射场 $u^s(x)$. 事实上, 一旦求出了密度函数, 可以求任意点的散射场.

对不同的 $n$ ($[0, 2\pi]$ 作 $2n$ 等分), 用

$$u_\infty^\delta(j) = u_\infty(j) + M \times (0.01 + 0.01i) \tag{6.4.50}$$

的方式来产生扰动数据, $M$ 是 $(-2, 2)$ 上的随机数. 所得的最后反演结果见图 6.25—图 6.27. 在这些情形, 上面求正则化参数的迭代程序在 4 次以后停止. 散射场反演结果的 $L^2$ 误差分别是 $1.5148, 0.0466, 0.0019$.

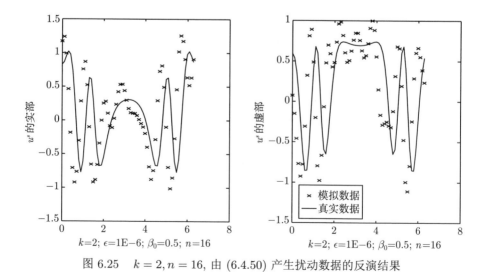

图 6.25　$k = 2, n = 16$, 由 (6.4.50) 产生扰动数据的反演结果

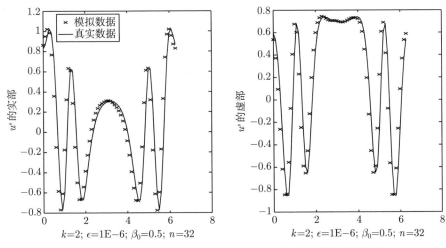

图 6.26   $k = 2, n = 32$, 由 (6.4.50) 产生扰动数据的反演结果

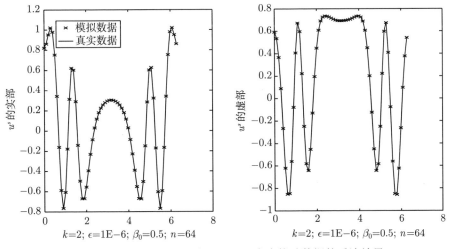

图 6.27   $k = 2, n = 64$, 由 (6.4.50) 产生扰动数据的反演结果

图 6.28 和图 6.29 反映的是分别由

$$u_\infty^\delta(j) = u_\infty(j) + (-1)^j \times (0.01 + 0.01i), \tag{6.4.51}$$

$$u_\infty^\delta(j) = u_\infty(j) + (-1)^j \times (0.001 + 0.001i) \tag{6.4.52}$$

产生的扰动数据的反演结果的误差分布直方图. 迭代程序在迭代 11 次, 4 次以后得到了需要的正则化参数. 反演结果的 $L^2$ 误差分别是 $0.0097, 0.0020$.

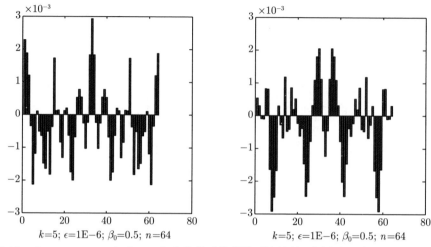

图 6.28　$k = 5, n = 64$, 由 (6.4.51) 产生扰动数据的反演结果. 左图是反演结果误差的实部,
右图是反演结果误差的虚部

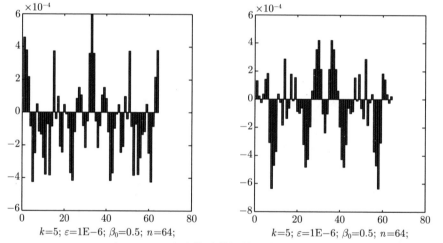

图 6.29　$k = 5, n = 64$, 由 (6.4.52) 产生扰动数据的反演结果. 左图是反演结果误差的实部,
右图是反演结果误差的虚部

从这些反演的数值结果可以看出, 随着 $n$ 的增大, 反演结果越来越好. 而对大波数, 相应的 $n$ 的要取得更大才能得到满意的反演结果, 这是很自然的, 因为此时 $u^s(x)$ 的振荡性较强, 只有等分数较大, 才能准确地反映这种振荡性. 之所以可以把 $n$ 增大, 是因为用正则化方法解密度函数时的出发点是一个第二类的线性积分方程, 此时方程左端积分项的高精度近似必然导致解的高精度逼近. 但是如果直接从第一类的积分方程来解密度函数, 此时的等分数 $2n$ 实际上是起到正则化参数的作用, 它必须保持某种平衡, 不能无限制加大 (见第 4 章). 因此关于由远场近

似数据确定散射近场的逆散射问题给出了正则化方法求解不适定问题的一个很好的数值例子.

# 6.5 基本解的 Runge 逼近

对椭圆型方程和抛物型方程, 基本解是一个重要的理论工具, 它本质上反映了微分方程的性质. 与基本解密切相关的另一个重要概念是 Green 函数, 它是基本解与一个满足微分方程的光滑函数的和. 这里引进光滑函数的作用是为了保证 Green 函数满足相应的齐次边界条件. 因此利用 Green 函数, 有可能把定解问题的解借助于积分表示出来 ([99]).

然而, 只有对一些非常特殊的区域, 才能写出 Green 函数的显式表达式. 对一般的区域, 只能用数值的方法近似求出 Green 函数. Green 函数的近似逼近除了在微分方程正问题的数值求解中有着重要的作用以外, 近年来的研究发现, 它在求解反问题的某些新方法 (例如逆散射问题的探测方法 [108, 112]) 中也起着核心的作用. 为了数值实现这些新的反演方法, 就必须考虑 Green 函数的近似逼近. 这种逼近是某些理论方法最终得以实现的关键一步 ([24, 112]).

Green 函数的近似逼近的一个重要途径就是 Runge 逼近. 大体说来, Runge 逼近定理保证了可以构造一个在整个区域满足微分方程的光滑函数, 但是只能在不包含基本解奇点的区域上逼近基本解. 近年来的研究工作发现, 对椭圆型方程和抛物型方程的基本解的 Runge 逼近函数, 可以借助于一类优化问题来构造, 它们本质上就是要求解一个关于密度函数的第一类积分方程. 因此在本节我们介绍 Helmholtz 方程基本解的 Runge 逼近, 作为本书介绍的不适定问题求解方法的另一类重要应用. 关于热传导方程基本解的 Runge 逼近问题, 尽管时间变量和空间变量的不对称性会导致一定的技术困难, 但其基本的思路是一样的.

## 6.5.1 Helmholtz 方程基本解的 Runge 逼近

考虑二维的 Helmholtz 方程

$$\Delta u + k^2 u = 0, \quad \Omega \subset \mathbb{R}^2.$$

易知其基本解是

$$\Phi(x, y) = \frac{i}{4} H_0^{(1)}(k|x - y|).$$

基本解的 Runge 逼近定理叙述为

**定理 6.5.1** 假定 $\Gamma$ 是 $\partial\Omega$ 上的开集. 对任给 $t > 0$, 存在函数列 $\{v_n\}_{n=1,\cdots} \subset H^1(\Omega)$ 在 $\Omega$ 上满足 $\Delta v_n + k^2 v_n = 0$, 并且 $\operatorname{supp}(v_n|_{\partial\Omega}) \subset \Gamma$. 同时, 在 $H^1_{\mathrm{loc}}(\Omega \setminus \{c(t')|0 < t' \leqslant t\})$ 中

$$v_n \to \Phi(\cdot, c(t)),$$

其中 $\{c(t')|0 < t' \leqslant t\}$ 是 $c(0) \in \partial\Omega, c(t) \in \Omega$ 的一条曲线.

简言之, 若 $\Phi(\cdot, c(t))$ 表示位于 $\Omega$ 内 $c(t)$ 点的点源, 则存在 $v_n$ 在整个 $\Omega$ 内满足 Helmholtz 方程, 但是只在 $\Omega$ 除去一条以 $c(0), c(t)$ 为端点的 $\Omega$ 内的曲线 (称为 "针") 的开区域内逼近基本解. 该定理中 $v_n$ 的存在性是由 Hahn-Banach 定理得到的. 我们这里要讨论的问题是如何构造 $v_n$. 对给定的针 $c = \{c(t') : 0 \leqslant t' \leqslant t\} \in \Omega$, 用 $\text{Cone}(c, t)$ 表示满足 $c \in \text{Cone}(c, t) \subset \Omega$ 的锥形区域. 再记

$$G(c, t) := \Omega \setminus \overline{\text{Cone}(c, t)}.$$

则上述 Runge 逼近问题可以描述为求 $v_n$, 使得在 $\Omega$ 内满足 Helmholtz 方程, 但只在 $G(c, t)$ 内逼近基本解. 注意, 在 $G(c, t)$ 内, $\Phi(\cdot, c(t))$ 没有奇性, 但是, 当 $c(t)$ 靠近 $\partial G(c, t)$ 时, $\Phi(\cdot, c(t))$ 在 $\partial G(c, t)$ 上 $c(t)$ 点附近取值很大.

记 $S^1$ 为 $\mathbb{R}^2$ 上的单位圆. 给定 $S^1$ 上的密度函数 $g$, 引进 Herglotz 波函数

$$(Hg)(x) = \int_{S^1} e^{ikx \cdot \xi} g(\xi) ds(\xi), \quad x \in \mathbb{R}^2,$$

它在 $\Omega$ 内满足 Helmholtz 方程. 为了 $(Hg)(x)$ 在 $G(c, t)$ 内逼近基本解, 注意 $(Hg)(x)$ 在 $G(c, t)$ 内也满足 Helmholtz 方程, 很自然我们只要在 $\partial G(c, t)$ 上 $(Hg)(\cdot)$ 能近似 $\Phi(\cdot, c(t))$ 即可. 注意到在波数 $k$ 的一定的假定下, 算子 $H$ 的值域在 $L^2(\partial G(c, t))$ 中是稠密的 ([157]), 这种在 $L^2$ 意义下的近似是有保证的.

为此考虑下面积分方程

$$(Hg)(x) = \Phi(x, c(t)), \quad x \in \partial G(c, t) \tag{6.5.1}$$

具有偏差 $\varepsilon > 0$ 的最小模解. 由最小模解的标准理论 ([94]), 存在唯一的密度函数 $g_\varepsilon(c(t), \cdot) \in L^2(S^1)$ 满足

$$\|g_\varepsilon(c(t), \cdot)\|_{L^2(S^1)} = \inf\{\|f(\cdot)\|_{L^2(S^1)} : \|(Hf)(\cdot) - \Phi(\cdot, c(t))\|_{L^2(\partial G(c, t))} \leqslant \varepsilon\}.$$

对 $\varepsilon = \dfrac{1}{n}$ $(n = 1, 2, \cdots)$, 构造

$$v_n(x) = (Hg_{1/n})(x) = \int_{S^1} e^{ikx \cdot \xi} g_{1/n}(c(t), \xi) ds(\xi), \quad x \in \mathbb{R}^2, \tag{6.5.2}$$

它在 $\mathbb{R}^2$ 上满足 Helmholtz 方程. 由 $g_\varepsilon(c(t), \cdot)$ 的定义, $v_n(x) \in C^2(G(c, t)) \cap C(\overline{G(c, t)})$ 满足

$$\|v_n(\cdot) - \Phi(\cdot, c(t))\|_{L^2(\partial G(c,t))} \leqslant \varepsilon. \tag{6.5.3}$$

注意到 $v_n(\cdot) - \Phi(\cdot, c(t))$ 在 $G(c,t)$ 内满足 Helmholtz 方程, 由 Helmholtz 方程内问题解的适定性 ([30], 定理 6.4) 知, 在 $H_{\text{loc}}^1(G(c,t))$ 中

$$v_n(x) \to \Phi(x, c(t)). \tag{6.5.4}$$

因此一旦求出密度函数 $g_{1/n}$, 用这种方法构造的 $v_n(x)$ 就是所需要的 Runge 逼近函数.

由我们在第 3 章讲述的最小模解的标准理论, 对 $c(t) \notin \overline{G}(c,t)$, (6.5.1) 在偏差 $1/n$ 下的最小模解 $g_{1/n}(c(t), \xi) := \phi_0(\xi)$ 满足

$$\begin{cases} \|H\phi_0(\cdot) - \Phi(\cdot, c(t))\|_{L^2(\partial G(c,t))} = \dfrac{1}{n}, \\ \alpha\phi_0(\xi) + (H^*H\phi_0)(\xi) = (H^*\Phi)(\xi). \end{cases} \tag{6.5.5}$$

用 $\phi_\alpha$ 表示正则化方程

$$\alpha\phi(\xi) + (H^*H\phi)(\xi) = (H^*\Phi)(\xi) \tag{6.5.6}$$

的解. 则由正则化方程解的性质知

$$G_1(\alpha) := \|H\phi_\alpha(\cdot) - \Phi(\cdot, c(t))\|_{L^2(\partial G(c,t))} - \frac{1}{n}$$

关于正则化参数 $\alpha > 0$ 是单调增加的, 且当 $\|\Phi(\cdot, c(t))\|_{L^2(\partial G(c,t))} > 1/n$ 时有

$$\lim_{\alpha \to 0} G_1(\alpha) < 0, \quad \lim_{\alpha \to \infty} G_1(\alpha) > 0.$$

因此, (6.5.5) 是唯一可解的. 从而 (6.5.5) 理论上可以通过任一个隐函数求零点的标准方法 (例如二分法) 求解.

下面我们先对给定的 $\Omega$, 对特殊形式的针 $c$, 给出上述区域 $G(c,t)$ 的一种构造, 以使得我们能在下面检验 (6.5.5) 的求解效果. 假定 $(0,0) \in \Omega$ 并且我们取

$$\Omega = \{(x,y) : x^2 + y^2 < 1\} \subset \mathbb{R}^2, \tag{6.5.7}$$

针 $c$ 取为连接 $c(0) \in \partial\Omega$ 和圆点 $(0,0)$ 的直线. 不失一般性, 取针 $c_0$ 以 $c_0(0) = (0,1) \in \partial\Omega$ 为起点, 我们用下面的方式来构造 $G(c_0,t)$. 假定锥型曲线

$$y = Ax^6 + Bx^4 + Cx^2 + D, \quad |x| \leqslant x_0 < 1 \tag{6.5.8}$$

与 $\partial\Omega$ 上点 $(\pm x_0, y_0): 0 < x_0 < 1, y_0 > 0$ 以二阶导数的连续性要求光滑接触, 则给定 $x_0, C$, 就可以唯一确定 $A, B, D, y_0$. 这样构造的 $\partial G(c_0, t)$ 是

$$\partial G(c_0, t) = \begin{cases} \{(x, y): y = Ax^6 + Bx^4 + Cx^2 + D, |x| \leqslant x_0, y > 0\}, \\ \{(x, y): x^2 + y^2 = 1, 0 < x_0 \leqslant |x| \leqslant 1, y \geqslant 0 \text{ 或 } |x| \leqslant 1, y \leqslant 0\}. \end{cases}$$

对这样构造的 $G(c_0, t)$, 大体说来, $C$ 决定了锥型区域的高度, $x_0$ 决定了锥型区域的宽度 (见图 6.30, 图 6.31).

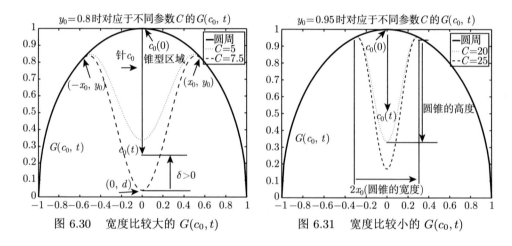

图 6.30　宽度比较大的 $G(c_0, t)$　　　　图 6.31　宽度比较小的 $G(c_0, t)$

### 6.5.2　逼近的数值实现

下面我们来检测 Runge 逼近函数的逼近效果. 用 $g_\varepsilon(c_0, \cdot)$ 表示 $\partial G(c_0, t)$ 上 (6.5.1) 的最小模解. 在数值实验中, 我们对不同的参数 $D > 0$ 和 $y_0$ 取 $c_0(t) = (0, D + \delta)$.

我们在离散积分方程 (6.5.5) 时, 将其中的在 $[0, 2\pi]$ 上的积分作 $2n$ 等分, 取 (6.5.3) 中的偏差水平 $\varepsilon = 0.0001$. 当取参数

$$n = 32, \quad C = 5, \quad y_0 = 0.9, \quad k = 3.0, \quad \delta = 0.05$$

时, 用最小模解 $g_\varepsilon$ 构造 $Hg_\varepsilon$ 在 $\partial G(c_0, t)$ 来逼近 $\Phi(\cdot, c_0(t))$ 的效果见图 6.32.

注意到正则化参数有上界

$$\alpha_{up} = \frac{\|H\|^2 \varepsilon}{\sqrt{\|\Phi(\cdot, c_0(t))\|_{\partial G(c_0, t)} - \varepsilon}},$$

在计算中, 我们是通过在 $(10^{-6}\alpha_{up}, 10^{-3}\alpha_{up})$ 上极小化 $|G_1(\alpha)|$ 来确定最小模解对应的 $\alpha_0$ 的. 由此图可以看出, $\Phi(x, c_0(t))$ 的虚部的逼近效果很好. 虽然其实部

在 $c_0(t)$ 附近 ($|x - c_0(t)| = 0.05$) 的奇性的恢复不是非常令人满意. 但是在 $L^2$ 模的意义下, 这种边界上的逼近是非常成功的.

下面让我们更细致地检查一下 Runge 逼近函数的逼近效果. 注意到对给定的偏差 $\varepsilon = 1/n > 0$, 我们首先是由 (6.5.5) 解一个隐函数方程来求解对应的正则化参数的. 理论上来讲, 当给定 $\varepsilon = 1/n > 0$ 后, 总可以求出 $G_1(\alpha)$ 的零点进而由 (6.5.6) 确定最小模解 $g_\varepsilon(c_0, \cdot)$. 但当考虑 Runge 逼近时, 对充分小的 $\varepsilon$, 对应的正则化参数 $\alpha$ 也很小 (见 $\alpha$ 的上界表达式). 因此从数值解的角度而言, 我们就应该考虑, 当 $\varepsilon$ 很小时, 对应的 $\alpha$ 能否真正求出. 换言之, 我们应该考虑对充分小的 $\varepsilon$, 函数 $G_1(\alpha)$ 的性态. 从图 6.32 的逼近效果来看, 这种考虑是很有必要的, 因为在 $c_0(t)$ 附近的逼近效果不是特别理想.

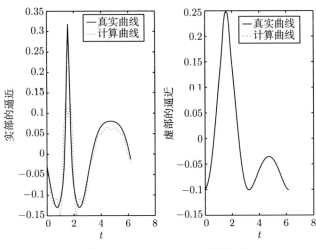

图 6.32　用 $Hg_\varepsilon$ 在 $\partial G(c_0, t)$ 上逼近 $\Phi(\cdot, c_0(t))$

图 6.33 给出了对给定的 $\varepsilon = 1\text{E} - 4$, 当 $\alpha \in 8.83 \times (10^{-5}, 10^{-2})$ 时, 先由

$$\alpha\phi_\alpha(\hat{x}) + H^*H\phi_\alpha(\hat{x}) = (H^*\Phi)(\hat{x}) \quad \hat{x} \in \Omega \tag{6.5.9}$$

求出 $\phi_\alpha(\cdot)$, 再计算

$$G_1(\alpha) = \|H\phi_\alpha(\cdot) - \Phi(\cdot, c_0(t))\|_{L^2(\partial G(c_0, t))} - \varepsilon \tag{6.5.10}$$

的数值行为, 其中 $2n$ 是 $[0, 2\pi]$ 的等分数. 在这里的计算中 $\|H\phi_\alpha(\cdot) - \Phi(\cdot, c_0(t))\|_{L^2(\partial G(c_0, t))}$ 是独立于 $\varepsilon$ 的.

由图 6.33 和图 6.34 结果可以看出, 当 $\alpha$ 很小时, $G_1(\alpha)$ 的下降是很慢的, 甚至由于截断误差的干扰, $\alpha$ 很小时 $G_1(\alpha)$ 的单调性有可能被破坏了 (图 6.34). 换言之, 对充分小的 $\varepsilon$, 由 $G_1(\alpha)$ 的零点来确定最小模解对应的正则化参数, 从数值求解的角度而言, 并不总是容易实现的.

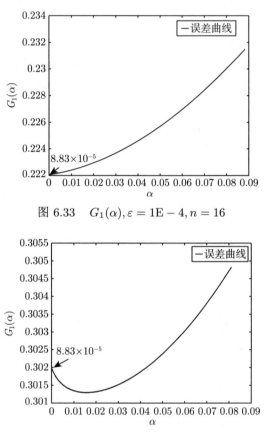

图 6.33　$G_1(\alpha), \varepsilon = 1\text{E} - 4, n = 16$

图 6.34　$G_1(\alpha), \varepsilon = 1\text{E} - 4, n = 32$

　　本节提供的数值分析结果提醒我们, 当考虑不适定问题的数值求解时, 应该针对具体问题来考虑它的数值实现效果. 在某些场合, 理论分析上得到的结果和最终应用数值方法可以实现的结果并不是完全一致的.

　　关于这种有限逼近效果对理论上十分优美的探测方法的数值实现影响的详细分析, 见 [25, 113].

### 6.5.3　位势函数的离散计算公式

　　在前面几小节, 我们可以看到, 借助于基本解 $\Phi(x, y) = \dfrac{i}{4} H_0^{(1)}(k|x - y|)$ 构造的势函数, 在散射问题的波场计算中起着重要的作用. 由于前面讨论的是具有 Dirichlet 边界条件的散射体的散射问题, 所以在引理 6.4.2 中只引进了单层位势.

实际上, 如果讨论带有 Neumann 边界条件或者 Robin 边界条件的散射体的散射问题, 或者用引进混合位势的方法来计算具有 Dirichlet 边界条件的散射体的散射波场以保证密度函数满足的方程对一切波数 $k$ 总是可解的, 我们还需要讨论一般的双层位势及其导数. 这些位势都是具有奇性的积分, 但是这些奇性都是可积的. 现在我们来给出这些位势的基本性质及其计算公式.

假定有界的散射体 $D$ 的边界 $C^2$ 光滑. 对定义于 $\partial D$ 上的密度函数 $\psi(x) \in C(\partial D)$, 定义

$$(\mathbf{S}\psi)(x) := 2 \int_{\partial D} \Phi(x,y)\psi(y)ds(y), \quad x \in \partial D, \tag{6.5.11}$$

$$(\mathbf{K}\psi)(x) := 2 \int_{\partial D} \frac{\partial \Phi(x,y)}{\partial \nu(y)}\psi(y)ds(y), \quad x \in \partial D, \tag{6.5.12}$$

$$(\mathbf{K}'\psi)(x) := 2 \int_{\partial D} \frac{\partial \Phi(x,y)}{\partial \nu(x)}\psi(y)ds(y), \quad x \in \partial D, \tag{6.5.13}$$

$$(\mathbf{T}\psi)(x) := 2\frac{\partial}{\partial \nu(x)} \int_{\partial D} \frac{\partial \Phi(x,y)}{\partial \nu(y)}\psi(y)ds(y), \quad x \in \partial D, \tag{6.5.14}$$

其中的方向 $\nu(x), \nu(y)$ 是 $\partial D$ 的外法向, 但在 $(\mathbf{T}\psi)(x)$ 的定义中我们要求 $\psi \in C^{1,\beta}(\partial D)$.

$(\mathbf{S}\psi)(x), (\mathbf{K}\psi)(x)$ 称为是定义于 $\partial D$ 上的单层位势和双层位势, 算子 $\mathbf{K}'$ 和 $\mathbf{K}$ 关于对偶系统 $\langle C(\partial D), C(\partial D) \rangle$ (其上的双线性泛函定义为 $\langle \phi, \psi \rangle := \int_{\partial D} \phi(y)\psi(y)ds(y)$) 是彼此的伴随算子, $\mathbf{K}'$ 本质上是单层位势的导数, 而 $(\mathbf{T}\psi)(x)$ 则是双层位势的导数. 容易理解 $(\mathbf{S}\psi)(x), (\mathbf{K}\psi)(x)$ 实际上是定义于 $\mathbb{R}^2$ 上的.

对 $x \in \partial D$, 先来给出上面定义的奇性积分的表达式. 引进 $\partial D$ 的参数表示

$$\partial D := \{x(t) = (x_1(t), x_2(t)) : t \in [0, 2\pi]\},$$

其中 $x_1(t), x_2(t)$ 是 $2\pi$ 周期的光滑函数, 并定义

$$|x'(t)| := \sqrt{x_1'(t)^2 + x_2'(t)^2}, \quad \tilde{\phi}(t) := \phi(x(t)),$$

$$\nu(t) := \frac{(x_2'(t), -x_1'(t))}{|x'(t)|}, \quad n(t) := |x'(t)|\nu(t),$$

$\nu(t)$ 是 $\partial D$ 上点 $x(t)$ 的单位外法向. 记

$$
\begin{cases}
H(t,\tau) := \dfrac{ik}{2} n(t) \cdot [x(\tau) - x(t)] \dfrac{H_1^{(1)}(\kappa|x(\tau)-x(t)|)}{|x(\tau)-x(t)|}, \\[2mm]
M(t,\tau) := \dfrac{i}{2} H_0^{(1)}(\kappa|x(\tau)-x(t)|), \\[2mm]
N(t,\tau) := \dfrac{\partial^2}{\partial t \partial \tau}\left[\dfrac{i}{2} H_0^{(1)}(\kappa|x(\tau)-x(t)|)| + \dfrac{1}{2\pi}\ln\left(4\sin^2\dfrac{t-\tau}{2}\right)\right].
\end{cases}
\tag{6.5.15}
$$

$$
H_1(t,\tau) := \begin{cases}
-\dfrac{\kappa}{2\pi} n(t) \cdot [x(\tau)-x(t)] \dfrac{J_1(\kappa|x(\tau)-x(t)|)}{|x(\tau)-x(t)|}, & t \neq \tau, \\[3mm]
0, & t = \tau.
\end{cases}
\tag{6.5.16}
$$

$$
M_1(t,\tau) := \begin{cases}
-\dfrac{1}{2\pi} J_0(\kappa|x(\tau)-x(t)|), & t \neq \tau, \\[3mm]
-\dfrac{1}{2\pi}, & t = \tau.
\end{cases}
\tag{6.5.17}
$$

$$
N_1(t,\tau) := \begin{cases}
-\dfrac{1}{2\pi} \dfrac{\partial^2}{\partial t \partial \tau} J_0(\kappa|x(\tau)-x(t)|), & t \neq \tau, \\[3mm]
-\dfrac{\kappa^2}{4\pi}|x'(t)|^2, & t = \tau.
\end{cases}
\tag{6.5.18}
$$

对如上定义的 $(H, M, N), (H_1, M_1, N_1)$, 定义

$$
E_2(t,\tau) := E(t,\tau) - E_1(t,\tau)\ln\left(4\sin^2\frac{t-\tau}{2}\right), \quad t \neq \tau,
$$

其中 $E$ 代表 $H, M, N$, 当 $t = \tau$ 时定义

$$
\begin{cases}
H_2(t,t) := \dfrac{1}{2\pi}\dfrac{x''(t)\cdot n(t)}{|x'(t)|^2}, \\[3mm]
M_2(t,t) := \dfrac{i}{2} - \dfrac{C}{\pi} - \dfrac{1}{\pi}\ln\dfrac{\kappa|x'(t)|}{2}, \\[3mm]
N_2(t,t) := \left(C_1 - 2\ln\dfrac{\kappa|x'(t)|}{2}\right)\dfrac{\kappa^2|x'(t)|^2}{4\pi} + \dfrac{1}{12\pi} \\[3mm]
\qquad\qquad + \dfrac{(x'(t)\cdot x''(t))^2}{2\pi|x'(t)|^4} - \dfrac{3|x''(t)|^2 + 2x'(t)\cdot x'''(t)}{12\pi|x'(t)|^2},
\end{cases}
$$

其中 $C_1 = \pi i - 1 - 2C$, $C$ 是 Euler 常数. 可以证明, 这样定义的 $E_1(t,\tau), E_2(t,\tau)$

是 $\mathbb{R}^2$ 上的解析函数. 还可以给出 $N(t,\tau), N_1(t,\tau)$ 在 $t \neq \tau$ 时的表达式是

$$
\begin{cases}
N(t,\tau) = \dfrac{i}{2}\tilde{N}(t,\tau)\left[\kappa^2 H_0^{(1)}(\kappa|x(\tau)-x(t)|) - \dfrac{2\kappa H_1^{(1)}(\kappa|x(\tau)-x(t)|)}{|x(\tau)-x(t)|}\right] \\
\qquad + \dfrac{i\kappa x'(t)\cdot x'(\tau)}{2|x(\tau)-x(t)|}H_1^{(1)}(\kappa|x(\tau)-x(t)|) + \dfrac{1}{4\pi}\dfrac{1}{\sin^2\dfrac{t-\tau}{2}}, \\
N_1(t,\tau) = -\dfrac{1}{2\pi}\tilde{N}(t,\tau)\left[\kappa^2 J_0(\kappa|x(\tau)-x(t)|) - \dfrac{2\kappa J_1(\kappa|x(\tau)-x(t)|)}{|x(\tau)-x(t)|}\right] \\
\qquad - \dfrac{\kappa x'(t)\cdot x'(\tau)}{2\pi|x(\tau)-x(t)|}J_1(\kappa|x(\tau)-x(t)|), \\
\tilde{N}(t,\tau) = \dfrac{x'(t)\cdot(x(\tau)-x(t))\times x'(\tau)\cdot(x(\tau)-x(t))}{|x(\tau)-x(t)|^2}.
\end{cases}
$$

在上述记号下, 有下面的结果.

**定理 6.5.2** 对 $x(t) \in \partial D$, 由 (6.5.11)—(6.5.14) 定义的位势函数有下面的表达式

$$
\begin{cases}
(\mathbf{K}\phi)(x(t)) = \displaystyle\int_0^{2\pi}\left[\ln\left(4\sin^2\dfrac{t-\tau}{2}\right)H_1(\tau,t) + H_2(\tau,t)\right]\tilde{\phi}(\tau)d\tau, \\
(\mathbf{S}\phi)(x(t)) = \displaystyle\int_0^{2\pi}\left[\ln\left(4\sin^2\dfrac{t-\tau}{2}\right)M_1(t,\tau) + M_2(t,\tau)\right]|x'(\tau)|\tilde{\phi}(\tau)d\tau, \\
(\mathbf{K}'\phi)(x(t)) = \dfrac{1}{|x'(t)|}\displaystyle\int_0^{2\pi}\left[\ln\left(4\sin^2\dfrac{t-\tau}{2}\right)H_1(t,\tau) + H_2(t,\tau)\right]|x'(\tau)|\tilde{\phi}(\tau)d\tau, \\
(\mathbf{T}\phi)(x(t)) = \dfrac{1}{|x'(t)|}\displaystyle\int_0^{2\pi}\dfrac{1}{2\pi}\cot\dfrac{\tau-t}{2}\dfrac{d\tilde{\phi}(\tau)}{d\tau}d\tau \\
\qquad\qquad - \dfrac{1}{|x'(t)|}\displaystyle\int_0^{2\pi}\left[\ln\left(4\sin^2\dfrac{t-\tau}{2}\right)NM_1(t,\tau)\right. \\
\qquad\qquad + \left.\displaystyle\int_0^{2\pi}NM_2(t,\tau)\right]\tilde{\phi}(\tau)d\tau,
\end{cases}
$$

其中 $H_1, H_2, M_1, M_2, N_1, N_2$ 是前面定义的解析函数,

$$
NM_j(t,\tau) = N_j(t,\tau) - \kappa^2 M_j(t,\tau)n(t)\cdot n(\tau), \quad j = 1, 2.
$$

上述含有 $\ln\left(4\sin^2\dfrac{t-\tau}{2}\right), \cot\dfrac{\tau-t}{2}$ 奇性积分都是收敛的, 并且可以用下面的公式近似计算:

$$\begin{cases} \dfrac{1}{2\pi}\displaystyle\int_0^{2\pi} \cot\dfrac{\tau-t}{2}\psi'(\tau)d\tau \approx \sum_{j=0}^{2n-1} T_j^{(n)}(t)\psi(t_j), \\[3mm] \dfrac{1}{2\pi}\displaystyle\int_0^{2\pi} \ln\left(4\sin^2\dfrac{t-\tau}{2}\right)\psi(\tau)d\tau \approx \sum_{j=0}^{2n-1} R_j^{(n)}(t)\psi(t_j), \end{cases} \quad (6.5.19)$$

其中 $t_j : j = 0, 1, \cdots, 2N-1$ 是 $[0, 2\pi]$ 的等距分割节点, 系数

$$\begin{cases} T_j^{(n)}(t) = -\dfrac{1}{n}\left(\displaystyle\sum_{m=1}^{n-1} m\cos m(t-t_j) + \dfrac{1}{2}n\cos n(t-t_j)\right), \\[3mm] R_j^{(n)}(t) = -\dfrac{1}{n}\left(\displaystyle\sum_{m=1}^{n-1} \dfrac{1}{m}\cos m(t-t_j) + \dfrac{1}{2n}\cos n(t-t_j)\right). \end{cases} \quad (6.5.20)$$

容易看出

$$R_j^{(n)}(t_l) = R_{|j-l|}^{(n)}(0), \quad T_j^{(n)}(t_l) = T_{|j-l|}^{(n)}(0), \quad j, l = 0, 1, \cdots, 2n-1.$$

该定理的证明过程对 $\mathbf{S}, \mathbf{K}, \mathbf{K}'$ 可见 [29,108], 对 $\mathbf{T}$ 的讨论和应用可见 [95,119, 186].

讨论了如何计算位势函数以后, 位势函数的另一个重要的性质就是讨论当 $x$ 从 $\partial D$ 的两侧趋向于 $\partial D$ 时, 位势函数的极限行为. 前已解释, $\mathbf{S}\phi(x), \mathbf{K}\phi(x)$ 定义于 $\mathbb{R}^2$ 上, 在 $\mathbb{R}^2 \setminus \partial D$ 上是连续的. 为了讨论位势函数 $\mathbf{S}\phi, \mathbf{K}\phi$ 在 $\partial D$ 两侧的极限性态, 首先引进当 $x$ 从 $\partial D$ 的两侧趋向于 $\partial D$ 时相应的函数的极限的记号.

对定义于 $\mathbb{R}^2$ 上的函数 $w$ 及 $x \in \partial D$, 我们用 $w^+(x), w^-(x)$ 来表示 $w(y)$ 当 $y$ 分别从 $D$ 的外部, $D$ 的内部趋向于 $x$ 的极限, 用 $\dfrac{\partial w^+}{\partial \nu}(x), \dfrac{\partial w^-(x)}{\partial \nu}$ 来表示 $\dfrac{\partial w(y)}{\partial \nu(y)}$ 当 $y$ 分别从 $D$ 的外部, $D$ 的内部趋向于 $x$ 的极限, 其中的 $\nu(y)$ 理解成过 $y$ 点的 $\partial D$ 的平行曲面上的外法向. 换言之, 我们定义

$$w^\pm(x) := \lim_{t\to 0+} w(x \pm t\nu(x)), \quad \frac{\partial w^\pm}{\partial \nu}(x) := \lim_{t\to 0+} (\nu(x), \nabla w(x \pm t\nu(x))), \quad x \in \partial D. \tag{6.5.21}$$

下面的结果通常称为位势函数在 $\partial D$ 上的连续 (跳跃) 性质.

**定理 6.5.3**    假定 $D$ 的边界具有 $C^2$ 光滑性. 对前面定义的四个位势函数, 有下面的性质:

1. $\mathbf{S}\phi(x)$, $\dfrac{\partial}{\partial\nu(x)}(\mathbf{K}\phi(x))$ 在 $\partial D$ 上是连续的, 即

$$(\mathbf{S}\phi)^{\pm}(x) = \mathbf{S}\phi(x), \quad \frac{\partial(\mathbf{K}\phi)^{\pm}}{\partial\nu(x)}(x) = \mathbf{T}\phi(x), \quad x \in \partial D, \tag{6.5.22}$$

其中的第二个关系要求 $\phi \in C^{1,\beta}(\partial D)$.

2. $\dfrac{\partial}{\partial\nu(x)}(\mathbf{S}\phi(x))$ 和 $\mathbf{K}\phi(x)$ 在 $\partial D$ 的两侧是有跳跃的, 它们满足下面的跳跃关系:

$$\frac{\partial(\mathbf{S}\phi)^{\pm}}{\partial\nu(x)}(x) = \mathbf{K}'\phi(x) \mp \phi(x), \quad x \in \partial D, \tag{6.5.23}$$

$$(\mathbf{K}\phi)^{\pm}(x) = (\mathbf{K}\phi)(x) \pm \phi(x), \quad x \in \partial D. \tag{6.5.24}$$

3. 设 $\beta \in (0,1]$. 则

(1) $\mathbf{S}, \mathbf{K}, \mathbf{K}'$ 是 $C(\partial D)$ 到 $C^{0,\beta}(\partial D)$ 的有界线性算子;

(2) $\mathbf{S}, \mathbf{K}$ 是 $C^{0,\beta}(\partial D)$ 到 $C^{1,\beta}(\partial D)$ 的有界线性算子;

(3) $\mathbf{T}$ 是 $C^{1,\beta}(\partial D)$ 到 $C^{0,\beta}(\partial D)$ 的有界线性算子.

由此可以看出, 带弱奇性核的算子 $\mathbf{S}, \mathbf{K}, \mathbf{K}'$ 具有抬高密度函数光滑性的作用, 但由于 $\mathbf{T}$ 是一个强奇性核的积分, 因此它降低了密度函数光滑性. 如果仅假定 $\phi \in C(\partial D)$, $\mathbf{T}\phi(x)$ 可能在经典函数意义下不存在.

由上述结果可以知道, $\mathbf{S}, \mathbf{K}, \mathbf{K}'$ 是 $C(\partial D)$ 到 $C(\partial D)$ 的紧线性算子, $\mathbf{S}, \mathbf{K}$ 还是 $C^{0,\beta}(\partial D)$ 到 $C^{0,\beta}(\partial D)$ 的紧线性算子, $\mathbf{T}$ 是 $C^{1,\beta}(\partial D)$ 到 $C(\partial D)$ 的紧线性算子.

上述定理是用势函数方法求解 Helmholtz 方程外 Dirichlet (Neumann) 边值问题的基础. 需要指出的是, 这里由 Helmholtz 方程的基本解定义的势函数和由 Laplace 方程的基本解

$$\Phi_0(x,y) = \frac{1}{2\pi} \ln \frac{1}{|x-y|}$$

定义的势函数 $\mathbf{S}_0, \mathbf{K}_0, \mathbf{K}_0', \mathbf{T}_0$ 的性质并不总是完全一致的. 例如 $\mathrm{Ker}(\mathbf{I} - \mathbf{K}_0) = \mathrm{Ker}(\mathbf{I} - \mathbf{K}_0') = \{0\}$ 是成立的 ([94], 定理 6.16). 但是, 对 Helmholtz 方程, 该结论一般不成立. 因为 Laplace 方程的 Dirichlet 内 (外) 问题的解总是唯一的, 但 Helmholtz 方程 Dirichlet 内问题的解对给定的区域 $D$ 可能不唯一, $k^2$ 可能是 $-\Delta$ 的 Dirichlet 内特征值.

Laplace 方程的单层位势算子 $\mathbf{S}_0$ 在求解 Helmholtz 方程的 Neumann 外问题的势函数方法中起着重要的作用. 简单而言, 仅利用单层位势算子 $\mathbf{S}$ 来表示外问题的解时得到的关于密度函数 $\phi$ 的第二类积分方程的解不一定具有唯一性, 因此需要利用联合的单双层位势 $i\eta\mathbf{K}\phi + \mathbf{S}\phi$ 来表示解, 这里 $\eta$ 是非零的实常数. 但

这样得到的边界积分方程就是含有 $\mathbf{T}\phi, \mathbf{K}'\phi$ 两项的第二类积分方程. 该方程在 $C(\partial D)$ 的解的存在性不能直接利用 Ritz 定理, 因为 $\mathbf{T}$ 在 $C(\partial D)$ 上没有定义. 为了克服此困难, 一个办法就是用 $i\eta\mathbf{K}\mathbf{S}_0^2\phi + \mathbf{S}\phi$ 来表示解, 此时对 $\phi \in C(\partial D)$ 有 $\mathbf{S}_0^2\phi \in C^{1,\beta}(\partial D)$, 从而 $\mathbf{T}\mathbf{S}_0^2$ 是 $C(\partial D)$ 上的紧算子, 见 [30] 中定理 3.10 的证明.

关于算子

$$(\mathbf{S}_0\varphi)(y) := 2\int_{\partial D} \frac{1}{2\pi}\ln\frac{1}{|y-z|}\phi(z)ds(z)$$

的有关的离散计算, 我们给出下面的结果. 它在用势函数方法求解带有 (部分) Neumann 边界条件的 Helmholtz 方程的外问题时是需要的.

**引理 6.5.4**　对 $x \in \partial D$, 算子 $(\mathbf{S}_0\phi)(x)$ 有下面的奇性分解

$$(\mathbf{S}_0\phi)(x(t)) = -\frac{1}{2\pi}\int_0^{2\pi}\left[\ln 4\sin^2\frac{t-\tau}{2} + P(t,\tau)\right]|x'(\tau)|\tilde{\phi}(\tau)d\tau, \qquad (6.5.25)$$

其中函数

$$P(t,\tau) = \begin{cases} \ln\dfrac{|x(t)-x(\tau)|^2}{4\sin^2\dfrac{t-\tau}{2}}, & t \neq \tau, \\ \ln|x'(t)|^2, & t = \tau \end{cases} \qquad (6.5.26)$$

是 $\mathbb{R}^2$ 上的解析函数. $\mathbf{S}_0^2\phi, \mathbf{T}\mathbf{S}_0^2\phi, \mathbf{K}\mathbf{S}_0^2\phi$ 的近似计算式为

$$\begin{cases} (\mathbf{S}_0^2\phi)(x(t_i)) \approx \displaystyle\sum_{j=0}^{2n-1} S_{i,j}|x'(t_j)|\tilde{\phi}(t_j), \\ S_{i,j} = \displaystyle\sum_{l=0}^{2n-1}\left(R_l^{(n)}(t_i) + \frac{\pi}{n}P(t_i,t_l)\right)\left(R_j^{(n)}(t_l) + \frac{\pi}{n}P(t_l,t_j)\right)|x'(t_l)|. \end{cases} \qquad (6.5.27)$$

$$\begin{cases} (\mathbf{T}\mathbf{S}_0^2\phi)(t_l) \approx \displaystyle\sum_{i=0}^{2n-1}\frac{|x'(t_i)|}{|x'(t_l)|}\sum_{j=0}^{2n-1}\left(T_j(t_l) - 2\pi R_j(t_l)NM_1(t_l,t_j)\right. \\ \qquad\qquad \left. -\frac{\pi}{n}NM_2(t_l,t_j)\right)S_{j,i}\,\tilde{\phi}(t_i), \\ (\mathbf{K}\mathbf{S}_0^2\phi)(t_l) \approx \displaystyle\sum_{i=0}^{2n-1}|x'(t_i)|\sum_{j=0}^{2n-1}\left(2\pi R_j(t_l)H_1(t_j,t_l) + \frac{\pi}{n}H_2(t_j,t_l)\right)S_{j,i}\,\tilde{\phi}(t_i). \end{cases}$$

# 6.6 图像处理中的正则化方法

含有噪声的模糊的二维图像可以看成是原来具有清晰边界的图像的光滑化, 或者说, 原来具有明显灰度对比的图像由于模糊效应 (例如, 拍照片时相机的抖动) 的影响, 灰度的变化变得不明显了. 图像处理的任务就是从这些模糊的图像中还原出原来的清晰图像.

如果用一个二元函数来表示具有明显界面的平面图像的灰度分布, 则图像的模糊过程用数学的语言来讲, 就是一个具有间断的函数通过某种作用 (模糊) 变成了一个相对光滑的函数. 我们知道具有光滑核的积分算子特别是 Gauss 核具有对函数光滑的效果. 因此图像处理的数学模型之一就是求解下面的二维的第一类积分方程

$$\int_{\mathbb{R}^2} K(x;y)f(y)dy = g(x), \quad x \in \mathbb{R}^2, \tag{6.6.1}$$

其中 $K(x,y)$ 是一个光滑的函数, 它的不同形式对应于图像不同的模糊过程.

### 6.6.1 图像光滑化的模拟

下面用 $(x,y)$ 表示二维空间的点. 我们取定

$$K(x,y;\tilde{x},\tilde{y}) = e^{-\alpha_0|(x,y)-(\tilde{x},\tilde{y})|}. \tag{6.6.2}$$

假定考虑的图像位于 $\mathcal{S} = [-1,1] \times [-1,1]$ 上. 则灰度函数具有紧支集 $\mathcal{S}$. 我们考虑定义于 $\mathcal{S}$ 上的函数

$$f(x,y) = \begin{cases} 1, & (x,y) \in \{(x,y) : 0.2 < |(x,y) - (0.1,0.1)| < 0.4\}, \\ 0.5, & (x,y) \in \{(x,y) : |x+0.7| < 0.2, |y+0.1| < 0.2\}, \\ 0, & \text{其他}. \end{cases} \tag{6.6.3}$$

$f(x,y)$ 和核函数 $K(x,y;0,0)$ $(\alpha_0 = 20)$ 见图 6.35 第一行的两个图, 它们是把 $\mathcal{S}$ 平均剖分为 $50 \times 50$ 个单元的方式作出的. 仍然把 $\mathcal{S}$ 剖分为 $50 \times 50$ 个单元来计算 (6.6.1) 左边的积分, 以产生比较光滑的 $g(x,y)$. 用矩形公式计算左边的积分, 对 $\alpha_0 = 10, \alpha_0 = 20$ 两种情况, 得到的 $g(x,y)$ 在 $\mathcal{S}$ 上的图像如图 6.35 第二行的两个图.

可以看出, $\alpha_0$ 较大时, $K(x,y;0,0)$ 几乎是一个相差常数倍的二元脉冲函数 $\delta(x,y)$. 所以用这种方式产生的模糊数据还是基本能反应原来图像的特征的. 比较 $\alpha_0 = 10, 20$ 两种情况也可以看出, $\alpha_0$ 较小时, 近似函数 (6.6.2) 的脉冲奇性减弱, 由此得到的图像和原来的精确图像相比, 更模糊了.

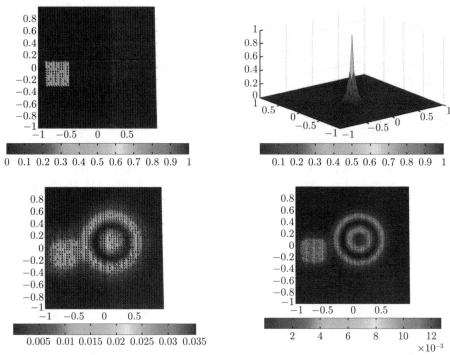

图 6.35　第一行: 精确的 $f(x, y)$ (左) 和 $\alpha_0 = 20$ 时的 $K(x, y)$ (右); 第二行: $\alpha_0 = 10, 20$ 时的模糊图像 $g(x, y)$

如果采用一个更为光滑的函数 $K(x, y; \tilde{x}, \tilde{y})$ 来产生 $g(x, y)$, 容易知道这样的模糊数据和由 (6.6.3) 给定的 $f(x, y)$ 相差就更远了. 例如取

$$K(x, y; 0, 0) = e^{-5(|x|+|y|)} + 0.1 \times \sin(x + 3y) \tag{6.6.4}$$

来产生 $g(x, y)$, 该核函数和产生的 $g(x, y)$ 如图 6.36 所示. 可以看出, 图像 $f(x, y)$ 的界面已经被完全模糊了.

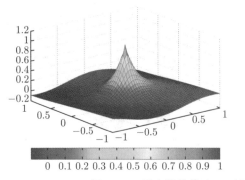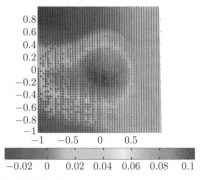

图 6.36　更光滑的核 (6.6.4)(左) 及由此产生的 $g(x, y)$ (右)

因此, 上述第一类积分方程模型很好地模拟了图像的模糊问题. 图像的去模糊就是要从模糊后的图像 $g(x,y)$ 中尽可能地恢复原来的清晰图像 $f(x,y)$, 尤其是图像的界面. 选取不同光滑程度的核函数 $K(x,y;\tilde{x},\tilde{y})$, 就对应了不同程度的模糊图像. 显然, $K(x,y;\tilde{x},\tilde{y})$ 越光滑, 模糊的效果就越严重, 图像恢复就越困难. 从求解第一类积分方程的角度来看, 问题的不适定性就越强, 就需要更为有效的正则化方法, 以得到期望的重建效果.

用不同的光滑核函数对原始精确图像进行卷积运算是描述图像模糊过程的一种典型数学模型. 在该模型下, 图像去模糊是求解一个具有光滑核和右端准确数据的卷积型的第一类积分方程. 对给定的模糊过程 (这个过程可能也包含了随机的因素) 而言, 模糊数据是给定的. 要对这样的模糊数据找到合适的核函数使得实际的模糊图像尽可能由该核函数生成是一件不容易的事. 所以有必要讨论描述图像处理的积分方程模型的另一种解释, 即我们要处理的图像, 除了模糊以外, 还包含了某种形式的噪声.

具体而言, 我们认为待处理的图像是由两步产生的. 第一步仍然通过一个相对光滑的积分核函数产生一个对应的模糊图像 (对原始图像光滑化), 第二步再在这个模糊图像上附加一定形式的随机噪声. 第一步中的核函数应是脉冲函数的某种光滑的逼近函数, 因为标准的脉冲函数和一个函数 $f$ 卷积作用以后还是 $f$. 这个过程反映了图像的光滑化. 但对给定的任何核函数, 它的模糊效果和实际的图像模糊还是有差距的, 即包含了模型误差. 在第二步, 进一步假定光滑化图像被某种噪声污染, 从而最终要处理的图像既有模糊, 又带有噪声, 即我们要处理的图像恢复模型包含了图像的光滑化和噪声两部分. 这里的噪声, 既可以是由测量精度引起的, 也可以是由测量数据的不完全引起的. 由 $\delta$-函数的逼近理论 ([32]), 可以有很多形式的光滑函数来近似脉冲函数. 因此我们可以求解具有给定的光滑核的第一类积分方程带右端扰动数据的不适定问题来恢复原来的图像.

### 6.6.2 频域上不完备数据的离散图像恢复模型

在很多应用问题中, 待处理的图像信息可能不是在空域上给定的. 例如, 在医学成像的核磁共振 (magnetic resonance imaging, MRI) 模型中, 要处理的图像实际上是通过一定频域范围内的有限个离散频率上的频域数据来表示的. 换言之, 此时要由图像在有限频域上的离散频率数据 (可能还带有误差) 来恢复图像. 这类问题的另一个应用背景是图像的高效传输和恢复. 对实际的应用问题, 由于带宽和传输速率的限制, 只能传输图像在有限个离散频率的数据, 传输过程中还有难以避免的噪声污染.

本节我们先来给出上述图像处理问题的数学模型, 由于该模型本质上是对二元函数在有限频率的带有噪声的频域数据作 Fourier 逆变换的问题, 它是不适定的. 我们需要引进正则化的技术. 具体而言, 就是寻找欠定方程组在一定约束下 (例如解的稀疏性) 的解. 对于不完全数据的信号重建问题, 相当于只使用了部分采样数据来重建信号, 这也是一类不适定问题. 不完全频域数据意味着仅仅选取图像信号的完全频域数据中的一部分元素, 而其他元素被认为是 0. 由不完全的精确的频率数据 $\hat{g}$ 恢复长度为 $N \times N$ 的精确信号 $f^{\dagger} \in \mathbb{C}^{N \times N}$, 就是要由方程

$$\mathcal{P}\mathcal{F}[f] = \mathcal{P}[\hat{g}] \tag{6.6.5}$$

求解 $f^{\dagger}$, 其中 $\hat{g} = \mathcal{F}[f^{\dagger}]$ 是完全的精确频域数据, $\mathcal{P}$ 是线性采样算子, 即把 $\mathbb{C}^{N \times N}$ 中完的频域数据投影到一个低维度的空间 $\mathbb{C}^{M_1 \times M_2}$ $(M_1, M_2 < N)$. 很显然, $f^{\dagger}$ 满足 (6.6.5), 但由于算子 $\mathcal{P}$ 的不可逆性, 方程 (6.6.5) 的解是不唯一的, 即该问题是不适定的. 在实际给定的频域数据带有噪声的情形, 即已知的频域数据是满足

$$\|\hat{g}^{\delta} - \hat{g}\| \leqslant \delta \tag{6.6.6}$$

的噪声数据 $\hat{g}^{\delta}$ 时, 基于 (6.6.5)—(6.6.6) 的带有 $l^1$-TV 非光滑正则化罚项的图像复原模型可以描述为优化泛函

$$J_{\alpha}^{\mathrm{gen}}(f) := \frac{1}{2} \left\| \mathcal{P}\mathcal{F}[f] - \mathcal{P}[\hat{g}^{\delta}] \right\|_F^2 + \alpha_1 \left\| \Psi^{-1}[f] \right\|_{l^1} + \alpha_2 |f|_{\mathrm{TV}}, \tag{6.6.7}$$

其中稀疏框架 $\Psi$ (如正交小波基或双正交小波基) 是图像表示的有限维基函数, 在此表示下图像对应于其坐标 $f$. 矩阵 $\Psi$ 及其逆可以看作一类有界线性算子, $\| \cdot \|_F$ 表示矩阵的 $F$ 范数.

根据矩阵论理论可知, 在有限维空间, $l^1$ 罚项 $\|\Psi^{-1}[f]\|_{l^1}$ 可以看作是 $\mathbb{R}^{N^2 \times 1}$ 有限维空间的一个范数 ([183]), 由于算子 $\Psi^{-1}$ 是有界的, 则有

$$C_1 \|\mathbf{vect}[f]\|_{l^1} \leqslant \left\| \Psi^{-1}[f] \right\|_{l^1} \leqslant C_2 \|\mathbf{vect}[f]\|_{l^1},$$

其中 $C_1, C_2$ 是常数. 这里我们定义 $\mathbf{vect}[f] \equiv \mathbf{f} := (\mathbf{f}_1, \cdots, \mathbf{f}_{N^2})^{\mathrm{T}} \in \mathbb{R}^{N^2 \times 1}$, 从而图像向量 $\mathbf{f}$ 通过 $\mathbf{f}_{(n-1) \times N + m} = f_{m,n}$ 和图像矩阵 $f = (f_{m,n})_{N \times N}$ 建立了一一对应的关系. 据此一般模型 (6.6.7) 可以简化为

$$J_{\bar{\alpha}}^{\mathrm{sim}}(f) := \frac{1}{2} \left\| \mathcal{P}\mathcal{F}[f] - \mathcal{P}[\hat{g}^{\delta}] \right\|_F^2 + \bar{\alpha}_1 \|\mathbf{vect}[f]\|_{l^1} + \bar{\alpha}_2 |f|_{\mathrm{TV}}, \tag{6.6.8}$$

其中简化罚项的正则化参数 $\bar{\alpha} := (\bar{\alpha}_1, \bar{\alpha}_2) > 0$. 为简化符号, 仍用 $\alpha = (\alpha_1, \alpha_2)$ 表示 $\bar{\alpha}$. 上述图像复原模型的建立, 旨在解决一般模型导出目标泛函的 Euler 方程及求解均十分困难的问题, 同时也克服经典的 $l^2$ 罚项不能重建图像灰度跳跃的缺点.

具有多个正则化罚项的图像复原已有相关的研究, 但主要关注点是优化问题 (6.6.8) 的有效数值实现. 由于其中罚项的不可微性, (6.6.8) 的优化问题是通过求解其凸的、光滑化的近似目标泛函来实现的. 对非光滑罚项最常用的光滑近似方法, 有 Charbonnier 函数光滑化近似和 Huber 函数光滑化近似[185]. 对给定的 $\beta, \epsilon > 0$, 二者的定义为

$$\phi_\beta^C(s) := \sqrt{s^2 + \beta}, \quad \phi_\epsilon^H(s) := \begin{cases} \dfrac{s^2}{2\epsilon}, & |s| \leqslant \epsilon, \\ |s| - \dfrac{\epsilon}{2}, & |s| > \epsilon. \end{cases}$$

当 $\beta \to 0$ 时, Charbonnier 型近似函数可以趋近于绝对值函数 $|x|$. 而 Huber 函数, 则有更佳的近似结果. 其原因是它在阈值 $\epsilon$ 范围之内, 利用分段函数中的二次函数部分光滑较小尺度噪声, 即 Huber 函数的梯度在 $[-\epsilon, \epsilon]$ 范围内是一个一次函数; 在阈值 $\epsilon$ 的范围之外, 利用分段函数中的线性函数部分保持了目标图像边缘的不连续性. 因此, 使用 Huber 型近似作光滑化处理是可行且优于 Charbonnier 型近似的.

本节研究简化型 $l^1$-TV 罚项的图像复原模型, 并分别使用 Charbonnier 函数和 Huber 函数对 (6.6.8) 中的不光滑罚项作光滑化处理. 为了解决全变差罚项梯度不易计算的难点, 基于增广 Lagrange 乘子法的交替迭代思想, 引入新的向量变量 $\mathbf{w}$ 代替梯度算子 $\nabla \mathbf{f}$, 并分别求解两个子优化问题, 即交替迭代更新 $\mathbf{w}$ 和 $\mathbf{f}$. 此外, 引入加权罚项因子作为添加的正则化罚项参数, 修正 Lagrange 函数, 从而减少其不稳定性. 对于修正后目标泛函的非线性 Euler 方程, 我们构造其近似的线性化 Euler 方程, 并充分利用该线性方程组系数矩阵的特殊结构, 在频域上高效地求解出极小点. 最后我们建立了循环嵌套的交替迭代格式, 理论上证明其产生的迭代序列几乎是收敛的, 这里 "几乎" 的含义将在证明过程中给出详细解释. 详细的技术细节可见 [123].

在有限维空间, 泛函 (6.6.8) 中两个罚项是不可微的. 通过两种不同的光滑函数近似罚项后, 修改的模型分别称为简化的 Charbonnier 多正则化罚项模型 (Charbonnier simplified multi-regularization model, C-SMRM) 和简化的 Huber 多正则化罚项模型 (Huber simplified multi-regularization model, H-SMRM), 即

- C-SMRM:

$$J_{\alpha,\beta}^C(f) := \frac{1}{2} \left\| \mathcal{PF}[f] - \mathcal{P}[\hat{g}^\delta] \right\|_F^2 + \alpha_1 \|\mathbf{vect}[f]\|_{l^1, \phi_\beta^C} + \alpha_2 |f|_{\mathrm{TV}}; \tag{6.6.9}$$

- H-SMRM:

$$J_{\alpha,\epsilon}^H(f) := \frac{1}{2} \left\| \mathcal{PF}[f] - \mathcal{P}[\hat{g}^\delta] \right\|_F^2 + \alpha_1 \|\mathbf{vect}[f]\|_{l^1, \phi_\epsilon^H} + \alpha_2 |f|_{\mathrm{TV}}. \tag{6.6.10}$$

令 $(Z,\nu) = (C,\beta)$ 或 $(Z,\nu) = (H,\epsilon)$, 则简化型 $l^1$-TV 模型可统一记作

$$J_{\alpha,\nu}^Z(f) := \frac{1}{2}\left\|\mathcal{P}\mathcal{F}[f] - \mathcal{P}[\hat{g}^\delta]\right\|_F^2 + \alpha_1\|\mathbf{vect}[f]\|_{l^1,\phi_\nu^Z} + \alpha_2|f|_{\mathrm{TV}}, \tag{6.6.11}$$

其中简化的 $l^1$ 稀疏罚项分别定义为

$$\|\mathbf{vect}[f]\|_{l^1,\phi_\beta^C} = \sum_{m,n=1}^N \phi_\beta^C\left(f_{m,n}\right), \quad \|\mathbf{vect}[f]\|_{l^1,\phi_\epsilon^H} = \sum_{m,n=1}^N \phi_\epsilon^H\left(f_{m,n}\right). \tag{6.6.12}$$

根据向量化算子及其逆算子的定义, 上述简化型模型的正则化罚项有向量化形式

$$|\mathbf{f}|_{\mathrm{TV}} = \sum_{j=1}^{N^2}\left\|((\nabla^{x_1}\mathbf{f})_j, (\nabla^{x_2}\mathbf{f})_j)\right\|_{l^2}, \tag{6.6.13}$$

$$\|\mathbf{f}\|_{l^1,\phi_\beta^C} = \sum_{j=1}^{N^2}\phi_\beta^C(\mathbf{f}_j), \quad \|\mathbf{f}\|_{l^1,\phi_\epsilon^H} = \sum_{j=1}^{N^2}\phi_\epsilon^H(\mathbf{f}_j), \tag{6.6.14}$$

其中 $j := j(m,n) = (n-1) \times N + m$ $(m,n = 1,\cdots,N)$. 因此, 两种光滑化函数作用下基于变量 $\mathbf{f}$ 恢复图像的无约束优化问题为

$$\min_{\mathbf{f}}\left\{J_{\alpha,\nu}^Z(\mathbf{f}) := \frac{1}{2}\left\|PF\mathbf{f} - P\hat{\mathbf{g}}^\delta\right\|_{l^2}^2 + \alpha_1\|\mathbf{f}\|_{l^1,\phi_\nu^Z} + \alpha_2|\mathbf{f}|_{\mathrm{TV}}\right\}. \tag{6.6.15}$$

### 6.6.3　循环嵌套的交替迭代格式

　　模型 (6.6.15) 中的全变差罚项 $|\mathbf{f}|_{\mathrm{TV}}$ 是不可微的, 且 $\nabla\mathbf{f}$ 在梯度型迭代算法中也是不容易计算的. 为了克服这些缺点, 我们引入一个新的变量 $\mathbf{w}$, 将无约束优化问题转为约束优化问题, 进而使用交替迭代更新原变量 $\mathbf{f}$ 和新变量 $\mathbf{w}$.

　　令变量 $\mathbf{w} = (\mathbf{w}_1,\cdots,\mathbf{w}_{N^2}) \in \mathbb{R}^{2\times N^2}$, 其分量 $\mathbf{w}_j = \left(\mathbf{w}_j^1, \mathbf{w}_j^2\right)^{\mathrm{T}} \in \mathbb{R}^{2\times 1}$. 故简化模型 (6.6.15) 可改写为约束优化模型

$$\begin{cases} \min_{\mathbf{w},\mathbf{f}} & \widetilde{J}_{\alpha,\nu}^Z(\mathbf{w},\mathbf{f}), \\ \mathrm{s.t.} & \mathbf{w}_j - (\nabla\mathbf{f})_j = (0,0)^{\mathrm{T}}, \quad j = 1,\cdots,N^2, \end{cases} \tag{6.6.16}$$

其中目标泛函为

$$\widetilde{J}_{\alpha,\nu}^Z(\mathbf{w},\mathbf{f}) := \frac{1}{2}\left\|PF\mathbf{f} - P\hat{\mathbf{g}}^\delta\right\|_{l^2}^2 + \alpha_1\|\mathbf{f}\|_{l^1,\phi_\nu^Z} + \alpha_2\sum_{j=1}^{N^2}\|\mathbf{w}_j\|_{l^2}. \tag{6.6.17}$$

极小化模型 (6.6.16) 的求解使用基于增广 Lagrange 乘子法的交替迭代方案[176], 即第一步更新 **w**, 第二步更新 **f**. 值得注意的是, 在第二步中, 线性化 Euler 方程系数矩阵在频域中是对角阵, 从而可快速求解该子问题, 构建出不同于标准交替方向乘子法[13] 的快速算法.

本节所提循环嵌套的交替迭代方案的主要思想是, 固定 **f**, 由内循环迭代产生 **w**; 之后在每一步外循环中固定 **w**, 求出最优解 **f**. 具体步骤为:

第一步, 固定 $\mathbf{f}^{(k)}$, 极小化 (6.6.16) 得到子问题的极小元 $\mathbf{w}^{(k+1)}$, 即等价于极小化子问题

$$
\begin{cases}
\min\limits_{\mathbf{w}} \quad \sum_{j=1}^{N^2} \|\mathbf{w}_j\|_{l^2}, \\
\text{s.t.} \quad \mathbf{w}_j - \left(\nabla\mathbf{f}^{(k)}\right)_j = (0,0)^{\mathrm{T}}, \quad j=1,\cdots,N^2,
\end{cases}
\tag{6.6.18}
$$

其中 $\mathbf{w} = (\mathbf{w}_1, \cdots, \mathbf{w}_{N^2})$. 为了简化记号, 用 $\nabla\mathbf{f}_j^{(k)}$ 代替 $\left(\nabla\mathbf{f}^{(k)}\right)_j$.

由最优化理论的 K-T 定理[176], 若子问题 (6.6.18) 的 Lagrange 函数满足一阶最优性条件, 则存在局部最优解. 子问题 (6.6.18) 的 Lagrange 函数

$$
\mathcal{L}^{\boldsymbol{\lambda}}(\mathbf{w}) = \sum_{j=1}^{N^2} \|\mathbf{w}_j\|_{l^2} - \left(\boldsymbol{\lambda}_1^{\mathrm{T}}, \cdots, \boldsymbol{\lambda}_{N^2}^{\mathrm{T}}\right)\left((\mathbf{w}_1 - \nabla\mathbf{f}_1^{(k)})^{\mathrm{T}}, \cdots, (\mathbf{w}_{N^2} - \nabla\mathbf{f}_{N^2}^{(k)})^{\mathrm{T}}\right)^{\mathrm{T}}
$$

带有 Lagrange 乘子 $\boldsymbol{\lambda} := (\boldsymbol{\lambda}_1, \cdots, \boldsymbol{\lambda}_{N^2}) \in \mathbb{R}^{2\times N^2}$. 为了减少 Lagrange 函数 $\mathcal{L}^{\boldsymbol{\lambda}}(\mathbf{w})$ 的不稳定性, 也就是增加 Lagrange 函数的光滑性, 进一步添加正则化罚项 $\|\mathbf{w}_j - \nabla\mathbf{f}_j^{(k)}\|_{l^2}^2$, 即考虑

$$
\begin{aligned}
\mathcal{L}^{\boldsymbol{\lambda},\tau}(\mathbf{w}) &:= \mathcal{L}^{\boldsymbol{\lambda}}(\mathbf{w}) + \frac{\tau}{2}\left\|\left((\mathbf{w}_1 - \nabla\mathbf{f}_1^{(k)}), \cdots, (\mathbf{w}_{N^2} - \nabla\mathbf{f}_{N^2}^{(k)})\right)\right\|_{l^2}^2 \\
&\equiv \sum_{j=1}^{N^2}\left(\|\mathbf{w}_j\|_{l^2} - \boldsymbol{\lambda}_j^{\mathrm{T}}(\mathbf{w}_j - \nabla\mathbf{f}_j^{(k)}) + \frac{\tau}{2}\|\mathbf{w}_j - \nabla\mathbf{f}_j^{(k)}\|_{l^2}^2\right) \\
&\equiv \sum_{j=1}^{N^2}\left(\|\mathbf{w}_j\|_{l^2} + \frac{\tau}{2}\left\|\mathbf{w}_j - \nabla\mathbf{f}_j^{(k)} - \frac{1}{\tau}\boldsymbol{\lambda}_j\right\|_{l^2}^2 - \frac{1}{2\tau}\|\boldsymbol{\lambda}_j\|_{l^2}^2\right),
\end{aligned}
\tag{6.6.19}
$$

其中正则化参数 $\tau > 0$. 为了与简化模型中的两个正则化参数 $\alpha_1, \alpha_2$ 加以区别, 称 $\tau$ 为加权罚项因子. 由于最优 Lagrange 乘子 $\boldsymbol{\lambda}^*$ 是否满足 $\mathcal{L}^{\boldsymbol{\lambda},\tau}(\mathbf{w})$ 的一阶最优性条件是未知的, 通常做法是从某个初始乘子 $\boldsymbol{\lambda}^{(k),0}$ 开始迭代, 当 $l \to \infty$ 时 $\boldsymbol{\lambda}^{(k),l} \to \boldsymbol{\lambda}^*$, 使得 $\mathcal{L}^{\boldsymbol{\lambda},\tau}(\mathbf{w})$ 足够大.

因此, 约束优化问题 (6.6.16) 可以等价于极小化下面的无约束优化问题

$$\min_{\mathbf{w}} \widetilde{J}_{\alpha,\nu}^{Z,\boldsymbol{\lambda},\tau}(\mathbf{w}, \mathbf{f}^{(k)}), \tag{6.6.20}$$

其中目标泛函为

$$\begin{aligned}
\widetilde{J}_{\alpha,\nu}^{Z,\boldsymbol{\lambda},\tau}(\mathbf{w}, \mathbf{f}^{(k)}) = {} & \frac{1}{2}\|PF\mathbf{f}^{(k)} - P\hat{\mathbf{g}}^\delta\|_{l^2}^2 + \alpha_1 \left\|\mathbf{f}^{(k)}\right\|_{l^1,\phi_\nu^Z} \\
& + \alpha_2 \sum_{j=1}^{N^2} \left( \|\mathbf{w}_j\|_{l^2} + \frac{\tau}{2} \left\|\mathbf{w}_j - \nabla\mathbf{f}_j^{(k)} - \frac{1}{\tau}\boldsymbol{\lambda}_j\right\|_{l^2}^2 - \frac{1}{2\tau}\|\boldsymbol{\lambda}_j\|_{l^2}^2 \right),
\end{aligned} \tag{6.6.21}$$

正则化参数 $\alpha > 0$, 光滑化扰动因子 $\nu > 0$, 加权罚项因子 $\tau > 0$. $\boldsymbol{\lambda}$ 简称乘子.

为了产生子问题 (6.6.20) 的最小元 $\mathbf{w}^{(k+1)}$, 需要更新乘子 $\boldsymbol{\lambda}$. 记 $\boldsymbol{\lambda}^{(k),l}$ 为子优化问题的第 $l$ 步 $(l = 0,1,\cdots)$ 乘子, 形成更新 $\boldsymbol{\lambda}^{(k),l}$ 的内循环. 令初始值 $\boldsymbol{\lambda}^{(k),0} := \boldsymbol{\lambda}^{(k)}$, 加权罚项因子 $\tau$ 取固定值, 则由极小化 $\widetilde{J}_{\alpha,\nu}^{Z,\boldsymbol{\lambda}^{(k),l},\tau}(\mathbf{w}, \mathbf{f}^{(k)})$ 可迭代求解出 $\mathbf{w}^{(k),l+1}$, 这是因为每一个变量分量 $\mathbf{w}_j$ 都是相互独立的. 函数 $\widetilde{J}_{\alpha,\nu}^{Z,\boldsymbol{\lambda}^{(k),l},\tau}(\mathbf{w}, \mathbf{f}^{(k)})$ 的 Euler-Lagrange 方程也可以写成基于分量 $\mathbf{w}_j$ 的形式, 即

$$\frac{\mathbf{w}_j}{\|\mathbf{w}_j\|_{l^2}} + \tau(\mathbf{w}_j - \mathbf{t}_j^{(k),l}) = \mathbf{0}, \quad j = 1,\cdots,N^2, \tag{6.6.22}$$

其中 $\mathbf{t}_j^{(k),l} := \nabla\mathbf{f}_j^{(k)} + \boldsymbol{\lambda}_j^{(k),l}/\tau \in \mathbb{R}^{2\times 1}$. (6.6.22) 有显式解

$$\mathbf{w}_j^{(k),l+1} = \max\left\{1 - \frac{1}{\tau\|\mathbf{t}_j^{(k),l}\|_{l^2}}, 0\right\} \mathbf{t}_j^{(k),l}. \tag{6.6.23}$$

一旦子优化问题计算出 $\mathbf{w}^{(k),l+1}$, 就可在内循环内更新乘子 $\boldsymbol{\lambda}^{(k),l}$. 基于 (6.6.22) 可得

$$\begin{aligned}
\boldsymbol{\lambda}_j^{(k),l+1} &:= \boldsymbol{\lambda}_j^{(k),l} - \tau(\mathbf{w}_j^{(k),l+1} - \nabla\mathbf{f}_j^{(k)}) \\
&= \begin{cases} \dfrac{\mathbf{w}_j^{(k),l+1}}{\|\mathbf{w}_j^{(k),l+1}\|_{l^2}}, & \mathbf{w}_j^{(k),l+1} \neq \mathbf{0}, \\ \boldsymbol{\lambda}_j^{(k),l} + \tau\nabla\mathbf{f}_j^{(k)}, & \mathbf{w}_j^{(k),l+1} = \mathbf{0}. \end{cases}
\end{aligned} \tag{6.6.24}$$

由 (6.6.23) 可知, $\mathbf{w}_j^{(k),l+1} = \mathbf{0}$ 意味着 $\|\mathbf{t}_j^{(k),l}\|_{l^2} \leqslant \dfrac{1}{\tau}$, 即在固定的外循环第 $k$ 步, 对于所有的 $l = 1,\cdots$ 有 $\|\boldsymbol{\lambda}_j^{(k),l+1}\| \leqslant 1$, 其中 $j = 1,\cdots,N^2$. Lagrange 乘子法的

优点, 是加权罚项因子 $\tau$ 不用很大. 另一方面, Lagrange 乘子法的收敛性往往不用通过增加 $\tau$ 至无穷大来得到, 从而减轻了条件约束问题的不适定性, 克服了罚函数方法数值实现方面的不足[11].

第一个子优化问题的内循环迭代停止准则为

$$\left\| \mathbf{w}^{(k),l+1} - \nabla \mathbf{f}^{(k)} \right\|_{l^2} \leqslant \varepsilon_{\mathrm{tol}}, \tag{6.6.25}$$

其中内循环步数 $l = L(k)$ 与外循环步数 $k$ 有关, 误差限 $\varepsilon_{\mathrm{tol}} > 0$. 则结束内循环后可以得到外循环第 $k+1$ 步的输入

$$\mathbf{w}^{(k+1)} := \mathbf{w}^{(k),L(k)+1}, \quad \boldsymbol{\lambda}^{(k+1)} := \boldsymbol{\lambda}^{(k),L(k)+1}. \tag{6.6.26}$$

第二步, 固定内循环迭代后产生的 $\mathbf{w}^{(k+1)}, \boldsymbol{\lambda}^{(k+1)}$, 极小化以下子优化问题

$$\min_{\mathbf{f}} \widetilde{J}_{\alpha,\nu}^{Z,\boldsymbol{\lambda}^{(k+1)},\tau}(\mathbf{w}^{(k+1)}, \mathbf{f}) \tag{6.6.27}$$

来更新 $\mathbf{f}^{(k)}$, 求出该子优化问题的最优解 $\mathbf{f}^{(k+1)}$.

下面计算第二个子问题目标泛函的 Euler 方程. 定义 $N \times N$ 阶矩阵

$$D_+ := \begin{bmatrix} 1 & 0 & 0 & \cdots & 0 & 0 & -1 \\ -1 & 1 & 0 & \cdots & 0 & 0 & 0 \\ \vdots & \vdots & \vdots & & \vdots & \vdots & \vdots \\ 0 & 0 & 0 & \cdots & -1 & 1 & 0 \\ 0 & 0 & 0 & \cdots & 0 & -1 & 1 \end{bmatrix} = -D^{\mathrm{T}}. \tag{6.6.28}$$

由分量等价性, 对 (6.6.19) 上一行中 $\boldsymbol{\lambda}_j^{\mathrm{T}}(\mathbf{w}_j - \nabla \mathbf{f}_j^{(k)})$ 的每个分量求导 $(j = 1, \cdots, N^2)$ 得

$$\frac{\partial}{\partial \mathbf{f}_j} \sum_{j=1}^{N^2} (\boldsymbol{\lambda}_j)^{\mathrm{T}}(\mathbf{w}_j - \nabla \mathbf{f}_j) = \frac{\partial}{\partial \mathbf{f}_j} \sum_{j=1}^{N^2} \left[ \lambda_j^1 (\mathbf{w}_j^1 - (\nabla^{x_1} \mathbf{f})_j) + \lambda_j^2 (\mathbf{w}_j^2 - (\nabla^{x_2} \mathbf{f})_j) \right].$$

令 $\boldsymbol{\lambda}^i = (\lambda_1^i, \cdots, \lambda_{N^2}^i)$ $(i = 1, 2)$, 则 Lagrange 乘子项关于变量 $\mathbf{f}$ 的梯度为

$$\nabla_{\mathbf{f}} \left( \sum_{j=1}^{N^2} (\boldsymbol{\lambda}_j)^{\mathrm{T}}(\mathbf{w}_j - \nabla \mathbf{f}_j) \right) = -(I \otimes D^{\mathrm{T}})(\boldsymbol{\lambda}^1)^{\mathrm{T}} - (D^{\mathrm{T}} \otimes I)(\boldsymbol{\lambda}^2)^{\mathrm{T}}$$

$$= (I \otimes D_+, D_+ \otimes I)\vec{\boldsymbol{\lambda}}, \tag{6.6.29}$$

其中 $\vec{\boldsymbol{\lambda}} := (\boldsymbol{\lambda}^1, \boldsymbol{\lambda}^2)^{\mathrm{T}} \equiv \mathbf{vect}[\boldsymbol{\lambda}^{\mathrm{T}}] \in \mathbb{R}^{2N^2 \times 1}$.

类似地, 添加的正则化罚项 $\sum_{j=1}^{N^2} \|\mathbf{w}_j - \nabla \mathbf{f}_j\|_{l^2}^2$ 关于变量 $\mathbf{f}$ 的梯度为

$$\nabla_{\mathbf{f}} \left( \sum_{j=1}^{N^2} \|\mathbf{w}_j - \nabla \mathbf{f}_j\|_{l^2}^2 \right) = 2 \left( I \otimes D_+, D_+ \otimes I \right) \left[ \vec{\mathbf{w}} - \begin{pmatrix} I \otimes D \\ D \otimes I \end{pmatrix} \mathbf{f} \right], \quad (6.6.30)$$

其中 $\vec{\mathbf{w}} := \left( \mathbf{w}_1^1, \cdots, \mathbf{w}_{N^2}^1, \mathbf{w}_1^2, \cdots, \mathbf{w}_{N^2}^2 \right)^{\mathrm{T}} \equiv \mathbf{vect}[\mathbf{w}^{\mathrm{T}}] \in \mathbb{R}^{2N^2 \times 1}$.

对应于两个不同的光滑化函数逼近, 简化的 $l^1$ 罚项的梯度分别为

$$\frac{\partial}{\partial \mathbf{f}_{j'(m',n')}} \|\mathbf{f}\|_{l^1, \phi_\beta^C} = \frac{\mathbf{f}_{j'(m',n')}}{\sqrt{|\mathbf{f}_{j'(m',n')}|^2 + \beta}}, \quad (6.6.31)$$

$$\frac{\partial}{\partial \mathbf{f}_{j'(m',n')}} \|\mathbf{f}\|_{l^1, \phi_\epsilon^H} = \begin{cases} \mathbf{f}_{j'(m',n')}/\epsilon, & |\mathbf{f}_{j'(m',n')}| \leqslant \epsilon, \\ \mathrm{sgn}(\mathbf{f}_{j'(m',n')}), & |\mathbf{f}_{j'(m',n')}| > \epsilon, \end{cases} \quad (6.6.32)$$

其中 $j' := j'(m',n') = (n'-1)N + m'$ $(m',n' = 1, \cdots, N, \ j' = 1, \cdots, N^2)$. 因此

$$\frac{\partial}{\partial \mathbf{f}_l} \|\mathbf{f}\|_{l^1, \phi_\beta^C} = a_l^C[\mathbf{f}]\mathbf{f}_l, \quad \frac{\partial}{\partial \mathbf{f}_l} \|\mathbf{f}\|_{l^1, \phi_\epsilon^H} = a_l^H[\mathbf{f}]\mathbf{f}_l, \quad l = 1, \cdots, N^2, \quad (6.6.33)$$

其中

$$a_l^C[\mathbf{f}] := \frac{1}{\sqrt{|\mathbf{f}_l|^2 + \beta}}, \qquad a_l^H[\mathbf{f}] := \begin{cases} 1/\epsilon, & |\mathbf{f}_l| \leqslant \epsilon, \\ \mathrm{sgn}(\mathbf{f}_l)/\mathbf{f}_l, & |\mathbf{f}_l| > \epsilon. \end{cases}$$

故基于不同光滑化函数的简化 $l^1$ 稀疏罚项的梯度为

$$\nabla_{\mathbf{f}} \|\mathbf{f}\|_{l^1, \phi_\nu^Z} = \Lambda^Z[\mathbf{f}]\mathbf{f}, \quad (6.6.34)$$

其中 $\Lambda^Z[\mathbf{f}] := \mathrm{diag}(a_1^Z[\mathbf{f}], a_2^Z[\mathbf{f}], \cdots, a_{N^2}^Z[\mathbf{f}])$ 是对角阵, $(Z, \nu) = (C, \beta)$ 或 $(Z, \nu) = (H, \epsilon)$.

综上, 第二个子问题 (6.6.27) 的目标泛函 $\widetilde{J}_{\alpha,\nu}^{Z, \boldsymbol{\lambda}^{(k+1)}, \tau}(\mathbf{w}^{(k+1)}, \mathbf{f})$ 关于变量 $\mathbf{f}$ 的 Euler 方程为

$$\overline{F}^{\mathrm{T}} P^{\mathrm{T}}(PF\mathbf{f} - P\hat{\mathbf{g}}^\delta) - \alpha_2(I \otimes D_+, D_+ \otimes I)\vec{\boldsymbol{\lambda}}^{(k+1)}$$

$$+ \alpha_2 \tau \left( I \otimes D_+, D_+ \otimes I \right) \left[ \vec{\mathbf{w}}^{(k+1)} - \begin{pmatrix} I \otimes D \\ D \otimes I \end{pmatrix} \mathbf{f} \right] + \alpha_1 \Lambda^Z[\mathbf{f}]\mathbf{f} = \mathbf{0}. \quad (6.6.35)$$

这是一个非线性方程. 令正常数

$$A_{(k)}^Z := \max \left\{ a_j^Z[\mathbf{f}^{(k)}] : j = 1, \cdots, N^2 \right\}.$$

通过以下方式对 (6.6.35) 中的非线性项 $\Lambda^Z[\mathbf{f}]\mathbf{f}$ 进行线性化处理, 即

$$\Lambda^Z[\mathbf{f}]\mathbf{f} \approx A^Z_{(k)}\mathbf{f} + \Lambda^Z[\mathbf{f}^{(k)}]\mathbf{f}^{(k)} - A^Z_{(k)}\mathbf{f}^{(k)},$$

则求解 $\mathbf{f}^{(k+1)}$ 的线性化 Euler 方程为

$$\mathbf{L}^{(k)}\mathbf{f}^{(k+1)} = \mathbf{b}^{(k)}, \tag{6.6.36}$$

其中

$$\mathbf{L}^{(k)} = -\alpha_2\tau\left(I \otimes D_+, D_+ \otimes I\right)\begin{pmatrix} I \otimes D \\ D \otimes I \end{pmatrix} + \alpha_1 A^Z_{(k)}\mathbf{I} + \overline{F}^{\mathrm{T}}P^{\mathrm{T}}PF,$$

$$\begin{aligned}\mathbf{b}^{(k)} = {}& \alpha_2\left(I \otimes D_+, D_+ \otimes I\right)\left(\vec{\boldsymbol{\lambda}}^{(k+1)} - \tau\vec{\mathbf{w}}^{(k+1)}\right) + \overline{F}^{\mathrm{T}}P^{\mathrm{T}}P\hat{\mathbf{g}}^\delta \\ & + \alpha_1\left(A^Z_{(k)}\mathbf{I} - \Lambda^Z[\mathbf{f}^{(k)}]\right)\mathbf{f}^{(k)}.\end{aligned}$$

用线性方程 (6.6.36) 代替非线性 Euler 方程 (6.6.35) 的优点在于, 我们可以构造一个在频域中高效求解极小点的快速迭代方案. 事实上, 对 (6.6.36) 作二维离散 Fourier 变换, 得

$$\widetilde{\mathbf{L}}^{(k)}\hat{\mathbf{f}}^{(k+1)} = \hat{\mathbf{b}}^{(k)}, \tag{6.6.37}$$

其中 $\hat{\mathbf{f}}^{(k+1)} = F[\mathbf{f}^{(k+1)}] = F\mathbf{f}^{(k+1)}$, $F^{-1} = \overline{F}^{\mathrm{T}}$, 且

$$\begin{aligned}\hat{\mathbf{b}}^{(k)} = {}& F\mathbf{b}^{(k)} \\ = {}& \alpha_2 F[(I \otimes D_+, D_+ \otimes I)(\vec{\boldsymbol{\lambda}}^{(k+1)} - \tau\vec{\mathbf{w}}^{(k+1)})] + P^{\mathrm{T}}P\hat{\mathbf{g}}^\delta \\ & + \alpha_1 F\left(A^Z_{(k)}\mathbf{I} - \Lambda^Z[\mathbf{f}^{(k)}]\right)\mathbf{f}^{(k)}, \end{aligned} \tag{6.6.38}$$

$$\begin{aligned}\widetilde{\mathbf{L}}^{(k)} = {}& F\mathbf{L}^{(k)}F^{-1} \\ = {}& -\alpha_2\tau F\left[(I \otimes D_+)(I \otimes D) + (D_+ \otimes I)(D \otimes I)\right]F^{-1} \\ & + \alpha_1 FA^Z_{(k)}\mathbf{I}F^{-1} + F\overline{F}^{\mathrm{T}}P^{\mathrm{T}}PFF^{-1} \\ = {}& -\alpha_2\tau F\left(\mathbb{D}_1 + \mathbb{D}_2\right)F^{-1} + \alpha_1 A^Z_{(k)}\mathbf{I} + P^{\mathrm{T}}P. \end{aligned} \tag{6.6.39}$$

这里的 $N^2 \times N^2$ 矩阵 $\mathbb{D}_i(i=1,2)$ 是对称的块循环循环块矩阵 (block-circulate-circulate-block, BCCB), 对应的元素为

$$\mathbb{D}_1 := \mathbf{bccb} \circ D_*, \quad \mathbb{D}_2 := \mathbf{bccb} \circ D_*^{\mathrm{T}},$$

其中 $D_* = (\mathbf{d}_*, \mathbf{0}, \cdots, \mathbf{0})$ 为如下定义的 $N \times N$ 矩阵

$$\mathbf{d}_* = (-2, 2)^{\mathrm{T}}, \ N = 2, \quad \mathbf{d}_* = (-2, 1, \underbrace{0, \cdots, 0}_{N-3}, 1)^{\mathrm{T}}, \ N = 3, 4, \cdots, \tag{6.6.40}$$

**bccb** 是标准的块循环循环块变换算子. 由 BCCB 矩阵作用于 Fourier 矩阵的性质 ([185]), 有

$$F\left(\mathbb{D}_1 + \mathbb{D}_2\right) = -\left(\mathbb{L}_1 + \mathbb{L}_2\right)F,$$

其中 $\mathbb{L}_i(i = 1, 2)$ 是 $N^2 \times N^2$ 对角矩阵, 其元素是矩阵 $\mathbb{D}_i$ 的负特征值 ([185] 中的性质 5.31). 严格地讲, 直接计算 $\mathbb{L}_1 + \mathbb{L}_2 = -F\left(\mathbb{D}_1 + \mathbb{D}_2\right)\overline{F}^{\mathrm{T}}$, 可以得到 $\mathbb{L}_1 + \mathbb{L}_2 = \mathrm{diag}(\mathbf{vect}[\mathbb{L}])$, 其中 $N \times N$ 矩阵 $\mathbb{L}$ 的元素为

$$l_{m,n} = 4 - 2\left(\cos\frac{2\pi}{N}(m-1) + \cos\frac{2\pi}{N}(n-1)\right), \quad m, n = 1, \cdots, N. \quad (6.6.41)$$

显然 $0 \leqslant l_{m,n} \leqslant 8$, 且其与 BCCB 矩阵 $(\mathbb{D}_1 + \mathbb{D}_2)$ 的特征值的关系可以明确写出[123].

因此, 矩阵 $\widetilde{\mathbf{L}}^{(k)}$ 可改写为

$$\widetilde{\mathbf{L}}^{(k)} = \alpha_2 \tau\left(\mathbb{L}_1 + \mathbb{L}_2\right) + \alpha_1 A^Z_{(k)}\mathbf{I} + P^{\mathrm{T}}P. \quad (6.6.42)$$

由采样矩阵定义可知, $N \times N$ 矩阵 $P$ 是一个对角矩阵, 故 $P^{\mathrm{T}}P$ 是一个对角矩阵. 又由于线性方程 (6.6.37) 的系数矩阵 $\widetilde{\mathbf{L}}^{(k)}$ 也是一个对角矩阵, 因此可以在频域上直接求解得到最优解 $\hat{\mathbf{f}}^{(k+1)}$, 再利用 Fourier 逆变换得 $\mathbf{f}^{(k+1)} = \overline{F}^{\mathrm{T}}\hat{\mathbf{f}}^{(k+1)}$.

值得注意的是, 这里 $\mathbf{f}$ 的元素表示图像灰度值. 换言之, 该元素是有范围界限的, 即介于 $0, 1$ 之间. 这在数值实现中可作为一种先验信息, 运用于求解迭代解的过程当中, 则有

$$\mathbf{f}_j^{(k+1)} = \begin{cases} \mathbf{f}_j^{(k+1)}, & 0 \leqslant \mathbf{f}_j^{(k+1)} \leqslant 1, \\ 0, & \mathbf{f}_j^{(k+1)} < 0, \\ 1, & \mathbf{f}_j^{(k+1)} > 1. \end{cases} \quad (6.6.43)$$

交替迭代格式的停止准则主要有以下三种形式:

$$\left\|P\hat{\mathbf{f}}^{(k+1)} - P\hat{\mathbf{g}}^\delta\right\|_{l^2} \leqslant \delta \quad \text{或} \quad \left\|\mathbf{f}^{(k+1)} - \mathbf{f}^{(k)}\right\|_{l^2} \leqslant \varepsilon \quad \text{或} \quad k \leqslant K_0, \quad (6.6.44)$$

其中 $\delta$ 是噪声水平, $K_0$ 是外循环迭代次数. 在合理的先验条件 (6.6.43) 下, 即使 (6.6.44) 中第三种形式的截断较为突兀, 但在其控制下的前两者均可以有效地实现. 此外, 这里提出的迭代方案求出的迭代序列 $(\mathbf{w}, \mathbf{f})$ 在理论上是收敛的, 这将在下一节给出详细证明.

综合以上对两个子优化问题的分析, 本节已提出了求解无约束优化问题 $\min\limits_{\mathbf{f}} J^Z_{\alpha,\nu}(\mathbf{f})$ 的方法, 即等价求解带有约束条件 $\mathbf{w} = \nabla\mathbf{f}$ 的约束优化问题 $\min\limits_{\mathbf{w}, \mathbf{f}} \widetilde{J}^Z_{\alpha,\nu}(\mathbf{w},$

**f**). 具体求解的迭代格式是基于增广 Lagrange 乘子法的思想, 添加了 Lagrange 乘子 $\boldsymbol{\lambda}$ 和加权罚项因子 $\tau$, 交替迭代地求解约束优化问题的无约束优化形式 $\min\limits_{\mathbf{w},\mathbf{f}} \widetilde{J}_{\alpha,\nu}^{Z,\boldsymbol{\lambda},\tau}(\mathbf{w},\mathbf{f})$: 第一个迭代, 是求出第一个子问题最优解并更新乘子, 得到嵌套内循环的最优解 $(\boldsymbol{\lambda},\mathbf{w})$; 第二个迭代, 在频域内由线性方程求出第二个子问题的最优解 $\mathbf{f}$, 其中线性化 Euler 方程的系数矩阵是对角阵, 可快速有效地求解.

综上, 循环嵌套的交替迭代格式 (alternative iteration scheme, AIS) 具体如下:

---

**算法 1** 循环嵌套的交替迭代算法
***

**输入**:

完全频域带噪数据 $\{\hat{g}_{m',n'}^\delta | m',n'=1,\cdots,N\}$; 采样矩阵 $P \in \mathbb{R}^{N^2 \times N^2}$;

正则化参数 $\alpha_1, \alpha_2 > 0$, 加权罚项因子 $\tau > 0$, 误差限 $\varepsilon_{\mathrm{tol}} > 0$, 最大外循环次数 $K_0 > 0$,

Charbonnier 近似扰动参数 $\beta > 0$ 或 Huber 近似扰动参数 $\epsilon > 0$.

**输出**:

模型 $J_{\alpha,\nu}^Z(\mathbf{f})$ 的数值解 $f_{\alpha,\nu}^{*,\delta}$.

1: 判断 $(Z,\nu)=(C,\beta)$ 或 $(Z,\nu)=(H,\epsilon)$, 否则返回错误.
2: 外循环迭代步数 $k=0$, 迭代初始值 $f^{(0)}=\Theta^1 \in \mathbb{R}^{N \times N}$.
3: 当 $k < K_0$ 时,
4: {内循环迭代步数 $l=0$, 迭代初值 $\mathbf{w}^{(0),0}=\boldsymbol{\lambda}^{(0),0}=\Theta^2 \in \mathbb{R}^{2 \times N^2}$, $\mathbf{w}^{(k),0}=\mathbf{w}^{(k)}, \boldsymbol{\lambda}^{(k),0}=\boldsymbol{\lambda}^{(k)}$.
5: $\qquad \mathbf{w}_j^{(k),l+1} \leftarrow \arg\min\limits_{\mathbf{w}_j} \widetilde{J}_{\alpha,\nu}^{Z,\boldsymbol{\lambda}^{(k),l},\tau}(\mathbf{w}_j, \mathbf{f}_j^{(k)}), \forall j$, 即解 (6.6.23);
6: $\qquad$ 更新 $\boldsymbol{\lambda}_j^{(k),l+1} \leftarrow \boldsymbol{\lambda}_j^{(k),l} - \tau(\mathbf{w}_j^{(k),l+1} - \nabla \mathbf{f}_j^{(k)}), \forall j$;
7: $\qquad$ 若 $\|\mathbf{w}^{(k),l+1} - \nabla\mathbf{f}^{(k)}\|_{l^2} \leqslant \varepsilon_{\mathrm{tol}}$, 跳出内循环.}
8: $\mathbf{w}^{(k+1)} \leftarrow \mathbf{w}^{(k),l+1}, \boldsymbol{\lambda}^{(k+1)} \leftarrow \boldsymbol{\lambda}^{(k),l+1}$;
9: $\mathbf{f}^{(k+1)} \leftarrow \arg\min\limits_{\mathbf{f}} \widetilde{J}_{\alpha,\nu}^{Z,\boldsymbol{\lambda}^{(k+1)},\tau}(\mathbf{w}^{(k+1)}, \mathbf{f})$, 即解 (6.6.37) 和 Fourier 逆变换;
10: 当 $\|PF\mathbf{f}^{(k)} - P\hat{g}^\delta\|_{l^2} \leqslant \delta$ 时, 跳出循环;
11: 否则 $k \Leftarrow k+1$, 转到 3.
12: 由 (6.6.43) 修正 $\mathbf{f}^{(k+1)}$.
13: $f_{\alpha,\nu}^{*,\delta} \Leftarrow \mathbf{array}[\mathbf{f}^{(k+1)}]$.

---

### 6.6.4 迭代格式的收敛性

迭代序列的收敛性取决于迭代算法的应用过程. 包含数据拟合项和罚项的目标泛函极小元迭代求解的收敛性, 依赖于罚项权重的更新以及由于引入全变差罚项而导致的非线性 Euler 方程的迭代算法. 本节考虑基于 Charbonnier 近似的图像复原模型的迭代算法的收敛性, 相关结论可类推至 Huber 近似模型.

已有基于交替迭代思想的图像复原问题的收敛性分析, 可参见 [191] 中给出的有关文献. 通过向量算子及其逆算子的定义表示图像的灰度函数, 记精确解为最小

化 $J_{\alpha,\beta}^{C}(\mathbf{f})$ 得到的最优解的向量形式 $\mathbf{f}_{\alpha,\beta}^{*}$；求解无约束优化问题等价于求解约束优化问题 (6.6.16)，由模型 (6.6.16) 的 AIS 交替迭代产生的迭代序列 $\{(\mathbf{w}^{(k)}, \mathbf{f}^{(k)}):$ $k \in \mathbb{N}\}$，作为数值解. 由于在迭代格式的理论分析中固定了参数 $\alpha, \beta$，故在后续讨论中将省略符号 $\alpha, \beta$，即精确解记为 $\mathbf{f}^{*}$.

迭代格式的收敛性分析主要有以下两个难点. 首先，约束优化问题 (6.6.16) 在固定的每个外循环步骤中，通过内部迭代的带有正则化罚项的修正 Lagrange 乘子法求解 $\mathbf{w}$，其中 $\mathbf{w}$ 和需要更新的乘子 $\boldsymbol{\lambda}$ 分别由 (6.6.23) 和 (6.6.24) 计算产生. 其次，在外循环迭代 $\mathbf{f}^{(k)}$ 时，为了求解目标泛函 $\widetilde{J}_{\alpha,\beta}^{C,\boldsymbol{\lambda}^{(k+1)},\tau}(\mathbf{w}^{(k+1)}, \mathbf{f})$ 的非线性 Euler 方程 (6.6.35)，我们实际求解的是其线性化近似的 Euler 方程 (6.6.36)，并在频域求出近似的数值解.

下面定理刻画了上述迭代算法的收敛性.

**定理 6.6.1**　固定模型的正则化参数 $\alpha_1, \alpha_2 > 0$. 取较小 $\tau > 0$ 和较大 $\beta > 0$ (或 $\epsilon > 0$) 时，由 AIS 产生的迭代序列 $\{\mathbf{f}^{(k)} : k \in \mathbb{N}\}$ 在误差限 $\varepsilon_{\text{tol}} > 0$ 很小的条件下几乎是收敛的.

**证明**　对任意固定的 $k$ 和 $j = 1, \cdots, N^2$，由 (6.6.24) 知，对所有 $l = 0, 1, \cdots$，$\|\boldsymbol{\lambda}_j^{(k),l+1}\|_{l^2} \leqslant 1$. 故存在 $\{\boldsymbol{\lambda}_j^{(k),l} : l \in \mathbb{N}\}$ 的一列子列，仍记作 $\{\boldsymbol{\lambda}_j^{(k),l} : l \in \mathbb{N}\}$，使得当 $l \to \infty$ 时 $\boldsymbol{\lambda}_j^{(k),l} \to \boldsymbol{\lambda}_j^{(k),*}$. 从而由 (6.6.24) 可知

$$\tau(\mathbf{w}_j^{(k),l+1} - \nabla \mathbf{f}_j^{(k)}) \to 0, \quad l \to \infty.$$

因为 $\tau > 0$，故当 $l \to \infty$ 时，$\mathbf{w}_j^{(k),l+1} - \nabla \mathbf{f}_j^{(k)} \to 0$. 这一收敛性结论意味着对于给定的 $\varepsilon_{\text{tol}} > 0$, (6.6.25) 成立.

基于内循环 (6.6.26) 中定义的 $\mathbf{w}^{(k+1)}, \boldsymbol{\lambda}^{(k+1)}$，通过求解 (6.6.27) 的线性化近似格式和先验条件 (6.6.43) 来更新 $\mathbf{f}^{(k)}$. 由 $\widetilde{\mathbb{L}}^{(k)}$ 和 $\hat{\mathbf{b}}^{(k)}$ 的表达式可知，线性化方程 (6.6.37) 可更新为

$$\left(\alpha_2 \tau \left(\mathbb{L}_1 + \mathbb{L}_2\right) + \alpha_1 A_{(k)}^C \mathbf{I} + P^{\mathrm{T}} P\right) \hat{\mathbf{f}}^{(k+1)}$$
$$= \alpha_2 F[(I \otimes D_+, D_+ \otimes I)(\vec{\boldsymbol{\lambda}}^{(k+1)} - \tau \vec{\mathbf{w}}^{(k+1)})] + P^{\mathrm{T}} P \hat{\mathbf{g}}^{\delta}$$
$$+ \alpha_1 F\left(A_{(k)}^C \mathbf{I} - \Lambda^C[\mathbf{f}^{(k)}]\right) \mathbf{f}^{(k)}, \tag{6.6.45}$$

由此递推关系得到

$$\left(\alpha_2 \tau \left(\mathbb{L}_1 + \mathbb{L}_2\right) + \alpha_1 A_{(k)}^C \mathbf{I} + P^{\mathrm{T}} P\right) \left(\hat{\mathbf{f}}^{(k+1)} - \hat{\mathbf{f}}^{(k)}\right)$$
$$= \alpha_2 F[(I \otimes D_+, D_+ \otimes I)((\vec{\boldsymbol{\lambda}}^{(k+1)} - \vec{\boldsymbol{\lambda}}^{(k)}) - \tau(\vec{\mathbf{w}}^{(k+1)} - \vec{\mathbf{w}}^{(k)}))]$$
$$+ \alpha_1 F(A_{(k-1)}^C \mathbf{I} - \Lambda^C[\mathbf{f}^{(k)}]) \left(\mathbf{f}^{(k)} - \mathbf{f}^{(k-1)}\right)$$

$$+\alpha_1 F\left(\Lambda^C[\mathbf{f}^{(k-1)}] - \Lambda^C[\mathbf{f}^{(k)}]\right)\mathbf{f}^{(k-1)}. \tag{6.6.46}$$

对于 $\vec{\mathbf{w}}^{(k+1)} = \mathbf{vect}\left[(\mathbf{w}^{(k+1)})^{\mathrm{T}}\right] \in \mathbb{R}^{2N^2 \times 1}$, 其中 $\mathbf{w}^{(k+1)} \in \mathbb{R}^{2 \times N^2}$, 由关系式

$$\mathbf{w}^{(k+1)} = \nabla \mathbf{f}^{(k)} + q_k \varepsilon_{\mathrm{tol}}, \tag{6.6.47}$$

$\|q_k\| \leqslant 1, q_k \in \mathbb{R}^{2 \times N^2}$ 和 $\nabla \mathbf{f}^{(k)}$ 的表达式可知

$$\vec{\mathbf{w}}^{(k+1)} = \begin{pmatrix} I \otimes D \\ D \otimes I \end{pmatrix} \mathbf{f}^{(k)} + \tilde{q}_k \varepsilon_{\mathrm{tol}},$$

由此递推关系得

$$\vec{\mathbf{w}}^{(k+1)} - \vec{\mathbf{w}}^{(k)} = \begin{pmatrix} I \otimes D \\ D \otimes I \end{pmatrix}\left(\mathbf{f}^{(k)} - \mathbf{f}^{(k-1)}\right) + (\tilde{q}_k - \tilde{q}_{k-1})\varepsilon_{\mathrm{tol}}, \tag{6.6.48}$$

其中 $\|\tilde{q}_k\| = \|q_k\| \leqslant 1, \tilde{q}_k \in \mathbb{R}^{2N^2 \times 1}$. 因此, (6.6.46) 可改写为

$$\begin{aligned}
&\left(\alpha_2 \tau\left(\mathbb{L}_1 + \mathbb{L}_2\right) + \alpha_1 A_{(k)}^C \mathbf{I} + P^{\mathrm{T}}P\right)\left(\hat{\mathbf{f}}^{(k+1)} - \hat{\mathbf{f}}^{(k)}\right) \\
&= \alpha_2 \tau(\mathbb{L}_1 + \mathbb{L}_2)(\hat{\mathbf{f}}^{(k)} - \hat{\mathbf{f}}^{(k-1)}) - \alpha_2 \tau \varepsilon_{\mathrm{tol}} F(\tilde{q}_k - \tilde{q}_{k-1}) \\
&\quad + \alpha_2 F(I \otimes D_+, D_+ \otimes I)(\vec{\boldsymbol{\lambda}}^{(k+1)} - \vec{\boldsymbol{\lambda}}^{(k)}) \\
&\quad + \alpha_1 F(A_{(k-1)}^C \mathbf{I} - \Lambda^C[\mathbf{f}^{(k)}])(\mathbf{f}^{(k)} - \mathbf{f}^{(k-1)}) \\
&\quad + \alpha_1 F(\Lambda^C[\mathbf{f}^{(k-1)}] - \Lambda^C[\mathbf{f}^{(k)}])\mathbf{f}^{(k-1)}. \tag{6.6.49}
\end{aligned}$$

另一方面, 乘子的每一分量的更新为 $\boldsymbol{\lambda}_j^{(k+1)} := \boldsymbol{\lambda}_j^{(k)} - \tau(\mathbf{w}_j^{(k+1)} - \nabla \mathbf{f}_j^{(k)})$, 从而其向量形式为

$$\boldsymbol{\lambda}^{(k+1)} - \boldsymbol{\lambda}^{(k)} = -\tau\left(\mathbf{w}^{(k+1)} - \nabla \mathbf{f}^{(k)}\right).$$

据此得到

$$\vec{\boldsymbol{\lambda}}^{(k+1)} - \vec{\boldsymbol{\lambda}}^{(k)} = \mathbf{vect}\left[(\boldsymbol{\lambda}^{(k+1)} - \boldsymbol{\lambda}^{(k)})^{\mathrm{T}}\right] = -\tau\mathbf{vect}\left[(\mathbf{w}^{(k+1)} - \nabla \mathbf{f}^{(k)})^{\mathrm{T}}\right],$$

从而由 (6.6.47) 可得

$$\left\|\vec{\boldsymbol{\lambda}}^{(k+1)} - \vec{\boldsymbol{\lambda}}^{(k)}\right\| \leqslant \tau \varepsilon_{\mathrm{tol}}. \tag{6.6.50}$$

对于 Charbonnier 型近似的优化模型, 有以下估计

$$\left\|A_{(k-1)}^C \mathbf{I} - \Lambda^C[\mathbf{f}^{(k)}]\right\|$$

$$= \max_{j=1,\cdots,N^2} \left| \max_{l=1,\cdots,N^2} \frac{1}{\sqrt{|\mathbf{f}_l^{(k-1)}|^2 + \beta}} - \frac{1}{\sqrt{|\mathbf{f}_j^{(k)}|^2 + \beta}} \right|$$

$$= \max_{j=1,\cdots,N^2} \left| \frac{1}{\sqrt{|\mathbf{f}_{l_0}^{(k-1)}|^2 + \beta}} - \frac{1}{\sqrt{|\mathbf{f}_j^{(k)}|^2 + \beta}} \right|$$

$$\leqslant \max_{j=1,\cdots,N^2} \frac{\left| |\mathbf{f}_{l_0}^{(k-1)}|^2 - |\mathbf{f}_j^{(k)}|^2 \right|}{2\beta\sqrt{\beta}} \leqslant \frac{1}{\sqrt{\beta^3}} \left\| \mathbf{f}^{(k)} - \mathbf{f}^{(k-1)} \right\|,$$

$$\left\| \Lambda^C[\mathbf{f}^{(k-1)}] - \Lambda^C[\mathbf{f}^{(k)}] \right\|$$

$$= \max_{j=1,\cdots,N^2} \left| \frac{1}{\sqrt{|\mathbf{f}_j^{(k-1)}|^2 + \beta}} - \frac{1}{\sqrt{|\mathbf{f}_j^{(k)}|^2 + \beta}} \right|$$

$$\leqslant \max_{j=1,\cdots,N^2} \frac{\left| |\mathbf{f}_j^{(k-1)}|^2 - |\mathbf{f}_j^{(k)}|^2 \right|}{2\beta\sqrt{\beta}} \leqslant \frac{1}{\sqrt{\beta^3}} \left\| \mathbf{f}^{(k)} - \mathbf{f}^{(k-1)} \right\|.$$

因此, 由 (6.6.49), (6.6.50) 和 $\|\mathbf{f}\| = \|\hat{\mathbf{f}}\|$ 可得

$$\left\| \mathbf{f}^{(k+1)} - \mathbf{f}^{(k)} \right\|$$

$$\leqslant \left\| \left( \alpha_2 \tau \left( \mathbb{L}_1 + \mathbb{L}_2 \right) + \alpha_1 A_{(k)}^C \mathbf{I} + P^{\mathrm{T}}P \right)^{-1} \alpha_2 \tau (\mathbb{L}_1 + \mathbb{L}_2) \right\| \left\| \mathbf{f}^{(k)} - \mathbf{f}^{(k-1)} \right\|$$

$$+ \left\| \left( \alpha_2 \tau \left( \mathbb{L}_1 + \mathbb{L}_2 \right) + \alpha_1 A_{(k)}^C \mathbf{I} + P^{\mathrm{T}}P \right)^{-1} \right\| C\alpha_2\tau\varepsilon_{\mathrm{tol}}$$

$$+ \left\| \left( \alpha_2 \tau \left( \mathbb{L}_1 + \mathbb{L}_2 \right) + \alpha_1 A_{(k)}^C \mathbf{I} + P^{\mathrm{T}}P \right)^{-1} \right\| \alpha_1 \frac{C}{\sqrt{\beta^3}} \left\| \mathbf{f}^{(k)} - \mathbf{f}^{(k-1)} \right\|$$

$$= \max_{j=1,\cdots,N^2} \frac{|\alpha_2\tau l_j|}{|\alpha_2\tau l_j + \alpha_1 A_{(k)}^C + p_j|} \left\| \mathbf{f}^{(k)} - \mathbf{f}^{(k-1)} \right\|$$

$$+ \left\| \left( \alpha_2 \tau \left( \mathbb{L}_1 + \mathbb{L}_2 \right) + \alpha_1 A_{(k)}^C \mathbf{I} + P^{\mathrm{T}}P \right)^{-1} \right\| C\alpha_2\tau\varepsilon_{\mathrm{tol}}$$

$$+ \left\| \left( \alpha_2 \tau \left( \mathbb{L}_1 + \mathbb{L}_2 \right) + \alpha_1 A_{(k)}^C \mathbf{I} + P^{\mathrm{T}}P \right)^{-1} \right\| \alpha_1 \frac{C}{\sqrt{\beta^3}} \left\| \mathbf{f}^{(k)} - \mathbf{f}^{(k-1)} \right\|, \quad (6.6.51)$$

其中 $l_j, p_j$ 是对角矩阵 $\mathbb{L}_1 + \mathbb{L}_2, P^{\mathrm{T}}P$ 的对角线上元素. 由 (6.6.41) 和采样矩阵定义可知, 对角线上元素满足 $0 \leqslant l_j \leqslant 8$ 且 $p_j = 0, 1$. 又因为存在某个 $l_{j0} \neq 0$ 使得

$$\max_{j=1,\cdots,N^2} \frac{\alpha_2\tau l_j}{\alpha_2\tau l_j + \alpha_1 A_{(k)}^C + p_j} = \frac{\alpha_2\tau l_{j0}}{\alpha_2\tau l_{j0} + \alpha_1 A_{(k)}^C + p_{j0}} \leqslant \frac{8\alpha_2\tau}{\alpha_1 A_{(k)}^C},$$

并且

$$\left\| \left( \alpha_2 \tau \left( \mathbb{L}_1 + \mathbb{L}_2 \right) + \alpha_1 A_{(k)}^C \mathbf{I} + P^{\mathrm{T}} P \right)^{-1} \right\|_\infty$$

$$= \max_{j=1,\cdots,N^2} \frac{1}{\alpha_2 \tau l_j + \alpha_1 A_{(k)}^C + p_j} \leqslant \frac{1}{\alpha_1 A_{(k)}^C}, \tag{6.6.52}$$

加之 $\dfrac{1}{\sqrt{1+\beta}} \leqslant A_{(k)}^C \leqslant \dfrac{1}{\sqrt{\beta}}$, 所以有

$$\left\| \mathbf{f}^{(k+1)} - \mathbf{f}^{(k)} \right\| \leqslant \frac{8\alpha_2 \tau + \alpha_1 \dfrac{C}{\sqrt{\beta^3}}}{\alpha_1 A_{(k)}^C} \left\| \mathbf{f}^{(k)} - \mathbf{f}^{(k-1)} \right\| + \frac{C}{\alpha_1 A_{(k)}^C} \alpha_2 \tau \varepsilon_{\mathrm{tol}}$$

$$\leqslant \frac{\sqrt{1+\beta}}{\alpha_1} \left( 8\alpha_2 \tau + \frac{C\alpha_1}{\sqrt{\beta^3}} \right) \left\| \mathbf{f}^{(k)} - \mathbf{f}^{(k-1)} \right\|$$

$$+ \frac{C\sqrt{1+\beta}}{\alpha_1} \alpha_2 \tau \varepsilon_{\mathrm{tol}}. \tag{6.6.53}$$

当取 $\alpha_1, \alpha_2, \beta, \tau > 0$ 使得

$$q_1 := \frac{\sqrt{1+\beta}}{\alpha_1} \left( 8\alpha_2 \tau + \frac{C\alpha_1}{\sqrt{\beta^3}} \right) \in (0,1), \qquad q_2 := \frac{C\sqrt{1+\beta}}{\alpha_1} \alpha_2 \tau \in (0,1) \tag{6.6.54}$$

时, 即可得

$$\left\| \mathbf{f}^{(k+1)} - \mathbf{f}^{(k)} \right\| \leqslant q_1^k \left\| \mathbf{f}^{(1)} - \mathbf{f}^{(0)} \right\| + \frac{1}{1-q_1} \varepsilon_{\mathrm{tol}}. \tag{6.6.55}$$

该估计说明, 当误差限 $\varepsilon_{\mathrm{tol}} = 0$ 时, 序列 $\left\{ \mathbf{f}^{(k)} : k \in \mathbb{N} \right\}$ 是 Cauchy 列. 然而, 在 AIS 的内循环中, $\varepsilon_{\mathrm{tol}} = 0$ 意味着 $\mathbf{w}^{(k+1)} = \nabla \mathbf{f}^{(k)}$, 这是难以达到的. 但是, 若误差限 $\varepsilon_{\mathrm{tol}} > 0$ 足够小, 可以说序列 $\left\{ \mathbf{f}^{(k)} : k \in \mathbb{N} \right\}$ 几乎就是 Cauchy 列, 此种情况称为几乎收敛的. $\qquad \square$

**注解 6.6.2** 对于 Huber 型近似的优化模型, 由 (6.6.33) 定义可知

$$a_j^H[\mathbf{f}^{(k)}] = \begin{cases} \dfrac{1}{\epsilon}, & 0 \leqslant \mathbf{f}_j^{(k)} \leqslant \epsilon, \\[2mm] \dfrac{1}{\mathbf{f}_j^{(k)}}, & \epsilon < \mathbf{f}_j^{(k)} \leqslant 1, \end{cases}$$

故 $A_{(k)}^H \in \left\{ \dfrac{1}{\epsilon}, \dfrac{1}{\mathbf{f}_{j0}^{(k)}} \right\}$, 其中 $\dfrac{1}{\mathbf{f}_{j0}^{(k)}} := \max\limits_{j=1,\cdots,N^2} \dfrac{1}{\mathbf{f}_j^{(k)}}, \forall \mathbf{f}_j^{(k)} > \epsilon$, 且 $1 \leqslant A_{(k)}^H \leqslant \dfrac{1}{\epsilon}$. 类

似可有估计

$$\left\| A_{(k-1)}^H \mathbf{I} - \Lambda^H[\mathbf{f}^{(k)}] \right\| < \frac{1}{\epsilon}, \quad \left\| \Lambda^H[\mathbf{f}^{(k-1)}] - \Lambda^H[\mathbf{f}^{(k)}] \right\| < \frac{1}{\epsilon},$$

$$\max_{j=1,\cdots,N^2} \frac{\alpha_2 \tau l_j}{\alpha_2 \tau l_j + \alpha_1 A_{(k)}^H + p_j} \leqslant \frac{8\alpha_2 \tau}{\alpha_1 A_{(k)}^H},$$

$$\left\| \left( \alpha_2 \tau (\mathbb{L}_1 + \mathbb{L}_2) + \alpha_1 A_{(k)}^H \mathbf{I} + P^{\mathrm{T}} P \right)^{-1} \right\|_\infty \leqslant \frac{1}{\alpha_1 A_{(k)}^H}.$$

故

$$\left\| \mathbf{f}^{(k+1)} - \mathbf{f}^{(k)} \right\| \leqslant \frac{8\alpha_2 \tau + \alpha_1 \dfrac{C}{\epsilon}}{\alpha_1 A_{(k)}^H} \left\| \mathbf{f}^{(k)} - \mathbf{f}^{(k-1)} \right\| + \frac{C}{\alpha_1 A_{(k)}^H} \alpha_2 \tau \varepsilon_{\mathrm{tol}}$$

$$\leqslant \frac{1}{\alpha_1} \left( 8\alpha_2 \tau + \alpha_1 \frac{C}{\epsilon} \right) \left\| \mathbf{f}^{(k)} - \mathbf{f}^{(k-1)} \right\| + \frac{C}{\alpha_1} \alpha_2 \tau \varepsilon_{\mathrm{tol}}.$$

取 $\alpha_1, \alpha_2, \epsilon, \tau > 0$ 使得

$$q_1 := \frac{1}{\alpha_1} \left( 8\alpha_2 \tau + \alpha_1 \frac{C}{\epsilon} \right) \in (0,1), \qquad q_2 := \frac{C}{\alpha_1} \alpha_2 \tau \in (0,1),$$

则定理也成立.

当 $\varepsilon_{\mathrm{tol}} > 0$ 足够小时, 即每步更新的 $\mathbf{w}^{(k+1)}$ 更近似 $\nabla \mathbf{f}^{(k)}$, 在忽略误差水平 $\dfrac{1}{1-q_1} \varepsilon_{\mathrm{tol}}$ 的条件下, (6.6.55) 可近似为

$$\left\| \mathbf{f}^{(k+1)} - \mathbf{f}^{(k)} \right\| \leqslant q_1^k \left\| \mathbf{f}^{(1)} - \mathbf{f}^{(0)} \right\|,$$

即序列 $\{\mathbf{f}^{(k)} : k \in \mathbb{N}\}$ 可以近似看作是 Cauchy 列, 也就是 $\{\mathbf{f}^{(k)} : k \in \mathbb{N}\}$ 几乎收敛.

**注解 6.6.3**　定理 6.6.1 中所谓的取 $\beta > 0$ 充分大, 并不是与光滑化近似相矛盾, 而是一种定量分析.

### 6.6.5　数值模拟

我们假定带噪的频域数据 $\hat{g}^\delta$ 的噪声是一种加性噪声, 即在精确数据 $\hat{g}$ 的基础上由

$$\hat{g}_{m',n'}^\delta = \hat{f}_{m',n'}^R + \delta \times \mathrm{rand}(e_{m',n'}) + i \cdot (\hat{f}_{m',n'}^I + \delta \times \widetilde{\mathrm{rand}}(e_{m',n'})) \tag{6.6.56}$$

产生, 其中 $\mathrm{rand}(e_{m',n'})$ 和 $\widetilde{\mathrm{rand}}(e_{m',n'})$ 是介于 $[-1,1]$ 之间的随机数, $\hat{f}^R_{m',n'} + i \cdot \hat{f}^I_{m',n'}$ 是离散精确图像信号 $f^\dagger$ 的频域数据, $m', n' = 1, \cdots, N$.

**实验 1** 不同光滑化近似模型的交替迭代格式数值实验.

考虑四幅目标图像, 见图 6.37, 分别是: MATLAB 自带的 $256 \times 256$ 分片光滑的 circles 图像 (灰度值为 0,1), $512 \times 512$ 分片光滑的 gray-scale 图像 (灰度值为 0,128/255,1), $256 \times 256$ 分片光滑的模拟大脑 phantom 图像, 以及真实的 MRI $256 \times 256$ 的胸透图像.

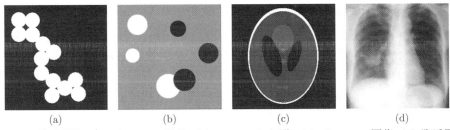

图 6.37　精确图像 $f^\dagger$: (a) circles 图像; (b) gray-scale 图像; (c) phantom 图像; (d) 胸透图像

我们添加的加性噪声的噪声水平为 $\delta = 0.01$, 前述目标泛函中正则化参数取为

$$\alpha_1 = 10^{-2}, \quad \alpha_2 = 10^{-4}, \quad \tau = 10.$$

两种光滑化近似模型对应的扰动参数分别为 $\beta = 0.5$ (C-SMRM) 和 $\epsilon = 0.1$ (H-SMRM).

我们取外循环最大迭代次数 $K_0 = 100$, 内循环迭代停止误差限 $\varepsilon_{\mathrm{tol}} = 10^{-3}$. 我们提出的算法也和空域双循环迭代格式[122] 及交替迭代格式 (RecPF)[202] 进行了对比. 其中 RecPF 来源于标准的增广 Lagrange 乘子法 (ADMM), 用于由不完全的频域数据恢复出重建图像, 是相较于主流的几种算法更好的一种交替迭代格式 (用于对比的数值实验结果见 [202]).

对于采样算子 $\mathcal{P}$ 的选取, 本实验考虑以下两种方案: 随机带状采样 (random band sampling, RBS) $\mathcal{P}_*$, 以及对比格式的径向采样 (radial sampling method). 相应的采样矩阵为:

- RBS:

$256 \times 256$ 像素 (图 6.38(a)): 随机同时抽取 20 行 20 列的频域数据, 采样率 $R_{\mathrm{total}} = 15.02\%$, 采样矩阵为

$$P = \mathrm{diag}(0, \cdots, 0, p_9, 0, \cdots, 0, p_{19}, 0, \cdots, 0, p_{37}, 0, \cdots, 0, p_{75}, 0, \cdots,$$
$$0, p_{80}, 0, 0, p_{83}, 0 \cdots, 0, p_{114}, 0, 0, p_{117}, 0, \cdots, 0, p_{125}, p_{126}, p_{127},$$

$$p_{128}, p_{129}, p_{130}, 0, \cdots, 0, p_{172}, 0, \cdots, 0, p_{182}, p_{183}, 0, \cdots, 0,$$
$$p_{191}, 0, \cdots, 0, p_{198}, 0, \cdots, p_{210}, 0, \cdots), \qquad (6.6.57)$$

其中 $p_i$ 只在指标 $i = 9, 19, 37, \cdots, 210$ 处值为 1, 下同.

$512 \times 512$ 像素 (图 6.38(b)): 随机同时抽取 40 行 40 列的频域数据, 采样率 $R_{\text{total}} = 7.66\%$, 采样矩阵为

$$\begin{aligned}
P = \text{diag}(&0, \cdots, 0, p_9, 0, \cdots, 0, p_{19}, 0, \cdots, 0, p_{37}, 0, \cdots, 0, p_{75}, 0, \cdots, 0, \\
&p_{80}, 0, 0, p_{83}, 0 \cdots, 0, p_{114}, 0, 0, p_{117}, 0, \cdots, 0, p_{166}, 0, \cdots, 0, p_{176}, \\
&p_{177}, 0, \cdots, 0, p_{185}, 0, \cdots, 0, p_{192}, 0, \cdots, 0, p_{204}, 0, \cdots, 0, p_{250}, p_{251}, \\
&p_{252}, p_{253}, p_{254}, p_{255}, p_{256}, p_{257}, p_{258}, p_{259}, p_{260}, p_{261}, 0, \cdots, 0, p_{282}, \\
&0, \cdots, 0, p_{293}, 0, \cdots, 0, p_{332}, 0, \cdots, 0, p_{346}, 0, p_{348}, 0, \cdots, 0, p_{376}, \\
&0, \cdots, 0, p_{392}, 0, \cdots, 0, p_{424}, 0, p_{426}, 0, p_{428}, 0, \cdots, 0, p_{444}, 0, \cdots, 0, \\
&p_{476}, 0, \cdots, 0, p_{496}, 0, \cdots, 0, p_{501}, 0, \cdots, 0). \qquad (6.6.58)
\end{aligned}$$

- 径向采样:

$256 \times 256$ 像素 (图 6.38(c)): 取 22 条半径上的频域数据, 采样率 $R_{\text{total}} = 9.36\%$.

$512 \times 512$ 像素 (图 6.38(d)): 取 44 条半径上的频域数据, 采样率 $R_{\text{total}} = 9.64\%$.

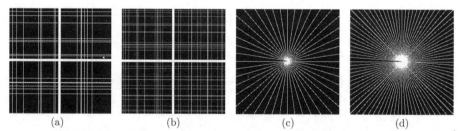

图 6.38　采样矩阵. RBS 采样: (a) 随机抽取 20 行 20 列; (b) 随机抽取 40 行 40 列. 径向采样: (c) 抽取 22 条半径; (d) 抽取 44 条半径

本实验使用增强信噪比 (improved signal to noise ratio, ISNR) 和相对误差 (relative error, ReErr) 来定量描述重建结果的好坏, 其定义分别为

$$\text{ISNR} = 10 \lg \left( \frac{\|\mathbf{f}^\dagger - F^{-1} \circ P\hat{\mathbf{g}}^\delta\|_{l^2}}{\|\mathbf{f}^{(k)} - \mathbf{f}^\dagger\|_{l^2}} \right), \quad \text{ReErr} = \frac{\|\mathbf{f}^{(k)} - \mathbf{f}^\dagger\|_{l^2}}{\|\mathbf{f}^\dagger\|_{l^2}}, \qquad (6.6.59)$$

其中 $\mathbf{f}^{(k)}$ 和 $\mathbf{f}^\dagger$ 分别为重建图像和精确图像, ISNR 旨在描述重建效果误差与输入的数据匹配项的误差之间的关系. 此外, (外循环) 迭代次数 (the iteration number, IterNum) 和 CPU 运行时间也是定量分析算法计算复杂度的指标.

图 6.39 和图 6.40 显示了两种不同采样下的不同算法的重建结果. 定量描述的重建结果详见表 6.11 和表 6.12 (黑体数字表示最优结果). 对比重建结果数据可知, 无论是 Charbonnier 型近似还是 Huber 型近似, 使用循环嵌套的交替迭代格式在处理简化型的多正则化罚项图像复原模型上, 要优于使用空域双循环迭代格式和 RecPF 重建的图像, 且在 ISNR 数值上是大于后两个对比算法的 ISNR, ReErr 数值上是小于后两个对比算法的 ReErr. 但观察表 6.11 中的迭代次数一栏, 发现 AIS 在达到最大迭代步数 $K_0$ 时, 并没有满足外循环迭代停止准则 (6.6.44), 所以在 CPU 运行时间上长于 RecPF. 这可能是和目标图像的结构有关. 值得庆幸的是, AIS 在可接受运行时间内的重建效果是较为满意的.

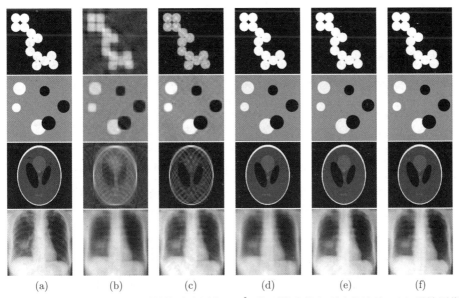

$$\text{(a)} \qquad \text{(b)} \qquad \text{(c)} \qquad \text{(d)} \qquad \text{(e)} \qquad \text{(f)}$$

图 6.39　实验 1 基于 RBS 采样的重建图像 $f^{*,\delta}$: 按列排序从左到右依次为: (a) 原始图像; (b) 不完全带噪频域数据的空域投影图像; (c) 空域双循环迭代格式; (d) RecPF; (e) C-SMRM 模型 AIS; (f) H-SMRM 模型 AIS. 按行排序从上到下依次为: circles 图像、gray-scale 图像、phantom 图像、MRI 胸透图像

从重建图像可知, 简化型 $l^1$-TV 罚项模型可以在不完全频域数据的输入下较好重建去噪图像. 其中, 空域双循环迭代格式可以有效去除本实验中的加性噪声. 但对于图像的灰度值大小没有更为精确的复原, 例如 circles 图像中灰度值为 1 的

圆形区域 (图 6.39(c) 的第一行)、MRI 胸透图像的肋骨等医学结构 (图 6.39(c) 的第四行), 均没有达到图像恢复的预期. 相比之下, RecPF 对于 circles 图像、gray-scale 图像和 phantom 图像, 其基于不完全频域数据的复原更为精确, 包括了更为清晰的边缘特征和精确的灰度值, 如图 6.39(d). 然而, RecPF 对于 MRI 胸透图像的重建结果有些模糊, 甚至缺失了许多重要的医学结构细节信息. 众所周知, RecPF 与 ADMM 是基于压缩感知理论处理医学核磁共振成像图像的有效手段, 但本实验中的 MRI 胸透图像重建效果并没有达到预期, 这可能是由于本实验目标图像自身的特殊结构和构成不完全频域数据的采样算子导致的. 而本节提出的循环嵌套的交替迭代格式 AIS, 无论基于 Charbonnier 型还是 Huber 型光滑近似的简化模型, 对所列出的几种图像都有较满意的重建效果, 也就是说, 分别比较图 6.39(e)(f) 和图 6.39(c)(d)、图 6.40(e)(f) 和图 6.40(c)(d), Charbonnier 近似和 Huber 近似在结构细节、边缘特征和分片光滑区域都有很好的重建结果. 在定量分析的表格中, 使用 AIS 的 ISNR 数值也是高于其他格式的, 也从定量数据的角度验证了上述结论.

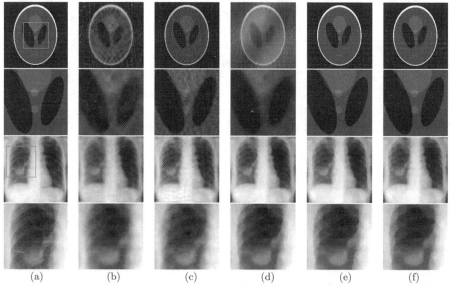

(a)　　　　　(b)　　　　　(c)　　　　　(d)　　　　　(e)　　　　　(f)

图 6.40　实验 1 基于径向采样的重建图像 $f^{*,\delta}$: 按列排序从左到右依次为: (a) 原始图像; (b) 不完全带噪频域数据的空域投影图像; (c) 空域双循环迭代格式; (d) RecPF; (e) C-SMRM 模型下 AIS; (f) H-SMRM 模型下 AIS. 按行排序从上到下依次为: phantom 图像、部分 phantom 图像、MRI 胸透图像、部分 MRI 胸透图像

表 6.11 实验 1 基于 RBS 采样的重建结果数据表

| 图像 | 格式 | ISNR(dB) | ReErr(%) | CPU 时间 (s) | IterNum |
|---|---|---|---|---|---|
| circles 图像 | 空域双循环 | 3.0437 | 17.0221 | 1.5734 | 40 |
| | RecPF | 14.6056 | 1.0492 | **0.2680** | 27 |
| | C-SMRM | 14.2219 | 1.1462 | 1.9248 | 100 |
| | H-SMRM | **14.7205** | **1.0265** | 1.3517 | 100 |
| gray-scale 图像 | 空域双循环 | 1.8183 | 5.7418 | 9.6594 | 40 |
| | RecPF | 11.9131 | 0.5245 | **1.0943** | 21 |
| | C-SMRM | 11.5221 | 0.5627 | 1.9255 | 100 |
| | H-SMRM | **13.5264** | **0.2621** | 39.1639 | 100 |
| phantom 图像 | 空域双循环 | 1.7383 | 8.7405 | 2.1778 | 40 |
| | RecPF | 11.3009 | 1.9514 | **0.3689** | 38 |
| | C-SMRM | 11.4490 | 1.8190 | 1.2895 | 100 |
| | H-SMRM | **14.4623** | **0.8047** | 50.9566 | 100 |
| MRI 胸透图像 | 空域双循环 | 2.6484 | 3.8296 | 2.1683 | 40 |
| | RecPF | 11.4839 | 1.0310 | **0.2189** | 21 |
| | C-SMRM | 11.5464 | 0.9734 | 1.7518 | 100 |
| | H-SMRM | **17.4996** | **0.0164** | 45.6364 | 100 |

表 6.12 实验 1 基于径向采样的重建结果数据表

| 图像 | 格式 | ISNR(dB) | ReErr(%) | CPU 时间 (s) | IterNum |
|---|---|---|---|---|---|
| phantom 图像 | 空域双循环 | 3.8014 | 11.1883 | 2.4127 | 40 |
| | RecPF | 12.3966 | 2.7976 | **0.4137** | 36 |
| | C-SMRM | 12.0596 | 3.0233 | 1.3909 | 100 |
| | H-SMRM | **13.0561** | **2.2250** | 45.5967 | 100 |
| MRI 胸透图像 | 空域双循环 | 4.0305 | 4.3061 | 2.2478 | 40 |
| | RecPF | 2.6372 | 4.5132 | **0.2848** | 22 |
| | C-SMRM | 11.4866 | 0.6724 | 1.3651 | 100 |
| | H-SMRM | **12.5369** | **0.5845** | 37.5576 | 100 |

图 6.41 描述了不同图像在两种光滑化近似模型下两种重建误差

$$\left\| \mathbf{f}^{(k+1)} - \mathbf{f}^{(k)} \right\|_{l^2}, \quad \left\| \mathbf{f}^{(k+1)} - \mathbf{f}^{\dagger} \right\|_{l^2}$$

随外迭代步数 $k$ 变化的拟合曲线图. 由外迭代停止准则 (6.6.44) 可知, 随着迭代步数 $k$ 的增加, 在达到最大迭代步数 $K_0$ 之前, 迭代重建误差是逐渐减小的. 这说明 AIS 的重建过程在有限步迭代后就可以达到较为稳定的迭代解, 与 6.6.4 节的理论分析相一致.

综合上述分析, 循环嵌套的交替迭代格式可以复原基于不完全频域数据的多种图像, 运行时间长短可以接受, 且对医学核磁共振成像图像的重建效果较为满意. 相比于已有的其他格式, 该格式的重建误差更小. 值得注意的是, 该格式的迭代初始值是 $\mathbf{f}^{(0)} = \Theta$, 虽然会对算法运行时间有一定影响, 但条件较弱, 容易满足.

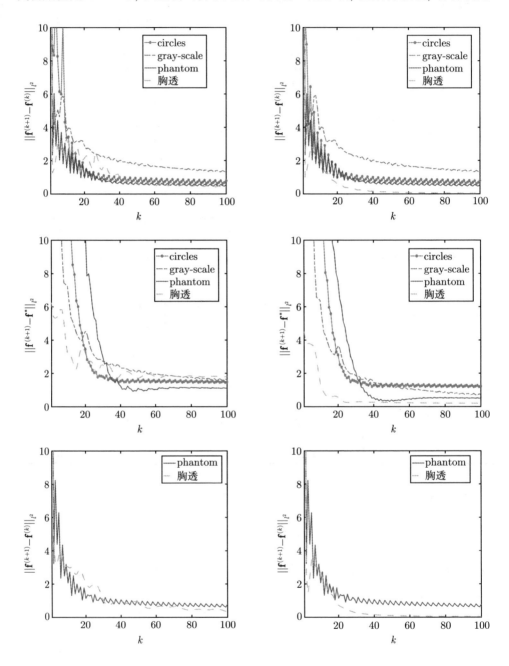

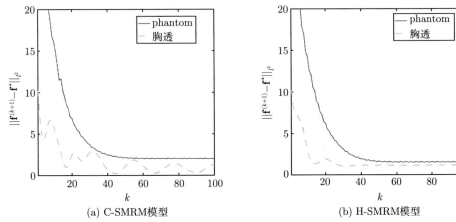

(a) C-SMRM模型        (b) H-SMRM模型

图 6.41 实验 1 不同模型下 AIS 的计算误差与迭代次数 $k$ 之间的关系: 按列排序从左到右依次为: (a) C-SMRM 模型, (b) H-SMRM 模型; 按行排序从上到下依次为: 基于 RBS 采样的 $\|\mathbf{f}^{(k+1)} - \mathbf{f}^{(k)}\|_{l^2}$, 基于 RBS 采样的 $\|\mathbf{f}^{(k+1)} - \mathbf{f}^{\dagger}\|_{l^2}$ (图 6.39(e)(f) 和表 6.11), 基于径向采样的 $\|\mathbf{f}^{(k+1)} - \mathbf{f}^{(k)}\|_{l^2}$, 基于径向采样的 $\|\mathbf{f}^{(k+1)} - \mathbf{f}^{\dagger}\|_{l^2}$ (图 6.40(e)(f) 和表 6.12)

　　纵向对比不同的光滑化近似的两种方案, Charbonnier 型近似的优化模型下的图像重建过程耗时较短, 其运行时间数量级与对比实验的空域双循环格式和 RecPF 相同; 但 Huber 型近似的优化模型的算法运行时间增大较明显. 这是由于在光滑化处理时, 需要基于 Huber 分段函数判断光滑化程度; 又由于目标图像的不同结构等客观因素, 故基于 Huber 型近似模型的 AIS 在图像恢复过程的 CPU 运行时间上较长. 尽管如此, 依据表 6.12 可以看出, 由 H-SMRM 恢复出的图像在可接受的时间内能恢复出令人更满意的重建图像, 且可以推广至医学核磁共振成像图像的医学诊断.

　　本节主要建立了带有简化的 $l^1$ 稀疏罚项和全变差罚项的多正则化项图像复原模型, 其中数据匹配项是在频域中, 由不完全的带噪频域数据作为输入数据而构造的; 非光滑正则化项由 Charbonnier 函数或 Huber 函数作光滑化近似. 对简化的多正则化项模型, 利用添加约束条件 $\mathbf{w} := \nabla\mathbf{f}$ 的方式, 添加新的变量, 将原来的无约束优化问题转换为约束优化问题, 求解目标泛函 $J_{\alpha,\nu}^{Z}(\mathbf{f})$ 关于单变量 $\mathbf{f}$ 的极小化问题转换为求解 $\widetilde{J}_{\alpha,\nu}^{Z}(\mathbf{w}, \mathbf{f})$ 关于双变量 $(\mathbf{w}, \mathbf{f})$ 的极小化问题. 针对双变量极小化问题, 基于增广 Lagrange 乘子法的交替迭代思想, 将约束优化问题转换为两个子优化问题, 并构造了带有正则化罚项 (参数称为加权罚项因子 $\tau$) 的 Lagrange 函数, 交替迭代地求解两个变量 $\mathbf{w}$ 和 $\mathbf{f}$, 即循环嵌套的交替迭代格式, 简称 AIS: 第一个子优化问题, 即固定 $\mathbf{f}^{(k)}$, 通过软阈值收缩思想构造内部迭代, 求出显式解 $\mathbf{w}^{(k+1)}$, 再由内循环及相应的停止准则迭代更新乘子向量 $\boldsymbol{\lambda}^{(k+1)}$; 第二个子优化问题, 即固定 $\mathbf{w}^{(k+1)}$, 在频域求解线性化后方程的最优解 $\hat{\mathbf{f}}^{(k+1)}$, 最后作用 Fourier

逆变换得到重建图像 $f_{\alpha,\nu}^{*,\delta}$. 该格式具有带有显式解的子问题、可频域上快速求解等优点, 并对类分片光滑图像均有较好的复原效果.

我们还在理论上首次证明了所提出的 AIS 收敛性, 即该格式产生的迭代序列是几乎收敛的. 数值模拟了 AIS 基于不同光滑化近似模型的图像复原过程, 并对比了空域求解的空域双循环格式和一般的交替迭代格式 RecPF, 旨在反映 AIS 较之其他算法对重建分片光滑图像和医学图像的通用性和实用性. 这说明该模型及其算法对于不完全频域输入数据可以在去除加性噪声的同时, 保持图像原有的稀疏特性和边缘特征, 是一个有价值的研究模型.

## 6.7　非局部数据作为反演输入的 Robin 系数重建

本节考虑下面的热传导系统

$$
\begin{cases}
\dfrac{\partial u(x,t)}{\partial t} - a^2 \Delta u(x,t) = g(x,t), & (x,t) \in D \times (0,T) := Q, \\
\dfrac{\partial u(x,t)}{\partial \nu} + \sigma(x)u(x,t) = \varphi(x,t), & (x,t) \in \partial D \times [0,T] := S_T, \\
u(x,0) = u_0(x), & x \in \overline{D}
\end{cases}
\tag{6.7.1}
$$

对应的反问题, 其中 $u(x,t)$ 表示有界区域 $D \subset \mathbb{R}^2$ 内的温度分布, $a > 0$, $\nu$ 是边界 $\partial D$ 上指向外部的单位法向量. 假定系统 (6.7.1) 中 $g(x,t) \equiv 0$ 和 $u_0(x) \equiv 0$, 边界形状 $\partial D$ 已知. 考虑该系统中阻尼系数 $\sigma(x)$ 反演的问题, 反演输入数据是下面的积分型数据

$$
\int_0^T \omega(t)u(x,t)dt = f(x), \quad x \in \partial D,
\tag{6.7.2}
$$

其中, $\omega(t) \in L^1(0,T)$ 是已知的权函数. 以下假设 $\omega(t) > 0, \|\omega\|_1 > c_0 > 0, c_0$ 是一个常数. 如果 $f(x)$ 是有噪声的, 假设实际给出的噪声数据 $f^\delta(x)$ 满足

$$
\|f^\delta - f\|_{L^2(\partial D)} \leqslant \delta.
\tag{6.7.3}
$$

本节工作的技术细节, 见 [192, 193].

### 6.7.1　反问题的唯一性和稳定性

当 $g(x,t) \equiv 0$, $u_0(x) \equiv 0$ 时, 系统 (6.7.1) 的解可表示为

$$
u(x,t) = \int_0^t \int_{\partial D} G(x,t;y,\tau)q(y,\tau)ds(y)d\tau, \quad (x,t) \in \overline{D} \times [0,T],
\tag{6.7.4}
$$

其中

$$G(x,t;y,\tau) := \frac{1}{4\pi a^2(t-\tau)} \exp\left(-\frac{|x-y|^2}{4a^2(t-\tau)}\right), \quad t > \tau$$

为热传导方程的基本解. 于是, 反问题 (6.7.1)—(6.7.2) 等价于从下面的非线性积分方程组

$$\begin{cases} \int_0^T \omega(t)\mathbb{K}[q](x,t)dt = f(x), & x \in \partial D, \\ \dfrac{q(x,t)}{2a^2} + \mathbb{K}'[q](x,t) + \sigma(x)\mathbb{K}[q](x,t) = \varphi(x,t), & (x,t) \in S_T \end{cases} \tag{6.7.5}$$

中求解未知变量 $(q(x,t),\sigma(x))$, 其中算子 $\mathbb{K}[q], \mathbb{K}'[q]$ 定义为

$$\mathbb{K}[q](x,t) := \int_0^t \int_{\partial D} G(x,t;y,\tau)q(y,\tau)ds(y)d\tau, \quad (x,t) \in \overline{D} \times [0,T], \tag{6.7.6}$$

$$\mathbb{K}'[q](x,t) := \int_0^t \int_{\partial D} \frac{\partial G(x,t;y,\tau)}{\partial \nu(x)}q(y,\tau)ds(y)d\tau, \quad (x,t) \in \overline{D} \times [0,T]. \tag{6.7.7}$$

由于研究反问题时假定精确数据 $f(x)$ 是由 (6.7.1)—(6.7.2) 产生的, 再由正问题解的位势表示理论可知, (6.7.5) 解的存在性是显然的. 故下面考虑由精确输入数据 $f(x)$ 是否唯一确定 $\sigma(x)$ 的问题.

首先, 对方程组 (6.7.5) 变形. 对 (6.7.5) 中第二个式子的两边同乘 $\omega(t)$, 并关于 $t$ 在 $[0,T]$ 上积分, 再利用 (6.7.5) 中的第一个式子, 可得

$$\int_0^T \omega(t)\left(\frac{q(x,t)}{2a^2} + \mathbb{K}'[q](x,t)\right)dt + \sigma(x)f(x) = \int_0^T \omega(t)\varphi(x,t)dt. \tag{6.7.8}$$

基于 (6.7.5) 和 (6.7.8) 消去 $\sigma(x)$ 可得

$$\left(\frac{q(x,t)}{2a^2} + \mathbb{K}'[q](x,t) - \varphi(x,t)\right)f(x)$$

$$= \mathbb{K}[q](x,t)\int_0^T \omega(t)\left(\frac{q(x,t)}{2a^2} + \mathbb{K}'[q](x,t) - \varphi(x,t)\right)dt, \quad (x,t) \in S_T. \tag{6.7.9}$$

(6.7.9) 是一个关于密度函数 $q(x,t)$ 的非线性积分方程.

当边界上的 $\varphi(x,t)$ 和权重函数 $\omega(t)$ 给定时, 输入数据 $f(x)$ 依赖于阻尼系数 $\sigma$, 记为 $f = f[\sigma]$. 反问题 (6.7.1)—(6.7.2) 是不适定的. 下面在 $\sigma$ 的允许集

$$\Sigma := \{\sigma(x) \in C(\partial D), 0 \leqslant \sigma(x) \leqslant \sigma_+, |f[\sigma](x)| > f_+ > 0, x \in \partial D\}$$

上来研究反问题的唯一性和条件稳定性, 其中 $\sigma_+, f_+$ 是已知的正常数.

下面给出算子 $\mathbb{K}$ 和 $\mathbb{K}'$ 的一些性质, 我们在后面关于反问题唯一性的证明中需要利用这些性质.

**引理 6.7.1**　设区域 $D$ 的边界是 $C^2$ 类, 则算子 $\mathbb{K}$ 和 $\mathbb{K}'$ 是从 $C(S_T)$ 到 $C(S_T)$ 的紧算子. 类似地, 这两个算子也是从 $L^2(S_T)$ 到 $L^2(S_T)$ 的紧算子, 并且对所有的 $\sigma \in \Sigma$ 有下面的结论成立:

$$\mathcal{N}\left(\frac{\mathbb{I}}{2a^2} + \mathbb{K}'\right) = \{0\}, \quad \mathcal{N}\left(\frac{\mathbb{I}}{2a^2} + \mathbb{K}' + \sigma\,\mathbb{K}\right) = \{0\}.$$

**证明**　当 $0 < \iota_1, \iota_2 < +\infty$ 时, 有 $\iota_1^{\iota_2}\exp(-\iota_1) \leqslant \iota_2^{\iota_2}\exp(-\iota_2)$. 令 $\iota_1 = \dfrac{|x-y|^2}{4a^2(t-\tau)}$, 当 $t > \tau, x \neq y$ 时, 有

$$\begin{aligned}
|G(x,t;y,\tau)| &\leqslant \frac{1}{4a^2\pi(t-\tau)}\left(\frac{4a^2(t-\tau)}{|x-y|^2}\right)^{\iota_2}\iota_2^{\iota_2}\exp(-\iota_2) \\
&\leqslant \frac{C(\iota_2)}{(t-\tau)^{1-\iota_2}|x-y|^{2\iota_2}},
\end{aligned}$$
(6.7.10)

$$\begin{aligned}
\left|\frac{\partial G(x,t;y,\tau)}{\partial\nu(x)}\right| &= \frac{1}{4\pi a^2(t-\tau)}\frac{|(\nu(x),x-y)|}{2a^2(t-\tau)}\exp\left(-\frac{|x-y|^2}{4a^2(t-\tau)}\right) \\
&\leqslant \frac{1}{4\pi a^2(t-\tau)}\frac{L_c|x-y|^2}{2a^2(t-\tau)}\left(\frac{4a^2(t-\tau)}{|x-y|^2}\right)^{\iota_2}\iota_2^{\iota_2}\exp(-\iota_2) \\
&\leqslant \frac{C(\iota_2)L_c}{(t-\tau)^{2-\iota_2}|x-y|^{2\iota_2-2}},
\end{aligned}$$
(6.7.11)

其中 $L_c$ 是依赖于边界 $\partial D$ 的常数. 上面的两个不等式中分别取 $\iota_2 \in (0,1/2)$ 和 $\iota_2 \in (1,3/2)$, 可知算子 $\mathbb{K}$ 和 $\mathbb{K}'$ 的核函数在 $\partial D \times [0,t]$ 内是弱奇异的, 从而算子 $\mathbb{K}$ 和 $\mathbb{K}'$ 是

$$C(S_T) \to C(S_T), \quad L^2(S_T) \to L^2(S_T)$$

的紧算子. 于是当式 (6.7.10) 和 (6.7.11) 中分别取 $\iota_2 = 1/3$ 和 $\iota_2 = 4/3$ 时, 有估计

$$|G(x,t;y,\tau)|, \left|\frac{\partial}{\partial\nu(x)}G(x,t;y,\tau)\right| \leqslant \frac{C}{(t-\tau)^{2/3}|x-y|^{2/3}}.$$
(6.7.12)

据此估计可得

$$\|\mathbb{K}'[q](\cdot,t)\|_{C(\partial D)}, \|\sigma(\cdot)\mathbb{K}[q](\cdot,t)\|_{C(\partial D)}$$

$$\leqslant C(1 + \sigma_+) \int_0^t \frac{1}{(t-\tau)^{2/3}} \|q(\cdot, \tau)\|_{C(\partial D)} \max_{x \in \partial D} \int_{\partial D} \frac{1}{|x-y|^{2/3}} ds(y) \, d\tau$$

$$\leqslant C \int_0^t \frac{1}{(t-\tau)^{2/3}} \|q(\cdot, \tau)\|_{C(\partial D)} \, d\tau. \tag{6.7.13}$$

基于估计 (6.7.13) 可知, 当 $\sigma \in \Sigma$ 时, 不等式

$$\|\mathbb{H}_\sigma[q](\cdot, t)\|_{C(\partial D)} \leqslant C(\sigma_+) \int_0^t \frac{1}{(t-\tau)^{2/3}} \|q(\cdot, \tau)\|_{C(\partial D)} \, d\tau, \quad t \in [0, T]$$

一致成立, 其中

$$\mathbb{H}_\sigma[q](x, t) := \mathbb{K}'[q](x, t) + \sigma(x)\mathbb{K}[q](x, t).$$

利用上面的估计, 可以得到方程

$$\frac{q(x, t)}{2a^2} + \mathbb{H}_\sigma[q](x, t) = 0, \quad (x, t) \in S_T \tag{6.7.14}$$

在 $\sigma \in \Sigma$ 内只有平凡解 $q(x, t) \equiv 0$, 即 $\mathcal{N}\left(\dfrac{\mathbb{I}}{2a^2} + \mathbb{K}' + \sigma \mathbb{K}\right) = \{0\}$. 上述结论对 $\sigma(x) \equiv 0$ 也是成立的, 即显然 $\mathcal{N}\left(\dfrac{\mathbb{I}}{2a^2} + \mathbb{K}'\right) = \{0\}$. $\qquad\square$

现在研究反问题 (6.7.1)—(6.7.2) 的唯一性.

**定理 6.7.2** *如果给定的激发源函数 $\varphi(x, t)$ 满足条件*

$$\frac{\|\omega\|_{L^1(0,T)}}{f_+} \|\varphi\|_{C(S_T)} \ll 1, \tag{6.7.15}$$

*则数据 $f(x)$ 唯一确定 $\sigma(x) \in \Sigma$.*

**证明** 对给定的 $\varphi(x, t) \in C(S_T)$, 设 $f_i(x)$ 是阻尼系数 $\sigma_i(x) \in \Sigma$ $(i = 1, 2)$ 对应的输入数据, 即 $\sigma_i(x) \in \Sigma$ 对应的正问题 (6.7.1) 中的函数 $u_i(x, t) := u[\sigma_i](x, t)$ 满足

$$\int_0^T \omega(t)u_i(x, t)dt = f_i(x), \quad x \in \partial D, \quad i = 1, 2. \tag{6.7.16}$$

接下来证明, 如果 $f_1(x) = f_2(x)$, 则有 $\sigma_1(x) = \sigma_2(x)$.

利用方程组 (6.7.5) 的第二个式子可得

$$\frac{q_i(x, t)}{2a^2} + \mathbb{K}'[q_i](x, t) + \sigma_i(x)\mathbb{K}[q_i](x, t) = \varphi(x, t), \quad (x, t) \in S_T. \tag{6.7.17}$$

再由引理 6.7.1 和 Fredholm 选择定理, 可知 $\dfrac{\mathbb{I}}{2a^2} + \mathbb{K}' + \sigma \,\mathbb{K}$ 在 $C(S_T)$ 中是可逆的, 且

$$\left\| \left( \frac{\mathbb{I}}{2a^2} + \mathbb{K}' + \sigma \,\mathbb{K} \right)^{-1} \right\| \leqslant C(\sigma_+), \quad \sigma \in \Sigma,$$

故有 $\|q_i\|_{C(S_T)} \leqslant C(\sigma_+) \|\varphi\|_{C(S_T)}$. 从而可得

$$\|\mathbb{K}'[q_i]\|_{C(S_T)}, \|\mathbb{K}[q_i]\|_{C(S_T)} \leqslant C_0 C(\sigma_+) \|\varphi\|_{C(S_T)}, \quad \sigma_i \in \Sigma. \tag{6.7.18}$$

另一方面, 利用等式 (6.7.9) 可得

$$\frac{(q_1 - q_2)(x,t)}{2a^2} + \mathbb{K}'[q_1 - q_2](x,t)$$

$$= \frac{\mathbb{K}[q_1 - q_2](x,t)\widetilde{Q}[q_2,\omega,\varphi](x)}{f_1(x)} + \frac{\mathbb{K}[q_1](x,t)\widetilde{Q}[q_1 - q_2,\omega,0](x)}{f_1(x)}$$

$$- \frac{\mathbb{K}[q_2](x,t)\widetilde{Q}[q_2,\omega,\varphi](x)}{f_1(x)f_2(x)}(f_1(x) - f_2(x)), \tag{6.7.19}$$

其中

$$\widetilde{Q}[q,\omega,\varphi](x) := \int_0^T \omega(\tau)\left( \frac{q(x,\tau)}{2a^2} + \mathbb{K}'[q](x,\tau) - \varphi(x,\tau) \right) d\tau.$$

显然, 等式 (6.7.19) 的左边相当于算子 $\dfrac{\mathbb{I}}{2a^2} + \mathbb{K}'$ 作用到 $q_1 - q_2$ 上, 是不依赖于 $(\sigma_i, \varphi, \omega)$ 的. 下面证明中出现的 $C_0$ 表示依赖于 $\sigma_+, \omega(t), \varphi(x,t)$ 的不同常数. 由引理 6.7.1 及 Fredholm 选择定理可知 $\left\| \left( \dfrac{\mathbb{I}}{2a^2} + \mathbb{K}' \right)^{-1} \right\| \leqslant C_0$, 从而可以推出

$$\|q_1 - q_2\|_{C(S_T)} \leqslant \frac{C_0}{f_+} \|\mathbb{K}[q_1 - q_2]\|_{C(S_T)} \|\widetilde{Q}[q_2,\omega,\varphi]\|_{C(\partial D)}$$

$$+ \frac{C_0}{f_+} \|\mathbb{K}[q_1]\|_{C(S_T)} \|\widetilde{Q}[q_1 - q_2,\omega,0]\|_{C(\partial D)}$$

$$+ \frac{C_0}{f_+^2} \|\mathbb{K}[q_2]\|_{C(S_T)} \|\widetilde{Q}[q_2,\omega,\varphi]\|_{C(\partial D)} \|f_1 - f_2\|_{C(\partial D)}. \tag{6.7.20}$$

再结合估计 (6.7.18) 和 $\widetilde{Q}[q,\omega,\varphi]$ 的表达式, 可以得到估计

$$\begin{cases} \|\widetilde{Q}[q_2,\omega,\varphi]\|_{C(\partial D)} \leqslant C(\sigma_+) \|\omega\|_{L^1(0,T)} \|\varphi\|_{C(S_T)}, \\ \|\widetilde{Q}[q_1 - q_2,\omega,0]\|_{C(\partial D)} \leqslant C_0 \|\omega\|_{L^1(0,T)} \|q_1 - q_2\|_{C(S_T)}, \\ \|\mathbb{K}[q_1 - q_2]\|_{C(S_T)} \leqslant C_0 \|q_1 - q_2\|_{C(S_T)}. \end{cases}$$

利用这些估计和不等式 (6.7.20), 可以得到不等式

$$
\|q_1 - q_2\|_{C(S_T)} \leqslant \frac{C(\sigma_+)}{f_+} \|q_1 - q_2\|_{C(S_T)} \|\omega\|_{L^1(0,T)} \|\varphi\|_{C(S_T)}
$$

$$
+ \frac{C(\sigma_+)}{f_+^2} \|\omega\|_{L^1(0,T)} \|\varphi\|_{C(S_T)}^2 \|f_1 - f_2\|_{C(\partial D)} .
$$

对上面的不等式整理, 可得

$$
\left(1 - \frac{C(\sigma_+)}{f_+} \|\omega\|_{L^1(0,T)} \|\varphi\|_{C(S_T)}\right) \|q_1 - q_2\|_{C(S_T)}
$$

$$
\leqslant \frac{C(\sigma_+)}{f_+^2} \|\omega\|_{L^1(0,T)} \|\varphi\|_{C(S_T)}^2 \|f_1 - f_2\|_{C(\partial D)} . \tag{6.7.21}
$$

在定理的条件 (6.7.15) 下, 如果 $f_1(x) \equiv f_2(x)$ 在 $\partial D$ 成立, 则 $q_1(x,t) \equiv q_2(x,t) \in C(S_T)$. 由等式 (6.7.16) 可知 $f_1(x) \equiv f_2(x) \neq 0$, 故不等式 (6.7.21) 意味着 $q_1(x,t) \equiv q_2(x,t)$. 最后再利用 (6.7.8), 可推出 $\sigma_1(x) \equiv \sigma_2(x)$. □

下面研究反问题的条件稳定性.

**定理 6.7.3**　设 $f_i(x)$ 是系统 (6.7.1)—(6.7.2) 的对应于阻尼系数 $\sigma_i(x) \in \Sigma$ 和相同激发 $\varphi$ 的反演输入数据, $i = 1, 2$. 如果条件 (6.7.15) 成立, 则有下面的估计

$$
\|\sigma_1 - \sigma_2\|_{C(\partial D)} \leqslant C \|f_1 - f_2\|_{C(\partial D)} \tag{6.7.22}
$$

成立, 即该反问题具有 Lipschitz 条件稳定性.

**证明**　由于 $(\sigma_i(x), f_i(x), q_i(x,t))$ $(i = 1, 2)$ 满足 (6.7.8) 和 (6.7.17), 并且数据 $|f_i(x)| > f_+ > 0$, 故

$$
\sigma_1(x) - \sigma_2(x)
$$

$$
= \frac{1}{f_1(x) f_2(x)} \left( (f_2(x) - f_1(x)) \left[ \int_0^T \omega \varphi \, dt - \int_0^T \omega \left( \frac{q_1}{2a^2} + \mathbb{K}'[q_1] \right) dt \right] \right.
$$

$$
\left. + f_1(x) \int_0^T \omega \left[ \frac{(q_1 - q_2)}{2a^2} + \mathbb{K}'[q_1 - q_2] \right] dt \right) . \tag{6.7.23}
$$

再利用 $\|q_i\|_{C(S_T)} \leqslant C(\sigma_+) \|\varphi\|_{C(S_T)}$ 及 $\sigma_i \in \Sigma$ 时的估计 (6.7.18), 可推出

$$
|\sigma_1(x) - \sigma_2(x)| \leqslant C(\sigma_+) \frac{|f_2(x) - f_1(x)|}{f_+^2} \|\omega\|_{L^1(0,T)} \|\varphi\|_{C(S_T)}
$$

$$
+ \frac{C(\sigma_+)}{f_+} \|\omega\|_{L^1(0,T)} \|\varphi\|_{C(S_T)} \|q_1 - q_2\|_{C(S_T)} .
$$

最后, 利用不等式 (6.7.21) 和条件 (6.7.15), 可以推出定理中的不等式 (6.7.22). □

### 6.7.2  优化方案和收敛性

本节构造具体的正则化方案, 并在输入数据误差趋于 0 时对正则化解的误差进行估计. 对于不适定的积分方程组 (6.7.5), 原则上可以先通过方程组的第一个方程得到 $q(x,t)$, 然后再利用第二个方程得到 $\sigma$ 满足的单个积分方程. 但是, 当 $\mathbb{K}[q](x,t)$ 为零时会导致 $\sigma$ 的计算不稳定. 鉴于积分方程组 (6.7.5) 的上述结构性质, 本节引入 $q(x,t)$ 的罚项, 构造如下的优化泛函:

$$
J_\alpha(q,\sigma) := \left\| \int_0^T \omega(t)\mathbb{K}[q](\cdot,t)dt - f^\delta(\cdot) \right\|_{L^2(\partial D)}^2
$$
$$
+ \left\| \frac{q}{2a^2} + \mathbb{K}'[q] + \sigma\,\mathbb{K}[q] - \varphi \right\|_{L^2(S_T)}^2 + \alpha\|q\|_{L^2(S_T)}^2, \quad (6.7.24)
$$

其中, $f^\delta(x)$ 是满足 (6.7.3) 的噪声数据, $\alpha > 0$ 是正则化参数. $J_\alpha(q,\sigma)$ 是一个半 Tikhonov 型的正则化泛函. 对给定的 $\alpha, \delta > 0$, 泛函 $J_\alpha(q,\sigma)$ 的极小元记为 $(q^{\alpha,\delta}(x,t), \sigma^{\alpha,\delta}(x))$. 我们把 $\sigma^{\alpha,\delta}(x)$ 定义为原反问题的正则化解. 本节将分别研究 $\sigma^{\alpha,\delta}(x)$ 和 $q^{\alpha,\delta}(x,t)$ 的性质.

**定理 6.7.4**  令 $V(\partial D)$ 为 $L^2(\partial D)$ 的一个紧集. 则下面的优化问题

$$
\inf\{J_\alpha(q,\sigma) : q \in L^2(S_T), \sigma \in V(\partial D)\} \quad (6.7.25)
$$

存在极小元 $\sigma^{\alpha,\delta}(x) \in L^2(\partial D)$.

**证明**  显然, $J_\alpha(q,\sigma) \geqslant 0$. 因此, 泛函 $J_\alpha(q,\sigma)$ 的下确界是存在的, 故定义

$$
\inf\{J_\alpha(q,\sigma) : q \in L^2(S_T), \sigma \in V(\partial D)\} := M_0 \geqslant 0,
$$

其中下确界 $M_0$ 与 $\alpha, f^\delta$ 有关, 记为 $M_0 = M_0(\alpha, f^\delta)$. 设 $(q_n, \sigma_n) \in L^2(S_T) \times V(\partial D)$ 是泛函的极小化序列, 即 $\lim_{n\to\infty} J_\alpha(q_n, \sigma_n) = M_0$. 这意味着, 当 $n \to \infty$ 时,

$$
\alpha\|q_n\|_{L^2(S_T)}^2 \leqslant J_\alpha(q_n, \sigma_n) \to M_0.
$$

因此, $\{q_n : n \in \mathbb{N}\}$ 中存在弱收敛到 $q^* \in L^2(S_T)$ 的子列. 为记号的方便, 这里将子列还记为 $\{q_n : n \in \mathbb{N}\}$. 另外, 算子 $\mathbb{K}$ 和 $\mathbb{K}'$ 是从 $L^2(S_T)$ 到 $L^2(S_T)$ 的紧算子, 可知在 $L^2(S_T)$ 内,

$$
\mathbb{K}[q_n] \to \mathbb{K}[q^*], \quad \mathbb{K}'[q_n] \to \mathbb{K}'[q^*]. \quad (6.7.26)
$$

另一方面, 由于 $\{\sigma_n : n \in \mathbb{N}\} \subset V(\partial D)$ 在 $L^2(\partial D)$ 是紧的, 故存在 $\{\sigma_n : n \in \mathbb{N}\}$ 的子列 (仍记为 $\{\sigma_n : n \in \mathbb{N}\}$) 使得 $\sigma_n \to \sigma^* \in V(\partial D) \subset L^2(\partial D)$. 利用收敛

性结果 (6.7.26) 和 $q_n \rightharpoonup q^*$, 以及下面的等式

$$\alpha\|q_n\|_{L^2(S_T)}^2 \equiv J_\alpha(q_n, \sigma_n) - \left\|\int_0^T \omega(t)\mathbb{K}[q_n](\cdot, t)dt - f^\delta(\cdot)\right\|_{L^2(\partial D)}^2$$

$$- \left\|\frac{q^*}{2a^2} + \mathbb{K}'[q_n] + \sigma_n\, \mathbb{K}[q_n] - \varphi\right\|_{L^2(S_T)}^2 - \left\|\frac{q_n - q^*}{2a^2}\right\|_{L^2(S_T)}^2$$

$$- \left(\frac{q_n - q^*}{a^2}, \frac{q^*}{2a^2} + \mathbb{K}'[q_n] + \sigma_n\, \mathbb{K}[q_n] - \varphi\right),$$

可得

$$\lim_{n\to\infty} \alpha\|q_n\|^2 \equiv M_0 - \left\|\int_0^T \omega(t)\mathbb{K}[q^*](\cdot, t)dt - f^\delta(\cdot)\right\|^2$$

$$- \left\|\frac{q^*}{2a^2} + \mathbb{K}'[q^*] + \sigma^*\, \mathbb{K}[q^*] - \varphi\right\|^2 - \lim_{n\to\infty}\frac{1}{4a^4}\|q_n - q^*\|^2$$

$$\leqslant J_\alpha(q^*, \sigma^*) - \left\|\int_0^T \omega(t)\mathbb{K}[q^*](\cdot, t)dt - f^\delta(\cdot)\right\|^2$$

$$- \left\|\frac{q^*}{2a^2} + \mathbb{K}'[q^*] + \sigma^*\, \mathbb{K}[q^*] - \varphi\right\|^2 - \lim_{n\to\infty}\frac{1}{4a^4}\|q_n - q^*\|^2$$

$$= \alpha\|q^*\|^2 - \lim_{n\to\infty}\frac{\|q_n - q^*\|^2}{4a^4}.$$

再由 $q_n \rightharpoonup q^*$ 可得

$$\lim_{n\to\infty}\|q_n - q^*\|^2 = \lim_{n\to\infty}[\|q_n\|^2 - \|q^*\|^2] \leqslant -\lim_{n\to\infty}\frac{1}{4\alpha a^2}\|q_n - q^*\|^2, \quad (6.7.27)$$

即在 $L^2(S_T)$ 空间内有 $q_n \to q^*$. 最后, 利用泛函 $J_\alpha$ 在 $L^2(S_T) \times L^2(\partial D)$ 的连续性, 可得

$$J_\alpha(q^*, \sigma^*) = \lim_{n\to\infty} J_\alpha(q^n, \sigma^n) = M_0,$$

即 $(q^*, \sigma^*)$ 是泛函 $J_\alpha(q, \sigma)$ 在 $L^2(S_T) \times V(\partial D)$ 内的极小元. 因此, $\sigma^*(x)$ 可以看作是 $\sigma^{\alpha,\delta}(x)$, 它定义为噪声数据 $f^\delta(x)$ 对应反问题 (6.7.1)—(6.7.3) 在正则化泛函极小化意义下的近似解 (正则化解). $\qquad\square$

定理 6.7.4 保证了泛函 $J_\alpha(q, \sigma)$ 的极小元存在. 当精确解 $\sigma \in V(\partial D)$ 时,

$$M_0(0, f) = 0.$$

从某种程度来讲, $M_0(\alpha, f^\delta)$ 反映了正则化解与精确数据对应的系统 (6.7.1)—(6.7.3) 之间的关系. 因此, 接下来估计 $M_0(\alpha, f^\delta)$, 以便由此来度量正则化解与原反问题精确解之间的近似关系.

**定理 6.7.5**　设反问题 (6.7.1)—(6.7.2) 的精确解 $\overline{\sigma}(x) \in V(\partial D)$, $(q^{\alpha,\delta}, \sigma^{\alpha,\delta})$ 是定理 6.7.4 中泛函 $J_\alpha(q, \sigma)$ 的一个极小元.　令 $M_0(\alpha, f^\delta) = J_\alpha(q^{\alpha,\delta}, \sigma^{\alpha,\delta})$. 则成立

$$\lim_{\alpha \to 0} M_0(\alpha, f^\delta) \leqslant 2\delta^2. \tag{6.7.28}$$

**证明**　不妨令 $f(x)$ 为 $\overline{\sigma}(x) \in V(\partial D)$ 和给定的 $\varphi(x, t)$ 对应的测量数据. 显然, 对于任意的 $(q, \sigma) \in L^2(S_T) \times V(\partial D)$, 有下面的不等式

$$J_\alpha(q, \sigma) \leqslant 2\left\| \int_0^T \omega(t)\mathbb{K}[q](\cdot, t)dt - f(\cdot) \right\|_{L^2(\partial D)}^2$$

$$+ 2\left\| \frac{1}{2a^2}q + \mathbb{K}'[q] + \overline{\sigma}\,\mathbb{K}[q] - \varphi \right\|_{L^2(S_T)}^2 + \alpha\|q\|_{L^2(S_T)}^2$$

$$+ 2\|f^\delta - f\|_{L^2(\partial D)}^2 + 2\|(\sigma - \overline{\sigma})\mathbb{K}[q]\|_{L^2(S_T)}^2. \tag{6.7.29}$$

利用引理 6.7.1 中 $\mathcal{N}\left(\dfrac{1}{2}\mathbb{I} + \mathbb{K}' + \overline{\sigma}\mathbb{K}\right) = \{0\}$ 和 Fredholm 选择定理, 可知对于给定的 $\varphi(x, t) \in L^2(S_T)$, 存在唯一的密度函数 $\overline{q}(x, t) \in L^2(\partial D \times (0, T))$, 使得

$$\frac{1}{2a^2}\overline{q} + \mathbb{K}'[\overline{q}] + \overline{\sigma}\,\mathbb{K}[\overline{q}] - \varphi = 0, \quad (x, t) \in S_T.$$

则边界 Robin 系数为 $\overline{\sigma}$ 的正问题 (6.7.1) 对应的解可表示为 $u(x, t) = \mathbb{K}[\overline{q}](x, t)$. 从而 $\overline{q}$ 满足

$$\int_0^T \omega(t)\mathbb{K}[\overline{q}](x, t)dt = f(x), \quad x \in \partial D.$$

基于上面两个等式可以推出

$$J_\alpha(\overline{q}, \overline{\sigma}) \leqslant \alpha\|\overline{q}\|_{L^2(S_T)}^2 + 2\|f^\delta - f\|_{L^2(\partial D)}^2 \leqslant \alpha\|\overline{q}\|_{L^2(S_T)}^2 + 2\delta^2. \tag{6.7.30}$$

于是不等式

$$M_0(\alpha, f^\delta) = \inf\{J_\alpha(q, \sigma) : q \in L^2(S_T), \sigma \in V(\partial D)\} \leqslant J_\alpha(\overline{q}, \overline{\sigma}) \leqslant \alpha\|\overline{q}\|_{L^2(S_T)}^2 + 2\delta^2$$

成立. 最后令 $\alpha \to 0$, 即完成定理的证明.　　　　　　　　　　　　　　□

定理 6.7.4 和定理 6.7.5 说明, 对于任意一组数列 $\{\alpha_n \to 0 : n \to \infty\}$, 存在一组极小化序列 $\{(q^n, \sigma^n) : n \in \mathbb{N}\}$ (可能不唯一) 使得估计

$$\lim_{n \to \infty} J_{\alpha_n}(q^n, \sigma^n) = \lim_{n \to \infty} M_0(\alpha_n, f^\delta) \leqslant 2\delta^2 \qquad (6.7.31)$$

成立.

最后建立 $\sigma_n$ 与精确的 Robin 系数 $\bar{\sigma}$ 之间的关系, 其中 $\bar{\sigma}$ 是精确的反演输入数据 $f(x)$ 对应的 Robin 系数.

**定理 6.7.6** 设 $\{\alpha_n > 0 : n \in \mathbb{N}\}$ 是收敛到 0 的一组数列, $(q^n, \sigma^n)$ 是泛函 $J_{\alpha_n}(q, \sigma)$ 的极小元 (可能不唯一). 则存在一个收敛子列 $\{\sigma^{n_k} : k \in \mathbb{N}\} \subset \{\sigma^n : n \in \mathbb{N}\}$, 使得 $\lim_{k\to\infty} \sigma^{n_k} = \sigma^*$ 在 $L^2(\partial D)$ 上成立. 对这样的 $\sigma^*$, 存在对应的密度函数 $\bar{q}(x, t) \in L^2(\partial D \times (0, T))$, 满足

$$\begin{cases} \left\| \displaystyle\int_0^T \omega(t)\mathbb{K}[\bar{q}](\cdot, t)dt - f(\cdot) \right\|_{L^2(\partial D)} \leqslant 3\delta, \\ \left\| \dfrac{1}{2a^2}\bar{q} + \mathbb{K}'[\bar{q}] + \sigma^* \mathbb{K}[\bar{q}] - \varphi \right\|_{L^2(\partial D)} \leqslant 2\delta. \end{cases} \qquad (6.7.32)$$

**证明** 因为 $\{\sigma^n : n \in \mathbb{N}\} \subset V(\partial D)$ 是紧的, 所以存在子列 $\{\sigma^{n_k} : k \in \mathbb{N}\} \subset \{\sigma^n : n \in \mathbb{N}\}$, 使得

$$\sigma^{n_k} \to \sigma^*, \quad k \to \infty. \qquad (6.7.33)$$

由定理 6.7.5 可得 $\lim_{k\to\infty} J_{\alpha_{n_k}}(q^{n_k}, \sigma^{n_k}) \leqslant 2\delta^2$, 再由定义 (6.7.24), 可得下面两个不等式:

$$\lim_{k \to \infty} \left\| \int_0^T \omega(t)\mathbb{K}[q^{n_k}](\cdot, t)dt - f^\delta(\cdot) \right\|_{L^2(\partial D)} \leqslant 2\delta, \qquad (6.7.34)$$

$$\lim_{k \to \infty} \left\| \frac{q^{n_k}}{2a^2} + \mathbb{K}'[q^{n_k}] + \sigma^{n_k} \mathbb{K}[q^{n_k}] - \varphi \right\|_{L^2(S_T)} \leqslant 2\delta. \qquad (6.7.35)$$

记 $u^*(x, t)$ 是正问题 (6.7.1) 对应于边界阻尼系数 $\sigma^*(x)$ 的唯一解, 则 $u^*(x, t)$ 满足

$$\frac{\partial u^*}{\partial \nu(x)} + \sigma^*(x)u^* = \varphi(x, t), \quad (x, t) \in \partial D \times (0, T).$$

再结合正问题的单层位势表达式

$$u^*(x, t) := \mathbb{K}[q^*](x, t), \quad (x, t) \in \overline{D} \times [0, T]$$

可知, 存在密度函数 $q^* \in L^2(S_T)$ 满足

$$\frac{q^*(x,t)}{2a^2} + \mathbb{K}'[q^*](x,t) + \sigma^*(x)\,\mathbb{K}[q^*](x,t) = \varphi(x,t), \quad (x,t) \in S_T.$$

利用密度函数 $q^{n_k}$ 满足的方程, 可以得到

$$\frac{q^{n_k} - q^*}{2a^2} + \mathbb{K}'[q^{n_k} - q^*](x,t) + \sigma^*(x)\,\mathbb{K}[q^{n_k} - q^*]$$

$$= \frac{q^{n_k}}{2a^2} + \mathbb{K}'[q^{n_k}](x,t) + \sigma^{n_k}(x)\,\mathbb{K}[q^{n_k}] - \varphi + (\sigma^{n_k} - \sigma^*)\mathbb{K}[q^{n_k}].$$

再利用 $\sigma_{n_k} \to \sigma^*$, (6.7.35) 及 $\left\|\left(\dfrac{\mathbb{I}}{2a^2} + \mathbb{K}' + \sigma^*\mathbb{K}\right)^{-1}\right\| \leqslant C$, 可得 $\lim_{k\to\infty} \|q^{n_k} - q^*\|_{L^2(S_T)} \leqslant C\delta$. 这个估计意味着 $\{q^{n_k} : k \in \mathbb{N}\}$ 在空间 $L^2(\partial D)$ 是有界的. 接下来采用定理 6.7.4 证明中同样的方案, 可知存在某个密度函数 $\overline{q} \in L^2(S_T)$, 使得

$$\lim_{k_1\to\infty} \|q^{n_{k_1}} - \overline{q}\|_{L^2(S_T)} = 0, \tag{6.7.36}$$

其中 $\{q^{n_{k_1}} : k_1 \in \mathbb{N}\} \subset \{q^{n_k} : k \in \mathbb{N}\}$. 不等式 (6.7.34) 和 (6.7.35) 中同时取子列 $\{n_{k_1}\}$, 再利用收敛结果 (6.7.33), (6.7.36) 和 $\|f^\delta - f\| \leqslant \delta$, 可推出不等式 (6.7.32). □

**注解 6.7.7**　注意泛函 (6.7.24) 的极小元不一定唯一. 定理 6.7.6 说明对充分大的 $k$, $\sigma^{n_k}(x)$ 是与噪声水平 $\delta > 0$ 相匹配的近似解. 虽然从理论上只能给出 (6.7.32) 形式的收敛性分析 (得不到模收敛), 但是从数值实验来看, $\sigma^{n_k}(x)$ 可以很好地逼近 $\overline{\sigma}(x)$.

### 6.7.3　优化问题的迭代方案及数值实验

　　本节研究用迭代法计算优化泛函的极小元. 对于反问题 (6.7.1)—(6.7.2), 由于人为引入密度函数 $q(x,t)$, 使得原问题变成了关于双变量的非线性不适定问题. 在此基础上, 6.7.2 节构造的泛函 $J_\alpha(q,\sigma)$ 是关于双变量的非线性泛函. 本节提出两种迭代方案. 下面的数值实现中假设 $\overline{\sigma}(x) \in V(\partial D)$.

　　第一种方案是标准的最速下降格式 (the steepest descent scheme, SDS), 第二种方案是交替迭代格式 (alternative iteration scheme, AIS). 对于多变量泛函极小元的计算, 交替迭代是一种有效的方法. 当 $\sigma$ 固定时, 泛函 (6.7.24) 是关于 $q(x,t)$ 的二次泛函, 其极小元可以直接写出来, 易于计算. 泛函 (6.7.24) 的这个特点, 使得利用交替迭代来数值求解泛函 (6.7.24) 极小元成为可能. 交替迭代的优势是可以减小计算的复杂度, 提高计算速度.

　　**方案一: 极小化 $J_\alpha(q,\sigma)$ 的 SDS 迭代.**

- 第一步: 给定迭代初值 $\sigma^0(x) \in V(\partial D)$, $q^0(x,t) \in C(S_T)$ 和允许误差 $\epsilon > 0$, 令 $m = 0$;
- 第二步: 对泛函 $J_\alpha(q,\sigma)$, 利用最速下降法更新 $(q^m(x,t), \sigma^m(x))$, 即

$$(q^{m+1}, \sigma^{m+1}) := (q^m, \sigma^m) - \nabla_{q,\sigma} J_\alpha(q^m, \sigma^m)\beta_m,$$

其中, $\nabla_{q,\sigma} J_\alpha(q^m, \sigma^m)$ 是单位梯度向量, $\beta_m$ 是第 $m$ 步迭代的步长, 取值如下

$$\beta_m =: \min_{\beta > 0} J_\alpha((q^m, \sigma^m) - \nabla_{q,\sigma} J_\alpha(q^m, \sigma^m)\beta);$$

- 第三步: 如果 $J_\alpha(q^m, \sigma^m) \leqslant \epsilon$, 停止迭代, 输出 $(\sigma^m(x), J_\alpha(q^m, \sigma^m))$;
- 第四步: 令 $m + 1 \Rightarrow m$, 返回到第二步迭代.

**方案二: 极小化 $J_\alpha(q,\sigma)$ 的 AIS 迭代.**

- 第一步: 给定迭代初值 $\sigma^0(x) \in V(\partial D)$ 和允许误差 $\epsilon > 0$, 令 $m = 0$;
- 第二步: 对关于单变量 $q$ 的泛函 $J_\alpha(q, \sigma^m)$ 极小化, 从而更新 $q^m$, 即解关于 $q$ 的方程

$$\nabla_q J_\alpha(q, \sigma^m) = 0$$

来更新 $q^m$;

- 第三步: 如果 $J_\alpha(q^m, \sigma^m) \leqslant \epsilon$, 停止迭代, 输出 $(\sigma^m(x), J_\alpha(q^m, \sigma^m))$;
- 第四步: 通过

$$\sigma^{m+1} := \arg\min \left\{ \left\| \frac{1}{2a^2} q^m + \mathbb{K}'[q^m] + \sigma\, \mathbb{K}[q^m] - \varphi \right\|_{L^2(S_T)}^2 : \sigma \in V(\partial D) \right\}$$

来更新 $\sigma^{m+1}$, 即解关于 $\sigma$ 的方程

$$\int_{S_T} \mathbb{K}[q^m](x,t) \left( \sigma\mathbb{K}[q^m](x,t) - \left( \varphi - \frac{1}{2a^2} q^m - \mathbb{K}'[q^m] \right)(x,t) \right) ds(x)dt = 0;$$

- 第五步: 令 $m + 1 \Rightarrow m$, 返回到第二步.

数值实验中假设充分光滑的边界 $\partial D$ 具有如下形式:

$$\partial D = \{x : x(s) = (x_1(s), x_2(s)) = \widetilde{R}(s)(\cos s, \sin s), s \in [0, 2\pi]\},$$

其中 $\widetilde{R}(s) : [0, 2\pi] \to \mathbb{R}^+$ 是周期为 $2\pi$ 的函数. 相应地, 边界上的 Robin 系数 $\sigma(x), x \in \partial D$ 参数化后表示为 $\eta(s) := \sigma(x(s)) \in C[0, 2\pi]$, 密度函数 $q(x,t)$ 参数化后表示为 $\mu(s,t) = q(x(s),t)$. 把区间 $[0,T]$ 和 $[0,\pi]$ 分别 $N$ 等分和 $M$ 等分.

数值实验中正问题的精确解取

$$u(x,t) = \begin{cases} \dfrac{A}{4\pi a^2 t} \exp\left(-\dfrac{|x-b|^2}{4a^2 t}\right), & t > 0, \\ 0, & t = 0, \end{cases} \tag{6.7.37}$$

其中, $b \notin \overline{D}$, $A > 0$ 是某个确定的常数. 通过简单的计算, 可得参数

$$\varphi(x(s),t) = \begin{cases} \left(\eta(s) - \dfrac{(x(s)-b)\cdot\nu(x(s))}{2a^2 t}\right)u(x(s),t), & t > 0, \\ 0, & t = 0 \end{cases} \tag{6.7.38}$$

和参数化后的精确数据 (6.7.2).

以下例 6.3 用 SDS 实现迭代方案, 测量数据是没有误差的; 例 6.4 用 AIS 实现迭代方案, 测量数据是带不同噪声水平的数据.

**例 6.3**   区域 $D$ 是单位圆, 其他参数如下:

$$\widetilde{R}(s) \equiv 1, \quad \sigma(x) \equiv 1, \quad \omega(t) = t, \quad a = 1, \quad T = 1, \quad b = (1.2, 0). \tag{6.7.39}$$

正则化参数、迭代初值如下:

$$\mu^0(s,t) := q^0(x(s),t) \equiv 0.001, \quad \eta^0(s) := \sigma^0(x(s)) \equiv 1.5, \quad s \in [0,2\pi], t \in [0,1].$$

对每一次迭代步长 $\beta_m$, 本算例考虑了两种选取策略. 一种是选取固定的步长 $\beta_m = 0.5$; 另一种是通过下面的方程

$$\frac{d}{d\beta} J_\alpha((\mu^m, \eta^m) - \beta \nabla_{\mu,\eta} J_\alpha(\mu^m, \eta^m)) = 0 \tag{6.7.40}$$

动态选取 $\beta_m$. 接下来引入迭代解与精确解的误差:

$$\mathrm{err}(m) := \sqrt{\frac{\sum_{i=0}^{2M-1}(\eta^m(s_i) - \eta(s_i))^2}{2M}},$$

其中, $\eta^m$ 表示第 $m$ 步 $\eta$ 的迭代解. $\mathrm{err}(m)$ 可以定量表示数值解的近似程度.

优化泛函 $J_\alpha(\mu^m, \eta^m)$ 和误差 $\mathrm{err}(m)$ 与迭代步数的关系如图 6.42. 不严格地来讲, 随着 $m$ 的增加, $J_\alpha(\mu^m, \eta^m)$ (图 6.42 中的 $J^m$) 是递减的. 从图 6.42 来看, 当固定选取 $\beta_m = 0.5$ 时, $J_\alpha(\mu^m, \eta^m)$ 振荡下降, (6.7.40) 选取 $\beta_m$ 时不会出现这种扰动现象. 表 6.13 是两种选取 $\beta_m$ 策略对应的误差 $\mathrm{err}^{\beta_m}(m)$ 和 $J_\alpha^{\beta_m}(\mu^m, \eta^m)$, 可

以定量对比两种策略的优劣. 其中, 表 6.13 的左半部分表示选取固定的 $\beta_m = 0.5$, 右半部分表示由 (6.7.40) 选取步长 $\beta_m$. 两种选取 $\beta_m$ 策略对应的迭代解如图 6.43. 通过对比可以发现, (6.7.40) 选取 $\beta_m$ 的策略更有效, 使迭代过程收敛更快, 但是不能从理论上保证按范数收敛.

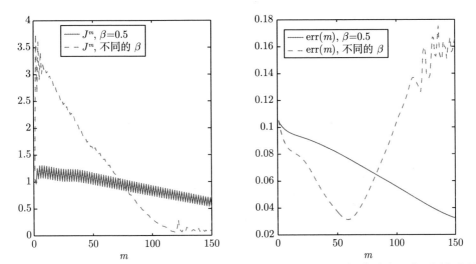

图 6.42 泛函值 $J^m$ (左) 和误差值 $\mathrm{err}(m)$ (右) 与迭代次数的关系. 实线表示选取固定步长 $\beta_m = 0.5$, 虚线表示由 (6.7.40) 选取步长 $\beta_m$

表 6.13 $\beta_m = 0.5$ (左) 与 (6.7.40) (右) 选取 $\beta_m$ 策略对应的误差

| $m$ | $J_\alpha^{\beta m}(\mu^m, \eta^m)$ | $\mathrm{err}^{\beta m}(m)$ | $\beta_m$ | $J_\alpha^{\beta m}(\mu^m, \eta^m)$ | $\mathrm{err}^{\beta m}(m)$ | $\beta_m$ |
|---|---|---|---|---|---|---|
| 63 | 1.1076 | 7.4854E$-$2 | 0.50 | 1.3047 | 3.2968E$-$2 | 0.801 |
| 64 | 0.8916 | 7.4318E$-$2 | 0.50 | 1.3125 | 3.3852E$-$2 | 0.801 |
| 65 | 1.0980 | 7.3856E$-$2 | 0.50 | 1.2489 | 3.4875E$-$2 | 0.801 |
| 66 | 0.8830 | 7.3318E$-$2 | 0.50 | 1.2559 | 3.6025E$-$2 | 0.801 |
| 67 | 1.0884 | 7.2854E$-$2 | 0.50 | 1.1931 | 3.7279E$-$2 | 0.793 |
| 68 | 0.8743 | 7.2315E$-$2 | 0.50 | 1.1550 | 3.8615E$-$2 | 0.793 |
| 69 | 1.0787 | 7.1849E$-$2 | 0.50 | 1.1389 | 3.9999E$-$2 | 0.793 |
| 70 | 0.8657 | 7.1308E$-$2 | 0.50 | 1.1011 | 4.1490E$-$2 | 0.793 |
| 71 | 1.0691 | 7.0841E$-$2 | 0.50 | 1.0847 | 4.3013E$-$2 | 0.793 |
| 72 | 0.8570 | 7.0298E$-$2 | 0.50 | 1.0473 | 4.4643E$-$2 | 0.793 |
| 73 | 1.0594 | 6.9830E$-$2 | 0.50 | 1.0307 | 4.6296E$-$2 | 0.785 |

最速下降迭代中, 初值的选取很重要, 本算例中迭代初值选取

$$\mu^0(s, t) := q^0(x(s), t) \equiv 0.001, \quad \eta^0(s) := \sigma^0(x(s)) \equiv 1.5.$$

本算例只选取了 $\eta = 1$, 区域是单位圆, 数据是精确数据的简单情形, 算例 6.4 将考虑更复杂的情形. 同时本算例也说明最速下降法收敛速度是比较慢的.

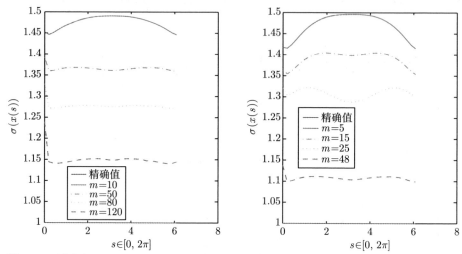

图 6.43    迭代解 $\eta^m(s) := \sigma^m(x(s))$, 其中左边为 $\beta_m = 0.5$, 右边为按 (6.7.40) 选取 $\beta_m$
(彩图请扫封底二维码)

下面的算例中, 选取风筝形边界 $\partial D$, 参数化后, 其极半径为

$$\widetilde{R}(s) = \sqrt{0.45 - 0.36\cos(s) - 0.18\cos(2s) + 0.09\cos^2(2s) + 0.36\cos(s)\cos(2s)},$$

$s \in [0, 2\pi]$.

**注解 6.7.8**    收敛性分析中的误差是 $L^2$ 范数意义下的. 在下面的数值实验中, 我们考虑相对误差形式的噪声数据. 为了简化符号, 相对误差还记为 $\delta$.

数值实验中噪声数据按照如下方式产生:

$$u^\delta(x, t) = [1 + \delta \times \text{randn}(x)]u(x, t),$$

其中, $u(x, t)$ 是正问题的精确解, $\text{randn}(x), x \in D$ 是标准的随机数, 据此生成噪声数据 $f^\delta(x)$.

**例 6.4**    本算例考虑反演两种具有不同光滑性质的 Robin 系数 $\sigma$. 第一种, 充分光滑 $\sigma$ 的反演. 其中参数选取如下

$$A = 1000, \quad \sigma_1(x) = \frac{2 + x_1 x_2}{(3 + x_2)^2}, \quad \omega(t) = t^2 + 1, \quad a^2 = 16, \quad T = 1, \quad b = (4, -8).$$

$$(6.7.41)$$

离散参数 $M = 32, N = 10$; 正则化参数 $\alpha$, 最大迭代步数 It, 迭代初值 $\eta^0$ 如下:

$$\begin{cases} (\delta, \alpha, \text{It}) = (0, 0, 600), (0.05, 5 \times 10^{-6}, 15), (0.1, 1 \times 10^{-5}, 10), (0.2, 5 \times 10^{-5}, 5), \\ \eta^0(s) \equiv 0.2, \quad s \in [0, 2\pi]. \end{cases}$$

$$(6.7.42)$$

第二种, 连续的分片线性 $\sigma$ 的反演. 精确的 $\sigma$ 如下:

$$\sigma_2(x(s)) = \begin{cases} s + 0.1, & s \in [0, \pi], \\ 2\pi + 0.1 - s, & s \in (\pi, 2\pi]. \end{cases}$$

$$(6.7.43)$$

离散参数 $M = 32, N = 10$; 正则化参数 $\alpha$, 最大迭代步数 It, 迭代初值 $\eta^0$ 如下:

$$\begin{cases} (\delta, \alpha, \text{It}) = (0, 0, 600), (0.01, 1 \times 10^{-7}, 800), (0.05, 5 \times 10^{-7}, 800), \\ \sigma^0(s) \equiv 1.5, \quad s \in [0, 2\pi]. \end{cases}$$

$$(6.7.44)$$

不同噪声水平下, 重建的 $\sigma_1$ 如图 6.44, 重建的 $\sigma_2$ 如图 6.45. 从图 6.44 和图 6.45 来看, 虽然迭代初值是常数, 但是都能很好地反演 $\sigma_1$ 和 $\sigma_2$, 即使噪声数据很大. 图 6.46 是不同噪声水平下, 泛函 $J_\alpha(q^m, \sigma^m)$ 与迭代步数 $m$ 的关系. 显然, 分片线性的 $\sigma_2$ 需要更多的迭代步数才能较好地重建 Robin 系数. 另外, 从 AIS 的数值算例来看, 正则化解对正则化参数 $\alpha$ 的选取不是很敏感, 但是数值解与迭代停止的步数有关. 因此, 恰当的停止迭代准则值得继续研究.

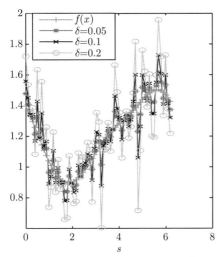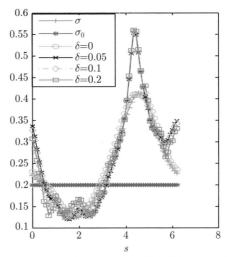

图 6.44　不同噪声水平的噪声数据 $f^\delta(x(s))$ (左) 和 Robin 系数 $\sigma_1(x(s))$ 的数值解 (右), 其中, $\delta = 0, 0.05, 0.1, 0.2, s \in [0, 2\pi]$ (彩图请扫封底二维码)

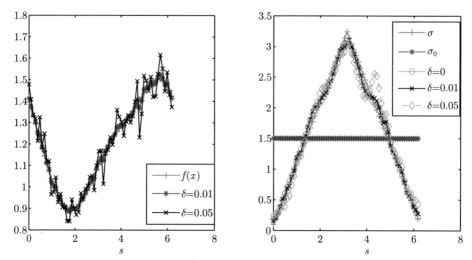

图 6.45 不同噪声水平的噪声数据 $f^\delta(x(s))$ (左) 和 Robin 系数 $\sigma_2(x(s))$ 的数值解 (右), 其中, $\delta = 0, 0.01, 0.05$, $s \in [0, 2\pi]$ (彩图请扫封底二维码)

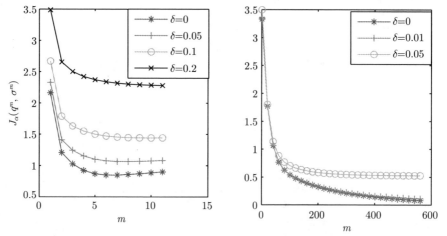

图 6.46 不同噪声水平下, 泛函 $J_\alpha(q^m, \sigma^m)$ 与迭代步数 $m$ 的关系, 其中, 左边对应 (6.7.41) 中给定的 $\sigma_1$, 右边对应 (6.7.43) 给定的 $\sigma_2$

## 6.8 时间分数阶扩散系统边界阻尼系数和内部源项的同时重建

本节研究由微分系统

$$\begin{cases} \partial_{0+}^{\alpha} u(x,t) - \Delta u(x,t) = f(x)g(t) =: F(x,t), & (x,t) \in \Omega_T, \\ \partial_{\nu} u(x,t) + \lambda(x)u(x,t) = b(x,t), & (x,t) \in \partial\Omega_T, \\ u(x,0) = u_0(x), & x \in \overline{\Omega} \end{cases} \quad (6.8.1)$$

描述的时间分数阶慢扩散过程. 如果给定的 $\lambda(x)$ 和 $(F(x,t), b(x,t), u_0(x))$ 满足一定的正则性, 则正问题 (6.8.1) 存在唯一的解 $u(x,t) \in C(\overline{\Omega} \times [0,T])$ ([206]). 然而, 在实际工程中, 很难通过直接测量来获得一些边界上的物理参数和扩散过程的内部源项, 例如污染物的扩散过程中, 直接去探测介质内部的污染源是不现实的, 我们可以借助比较容易获取的观测数据来科学地推测内部污染源的分布. 在物理上, 边界阻尼系数反映了慢扩散过程的溶质比如污染物在边界上与外界的能量交换, 它影响了整个污染物的扩散过程, 是一个非常重要的参数. 当传输区域 $\Omega$ 嵌入到某种未知介质中时, $\lambda(x)$ 不可以直接测量, 由此启发我们考虑一个比较有趣的反问题: 由末时刻数据

$$\varphi(x) = u(x,T), \quad x \in \Omega \quad (6.8.2)$$

作为反演输入, 同时重建边界阻尼系数 $\lambda(x)$ 和内部源项的空间依赖函数 $f(x)$.

考虑到实际观测过程中带来的不可避免的噪声情况, 我们将噪声测量数据 $\varphi^{\delta}(x)$ 作为实际观测数据, 其中 $\delta > 0$ 为噪声水平, 满足

$$\|\varphi^{\delta} - \varphi\|_{H^1(\Omega)} \leqslant \delta. \quad (6.8.3)$$

并且我们要求 $\varphi^{\delta}(x) \equiv \varphi(x)$, $x \in \partial\Omega$, 即假设边界上的测量数据是真实没有噪声的, 之所以做这样的假设是为了保证后面所提出的正则化反演方案的误差估计在理论上的可行性.

### 6.8.1  反问题解的唯一性

给定内部已知时间依赖源项 $g(t)$ 和边界上的激发源 $b(x,t)$, 本节证明 $\lambda(x)$ 和 $f(x)$ 在允许集内可以由对应的精确数据 $\varphi(x) = u(x,T)$, $x \in \Omega$ 唯一确定. 我们选取的允许集为

$$\mathcal{A} := \{(\lambda, f) \in C(\partial\Omega) \times C(\overline{\Omega}) : \lambda_- \leqslant \lambda(x) \leqslant \lambda_+, f_- \leqslant f(x) \leqslant f_+\}, \quad (6.8.4)$$

其中 $\lambda_{\pm}, f_{\pm} > 0$ 是常数.

**定理 6.8.1**  在 [207] 中定理 4.2.2 的条件下, 假设

$$u_0(x) > 0, \quad b(x,t) \geqslant 0, \quad 0 \leqslant g(t) \not\equiv 0,$$

则反问题 (6.8.1)—(6.8.2) 在允许集 $\mathcal{A}$ 内存在唯一解, 也就是说, 对应于反问题解 $(\lambda_i, f_i) \in \mathcal{A}$ 的测量数据 $u[\lambda_i, f_i](x, T) = \varphi_i(x)$ $(i = 1, 2)$, 如果 $\varphi_1(x) = \varphi_2(x)$, $x \in \overline{\Omega}$, 则有

$$(\lambda_1(x), f_1(x)) = (\lambda_2(x), f_2(x)).$$

**证明** 首先, 由 $\varphi_1(x) = \varphi_2(x)$ 证明边界阻尼系数 $\lambda_1(x) = \lambda_2(x)$. 根据正问题 (6.8.1) 的解 $u[\lambda_i, f_i](x, t)$, $i = 1, 2$ 满足的 Robin 边界条件, 有

$$\partial_\nu (u[\lambda_1, f_1] - u[\lambda_2, f_2])(x, t) + \lambda_2(x)(u[\lambda_1, f_1] - u[\lambda_2, f_2])(x, t)$$
$$= -(\lambda_1(x) - \lambda_2(x))u[\lambda_1, f_1](x, t), \quad (x, t) \in \partial\Omega \times (0, T].$$

取 $t = T$, 由 $u[\lambda_1, f_1](x, T) = u[\lambda_2, f_2](x, T)$, $x \in \overline{\Omega}_T$ 得

$$(\lambda_1(x) - \lambda_2(x))u[\lambda_1, f_1](x, T) = 0, \quad x \in \partial\Omega.$$

根据强最大值原理知 $u[\lambda_1, f_1](x, t) > 0$, $x \in \overline{\Omega}_T$, 故在连续函数空间 $C(\partial\Omega)$ 内有

$$\lambda_1(x) = \lambda_2(x) =: \lambda_*(x) \in \mathcal{A}.$$

接下来, 证明在 $C(\Omega)$ 内, 由 $u[\lambda_*, f_1](x, T) = u[\lambda_*, f_2](x, T)$ 可得 $f_1(x) = f_2(x)$. 定义 $W(x, t) := u[\lambda_*, f_1](x, t) - u[\lambda_*, f_2](x, t)$ 满足

$$\begin{cases} \partial_{0+}^\alpha W - \Delta W = (f_1(x) - f_2(x))g(t), & (x, t) \in \Omega_T, \\ \partial_\nu W(x, t) + \lambda_*(x)W(x, t) = 0, & (x, t) \in \partial\Omega_T, \\ W(x, 0) = 0, & x \in \Omega, \end{cases} \quad (6.8.5)$$

并且有附加信息

$$W(x, T) = 0, \quad x \in \Omega. \quad (6.8.6)$$

利用特征展开, 问题 (6.8.5) 的解可以表示为

$$W(x, t) = \sum_{n=1}^{\infty} c_n \int_0^t g(\tau)(t - \tau)^{\alpha-1} E_{\alpha,\alpha}(-\mu_n(t - \tau)^\alpha) d\tau \, \psi_n(x),$$

其中系数 $c_n = (f_1 - f_2, \psi_n)_{L^2(\Omega)}$, 由附加信息 (6.8.6) 得

$$W(x, T) = \sum_{n=1}^{\infty} c_n \int_0^T g(\tau)(T - \tau)^{\alpha-1} E_{\alpha,\alpha}(-\mu_n(T - \tau)^\alpha) d\tau \, \psi_n(x) = 0.$$

由 $0 \leqslant g(t) \not\equiv 0$ 和特征函数系 $\{\psi_n(x) : n \in \mathbb{N}\}$ 在 $L^2(\Omega)$ 的完备性, 有 $c_n = 0, n = 1, 2, \cdots$, 从而 $f_1 = f_2$. $\qquad\square$

### 6.8.2 正则化解的误差估计

对于反问题 (6.8.1)—(6.8.3), 本节建立同时重建 $(\lambda(x)|_{\partial\Omega}, f(x)|_\Omega)$ 的正则化方案, 其中反演输入数据是带误差的测量数据 $\varphi^\delta(x)$, 本节将该非线性反问题分解为两步: 先由测量数据 $\varphi^\delta(x)$ 反演阻尼系数 $\lambda(x)$, 再利用反演得到的阻尼系数确定源项 $f(x)$. 假设反问题的解 $(\lambda, f) \in \mathcal{A}$ 和已知输入源 $(u_0(x), g(t), b(x,t))$ 满足一定的正则性, 并且对应的精确测量数据 $\varphi(x) = u(x, T) \in W^{3,\overline{p}}(\Omega), \overline{p} > 2$. 进一步地, 假设

$$u_0(x) > 0, \quad b(x,t) \geqslant 0, \quad 0 \leqslant g(t) \not\equiv 0.$$

根据强最大值原理, 我们有 $u(x, T) = \varphi(x) \geqslant \varphi_0 > 0, x \in \overline{\Omega}$. 对于 $\Omega \subset \mathbb{R}^2$, 由 Sobolev 空间嵌入定理可知 $W^{3,\overline{p}}(\Omega) \hookrightarrow C^{2,\widehat{p}}(\overline{\Omega}), 0 < \widehat{p} \leqslant 1 - 2/\overline{p}$, 并且对 $x, y \in \overline{\Omega}$, 有一致的逐点估计

$$\begin{cases} |\varphi(x) - \varphi(y)|, \quad |\nabla\varphi(x) - \nabla\varphi(y)| \leqslant C_\varphi|y - x|, \\ |\Delta\varphi(x) - \Delta\varphi(y)| \leqslant C_\varphi|y - x|^{\widehat{p}}, \end{cases} \tag{6.8.7}$$

其中常数 $C_\varphi > 0$.

**第一步** 基于边界条件 (6.8.1) 重建阻尼系数 $\lambda(x)$. 正则化方案如下:

$$\lambda^{\beta,\delta}(x) := \frac{b(x, T) - \partial_\nu R_\beta[\varphi^\delta](x)}{\varphi(x)}, \quad x \in \partial\Omega, \tag{6.8.8}$$

其中 $R_\beta : H^1(\Omega) \to H^2(\Omega)$ 为正则化算子, 并且 $\partial_\nu R_\beta[\varphi^\delta](x) \approx \partial_\nu\varphi(x), x \in \partial\Omega$. 由 $H^s(\Omega)$ 空间的迹定理可得

$$\|\partial_\nu R_\beta[\varphi^\delta] - \partial_\nu\varphi\|_{H^{\frac{1}{2}}(\partial\Omega)} \leqslant C\|R_\beta[\varphi^\delta] - \varphi\|_{H^2(\Omega)}, \quad \left\|\frac{1}{\varphi}\right\|_{H^{\frac{1}{2}}(\partial\Omega)} \leqslant C\left\|\frac{1}{\varphi}\right\|_{H^1(\Omega)}.$$

再结合下面的分解

$$\lambda^{\beta,\delta}(x) - \lambda(x) \equiv -\frac{\partial_\nu R_\beta[\varphi^\delta](x) - \partial_\nu\varphi(x)}{\varphi(x)}$$

可以推出正则化解 $\lambda^{\beta,\delta}$ 的误差估计

$$\|\lambda^{\beta,\delta} - \lambda\|_{H^{1/2}(\partial\Omega)} \leqslant \left\|\frac{1}{\varphi}\right\|_{H^{1/2}(\partial\Omega)} \|\partial_\nu R_\beta[\varphi^\delta] - \partial_\nu\varphi\|_{H^{1/2}(\partial\Omega)}$$

$$\leqslant \tilde{C}\left(\|R_\beta[\varphi^\delta - \varphi]\|_{H^2(\Omega)} + \|R_\beta[\varphi] - \varphi\|_{H^2(\Omega)}\right)$$

$$\leqslant \tilde{C} \left( \|R_\beta\|_{\mathcal{L}(H^1,H^2)}\delta + \|R_\beta[\varphi] - \varphi\|_{H^2(\Omega)} \right). \tag{6.8.9}$$

接下来构造正则化算子 $R_\alpha$，并估计误差.

给定 $0 \leqslant \rho(\cdot) \in C_0^\infty(\mathbb{R}^1)$，使得 $\operatorname{supp} \rho \subset (0,1)$ 和 $\int_0^\infty \rho(t)tdt = \dfrac{1}{2\pi}$，由此

定义 $\rho_\beta(t) := \dfrac{1}{\beta^2}\rho\left(\dfrac{t}{\beta}\right)$. 设区域 $\Omega$ 的边界 $\partial\Omega \in C^1$，且存在有界区域 $\widetilde{V}$ 使得

$\Omega \subsetneqq \widetilde{V}$. 因此，存在 $H^1(\Omega) \to H^1(\mathbb{R}^2)$ 的线性有界延拓，使得延拓后的函数 $\tilde{w}$ 满

足条件: (1) 区域 $\Omega$ 内 $\tilde{w} = w$; (2) $\operatorname{supp} \tilde{w} \subset \widetilde{V}$; (3) $\|\tilde{w}\|_{H^1(\mathbb{R}^2)} \leqslant C_{\Omega,\widetilde{V}} \|w\|_{H^1(\Omega)}$.
基于上述延拓，本节构造正则化算子

$$R_\beta[w](x) := \int_{\mathbb{R}^2} \rho_\beta(|x-y|)\tilde{w}(y)dy = \int_{|x-y|\leqslant\beta} \rho_\beta(|x-y|)\tilde{w}(y)dy, \quad x \in \Omega.$$
$$\tag{6.8.10}$$

选取正则化参数 $\beta(\delta) = O(\delta^{1/(2+\gamma^*)})$，对于边界阻尼系数，有正则化解的误
差估计

$$\|\lambda^{\beta(\delta),\delta} - \lambda\|_{H^{1/2}(\partial\Omega)} \leqslant C\delta^{\gamma^*/(2+\gamma^*)}, \tag{6.8.11}$$

其中 $\gamma^* := \min\{\widehat{p}, 1/2\}$.

**注解 6.8.2**　假设测量数据在边界上是精确的，即 $\varphi^\delta(x) \equiv \varphi(x)$，$x \in \partial\Omega$，从
实际应用角度来说，这不太现实. 如果边界上的测量数据也带有噪声，边界阻尼系
数的正则化解

$$\lambda^{\beta,\delta}(x) := \frac{b(x,T) - \partial_\nu R_\beta[\varphi^\delta](x)}{\varphi^\delta(x)}, \quad x \in \partial\Omega,$$

误差为

$$\lambda^{\beta,\delta}(x) - \lambda(x) \equiv \frac{\lambda^{\beta,\delta}(x)}{\varphi(x)}(\varphi(x) - \varphi^\delta(x)) - \frac{\partial_\nu R_\beta[\varphi^\delta](x) - \partial_\nu\varphi(x)}{\varphi(x)}, \quad x \in \partial\Omega.$$

**第二步**　基于第一步确定的 $\lambda^{\beta(\delta),\delta}(x)$，考虑由以下系统

$$\begin{cases} \partial_{0+}^\alpha U^{\beta(\delta),\delta}(x,t) - \Delta U^{\beta(\delta),\delta}(x,t) = f(x)g(t), & (x,t) \in \Omega_T, \\ \partial_\nu U^{\beta(\delta),\delta}(x,t) + \lambda^{\beta(\delta),\delta}(x)U^{\beta(\delta),\delta}(x,t) = b(x,t), & (x,t) \in \partial\Omega_T, \\ U^{\beta(\delta),\delta}(x,0) = u_0(x), & x \in \Omega \end{cases} \tag{6.8.12}$$

重建 $f(x)$. 相应地，带有噪声的观测数据为

$$U^{\beta(\delta),\delta}(x,T) = \varphi^\delta(x), \tag{6.8.13}$$

它满足

$$\|\varphi - \varphi^\delta\|_{L^2(\Omega)} \leqslant \|\varphi - \varphi^\delta\|_{H^1(\Omega)} \leqslant \delta.$$

定义 $V[\lambda^{\beta(\delta),\delta}](x,t) := V^{\beta(\delta),\delta}(x,t)$, 它满足

$$\begin{cases} \partial_{0+}^\alpha V^{\beta(\delta),\delta}(x,t) - \Delta V^{\beta(\delta),\delta}(x,t) = 0, & (x,t) \in \Omega_T, \\ \partial_\nu V^{\beta(\delta),\delta}(x,t) + \lambda^{\beta(\delta),\delta}(x)V^{\beta(\delta),\delta}(x,t) = b(x,t), & (x,t) \in \partial\Omega_T, \\ V^{\beta(\delta),\delta}(x,0) = u_0(x), & x \in \Omega. \end{cases} \quad (6.8.14)$$

当 $\lambda^{\beta(\delta),\delta} = \lambda$ 时, 令 $V(x,t) := V[\lambda](x,t)$. 定义

$$\overline{U}^{\beta(\delta),\delta}(x,t) := U^{\beta(\delta),\delta}(x,t) - V^{\beta(\delta),\delta}(x,t),$$

满足

$$\begin{cases} \partial_{0+}^\alpha \overline{U}^{\beta(\delta),\delta}(x,t) - \Delta \overline{U}^{\beta(\delta),\delta}(x,t) = f(x)g(t), & (x,t) \in \Omega_T, \\ \partial_\nu \overline{U}^{\beta(\delta),\delta}(x,t) + \lambda^{\beta(\delta),\delta}(x)\overline{U}^{\beta(\delta),\delta}(x,t) = 0, & (x,t) \in \partial\Omega_T, \\ \overline{U}^{\beta(\delta)}(x,0) = 0, & x \in \Omega, \end{cases} \quad (6.8.15)$$

反演输入数据相应的变为

$$\overline{U}^{\beta(\delta),\delta}(x,T) = \varphi^\delta(x) - V^{\beta(\delta),\delta}(x,T). \quad (6.8.16)$$

定义

$$G_n^{\beta(\delta),\delta}(t) := \int_0^t g(\tau)(t-\tau)^{\alpha-1} E_{\alpha,\alpha}(-\mu_n^{\beta(\delta),\delta}(t-\tau)^\alpha)d\tau.$$

利用特征展开, 正问题 (6.8.15) 的解可以表示为

$$\begin{aligned} \overline{U}^{\beta(\delta),\delta}(x,t) &= \sum_{n=1}^\infty G_n^{\beta(\delta),\delta}(t)(f,\psi_n^{\beta(\delta),\delta})_{L^2(\Omega)} \, \psi_n^{\beta,\delta}(x) \\ &= \int_\Omega f(y) \sum_{n=1}^\infty G_n^{\beta(\delta),\delta}(t)\psi_n^{\beta(\delta),\delta}(y)dy \, \psi_n^{\beta,\delta}(x) \\ &=: \int_\Omega f(y) K^{\beta(\delta),\delta}(x,y,t)dy, \end{aligned}$$

其中核函数

$$K^{\beta(\delta),\delta}(x,y,t) := \sum_{n=1}^\infty G_n^{\beta(\delta),\delta}(t)\psi_n^{\beta(\delta),\delta}(y) \, \psi_n^{\beta(\delta),\delta}(x).$$

对已知的边界阻尼系数 $\lambda^{\beta(\delta),\delta}(x)$, 特征系统 $\{(\mu_n^{\beta(\delta),\delta}, \psi_n^{\beta(\delta),\delta}(x)) : n \in \mathbb{N}\}$ 满足

$$\begin{cases} -\Delta\psi_n^{\beta(\delta),\delta}(x) = \mu_n^{\beta(\delta),\delta}\psi_n^{\beta(\delta),\delta}(x), & x \in \Omega, \\ \partial_\nu\psi_n^{\beta(\delta),\delta}(x) + \lambda^{\beta(\delta),\delta}(x)\psi_n^{\beta(\delta),\delta}(x) = 0, & x \in \partial\Omega. \end{cases} \tag{6.8.17}$$

特征函数系 $\{\psi_n^{\beta(\delta),\delta} \in H^2(\Omega) : n \in \mathbb{N}\}$ 构成 $L^2(\Omega)$ 的一组完备正交基. 因此末时刻温度分布为

$$\overline{U}^{\beta(\delta),\delta}(x,T) = \int_\Omega f(y)K^{\beta(\delta),\delta}(x,y,T)dy =: \mathcal{K}^{\beta(\delta),\delta}[f](x). \tag{6.8.18}$$

从而满足算子方程

$$\mathcal{K}^{\beta(\delta),\delta}[f](x) = \varphi^\delta(x) - V^{\beta(\delta),\delta}(x,T) =: D^\delta(x) \tag{6.8.19}$$

的正则化解 $f_\gamma^{\beta(\delta),\delta}(x)$ 可由 Tikhonov 正则化泛函

$$J_\gamma^{\beta(\delta),\delta}(f) := \frac{1}{2}\|\mathcal{K}^{\beta(\delta),\delta}[f](\cdot) - D^\delta(\cdot)\|_{L^2(\Omega)}^2 + \frac{\gamma}{2}\|f\|_{L^2(\Omega)}^2 \tag{6.8.20}$$

的极小元表示, 其中正则化参数 $\gamma > 0$.

以下利用反源问题的条件稳定性分析反问题源项的正则化解与精确解的误差估计.

**引理 6.8.3**   假设已知内部的时间依赖源项满足 $0 < g_0 \leqslant g(t) \in C[0,T]$, 初始分布 $u_0(x) = 0$ 以及边界激发源项 $b(x,t) = 0$. 如果未知源项 $f(x) \in D((-\Delta)^{\frac{p}{2}})$, $p > 0$ 满足先验有界性 $\|f\|_{D((-\Delta)^{\frac{p}{2}})} \leqslant E$, 那么有

$$\|f\|_{L^2(\Omega)} \leqslant CE^{\frac{2}{p+2}}\|u(\cdot,T)\|_{L^2(\Omega)}^{\frac{p}{p+2}}, \tag{6.8.21}$$

其中常数 $C = (g_0C_0)^{-\frac{p}{p+2}}$ 依赖于 $\alpha, T, p, \mu_1$ 和 $g_0$.

对于线性算子 $\mathcal{K}^{\beta(\delta),\delta}$, 定义 $\mathcal{K} := \mathcal{K}^{0,0}$, 易知 $\mathcal{K}[f] = u(x,T) - V[\lambda](x,T) =: \overline{U}[f,\lambda](x,T)$, 其中 $\overline{U}[f,\lambda](x,t) =: \overline{U}(x,t)$ 和 $V[\lambda](x,t) =: V(x,t)$ 分别满足

$$\begin{cases} \partial_{0+}^\alpha\overline{U}(x,t) - \Delta\overline{U}(x,t) = f(x)g(t), & (x,t) \in \Omega_T, \\ \partial_\nu\overline{U}(x,t) + \lambda(x)\overline{U}(x,t) = 0, & (x,t) \in \partial\Omega_T, \\ \overline{U}(x,0) = 0, & x \in \Omega, \end{cases} \tag{6.8.22}$$

$$\begin{cases} \partial_{0+}^\alpha V(x,t) - \Delta V(x,t) = 0, & (x,t) \in \Omega_T, \\ \partial_\nu V(x,t) + \lambda(x)V(x,t) = b(x,t), & (x,t) \in \partial\Omega_T, \\ V(x,0) = u_0(x), & x \in \Omega. \end{cases} \tag{6.8.23}$$

对于反问题的精确源项 $f_*$, 有

$$\mathcal{K}[f_*](x) = \varphi(x) - V(x, T) := D(x). \qquad (6.8.24)$$

定义极小元 $\overline{f}_\gamma^{\beta(\delta),\delta} := \arg\min_{f \in L^2(\Omega)} J_\gamma^{\beta(\delta),\delta}(f)$, 我们称 $f_\gamma^{\beta(\delta),\delta}$ 为优化泛函 $J_\gamma^{\beta(\delta),\delta}(f)$ 的近似极小元, 如果

$$J_\gamma^{\beta(\delta),\delta}(\overline{f}_\gamma^{\beta(\delta),\delta}) \leqslant J_\gamma^{\beta(\delta),\delta}(f_\gamma^{\beta(\delta),\delta}) \leqslant J_\gamma^{\beta(\delta),\delta}(\overline{f}_\gamma^{\beta(\delta),\delta}) + \eta, \qquad (6.8.25)$$

其中近似误差 $\eta > 0$ 刻画了近似极小元的逼近程度, 取 $\eta = \eta(\delta) = \delta^2/2$, 我们有

$$\|\mathcal{K}^{\beta(\delta),\delta}[f_\gamma^{\beta(\delta),\delta}] - D^\delta\|_{L^2(\Omega)}^2$$
$$\leqslant \|\mathcal{K}^{\beta(\delta),\delta}[f_\gamma^{\beta(\delta),\delta}] - D^\delta\|_{L^2(\Omega)}^2 + \gamma\|f_\gamma^{\beta(\delta),\delta}\|_{L^2(\Omega)}^2$$
$$\leqslant \|\mathcal{K}^{\beta(\delta),\delta}[\overline{f}_\gamma^{\beta(\delta),\delta}] - D^\delta\|_{L^2(\Omega)}^2 + \gamma\|\overline{f}_\gamma^{\beta(\delta),\delta}\|_{L^2(\Omega)}^2 + \delta^2$$
$$\leqslant \|\mathcal{K}^{\beta(\delta),\delta}[f_*] - D^\delta\|_{L^2(\Omega)}^2 + \gamma\|f_*\|_{L^2(\Omega)}^2 + \delta^2$$
$$\leqslant \|\mathcal{K}^{\beta(\delta),\delta}[f_*] - \mathcal{K}[f_*]\|_{L^2(\Omega)}^2 + \|\mathcal{K}[f_*] - D^\delta\|_{L^2(\Omega)}^2 + \gamma\|f_*\|_{L^2(\Omega)}^2 + \delta^2. \qquad (6.8.26)$$

下面估计不等式 (6.8.26) 右端第二项. 根据 (6.8.19), (6.8.24), 有

$$\|\mathcal{K}[f_*] - D^\delta\|_{L^2(\Omega)}^2 = \|\varphi(\cdot) - V(\cdot, T) - \varphi^\delta(\cdot) + V^{\beta(\delta),\delta}(\cdot, T)\|_{L^2(\Omega)}^2$$
$$\leqslant 2\|\varphi(\cdot) - \varphi^\delta(\cdot)\|_{L^2(\Omega)}^2 + 2\|V(\cdot, T) - V^{\beta(\delta),\delta}(\cdot, T)\|_{L^2(\Omega)}^2$$
$$\leqslant 2\delta^2 + 2\|(V - V^{\beta(\delta),\delta})(\cdot, T)\|_{L^2(\Omega)}^2. \qquad (6.8.27)$$

定义 $W^{\beta(\delta),\delta}(x,t) := V(x,t) - V^{\beta(\delta),\delta}(x,t)$, 结合 (6.8.14), (6.8.23), 故 $W^{\beta(\delta),\delta}(x,t)$ 满足

$$\begin{cases} \partial_{0+}^\alpha W^{\beta(\delta),\delta} - \Delta W^{\beta(\delta),\delta} = 0, & (x,t) \in \Omega_T, \\ \partial_\nu W^{\beta(\delta),\delta} + \lambda(x)W^{\beta(\delta),\delta} = B(x,t), & (x,t) \in \partial\Omega_T, \\ W^{\beta(\delta),\delta}(x,0) = 0, & x \in \Omega, \end{cases} \qquad (6.8.28)$$

其中 $B(x,t) := (\lambda^{\beta(\delta),\delta}(x) - \lambda(x))V^{\beta(\delta),\delta}(x,t)$.

对于初边值问题 (6.8.28) 的正则性估计, 有

$$\|W^{\beta(\delta),\delta}(\cdot, T)\|_{L^2(\Omega)}$$
$$\leqslant C\left(\|B(\cdot, T)\|_{H^{\frac{1}{2}}(\partial\Omega)} + \|\partial_t B\|_{L^2(0,T;H^{\frac{1}{2}}(\partial\Omega))}\right)$$
$$= C\|(\lambda^{\beta(\delta),\delta} - \lambda)V^{\beta(\delta),\delta}(\cdot, T)\|_{H^{\frac{1}{2}}(\partial\Omega)}$$

$$+ C\|(\lambda^{\beta(\delta),\delta} - \lambda)\partial_t V^{\beta(\delta),\delta}\|_{L^2(0,T;H^{\frac{1}{2}}(\partial\Omega))}. \tag{6.8.29}$$

为了估计右端两项, 我们首先将 $\lambda^{\beta(\delta),\delta}(x) - \lambda(x)$ 由边界 $\partial\Omega$ 延拓到 $\Omega$, 引入 $\Lambda(x)$ 满足

$$\begin{cases} -\Delta\Lambda(x) = 0, & x \in \Omega, \\ \Lambda(x) = \lambda^{\beta(\delta),\delta}(x) - \lambda(x), & x \in \partial\Omega, \end{cases}$$

由椭圆方程边值问题的正则性估计得

$$\|\Lambda\|_{H^1(\Omega)} \leqslant C\|\lambda^{\beta(\delta),\delta} - \lambda\|_{H^{1/2}(\partial\Omega)}. \tag{6.8.30}$$

结合迹定理和 Hölder 不等式, (6.8.29) 右端第一项有估计

$$\begin{aligned} &\|(\lambda^{\beta(\delta),\delta} - \lambda)(\cdot)V^{\beta(\delta),\delta}(\cdot,T)\|^2_{H^{1/2}(\partial\Omega)} \\ &\leqslant C\|\Lambda(\cdot)V^{\beta(\delta),\delta}(\cdot,T)\|^2_{H^1(\Omega)} \\ &\leqslant C\|\Lambda(\cdot)\|^2_{H^1(\Omega)}\|V^{\beta(\delta),\delta}(\cdot,T)\|^2_{H^1(\Omega)} \\ &\leqslant C\|\lambda^{\beta(\delta),\delta}(\cdot) - \lambda(\cdot)\|^2_{H^{1/2}(\partial\Omega)}\|V^{\beta(\delta),\delta}(\cdot,T)\|^2_{H^1(\Omega)}. \end{aligned} \tag{6.8.31}$$

第二项有估计

$$\begin{aligned} &\|(\lambda^{\beta(\delta),\delta} - \lambda)(\cdot)\partial_t V^{\beta(\delta),\delta}(\cdot,\cdot)\|^2_{L^2(0,T;H^{1/2}(\partial\Omega))} \\ &\leqslant \|\Lambda(\cdot)\partial_t V^{\beta(\delta),\delta}(\cdot,\cdot)\|^2_{L^2(0,T;H^1(\Omega))} \\ &\leqslant C\|\Lambda(\cdot)\|^2_{H^1(\Omega)}\|\partial_t V^{\beta(\delta),\delta}\|^2_{L^2(0,T;H^1(\Omega))} \\ &\leqslant C\|\lambda^{\beta(\delta),\delta}(\cdot) - \lambda(\cdot)\|^2_{H^{1/2}(\partial\Omega)}\|\partial_t V^{\beta(\delta),\delta}\|^2_{L^2(0,T;H^1(\Omega))}. \end{aligned} \tag{6.8.32}$$

结合 (6.8.31) 和 (6.8.32) 得

$$\begin{aligned} &\|W^{\beta(\delta),\delta}(\cdot,T)\|^2_{L^2(\Omega)} \\ &\leqslant C\|\lambda^{\beta(\delta),\delta} - \lambda\|^2_{H^{1/2}(\partial\Omega)}\|V^{\beta(\delta),\delta}(\cdot,T)\|^2_{H^2(\Omega)} \\ &\quad + C\|\lambda^{\beta(\delta),\delta} - \lambda\|^2_{H^{1/2}(\partial\Omega)}\|\partial_t V^{\beta(\delta),\delta}\|^2_{L^2(0,T;H^2(\Omega))}. \end{aligned} \tag{6.8.33}$$

利用特征展开, 正问题 (6.8.14) 的解可以表示为

$$\begin{aligned} &V^{\beta(\delta),\delta}(x,t) \\ &= \sum_{n=1}^{\infty} u_{0n}\, E_{\alpha,1}(-\mu_n^{\beta(\delta),\delta} t^\alpha)\psi_n^{\beta(\delta),\delta}(x) \end{aligned}$$

$$-\sum_{n=1}^{\infty} \int_0^t \left(\partial_t \Lambda_b^\delta(\cdot, t-\tau), \psi_n^{\beta(\delta),\delta}(\cdot)\right) E_{\alpha,1}(-\mu_n^{\beta(\delta),\delta}\tau^\alpha)d\tau \, \psi_n^{\beta(\delta),\delta}(x) + \Lambda_b^\delta(x,t),$$

关于 $t$ 求导得

$$\partial_t V^{\beta(\delta),\delta}(x,t)$$

$$= -\sum_{n=1}^{\infty} \mu_n^{\beta(\delta),\delta} u_{0n} \, E_{\alpha,\alpha}(-\mu_n^{\beta(\delta),\delta}t^\alpha)\psi_n^{\beta(\delta),\delta}(x)t^{\alpha-1}$$

$$- \sum_{n=1}^{\infty} \left(\partial_t \Lambda_b^\delta(\cdot, 0), \psi_n^{\beta(\delta),\delta}(\cdot)\right) E_{\alpha,1}(-\mu_n^{\beta(\delta),\delta}t^\alpha) \, \psi_n^{\beta(\delta),\delta}(x) + \partial_t \Lambda_b^\delta(x,t)$$

$$- \sum_{n=1}^{\infty} \int_0^t \left(\partial_t^2 \Lambda_b^\delta(\cdot, t-\tau), \psi_n^{\beta(\delta),\delta}(\cdot)\right) E_{\alpha,1}(-\mu_n^{\beta(\delta),\delta}\tau^\alpha)d\tau \, \psi_n^{\beta(\delta),\delta}(x),$$

其中, 对固定 $t \in [0,T]$, 函数 $\Lambda_b^\delta(\cdot, t)$ 满足边值问题

$$\begin{cases} -\Delta\Lambda_b^\delta = 0, & x \in \Omega, \\ \partial_\nu \Lambda_b^\delta + \lambda^{\beta(\delta),\delta}(x)\Lambda_b^\delta = b(x,t), & x \in \partial\Omega. \end{cases}$$

对于 $1/2 < \alpha < 1$, $u_0 \in D((-\Delta)^2)$, $b \in C^2([0,T]; H^{1/2}(\partial\Omega))$, 当 $\delta \in (0,1)$ 时, 我们一致地有 $V^{\beta(\delta),\delta}(\cdot, T) \in H^2(\Omega)$, $\partial_t V^{\beta(\delta),\delta} \in L^2(0,T; H^2(\Omega))$. 从而 (6.8.29) 有估计

$$\|W^{\beta(\delta),\delta}(\cdot, T)\|_{L^2(\Omega)} \leqslant C\|\lambda^{\beta(\delta),\delta} - \lambda\|_{H^{1/2}(\partial\Omega)}.$$

最后, (6.8.27) 的估计为

$$\|\mathcal{K}[f_*] - D^\delta\|_{L^2(\Omega)}^2 \leqslant C(\delta^2 + \|\lambda^{\beta(\delta),\delta} - \lambda\|_{H^{1/2}(\partial\Omega)}^2). \tag{6.8.34}$$

接下来, 估计 $\|\mathcal{K}^{\beta(\delta),\delta}[f_*] - \mathcal{K}[f_*]\|_{L^2(\Omega)}$. 显然有

$$\mathcal{K}^{\beta(\delta),\delta}[f_*] = \overline{U}^{\beta(\delta),\delta}[f_*, \lambda^{\beta(\delta),\delta}](x, T),$$

其中 $\overline{U}^{\beta(\delta),\delta}[f_*, \lambda^{\beta(\delta),\delta}](x,t)$ 满足方程

$$\begin{cases} \partial_{0+}^\alpha \overline{U}^{\beta(\delta),\delta}(x,t) - \Delta\overline{U}^{\beta(\delta),\delta}(x,t) = f_*(x)g(t), & (x,t) \in \Omega_T, \\ \partial_\nu \overline{U}^{\beta(\delta),\delta}(x,t) + \lambda^{\beta(\delta),\delta}(x)\overline{U}^{\beta(\delta),\delta}(x,t) = 0, & (x,t) \in \partial\Omega_T, \\ \overline{U}^{\beta(\delta),\delta}(x,0) = 0, & x \in \Omega. \end{cases} \tag{6.8.35}$$

对于 $\mathcal{K}[f_*](x) = \overline{U}[f_*, \lambda](x, T)$, 定义

$$\overline{W}^{\beta(\delta),\delta}(x,t) := \overline{U}^{\beta(\delta),\delta}[f_*, \lambda^{\beta(\delta),\delta}](x,t) - \overline{U}[f_*, \lambda](x,t),$$

则 $\overline{W}^{\beta(\delta),\delta}(x,t)$ 满足方程

$$\begin{cases} \partial_{0+}^\alpha \overline{W}^{\beta(\delta),\delta} - \Delta \overline{W}^{\beta(\delta),\delta} = 0, & \Omega_T, \\ \partial_\nu \overline{W}^{\beta(\delta),\delta} + \lambda(x)\overline{W}^{\beta(\delta),\delta} = (\lambda - \lambda^{\beta(\delta),\delta})\overline{U}^{\beta(\delta),\delta}[f_*, \lambda^{\beta(\delta),\delta}], & \partial\Omega_T, \\ \overline{W}^{\beta(\delta),\delta}(x,0) = 0, & \Omega. \end{cases}$$

与 (6.8.28) 类似, 对于 $1/2 < \alpha < 1$, $f_* \in D((-\Delta))$, $g \in C^1[0,T]$, 当 $\delta \in (0,1)$ 时, 我们一致地有 $\overline{U}^{\beta(\delta),\delta}[f_*, \lambda^{\beta(\delta),\delta}](\cdot, T) \in H^2(\Omega)$, $\partial_t \overline{U}^{\beta(\delta),\delta}[f_*, \lambda^{\beta(\delta),\delta}] \in L^2(0,T; H^2(\Omega))$, 因此

$$\begin{aligned} &\|\mathcal{K}^{\beta(\delta),\delta}[f_*] - \mathcal{K}[f_*]\|_{L^2(\Omega)} \\ =&\|\overline{U}^{\beta(\delta),\delta}[f_*, \lambda^{\beta(\delta),\delta}](\cdot, T) - \overline{U}[f_*, \lambda](\cdot, T)\|_{L^2(\Omega)} \\ =&\|\overline{W}^{\beta(\delta),\delta}(\cdot, T)\|_{L^2(\Omega)} \\ \leqslant& C\|\lambda^{\beta(\delta),\delta} - \lambda\|_{H^{1/2}(\partial\Omega)}. \end{aligned} \tag{6.8.36}$$

最后, 结合 (6.8.26), (6.8.34) 和 (6.8.36) 得

$$\|\mathcal{K}^{\beta(\delta),\delta}[f_\gamma^{\beta(\delta),\delta}] - D^\delta\|_{L^2(\Omega)}^2 \leqslant C(2\|\lambda^{\beta(\delta),\delta} - \lambda\|_{H^{\frac{1}{2}}(\partial\Omega)}^2 + \gamma\|f_*\|_{L^2(\Omega)}^2 + 2\delta^2). \tag{6.8.37}$$

假设存在上界 $M_0 > 0$, 使得精确源项 $f_*(x)$ 满足 $\|f_*\|_{L^2(\Omega)} \leqslant M_0$. 取正则化参数 $\gamma = \delta^2$, 我们有

$$\begin{aligned} \|\mathcal{K}^{\beta(\delta),\delta}[f_{\delta^2}^{\beta(\delta),\delta}] - D^\delta\|_{L^2(\Omega)} &\leqslant C(\|\lambda^{\beta(\delta),\delta} - \lambda\|_{H^{\frac{1}{2}}(\partial\Omega)} + M_0\delta + \delta) \\ &\leqslant C(\|\lambda^{\beta(\delta),\delta} - \lambda\|_{H^{\frac{1}{2}}(\partial\Omega)} + \delta). \end{aligned} \tag{6.8.38}$$

**注解 6.8.4**  注意到, 不同的近似误差 $\eta$ 会影响正则化参数 $\gamma$ 的选取, 我们选取 $\eta(\delta) = \delta^2/2$ 得到误差估计 (6.8.37). 所以, 最后的误差阶数即噪声水平 $\delta$ 的指数应该是不等式 (6.8.37) 右端三项中取最小, 基于阻尼系数的正则化解的误差估计

$$\|\lambda^{\beta(\delta),\delta} - \lambda\|_{H^{1/2}(\partial\Omega)} \leqslant C\delta^{\gamma^*/(2+\gamma^*)},$$

对于近似误差 $\eta$ 和正则化参数 $\gamma, \delta$ 的有效指数不应该小于 $(\gamma^*/(2+\gamma^*))^2$. 也就是说, 人为引进的近似误差 $\eta$ 和正则化参数 $\gamma$ 不能覆盖上述最优阶数, 因为 $(\gamma^*/(2+\gamma^*))^2 < 1$, 所以我们取 $\eta$ 和 $\gamma$ 为 $C\delta^2$, 这样不会改变数据匹配项 (6.8.37) 中的最优阶数. 当然, $\gamma, \eta$ 也可以取比 $(\gamma^*/(2+\gamma^*))^2$ 更高的阶数.

对于正则化解 $(\lambda^{\beta(\delta),\delta}|_{\partial\Omega}, f_{\delta^2}^{\beta(\delta),\delta}|_\Omega)$, 定义

$$W_{\delta^2,*}^{\beta(\delta),\delta}(x,t) := \overline{U}^{\beta(\delta),\delta}[f_{\delta^2}^{\beta(\delta),\delta}, \lambda^{\beta(\delta),\delta}](x,t) - \overline{U}[f_*,\lambda](x,t),$$

则 $W_{\delta^2,*}^{\beta(\delta),\delta}(x,t)$ 满足

$$\begin{cases} \partial_{0+}^\alpha W_{\delta^2,*}^{\beta(\delta),\delta}(x,t) - \Delta W_{\delta^2,*}^{\beta(\delta),\delta}(x,t) = (f_{\delta^2}^{\beta(\delta),\delta}(x) - f_*(x))g(t), & \Omega_T, \\ \partial_\nu W_{\delta^2,*}^{\beta(\delta),\delta} + \lambda W_{\delta^2,*}^{\beta(\delta),\delta} = (\lambda - \lambda^{\beta(\delta),\delta})\overline{U}^{\beta,\delta}[f_{\delta^2}^{\beta(\delta),\delta}, \lambda^{\beta(\delta),\delta}](x,t), & \partial\Omega_T, \\ W_{\delta^2,*}^{\beta(\delta),\delta}(x,0) = 0, & \Omega, \end{cases}$$

并且

$$W_{\delta^2,*}^{\beta(\delta),\delta}(x,T) \equiv \mathcal{K}^{\beta(\delta),\delta}[f_{\delta^2}^{\beta(\delta),\delta}](x) - \mathcal{K}[f_*](x).$$

做分解

$$W_{\delta^2,*}^{\beta(\delta),\delta}(x,t) := W_{\delta^2,*1}^{\beta(\delta),\delta}(x,t) + W_{\delta^2,*2}^{\beta(\delta),\delta}(x,t), \tag{6.8.39}$$

其中 $W_{\delta^2,*1}^{\beta(\delta),\delta}(x,t)$ 和 $W_{\delta^2,*2}^{\beta(\delta),\delta}(x,t)$ 分别满足方程

$$\begin{cases} \partial_{0+}^\alpha W_{\delta^2,*1}^{\beta(\delta),\delta}(x,t) - \Delta W_{\delta^2,*1}^{\beta(\delta),\delta}(x,t) = (f_{\delta^2}^{\beta(\delta),\delta}(x) - f_*(x))g(t), & \Omega_T, \\ \partial_\nu W_{\delta^2,*1}^{\beta(\delta),\delta} + \lambda W_{\delta^2,*1}^{\beta(\delta),\delta} = 0, & \partial\Omega_T, \\ W_{\delta^2,*1}^{\beta(\delta),\delta}(x,0) = 0, & \Omega, \end{cases} \tag{6.8.40}$$

其中末时刻信息为

$$W_{\delta^2,*1}^{\beta(\delta),\delta}(x,T) = W_{\delta^2,*}^{\beta(\delta),\delta}(x,T) - W_{\delta^2,*2}^{\beta(\delta),\delta}(x,T) \tag{6.8.41}$$

和

$$\begin{cases} \partial_{0+}^\alpha W_{\delta^2,*2}^{\beta(\delta),\delta}(x,t) - \Delta W_{\delta^2,*2}^{\beta(\delta),\delta}(x,t) = 0, & \Omega_T, \\ \partial_\nu W_{\delta^2,*2}^{\beta(\delta),\delta} + \lambda W_{\delta^2,*2}^{\beta(\delta),\delta} = (\lambda - \lambda^{\beta(\delta),\delta})\overline{U}^{\beta,\delta}[f_{\delta^2}^{\beta(\delta),\delta}, \lambda^{\beta(\delta),\delta}](x,t), & \partial\Omega_T, \\ W_{\delta^2,*2}^{\beta(\delta),\delta}(x,0) = 0, & \Omega. \end{cases} \tag{6.8.42}$$

与方程 (6.8.28) 类似, 对于 $1/2 < \alpha < 1$, $f_{\delta 2}^{\beta(\delta),\delta} \in D((-\Delta))$ 和 $g \in C^1[0,T]$, 当 $\delta \in (0,1)$ 时, 可以证明

$$\overline{U}^{\beta(\delta),\delta}[f_{\delta 2}^{\beta(\delta),\delta}, \lambda^{\beta,\delta}](\cdot, T) \in H^2(\Omega), \quad \partial_t \overline{U}^{\beta(\delta),\delta}[f_{\delta 2}^{\beta(\delta),\delta}, \lambda^{\beta(\delta),\delta}] \in L^2(0,T;H^2(\Omega)),$$

从而有

$$\|\overline{U}^{\beta(\delta),\delta}[f_{\delta 2}^{\beta(\delta),\delta}, \lambda^{\beta,\delta}](\cdot, T)\|_{H^1(\Omega)} + \|\partial_t \overline{U}^{\beta(\delta),\delta}[f_{\delta 2}^{\beta(\delta),\delta}, \lambda^{\beta(\delta),\delta}]\|_{L^2(0,T;H^1(\Omega))} \leqslant C.$$

对反问题 (6.8.40)—(6.8.41), 结合线性反源问题的条件稳定性结果即引理 6.8.3, 取 $p = 2$ 得

$$\|f_{\delta 2}^{\beta(\delta),\delta} - f_*\|_{L^2(\Omega)} \leqslant C E^{\frac{1}{2}} \|W_{\delta 2,*1}^{\beta(\delta),\delta}(\cdot, T)\|_{L^2(\Omega)}^{\frac{1}{2}}$$

$$\leqslant C(\|W_{\delta 2,*}^{\beta(\delta),\delta}(\cdot, T)\|_{L^2(\Omega)}^{1/2} + \|W_{\delta 2,*2}^{\beta(\delta),\delta}(\cdot, T)\|_{L^2(\Omega)}^{1/2}).$$

对满足 (6.8.42) 的解 $W_{\delta 2,*2}^{\beta(\delta),\delta}(\cdot, T)$ 做类似于 (6.8.29) 的正则性估计, 并结合 (6.8.34), (6.8.38), 我们有

$$\|f_{\delta 2}^{\beta(\delta),\delta} - f_*\|_{L^2(\Omega)}$$

$$\leqslant C\big[\|\mathcal{K}^{\beta(\delta),\delta}[f_{\delta 2}^{\beta(\delta),\delta}] - \mathcal{K}[f_*]\|_{L^2(\Omega)}^{1/2}$$

$$+ \|(\lambda - \lambda^{\beta(\delta),\delta})\overline{U}^{\beta(\delta),\delta}[f_{\delta 2}^{\beta(\delta),\delta}, \lambda^{\beta(\delta),\delta}](\cdot, T)\|_{H^{\frac{1}{2}}(\partial\Omega)}^{1/2}$$

$$+ \|(\lambda - \lambda^{\beta(\delta),\delta})\partial_t \overline{U}^{\beta(\delta),\delta}[f_{\delta 2}^{\beta(\delta),\delta}, \lambda^{\beta(\delta),\delta}]\|_{L^2(0,T;H^{\frac{1}{2}}(\partial\Omega))}^{1/2}\big]$$

$$\leqslant C\big[\|\mathcal{K}^{\beta(\delta),\delta}[f_{\delta 2}^{\beta(\delta),\delta}] - \mathcal{K}[f_*]\|_{L^2(\Omega)}^{1/2}$$

$$+ \|\lambda - \lambda^{\beta(\delta),\delta}\|_{H^{\frac{1}{2}}(\partial\Omega)}^{1/2} \|\overline{U}^{\beta(\delta),\delta}[f_{\delta 2}^{\beta(\delta),\delta}, \lambda^{\beta(\delta),\delta}](\cdot, T)\|_{H^1(\Omega)}^{1/2}$$

$$+ \|\lambda - \lambda^{\beta(\delta),\delta}\|_{H^{\frac{1}{2}}(\partial\Omega)}^{1/2} \|\partial_t \overline{U}^{\beta(\delta),\delta}[f_{\delta 2}^{\beta(\delta),\delta}, \lambda^{\beta(\delta),\delta}]\|_{L^2(0,T;H^1(\Omega))}^{1/2}\big]$$

$$\leqslant C\big[\|\mathcal{K}^{\beta(\delta),\delta}[f_{\delta 2}^{\beta(\delta),\delta}] - D^\delta\|_{L^2(\Omega)}^{1/2} + \|D^\delta - \mathcal{K}[f_*]\|_{L^2(\Omega)}^{1/2}$$

$$+ \|\lambda - \lambda^{\beta(\delta),\delta}\|_{H^{1/2}(\partial\Omega)}^{1/2}\big]$$

$$\leqslant C\big[(\|\lambda^{\beta(\delta),\delta} - \lambda\|_{H^{\frac{1}{2}}(\partial\Omega)} + \delta)^{1/2} + (\delta + \|\lambda^{\beta(\delta),\delta} - \lambda\|_{H^{\frac{1}{2}}(\partial\Omega)})^{1/2}$$

$$+ \|\lambda^{\beta(\delta),\delta} - \lambda\|_{H^{1/2}(\partial\Omega)}^{1/2}\big],$$

并结合 (6.8.11) 关于阻尼系数的正则化解的误差估计, 得

$$\|f_{\delta 2}^{\beta(\delta),\delta} - f_*\|_{L^2(\Omega)} \leqslant C(\|\lambda^{\beta(\delta),\delta} - \lambda\|_{H^{\frac{1}{2}}(\partial\Omega)} + \delta)^{1/2}$$

$$\leqslant C(\delta^{\gamma^*/(2+\gamma^*)} + \delta)^{1/2} \leqslant \widetilde{C}\delta^{\gamma^*/(4+2\gamma^*)}, \qquad (6.8.43)$$

其中常数 $\widetilde{C} = C(\Omega, T, \alpha, M_0, \mu_1, g_0) > 0$.

至此我们已经证明了如下误差估计结果.

**定理 6.8.5** 对反问题 (6.8.1)—(6.8.3), 令 $1/2 < \alpha < 1$, 假设

• 初始状态 $u_0(x) \in D((-\Delta)^3) \cap W^{4,\overline{p}}(\Omega)$, $\overline{p} > 2$, 已知内部时间依赖源项 $0 < g_0 \leqslant g(t) \in C^1[0, T]$, 边界激发源项 $b \in C^2([0, T]; H^{9/2}(\partial\Omega))$, $\partial_t b \in L^{\overline{p}}(0, T; W^{5/2,\overline{p}}(\partial\Omega))$;

• 未知源项 $f \in W^{2,\overline{p}}(\Omega)$ 先验地满足一致有界性条件, 即 $\|f\|_{D((-\Delta)^2)} \leqslant E$. 由 (6.8.8), (6.8.10), (6.8.12) 和 (6.8.20) 组成同时反演内部的空间依赖源项和边界阻尼系数 $(\lambda, f) \in \mathcal{A}$ 的正则化方案, 如果分别取正则化参数

$$\beta = \beta(\delta) = O(\delta^{1/(2+\gamma^*)}), \quad \gamma = \gamma(\delta) = O(\delta^2),$$

其中 $\gamma^* := \min\{\widehat{p}, 1/2\}$, $0 < \widehat{p} \leqslant 1 - 2/\overline{p}$, 那么得到的正则化解 $(\lambda^{\beta(\delta),\delta}, f_{\delta^2}^{\beta(\delta),\delta})$ 有误差估计

$$\|\lambda^{\beta(\delta),\delta} - \lambda\|_{H^{1/2}(\partial\Omega)} \leqslant C\delta^{\gamma^*/(2+\gamma^*)}, \quad \|f_{\delta^2}^{\beta(\delta),\delta} - f_*\|_{L^2(\Omega)} \leqslant \widetilde{C}\delta^{\gamma^*/(4+2\gamma^*)},$$

其中常数 $\widetilde{C} = C(\Omega, T, \alpha, M_0, \mu_1, g_0) > 0$.

**注解 6.8.6** 为了在理论证明上保证 $\partial_t V^{\beta(\delta),\delta}$, $\partial_t \overline{U}^{\beta(\delta),\delta} \in L^2(0, T; H^2(\Omega))$, 需要限定时间分数阶导数的阶数 $\alpha \in (1/2, 1)$. 在数值上, 我们发现该反问题对此约束条件并不敏感. 为了建立正则化解的误差估计, 需要精确的测量数据满足 $u(x, T) = \varphi(x) \in W^{3,\overline{p}}(\Omega)$, $\overline{p} > 2$, 结合正问题的适定性分析, 需要扩散系统的输入源项满足一定的正则性, 即 $u_0(x) \in W^{4,\overline{p}}(\Omega)$, $\partial_t b \in L^{\overline{p}}(0, T; W^{5/2,\overline{p}}(\partial\Omega))$ 以及内部未知源项的先验信息 $f \in W^{2,\overline{p}}(\Omega)$.

### 6.8.3 正则化反演方案和数值实验

我们首先通过正则化方案 (6.8.8) 得到边界阻尼系数的正则化解 $\lambda^{\beta(\delta),\delta}(x)$, 再基于重建得到的 $\lambda^{\beta(\delta),\delta}(x)$, 利用 Tikhonov 正则化方案来反演 (6.8.12) 中的未知源项 $f(x)$. 由于边界阻尼系数的正则化解 $\lambda^{\beta(\delta),\delta}(x)$ 具有显式表达式, 因此我们重点讨论寻找正则化泛函 $J(f) := J_\gamma^{\beta(\delta),\delta}(f)$ 的极小元. 显然, 泛函 $J(f)$ 的极小元 $f_\gamma^{\beta(\delta),\delta} \in L^2(0, T)$ 是唯一的, 因为 $J(f)$ 关于 $f$ 是二次凸函数, 利用梯度型迭代方法——共轭梯度法 (CGM) 搜索正则化泛函 $J(f)$ 的极小元, 为此, 需要 $J(f)$ 关于 $f$ 的梯度.

**定理 6.8.7**    正则化泛函 $J(f)$ 关于 $f$ 是 Fréchet 可导的, 并且沿方向 $\hat{f}$ 有

$$J'(f) \circ \hat{f} = \left( \int_0^T P(\cdot, t)g(t)dt + \gamma f, \hat{f} \right)_{L^2(\Omega)},  \tag{6.8.44}$$

其中 $P(x,t)$ 满足伴随问题

$$\begin{cases} D_{T-}^\alpha P - \Delta P = \delta(t - T)(U^{\beta(\delta),\delta}[f](x,T) - \varphi^\delta(x)), & (x,t) \in \Omega_T, \\ \partial_\nu P(x,t) + \lambda^{\beta(\delta),\delta}(x)P(x,t) = 0, & (x,t) \in \partial\Omega \times [0,T], \\ I_{T-}^{1-\alpha} P(x,T) = 0, & x \in \Omega. \end{cases}  \tag{6.8.45}$$

**证明**    基于反问题的线性性, 正则化泛函 $J(f)$ 关于未知空间依赖源项 $f(x)$ 是 Fréchet 可导的. 由 Fréchet 导数和 Gâteaux 导数的等价性, 即 $J'(f) = DJ(f)$, 只需要获得正则化泛函 $J(f)$ 的 Gâteaux 导数 $DJ(f)$ 即可.

记 $U^{\beta(\delta),\delta} := U^{\beta(\delta),\delta}[f](x,t)$, 则 $\widetilde{U}^{\beta(\delta),\delta} := U^{\beta(\delta),\delta}[f + h\hat{f}](x,t)$ 满足方程

$$\begin{cases} \partial_{0+}^\alpha \widetilde{U}^{\beta(\delta),\delta}(x,t) - \Delta \widetilde{U}^{\beta(\delta),\delta}(x,t) = (f(x) + h\hat{f}(x))g(t), & (x,t) \in \Omega_T, \\ \partial_\nu \widetilde{U}^{\beta(\delta),\delta}(x,t) + \lambda^{\beta(\delta),\delta}(x)\widetilde{U}^{\beta(\delta),\delta}(x,t) = b(x,t), & (x,t) \in \partial\Omega \times [0,T], \\ \widetilde{U}^{\beta(\delta),\delta}(x,0) = u_0(x), & x \in \Omega. \end{cases}  \tag{6.8.46}$$

定义 $\widehat{U}^{\beta(\delta),\delta}(x,t) := \lim_{h\to 0} \dfrac{\widetilde{U}^{\beta(\delta),\delta}(x,t) - U^{\beta(\delta),\delta}(x,t)}{h}$, 它满足

$$\begin{cases} \partial_{0+}^\alpha \widehat{U}^{\beta(\delta),\delta}(x,t) - \Delta \widehat{U}^{\beta(\delta),\delta}(x,t) = \hat{f}(x)g(t), & (x,t) \in \Omega_T, \\ \partial_\nu \widehat{U}^{\beta(\delta),\delta}(x,t) + \lambda^{\beta(\delta),\delta}(x)\widehat{U}^{\beta(\delta),\delta}(x,t) = 0, & (x,t) \in \partial\Omega \times [0,T], \\ \widehat{U}^{\beta(\delta),\delta}(x,0) = 0, & x \in \Omega. \end{cases}  \tag{6.8.47}$$

对 (6.8.47) 第一个方程两边同时乘以 $P(x,t)$ 并在 $\Omega_T$ 上积分得

$$\int_{\Omega_T} \partial_{0+}^\alpha \widehat{U}^{\beta(\delta),\delta} P(x,t)dxdt - \int_{\Omega_T} \Delta \widehat{U}^{\beta(\delta),\delta} P(x,t)dxdt = \int_{\Omega_T} \hat{f}(x)g(t)P(x,t)dxdt.  \tag{6.8.48}$$

对方程左端第一项, 结合 (6.8.45), (6.8.47), 分部积分得

$$\int_\Omega \int_0^T \partial_{0+}^\alpha \widehat{U}^{\beta(\delta),\delta} P(x,t)Pdtdx$$

$$= \int_\Omega \int_0^T I_{0+}^{1-\alpha} \frac{d}{dt} \widehat{U}^{\beta(\delta),\delta}(x,t) P(x,t) dx$$

$$= \int_\Omega \int_0^T \frac{d}{dt} \widehat{U}^{\beta(\delta),\delta}(x,t) I_{T-}^{1-\alpha} P(x,t) dx$$

$$= -\int_\Omega \int_0^T \widehat{U}^{\beta(\delta),\delta} \frac{d}{dt} I_{T-}^{1-\alpha} P dt dx = \int_\Omega \int_0^T \widehat{U}^{\beta(\delta),\delta} D_{T-}^\alpha P dt dx. \quad (6.8.49)$$

对方程 (6.8.48) 左端第二项利用 Green 公式, 最终整理得

$$\int_\Omega \int_0^T (D_{T-}^\alpha P - \Delta P) \widehat{U}^{\beta(\delta),\delta} dt dx = \int_\Omega \int_0^T P \widehat{f} g dt dx. \quad (6.8.50)$$

根据定义, 泛函 $J(f)$ 关于 $f$ 沿方向 $\widehat{f}$ 的 Gâteaux 导数为

$$DJ(f) \circ \widehat{f} = \lim_{h \to 0} \frac{J(f + h\widehat{f}) - J(f)}{h}$$

$$= \int_\Omega \widehat{U}^{\beta(\delta),\delta}(x,T)(U^{\beta(\delta),\delta}(x,T) - \varphi^\delta(x)) dx + \gamma \int_\Omega f \widehat{f} dx$$

$$= \int_{\Omega_T} \delta(t-T) \widehat{U}^{\beta(\delta),\delta}(x,t) \left( U^{\beta(\delta),\delta}(x,T) - \varphi^\delta(x) \right) dx dt + \gamma \int_\Omega f \widehat{f} dx.$$

结合 (6.8.50) 和伴随问题 (6.8.45) 得

$$DJ(f) \circ \widehat{f} = \int_\Omega \int_0^T P \widehat{f} g dt dx + \gamma \int_\Omega f \widehat{f} dx = J'(f) \circ \widehat{f}. \qquad \square$$

**注解 6.8.8** 注意到伴随问题 (6.8.45) 中出现右侧 Riemann-Liouville 时间分数阶导数 $D_{T-}^\alpha P$, 实际上 (6.8.45) 等价于下面的逆时问题

$$\begin{cases} \partial_{T-}^\alpha P(x,t) - \Delta P(x,t) = \delta(t-T)(U^{\beta(\delta),\delta}[f](x,T) - \varphi^\delta(x)), & (x,t) \in \Omega_T, \\ \partial_\nu P(x,t) + \lambda^{\beta(\delta),\delta}(x) P(x,t) = 0, & (x,t) \in \partial\Omega \times [0,T], \\ P(x,T) = 0, & x \in \Omega, \end{cases}$$
$$\qquad\qquad (6.8.51)$$

其中 $\partial_{T-}^\alpha P(x,t)$ 为右侧 Caputo 时间分数阶导数. 通过变量替换 $t = T - \bar{t}$, 定义 $P(x,t) = P(x,T-\bar{t}) =: Q(x,\bar{t})$, 从而伴随问题 (6.8.45) 的解可以通过求解正

向问题

$$
\begin{cases}
\partial_{0+}^{\alpha} Q(x,t) - \Delta Q(x,t) = \delta(t)(U^{\beta(\delta),\delta}[f](x,T) - \varphi^{\delta}(x)), & (x,t) \in \Omega_T, \\
\partial_{\nu} Q(x,t) + \lambda^{\beta(\delta),\delta}(x) Q(x,t) = 0, & (x,t) \in \partial\Omega \times [0,T], \\
Q(x,0) = 0, & x \in \Omega
\end{cases}
$$

$$(6.8.52)$$

得到, 其中 $\delta(t)$ 为狄拉克脉冲函数.

关于利用伴随方法来求解基于整数阶偏微分方程约束的优化问题, 可参见 [66].

假设在第 $k$ 步迭代已经得到了 $f^k(x)$, 选取合适的迭代步长 $r_k > 0$, CGM 通过

$$
f^{k+1} = f^k + r_k d_k
$$

来产生 $f^{k+1}(x)$, 迭代方向:

$$
d_k = \begin{cases}
-J'(f^k), & k = 0, \\
-J'(f^k) + s_k d_{k-1}, & k > 0,
\end{cases}
$$

$$(6.8.53)$$

其中

$$
s_k = \frac{\|J'(f^k)\|_{L^2(0,T)}^2}{\|J'(f^{k-1})\|_{L^2(0,T)}^2}, \quad r_k = \arg\min_{r \geqslant 0} J(f^k + r d_k).
$$

$$(6.8.54)$$

由于 $r_k$ 是优化泛函 $J(f^k + r d_k)$ 的驻点, 对 $J(f^k + r d_k)$ 关于 $r$ 求导得

$$
\begin{aligned}
\frac{\partial J(f^k + r d_k)}{\partial r} &= \left( e^k(\cdot), \frac{dU^{\beta(\delta),\delta}[f^k + r d_k](\cdot, T)}{dr} \right)_{L^2(\Omega)} \\
&\quad + r \left( U^{\beta(\delta),\delta}[d_k](\cdot, T), \frac{dU^{\beta(\delta),\delta}[f^k + r d_k](\cdot, T)}{dr} \right)_{L^2(\Omega)} \\
&\quad + r\gamma \|d_k\|_{L^2(\Omega)}^2 + \gamma(f^k, d_k)_{L^2(\Omega)},
\end{aligned}
$$

其中第 $k$ 步的残差

$$
e^k(x) := U^{\beta(\delta),\delta}[f^k](x,T) - \varphi^{\delta}(x), \quad x \in \Omega.
$$

$$(6.8.55)$$

由于 $\dfrac{dU^{\beta(\delta),\delta}[f^k + r d_k](x,t)}{dr}$ 与 $r$ 无关, 易得

$$
v^k(x,t) := \frac{dU^{\beta(\delta),\delta}[f^k + r d_k](x,t)}{dr} \equiv U^{\beta(\delta),\delta}[d_k](x,t),
$$

满足

$$
\begin{cases}
\partial_{0+}^{\alpha} v^k - \Delta v^k = d_k g(t), & (x,t) \in \Omega_T, \\
\partial_\nu v^k + \lambda^{\beta(\delta),\delta} v^k = 0, & (x,t) \in \partial\Omega \times [0,T], \\
v^k(x,0) = 0, & x \in \Omega.
\end{cases}
\tag{6.8.56}
$$

因此

$$
r_k = -\frac{\left(e^k(\cdot), v^k(\cdot,T)\right)_{L^2(\Omega)} + \gamma\left(f^k, d_k\right)_{L^2(\Omega)}}{\|v^k(\cdot,T)\|_{L^2(\Omega)}^2 + \gamma\|d_k\|_{L^2(\Omega)}^2}.
\tag{6.8.57}
$$

用 CGM 算法重构未知空间依赖源项 $f(x)$ 的数值算法如下:

- 第一步: 选择初始猜测 $f^0(x)$, $k=0$, $\tau > 1$ 以及允许误差 $\epsilon > 0$.
- 第二步: 计算 $G_0 = -J'(f^0)$, $d_0 = G_0$, $e_0(x)$ 以及 $v^0(x,t)$.
- 第三步: 计算

$$
r_0 = -\frac{\left(e^0(\cdot), v^0(\cdot,T)\right)_{L^2(\Omega)} + \gamma\left(f^0, d_0\right)_{L^2(\Omega)}}{\|v^0(\cdot,T)\|_{L^2(\Omega)}^2 + \gamma\|d_0\|_{L^2(\Omega)}^2}.
$$

第一次迭代: $f^1 = f^0 + r_0 d_0$.

- 第四步: 对于 $k = 1,2\cdots$, 计算

$$
G_k = -J'(f^k), \quad s_k = \frac{\|J'(f^k)\|_{L^2(\Omega)}^2}{\|J'(f^{k-1})\|_{L^2(\Omega)}^2}, \quad d_k = G_k + s_k d_{k-1}.
$$

并由 (6.8.57) 计算步长 $r_k$, 更新迭代: $f^{k+1} = f^k + r_k d_k$, 如果 $\|e^{k+1}\|_{L^2(\Omega)} \leqslant \tau\delta$, 输出 $f^{k+1}$ 并终止迭代.

- 第五步: 否则, $k+1 \Rightarrow k$ 回到第四步.

**注解 6.8.9**  实际上, 第四步的迭代停止准则为 $\|e^{k+1}\|_{L^2(\Omega)} \leqslant \tau\delta$ 是 Morozov 偏差原理, 也就是说, 对给定的 $\tau > 1$, 在第 $n_\delta$ 步选择停止迭代, 其中 $n_\delta$ 是第一次满足

$$
\|U^{\beta(\delta),\delta}[f^{n_\delta}](x,T) - \varphi^\delta\|_{L^2(\Omega)} \leqslant \tau\delta < \|U^{\beta(\delta),\delta}[f^{n_\delta - 1}](x,T) - \varphi^\delta\|_{L^2(\Omega)}
\tag{6.8.58}
$$

的最小正整数, 这在数值上是可实现的.

下面分别考虑两个数值算例, 即 $\alpha = 0.8$ 和 $\alpha = 0.2$, 正问题的精确解为

$$
u(x,y,t) = t(\sin(\pi x) + \sin(\pi y)) + 1, \quad (x,y) \in \Omega = [0,1] \times [0,1], t \in [0,1]
$$

满足零初始状态 $u_0(x, y) = 0$. 我们取精确的边界阻尼系数为

$$\lambda_*(x, y) = \sin(\pi x) + \sin(\pi y) + 2xy, \quad (x, y) \in \partial\Omega. \tag{6.8.59}$$

见图 6.47(左). 通过直接计算, 可得边界激发源项 $b(x, t)$, 已知内部时间依赖源项 $g(t) = \dfrac{1}{\Gamma(2 - \alpha)} t^{1-\alpha} + \pi^2 t$, 以及精确的空间依赖源项为

$$f_*(x, y) = \sin(\pi x) + \sin(\pi y), \tag{6.8.60}$$

见图 6.47(右).

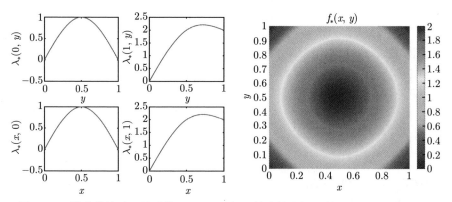

图 6.47　精确的边界阻尼系数 $\lambda_*(x, y)$ (左); 精确的空间依赖源项 $f_*(x, y)$ (右)

对于反问题, 带有噪声的测量数据以如下方式产生

$$\varphi^\delta(x, y) = u(x, y, T) + \delta(2 \times \mathrm{rand}(x, y) - 1), \tag{6.8.61}$$

其中噪声水平为 $\delta$, 变量 $\mathrm{rand}(x, y) \in (0, 1)$ 是一组服从均匀分布的随机数. 在实际计算过程中, 利用有限差分方法求解正问题 (6.8.1) 和伴随问题 (6.8.45), 其中分数阶导数 $\partial_{0+}^\alpha u$ 由 $L_1$ 近似. 注意到, 初边值问题 (6.8.52) 的右端项 $\delta(t)$ 是一个脉冲函数, 数值上可以用一个在 $t = 0$ 时激增的光滑函数近似.

**例 6.5**　考虑 $\alpha = 0.8$, 相应的已知内部时间依赖源项为 $g(t) = \dfrac{1}{\Gamma(1.2)} t^{0.2} + \pi^2 t$.

取 $\gamma^* = \dfrac{1}{2}$, $\beta(\delta) = 4\delta^{1/(2+0.5)}$. 图 6.48(a) 给出了噪声水平 $\delta = 0.001, 0.005, 0.01, 0.02$ 下, 利用正则化方案 (6.8.8) 反演得到的 Robin 系数. 与精确的相比, 对于比较小的噪声水平, 结果还是令人满意的, 但随着噪声水平的不断增大, 数值结果也会受到相应的影响.

基于得到的边界阻尼系数的正则化解 $\lambda^{\beta(\delta),\delta}$, 继续由测量数据 $\varphi^\delta(x,y)$ 反演内部空间依赖源项 $f(x,y)$. 图 6.48(b) 给出了噪声水平 $\delta = 0.001, 0.005, 0.01, 0.02$ 下的数值反演结果, 其中初始猜测为 $f^0(x,y) = 0$, 正则化参数 $\gamma = \delta^2$, 近似误差取 $\eta = \frac{1}{2}\delta^2$. 总体的数值效果是比较合理的, 尽管在噪声水平比较大的情况下, 数值反演结果有一些波动, 但整体轮廓还是可以识别出来的.

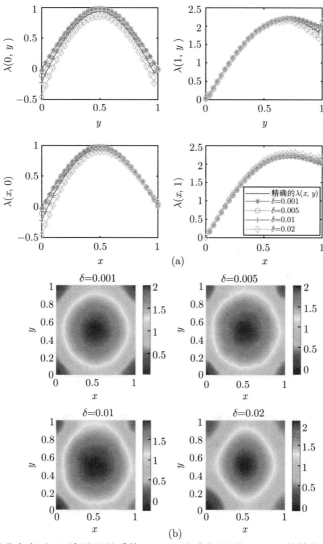

图 6.48 不同噪声水平下, 边界阻尼系数 $\lambda(x,y)$ 和内部源项 $f(x,y)$ 的数值反演结果 (彩图请扫封底二维码)

为了刻画迭代过程中的数值反演方案的逼近程度, 图 6.49 给出了优化泛函 $J(f^k)$ 和数值反演误差 $\|f^k - f_*\|_{L^2(\Omega)}$ 与迭代次数 $k$ 的关系. 由图 6.49(左) 可以看到, 正则化泛函随着迭代步数的增加呈 $L$ 型下降趋势, 然而, 由图 6.49(右) 可见正则化解的误差 $\|f^k - f_*\|_{L^2(\Omega)}$ 在噪声比较大的情形下不再呈 $L$ 型下降趋势, 原因在于本质上我们是为了得到 $f$ 来极小化泛函 $J(f)$, 这里会有一个最优的迭代步数, 可以看成是一种正则化参数选取策略.

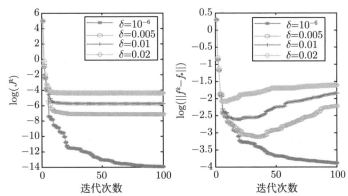

图 6.49   优化泛函 $J(f^k)$ 和反演误差 $\|f^k - f_*\|_{L^2(\Omega)}$ 分别与迭代次数的关系 (彩图请扫封底二维码)

接下来定量地分析定理 6.8.5 中反演得到的正则化解的误差估计与噪声水平 $\delta$ 的关系, 即收敛阶. 由于常数 $C$ 的不确定性, 在数值上我们只能给一个大概的验证. 我们取 $\gamma^* = \dfrac{1}{2}$, 则正则化参数 $\beta(\delta) = O(\delta^{1/(2+\gamma^*)})$ 意味着 $\lambda(x, y)$ 和 $f(x, y)$ 的理论收敛阶分别是 $\beta_\lambda^* := \gamma^*/(2+\gamma^*) = 0.2$ 和 $\beta_f^* := \gamma^*/(4+2\gamma^*) = 0.1$. 另一方面, 定理 6.8.5 对边界阻尼系数 $\lambda(x, y)$ 建立的误差估计是用范数 $H^{1/2}(\partial\Omega)$ 度量, 注意到 $\|\cdot\|_{L^2(\partial\Omega)} \leqslant C\|\cdot\|_{H^{1/2}(\partial\Omega)}$, 结合实际计算的可行性, 我们直接用 $\|\cdot\|_{L^2(\partial\Omega)}$, 这样会带来部分误差.

图 6.50(a) 给出了边界阻尼系数的反演误差 $\|\lambda_{\mathrm{num}} - \lambda_*\|_{L^2(\partial\Omega)}$ 与噪声 $\delta \in [1, 10] \times 10^{-3}$ 水平的关系, 理论估计曲线为 $C\delta^{0.2}$, 常数 $C = 0.2, 0.1, 0.08$ 对应的曲线分别用绿、蓝、紫红色曲线表示. 同样地, 图 6.50(b) 给出了内部源项的反演误差 $\|f_{\mathrm{num}} - f_*\|_{L^2(\Omega)}$ 与噪声 $\delta \in [1, 10] \times 10^{-3}$ 水平的关系, 正则化参数 $\gamma(\delta) = \delta^2$. 理论估计曲线为 $C\delta^{0.1}$, 常数 $C = 0.25, 0.2, 0.13$ 对应的曲线分别用绿、蓝、紫红色曲线表示. 我们发现尽管数值结果与理论估计结果有一些偏差, 通过合适的选取常数 $C$ 我们仍然看到它们的趋势是一致的.

理论误差曲线 $C\delta^{0.2}, C\delta^{0.1}$ 与数值误差分布具有类似的衰减行为. 然而, 这些理论上的误差衰减曲线的值与数值得到的有很大差异, 因为相应的常数 $C$ 是通过实验和误差得到的. 另一种数值验证的方法是, 对得到的数值反演误差分布利用数值拟合方法, 同时确定理论曲线 $C\delta^\beta$ 中的常数 $C$ 和阶数 $\beta$. 也就是说, 我们通过优化泛函

$$\sum_{i=0}^{M}\left|\|\lambda_{\mathrm{num}}(\delta_i)-\lambda_*\|_{L^2(\partial\Omega)}-C_\lambda\delta_i^{\beta_\lambda}\right|^2, \quad \sum_{i=0}^{M}\left|\|f_{\mathrm{num}}(\delta_i)-f_*\|_{L^2(\Omega)}-C_f\delta_i^{\beta_f}\right|^2$$

来分别确定常数 $C_\lambda, C_f$ 以及阶数 $\beta_\lambda, \beta_f$, 其中噪声 $\delta$ 的剖分为

$$\delta_i = 10^{-3} + \frac{10^{-2}-10^{-3}}{45}\times i \in [10^{-3}, 10^{-2}],$$

$i = 0, 1, \cdots, 45$. 最终得到 $(C_\lambda, \beta_\lambda) = (4.14, 1.07)$, $(C_f, \beta_f) = (0.13, 0.15)$, 相应的拟合曲线见图 6.50.

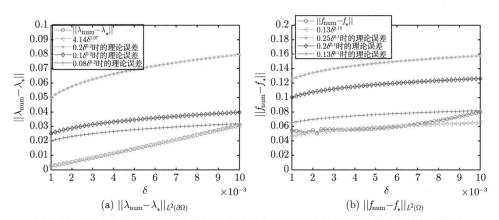

(a) $\|\lambda_{\mathrm{num}}-\lambda_*\|_{L^2(\partial\Omega)}$        (b) $\|f_{\mathrm{num}}-f_*\|_{L^2(\Omega)}$

图 6.50    例 6.5 的正则化解的数值误差估计与理论估计对比 (彩图请扫封底二维码)

尽管理论上需要时间分数阶导数的阶数 $\alpha \in (1/2, 1)$, 但是重建算法适用于 $\alpha \in (0,1)$. 在接下来的数值算例, 考虑较小的 $\alpha = 0.2$, 我们发现仍然能够得到比较好的数值反源结果, 这也验证了所提出的正则化方案的有效性.

**例 6.6**  考虑 $\alpha = 0.2$, 内部时间依赖源项为

$$g(t) = \frac{1}{\Gamma(1.8)}t^{0.8} + \pi^2 t,$$

精确的空间依赖源项 $f_*(x, y)$ 为 (6.8.60).

我们采取与例 6.3 相同的参数配置, 得到的数值反演结果类似, 这里我们就不再展示了. 我们仅在数值上, 对定理 6.8.5 的两个正则化解的误差估计进行验证. 其他更具体的数值实验可见 [207].

　　如图 6.51(a) 所示, 与图 6.50(a) 相比在恢复边界阻尼系数方面几乎没有差异, 这意味着分数阶阶数 $\alpha$ 对 Robin 系数 $\lambda(x,y)$ 的重建没有本质影响, 尽管我们的理论分析需要 $\alpha \in (1/2, 1)$. 在图 6.51(b) 中, 我们还验证了源项的数值反演误差 $\|f_{num} - f_*\|_{L^2(\Omega)}$, 其中正则化参数 $\gamma(\delta) = \delta^2$, 我们可以看到 $\alpha = 0.8$ 和 $\alpha = 0.2$ 对源项 $f$ 的数值反演误差几乎没有影响, 曲线 $\|f_{num} - f_*\|_{L^2(\Omega)}$ 的拟合函数为 $\mathrm{err}_i^f \approx 0.15\delta^{0.18}$, 误差分布与理论估计保持一致的趋势. 同时, 对理论估计曲线 $C\delta^{0.1}$, 分别取常数 $C = 0.25, 0.2, 0.13$, 我们发现尽管数值误差曲线与理论估计曲线有一些偏差, 通过合适选取常数 $C$, 我们仍然看出它们的趋势是一致的.

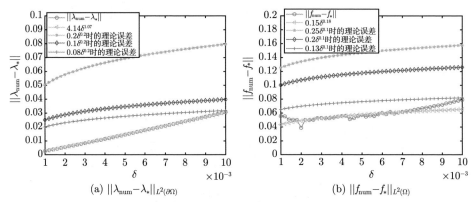

(a) $\|\lambda_{num} - \lambda_*\|_{L^2(\partial\Omega)}$　　　　　　　　　(b) $\|f_{num} - f_*\|_{L^2(\Omega)}$

图 6.51　例 6.6 的正则化解的数值误差估计与理论估计的对比 (彩图请扫封底二维码)

## 6.9　分层介质中的热传导方程反边值问题

　　考虑分层介质中的热传导问题 (图 6.52), 设 $D_0 := \Omega \subset \mathbb{R}^2$ 是一个热导体, $D$ 是包含在 $\Omega$ 内的导热内含物, 且两个热导体的热导率不同, 设 $\Omega$ 和 $D$ 的热导率分别为 1 和 $k$. 记 $\Omega$ 的边界为 $\partial\Omega$, $D$ 的边界为 $\partial D$, 且 $\partial\Omega$ 和 $\partial D$ 都是属于 $C^2$ 类的. 为叙述简便, 把 $X \times (0, T)$ 和 $\partial X \times (0, T)$ 分别记为 $X_T$ 和 $(\partial X)_T$, 其中 $X$ 是 $\mathbb{R}^2$ 的一个有界区域, $\partial X$ 是其边界. 在时间 $(0, T)$ 内, 于外边界 $\partial\Omega$ 上注入热流 $g$, 则介质内部的温度分布满足如下热方程的初边值问题:

$$\begin{cases} (\partial_t - \nabla \cdot k\nabla)u(x, t) = 0, & (x, t) \in D_T, \\ (\partial_t - \Delta)u(x, t) = 0, & (x, t) \in (\Omega \setminus \overline{D})_T, \\ u|_- - u|_+ = 0, & (x, t) \in (\partial D)_T, \\ k\partial_\nu u|_- - \partial_\nu u|_+ = 0, & (x, t) \in (\partial D)_T, \\ \partial_\nu u = g, & (x, t) \in (\partial\Omega)_T, \\ u(x, 0) = 0, & x \in \Omega, \end{cases} \tag{6.9.1}$$

其中 $\nu$ 表示 $\partial D$ 和 $\partial \Omega$ 上的单位外法向, "+" 和 "−" 分别代表从 $D$ 的外部和内部取迹.

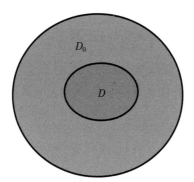

图 6.52    模型示意图

上述模型在现实中有很多应用. 在热成像中, $D$ 为内含物, $D_0$ 为背景介质. 正问题是对在边界 $(\partial \Omega)_T$ 注入任意热流 $g$, 求解 $\Omega_T$ 内的温度分布. 而反问题是根据边界测量数据重构未知内含物 $D$. 除了热导率之外, 我们更对内含物的位置、大小和形状感兴趣. 文献 [139] 已证明, 对任意的 $g \in H^{-\frac{1}{2},-\frac{1}{4}}((\partial \Omega)_T)$, (6.9.1) 在 $\tilde{H}^{1,\frac{1}{2}}(\Omega_T)$ (定义见下节) 存在唯一解. 定义 Neumann-to-Dirichlet 映射

$$\Lambda_D : H^{-\frac{1}{2},-\frac{1}{4}}((\partial \Omega)_T) \to H^{\frac{1}{2},\frac{1}{4}}((\partial \Omega)_T), \quad g \mapsto u|_{(\partial \Omega)_T},$$

这是热成像模型中的理想化测量数据. 我们考虑的反问题是从 $\Lambda_D$ 重构 $D$, 其中 $k$ 未知. 该问题的唯一性和稳定性估计可参考 [33,42]. 重构方法可参考 [34,47,69, 73,74,138,203]. 本节讨论热方程反边值的线性采样法[64,139,140]. 基于热位势理论, 从数值的角度研究正反问题. 特别是对 [139] 中建立的采样型重建方法进行数值实现. 简单来说, 这种重建方法是基于如下方程的解的特征:

$$(\Lambda_D - \Lambda_\varnothing)g = G^{\Omega}_{(y,s)}(x,t), \quad (x,t) \in (\partial \Omega)_T, \tag{6.9.2}$$

其中 $\Lambda_\varnothing$ 是 $D = \varnothing$ 时的 Neumann-to-Dirichlet 映射, $G^{\Omega}_{(y,s)}(x,t) := G^{\Omega}(x,t;y,s)$ 是在 $(\partial \Omega)_T$ 上具有齐次 Neumann 边界条件的热算子 $\partial_t - \Delta$ 在区域 $\Omega_T$ 内的 Green 函数. 我们首先研究方程 (6.9.2) 的可解性及其解与相关的内透射问题的 Green 函数的关系, 给出重建方法的理论分析. 然后, 通过求解正问题 (6.9.1) 获取测量数据 $\Lambda_D$, 并令 $D = \varnothing$ 求解 (6.9.1), 从而计算 Neumann-to-Dirichlet 映射 $\Lambda_\varnothing$ 和 Green 函数 $G^{\Omega}_{(y,s)}(x,t)$. 通过把解表示为单层热位势, 初边值问题 (6.9.1) 转化为一个边界积分方程组, 我们进而建立求解该积分方程组的数值方案. 最后, 使用 Tikhonov 正则化求解离散化的 Neumann-to-Dirichlet 映射方程, 数值结果表明了重建方法的可行性和有效性. 关于本节工作更详细的细节, 见 [190].

### 6.9.1　反问题的重建方法

首先, 介绍各向异性 Sobolev 空间. 对于 $p, q \geqslant 0$ 定义

$$H^{p,q}(\mathbb{R}^2 \times \mathbb{R}) := L^2(\mathbb{R}; H^p(\mathbb{R}^2)) \cap H^q(\mathbb{R}; L^2(\mathbb{R}^2)).$$

对于 $p, q \leqslant 0$, 定义 $H^{p,q}$ 为对偶空间 $H^{p,q}(\mathbb{R}^2 \times \mathbb{R}) := (H^{-p,-q}(\mathbb{R}^2 \times \mathbb{R}))'$. 用 $H^{p,q}(X_T)$ 表示 $H^{p,q}(\mathbb{R}^2 \times \mathbb{R})$ 中的函数限制在 $X_T$ 所得到的函数空间. $H^{p,q}((\partial X)_T)$ 的定义与之类似. 再定义

$$\tilde{H}^{1,\frac{1}{2}}(X_T) := \{u \in H^{1,\frac{1}{2}}(X \times (-\infty, T)) \mid u(x, t) = 0, t < 0\},$$

$$\hat{H}^{1,\frac{1}{2}}(X_T) := \{u \in H^{1,\frac{1}{2}}(X \times (0, +\infty)) \mid u(x, t) = 0, t > T\},$$

$$\tilde{H}^{1,\frac{1}{2}}(X_T; \partial_t - \nabla \cdot \gamma \nabla) := \{u \in \tilde{H}^{1,\frac{1}{2}}(X_T) \mid (\partial_t - \nabla \cdot \gamma \nabla)u \in L^2(X_T)\},$$

其中 $\gamma = 1 + (k-1)\chi_D$, $\chi_D$ 是 $D$ 的特征函数.

记

$$G^a(x, t; y, s) := \begin{cases} \dfrac{1}{4a\pi(t-s)} \exp\left(-\dfrac{|x-y|^2}{4a(t-s)}\right), & t > s, \\ 0, & t \leqslant s \end{cases} \tag{6.9.3}$$

为二维热算子 $\partial_t - a\Delta$ 的基本解, 其中 $a$ 是一个常数, 有时也写作 $G^a_{(y,s)}(x, t)$.

容易知道, $\Lambda_\varnothing g := v|_{(\partial\Omega)_T}$, 其中 $v$ 满足

$$\begin{cases} (\partial_t - \Delta)v(x, t) = 0, & (x, t) \in \Omega_T, \\ \partial_\nu v(x, t) = g(x, t), & (x, t) \in (\partial\Omega)_T, \\ v(x, 0) = 0, & x \in \Omega. \end{cases} \tag{6.9.4}$$

定义算子

$$F := \Lambda_D - \Lambda_\varnothing,$$

则重构方案基于方程

$$(Fg)(x, t) = G^\Omega_{(y,s)}(x, t), \quad (x, t) \in (\partial\Omega)_T \tag{6.9.5}$$

的解的特征, 其中 $s \in (0, T)$ 是固定的, 采样点 $y \in \Omega$.

首先, 我们研究 (6.9.5) 的可解性.

**定理 6.9.1** 对于 $y \in D$, $s \in (0, T)$, 当且仅当内透射问题

$$\begin{cases} (\partial_t - \nabla \cdot k\nabla)w(x, t) = 0, & (x, t) \in D_T, \\ (\partial_t - \Delta)v(x, t) = 0, & (x, t) \in D_T, \\ w - v = G^\Omega_{(y, s)}(x, t), & (x, t) \in (\partial D)_T, \\ k\partial_\nu w - \partial_\nu v = \partial_\nu G^\Omega_{(y, s)}(x, t), & (x, t) \in (\partial D)_T, \\ w(x, 0) = 0, & x \in D, \\ v(x, 0) = 0, & x \in D \end{cases} \tag{6.9.6}$$

可解时方程 (6.9.5) 存在唯一解 $g$, 其中 $w$ 和 $v$ 在 $\Omega_T$ 中分别满足

$$(\partial_t - \nabla \cdot \gamma\nabla)w = 0, \quad (\partial_t - \Delta)v = 0.$$

**证明** 假设 $g \in H^{-\frac{1}{2}, -\frac{1}{4}}((\partial\Omega)_T)$ 是 (6.9.5) 的解, $w$ 和 $v$ 分别满足

$$\begin{cases} (\partial_t - \nabla \cdot \gamma\nabla)w(x, t) = 0, & (x, t) \in \Omega_T, \\ \partial_\nu w(x, t) = g(x, t), & (x, t) \in (\partial\Omega)_T, \\ w(x, 0) = 0, & x \in \Omega \end{cases} \tag{6.9.7}$$

和

$$\begin{cases} (\partial_t - \Delta)v(x, t) = 0, & (x, t) \in \Omega_T, \\ \partial_\nu v(x, t) = g(x, t), & (x, t) \in (\partial\Omega)_T, \\ v(x, 0) = 0, & x \in \Omega, \end{cases} \tag{6.9.8}$$

则

$$\begin{cases} w(x, t) - v(x, t) = \Lambda_D g - \Lambda_\varnothing g = G^\Omega_{(y, s)}(x, t), & (x, t) \in (\partial\Omega)_T, \\ \partial_\nu w(x, t) - \partial_\nu v(x, t) = 0 = \partial_\nu G^\Omega_{(y, s)}(x, t), & (x, t) \in (\partial\Omega)_T, \end{cases}$$

因此,

$$w(x, t) - v(x, t) = G^\Omega_{(y, s)}(x, t), \quad (x, t) \in (\Omega \setminus \overline{D})_T.$$

根据 $w$ 和 $v$ 在 $\partial D$ 上的连续性可得

$$\begin{cases} w|_- - v|_- = G^\Omega_{(y, s)}(x, t), & (x, t) \in (\partial D)_T, \\ k\partial_\nu w|_- - \partial_\nu v|_- = \partial_\nu G^\Omega_{(y, s)}(x, t), & (x, t) \in (\partial D)_T. \end{cases}$$

从而可得内透射问题 (6.9.6).

反过来, 设 $(w, v)$ 是 (6.9.6) 的解并且在 $\Omega_T$ 中满足 $(\partial_t - \nabla \cdot \gamma\nabla)w = 0$ 和 $(\partial_t - \Delta)v = 0$. 根据 $w$ 和 $v$ 在 $\partial D$ 上的连续性以及 (6.9.6) 的透射条件可得

$$\begin{cases} w|_+ - v|_+ = G^\Omega_{(y, s)}(x, t), & (x, t) \in (\partial D)_T, \\ \partial_\nu w|_+ - \partial_\nu v|_+ = \partial_\nu G^\Omega_{(y, s)}(x, t), & (x, t) \in (\partial D)_T. \end{cases}$$

注意到 $w - v$ 在 $(\Omega \setminus \overline{D})_T$ 中满足 $(\partial_t - \Delta)(w - v) = 0$. 由唯一延拓原理有

$$w(x, t) - v(x, t) = G^\Omega_{(y, s)}(x, t), \quad (x, t) \in (\Omega \setminus \overline{D})_T, \tag{6.9.9}$$

因此, 在 $(\partial\Omega)_T$ 上有

$$w - v = G^\Omega_{(y, s)}, \quad \partial_\nu(w - v) = \partial_\nu G^\Omega_{(y, s)}. \tag{6.9.10}$$

即 $\partial_\nu w = \partial_\nu v$, 并且 $g := \partial_\nu v$ 是 (6.9.5) 的解. $\qquad\square$

该定理阐述了 Neumann-to-Dirichlet 映射方程 (6.9.5) 的可解性, 下面的定理考虑解的形式.

**定理 6.9.2** 如果 $g$ 是 (6.9.5) 的解, 令 $v$ 是 (6.9.8) 带边界条件 $\partial_\nu v|_{(\partial\Omega)_T} = g$ 的解, 则

$$v(x, t) = G^D_{(y, s)}(x, t) - G^\Omega_{(y, s)}(x, t), \quad (x, t) \in D_T, \tag{6.9.11}$$

其中 $G^D_{(y, s)}(x, t)$ 定义为下述耦合系统的解:

$$\begin{cases} (\partial_t - \nabla \cdot k\nabla)H^D_{(y, s)}(x, t) = 0, & (x, t) \in D_T, \\ (\partial_t - \Delta)G^D_{(y, s)}(x, t) = \delta(x - y)\,\delta(t - s), & (x, t) \in D_T, \\ H^D_{(y, s)}(x, t) - G^D_{(y, s)}(x, t) = 0, & (x, t) \in (\partial D)_T, \\ k\partial_\nu H^D_{(y, s)}(x, t) - \partial_\nu G^D_{(y, s)}(x, t) = 0, & (x, t) \in (\partial D)_T, \\ H^D_{(y, s)}(x, 0) = 0, & x \in D, \\ G^D_{(y, s)}(x, 0) = 0, & x \in D. \end{cases} \tag{6.9.12}$$

**证明** 设

$$\tilde{G}^D_{(y, s)}(x, t) = G^D_{(y, s)}(x, t) - G^1_{(y, s)}(x, t), \tag{6.9.13}$$

$$\tilde{G}^\Omega_{(y, s)}(x, t) = G^\Omega_{(y, s)}(x, t) - G^1_{(y, s)}(x, t). \tag{6.9.14}$$

注意到 $\tilde{G}^{\Omega}_{(y,s)}(x,t)$ 是基本解 $G^1_{(y,s)}(x,t)$ 在 $\Omega_T$ 的反射解, 并且满足

$$
\begin{cases}
(\partial_t - \Delta)\tilde{G}^{\Omega}_{(y,s)}(x,t) = 0, & (x,t) \in \Omega_T, \\
\partial_\nu \tilde{G}^{\Omega}_{(y,s)}(x,t) = -\partial_\nu G^1_{(y,s)}(x,t), & (x,t) \in (\partial\Omega)_T, \\
\tilde{G}^{\Omega}_{(y,s)}(x,0) = 0, & x \in \Omega,
\end{cases}
$$

由 (6.9.12) 可得

$$
\begin{cases}
(\partial_t - \nabla \cdot k\nabla)H^D_{(y,s)}(x,t) = 0, & (x,t) \in D_T, \\
(\partial_t - \Delta)\tilde{G}^D_{(y,s)}(x,t) = 0, & (x,t) \in D_T, \\
H^D_{(y,s)}(x,t) - \tilde{G}^D_{(y,s)}(x,t) = G^1_{(y,s)}(x,t), & (x,t) \in (\partial D)_T, \\
k\partial_\nu H^D_{(y,s)}(x,t) - \partial_\nu \tilde{G}^D_{(y,s)}(x,t) = \partial_\nu G^1_{(y,s)}(x,t), & (x,t) \in (\partial D)_T, \\
H^D_{(y,s)}(x,0) = 0, & x \in D, \\
\tilde{G}^D_{(y,s)}(x,0) = 0, & x \in D.
\end{cases}
$$

设 $w$ 和 $v$ 分别是 (6.9.7) 和 (6.9.8) 带相同边界条件 $\partial_\nu v|_{(\partial\Omega)_T} = g$ 的解, 则有

$$
\begin{cases}
(\partial_t - \nabla \cdot k\nabla)(w - H^D_{(y,s)}) = 0, & (x,t) \in D_T, \\
(\partial_t - \Delta)(v - \tilde{G}^D_{(y,s)} + \tilde{G}^{\Omega}_{(y,s)}) = 0, & (x,t) \in D_T, \\
(w - H^D_{(y,s)}) - (v - \tilde{G}^D_{(y,s)} + \tilde{G}^{\Omega}_{(y,s)}) = 0, & (x,t) \in (\partial D)_T, \\
k\partial_\nu(w - H^D_{(y,s)}) - \partial_\nu(v - \tilde{G}^D_{(y,s)} + \tilde{G}^{\Omega}_{(y,s)}) = 0, & (x,t) \in (\partial D)_T, \\
w - H^D_{(y,s)} = 0, & x \in D, t = 0, \\
v - \tilde{G}^D_{(y,s)} + \tilde{G}^{\Omega}_{(y,s)} = 0, & x \in D, t = 0.
\end{cases}
\tag{6.9.15}
$$

由内透射问题 (6.9.6) 的解的唯一性可得

$$
v(x,t) = \tilde{G}^D_{(y,s)}(x,t) - \tilde{G}^{\Omega}_{(y,s)}(x,t), \quad (x,t) \in D_T,
$$

即 (6.9.11). $\qquad\square$

这里需要强调的是, 反射解 $\tilde{G}^{\Omega}_{(y,s)}(x,t)$ 和 Green 函数 $G^{\Omega}_{(y,s)}(x,t)$ 完全由 $\Omega$ 决定, 因此在我们考虑的反问题中都是已知的. 只要求得 (6.9.5) 的解 $g$, 则可以在 $(\partial\Omega)_T$ 上求解带边界数据 $\partial_\nu v = g$ 的初边值问题 (6.9.8), 进而可得 Green 函数 $G^D_{(y,s)}(x,t) = v(x,t) + G^{\Omega}_{(y,s)}(x,t)$. 在这个意义下, 我们的重构方法实际上是提供了一种从 Neumann-to-Dirichlet 映射 $\Lambda_D$ 重构内透射问题 (6.9.6) 的 Green 函数 $G^D_{(y,s)}(x,t)$ 的方案.

对于 $y \in \Omega \setminus \overline{D}$ 这种情况, 在 [139] 已经证明:

**定理 6.9.3**　如果 $s \in (0, T)$, $y \in \Omega \setminus \overline{D}$, 则 (6.9.5) 无解.

根据定理 6.9.2 和定理 6.9.3 可知, 不能保证 (6.9.5) 的可解性. 但是我们可以在某种意义上找到一个近似解来刻画内含物的边界. 理论结果如下[139].

**定理 6.9.4**　固定 $s \in (0, T)$. 我们有以下结论:

(1) 如果 $y \in D$, 则对于 $\varepsilon > 0$, 存在一个函数 $g^y \in H^{-\frac{1}{2}, -\frac{1}{4}}((\partial\Omega)_T)$ 满足

$$\|Fg^y - G^{\Omega}_{(y,s)}\|_{H^{\frac{1}{2}, \frac{1}{4}}((\partial\Omega)_T)} < \varepsilon,$$

$$\lim_{y \to \partial D} \|g^y\|_{H^{-\frac{1}{2}, -\frac{1}{4}}((\partial\Omega)_T)} = \infty \tag{6.9.16}$$

以及

$$\lim_{y \to \partial D} \|Sg^y\|_{\tilde{H}^{1, \frac{1}{2}}(D_T)} = \infty, \tag{6.9.17}$$

其中算子 $S$ 定义为

$$S: H^{-\frac{1}{2}, -\frac{1}{4}}((\partial\Omega)_T) \to \tilde{H}^{1, \frac{1}{2}}(D_T), \quad g^y \mapsto v|_{D_T},$$

$v$ 是 (6.9.4) 的解;

(2) 如果 $y \in \Omega \setminus \overline{D}$, 则对于任意的 $\varepsilon, \eta > 0$, 存在函数 $g^y \in H^{-\frac{1}{2}, -\frac{1}{4}}((\partial\Omega)_T)$ 满足

$$\|Fg^y - G^{\Omega}_{(y,s)}\|_{H^{\frac{1}{2}, \frac{1}{4}}((\partial\Omega)_T)} < \varepsilon + \eta,$$

$$\lim_{\eta \to 0} \|g^y\|_{H^{-\frac{1}{2}, -\frac{1}{4}}((\partial\Omega)_T)} = \infty \tag{6.9.18}$$

和

$$\lim_{\eta \to 0} \|Sg^y\|_{\tilde{H}^{1, \frac{1}{2}}(D_T)} = \infty. \tag{6.9.19}$$

基于定理 6.9.4, 定义指示函数

$$I(y) := \|g^y\|_{H^{-\frac{1}{2}, -\frac{1}{4}}((\partial\Omega)_T)}, \quad y \in \Omega,$$

然后使用如下的算法重构 $D$:

---

1. 固定 $s \in (0, T)$, 在 $\Omega$ 中选择一组采样点 $y$;
2. 对每个采样点计算方程 (6.9.5) 的近似解;
3. 当且仅当 $I(y) \leqslant C$ 时 $y \in D$, 其中 $C$ 是合适的一个截断常数.

---

实际计算时, 测量数据总是包含一些噪声, 因此算子 $F$ 不能精确得到, 从而在数值实验中需要使用正则化. 记 $F^\delta$ 是 $F$ 的扰动算子, 满足

$$\|F^\delta - F\| \leqslant \delta,$$

其中 $\delta$ 是噪声水平, $\|\cdot\|$ 是算子模. 使用 Tikhonov 正则化方法, 我们得到了扰动 Neumann-to-Dirichlet 映射方程

$$F^\delta[g](x,\,t) = G^{\Omega}_{(y,\,s)}(x,\,t), \quad (x,\,t) \in (\partial\Omega)_T$$

的近似解, 记为

$$g^y_{\alpha,\delta} := \left[\alpha I + (F^\delta)^* F^\delta\right]^{-1} (F^\delta)^* \left[G^{\Omega}_{(y,\,s)}\right]. \tag{6.9.20}$$

该近似解有如下收敛结果.

**定理 6.9.5** 设 $y \in D$, Neumann-to-Dirichlet 映射方程 (6.9.5) 有唯一解 $g^y$. 如果正则化参数 $\alpha$ 满足当 $\delta \to 0$ 时 $\alpha(\delta) \to 0$ 以及 $\dfrac{\delta}{\alpha^{3/2}(\delta)} \to 0$, 则恒有

$$g^y_{\alpha,\delta} \to g^y, \quad \delta \to 0. \tag{6.9.21}$$

**证明** 直接计算可得

$$\begin{aligned} g^y_{\alpha,\delta} - g^y = {} & \{[\alpha I + (F^\delta)^* F^\delta]^{-1} - [\alpha I + F^* F]^{-1}\} (F^\delta)^* \left[G^{\Omega}_{(y,\,s)}\right] \\ & + [\alpha I + F^* F]^{-1} [(F^\delta)^* - F^*] \left[G^{\Omega}_{(y,\,s)}\right] \\ & + [\alpha I + F^* F]^{-1} F^* \left[G^{\Omega}_{(y,\,s)}\right] - g^y. \end{aligned} \tag{6.9.22}$$

根据

$$\|[\alpha I + (F^\delta)^* F^\delta]^{-1} - [\alpha I + F^* F]^{-1}\| \leqslant \frac{2\delta}{\alpha^{3/2}},$$

有

$$\{[\alpha I + (F^\delta)^* F^\delta]^{-1} - [\alpha I + F^* F]^{-1}\} (F^\delta)^* \left[G^{\Omega}_{(y,\,s)}\right]$$

$$\leqslant \|(F^\delta)^*\| \, \|G^{\Omega}_{(y,\,s)}\| \frac{2\delta}{\alpha^{3/2}}. \tag{6.9.23}$$

由于 $\|(\alpha I + B)^{-1}\| \leqslant \dfrac{1}{\alpha}$ 对 Hilbert 空间中任意自反正定算子 $B$ 恒成立, 因此可得

$$\left\| [\alpha I + F^* F]^{-1} [(F^\delta)^* - F^*] \left[G^{\Omega}_{(y,\,s)}\right] \right\| \leqslant \|G^{\Omega}_{(y,\,s)}\| \frac{\delta}{\alpha}. \tag{6.9.24}$$

此外根据标准的正则化理论可知

$$[\alpha I + F^* F]^{-1} F^* \left[ G^\Omega_{(y, s)} \right] \to g^y, \quad \alpha \to 0.$$

再结合 (6.9.23) 和 (6.9.24) 即完成定理证明.                                                    □

**注解 6.9.6**    由初边值问题 (6.9.4) 的适定性, 等式 (6.9.11) 以及 (6.9.21), 易得

$$\left\| S[g^y_{\alpha,\delta}](x, t) - \left( G^D_{(y, s)}(x, t) - G^\Omega_{(y, s)}(x, t) \right) \right\|_{\tilde{H}^{1, \frac{1}{2}}(D_T)} \to 0, \quad \delta \to 0, \quad (6.9.25)$$

即从 Neumann-to-Dirichlet 映射 $\Lambda_D$ 计算 Green 函数 $G^D_{(y, s)}(x, t)$ 的收敛性.

## 6.9.2    数值计算方案

本节给出二维热方程正问题 (6.9.1) 的求解方案. 首先从热方程基本解出发, 将热方程 (6.9.1) 的解用热方程单层位势表示, 用边界积分方程方法得到一个关于热方程单层位势密度函数的积分方程组; 然后给出了积分方程组的一个离散方案, 得到关于密度函数的一个线性方程组. (6.9.1) 中涉及 $a = 1, k$ 时的算子 $\partial_t - a\Delta$, 所以考虑对于一般的情形离散积分算子.

定义如下位势算子:

$$V^a_{ij}[\varphi](x, t) := \int_0^t \int_{S_i} G^a(x, t; y, s)\varphi(y, s)\, d\sigma(y)ds, \quad (x, t) \in S_j \times (0, T),$$

$$N^a_{ij}[\varphi](x, t) := \int_0^t \int_{S_i} \frac{\partial G^a(x, t; y, s)}{\partial \nu(x)}\varphi(y, s)\, d\sigma(y)ds, \quad (x, t) \in S_j \times (0, T),$$

其中 $G^a(x, t; y, s)$ 是 (6.9.3) 定义的基本解. 为简便, 设 $i, j = 1, 2$, 其中 $S_1 = \partial D$, $S_2 = \partial\Omega$.

设 $D$ 是均匀内含物, 即 $k$ 是常数. 将方程 (6.9.1) 的解表示为如下的单层位势:

$$u(x, t) = \int_0^t \int_{\partial D} G^k(x, t; y, s)\varphi_1(y, s)\, d\sigma(y)ds, \quad (x, t) \in D_T, \quad (6.9.26)$$

$$u(x, t) = \int_0^t \int_{\partial D} G^1(x, t; y, s)\varphi_2(y, s)\, d\sigma(y)ds$$

$$+ \int_0^t \int_{\partial \Omega} G^1(x, t; y, s)\varphi_3(y, s)\, d\sigma(y)ds, \quad (x, t) \in (\Omega \setminus \overline{D})_T, \quad (6.9.27)$$

其中 $\varphi_1, \varphi_2$ 和 $\varphi_3$ 是待求的密度函数. 使用单层位势的跳跃关系[31]可知, 如 $\varphi_1, \varphi_2$ 和 $\varphi_3$ 满足

$$V^k_{11}[\varphi_1] - V^1_{11}[\varphi_2] - V^1_{21}[\varphi_3] = 0, \quad (6.9.28)$$

$$\varphi_1 + 2kN_{11}^k[\varphi_1] + \varphi_2 - 2N_{11}^1[\varphi_2] - 2N_{21}^1[\varphi_3] = 0, \tag{6.9.29}$$

$$2N_{12}^1[\varphi_2] + \varphi_3 + 2N_{22}^1[\varphi_3] = 2g, \tag{6.9.30}$$

则由 (6.9.26) 和 (6.9.27) 表示的 $u$ 是 (6.9.1) 的解.

注意到积分核 $V_{21}^1, N_{21}^1, N_{12}^1$ 是光滑的, 但 $V_{11}^k, N_{11}^k, V_{11}^1, N_{11}^1$ 和 $N_{22}^1$ 在 $(x, t) = (y, s)$ 处有奇异性. 为了数值求解 (6.9.28)—(6.9.30), 考虑如下的离散格式[18,19].

设边界 $\partial D$ 和 $\partial \Omega$ 有参数表达式

$$\partial D = \{x_1(\alpha) : x_1(\alpha) = (x_{11}(\alpha), x_{12}(\alpha)), 0 \leqslant \alpha \leqslant 2\pi\},$$

$$\partial \Omega = \{x_2(\alpha) : x_2(\alpha) = (x_{21}(\alpha), x_{22}(\alpha)), 0 \leqslant \alpha \leqslant 2\pi\},$$

其中 $x_{ij}(\alpha)$ $(i, j = 1, 2)$ 是 $C^2$ 光滑且周期为 $2\pi$ 的函数. $\partial D$ 和 $\partial \Omega$ 上的单位外法向量表示为

$$\nu_1(\alpha) = \frac{(x_{12}'(\alpha), -x_{11}'(\alpha))}{|x_1'(\alpha)|}, \qquad \nu_2(\alpha) = \frac{(x_{22}'(\alpha), -x_{21}'(\alpha))}{|x_2'(\alpha)|}.$$

记 $\tilde{\varphi}_1(\beta, s) := \varphi_1(x_1(\beta), s)$, $\tilde{\varphi}_2(\beta, s) := \varphi_2(x_1(\beta), s)$, $\tilde{\varphi}_3(\beta, s) := \varphi_3(x_2(\beta), s)$, $r_{ij}(\alpha, \beta) := |x_j(\alpha) - x_i(\beta)|$. 我们在等距网格 $t_n := nT/N, n = 0, 1, \cdots, N$ 上对时间变量使用分段常数插值的配置方法, 即

$$\tilde{\varphi}_i(\beta, s) \approx \sum_{n=1}^{N} \tilde{\varphi}_{i,n}(\beta) \Phi_n(s),$$

其中 $\tilde{\varphi}_{i,n}(\beta) := \tilde{\varphi}_i(\beta, t_n)$, $i = 1, 2, 3$, 基函数

$$\Phi_n(s) := \begin{cases} 1, & t_{n-1} < s \leqslant t_n, \\ 0, & \text{其他}. \end{cases}$$

令

$$K_{ij}^{a,p}(\alpha, \beta)$$

$$:= \begin{cases} \dfrac{1}{4\pi a} E_1 \left( \dfrac{Nr_{ij}^2(\alpha, \beta)}{4aT} \right), & p = 0, \\ \dfrac{1}{4\pi a} E_1 \left( \dfrac{Nr_{ij}^2(\alpha, \beta)}{4aT(p+1)} \right) - \dfrac{1}{4\pi a} E_1 \left( \dfrac{Nr_{ij}^2(\alpha, \beta)}{4aTp} \right), & p = 1, \cdots, N-1, \end{cases} \tag{6.9.31}$$

其中 $E_1$ 为如下的指数积分:

$$E_1(z) = \int_1^{+\infty} \frac{e^{-tz}}{t} dt = \int_0^1 \frac{e^{-z/u}}{u} du.$$

注意 $K_{jj}^{a,0}$ 有对数奇异性, 它有如下奇性分解:

$$K_{jj}^{a,0}(\alpha, \beta) = -\frac{1}{4\pi a} \ln\left(\frac{4}{e} \sin^2 \frac{\alpha - \beta}{2}\right) + \tilde{K}_{jj}^{a,0}(\alpha, \beta), \quad \alpha \neq \beta,$$

其中

$$\tilde{K}_{jj}^{a,0}(\alpha, \beta) = K_{jj}^{a,0}(\alpha, \beta) + \frac{1}{4\pi a} \ln\left(\frac{4}{e} \sin^2 \frac{\alpha - \beta}{2}\right), \quad \alpha \neq \beta,$$

$$\lim_{\beta \to \alpha} \tilde{K}_{jj}^{a,0}(\alpha, \beta) = -\frac{\gamma_E}{4\pi a} - \frac{1}{4\pi a} \ln\left(\frac{eN|x_j'(\alpha)|^2}{4aT}\right),$$

$\gamma_E \approx 0.55721$ 是 Euler 常数. 容易得到

$$\lim_{\beta \to \alpha} K_{jj}^{a,p}(\alpha, \beta) = \frac{1}{4\pi a} \ln \frac{p+1}{p}, \quad p = 1, \cdots, N-1.$$

若 $i \neq j$, $K_{ij}^{a,p}$ 对于 $p = 0, 1, \cdots, N-1$ 都是连续的.

设

$$L_{ij}^{a,p}(\alpha, \beta) := \begin{cases} \dfrac{(x_i(\beta) - x_j(\alpha)) \cdot \nu_j(\alpha)|x_i'(\beta)|}{2\pi a r_{ij}^2(\alpha, \beta)} \exp\left(-\dfrac{N r_{ij}^2(\alpha, \beta)}{4aT}\right), & p = 0, \\ \dfrac{(x_i(\beta) - x_j(\alpha)) \cdot \nu_j(\alpha)|x_i'(\beta)|}{2\pi a r_{ij}^2(\alpha, \beta)} \left\{\exp\left(-\dfrac{N r_{ij}^2(\alpha, \beta)}{4aT(p+1)}\right)\right. \\ \left. - \exp\left(-\dfrac{N r_{ij}^2(\alpha, \beta)}{4aTp}\right)\right\}, & p = 1, \cdots, N-1. \end{cases}$$

当 $i = j$ 时, 可得

$$\lim_{\beta \to \alpha} L_{jj}^{a,0}(\alpha, \beta) = \frac{x_{j1}''(\alpha) x_{j2}'(\alpha) - x_{j1}'(\alpha) x_{j2}''(\alpha)}{4\pi a |x_j'(\alpha)|^2}, \tag{6.9.32}$$

$$\lim_{\beta \to \alpha} L_{jj}^{a,p}(\alpha, \beta) = 0, \quad p = 1, \cdots, N-1. \tag{6.9.33}$$

当 $i \neq j$ 时, $L_{ij}^{a,p}$ 对于 $p = 0, 1, \cdots, N-1$ 都是连续的.

类似于 [18, 19] 中的推导, 可知

$$
\begin{cases}
V_{ij}^a[\varphi_i](x_j(\alpha), t_n) \approx \sum_{m=1}^{n} \int_0^{2\pi} K_{ij}^{a,n-m}(\alpha, \beta) \tilde{\varphi}_{i,m}(\beta) |x_i'(\beta)| d\beta, \\
N_{ij}^a[\varphi_i](x_j(\alpha), t_n) \approx \sum_{m=1}^{n} \int_0^{2\pi} L_{ij}^{a,n-m}(\alpha, \beta) \tilde{\varphi}_{i,m}(\beta) d\beta.
\end{cases}
$$

在方程组 (6.9.28)—(6.9.30) 中取 $t = t_n$, 可得如下的积分方程

$$
\int_0^{2\pi} K_{11}^{k,0}(\alpha, \beta) |x_1'(\beta)| \tilde{\varphi}_{1,n}(\beta) d\beta - \int_0^{2\pi} K_{11}^{1,0}(\alpha, \beta) |x_1'(\beta)| \tilde{\varphi}_{2,n}(\beta) d\beta
$$

$$
- \int_0^{2\pi} K_{21}^{1,0}(\alpha, \beta) |x_2'(\beta)| \tilde{\varphi}_{3,n}(\beta) d\beta
$$

$$
= - \sum_{m=1}^{n-1} \int_0^{2\pi} K_{11}^{k,n-m}(\alpha, \beta) |x_1'(\beta)| \tilde{\varphi}_{1,m}(\beta) d\beta
$$

$$
+ \sum_{m=1}^{n-1} \int_0^{2\pi} K_{11}^{1,n-m}(\alpha, \beta) |x_1'(\beta)| \tilde{\varphi}_{2,m}(\beta) d\beta
$$

$$
+ \sum_{m=1}^{n-1} \int_0^{2\pi} K_{21}^{1,n-m}(\alpha, \beta) |x_2'(\beta)| \tilde{\varphi}_{3,m}(\beta) d\beta, \tag{6.9.34}
$$

$$
\frac{1}{2} \tilde{\varphi}_{1,n}(\alpha) + k \int_0^{2\pi} L_{11}^{k,0}(\alpha, \beta) \tilde{\varphi}_{1,n}(\beta) d\beta + \frac{1}{2} \tilde{\varphi}_{2,n}(\alpha)
$$

$$
- \int_0^{2\pi} L_{11}^{1,0}(\alpha, \beta) \tilde{\varphi}_{2,n}(\beta) d\beta - \int_0^{2\pi} L_{21}^{1,0}(\alpha, \beta) \tilde{\varphi}_{3,n}(\beta) d\beta
$$

$$
= -k \sum_{m=1}^{n-1} \int_0^{2\pi} L_{11}^{k,n-m}(\alpha, \beta) \tilde{\varphi}_{1,m}(\beta) d\beta + \sum_{m=1}^{n-1} \int_0^{2\pi} L_{11}^{1,n-m}(\alpha, \beta) \tilde{\varphi}_{2,m}(\beta) d\beta
$$

$$
+ \sum_{m=1}^{n-1} \int_0^{2\pi} L_{21}^{1,n-m}(\alpha, \beta) \tilde{\varphi}_{3,m}(\beta) d\beta, \tag{6.9.35}
$$

$$
\int_0^{2\pi} L_{12}^{1,0}(\alpha, \beta) \tilde{\varphi}_{2,n}(\beta) d\beta + \frac{1}{2} \tilde{\varphi}_{3,n}(\alpha) + \int_0^{2\pi} L_{22}^{1,0}(\alpha, \beta) \tilde{\varphi}_{3,n}(\beta) d\beta
$$

$$
= \tilde{g}(\alpha, t_n) - \sum_{m=1}^{n-1} \int_0^{2\pi} L_{12}^{1,n-m}(\alpha, \beta) \tilde{\varphi}_{2,m}(\beta) d\beta
$$

$$
- \sum_{m=1}^{n-1} \int_0^{2\pi} L_{22}^{1,n-m}(\alpha, \beta) \tilde{\varphi}_{3,m}(\beta) d\beta, \tag{6.9.36}
$$

其中 $\tilde{g}(\alpha, t_n) = g(x_2(\alpha), t_n)$.

关于空间变量的离散, 对上述积分方程采用 Nyström 法, 在等距网格 $\beta_j := j\pi/M$, $j = 0, \cdots, 2M-1$ 上使用梯形公式. 需要特别注意的是, 对于包含 $K_{11}^{a,0}(\alpha, \beta)$ 的积分, 需要处理如下的奇异积分

$$\int_0^{2\pi} \ln\left(\frac{4}{e} \sin^2 \frac{\alpha - \beta}{2}\right) \varphi(\beta) d\beta.$$

事实上, 对于 $\alpha_j := j\pi/M$, $j = 0, \cdots, 2M-1$, 可由如下的求积公式近似计算

$$\int_0^{2\pi} \ln\left(\frac{4}{e} \sin^2 \frac{\alpha_i - \beta}{2}\right) \varphi(\beta) \, d\beta \approx 2\pi \sum_{j=0}^{2M-1} R_{|i-j|} \varphi(\alpha_j), \tag{6.9.37}$$

其中权重

$$R_j := -\frac{1}{2M} \left\{ 1 + 2 \sum_{m=1}^{M-1} \frac{1}{m} \cos(m\alpha_j) + \frac{(-1)^j}{M} \right\}, \quad j = 0, 1, \cdots, 2M-1.$$

最后, 我们可得关于 $\tilde{\varphi}_{1,n;i} := \tilde{\varphi}_{1,n}(\beta_i)$, $\tilde{\varphi}_{2,n;i} := \tilde{\varphi}_{2,n}(\beta_i)$, $\tilde{\varphi}_{3,n;i} := \tilde{\varphi}_{3,n}(\beta_i)$, $i = 0, \cdots, 2M-1$, $n = 1, \cdots, N$ 的线性系统:

$$-\frac{1}{2k} \sum_{j=0}^{2M-1} R_{|i-j|} |x_1'(\beta_j)| \tilde{\varphi}_{1,n;j} + \frac{\pi}{M} \sum_{j=0}^{2M-1} \tilde{K}_{11}^{k,0}(\beta_i, \beta_j) |x_1'(\beta_j)| \tilde{\varphi}_{1,n;j}$$

$$+\frac{1}{2} \sum_{j=0}^{2M-1} R_{|i-j|} |x_1'(\beta_j)| \tilde{\varphi}_{2,n;j} - \frac{\pi}{M} \sum_{j=0}^{2M-1} \tilde{K}_{11}^{1,0}(\beta_i, \beta_j) |x_1'(\beta_j)| \tilde{\varphi}_{2,n;j}$$

$$-\frac{\pi}{M} \sum_{j=0}^{2M-1} K_{21}^{1,0}(\beta_i, \beta_j) |x_2'(\beta_j)| \tilde{\varphi}_{3,n;j}$$

$$= -\frac{\pi}{M} \sum_{j=0}^{2M-1} \sum_{m=1}^{n-1} K_{11}^{k,n-m}(\beta_i, \beta_j) |x_1'(\beta_j)| \tilde{\varphi}_{1,m;j}$$

$$+\frac{\pi}{M} \sum_{j=0}^{2M-1} \sum_{m=1}^{n-1} K_{11}^{1,n-m}(\beta_i, \beta_j) |x_1'(\beta_j)| \tilde{\varphi}_{2,m;j}$$

$$+\frac{\pi}{M} \sum_{j=0}^{2M-1} \sum_{m=1}^{n-1} K_{21}^{1,n-m}(\beta_i, \beta_j) |x_2'(\beta_j)| \tilde{\varphi}_{3,m;j}, \tag{6.9.38}$$

$$\frac{1}{2}\tilde{\varphi}_{1,n;i} + k\frac{\pi}{M}\sum_{j=0}^{2M-1}L_{11}^{k,0}(\beta_i,\beta_j)\tilde{\varphi}_{1,n;j} + \frac{1}{2}\tilde{\varphi}_{2,n;i} - \frac{\pi}{M}\sum_{j=0}^{2M-1}L_{11}^{1,0}(\beta_i,\beta_j)\tilde{\varphi}_{2,n;j}$$

$$-\frac{\pi}{M}\sum_{j=0}^{2M-1}L_{21}^{1,0}(\beta_i,\beta_j)\tilde{\varphi}_{3,n;j}$$

$$=-k\frac{\pi}{M}\sum_{m=1}^{n-1}L_{11}^{k,n-m}(\beta_i,\beta_j)\tilde{\varphi}_{1,m;j} + \frac{\pi}{M}\sum_{m=1}^{n-1}L_{11}^{1,n-m}(\beta_i,\beta_j)\tilde{\varphi}_{2,m;j}$$

$$+\frac{\pi}{M}\sum_{m=1}^{n-1}L_{21}^{1,n-m}(\beta_i,\beta_j)\tilde{\varphi}_{3,m;j}, \tag{6.9.39}$$

$$\frac{\pi}{M}\sum_{j=0}^{2M-1}L_{12}^{1,0}(\beta_i,\beta_j)\tilde{\varphi}_{2,n;j} + \frac{1}{2}\tilde{\varphi}_{3,n;i} + \frac{\pi}{M}\sum_{j=0}^{2M-1}L_{22}^{1,0}(\beta_i,\beta_j)\tilde{\varphi}_{3,n;j}$$

$$=\tilde{g}(\alpha_i,t_n) - \frac{\pi}{M}\sum_{m=1}^{n-1}L_{12}^{1,n-m}(\beta_i,\beta_j)\tilde{\varphi}_{2,m;j}$$

$$-\frac{\pi}{M}\sum_{m=1}^{n-1}L_{22}^{1,n-m}(\beta_i,\beta_j)\tilde{\varphi}_{3,m;j}. \tag{6.9.40}$$

求解上述系统时需要对 $n = 1, \cdots, N$ 递归计算. 对于每个 $n$, 都需要求解包含 $6M$ 个未知数的 $6M$ 个线性方程组成的系统.

一旦通过求解上述线性系统获得密度函数 $\varphi_1, \varphi_2$ 和 $\varphi_3$, 对于 $i = 0, 1, \cdots, 2M-1$, $n = 1, \cdots, N$, 我们就可以计算 (6.9.27) 的解 $u(x,t)|_{(\partial\Omega)_T}$:

$$u(x_2(\beta_i), t_n) \approx \frac{\pi}{M}\sum_{m=1}^{n}\sum_{j=0}^{2M-1}K_{12}^{1,n-m}(\beta_i,\beta_j)|x_1'(\beta_j)|\tilde{\varphi}_{2,m;j}$$

$$-\frac{1}{2}\sum_{j=0}^{2M-1}R_{|i-j|}|x_2'(\beta_j)|\tilde{\varphi}_{3,n;j}$$

$$+\frac{\pi}{M}\sum_{j=0}^{2M-1}\tilde{K}_{22}^{1,0}(\beta_i,\beta_j)|x_2'(\beta_j)|\tilde{\varphi}_{3,n;j}$$

$$+\frac{\pi}{M}\sum_{m=1}^{n-1}\sum_{j=0}^{2M-1}K_{22}^{1,n-m}(\beta_i,\beta_j)|x_2'(\beta_j)|\tilde{\varphi}_{3,m;j}. \tag{6.9.41}$$

基于上述的离散格式, 可以得到 Neumann-to-Dirichlet 映射 $\Lambda_D$ 的离散形式

$\mathbb{A}_D$. 事实上, 令

$$\mathbb{U} = (u(x_2(\beta_0), t_1), \cdots, u(x_2(\beta_{2M-1}), t_1), \cdots, u(x_2(\beta_0), t_N), \cdots,$$
$$u(x_2(\beta_{2M-1}), t_N))^{\mathrm{T}},$$
$$\beta = (g(x_2(\beta_0), t_1), \cdots, g(x_2(\beta_{2M-1}), t_1), \cdots,$$
$$g(x_2(\beta_0), t_N), \cdots, g(x_2(\beta_{2M-1}), t_N))^{\mathrm{T}}.$$

结合 (6.9.38)—(6.9.40) 以及 (6.9.41), 我们可以组装矩阵 $\mathbb{A}_D \in \mathbb{R}^{2MN \times 2MN}$, 使得

$$\mathbb{U} = \mathbb{A}_D \, \beta. \tag{6.9.42}$$

这表明 $\mathbb{A}_D$ 是 $\Lambda_D$ 的离散形式. 同样地, 通过求解初边值问题 (6.9.4), 我们也可以离散 $\Lambda_\varnothing$ 得到 $\mathbb{A}_\varnothing$. 因此, 算子 $F$ 被离散成 $\mathbb{F} := \mathbb{A}_D - \mathbb{A}_\varnothing$. 注意到 Green 函数

$$G_{(y,s)}^{\Omega}(x,t) = G_{(y,s)}^1(x,t) + \tilde{G}_{(y,s)}^{\Omega}(x,t),$$

$\tilde{G}_{(y,s)}^{\Omega}(x,t)$ 满足 (6.9.4), 其中 $g = -\partial_{\nu(x)} G_{(y,s)}^1(x,t)$. 函数 $\tilde{G}_{(y,s)}^{\Omega}(x,t)$ 也可由上述方法计算, 由此可得 Green 函数 $G_{(y,s)}^{\Omega}(x,t)$. 令

$$\mathbb{G}_{(y,s)} = \big(G_{(y,s)}^{\Omega}(x_2(\beta_0), t_1), \cdots, G_{(y,s)}^{\Omega}(x_2(\beta_{2M-1}), t_1),$$
$$\cdots, G_{(y,s)}^{\Omega}(x_2(\beta_0), t_N), \cdots, G_{(y,s)}^{\Omega}(x_2(\beta_{2M-1}), t_N)\big)^{\mathrm{T}},$$

可得到下面的线性方程组:

$$\mathbb{F}\,\beta = \mathbb{G}_{(y,s)}, \tag{6.9.43}$$

这就是 Neumann-to-Dirichlet 映射方程 (6.9.5) 的离散形式.

### 6.9.3 数值例子

本节展示几个数值例子. 首先通过 6.9.2 小节的数值方法模拟算子 $F = \Lambda_D - \Lambda_\varnothing$ 以及 Green 函数 $G_{(y,s)}^{\Omega}(x,t)$. 然后, 将仿真数据作为测量数据, 利用经典的 Tikhonov 正则化方法求解离散的 Neumann-to-Dirichlet 映射方程 (6.9.43). 在第一个算例中, 考虑三种不同形状内含物的重构, 并测试 $k < 1$ 和 $k > 1$ 两种不同热导率的情况. 第二个算例中使用短时间内的测量数据进行数值重建.

在所有的数值算例中, 取 $N = 100, M = 16$, 这产生了 $3200 \times 3200$ 的矩阵 $\mathbb{F} := (f_{ij})$, 再对 $\mathbb{F}$ 加一致的噪声, 即

$$f_{ij}^{\delta} = f_{ij} \times (1 + \delta \, rd_{ij}),$$

其中 $\delta$ 是噪声水平, $(rd_{ij})$ 的元素服从均值为 0 方差为 1 的均匀分布. 同时在所有的例子中, $\Omega$ 是一个圆心在原点, 半径为 $r$ 的圆. 在 $\Omega$ 中选择 $20 \times 32$ 个采样点, 记为

$$y_{ij} = r_i \left(\cos(\alpha_j), \sin(\alpha_j)\right), r_i = \frac{r}{20} \times i, \ \alpha_j = \frac{\pi}{16} \times j, \quad i = 1, \cdots, 20, \ j = 1, \cdots, 32.$$

(6.9.44)

对每个采样点 $y_{ij}$, 计算如下的指示函数 $I(y_{ij})$:

$$I(y_{ij}) := 1/\ln(\|g^{y_{ij}}\|_{L^2}). \tag{6.9.45}$$

在实验中使用 (6.9.45) 作为指示函数, 而不是 $g^{y_{ij}}$ 的范数, 结果表明这种选取方式更有效.

**算例 6.9.7** 测试不同形状内含物的重建方法. 设 $\Omega$ 是一个以原点为中心, 半径为 3 的圆. 对于内含物 $D$, 考虑以下三种不同的形状, 即风筝形、船形和梨形区域, 其参数化表示为

风筝形: $\partial D = \{(\cos(\alpha) + 0.65\cos(2\alpha) - 0.65, 1.5\sin(\alpha)) : \alpha \in [0, 2\pi]\}$;

(6.9.46)

船形: $\partial D = \{(0.5\cos(\alpha) - 0.1\sin(4\alpha), -1.5\sin(\alpha)) : \alpha \in [0, 2\pi]\}$; (6.9.47)

梨形: $\partial D = \{(1 + 0.3\cos(3\alpha))(\cos(\alpha), \sin(\alpha)) : \alpha \in [0, 2\pi]\}$. (6.9.48)

设 $T = 1$, $\delta = 0.05$.

数值重建结果如图 6.53—图 6.55 所示, 其中左图显示 $k = 0.5$ 时指示函数的等高线, 右图显示 $k = 2$ 时指示函数的等高线. 我们可以很容易观察到, 随着采样点 $y$ 接近边界 $\partial D$ 或在 $D$ 外时, $g^y$ 的 $L^2$ 范数变得非常大. 数值结果表明理论结果的正确性, 本节提出的重构方法适用于不同形状和热导率的内含物, 并且对测量噪声具有较好的稳定性.

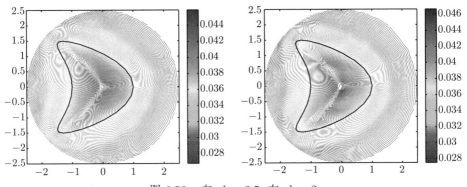

图 6.53　左: $k = 0.5$; 右: $k = 2$

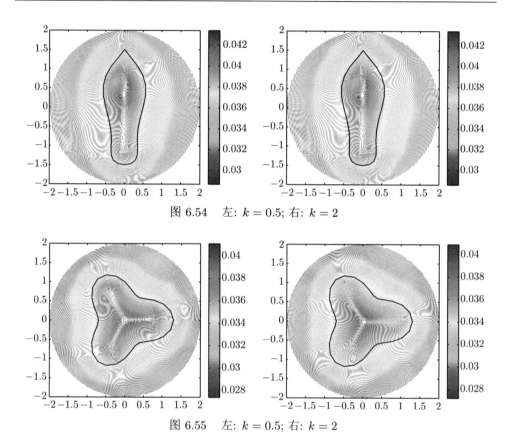

图 6.54　左: $k = 0.5$; 右: $k = 2$

图 6.55　左: $k = 0.5$; 右: $k = 2$

**算例 6.9.8**　利用更短时间内的测量数据重构 $D$. $\Omega$ 和算例 6.9.7 中相同. 内含物 $D$ 为上面定义的船形或梨形.

$k = 2$ 和 $T = 0.4$ 情况下的数值结果如图 6.56 所示. 从中可知, 尽管重构效果看起来比算例 6.9.7 要差, 但我们仍然可以捕获 $D$ 上的几何信息. 为了从数值上看出测量时间短的缺点, 我们还测试 $T = 0.3$ 和 $T = 0.15$ 两种情况. 梨形域的数值结果如图 6.57 所示. 随着测量时间变短, 内含物的位置仍然可以识别, 但形状不能得到很好的恢复.

需要注意的是, 在以上算例中, $G^{\Omega}_{(y,s)}$ 的 $s$ 是固定的, 但是可以随便选, 因此可以利用这一点做如下的采样. 设 $\{y_{ij}\}$ 是由 (6.9.44) 给定的采样点. 如果满足如下条件: 要么 $\ell' > \ell$, 要么 $\ell' = \ell$, $m' > m$, 则对 $y_{\ell,m}$ 和 $y_{\ell',m'}$ 的下标 $(\ell, m)$ 和 $(\ell', m')$ 定义顺序 $\prec$ 为

$$(\ell, m) \prec (\ell', m').$$

将所有的 $y_{\ell,m}$ 的下标按照上述定义的顺序排列, 使得 $\{(\ell, m)\} = \{J\}$, 其中 $J = 1, 2, \cdots, 640$. 考虑一个有限时间序列 $\{\tilde{s}_J\}_{J=1}^{640} \subset (0, T)$ 使得 $\tilde{s}_1 < \tilde{s}_2 < \cdots <$

$\tilde{s}_{640}$. 在每个 $\tilde{s}_J$, 我们像之前那样给一个瞬态输入, 并用一个小的正数 $\tau$ 来测量 $(\tilde{s}_J, \tilde{s}_J + \tau)$. 通过这些测量, 我们可以像 [141] 中处理空腔情况那样, 利用采样方法重建内含物.

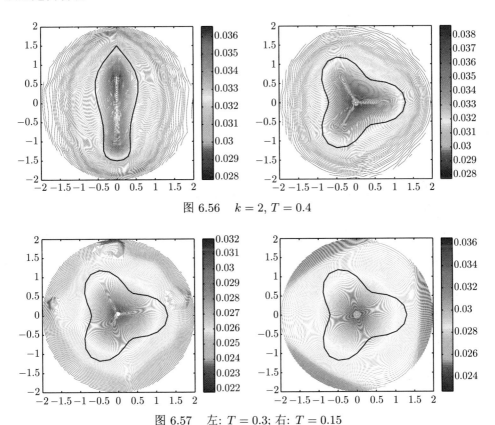

图 6.56　$k = 2, T = 0.4$

图 6.57　左: $T = 0.3$; 右: $T = 0.15$

# 6.10　一类具有广义斜导数边界条件的逆散射问题

考虑岛屿对于恒定深度水面的潮汐波衍射. 设 $u^i$ 为入射波, $u^s$ 为横截面为 $D \subset \mathbb{R}^2$ 的岛屿产生的散射波. 如果考虑到地球每日自转对海浪的影响, 则总场 $u := u^i + u^s$ 满足

$$\begin{cases} \Delta u + k^2 u = 0, & x \in \mathbb{R}^2 \setminus \overline{D}, \\ \dfrac{\partial u}{\partial \nu} + i\lambda \dfrac{\partial u}{\partial \tau} = 0, & x \in \partial D, \\ \lim_{r \to +\infty} \sqrt{r}\left( \dfrac{\partial u^s}{\partial r} - iku^s \right) = 0, & r = |x|, \end{cases} \tag{6.10.1}$$

其中 $\dfrac{\partial u}{\partial \nu}$ 和 $\dfrac{\partial u}{\partial \tau}$ 分别是 $u$ 在 $\partial D$ 上的法向导数和切向导数. 而

$$\lambda := f_0/\omega \tag{6.10.2}$$

是满足 $|\lambda| < 1$ 的实的无量纲参数,

$$k^2 := (\omega^2 - f_0^2)/(gh) > 0, \tag{6.10.3}$$

其中 $\omega$ 是时谐波的频率, $f_0$ 是 Coriolis 参数, $g$ 是重力加速度, $h$ 代表海水深度.

边界条件

$$\frac{\partial u}{\partial \nu} + i\lambda \frac{\partial u}{\partial \tau} = 0, \quad x \in \partial D \tag{6.10.4}$$

称为广义斜导数边界条件. 由于出现了具有复系数 $i\lambda$ 的切向导数 $\dfrac{\partial u}{\partial \tau}$, 该条件不同于 Dirichlet, Neumann 或阻尼边界条件. 如果复系数 $i\lambda$ 被替换为实数, 则变成了经典的斜导数边界条件, 因为法向导数和切向导数的组合可以写成某个方向上的方向导数. 在复系数 $i\lambda$ 的情况下, [188] 发现波散射的一些基本结果, 例如 Green 函数的对称性和散射波的互易原理需要修正. 因此, 模型 (6.10.1) 的正散射和逆散射问题在数学上都很重要且有趣.

与 (6.10.1) 的正散射问题的研究相比, 旨在根据散射波的一些信息确定岛屿边界的相应的逆散射问题仍处于起步阶段. 从远场数据重建 $\partial D$ 的唯一性在理论上已得到证明, 对此新模型有效的重建方案也有了一些探索, 更详细的技术细节, 见 [188, 189].

### 6.10.1   正散射问题解的唯一性和存在性

对任意的 $f \in H^{-1/2}(\partial D)$, 考虑下面的广义斜导数边值问题

$$\begin{cases} \Delta u^s + k^2 u^s = 0, & x \in \mathbb{R}^2 \setminus \overline{D}, \\ \dfrac{\partial u^s}{\partial \nu} + i\lambda \dfrac{\partial u^s}{\partial \tau} = f, & x \in \partial D, \\ \lim_{r \to +\infty} \sqrt{r}\left(\dfrac{\partial u^s}{\partial r} - iku^s\right) = 0, & r = |x|. \end{cases} \tag{6.10.5}$$

对于入射平面波 $u^i(x) = e^{ikx \cdot d}$ 而言, 其中 $d \in \mathbb{S}$, $\mathbb{S}$ 是 $\mathbb{R}^2$ 的单位圆, (6.10.5) 中的边界数据 $f$ 为

$$f = -\left(\frac{\partial u^i}{\partial \nu} + i\lambda \frac{\partial u^i}{\partial \tau}\right), \quad x \in \partial D. \tag{6.10.6}$$

首先证明 (6.10.5) 的解的唯一性.

**定理 6.10.1** 如果 $|\lambda| < 1$, 斜导数问题 (6.10.5) 至多只有一个解.

**证明** 只需证明当 $f = 0$ 时, (6.10.5) 只有零解.

设 $\Omega_r$ 是圆心在原点半径为 $r$ 的圆. 假设 $\overline{D} \subset \Omega_r$, $D_r = \Omega_r \setminus \overline{D}$, 由 Green 公式可得

$$\int_{D_r} \left[ |\nabla u^s|^2 + \overline{u^s}\Delta u^s \right] dx = \int_{\partial\Omega_r} \overline{u^s}\frac{\partial u^s}{\partial\nu}ds - \int_{\partial D} \overline{u^s}\frac{\partial u^s}{\partial\nu}ds,$$

因此, 有

$$\int_{D} [|\nabla u^s|^2 - k^2|u^s|^2]dx = \int_{\partial\Omega_r} \overline{u^s}\frac{\partial u^s}{\partial\nu}ds - \int_{\partial D} \overline{u^s}\frac{\partial u^s}{\partial\nu}ds.$$

从而可知

$$\mathrm{Im}\left(\int_{\partial\Omega_r} \overline{u^s}\frac{\partial u^s}{\partial\nu}ds\right) = \mathrm{Im}\left(\int_{\partial D} \overline{u^s}\frac{\partial u^s}{\partial\nu}ds\right). \tag{6.10.7}$$

另一方面, 由 Sommerfeld 辐射条件可得

$$\lim_{r\to\infty} \int_{\partial\Omega_r} \left\{ \left|\frac{\partial u^s}{\partial\nu}\right|^2 + k^2|u^s|^2 + 2k\mathrm{Im}\left(u^s\frac{\partial\overline{u^s}}{\partial\nu}\right) \right\} ds$$

$$= \lim_{r\to\infty} \int_{\partial\Omega_r} \left|\frac{\partial u^s}{\partial\nu} - iku^s\right|^2 ds = 0.$$

因此, 根据 (6.10.7) 可知

$$\lim_{r\to\infty} \int_{\partial\Omega_r} \left\{ \left|\frac{\partial u^s}{\partial\nu}\right|^2 + k^2|u^s|^2 \right\} ds$$

$$= 2k\mathrm{Im}\left(\int_{\partial\Omega_r} \overline{u^s}\frac{\partial u^s}{\partial\nu}ds\right) = 2k\mathrm{Im}\left(\int_{\partial D} \overline{u^s}\frac{\partial u^s}{\partial\nu}ds\right)$$

$$= -ik\left(\int_{\partial D} \overline{u^s}\frac{\partial u^s}{\partial\nu}ds - \int_{\partial D} u^s\frac{\partial\overline{u^s}}{\partial\nu}ds\right)$$

$$= -k\lambda\left(\int_{\partial D} \overline{u^s}\frac{\partial u^s}{\partial\tau}ds + \int_{\partial D} u^s\frac{\partial\overline{u^s}}{\partial\tau}ds\right)$$

$$= -k\lambda\left(\int_{\partial D} \overline{u^s}\frac{\partial u^s}{\partial\tau}ds - \int_{\partial D} \overline{u^s}\frac{\partial u^s}{\partial\tau}ds\right) = 0.$$

从而有

$$\lim_{r\to\infty} \int_{\partial\Omega_r} |u^s|^2 ds = 0.$$

根据 Rellich 引理可得, 在 $\mathbb{R}^2 \setminus \overline{D}$ 中 $u^s = 0$. 命题证毕. 　　　　　　□

下面用边界积分方程方法证明 (6.10.5) 的解的存在性.

令 $\Phi(x, y)$ 为二维 Helmholtz 方程的基本解, 即

$$\Phi(x, y) := \frac{i}{4} H_0^{(1)}(k|x-y|), \quad x, y \in \mathbb{R}^2, x \neq y, \tag{6.10.8}$$

其中 $H_0^{(1)}$ 是第一类零阶 Hankel 函数. 引入如下边界积分算子:

$$S[\varphi](x) := 2 \int_{\partial D} \Phi(x, y)\varphi(y)ds(y), \quad x \in \partial D,$$

$$K'[\varphi](x) := 2 \int_{\partial D} \frac{\partial \Phi(x, y)}{\partial \nu(x)}\varphi(y)ds(y), \quad x \in \partial D,$$

$$H'[\varphi](x) := 2 \int_{\partial D} \frac{\partial \Phi(x, y)}{\partial \tau(x)}\varphi(y)ds(y), \quad x \in \partial D$$

以及

$$K_0'[\varphi](x) := 2 \int_{\partial D} \frac{\partial \Phi_0(x, y)}{\partial \nu(x)}\varphi(y)ds(y), \quad x \in \partial D,$$

$$H_0'[\varphi](x) := 2 \int_{\partial D} \frac{\partial \Phi_0(x, y)}{\partial \tau(x)}\varphi(y)ds(y), \quad x \in \partial D,$$

其中

$$\Phi_0(x, y) = \frac{1}{2\pi} \ln \frac{1}{|x-y|}, \quad x, y \in \mathbb{R}^2, x \neq y$$

是 Laplace 方程的基本解.

**引理 6.10.2**　令 $\partial D \in C^{2,\alpha}, \alpha \in (0, 1)$. 则算子 $S, K', K_0' : H^{-\frac{1}{2}}(\partial D) \to H^{-\frac{1}{2}}(\partial D)$ 为紧算子, $H', H_0' : H^{-\frac{1}{2}}(\partial D) \to H^{-\frac{1}{2}}(\partial D)$ 为有界算子.

以下假设 $\partial D$ 充分光滑.

**引理 6.10.3**　算子 $H_0'$ 和 $K_0'$ 满足如下关系:

$$(K_0')^2 - (H_0')^2 = I, \tag{6.10.9}$$

其中 $I$ 为恒等算子.

以下给出边值问题 (6.10.5) 的解的存在性.

**定理 6.10.4**　假设 $|\lambda| < 1$. 若 $-k^2$ 不是区域 $D$ 内的 Laplace 方程的 Dirichlet 特征值, 则对任意 $f \in H^{-1/2}(\partial D)$, 边值问题 (6.10.5) 在 $H_{\text{loc}}^1(\mathbb{R}^2 \setminus \overline{D})$ 中存在唯一解.

**证明** 唯一性见定理 6.10.1. 此处仅证明存在性. 将 (6.10.5) 的解表示成单层位势

$$u^s(x) = \int_{\partial D} \Phi(x,y)\varphi(y)ds(y), \quad x \in \mathbb{R}^2 \setminus \overline{D}, \quad (6.10.10)$$

其中 $\varphi \in H^{-\frac{1}{2}}(\partial D)$ 为待定的密度函数. 根据单层位势的跳跃关系和 (6.10.5) 中的边界条件, 容易得知

$$-\varphi(x) + K'[\varphi](x) + i\lambda H'[\varphi](x) = 2f(x), \quad x \in \partial D. \quad (6.10.11)$$

定义算子 $A := -I + K' + i\lambda H'$ 和函数 $g := 2f(x)$. 则方程 (6.10.11) 变为

$$A[\varphi] = g. \quad (6.10.12)$$

以下证明边界积分方程 (6.10.12) 在 $H^{-1/2}(\partial D)$ 中的可解性.

首先, 我们来证明 $A$ 是 Fredholm 算子且其 Fredholm 指数为 $\mathrm{Ind}(A) = 0$. 引入参数 $\gamma \in [0,1]$, 并定义

$$A(\gamma) := -I + K' + i\gamma\lambda H'.$$

由引理 6.10.2 可知, 算子 $A(\gamma): H^{-\frac{1}{2}}(\partial D) \to H^{-\frac{1}{2}}(\partial D)$ 对任意 $\gamma \in [0,1]$ 都是有界的. 注意到, 在 $k$ 的假设条件下, $A(0)$ 是第二类 Fredholm 算子, 且其 Fredholm 指数 $\mathrm{Ind}(A(0)) = 0$. 下面证明, 对任意 $\gamma \in (0,1]$, $A(\gamma)$ 也是指数为零的 Fredholm 算子. 为此, 将 $A(\gamma)$ 分解为

$$A(\gamma) = B(\gamma) + C(\gamma),$$

其中

$$B(\gamma) := -I + i\gamma\lambda H_0', \quad C(\gamma) := K' + i\gamma\lambda(H' - H_0').$$

因为 $H'$ 和 $H_0'$ 的核函数具有相同的奇性, 所以 $H' - H_0': H^{-\frac{1}{2}}(\partial D) \to H^{-\frac{1}{2}}(\partial D)$ 是紧算子, 进而 $C(\gamma): H^{-\frac{1}{2}}(\partial D) \to H^{-\frac{1}{2}}(\partial D)$ 也是紧算子.

定义

$$L(\gamma) := \frac{1}{1 - (\gamma\lambda)^2}(-I - i\gamma\lambda H_0'),$$

对任意 $\gamma \in [0,1]$, $|\lambda| < 1$, $L(\gamma)$ 是从 $H^{-\frac{1}{2}}(\partial D)$ 映射到 $H^{-\frac{1}{2}}(\partial D)$ 的有界算子. 利用引理 6.10.3, 可得

$$L(\gamma)B(\gamma) = B(\gamma)L(\gamma)$$

$$= \frac{1}{1-(\gamma\lambda)^2}(-I - i\gamma\lambda H_0')(-I + i\gamma\lambda H_0')$$

$$= \frac{1}{1-(\gamma\lambda)^2}[I + (\gamma\lambda)^2 (H_0')^2]$$

$$= \frac{1}{1-(\gamma\lambda)^2}[I + (\gamma\lambda)^2((K_0')^2 - I)] = I + \frac{(\gamma\lambda)^2}{1-(\gamma\lambda)^2}(K_0')^2,$$

这意味着 $L(\gamma)$ 是 $B(\gamma)$ 的双边正则化算子, 因此 $B(\gamma)$ 是 Fredholm 算子. 另外, $C(\gamma)$ 是紧算子, 从而 $A(\gamma)$ 也是 Fredholm 算子.

另一方面, 由于 $H'$ 是有界算子, 因此 $A(\gamma)$ 关于 $\gamma$ 是连续的, 进而有

$$\text{Ind}(A(1)) = \text{Ind}(A(0)) = 0.$$

注意到 $A = A(1)$, 算子 $A$ 是指数为零的 Fredholm 算子.

最后, 根据 Fredholm 二择一定理, 为了证明 (6.10.11) 的解的存在性, 只需证明其唯一性.

假设 $\varphi_0$ 是 (6.10.11) 对应的齐次方程的解, 即

$$-\varphi_0(x) + K'[\varphi_0](x) + i\lambda H'[\varphi_0](x) = 0, \quad x \in \partial D. \tag{6.10.13}$$

定义

$$u_0(x) := \int_{\partial D} \Phi(x, y)\varphi_0(y)ds(y), \quad x \in \mathbb{R}^2 \setminus \partial D. \tag{6.10.14}$$

显然 $u_0$ 满足

$$\begin{cases} \Delta u_0 + k^2 u_0 = 0, & x \in \mathbb{R}^2 \setminus \overline{D}, \\ \dfrac{\partial u_0}{\partial \nu} + i\lambda \dfrac{\partial u_0}{\partial \tau} = 0, & x \in \partial D, \\ \lim\limits_{r \to +\infty} \sqrt{r}\left(\dfrac{\partial u_0}{\partial r} - iku_0\right) = 0, & r = |x|. \end{cases} \tag{6.10.15}$$

根据定理 6.10.1, 有

$$u_0(x) = 0, \quad x \in \mathbb{R}^2 \setminus \overline{D}, \tag{6.10.16}$$

因此,

$$u_0|_+(x) = 0, \quad \partial_\nu u_0|_+(x) = 0, \quad x \in \partial D.$$

再利用单层位势的连续性, 可知

$$u_0|_-(x) = 0, \quad x \in \partial D.$$

由于我们已经假设 $-k^2$ 不是 Laplace 方程的 Dirichlet 特征值, 因此

$$u_0(x) = 0, \quad x \in D,$$

进而有

$$\partial_\nu u_0|_-(x) = 0, \quad x \in \partial D.$$

于是,

$$\varphi_0(x) = \partial_\nu u_0|_-(x) - \partial_\nu u_0|_+(x) = 0,$$

即方程 (6.10.13) 只有零解. 定理得证. □

关于正问题适定性证明的更具体的技术细节见 [187].

### 6.10.2 逆散射问题解的唯一性

设 $G(x, z)$ 表示 (6.10.5) 的 Green 函数, $\Phi^s(\cdot, z)$ 是源位置在 $z \in \mathbb{R}^2 \setminus \overline{D}$ 的点源 $\Phi(\cdot, z)$ 的散射场, 即 $\Phi^s(\cdot, z)$ 是边界数据为

$$f(x) = -\left( \frac{\partial \Phi(x, z)}{\partial \nu(x)} + i\lambda \frac{\partial \Phi(x, z)}{\partial \tau(x)} \right), \quad x \in \partial D, z \in \mathbb{R}^2 \setminus \overline{D}$$

的问题 (6.10.5) 的解, 则有

$$G(x, z) = \Phi^s(x, z) + \Phi(x, z), \quad x \in \mathbb{R}^2 \setminus D, z \in \mathbb{R}^2 \setminus \overline{D}, x \neq z.$$

令 $\Phi^\infty(\hat{x}, z)$ 为散射场 $\Phi^s(x, z)$ 的远场模式, 其中 $\hat{x} = x/|x| \in \mathbb{S}$.

不同于经典的散射问题, 我们引入下列带共轭边界条件的散射问题

$$\begin{cases} \Delta u_c^s + k^2 u_c^s = 0, & x \in \mathbb{R}^2 \setminus \overline{D}, \\ \dfrac{\partial u_c^s}{\partial \nu} - i\lambda \dfrac{\partial u_c^s}{\partial \tau} = p_c, & x \in \partial D, \\ \lim\limits_{r \to \infty} \sqrt{r} \left( \dfrac{\partial u_c^s}{\partial r} - iku_c^s \right) = 0, & r = |x|, \end{cases} \tag{6.10.17}$$

其中 $\overline{\mathbb{B}} := \partial_\nu - i\lambda\partial_\tau$ 是 (6.10.5) 中 $\mathbb{B} := \partial_\nu + i\lambda\partial_\tau$ 的共轭算子, $p_c = \overline{B}u^i$.

**定理 6.10.5** 散射问题 (6.10.5) 和 (6.10.17) 的远场模式具有如下互易关系:

$$u^\infty(\hat{x}, d) = u_c^\infty(-d, -\hat{x}), \quad \hat{x}, d \in \mathbb{S}. \tag{6.10.18}$$

**证明** 因为 $u^i(\cdot, d)$ 和 $u^i(\cdot, -\hat{x})$ 在 $D$ 内满足 Helmholtz 方程, 利用 Green 公式可得

$$\int_{\partial D} \left[ u^i(y, d) \frac{\partial u^i(y, -\hat{x})}{\partial \nu(y)} - \frac{\partial u^i(y, d)}{\partial \nu(y)} u^i(y, -\hat{x}) \right] ds(y) = 0.$$

但散射波还满足

$$\int_{\partial D} \left[ u^s(y, d) \frac{\partial u_c^s(y, -\hat{x})}{\partial \nu(y)} - \frac{\partial u^s(y, d)}{\partial \nu(y)} u_c^s(y, -\hat{x}) \right] ds(y) = 0.$$

由此可知

$$
\begin{aligned}
u^\infty(\hat{x}, d) &= \frac{e^{i\pi/4}}{\sqrt{8\pi k}} \int_{\partial D} \left[ u^s(y, d) \frac{\partial e^{-ik\hat{x}\cdot y}}{\partial \nu(y)} - \frac{\partial u^s(y, d)}{\partial \nu(y)} e^{-ik\hat{x}\cdot y} \right] ds(y) \\
&= \frac{e^{i\pi/4}}{\sqrt{8\pi k}} \int_{\partial D} \left[ u^s(y, d) \frac{\partial u^i(y, -\hat{x})}{\partial \nu(y)} - \frac{\partial u^s(y, d)}{\partial \nu(y)} u^i(y, -\hat{x}) \right] ds(y) \\
&= \frac{e^{i\pi/4}}{\sqrt{8\pi k}} \int_{\partial D} \left[ u(y, d) \frac{\partial u^i(y, -\hat{x})}{\partial \nu(y)} - \frac{\partial u(y, d)}{\partial \nu(y)} u^i(y, -\hat{x}) \right] ds(y)
\end{aligned}
$$

和

$$
\begin{aligned}
u_c^\infty(-d, -\hat{x}) &= \frac{e^{i\pi/4}}{\sqrt{8\pi k}} \int_{\partial D} \left[ u_c^s(y, -\hat{x}) \frac{\partial e^{iky\cdot d}}{\partial \nu(y)} - \frac{\partial u_c^s(y, -\hat{x})}{\partial \nu(y)} e^{iky\cdot d} \right] ds(y) \\
&= \frac{e^{i\pi/4}}{\sqrt{8\pi k}} \int_{\partial D} \left[ u_c^s(y, -\hat{x}) \frac{\partial u^i(y, d)}{\partial \nu(y)} - \frac{\partial u_c^s(y, -\hat{x})}{\partial \nu(y)} u^i(y, d) \right] ds(y) \\
&= \frac{e^{i\pi/4}}{\sqrt{8\pi k}} \int_{\partial D} \left[ u_c^s(y, -\hat{x}) \frac{\partial u(y, d)}{\partial \nu(y)} - \frac{\partial u_c^s(y, -\hat{x})}{\partial \nu(y)} u(y, d) \right] ds(y).
\end{aligned}
$$

从 $u$ 和 $u_c$ 在 $\partial D$ 上的边界条件可知

$$
\begin{aligned}
&u^\infty(\hat{x}, d) - u_c^\infty(-d, -\hat{x}) \\
&= \frac{e^{i\pi/4}}{\sqrt{8\pi k}} \int_{\partial D} \left[ u(y, d) \frac{\partial u_c(y, -\hat{x})}{\partial \nu(y)} - \frac{\partial u(y, d)}{\partial \nu(y)} u_c(y, -\hat{x}) \right] ds(y) \\
&= \frac{e^{i\pi/4}}{\sqrt{8\pi k}} i\lambda \int_{\partial D} \left[ u(y, d) \frac{\partial u_c(y, -\hat{x})}{\partial \tau(y)} + \frac{\partial u(y, d)}{\partial \tau(y)} u_c(y, -\hat{x}) \right] ds(y) \\
&= 0.
\end{aligned}
\tag{6.10.19}
$$

定理证毕.　　　　　　　　　　　　　　　　　　　　　　　　　　　　　　□

需要指出, 非零常数 $\lambda$ 对应的远场模式的恒等式 (6.10.18) 不同于通常的互易关系, 后者表示如果入射方向和观测方向互换, 则远场模式保持不变. 这种差异来自于具有复系数的广义斜导数边界条件.

**定理 6.10.6**　对于 $z \in \mathbb{R}^2 \setminus \overline{D}$ 以及 $d \in \mathbb{S}$, 恒成立

$$\Phi_c^\infty(-d, z) = \sigma u^s(z, d), \quad \sigma = \frac{e^{i\pi/4}}{\sqrt{8\pi k}}.$$

**证明** 由 Green 定理知

$$\Phi_c^s(x,\, z) = \int_{\partial D} \left[ \Phi_c^s(y,\, z) \frac{\partial \Phi(x,\, y)}{\partial \nu(y)} - \frac{\partial \Phi_c^s(y,\, z)}{\partial \nu(y)} \Phi(x,\, y) \right] ds(y).$$

利用 $|x| \to \infty$ 时 $\Phi(x,\, y)$ 的渐近性得到

$$\Phi_c^\infty(-d,\, z) = \frac{e^{i\pi/4}}{\sqrt{8\pi k}} \int_{\partial D} \left[ \Phi_c^s(y,\, z) \frac{\partial e^{ikd\cdot y}}{\partial \nu(y)} - \frac{\partial \Phi_c^s(y,\, z)}{\partial \nu(y)} e^{ikd\cdot y} \right] ds(y)$$

$$= \frac{e^{i\pi/4}}{\sqrt{8\pi k}} \int_{\partial D} \left[ \Phi_c^s(y,\, z) \frac{\partial u^i(y,\, d)}{\partial \nu(y)} - \frac{\partial \Phi_c^s(y,\, z)}{\partial \nu(y)} u^i(y,\, d) \right] ds(y).$$

$$\text{(6.10.20)}$$

注意到

$$\int_{\partial D} \left[ \Phi_c^s(y,\, z) \frac{\partial u^s(y,\, d)}{\partial \nu(y)} - \frac{\partial \Phi_c^s(y,\, z)}{\partial \nu(y)} u^s(y,\, d) \right] ds(y) = 0, \qquad \text{(6.10.21)}$$

由 (6.10.20) 可知

$$\sigma^{-1} \Phi_c^\infty(-d,\, z) = \int_{\partial D} \left[ \Phi_c^s(y,\, z) \frac{\partial u(y,\, d)}{\partial \nu(y)} - \frac{\partial \Phi_c^s(y,\, z)}{\partial \nu(y)} u(y,\, d) \right] ds(y). \quad \text{(6.10.22)}$$

另一方面, 利用 Green 公式可以推出

$$u^s(z,\, d) = \int_{\partial D} \left[ u^s(y,\, d) \frac{\partial \Phi(y,\, z)}{\partial \nu(y)} - \frac{\partial u^s(y,\, d)}{\partial \nu(y)} \Phi(y,\, z) \right] ds(y).$$

因为当 $z \in \mathbb{R} \setminus \overline{D}$ 时, $u^i(\cdot, d)$ 和 $\Phi(\cdot, z)$ 在 $D$ 内满足相同的 Helmholtz 方程, 再利用 Green 公式可得

$$\int_{\partial D} \left[ u^i(y,\, d) \frac{\partial \Phi(y,\, z)}{\partial \nu(y)} - \frac{\partial u^i(y,\, d)}{\partial \nu(y)} \Phi(y,\, z) \right] ds(y) = 0.$$

从而

$$u^s(z,\, d) = \int_{\partial D} \left[ u(y,\, d) \frac{\partial \Phi(y,\, z)}{\partial \nu(y)} - \frac{\partial u(y,\, d)}{\partial \nu(y)} \Phi(y,\, z) \right] ds(y). \qquad \text{(6.10.23)}$$

结合 (6.10.22) 和 (6.10.23) 得到

$$\sigma^{-1} \Phi_c^\infty(-d,\, z) - u^s(z,\, d) = \int_{\partial D} \left[ G_c(y,\, z) \frac{\partial u(y,\, d)}{\partial \nu(y)} - \frac{\partial G_c(y,\, z)}{\partial \nu(y)} u(y,\, d) \right] ds(y).$$

$$\text{(6.10.24)}$$

根据 $u(\cdot, d)$ 和 $G(\cdot, z)$ 在 $\partial D$ 上边界条件, 可以推出

$$\int_{\partial D} \left[ G_c(y, z) \frac{\partial u(y, d)}{\partial \nu(y)} - \frac{\partial G_c(y, z)}{\partial \nu(y)} u(y, d) \right] ds(y)$$

$$= -i\lambda \int_{\partial D} \left[ G_c(y, z) \frac{\partial u(y, d)}{\partial \tau(y)} + \frac{\partial G_c(y, z)}{\partial \tau(y)} u(y, d) \right] ds(y) = 0.$$

再根据 (6.10.24), 定理得证. □

接下来考虑反问题的唯一性: 使用所有 $\hat{x}, d \in \mathbb{S}$ 和一个波数 $k$ 的远场数据 $u^\infty(\hat{x}, d)$ 重建 $D$.

**定理 6.10.7**　假设 $D_1$ 和 $D_2$ 是两个具有广义斜导边界条件 $B_1$, $B_2$ 的散射体, 使得它们对应的远场数据 $u_1^\infty(\hat{x}, d)$, $u_2^\infty(\hat{x}, d)$ 对所有观测方向 $\hat{x}$ 和入射方向 $d$ 都相同, 则 $D_1 = D_2$.

**证明**　设 $D^{12}$ 是 $\mathbb{R}^2 \setminus \left( \overline{D_1 \cup D_2} \right)$ 的一个无界区域. 根据 Rellich 引理, 再结合 $u_1^\infty(\hat{x}, d) = u_2^\infty(\hat{x}, d)$, $\hat{x}, d \in \mathbb{S}$ 可知 $u_1^s(x, d) = u_2^s(x, d)$, $x \in D^{12}$, $d \in \mathbb{S}$. 由定理 6.10.6 可以推出

$$\Phi_{c,1}^\infty(d, x) = \Phi_{c,2}^\infty(d, x), \quad x \in D^{12}, d \in \mathbb{S}.$$

再利用 Rellich 引理可得

$$\Phi_{c,1}^s(z, x) = \Phi_{c,2}^s(z, x), \quad x, z \in D^{12}. \tag{6.10.25}$$

假设 $\partial D_1 \setminus \overline{D_2} \neq \varnothing$, $x^* \in \partial D_1 \setminus \overline{D_2}$. 定义 $\nu$ 是 $\partial D_1$ 上的单位外法向导数, 从而对充分大的 $n$ 有

$$z_n := x^* + \frac{1}{n} \nu(x^*) \in D^{12}.$$

根据 (6.10.25) 可知

$$\overline{B}_1 \Phi_{c,1}^s(x^*, z_n) = \overline{B}_1 \Phi_{c,2}^s(x^*, z_n). \tag{6.10.26}$$

由于 $\Phi_{c,2}^s(x^*, \cdot)$ 在 $x^* \notin \overline{D_2}$ 的邻域内连续可微, 结合定理 6.10.6 以及边界算子 $\overline{B}_1 := \partial_\nu - i\lambda\partial_\tau$ 在 $\partial D_1$ 上正散射问题的适定性, 可以推出

$$\lim_{n \to \infty} \overline{B}_1 \Phi_{c,2}^s(x^*, z_n) = \overline{B}_1 \Phi_{c,2}^s(x^*, x^*). \tag{6.10.27}$$

利用 (6.10.26) 和 (6.10.27) 可得

$$\lim_{n \to \infty} \overline{B}_1 \Phi_{c,1}^s(x^*, z_n) = \overline{B}_1 \Phi_{c,2}^s(x^*, x^*). \tag{6.10.28}$$

注意到

$$\overline{B}_1 \Phi_{c,1}^s(x^*, z_n) = -\overline{B}_1 \Phi(x^*, z_n), \quad x^* \in \partial D_1,$$

因此

$$\lim_{n \to \infty} \overline{B}_1 \Phi_{c,1}^s(x^*, z_n) = -\lim_{n \to \infty} \overline{B}_1 \Phi(x^*, z_n) = \infty.$$

然而, $\overline{B}_1 \Phi_{c,2}^s(x^*, x^*)$ 对 $x^* \notin \overline{D_2}$ 是有界的, 与 (6.10.28) 矛盾, 从而 $D_1 = D_2$. 定理证毕. □

### 6.10.3 逆散射问题的线性采样法

本节建立用线性采样法求解逆散射问题的理论基础. 设 $u^i(x, d) := e^{ikx \cdot d}$ 是入射平面波, $u^s(x, d)$ 和 $u^\infty(\hat{x}, d)$ 表示散射场及其对应于远场数据. 一般而言, 线性采样法主要利用下列远场方程

$$F[g_z](\cdot) = \Phi^\infty(\cdot, z), \quad z \in \mathbb{R}^2 \tag{6.10.29}$$

的解的特征重建 $D$, 其中 $F : L^2(\mathbb{S}) \to L^2(\mathbb{S})$ 是远场算子, 定义为

$$F[g](\hat{x}) := \int_{\mathbb{S}} u^\infty(\hat{x}, d) g(d) \, ds(d), \quad \hat{x} \in \mathbb{S}, \tag{6.10.30}$$

$\Phi^\infty(\hat{x}, z)$ 是 $\Phi(\cdot, z)$ 的远场模式, 即

$$\Phi^\infty(\hat{x}, z) = \sigma \, e^{-ik\hat{x} \cdot z}, \quad \hat{x} \in \mathbb{S}. \tag{6.10.31}$$

对 $g \in L^2(\mathbb{S})$, 定义 Herglotz 波函数

$$v_g(x) := \int_{\mathbb{S}} e^{ikx \cdot d} g(d) \, ds(d), \quad x \in \mathbb{R}^2. \tag{6.10.32}$$

令

$$\tilde{v}_g(x) := \int_{\mathbb{S}} e^{-ikx \cdot d} g(d) \, ds(d), \quad x \in \mathbb{R}^2, \tag{6.10.33}$$

这也是一个密度函数为 $g(-d)$ 的 Herglotz 波函数.

为了分析 (6.10.29) 的解, 首先需要分析算子 $F$ 的性质. 为此, 定义边界算子

$$B : H^{-\frac{1}{2}}(\partial D) \to L^2(\mathbb{S}), \quad f \mapsto u^\infty, \tag{6.10.34}$$

其中 $u^\infty$ 是 (6.10.5) 的散射场 $u^s$ 的远场数据. 同时定义算子

$$H : L^2(\mathbb{S}) \to H^{-\frac{1}{2}}(\partial D), \quad g \mapsto \left( \frac{\partial v_g}{\partial \nu} + i\lambda \frac{\partial v_g}{\partial \tau} \right) \bigg|_{\partial D}. \tag{6.10.35}$$

易得

$$F = -BH. \tag{6.10.36}$$

$B$ 和 $H$ 的一些性质总结如下.

**定理 6.10.8**　边界算子 $B$ 是一一的紧算子, 其值域在 $L^2(\mathbb{S})$ 中是稠密的.

**证明**　很容易证明算子是一一的. 设对应于 (6.10.5) 的远场模式 $u^\infty = 0$, 由 Rellich 引理, 在 $\mathbb{R}^2 \setminus \overline{D}$ 中 $u^s = 0$, 由迹定理可得 $f = 0$.

现在证明 $B$ 的紧性. 设 $u^s$ 是带边界数据 $f \in H^{-\frac{1}{2}}(\partial D)$ 的 (6.10.5) 的解, 用 $\Omega_r$ 表示以原点为中心, 半径为 $r$ 且满足 $\overline{D} \subset \Omega_r$ 的圆. 算子

$$B_1 : H^{-\frac{1}{2}}(\partial D) \to H^{\frac{1}{2}}(\partial \Omega_r) \times H^{-\frac{1}{2}}(\partial \Omega_r)$$

和

$$B_2 : H^{\frac{1}{2}}(\partial \Omega_r) \times H^{-\frac{1}{2}}(\partial \Omega_r) \to L^2(\mathbb{S})$$

分别定义为

$$B_1[f] = \left( u^s|_{\partial \Omega_r}, \ \left. \frac{\partial u^s}{\partial \nu} \right|_{\partial \Omega_r} \right),$$

$$B_2[(g_1, g_2)] = \sigma \int_{\partial \Omega_r} \left[ g_1(y) \frac{\partial e^{-ik\hat{x}\cdot y}}{\partial \nu(y)} - g_2(y) e^{-ik\hat{x}\cdot y} \right] ds(y),$$

易证 $B_1$ 是有界的而 $B_2$ 是紧的. 因此, 根据 $B = B_2 B_1$ 可知 $B$ 是紧的.

为证 $B$ 在 $L^2(\mathbb{S})$ 内有稠密值域, 只要证明 $B$ 的转置算子 $B^{\mathrm{T}}$ 从 $L^2(\mathbb{S})$ 到 $H^{\frac{1}{2}}(\partial D)$ 是内射的, 这里 $B^{\mathrm{T}}$ 定义为

$$\langle B[f], g \rangle_{L^2(\mathbb{S}) \times L^2(\mathbb{S})} = \langle f, B^{\mathrm{T}}[g] \rangle_{H^{-\frac{1}{2}}(\partial D) \times H^{\frac{1}{2}}(\partial D)},$$

其中 $\langle \cdot, \cdot \rangle$ 是对偶积. 引入以下具有共轭边界条件的散射问题

$$\begin{cases} \Delta \tilde{u}^s + k^2 \tilde{u}^s = 0, & x \in \mathbb{R}^2 \setminus \overline{D}, \\ \dfrac{\partial \tilde{u}^s}{\partial \nu} - i\lambda \dfrac{\partial \tilde{u}^s}{\partial \tau} = \tilde{f}, & x \in \partial D, \\ \lim_{r \to +\infty} \sqrt{r} \left( \dfrac{\partial \tilde{u}^s}{\partial r} - ik\tilde{u}^s \right) = 0, & r = |x|. \end{cases} \tag{6.10.37}$$

设 $\tilde{u}^s$ 是 (6.10.37) 带下列边界值

$$\tilde{f} = -\left( \frac{\partial \tilde{v}_g}{\partial \nu} - i\lambda \frac{\partial \tilde{v}_g}{\partial \tau} \right)$$

的解, 其中 $\tilde{v}_g$ 是定义为 (6.10.33) 的 Herglotz 波函数. 设 $\tilde{u} = \tilde{u}^s + \tilde{v}_g$, 对任意的 $f \in H^{-\frac{1}{2}}(\partial D)$, 记 (6.10.5) 的解为 $u^s$, 则

$$\langle B[f], g \rangle = \int_{\mathbb{S}} u^\infty(d) g(d) \, ds(d) = \sigma \int_{\partial D} \left[ u^s(y) \frac{\partial \tilde{v}_g}{\partial \nu}(y) - \frac{\partial u^s}{\partial \nu}(y) \tilde{v}_g(y) \right] ds(y).$$

由于 $u^s$ 和 $\tilde{u}^s$ 在 $\mathbb{R}^2 \setminus \overline{D}$ 内满足 Helmholtz 方程和 Sommerfeld 辐射条件, 因此有

$$\int_{\partial D} \left[ u^s(y) \frac{\partial \tilde{u}^s}{\partial \nu}(y) - \frac{\partial u^s}{\partial \nu}(y) \tilde{u}^s(y) \right] ds(y) = 0.$$

由 $u^s$ 和 $\tilde{u}^s$ 满足的边界条件可知

$$\langle B[f], g \rangle = \sigma \int_{\partial D} \left[ u^s(y) \left( \frac{\partial \tilde{v}_g}{\partial \nu}(y) + \frac{\partial \tilde{u}^s}{\partial \nu}(y) \right) - \frac{\partial u^s}{\partial \nu}(y) \left( \tilde{v}_g(y) + \tilde{u}^s(y) \right) \right] ds(y)$$

$$= \sigma \int_{\partial D} \left[ u^s(y) i\lambda \frac{\partial \tilde{u}}{\partial \tau}(y) - \left( f(y) - i\lambda \frac{\partial u^s}{\partial \tau}(y) \right) \tilde{u}(y) \right] ds(y)$$

$$= -\sigma \int_{\partial D} f(y) \tilde{u}(y) \, ds(y) + i\lambda \sigma \int_{\partial D} \left[ u^s(y) \frac{\partial \tilde{u}}{\partial \tau}(y) + \frac{\partial u^s}{\partial \tau}(y) \tilde{u}(y) \right] ds(y)$$

$$= -\sigma \int_{\partial D} f(y) \tilde{u}(y) \, ds(y),$$

从而 $B^{\mathrm{T}}$ 可以表示为

$$B^{\mathrm{T}}[g] = -\sigma \tilde{u}. \tag{6.10.38}$$

接下来证明算子 $B^{\mathrm{T}}$ 的单射性. 令 $B^{\mathrm{T}}[g] = 0$, $g \in L^2(\mathbb{S})$, 这表明在 $\partial D$ 上有 $\tilde{u} = 0$, 从而 $\dfrac{\partial \tilde{u}}{\partial \tau} = 0$. 根据 $\tilde{u}$ 的边界条件, 进一步可得在 $\partial D$ 上有

$$\frac{\partial \tilde{u}}{\partial \nu} = 0.$$

由唯一延拓定理可知在 $\mathbb{R}^2 \setminus \overline{D}$ 内 $\tilde{u} = 0$. 注意 $\tilde{u} = \tilde{u}^s + \tilde{v}_g$ 和 $\tilde{u}^s$ 满足 Sommerfeld 辐射条件, 而只有当 $\tilde{v}_g$ 在 $\mathbb{R}^2 \setminus \overline{D}$ 中等于 0 时, 这才能成立, 因此 $g = 0$. 从而可得 $B^{\mathrm{T}}$ 是单射的. $\qquad\square$

**定理 6.10.9**　设 $k^2$ 不是 $-\Delta$ 在 $D$ 内满足边界算子 $\mathbb{B} = \partial_\nu + i\lambda \partial_\tau$ 或者共轭算子 $\overline{\mathbb{B}} = \partial_\nu - i\lambda \partial_\tau$ 的特征值, 则边界算子 $H : L^2(\mathbb{S}) \to H^{-\frac{1}{2}}(\partial D)$ 是有界且单射的. 此外, $H$ 在 $H^{-\frac{1}{2}}(\partial D)$ 内有稠密值域.

**证明**　从 $H$ 和 $v_g$ 定义可知, $H$ 是有界的. 现在证明算子 $H$ 的单射性. 设 $g \in L^2(\mathbb{S})$ 满足 $Hg = 0$, 即在 $\partial D$ 上

$$\frac{\partial v_g}{\partial \nu} + i\lambda \frac{\partial v_g}{\partial \tau} = 0. \tag{6.10.39}$$

注意 $v_g$ 在 $D$ 内满足 Helmholtz 方程. 基于对 $k$ 的假设, 可得在 $D$ 内 $v_g = 0$. 再根据唯一延拓定理可得, 在 $\mathbb{R}^2$ 内 $v_g = 0$, 从而 $g = 0$.

为了证明 $H$ 在 $H^{-\frac{1}{2}}(\partial D)$ 内具有稠密值域, 设 $H^{\mathrm{T}}: H^{\frac{1}{2}}(\partial D) \to L^2(\mathbb{S})$ 对所有的 $g \in L^2(\mathbb{S})$ 和 $\varphi \in H^{\frac{1}{2}}(\partial D)$ 满足 $\langle H[g], \varphi \rangle = \langle g, H^{\mathrm{T}}[\varphi] \rangle$. 交换积分次序可得

$$
\langle H[g], \varphi \rangle = \int_{\partial D} \left( \frac{\partial v_g}{\partial \nu} + i\lambda \frac{\partial v_g}{\partial \tau} \right) \varphi(y)\, ds(y)
$$

$$
= \int_{\mathbb{S}} g(d) \left\{ \int_{\partial D} \left( \frac{\partial e^{iky \cdot d}}{\partial \nu(y)} + i\lambda \frac{\partial e^{iky \cdot d}}{\partial \tau(y)} \right) \varphi(y)\, ds(y) \right\} ds(d),
$$

这表明

$$
H^{\mathrm{T}}[\varphi] = \int_{\partial D} \left( \frac{\partial e^{iky \cdot d}}{\partial \nu(y)} + i\lambda \frac{\partial e^{iky \cdot d}}{\partial \tau(y)} \right) \varphi(y)\, ds(y).
$$

设 $\varphi \in H^{\frac{1}{2}}(\partial D)$ 满足 $H^{\mathrm{T}}[\varphi] = 0$, 即

$$
v(d) := \int_{\partial D} \left( \frac{\partial e^{iky \cdot d}}{\partial \nu(y)} + i\lambda \frac{\partial e^{iky \cdot d}}{\partial \tau(y)} \right) \varphi(y)\, ds(y) = 0, \quad d \in \mathbb{S}.
$$

定义

$$
w(x) := \int_{\partial D} \left( \frac{\partial}{\partial \nu(y)} + i\lambda \frac{\partial}{\partial \tau(y)} \right) \Phi(x, y) \varphi(y)\, ds(y). \tag{6.10.40}
$$

注意, $w$ 在 $\mathbb{R}^2 \setminus \partial D$ 内满足 Helmholtz 方程及无穷远处的 Sommerfeld 辐射条件. 因为 $\sigma v(-\hat{x})$ 是 (6.10.40) 的远场, 利用 Rellich 引理可得 $w(x) = 0, x \in \mathbb{R}^2 \setminus \overline{D}$, 因此, 在 $\partial D$ 上

$$
w^+ = 0, \quad \frac{\partial w^+}{\partial \nu} = 0. \tag{6.10.41}
$$

这里使用符号 "$\pm$" 分别表示从 $D$ 的外部和内部到其边界的极限.

另一方面, 由位势的跳跃关系可知, 在 $\partial D$ 上有

$$
w^+ - w^- = \varphi, \quad \frac{\partial w^+}{\partial \nu} - \frac{\partial w^-}{\partial \nu} = i\lambda \frac{\partial \varphi}{\partial \tau}. \tag{6.10.42}
$$

从而在 $\partial D$ 上满足

$$
\frac{\partial w^-}{\partial \nu} - i\lambda \frac{\partial w^-}{\partial \tau} = 0.
$$

由 $k$ 的假设可得在 $D$ 内 $w = 0$. 因此在 $\partial D$ 上有 $w^- = 0$. 结合 (6.10.42) 和 (6.10.41) 的第一个等式可得 $\varphi = 0$. 定理证毕.　　　　　　$\square$

**定理 6.10.10**  当且仅当 $z \in D$ 时 $\Phi^\infty(\cdot, z)$ 在 $B$ 的值域内.

**证明**  如果 $z \in D$, 则 $\Phi(x, z)$ 是 (6.10.5) 满足边界

$$f_z(x) = \frac{\partial \Phi(x, z)}{\partial \nu(x)} + i\lambda \frac{\partial \Phi(x, z)}{\partial \tau(x)}, \quad x \in \partial D \tag{6.10.43}$$

的解, 并且

$$B[f_z](\hat{x}) = \Phi^\infty(\hat{x}, z).$$

若 $z \notin D$, 假设 $\Phi^\infty(\cdot, z)$ 在 $B$ 的值域内. 由 Rellich 引理可知, $\Phi(\cdot, z)$ 是 (6.10.5) 满足边界 (6.10.43) 的弱解. 注意到 $\Phi(\cdot, z)$ 不在 $H_{\mathrm{loc}}^1(\mathbb{R}^2 \setminus \overline{D})$, 从而产生矛盾.  $\qquad\square$

现在阐述线性采样法的重要理论基础, 它基于密度函数的爆破性质.

**定理 6.10.11**  如果 $z \in D$, 则对于任意的 $\varepsilon > 0$, 存在函数 $g_z^\varepsilon \in L^2(\mathbb{S})$ 满足

$$\|F[g_z^\varepsilon] - \Phi^\infty(\cdot, z)\|_{L^2(\mathbb{S})} < \varepsilon. \tag{6.10.44}$$

此外,

$$\|v_{g_z^\varepsilon}\|_{H^1(D)} \to \infty, \quad \|g_z^\varepsilon\|_{L^2(\mathbb{S})} \to \infty, \quad z \to \partial D. \tag{6.10.45}$$

**证明**  当 $z \in D$ 时, 由定理 6.10.10 可知, 存在函数 $f_z \in H^{-\frac{1}{2}}(\partial D)$ 满足

$$B[f_z] = -\Phi^\infty(\cdot, z). \tag{6.10.46}$$

由定理 6.10.9 知, 对任意 $\varepsilon > 0$, 存在一个密度函数为 $g_z^\varepsilon \in L^2(\mathbb{S})$ 的 Herglotz 波函数, 满足

$$\|H[g_z^\varepsilon] - f_z\|_{H^{-\frac{1}{2}}(\partial D)} < \varepsilon. \tag{6.10.47}$$

因为 $B$ 有界, 存在不依赖于 $z$ 的常数 $C$ 满足

$$\|BH[g_z^\varepsilon] - B[f_z]\|_{L^2(\mathbb{S})} < C\varepsilon.$$

注意到 $F = -BH$, 则

$$\|F[g_z^\varepsilon] - \Phi^\infty(\cdot, z)\|_{L^2(\mathbb{S})} < C\varepsilon. \tag{6.10.48}$$

由于

$$f_z(x) = \frac{\partial \Phi(x, z)}{\partial \nu(x)} + i\lambda \frac{\partial \Phi(x, z)}{\partial \tau(x)}, \quad x \in \partial D,$$

从而当 $z \to \partial D$ 时, $\|f_z\|_{H^{-\frac{1}{2}}(\partial D)} \to +\infty$. 根据 (6.10.47) 可得

$$\|H[g_z^\varepsilon]\|_{H^{-\frac{1}{2}}(\partial D)} \to \infty, \quad z \to \partial D.$$

现在可以推出, 当 $z \to \partial D$ 时, $\|v_{g_z^\varepsilon}\|_{H^1(D)} \to \infty$. 因此, 当 $z \to \partial D$ 时, $\|g_z^\varepsilon\|_{L^2(\mathbb{S})} \to \infty$. 命题证毕.　　　　　　　　　　　　　　　　　　　　　　　　　　　　□

　　**定理 6.10.12**　如果 $z \subset \mathbb{R}^2 \setminus \overline{D}$, 则对于任意的 $\varepsilon > 0$ 以及 $\delta > 0$, 存在函数 $g_z^{\varepsilon,\delta} \in L^2(\mathbb{S})$, 使得

$$\left\| F[g_z^{\varepsilon,\delta}] - \Phi^\infty(\cdot, z) \right\|_{L^2(\mathbb{S})} < \varepsilon + \delta. \tag{6.10.49}$$

此外,

$$\|v_{g_z^{\varepsilon,\delta}}\|_{H^1(D)} \to \infty, \quad \|g_z^{\varepsilon,\delta}\|_{L^2(\mathbb{S})} \to \infty, \quad \delta \to 0. \tag{6.10.50}$$

　　**证明**　当 $z \in \mathbb{R}^2 \setminus \overline{D}$ 时, 由定理 6.10.10 可知 $\Phi^\infty(\cdot, z)$ 不在 $B$ 的值域内. 但是根据定理 6.10.8 可知, 利用 Tikhonov 正则化可以找到方程

$$B[f_z] = -\Phi^\infty(\cdot, z)$$

的近似解. 事实上, 对任意的 $\delta > 0$, 构造 $f_z^\alpha$ 满足

$$\|B[f_z^\alpha] + \Phi^\infty(\cdot, z)\|_{L^2(\mathbb{S})} < \delta, \tag{6.10.51}$$

其中

$$\|f_z^\alpha\|_{H^{-\frac{1}{2}}(\partial D)} \to \infty, \quad \alpha \to 0, \tag{6.10.52}$$

这里 $\alpha := \alpha(\delta)$ 是正则化参数. 注意到当 $\delta \to 0$ 时 $\alpha \to 0$. 根据定理 6.10.9 可知, 对于 $\varepsilon > 0$, 可以找到密度函数为 $g_z^{\varepsilon,\delta} \in L^2(\mathbb{S})$ 的 Herglotz 波函数, 满足

$$\left\| (BH)[g_z^{\varepsilon,\delta}] - B[f_z^\alpha] \right\|_{L^2(\mathbb{S})} < \varepsilon. \tag{6.10.53}$$

因此,

$$\left\| -(BH)[g_z^{\varepsilon,\delta}] - \Phi^\infty(\cdot, z) \right\|_{L^2(\mathbb{S})} < \varepsilon + \delta. \tag{6.10.54}$$

注意到 $f_z^\alpha$ 是 $H[g_z^{\varepsilon,\delta}]$ 在 $H^{-\frac{1}{2}}(\partial D)$ 中的近似解, 再结合 (6.10.52) 可以推出

$$\left\| H[g_z^{\varepsilon,\delta}] \right\|_{H^{-\frac{1}{2}}(\partial D)} \to \infty, \quad \delta \to 0,$$

这表明 $\|v_{g_z^{\varepsilon,\delta}}\|_{H^1(D)} \to \infty$. 因此, 当 $\delta \to 0$ 时, 有 $\|g_z^{\varepsilon,\delta}\|_{L^2(\mathbb{S})} \to \infty$. 定理证毕.　□

　　根据定理 6.10.11 和定理 6.10.12, 可以看出对采样点 $z$, 方程 $F[g_z](\cdot) = \Phi^\infty(\cdot, z)$ 的近似解的范数可以作为指示函数用于重建 $D$ 的边界.

### 6.10.4 数值实验

本节给出一些数值结果, 以验证上述重建方案的有效性. 通过求解 6.10.1 节中的边界积分方程 (6.10.11) 来模拟远场数据 $u^\infty(\hat{x}, d)$. 由于方程 (6.10.11) 涉及奇异积分, 不能使用通常的求积法则将其离散化. 注意到运算符 $S, K'$ 具有弱奇异核, $H'$ 具有 Cauchy 奇异核, 我们需要处理周期性 Hilbert 积分算子和 Symm 积分算子, 它们可以通过三角插值的求积法很好地近似[95,168].

首先考虑积分核的分解. 假设闭曲线 $\partial D$ 可以参数化为

$$\partial D = \{x := x(r) = (x_1(r), x_2(r)) : r \in [0, 2\pi]\}, \tag{6.10.55}$$

其中 $x_i(r)$, $i = 1, 2$ 为 $2\pi$ 周期函数. 对定义在 $\partial D$ 上的 $\psi(x)$, 定义

$$\tilde{\psi}(r) := \psi(x) = \psi(x(r)), \quad |x'(r)| := \sqrt{|x_1'(r)|^2 + |x_2'(r)|^2}.$$

则 $K', S, H'$ 可表示为

$$K'[\psi](x(t)) = \frac{1}{|x'(t)|} \int_0^{2\pi} \mathbf{K}(t, r)\tilde{\psi}(r)|x'(r)|dr,$$

$$S[\psi](x(t)) = \int_0^{2\pi} \mathbf{S}(t, r)\tilde{\psi}(r)|x'(r)|dr,$$

$$H'[\psi](x(t)) = \frac{1}{|x'(t)|} \int_0^{2\pi} \mathbf{H}(t, r)\tilde{\psi}(r)|x'(r)|dr,$$

其中

$$\mathbf{K}(t, r) := \frac{ik}{2} n(t) \cdot [x(r) - x(t)] \frac{H_1^{(1)}(k|x(r) - x(t)|)}{|x(r) - x(t)|},$$

$$\mathbf{S}(t, r) := \frac{i}{2} H_0^{(1)}(k|x(r) - x(t)|),$$

$$\mathbf{H}(t, r) := \frac{ik}{2} p(t) \cdot [x(r) - x(t)] \frac{H_1^{(1)}(k|x(r) - x(t)|)}{|x(r) - x(t)|},$$

这里

$$n(t) := (x_2'(t), -x_1'(t)) = |x'(t)|\nu(x(t)),$$

$$p(t) := (x_1'(t), x_2'(t)) = |x'(t)|\tau(x(t)),$$

$H_1^{(1)}$ 是第一类的一阶 Hankel 函数.

显然, $\mathbf{S}(t, r)$ 在 $t = r$ 处有对数奇异性, $\mathbf{H}(t, r)$ 在 $t = r$ 处有 Cauchy 奇性. 函数 $\mathbf{K}(t, r)$ 有限, 但是它的导数在 $t = r$ 有奇异性.

根据上述奇异性分析, 我们把函数 $\mathbf{K}(t, r), \mathbf{S}(t, r)$ 和 $\mathbf{H}(t, r)$ 分解为

$$\mathbf{K}(t, r) = \mathbf{K}_1(t, r) \ln \left( 4 \sin^2 \frac{t - r}{2} \right) + \mathbf{K}_2(t, r),$$

$$\mathbf{S}(t, r) = \mathbf{S}_1(t, r) \ln \left( 4 \sin^2 \frac{t - r}{2} \right) + \mathbf{S}_2(t, r),$$

$$\mathbf{H}(t, r) = \mathbf{H}_1(t, r) \ln \left( 4 \sin^2 \frac{t - r}{2} \right) + \frac{1}{2\pi} \cot \frac{r - t}{2} + \mathbf{H}_2(t, r).$$

其中 $\mathbf{K}_1(t, r), \mathbf{S}_1(t, r)$ 和 $\mathbf{H}_1(t, r)$ 定义为

$$\mathbf{K}_1(t, r) = \begin{cases} -\dfrac{k}{2\pi} n(t) \cdot [x(r) - x(t)] \dfrac{J_1(k|x(r) - x(t)|)}{|x(r) - x(t)|}, & t \neq r, \\ 0, & t = r, \end{cases} \tag{6.10.56}$$

$$\mathbf{S}_1(t, r) = \begin{cases} -\dfrac{1}{2\pi} J_0(k|x(r) - x(t)|), & t \neq r, \\ -\dfrac{1}{2\pi}, & t = r, \end{cases} \tag{6.10.57}$$

$$\mathbf{H}_1(t, r) = \begin{cases} -\dfrac{k}{2\pi} p(t) \cdot [x(r) - x(t)] \dfrac{J_1(k|x(r) - x(t)|)}{|x(r) - x(t)|}, & t \neq r, \\ 0, & t = r, \end{cases} \tag{6.10.58}$$

其中 $J_0$ 和 $J_1$ 分别是零阶和一阶的 Bessel 函数. $\mathbf{K}_2, \mathbf{S}_2$ 和 $\mathbf{H}_2$ 定义为

$$\mathbf{K}_2(t, r) = \mathbf{K}(t, r) - \mathbf{K}_1(t, r) \ln \left( 4 \sin^2 \frac{t - r}{2} \right),$$

$$\mathbf{S}_2(t, r) = \mathbf{S}(t, r) - \mathbf{S}_1(t, r) \ln \left( 4 \sin^2 \frac{t - r}{2} \right),$$

$$\mathbf{H}_2(t, r) = \mathbf{H}(t, r) - \mathbf{H}_1(t, r) \ln \left( 4 \sin^2 \frac{t - r}{2} \right) - \frac{1}{2\pi} \cot \frac{r - t}{2},$$

其对角线项为

$$\mathbf{K}_2(t, t) = \frac{1}{2\pi} \frac{x''(t) \cdot n(t)}{|x'(t)|^2},$$

$$\mathbf{S}_2(t, t) = \frac{i}{2} - \frac{\gamma}{\pi} - \frac{1}{\pi} \ln \frac{k|x'(t)|}{2},$$

$$\mathbf{H}_2(t,\,t) = -\frac{1}{2\pi}\frac{x''(t)\cdot p(t)}{|x'(t)|^2},$$

其中 $\gamma$ 是 Euler 常数.

基于以上的分解, 我们可以得到如下的两个奇异积分:

$$\int_0^{2\pi}\cot\frac{r-t}{2}\tilde{\psi}(r)dr, \quad \int_0^{2\pi}\ln\left(4\sin^2\frac{t-r}{2}\right)\tilde{\psi}(r)dr.$$

事实上, 它们可以被带权重

$$T_j^{(N)}(t) = \frac{\pi}{N}\left[1-(-1)^j\cos(Nt)\right]\cot\frac{t_j-t}{2},$$

$$R_j^{(N)}(t) = -\frac{2\pi}{N}\left[\sum_{m=1}^{N-1}\frac{1}{m}\cos m(t-t_j)+\frac{1}{2N}\cos N(t-t_j)\right]$$

的求积公式

$$\int_0^{2\pi}\cot\frac{r-t}{2}\tilde{\psi}(r)dr \approx \sum_{j=0}^{2N-1}T_j^{(N)}(t)\tilde{\psi}(t_j), \quad t_j=\frac{j\pi}{N},$$

$$\int_0^{2\pi}\ln\left(4\sin^2\frac{t-r}{2}\right)\tilde{\psi}(r)dr \approx \sum_{j=0}^{2N-1}R_j^{(N)}(t)\tilde{\psi}(t_j), \quad t_j=\frac{j\pi}{N}$$

近似逼近. 分解中其余的积分项具有周期光滑核, 可以用通常的方法离散.

基于上述数值处理, 我们用边界积分方程法模拟产生远场数据. 进而利用这些数据, 求解远场方程 (6.10.29) 并展示逆散射问题重建方案的数值结果. 在数值实验中, 取固定波数 $k=1$ 和边界系数 $\lambda=0.5$. 为了便于比较, 我们还对 $\lambda=0$ 的情况进行了数值实现, 在这种情况下, 广义斜导数边界条件简化为经典 Neumann 边界条件. 数值中使用的指示函数是 $\ln\|g_z\|_{L^2}$, 通过选取一个合适的截断常数重建 $D$ 的几何信息.

**算例 6.10.13** 设 $D$ 是椭圆形区域, 其参数化形式为

$$\partial D = \{(x_1(t),\,x_2(t)):\ x_1(t)=\cos(t),\ x_2(t)=1.5\sin(t),\ t\in[0,\,2\pi]\}.$$

选择采样区域为 $\Omega:=[-3,\,3]\times[-3,\,3]$, 包含 $40\times40$ 个采样点.

椭圆形障碍物的数值重建如图 6.58 和图 6.59 所示. 左图显示的是 $\log\|g_z\|_{L^2(\mathbb{S})}$ 的等高线, 通过选取一个合适的截断常数得到 $D$ 的近似值 (右图), 其中黑线代表障碍物的精确边界, 红线代表重建的障碍体.

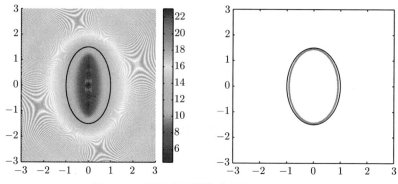

图 6.58　椭圆形区域的重建结果, $\lambda = 0.5$

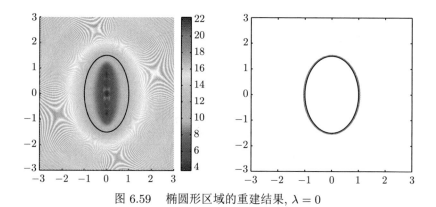

图 6.59　椭圆形区域的重建结果, $\lambda = 0$

**算例 6.10.14**　$D$ 是风筝形障碍体, 其参数形式为

$$\partial D = \{(x_1(t), x_2(t)): x_1(t) = \cos(t) + 0.65\cos(2t) - 0.65,$$

$$x_2(t) = 1.5\sin(t),\ t \in [0, 2\pi]\}.$$

选择的采样点与第一个例子相同.

在图 6.60 和图 6.61 中, 我们给出了风筝形障碍物的数值结果, 表明非凸障碍物情况下重建方法的有效性. 从上面的数值结果可以看到, 6.10.3 节中描述的线性采样法可以很好地应用于具有广义斜导数边界条件的逆散射问题.

然而, 在实际问题中, 远场数据 $u^\infty(\hat{x}, d)$ 的测量总是包含噪声. 因此, 远场算子 $F$ 应替换为 $F^\delta$, 相应的远场方程 (6.10.29) 需要使用 Tikhonov 正则化求解, 即

$$\left[\alpha I + (F^\delta)^* F^\delta\right] g_z^{\alpha,\delta} = (F^\delta)^* \Phi^\infty(\cdot, z),$$

其中 $(F^\delta)^*$ 是 $F^\delta$ 的对偶算子, $\alpha$ 是依赖于 $\delta$ 的正则化参数.

对数据 $u^\infty(\hat{x}_i, d_j)$ 加噪声:

$$u^\infty_\delta(\hat{x}_i, d_j) := u^\infty(\hat{x}_i, d_j) \times (1 + \delta\,\mathrm{rand}(i,j)), \quad i, j = 0, 1, \cdots, 2N-1,$$

其中 rand 是一个矩阵, 其元素均匀分布在 $(-1, 1)$ 之间, $\delta$ 是噪声水平. 为了验证受噪声影响时重建方法的稳定性, 我们在下面算例中测试了带有噪声数据的重建效果.

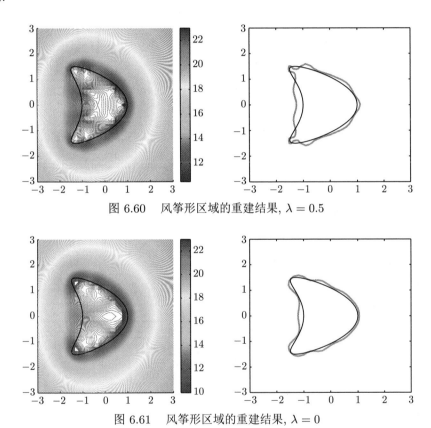

图 6.60 风筝形区域的重建结果, $\lambda = 0.5$

图 6.61 风筝形区域的重建结果, $\lambda = 0$

**算例 6.10.15** $D$ 是一个船形障碍体, 其参数形式为

$$\partial D = \{(x_1(t), x_2(t)) : x_1(t) = 0.5\cos(t) - 0.1\sin(4t),$$

$$x_2(t) = -1.5\sin(t), t \in [0, 2\pi]\}.$$

边界参数为 $\lambda = 0.5$. 选择的采样点与第一个例子相同.

不带噪声的数值重建结果如图 6.62 所示, 而带有 $\delta = 1\%$ 和 $3\%$ 的噪声远场数据的数值结果分别如图 6.63 和图 6.64 所示. 随着噪声变大, 重建效果变差, 但

仍然可以粗略地获得障碍物的位置和形状. 总之, 数值结果表明我们的重建方法
在一定程度上是有效和稳定的.

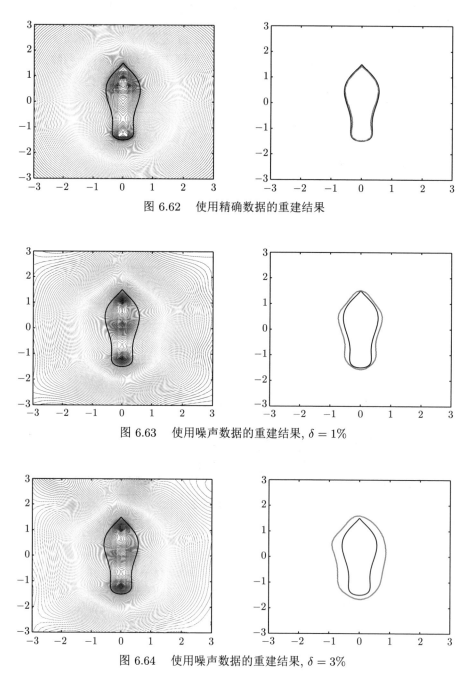

图 6.62    使用精确数据的重建结果

图 6.63    使用噪声数据的重建结果, $\delta = 1\%$

图 6.64    使用噪声数据的重建结果, $\delta = 3\%$

# 参 考 文 献

[1] Akduman I, Kress R. Direct and inverse scattering problems for inhomogeneous impedance cylinders of arbitrary shape. Radio Science, 2003, 38(1): 211-219.

[2] Alifanov O M, Rumyantsev S V. On the stability of iterative methods for the solution of linear ill-posed problems. Dokl. Akad. Nauk SSSR, 1979, 248(6): 1289-1291.

[3] Ames K A, Straughan B. Non-Standard and Improperly Posed Problems. San Diego: Academic Press, 1997.

[4] Ames K A, Epperson J F. A kernel-based method for the approximate solution of backward parabolic problems. SIAM J. Num. Anal., 1997, 34(4): 1357-1390.

[5] Ames K A, Clark G W, Epperson J F, Oppenheimer S F. A comparison of regularizations for an ill-posed problem. Math. Comput., 1998, 67(224): 1451-1471.

[6] Amini K, Rostami F. Three-steps modified Levenberg-Marquardt method with a new line search for systems of nonlinear equations. J. Comput. Appl. Math., 2016, 300: 30-42.

[7] Aspri A, Banert S, Oktem O, Scherzer O. A data-driven iteratively regularized Landweber iteration. Numer. Funct. Anal. Optim., 2020, 41(10): 1190-1227.

[8] Bakushinsky A B. The problem of the convergence of the iteratively regularized Gauss-Newton method. Comput. Math. Math. Phys., 1992, 32(9): 1353-1359.

[9] Bakushinskii A B. Iterative methods without saturation for solving degenerate nonlinear operator equations. Dokl. Akad. Nauk SSSR, 1995, 344: 7-8.

[10] Bauer F, Hohage T, Munk A. Iteratively regularized Gauss-Newton method for nonlinear inverse problems with random noise. SIAM J. Numer. Anal., 2009, 47(3): 1827-1846.

[11] Bertsekas D P. Constrained Optimization and Lagrange Multiplier Methods. New York: Academic Press, 1982.

[12] Blaschke B, Neubauer A, Scherzer O. On convergence rates for the iteratively regularized Gauss-Newton method. IMA J. Numer. Anal., 1997, 17(3): 421-436.

[13] Boyd S, Parikh N, Chu E, et al. Distributed optimization and statistical learning via the alternative direction method of multipliers. Foundations and Trends in Machine Learning, 2011, 3(1): 1-122.

[14] Bruckner G, Prössdorf S, Vainikko G. Error bounds of discretization methods for boundary integral equations with noisy data. Appl. Anal., 1996, 63(1/2): 25-37.

[15] Bruckner G, Yamamoto M. On an operator equation with noise in the operator and the right-hand side with application to an inverse vibration problem. Z. Angew. Math. Mech., 2000, 80: 377-388.

[16] Bruckner G, Pereverzev S V. Self-regularization of projection methods with a-posteriori discretization level choice for severely ill-posed problems. Inverse Problems, 2003, 19(1): 147-156.

[17] Bushuyev I. Stability of recovering the near-field wave from the scattering amplitude. Inverse Problems, 1996, 12(6): 859-867.

[18] Chapko R, Kress R, Yoon J R. On the numerical solution of an inverse boundary value problem for the heat equation. Inverse Problems, 1988, 14(4): 853-867.

[19] Chapko R, Kress R, Yoon J R. An inverse boundary value problem for the heat equation: The Neumann condition. Inverse Problems, 1999, 15(4): 1033-1046.

[20] Chen Q, Liu J J. Solving the backward heat conduction problem by data fitting with multiple regularizing parameters. J. Comput. Math., 2012, 30(4): 418-432.

[21] 陈群. 抛物方程系数反演的优化方法. 南京: 东南大学, 2005.

[22] Cheng J, Yamamoto M. One new strategy for a-priori choice of regularizing parameters in Tikhonov's regularization. Inverse Problems, 2000, 16(4): L31-L36.

[23] Cheng J, Liu J J, Nakamura G. Inverse scattering for multiple obstacles. Theoretical and Applied Mechanics Japan, 2002, 51: 401-410.

[24] Cheng J, Liu J J, Nakamura G. Recovery of the shape of an obstacle and the boundary impedance from the far-field pattern. J. Math. Kyoto Univer., 2003, 43(1): 165-186.

[25] Cheng J, Liu J J, Nakamura G. The numerical realization of the probe method for the inverse scattering problems from the near field data. Inverse Problems, 2005, 21(3): 839-855.

[26] Cheng J, Liu J J, Nakamura G. Recovery of boundaries and types for multiple obstacles from the far-field pattern. Quart. Appl. Math., 2009, 67(2): 221-247.

[27] Choulli M, Yamamoto M. Generic well-posedness of an inverse parabolic problem-the Hölder space approach. Inverse Problems, 1996, 12(3): 195-205.

[28] 丑纪范, 徐明. 短期气候数值预测的进展和前景. 科学通报, 2001, 46(11): 890-895.

[29] Colton D, Kress R. Integral Equation Methods in Scattering Theory. New York: John Willey & Sons, Inc., 1983.

[30] Colton D, Kress R. Inverse Acoustic and Electromagnetic Scattering Theory. 4th ed. Cham: Spring, 2019.

[31] Costabel M. Boundary integral operators for the heat equation. Integral Equations and Operator Theory, 1990, 13: 498-552.

[32] 希尔伯特 R. 数学物理方程 (II). 北京: 科学出版社, 1978.

[33] Di Cristo M, Vessella S. Stable determination of the discontinuous conductivity coefficient of a parabolic equation. SIAM J. Math. Anal., 2010, 42(1): 183-217.

[34] Daido Y, Kang H, Nakamura G. A probe method for the inverse boundary value problem of non-stationary heat equations. Inverse Problems, 2007, 23(5): 1787-1800.

[35] Dassios G, Fotiadis D I, Kiriaki K, Massalas C V. Mathematical Methods in Scattering Theory and Biomedical Technology. Harlow: Longman, 1998.

[36] Defrise M, de Mol C. A note on stopping rules for iterative regularization methods and filtered SVD//Sabatier P C. Inverse Problems: An Interdisciplinary Study: London, Orlando, San Diego, New York: Academic Press, 1987: 261-268.

[37] Denisov A M. Elements of the Theory of Inverse Problems. Utrecht: VSP BV, 1999.

[38] Egger H, Neubauer A. Preconditioning Landweber iteration in Hilbert scales. Numer. Math., 2005, 101: 643-662.

[39] Egger H. Y-Scale regularization. SIAM J. Numer. Anal., 2008, 46(1): 419-436.

[40] Eicke B, Louis A K, Plato R. The instability of some gradient methods for ill-posed problems. Numer. Math., 1990, (58): 129-134.

[41] Eicke B. Iteration methods for convexly constrained ill-posed problems in Hilbert space. Numer. Funct. Anal. Optim., 1992, 13(5-6): 413-429.

[42] Elayyan A, Isakov V. On uniqueness of recovery of the discontinuous conductivity coefficient of a parabolic equation. SIAM J. Math. Anal., 1997, 28(1): 49-59.

[43] Engl H W, Kunish K, Neubauer A. Convergence rates for Tikhonov regularization of non-linear ill-posed problems. Inverse Problems, 1989, 5(4): 523-540.

[44] Engl H W, Hanke M, Neubauer A. Regularization of Inverse Problems. Dordrecht: Kluwer Academic Publishers, 1996.

[45] Folland G B. Introduction to Partial Differential Equations. Chichester, West Sussex: Princeton University Press, 1995.

[46] Freeden W, Pereverzev S V. Spherical Tikhonov regularization wavelets in satellite gravity gravity gradiometry with random noise. J. Geod., 2001, (74): 730-736.

[47] Gaitan P, Isozaki H, Poisson O, Siltanen S, Tamminen J P. Inverse problems for time-dependent singular heat conductivities: Multi-dimensional case. Comm. Partial Differential Equations, 2015, 40(5): 837-877.

[48] Gfrerer H. An a-posteriori parameter choice for ordinary and iterated Tikhonov regularization of ill-posed problems leading to optimal convergence rates. Math. Comp., 1987, 49(180): 507-522.

[49] Gordon C, Webb D, Wolpert S. Isospectral plane domains and surfaces via Riemannian orbifolds. Invent. Math., 1992, (110): 1-22.

[50] Groetsch C W. The Theory of Tikhonov Regularization for Fredholm Equations of the First Kind. Boston, London, Melbourne: Pitman Advanced Publishing Program, 1984.

[51] Groetsch C W. Differentiation of approximately specified functions. Amer. Math. Mon., 1991, 98(9): 847-850.

[52] Groetsch C W. Optimal order of accuracy in Vasin's method for differentiation of noisy functions. J. Optim. Theory Appl., 1992, 74(2): 373-378.

[53] Groetsch C W. Inverse Problems in the Mathematical Sciences. Braunschweig: Vieweg, 1993.

[54] Groetsch C W. Lanczos' generalized derivative. Amer. Math. Mon., 1998, 105(4): 320-326.

[55] Groetsch C W. Inverse Problems. Washington: The Mathematical Association of America, 1999.

[56] Hadamard J. Lectures on the Cauchy Problems in Linear Partial Differential Equations. New Haven: Yale University Press, 1923.

[57] Hammerlin G, Hoffmann K H. Numerical Mathematics. New York: Springer, 1991.

[58] Hanke M, Neubauer A, Scherzer O. A convergence analysis of the Landweber iteration for nonlinear ill-posed problems. Numer. Math., 1995, 72(1): 21-37.

[59] Hanke M. A regularizing Levenberg-Marquardt scheme, with applications to inverse groundwater filtration problems. Inverse Problems, 1997, 13(1): 79-95.

[60] Hanke M. A note on the nonlinear Landweber iteration. Numer. Funct. Anal. Optim., 2014, 35(11): 1500-1510.

[61] Scherzer O, Engl H W, Kunisch K. Optimal a posteriori parameter choice for Tikhonov regularization for solving nonlinear ill-posed problems. SIAM J. Numer. Anal., 1993, (30): 1796-1838.

[62] Hanke M, Raus T. A general heuristic for choosing the regularization parameter in ill-posed problems. SIAM J. Sci. Comput., 1996, 17(4): 956-972.

[63] Hanke M, Scherzer O. Inverse problems light: Numerical differentiation. Amer. Math. Mon., 2001, 108(6): 512-521.

[64] Heck H, Nakamura G, Wang H. Linear sampling method for identifying cavities in a heat conductor. Inverse Problems, 2012, 28(7): 075014.

[65] Hofmann B, Plato R. Convergence results and low-order rates for nonlinear Tikhonov regularization with oversmoothing penalty term. ETNA - Electronic Transactions on Numerical Analysis, 2020, (53): 313-328.

[66] 黄光远, 刘小军. 数学物理反问题. 济南: 山东科学技术出版社, 1993.

[67] 黄思训, 伍荣生. 大气科学中的数学物理问题. 北京: 气象出版社, 2001.

[68] 何旭初, 苏煜城, 包雪松. 计算数学简明教程. 北京: 人民教育出版社, 1980.

[69] Ikehata M, Kawashita M. On the reconstruction of inclusions in a heat conductive body from dynamical boundary data over a finite time interval. Inverse Problems, 2010, 26(9): 095004.

[70] Imanuvilov O, Yamamoto M. Global uniqueness and stability in determining coefficients of wave equations. Comm. Partial. Differential Equations, 2001, 26(7-8): 1409-1425.

[71] Isakov V. Inverse parabolic problems with the final overdetermination. Comm. Pure Appl. Math., 1991, 44(2): 185-209.

[72] Isakov V. Inverse Problems for Partial Differential Equations. 3rd ed. Cham: Springer, 2017.

[73] Isakov V, Kim K, Nakamura G. Reconstruction of an unknown inclusion by thermography. Ann. Sc. Norm. Super. Pisa Cl. Sci., Serie 5: Tome 9, 2010, (4): 725-758.

[74] Isozaki H, Poisson O, Siltanen S, Tamminen J. Probing for inclusions in heat conductive bodies. Inverse Problems and Imaging, 2012, 6(3): 423-446.

[75] Ito K, Jin B. A new approach to nonlinear constrained Tikhonov regularization. Inverse Problems, 2011, 27(10): 105005.

[76] Ivanov V K. Integral equations of the first kind and approximate solution of the inverse problem of potential theory. Dokl. Akad. Nauk SSSR, 1962, 142(5): 998-1000.

[77] Jin Q. On the iteratively regularized Gauss-Newton method for solving nonlinear ill-posed problems. Math. Comp., 2000, 69(232): 1603-1623.

[78] Jin Q, Tautenhahn U. On the discrepancy principle for some Newton type methods for solving nonlinear inverse problems. Numer. Math., 2009, (111): 509-558.

[79] Jin Q. On a class of frozen regularized Gauss-Newton methods for nonlinear inverse problems. Math. Comput., 2010, 79(272): 2191-2211.

[80] Jin Q. On a regularized Levenberg-Marquardt method for solving nonlinear inverse problems. Numer. Math., 2010, (115): 229-259.

[81] Jin Q. Further convergence results on the general iteratively regularized Gauss-Newton methods under the discrepancy principle. Math. Comp., 2013, 82(283): 1647-1665.

[82] John F. Partial Differential Equations. 3rd ed. New York: Springer-Verlag, 1980.

[83] Jose J, Rajan M P. A simplified Landweber iteration for solving nonlinear ill-posed problems. Int. J. Appl. Comput. Math., 2017, (3): 1001-1018.

[84] Kaipio J, Somersalo E. Statistical and Computational Inverse Problems. New York: Springer, 2005.

[85] Kaltenbacher B. Regularization by projection with a-posteriori discretization level choice for linear and non-linear ill-posed problems. Inverse Problems, 2000, 16(5): 1523-1539.

[86] Kaltenbacher B, Neubauer A, Ramm A G. Convergence rates of the continuous regularized Gauss-Newton method. J. Inv. Ill-Posed Problems, 2002, 10(3): 261-280.

[87] Kaltenbacher B, Neubaure A, Scherzer O. Iterative Regularization Methods for Nonlinear Ill-posed Problems. Berlin: De Gruyter, 2008.

[88] Kaltenbacher B, Kirchner A, Vexler B. Adaptive discretizations for the choice of a Tikhonov regularization parameter in nonlinear inverse problems. Inverse Problems, 2011, 27(12): 125008.

[89] Kaltenbacher B. Convergence rates for the iteratively regularized Landweber iteration in Banach space. System Modeling and Optimization. IFIP Adv. Inf. Commun. Technol., 391, Heidelberg: Springer, 2013: 38-48.

[90] Keller J B. Inverse problems. Amer. Math. Mon., 1976, 83(2): 107-118.

[91] Keung Y L, Zou J. Numerical identifications of parameters in parabolic systems. Inverse Problems, 1998, 14(1): 83-100.

[92] Kirsch A. An Introduction to the Mathematical Theory of Inverse Problems. 3rd ed. Cham: Springer, 2021.

[93] Krein S G, Petunin J I. Scales of Banach spaces. Russian Math. Surveys, 1966, (21): 85-160.

[94] Kress R. Linear Integral Equations. 3rd ed. New York: Springer, 2014.

[95] Kress R. On the numerical solution of a hypersingular integral equation in scattering theory. J. Comput. Appl. Math., 1995, 61(3): 345-360.

[96] Kress R. Numerical Analysis. New York: Springer-Verlag, 1998.

[97] Kugler P. A derivative-free Landweber iteration for parameter identification in certain elliptic PDEs. Inverse Problems, 2003, 19(6): 1407-1426.

[98] Kunisch K, Zou J. Iterative choices of regularization parameters in linear inverse problems. Inverse Problems, 1998, 14(5): 1247-1264.

[99] Kythe P K. Fundamental Solutions for Differential Operators and Applications. Boston: Birkhauser, 1996.

[100] Lamn P K. A survey of regularization methods for first-kind Volterra equations//Colton D, Engle H W, Louis A K, McLaughlin J R, Rundell W. Surveys on Solution Methods for Inverse Problems. New York: Springer-Verlag/Wien, 2000.

[101] Landweber L. An iteration formula for Fredholm integral equations of the first kind. Amer. J. Math., 1951, 73(3): 615-624.

[102] Lattes R, Lions J L. The Method of Quasi-reversibility. Applications to Partial Differential Equations. New York: American Elseiver, 1969.

[103] Li H, Liu J J. Solution of backward heat problem by Morozov discrepancy principle and conditional stability. Numerical Mathematics: A Journal of Chinese Universities, 2005, 14(2): 180-192.

[104] 李世雄, 刘家琦. 小波变换和反演数学基础. 北京: 地质出版社, 1994.

[105] 李建平, 曾庆存, 丑纪范. 非线性常微分方程的计算不确定性原理 (1, 2). 中国科学 (E), 2000, 30(5/6): 403-412, 550-567.

[106] Lin Y, Xu C. Finite difference/spectral approximations for the time-fractional diffusion equation. J. Comput. Phys., 2007, 225: 1533-1552.

[107] 刘斯铁尔尼克. 泛函分析概要. 北京: 科学出版社, 1985.

[108] 刘继军. 一类阻尼边界条件下的逆散射问题. 合肥: 中国科学技术大学, 2000.

[109] Liu J J. Determination of temperature field for backward heat transfer. Commun. Korea Math. Soc., 2001, 16(3): 385-397.

[110] Liu J J. Recovery of boundary impedance coefficient in 2-D media. Chinese J. Numer. Math. Appl., 2001, 23(2): 99-112.

[111] Liu J J. Numerical solution of forward and backward problem for 2-D heat conduction equation. J. Comput. Appl. Math., 2002, 145(2): 459-482.

[112] Liu J J, Cheng J, Nakamura G. Reconstruction and uniqueness of an inverse scattering problem with impedance boundary. Science in China, Ser. A, 2002, 45(11): 1408-1419.

[113] 刘继军. 一类偏微分方程的反问题及正则化方法. 南京: 南京师范大学, 2003.

[114] Liu J J. Continuous dependance for a backward parabolic problem. J. Part. Diff. Eqns., 2003, 16(3): 211-222.

[115] Liu J J, Luo D J. On stability and regularization for backward heat equation. Chinese Annals of Mathematics, Ser.B, 2003, 24(1): 35-44.

[116] Liu J J. On stability estimate for a backward heat transfer problem//Hon Y C, Yamamoto M, Cheng J, Lee J Y. International Conference on Inverse Problems – Recent Development in Theories and Numerics. Singapore: World Scientific, 2003: 134-142.

[117] Liu J J. The 3-layered explicit difference scheme for 2-D heat equation. Appl. Math. Mech., 2003, 24(5): 605-613.

[118] Liu J J, Cheng J, Nakamura G. Reconstruction of scattered field from far-field by regularization. J. Comput. Math., 2004, 22(3): 389-402.

[119] Liu J J. Determination of Dirichlet-to-Neumann map for a mixed boundary problem. Appl. Math. Comput., 2005, 161(3): 843-864.

[120] Liu J J, Nakamura G, Potthast R. A new approach and error analysis for reconstructing the scattered wave by the point source method. J. Comput. Math., 2007, 25(2): 113-130.

[121] Liu J J, Yamamoto M. A backward problem for the time-fractional diffusion equation. Appl. Anal., 2010, 89(11): 1769-1788.

[122] Liu X M, Liu J J. On image restoration from random sampling noisy frequency data with regularization. Inverse Problems in Science and Engineering, 2019, 27(12): 1765-1789.

[123] Liu X M, Liu J J. Image restoration from noisy incomplete frequency data by alternative iteration scheme. Inverse Problems and Imaging, 2020, 14(4): 583-606.

[124] 罗兴钧, 杨素华, 陈仲英. 近似已知函数的求导方法. 高等学校计算数学学报, 2006, 28(1): 76-82.

[125] Louis A K. Medical Imaging: State of the art and future development. Inverse Problems, 1992, 8(5): 709-738.

[126] Lu S, Flemming J. Convergence rates analysis of Tikhonov regularization for nonlinear ill-posed problems with noisy operators. Inverse Problems, 2012, 28(10): 104003.

[127] Lu S, Pereverzev S V, Ramlau R. An analysis of Tikhonov regularization for nonlinear ill-posed problems under a general smoothness assumption. Inverse Problems, 2007, 23(11): 217-230.

[128] 栾文贵. 地球物理中的反问题. 北京: 科学出版社, 1989.

[129] Mahale P, Nair M T. A simplified generalized Gauss-Newton method for nonlinear ill-posed problems. Math. Comput., 2009, 78(265): 171-184.

[130] Mathe P, Pereverzev S V. Optimal discretization of inverse problems in Hilbert scales: Regularization and self-regularization of projection methods. SIAM J. Numer. Anal., 2001, 38(6): 1999-2021.

[131] McCormick S F, Rodrigue G H. A uniform approach to gradient methods for linear operator equations. J. Math. Anal. Appl., 1975, 49(2): 275-285.

[132] Metzler R, Klafter J. Boundary value problems for fractional diffusion equations. Physica A, 2000, 278(1-2): 107-125.

[133] Miller K. Stabilized quasi-reversibilite and other nearly-best-possible methods for non-well-posed problems. Symp. on Non-well-posed Problems and Logarithmic Convexity. Springer Lecture Note, 1973, (316): 161-176.

[134] Morozov V A. Methods for Solving Incorrectly Posed Problems. New York: Springer, 1984.

[135] Mueller J L, Siltanen S. Linear and Nonlinear Inverse Problems with Practical Applications. The SIAM series on Computational Science and Engineering. Philadelphia: SIAM, 2012.

[136] Murio D A. The Mollification Method and the Numerical Solution of Ill-posed Problems. New York: John Wiley & Sons Inc, 1993.

[137] Nakamura G, Saitoh S, Seo J K, Yamamoto M. Inverse Problems and Related Topics. Boca Raton, FL: Chapman & Hall, 2000.

[138] Nakamura G, Sasayama S. Inverse boundary value problem for the heat equation with discontinuous coefficients. J. Inverse Ill-Posed Probl., 2013, 21(2): 217-232.

[139] Nakamura G, Wang H. Linear sampling method for the heat equation with inclusions. Inverse Problems, 2013, 29(10): 104015.

[140] Nakamura G, Wang H. Reconstruction of an unknown cavity with Robin boundary condition inside a heat conductor. Inverse Problems, 2015, 31(12): 125001.

[141] Nakamura G, Wang H. Numerical reconstruction of unknown Robin inclusions inside a heat conductor by a non-iterative method. Inverse Problems, 2017, 33(5): 055002.

[142] Natterer F. Error bounds for Tikhonov regularization in Hilbert scales. Appl. Anal., 1984, 18(1-2): 29-37.

[143] Natterer F. The Mathematics of Computerized Tomography. New York: Wiley, 1986.

[144] Neubauer A. Tikhonov regularization for nonlinear ill-posed problems: Optimal convergence and finite-dimensional approximation. Inverse Problems, 1989, 5(4): 541-557.

[145] Neubauer A. Tikhonov regularization of nonlinear ill-posed problems in Hilbert scales. Appl. Anal., 1992, 46(1-2): 59-72.

[146] Neubauer A, Scherzer O. A convergence rate result for a steepest descent method and a minimal error method for the solution of nonlinear ill-posed problems. Zeitschrift Fur Analysis und Ihre Anwendungen, 1995, 14(2): 369-377.

[147] Neubauer A. On Landweber iteration for nonlinear ill-posed problems in Hilbert scales. Numer. Math., 2000, (85): 309-328.

[148] Neubauer A. Some generalizations for Landweber iteration for nonlinear ill-posed problems in Hilbert scales. J. Inverse Ill-posed Probl., 2016, 24(4): 393-406.

[149] Neubauer A. A new gradient method for ill-posed problems. Numer. Funct. Anal. Optim., 2018, 39(6): 737-762.

[150] 倪明. 声波散射问题从远场模式到近场的数值重构. 南京: 东南大学, 2004.

[151] Payne L E. Improperly Posed Problems in Partial Differential Equations. Reg. Conf. Ser. Appl. Math. Philadelphia: SIAM, 1975.

[152] Pereverzev S V, Prössdorf S. On the characterization of self-regularization properties of a fully discrete projection methods for Symm's integral equation. J. Int. Eqns. Appl., 2000, 12(2): 113-130.

[153] Plato R, Vainikko G. On the regularization of projection methods for solving ill-posed problems. Numer. Math., 1990, 57(1): 63-79.

[154] Podlubny I. Fractional Differential Equations. San Diego: Academic Press, 1999.

[155] Potthast R. Stability estimates and reconstructions in inverse acoustic scattering using singular sources. J. Comput. Appl. Math., 2000, 114(2): 247-274.

[156] Potthast R. A point-source method for inverse acoustic and electromagnetic obstacle scattering problems. IMA J. Appl. Math., 1998, 61(2): 119-140.

[157] Potthast R. Point sources and multipoles in inverse scattering theory. Research Notes in Mathematics Series, 427. Boca Raton: Chapman & Hall/CRC, 2001.

[158] Prilepko A I, Solovev V V. Solvability of the inverse boundary-value problem of finding a coefficient of a lower derivative in a parabolic equation. Diff. Eqns., 1987, (23): 101-107.

[159] Prilepko A I, Orlovsky D G, Vasin I A. Methods for Solving Inverse Problems in Mathematical Physics. New York: Marcel Dekker, Inc., 2000.

[160] Ramlau R. A modified Landweber method for inverse problems. Numer. Funct. Anal. Optim., 1999, 20(1-2): 79-98.

[161] Ramn A G, Smirnova A B. On stable numerical differentiation. Math. Comput., 2001, 70(235): 1131-1153.

[162] Rieder A. On convergence rates of inexact Newton regularizations. Numer. Math., 2001, (88): 347-365.

[163] Rieder A. Inexact Newton regularization using conjugate gradients as inner iteration. SIAM J. Numer. Anal., 2005, 43(2): 604-622.

[164] Roach G F. Inverse Problems and Imaging. Harlow: Longman Scientific & Technical, 1991.

[165] Romamnov V G. Inverse Problems of Mathematical Physics. Utrecht: VNU Science Press BV, 1987.

[166] Saitoh S, Yamamoto M. Stability of Lipschitz type in determination of initial heat distribution. J. Inequal. Appl., 1997, 1(1): 73-83.

[167] Sakamoto K, Yamamoto M. Initial value/boundary value problems for fractional diffusion-wave equations and applications to some inverse problems. J. Math. Anal. Appl., 2011, 382(1): 426-447.

[168] Saranen J, Vainikko G. Periodic Integral and Pseudodifferential Equations with Numerical Approximation. Berlin: Springer-Verlag, 2002.

[169] Scherzer O. A convergence analysis of a method of steepest descent and a two-step algorithm for nonlinear ill-posed problems. Numer. Funct. Anal. Optim., 1996, 17(1/2): 197-214.

[170] Scherzer O. A modified Landweber iteration for solving parameter estimation problems. Appl. Math. Optim., 1998, (38): 45-68.

[171] Schumker L L. Spline Functions: Basic Theory. New York: Wiley, 1981.

[172] Seidman T I, Vogel C R. Well posedness and convergence of some regularization methods for non-linear ill-posed problems. Inverse Problems, 1989, 5(2): 227-238.

[173] Showalter R E. The final value problem for evolution equations. J. Math. Anal. Appl., 1974, 47(3): 563-572.

[174] Strang G, Fix G J. An Analysis of the Finite Element Method. Englewood Cliffs: Prentice-Hall, 1973.

[175] 孙志忠, 袁慰平, 闻震初. 数值分析. 南京: 东南大学出版社, 2002.

[176] Sun W Y, Yuan Y X. Optimization Theory and Methods. New York: Springer, 2006.

[177] Tanana V P. Methods for Solution of Nonlinear Operator Equations. Utrecht: VSP, 1997.

[178] Tautenhahn U, Jin Q. Tikhonov regularization and a posteriori rules for solving nonlinear ill-posed problems. Inverse Problems, 2003, 19(1): 1-21.

[179] 吉洪诺夫 A, 阿尔先宁 B. 不适定问题的解法. 王秉忱, 译. 北京: 地质出版社, 1979.

[180] Tikhonov A N, Leonov A S, Yagola A G. Nonlinear Ill-posed Problems, Vol.1-2. London: Chapman & Hall, 1998.

[181] Vainikko G M. Error estimates of the successive approximation method for illposed problems. Autom. Remote Control, 1980, 41(3): 356-363.

[182] Varah J M. Pitfalls in the numerical solution of linear ill-posed problems. SIAM J. Sci. Stat. Comput., 1983, 4(2): 164-176.

[183] Varag R S. Matrix Iterative Analysis (expanded edition). Berlin: Springer-Verlag, 2000.

[184] Vasin V V. Iterative methods for solving ill-posed problems with a priori information in Hilbert spaces. USSR Comput. Math. Math. Phys., 1988, 28(4): 6-13.

[185] Vogel C R. Computational Methods for Inverse Problems. Philadelphia, PA: SIAM, 2002.

[186] Wang H B, Liu J J. Numerical solution for the Helmholtz equation with mixed boundary condition. Numerical Mathematics: A Journal of Chinese Universities, 2007, 16(3): 203-214.

[187] Wang H B, Nakamura G. The integral equation method for electromagnetic scattering problem at oblique incidence. Appl. Numer. Math., 2012, 62(7): 860-873.

[188] Wang H B, Liu J J. The two-dimensional direct and inverse scattering problems with generalized oblique derivative boundary condition. SIAM J. Appl. Math., 2015, 75(2): 313-334.

[189] Wang H B, Liu J J. An inverse scattering problem with generalized oblique derivative boundary condition. Appl. Numer. Math., 2016, (108): 226-241.

[190] Wang H B, Li Y. Numerical solution of an inverse boundary value problem for the heat equation with unknown inclusions. J. Comput. Phys., 2018, (369): 1-15.

[191] Wang L Y, Liu J J. Data regularization for a backward time-fractional diffusion problem. Comput. Math. Appl., 2012, 64(11): 3613-3626.

[192] Wang Y C, Liu J J. On the reconstruction of boundary impedance of a heat conduction system from nonlocal measurement. Inverse Problems, 2016, 32(7): 075002.

[193] 王玉婵. 几类抛物型方程反边值问题的数值求解. 南京: 东南大学, 2017.

[194] Wang Y B, Jia X Z, Cheng J. A numerical differentiation method and its application to reconstruction of discontinuity. Inverse Problems, 2002, 18(6): 1461-1476.

[195] 王元明. 数学是什么. 南京: 东南大学出版社, 2003.

[196] Wang Z W, Liu J J. New model function methods for determining regularization parameters in linear inverse problems. Appl. Num. Math., 2009, 59(10): 2489-2506.

[197] 吴新谋. 数学物理方程讲义. 北京: 高等教育出版社, 1956.

[198] Xie J, Zou J. An improved model function method for choosing regularization parameters in linear inverse problems. Inverse Problems, 2002, 18(3): 631-643.

[199] 肖庭延, 于慎根, 王彦飞. 反问题的数值解法. 北京: 科学出版社, 2003.

[200] 杨宏奇, 李岳生. 近似已知函数微商的稳定逼近方法. 自然科学进展, 2000, 10(12): 1088-1093.

[201] Yang H Q, Zhang R. A modified minimal error method for solving nonlinear integral equations via multiscale Galerkin Methods. Numer. Funct. Anal. Optim., 2022, 43(1): 1-15.

[202] Yang J F, Zhang Y, Yin W T. A fast alternating direction method for TVL1-L2 signal reconstruction from partial Fourier data. IEEE J. Selected Topics Sig. Process., 2010, 4(2): 288-297.

[203] Yi L, Kim K, Nakamura G. Numerical implementation for a 2-D thermal inhomogeneity through the dynamical probe method. J. Comput. Math., 2010, 28(1): 87-104.

[204] Yu W. On the existence of an inverse problem. J. Math. Anal. Appl., 1991, 157(1): 63-74.

[205] Yuste S B, Acedo L. An explicit finite difference method and a new Von Neumann-type stability analysis for fractional diffusion equations. SIAM J. Num. Anal., 2005, 42(5): 1862-1874.

[206] Zhang M M, Liu J J. On the simultaneous reconstruction of boundary Robin coefficient and internal source in a slow diffusion system. Inverse Problems, 2021, 37(7): 075008.

[207] 张萌萌. 基于扩散过程的偏微分方程反问题及数值解. 南京: 东南大学, 2022.

[208] Zhong M, Liu J J. On the reconstruction of media inhomogeneity by inverse wave scattering model. Sci. China Math., 2017, 60(10): 1825-1836.

# 索 引

# 《信息与计算科学丛书》已出版书目